Manuel Jakubith

Chemische Verfahrenstechnik

© VCH Verlagsgesellschaft mbH, D-6940 Weinheim (Bundesrepublik Deutschland), 1991

Vertrieb:
VCH, Postfach 101161, D-6940 Weinheim (Bundesrepublik Deutschland)
Schweiz: VCH, Postfach, CH-4020 Basel (Schweiz)
United Kingdom und Irland: VCH (UK) Ltd., 8 Wellington Court, Cambridge CB1 1HZ (England)
USA und Canada: VCH, Suite 909, 220 East 23rd Street, New York, NY 10010–4606 (USA)

ISBN 3-527-28259-9

Manuel Jakubith

Chemische Verfahrenstechnik

Einführung in Reaktionstechnik
und Grundoperationen

Weinheim · New York · Basel · Cambridge

Dr. Manuel Jakubith
Institut für Physikalische Chemie
der Universität
Schloßplatz 4
D-4400 Münster

Das vorliegende Werk wurde sorgfältig erarbeitet. Dennoch übernehmen Autor und Verlag für die Richtigkeit von Angaben, Hinweisen und Ratschlägen sowie für eventuelle Druckfehler keine Haftung.

Lektorat: Dr. Hans F. Ebel
Herstellerische Betreuung: Claudia Grössl

CIP-Titelaufnahme der Deutschen Bibliothek
Jakubith, Manuel:
Chemische Verfahrenstechnik : Einführung in
Reaktionstechnik und Grundoperationen / Manuel Jakubith. –
Weinheim ; New York ; Basel ; Cambridge : VCH, 1991
ISBN 3-527-28259-9

© VCH Verlagsgesellschaft mbH, D-6940 Weinheim (Federal Republic of Germany), 1991

Gedruckt auf säurefreiem und chlorarm gebleichtem Papier

Alle Rechte, insbesondere die der Übersetzung in andere Sprachen, vorbehalten. Kein Teil dieses Buches darf ohne schriftliche Genehmigung des Verlages in irgendeiner Form – durch Photokopie, Mikroverfilmung oder irgendein anderes Verfahren – reproduziert oder in eine von Maschinen, insbesondere von Datenverarbeitungsmaschinen, verwendbare Sprache übertragen oder übersetzt werden. Die Wiedergabe von Warenbezeichnungen, Handelsnamen oder sonstigen Kennzeichen in diesem Buch berechtigt nicht zu der Annahme, daß diese von jedermann frei benutzt werden dürfen. Vielmehr kann es sich auch dann um eingetragene Warenzeichen oder sonstige gesetzlich geschützte Kennzeichen handeln, wenn sie nicht eigens als solche markiert sind.
All rights reserved (including those of translation into other languages). No part of this book may be reproduced in any form – by photoprinting, microfilm, or any other means – nor transmitted or translated into a machine language without written permission from the publishers. Registered names, trademarks, etc. used in this book, even when not specifically marked as such, are not to be considered unprotected by law.
Einbandgestaltung: ID-Illustration und Design, Helmut Brodt, D-6800 Mannheim 1
Druck: betz-druck GmbH, D-6100 Darmstadt
Bindung: Großbuchbinderei J. Schäffer, D-6718 Grünstadt
Printed in the Federal Republic of Germany

Für: einfallsreiche Neulinge,
rationale Skeptiker,
interessierte Praktiker,
kurz: allen Kollegen zum
Anfang des Berufslebens

Vorwort

Der vorliegende Text über die Chemische Verfahrenstechnik ist aus einer Vorlesung hervorgegangen, die der Verfasser seit einer Reihe von Jahren an der Universität Münster hält. Diese Universität verfügt im Rahmen des Fachbereiches Chemie nicht über einen Ausbildungsschwerpunkt in Technischer Chemie, wenngleich wichtige Teile dieses Fachgebietes zu Zeiten des Lehrstuhlinhabers für Physikalische Chemie der Universität Münster, Herrn Professor Dr. Dr. h.c. Ewald Wicke, intensiv gepflegt wurden.

Da der weitaus größte Teil der Chemiestudenten später in der chemischen Industrie sein Berufsfeld findet, war es stets ein Anliegen des genannten Institutes, die Studenten im Rahmen einer 2- bis 3 semestrigen Vorlesung auf die spezifischen Belange der Chemischen Verfahrenstechnik vorzubereiten.

Anliegen dieses Textes ist es, den Studierenden der Chemie an Universitäten, die keine Vertiefung in Technischer Chemie anbieten, das Verständnis der Chemischen Verfahrenstechnik nahezubringen. Dazu wird vor allem auf das vom Grundstudium her bekannte Fundament von Physik, Mathematik und Physikalischer Chemie zurückgegriffen. Alle wichtigen Gleichungen werden gründlich erarbeitet, der Satz „wie man leicht zeigen kann" wird durch die Tat ersetzt.

Dieser Text wäre nicht zustandegekommen ohne die Hilfe des Institutes und meiner Kollegen: Herrn Professor Dr. Manfred Stockhausen, dem ich für die kritische Durchsicht des Textes und die vielen Anregungen danke, den Herren Dr. Stefan Hock und Dipl.-Chem. Jürgen Kellers, die mich in die Geheimnisse von LaTeX einweihten und mir immer kräftig halfen; sowie Herrn Volker Brücher, der die Zeichnungen gewissenhaft und geduldig anfertigte. Herrn Dr. habil. Hans F. Ebel vom VCH-Verlag danke ich für die äußerst erfreuliche Zusammenarbeit bei der Herausgabe dieses Textes.

Besonderen Dank bin ich jedoch Herrn Professor Dr. Diethard Hesse, Institut für Technische Chemie der Universität Hannover, für die ausführliche Durchsicht des Textes schuldig. Viele Anregungen und Besserungen flossen aus seiner umfangreichen Lehr- und Forschungstätigkeit in die vorliegende einführende Darstellung der Chemischen Verfahrenstechnik ein.

Münster, den 22. März 1991 Dr. Manuel Jakubith

Inhalt

1	**Das Aufgabengebiet der Technischen Chemie**	**1**
1.1	Das Umfeld	2
1.2	Das Kontinuum	5
1.3	Die Bilanzgleichungen	8
1.4	Klassifikation von Differentialgleichungen	10
2	**Zustandsgleichungen**	**13**
2.1	Die Zustandsgleichungen der Materie	14
2.2	Die Zustandsgleichung für ideale Gase	15
2.3	Die Zustandsgleichungen für reale Gase	17
	2.3.1 Die van-der-Waals-Gleichung	17
	2.3.2 Die Virialgleichung	20
	2.3.3 Das Korrespondenzprinzip	21
	2.3.4 Die Redlich-Kwong-Gleichung	22
2.4	Weitere Zustandsgleichungen für Gase	24
2.5	Die Zustandsgleichung für Flüssigkeiten	24
I	**Die Terme der Bilanzgleichungen**	**25**
3	**Der konvektive Term: Hydrodynamik**	**27**
3.1	Die Kontinuitätsgleichung	28
3.2	Die Viskosität	30
3.3	Die rheologischen Stoffmodelle	32
3.4	Das Hagen-Poiseuille-Gesetz	34
3.5	Strömung und hydrodynamische Grenzschicht	36
3.6	Die Filtergleichung von D'Arcy	38

4 Der konduktive Term: Transportgleichungen — 41
- 4.1 Die Grundbegriffe der kinetischen Gastheorie — 42
- 4.2 Das „random walk"-Modell — 44
- 4.3 Der allgemeine Transportansatz für Gase — 46
- 4.4 Die Diffusion — 49
  - 4.4.1 Das 2. Ficksche Gesetz — 49
  - 4.4.2 Die Lösungen der Diffusionsgleichung — 51
- 4.5 Berechnung: Diffusionskoeffizienten — 54
- 4.6 Berechnung: Viskositätskoeffizienten — 60
- 4.7 Berechnung: Wärmeleitfähigkeitskoeffizienten — 62

5 Der Reaktionsterm: homogene chemische Reaktionen — 63
- 5.1 Einige grundsätzliche Bemerkungen — 64
- 5.2 Die Klassifikation chemischer Reaktionen — 66
- 5.3 Stöchiometrie und Umsatz — 68
  - 5.3.1 Der Massenerhaltungssatz — 68
  - 5.3.2 Die Reaktionslaufzahl einer chemischen Reaktion — 69
  - 5.3.3 Verlauf der Stoffmengenanteile chemischer Reaktionen — 70
  - 5.3.4 Umsatz, Umsatzkoordinate und Bilanzdiagramm — 71
- 5.4 Die Reaktionsgeschwindigkeit — 75
- 5.5 Die Ermittlung der Reaktionsgeschwindigkeit — 76
- 5.6 Die Formalkinetik homogener Reaktionen — 80
  - 5.6.1 Aktivierungsenergie und Reaktionsordnung — 80
  - 5.6.2 Die Integration formalkinetischer Ansätze — 84
  - 5.6.3 Die Parallelreaktion — 86
  - 5.6.4 Die Folgereaktion — 87
  - 5.6.5 Die Kettenreaktion — 90

6 Der Reaktionsterm: heterogene katalytische Reaktionen — 93
- 6.1 Die Komplexität der Katalyse — 94
- 6.2 Die katalytischen Einzelschritte — 95
- 6.3 Charakterisierung von Katalysatoren — 97
  - 6.3.1 Hohlraumstruktur und Sorptionsisothermen — 97
  - 6.3.2 Der elektronische und geometrische Faktor — 101
- 6.4 Die Kinetik heterogener gas/fest-Reaktionen — 104
  - 6.4.1 Die Physisorption — 104
  - 6.4.2 Die Chemisorption — 105

		6.4.3 Der Langmuir-Hinshelwood-Mechanismus 106

      6.4.4 Der Eley-Rideal-Mechanismus 108
  6.5 Die Porendiffusion 109

II Die Bilanzgleichungen für Stoff, Wärme und Impuls 115

7 Die allgemeine Stoffbilanz 117
  7.1 Die Aufstellung der Stoffbilanz 118
      7.1.1 Der konvektive Term 118
      7.1.2 Der konduktive Term 120
      7.1.3 Der Reaktionsterm 123
      7.1.4 Der Stoffübergangsterm 124
  7.2 Die Stoffbilanz idealer Reaktoren 125
  7.3 Nabla-Operator, Divergenz, Gradient und Rotation 128
  7.4 Die Operatoren $\text{div}, \text{grad}, \frac{D}{Dt}, \nabla^2$ in verschiedenen Koordinatensystemen . 129

8 Die allgemeine Wärmebilanz und Reaktionsgleichgewichte 131
  8.1 Die Aufstellung der Wärmebilanz 132
      8.1.1 Der konvektive Term 132
      8.1.2 Der konduktive Term 134
      8.1.3 Der Wärmeproduktionsterm 135
      8.1.4 Der Wärmeübergangsterm 135
  8.2 Das Temperaturfeld idealer Reaktoren 137
  8.3 Die Behandlung der Reaktionsgleichgewichte 138
      8.3.1 Chemisches Potential, Aktivität und Fugazität 138
      8.3.2 Gleichgewichtsbedingung und Gleichgewichtskonstante 141
  8.4 Das Gleichgewichtsdiagramm 144

9 Die Impulsbilanz: Navier-Stokes, Euler und Bernoulli 147
  9.1 Einführung 148
  9.2 Die substantielle Ableitung 149
  9.3 Die Aufstellung der Impulsbilanz 150
  9.4 Der Satz der Navier-Stokes-Gleichungen 154
  9.5 Die Euler-Gleichung 155
  9.6 Die Bernoulli-Gleichung 156

XII   *Inhalt*

III   Reaktionstechnik   157

10 Einführung in die Laplace-Transformationen und Regelungstechnik   159

   10.1 Funktionaltransformationen und Signale 160
   10.2 Anwendungen der Laplace-Transformation 163
       10.2.1 Laplace-Transformierte von Funktionen 163
       10.2.2 Die Faltung 167
       10.2.3 Die Lösung gewöhnlicher Differentialgleichungen 168
       10.2.4 Die Lösung partieller Differentialgleichungen 170
   10.3 Funktionentabelle: Laplace-Transformationen 171
   10.4 Zusammengeschaltete Systeme 172
   10.5 Elemente der Regelungstechnik 175

11 Hydrodynamische Modelle chemischer Reaktoren   179

   11.1 Das Dispersionsmodell 180
       11.1.1 Die analytische Lösung der Dispersionsgleichung 181
       11.1.2 Die Dispersion in Festbettreaktoren 185
   11.2 Das Verdrängungsmodell 187
   11.3 Das ideale Mischungsmodell 188
   11.4 Das Zellenmodell und diskrete Systeme 189
       11.4.1 Differentialgleichungen als Differenzengleichungen 192
       11.4.2 Rekursive Berechnungen 194
   11.5 Die Wahl des geeigneten Modells 195

12 Verweilzeitverhalten chemischer Reaktoren   197

   12.1 Die Wichtigkeit der Verweilzeit 198
   12.2 Relative Häufigkeit und Summenhäufigkeit 199
   12.3 Die Markierungsmethodik 201
   12.4 Verweilzeitverhalten idealer Reaktoren 203
       12.4.1 Der ideale kontinuierliche Rührkessel 203
       12.4.2 Das ideale Strömungsrohr 205
       12.4.3 Das laminare Strömungsrohr 207
       12.4.4 Die Reaktorkaskade 209
   12.5 Verweilzeitverhalten realer Reaktoren 210
       12.5.1 Der reale kontinuierliche Rührkessel 210
       12.5.2 Das reale Strömungsrohr 212
   12.6 Reaktorersatzschaltungen 214

13 Isotherme und nichtisotherme Reaktoren — 215

- 13.1 Betriebsarten chemischer Reaktoren … 216
- 13.2 Reaktionstechnische Begriffe … 217
- 13.3 Umsatzberechnung isothermer Reaktoren … 218
  - 13.3.1 Die Umsatz-Damköhler-Beziehungen … 218
  - 13.3.2 Mikrovermischung und Segregation … 223
- 13.4 Nicht-isotherme Reaktoren … 227
  - 13.4.1 Der adiabatische Satzreaktor … 228
  - 13.4.2 Der nicht-isotherme Rührkesselreaktor … 230
  - 13.4.3 Das ideale nicht-isotherme Strömungsrohr … 232

14 Die Stabilität der Lösungen gekoppelter Bilanzgleichungen — 233

- 14.1 Einleitung … 234
- 14.2 Bildung von Differentialgleichungssystemen … 235
- 14.3 Lineare Differentialgleichungsysteme … 236
- 14.4 Stabilitätskriterien … 244
  - 14.4.1 Das ROUTH-Kriterium … 244
  - 14.4.2 Das HURWITZ-Kriterium … 246
- 14.5 Nicht-lineare Differentialgleichungssysteme … 249
  - 14.5.1 Definition der Stabilität nach LJAPUNOW … 249
  - 14.5.2 Die LJAPUNOW-Kriterien … 250
  - 14.5.3 Die Linearisierung nicht-linearer Systeme … 252
  - 14.5.4 Ein Beispiel: die autokatalytische Reaktion … 253
  - 14.5.5 Ein Beispiel: der nicht-isotherme Rührkesselreaktor … 260

IV Grundoperationen — 263

15 Druckverluste in Reaktorbauteilen und Reaktoren — 265

- 15.1 Anwendungen der Bernoulli-Gleichung … 266
- 15.2 Widerstand von Körpern in Strömungen … 268
- 15.3 Die Sedimentation … 271
- 15.4 Widerstandsgesetze durchströmter Rohre … 272
- 15.5 Der Druckanstieg an Absperrorganen … 275
- 15.6 Der Druckverlust in einem Festbettreaktor … 276
- 15.7 Druckverlust in einer Wirbelschicht … 279
- 15.8 Förderung durch Pumpen und Kompressoren … 281

XIV Inhalt

16 Einfluß der Hydrodynamik auf Stofftransport und Wärmetransport   **285**
   16.1 Die Bedeutung der Kennzahlen 286
   16.2 Modelltheorie und Hydrodynamik 288
   16.3 Das Π-Theorem 292
   16.4 Die Kennzahlen der Hydrodynamik 294
   16.5 Die Grundlagen des Wärmetransportes 296
   16.6 Die Kennzahlen des Wärmeüberganges 303
   16.7 Die Grundlagen des Stofftransportes 308
   16.8 Die Kriteriengleichungen des Stofftransportes 311

17 Thermodynamik der Mischphasen   **313**
   17.1 Begriffsbildungen der Thermodynamik 314
   17.2 Die partiellen molaren Größen 321
      17.2.1 Das Volumen als Zustandsfunktion 322
      17.2.2 Die Gleichung von Gibbs-Duhem 325
   17.3 Die Freie Mischungsenthalpie 326
   17.4 Die Mischungsenthalpie 327
   17.5 Die Freie Exzeßenthalpie der Mischung 331
      17.5.1 Die Berechnung der Aktivitätskoeffizienten 332
      17.5.2 Die UNIQUAC- und UNIFAC-Gleichung 334
   17.6 Die Phasengleichgewichte 340
      17.6.1 Die ideale Mischung 344
      17.6.2 Die reale Mischung mit Minimumazeotrop 346
      17.6.3 Die reale Mischung mit Maximumazeotrop 348
      17.6.4 Die reale Mischung mit Mischungslücke 350

18 Destillation und Rektifikation   **353**
   18.1 Die Grundbegriffe der Destillation 354
   18.2 Die Destillation binärer Systeme 356
   18.3 Die Destillation ternärer Systeme 357
      18.3.1 Das Siedediagramm einer idealen ternären Mischung . . 358
      18.3.2 Die azeotrope Destillation 360
   18.4 Die Rektifikation 363
      18.4.1 Grundlagen der Rektifikation 363
      18.4.2 Die Berechnung nach McCabe-Thiele 365
      18.4.3 Die Berechnung als Zellenmodell 369

19 Extraktion — 371

- 19.1 Grundlagen und Begriffsbildungen 372
- 19.2 Mikroskopische Aspekte der Extraktion 376
  - 19.2.1 Das Sternling-Scriven-Kriterium 377
- 19.3 Die einstufige Extraktion 382
- 19.4 Die Kreuzstromextraktion 384
- 19.5 Die Gegenstromextraktion 387
  - 19.5.1 Das Polkonstruktionsverfahren 388
  - 19.5.2 Berechnung aus der Verteilungskurve 390
  - 19.5.3 Berechnung aus der NTU-Gleichung 391
  - 19.5.4 Berechnung nach dem Zellenmodell 393

20 Anhang — 395

- 20.1 Formelzeichen 396
- 20.2 Wichtige Kennzahlen der Verfahrenstechnik 403
- 20.3 Berechnung physikalischer und technischer Größen 404
- 20.4 Das SI-System 406
- 20.5 Angelsächsische Einheiten 409
- 20.6 Literaturverzeichnis 411

Register — 415

Anmerkungen zur Herstellung dieses Buches:

Dieses Buch wurde mit LaTeX in der Implementation des Rechenzentrums der Universität Münster formatiert. Die Vorlage für die fotomechanische Wiedergabe wurde auf einem Drucker des Typs Agfa P 400 mit einer Auflösung von 400 dpi im Vergrößerungsmaßstab 1.2 erstellt.

Bei der Formatierung des Textes durch LaTeX wurde eine hauseigene Stiloption durch Herrn Dipl. Chem. Jürgen Kellers erstellt; sie berücksichtigt die Layout-Vorgaben des VCH-Verlages sowie die Vorstellungen des Autors.

Der Verfasser dankt dem Rechenzentrum der Universität Münster, insbesondere den Herren Dipl.-Math. Wolfgang Kaspar, Dr. Klaus-Bolko Mertz sowie Dipl.-Geophys. Klaus Reichel, für die Zusammenarbeit.

1 Das Aufgabengebiet der Technischen Chemie

Zur Einleitung wird das Gebiet der Technischen Chemie umrissen; dazu wird in den *technisch-wissenschaftlichen* und den *juristisch-kaufmännischen* Problemkreis eingeführt. Sodann wird die Chemische Verfahrenstechnik als eine stark mathematisierte Wissenschaft vorgestellt. Alle wichtigen mathematischen Modelle dieser technischen Wissenschaft gehen von *fünf Differentialgleichungen*, dem *Π-Theorem* zur Erzeugung von Kennzahlen und den *Verweilzeitverteilungen* aus. Folgende Struktur liegt dem Text zugrunde:

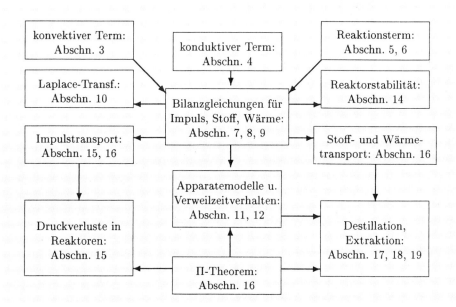

1.1 Das Umfeld

Die *Technische Chemie* befaßt sich mit denjenigen Fragen, die sich bei der industriellen Durchführung chemischer Prozesse ergeben. Diese Aufgabenstellung läßt sich vereinfachend in einen *technisch-wissenschaftlichen* und in einen *juristisch-kaufmännischen* Problemkreis aufteilen.

Der technisch-wissenschaftliche Problemkreis: Bevor der Entschluß fällt, eine chemische Reaktion technisch durchzuführen, stehen folgende Fragen im Vordergrund der Betrachtungen:

1. *Physikalisch-chemische* Fragestellungen:

    (a) „Für welche Werte von Druck, Temperatur und Zusammensetzung geht die Reaktion?" Diese Frage wird durch Untersuchungen über die Lage des thermodynamischen Gleichgewichtes beantwortet.

    (b) „Wie schnell geht die Reaktion?" Diese Frage wird durch kinetische Untersuchungen geklärt.

2. *Technisch-chemische* Fragestellungen:

    (a) „In welchem Reaktor wird die Reaktion optimal durchgeführt?" Diese Frage wird durch die technische Reaktionsführung beantwortet.

    (b) „Wie werden die Stoffe rein dargestellt?" Diese Frage wird mit den Methoden der Grundoperationen bearbeitet.

    (c) „Ist das technische System stabil?" Diese Frage wird mithilfe einer mathematischen Analyse behandelt.

Sind die Antworten zufriedenstellend geklärt, so stellt sich die Frage nach der *technischen Ökonomie*, wonach die Maximierung des Gewinns angestrebt wird:

$$\text{Gewinn} = \text{Erlös} - \text{Herstellungskosten} \doteq \max$$

Ist auch für diesen Fall eine positive Antwort gegeben, so beginnt ein komplexer Prozeß, bei dem in erster Linie eine Vielzahl juristischer und kaufmännischer Fragen bedacht werden müssen.

Der juristisch-kaufmännische Problemkreis: Um die kommenden Ausführungen zu verstehen, ist es sinnvoll, sich über die Rechtsstruktur der Bundesrepublik Deutschland Klarheit zu verschaffen. In unserem Rechtssystem existieren *staatliches* und *autonomes* Recht nebeneinander. Absolute Priorität innerhalb des staatlichen Rechtes hat das *Grundgesetz* und die darauf fußenden Verfassungsgesetze, darunter sind die einfachen *Bundesgesetze* angesiedelt. Zu diesen Bundesgesetzen existieren *Rechtsverordnungen*, die die Regierung zum Handeln ermächtigen. Rechtsverordnungen haben eine geringere Rechtsqualität als Gesetze. An unterster Stelle stehen die *Verwaltungsvorschriften*, sie stellen bindende Anweisungen von Ministerien an die nachgeschalteten Behörden dar.

Aufgrund des föderalistischen Aufbaues der Bundesrepublik existiert neben dieser Bundesgesetzlichkeit noch die Gesetzgebung durch die Länder.

Neben dem staatlichen Recht existiert ein *autonomes Recht*, das von den Körperschaften ausgeht. Bedeutsam sind hier vor allem die *Berufsgenossenschaften* und die *Normenausschüsse* der technischen Vereine.

In der Vorplanungsphase der Erstellung einer chemischen Anlage müssen die Fragen der *Konzessionierung* bedacht werden: Chemieanlagen sind *genehmigungspflichtig*, wobei Teile der Anlage auch *überwachungsbedürftig* sein können; Genehmigungsbehörde ist die *Gewerbeaufsicht*. In diesem Stadium treten typische Fragen des *technischen Rechtes* zutage, vgl. HENNECKEN (1987). Innerhalb der Rechtspyramide gehört das technische Recht zum *Verwaltungsrecht*. Für den Betreiber einer chemischen Anlage sind die folgenden *staatlichen Rechtsquellen* bedeutsam:

1. *Gewerbeordnung* (GewO):
   Die GewO stammt aus der frühindustriellen Phase und regelte ursprünglich den seinerzeit wichtigen Betrieb der Dampfkesselanlagen. Wichtige Teile der GewO sind inzwischen durch das Bundesimmissionsschutzgesetz überholt. In der GewO sind die *überwachungsbedürftigen* Anlagen aufgelistet, dazu gehören u.a.:

   (a) Druckbehälter;

   (b) Anlagen zur Handhabung verdichteter, verflüssigter oder unter Druck gelöster Gase;

   (c) Druckleitungen für brennbare, ätzende oder giftige Gase, Dämpfe oder Flüssigkeiten;

   (d) elektrische Anlagen in gefährdeten Räumen;

   (e) Anlagen zur Lagerung, Abfüllung und Beförderung brennbarer Flüssigkeiten.

   Für alle überwachungsbedürftigen Anlagen liegen Rechtsverordnungen vor, diese regeln die Genehmigungspflichtigkeit, die Anforderungen dazu, sowie die notwendigen Prüfungen und Gebühren. Sind alle Auflagen der Rechtsverordnung erfüllt, dann hat der Antragsteller einen *Rechtsanspruch* auf Zulassung: die Anlage *muß* dann genehmigt werden.

2. *Bundesimmissionsschutzgesetz* (BImSchG):
   Das BImSchG hat das Ziel, die Umwelteinwirkungen einer industriellen Anlage nach dem „Stand der Technik" so gering wie möglich zu halten. Dem Betreiber einer Anlage werden drei Grundpflichten auferlegt:

   (a) das Verbot schädlicher Umwelteinwirkungen und Gefahren;

   (b) das Gebot der Vorsorge gegen diese Einwirkungen;

   (c) das Gebot der Reststoffverwertung und -beseitigung.

   Nach dem BImSchG ist die Regierung zum Erlaß von Verwaltungsvorschriften ermächtigt, wichtige Vorschriften sind für den Bereich der chemischen Industrie die *Technische Anleitung zur Reinhaltung der Luft*, TA Luft, und die analoge TA Lärm. Eine wichtige Rechtsverordnung des BImSchG ist die *Störfallverordnung*; sie regelt die Sicherheitspflichten des Betreibers und die Meldepflicht bei der Emission von Schadstoffen über eine Mindestgrenze hinaus.

3. *Wasserhaushaltsgesetz* (WHG):
   Die Gewässer unterliegen seit frühesten Zeiten der hoheitlichen Kontrolle. Im Laufe der Zeit sind diese hoheitlichen Regelungen sehr stark ausgeweitet worden: der Begriff der „Benutzung" beinhaltet nunmehr jede Einwirkung auf das Wasser. Die Erlaubniserteilung für eine – wie auch immer gestaltete – Benutzung des Wassers liegt im Ermessen der Wasserbehörden, ein Rechtsanspruch auf Erlaubnis besteht *nicht*. Die erforderlichen Anlagen zur Wassernutzung müssen regelmäßig von Sachverständigen im Zyklus von zweieinhalb oder fünf Jahren überprüft werden.

Neben diesen rein juristischen Fragen, die aufgrund ihres Bezuges durchaus zur Technischen Chemie gehören, müssen in der Vorplanungsphase auch *kaufmännische* Überlegungen bedacht werden. Insbesondere ist für den Bau der Anlage die Frage der *Kostenschätzung* von Bedeutung. Hierfür existieren eine Reihe ziemlich genauer Aufschlüsselungen, vgl. WINNACKER/KÜCHLER (1975). Schließlich sind auch die Fragen der Verkehrsanbindung, der Arbeitskräfte und der Bodenpreise bedeutsam.

Aufgabengebiet der Chemischen Verfahrenstechnik: Die Komplexität der Technischen Chemie ergibt sich aus den technisch-wissenschaftlichen und den juristisch-kaufmännischen Fragestellungen. Die Chemische Verfahrenstechnik befaßt sich nur mit dem technisch-wissenschaftlichen Problemkreis.

Das technische Umfeld der Verfahrenstechnik ergibt sich darüberhinaus u.a. aus der Tatsache, daß nur wenige Ausgangsstoffe direkt zu den Endprodukten umgesetzt werden können. Im allgemeinen müssen die den Lagerstätten entnommenen Rohstoffe (z.B. Erdöl, Bauxit, Kohle, Kalk, usw.) gereinigt und in einen reaktionsbereiten Zustand übergeführt werden. Ebenso können die in einer chemischen Reaktion gebildeten Stoffe selten „direkt vermarktet" werden.

Demzufolge läßt sich das eigentliche chemische Verfahren im allgemeinen in die folgenden Teilschritte gliedern:

- *Vorbereitung*, d.i. die Überführung der Reaktionsstoffe in den für die Reaktion günstigsten Zustand, z.B. durch:

  – Zerkleinern, Trennen, Mischen, Lösen;

- *Reaktion*, d.i. die eigentliche chemische Umsetzung der Reaktionsstoffe unter den erforderlichen Bedingungen von Druck, Temperatur und Zusammensetzung;

- *Aufbereitung*, d.i. die Überführung in den für den Verkauf oder die Anwendung günstigsten Zustand, z.B. durch:

  – Filtrieren, Rektifizieren, Extrahieren, Trocknen.

Es zeigt sich, daß die vor- und nachbereitenden Arbeitsgänge oft stoffunabhängig sind. Die theoretische Behandlung der Destillation von Benzol, Salzsäure oder Zink; die der Trocknung von Waschmittel, Aluminiumoxid oder Zellulose; die der Zerkleinerung von Bauxit, Kalk oder Kohle ist weitgehend identisch und im wesentlichen nur eine Frage der Apparate- oder Werkstoffwahl. Demzufolge wird in der Chemischen Verfahrenstechnik dieser Bereich mit *Grundoperationen (unit operations)* bezeichnet, vgl. VAUCK/MÜLLER (1988). Die verfahrenstechnische Auslegung des eigentlichen chemischen Reaktors ist das Aufgabengebiet der *technischen Reaktionsführung*, vgl. FITZER/FRITZ (1989), BAERNS/HOFMANN/RENKEN (1987). Die Basis der mathematischen Beschreibung dieser beiden tragenden Säulen der chemischen Verfahrenstechnik, der

Grundoperationen der Chemischen Verfahrenstechnik und der

technischen Reaktionsführung

liegt in der Aufstellung und Lösung von fünf i.a. *gekoppelten Differentialgleichungen*: den beiden Bilanzgleichungen für Stoff und Energie sowie den drei Bewegungsgleichungen eines Fluids. Für dieses Gleichungssystem lassen sich geschlossene Lösungen meist nicht angeben, weshalb von Seiten der Ingenieurwissenschaften auf die Problemlösung mittels der *Ähnlichkeitstheorie* und den daraus resultierenden *Kennzahlen* zurückgegriffen wird.

All dies läßt die Technische Chemie zu einem für den Anfänger unübersichtlichen Konglomerat aus mechanischer und thermischer Verfahrenstechnik, Strömungslehre, technischer Reaktionsführung, Werkstoffkunde, Physikalischer Chemie, darüberhinaus noch von wirtschaftlichen Überlegungen sowie technischem Recht zusammenwachsen.

Traditionsgemäß wird das Gebiet der Grundoperationen von Ingenieuren, das der technischen Reaktionsführung von Chemikern bearbeitet. Beide Berufsgruppen haben ausbildungsbedingt eine eigene Sprache entwickelt, die für die jeweils andere Disziplin manchmal unverständlich erscheint. So ist z.B. der Terminus „Geschwindigkeitshöhe" im Bereich der Pumpenauslegung dem Ingenieur wohlvertraut, dem Chemiker beim ersten Hören aber suspekt. Die Basis jedoch, in diesem Falle die *Bernoulli-Gleichung*, dürfte dem Chemiker wohl geläufig sein. Es ist daher ein Anliegen dieses Textes, die gemeinsamen Fundamente aufzuzeigen und dem in dieses Berufsfeld eintretenden Chemiker vertraut zu machen.

1.2 Das Kontinuum

Zum überwiegenden Teil befinden sich die Reaktionsausgangsstoffe nach der Vorbereitung in einem *fluiden* Zustand. Sie werden also als Gase oder Flüssigkeiten direkt zu den gewünschten Produkten, oder aber über eine weitere beteiligte feste oder flüssige Phase in einem katalytischen Reaktionsschritt umgesetzt. Reine Feststoffreaktionen sind in der Technischen Chemie eher selten, aber u.U. von großem Interesse, wie die Dotierung von Halbleitern. In der Regel muß man sich in der Chemischen Verfahrenstechnik mit dem *makroskopischen* und *mikroskopischen Transport* von Masse, Energie und Impuls in fluiden Medien befassen. In diesem Zusammenhang soll eine Systematisierung mechanischer Körper vorgestellt werden. Die *klassische Mechanik* befaßt sich mit den unter dem Einfluß von Kräften resultierenden den Bewegungen makroskopischer Körper. Bei der Untersuchung dieser *Dynamik*, d.i. das Orts- und Zeitverhaltens bewegter Körper, unterteilt man zunächst in starre und nichtstarre Körper.

Der starre Körper unterscheidet sich vom nichtstarren Körper dadurch, daß im letzteren die *Elastizität* die Dynamik beeinflußt. Das Elastizitätsverhalten nichtstarrer Körper ist bedingt durch den *molekularen Aufbau* der Körper. Sind die zwischenmolekularen Kräfte sehr groß, so bewirken sie im Körper bei Anlegen einer äußeren Kraft den Aufbau einer gleichgroßen entgegenwirkenden Kraft, die das elastische Verhalten bestimmt. Sind die molekularen Kräfte weniger groß, so können sich die molekularen oder atomaren Bausteine bei Einwirkung einer äußeren Kraft verschieben. Diese Verschiebungsgeschwindigkeit ist proportional der wirkenden Kraft. Der Körper ist dann volumenstabil, aber nicht formstabil: man spricht von einer *Flüssigkeit*. Bei einem *Gas* schließlich sind die molekularen Kräfte noch geringer: die Volumenstabilität geht dann auch verloren.

In der klassischen Mechanik werden nur die *makroskopischen* Auswirkungen dieser molekularen Kräfte studiert. Man definiert dort ein *Kontinuum*, dessen Eigenschaften unabhängig von der makroskopischen Ausdehnung sind. Jedoch müssen die untersuchten Abmessungen im Falle der Flüssigkeiten groß gegenüber den zwischenmolekularen Abständen, bei Gasen gegenüber der *mittleren freien Weglänge* sein.

Der Zeitverlauf eines fluiden Reaktionsgemisches, das die Komponente i enthält, wird durch fünf *Variable* bestimmt: die Dichte (proportional dem reziproken Volumen) und die Energie als thermodynamische Variablen; sowie die drei Geschwindigkeitskomponenten u_x, u_y, u_z in Richtung der Lagekoordinaten x, y, z:

- die **erweiterte Kontinuitätsgleichung** beschreibt das *Dichtefeld* $\varrho = \varrho(x, y, z, t)$ oder das *Konzentrationsfeld* der Komponente i: $c_i = c_i(x, y, z, t)$ des Fluids;

- die **Energiegleichung** (i.a. wird nur die thermische Energie betrachtet) beschreibt das *Wärmefeld*: $\varrho V \tilde{c}_p T = \varrho V \tilde{c}_p T(x, y, z, t)$ des Fluids;

- die **Navier-Stokes-Gleichungen** beschreiben das vektorielle *Geschwindigkeitsfeld*: $u_x = u_x(x, y, z, t); \quad u_y = u_y(x, y, z, t); \quad u_z = u_z(x, y, z, t)$ des Fluids

jeweils in einem Volumenelement ΔV. Aus Gründen der Praktikabilität fügt man diesem Gleichungssystem oft noch

- die **Zustandsgleichung** mit $\varrho = \varrho(p, T)$ bzw. $p = p(\varrho, T)$, oder auch (wegen $\varrho \sim 1/V$) : $V = V(p, T)$ bzw. $p = p(V, T)$

hinzu. Das ist immer dann der Fall, wenn man den Gang von Druck und Volumen (oder der Dichte) mit dem Verlauf des Geschwindigkeitsfeldes, der Konzentration der Komponente i und der thermischen Energie in Erfahrung bringen will.

Die Chemische Verfahrenstechnik ist eine stark mathematisierte Wissenschaft. Das hat seinen Grund in dem immer kürzer währenden Patentschutz einerseits und in der jetzigen Struktur des Marktes mit seinem hohen Innovationspotential andererseits. Die frühere schrittweise Anpassung eines Verfahrens im Maßstab ungefähr 1:10 ist unter diesen Bedingungen nicht mehr durchführbar. Man ist bestrebt, die Entwicklungszeiten durch Aufstellung möglichst guter mathematischer Modelle abzukürzen.

Ein Ziel dieses Textes ist es, Differentialgleichungen aufzustellen, zu verstehen und anzuwenden. Zur Darstellung des Zieles und dessen was wir lernen werden, seien die eben erwähnten Differentialgleichungen zur Beschreibung des Konzentrationsfeldes, des Temperaturfeldes und des Geschwindigkeitsfeldes der Komponente i in einem reagierenden Fluid aufgeführt. Es ergibt sich für den Ablauf einer chemischen Reaktion in einem beliebigen kontinuierlichen Reaktor in koordinatenfreier Schreibweise:

- das *Konzentrationsfeld* der Komponente i:

$$\frac{\partial c_i}{\partial t} = -\text{div}\left[c_i\, \mathbf{u}\right] + \text{div}\left[D_i\, \text{grad}\, c_i\right] + \nu_i \frac{\Re}{V} \pm \frac{\beta_i\, A_S\, \Delta c_i}{V}$$

- das *Temperaturfeld*:

$$\frac{\partial T}{\partial t} = -\text{div}\left[T\, \mathbf{u}\right] + \text{div}\left[\frac{\lambda}{\tilde{c}_p\, \varrho}\, \text{grad}\, T\right] + \frac{(-\Delta_R H)\, \Re}{\tilde{c}_p\, m} + \frac{\alpha\, A_W\, (T_W - T)}{\tilde{c}_p\, m}$$

- das *Geschwindigkeitsfeld*:

$$\frac{d\mathbf{u}}{dt} = \mathbf{a} - \frac{1}{\varrho}\, \text{grad}\, p + \text{grad}\left[\nu\, \text{div}\, \mathbf{u}\right]$$

A_S	m^2	:	Austauschfläche für den Stofftransport
A_W	m^2	:	Austauschfläche für den Wärmetransport
$\mathbf{a}$	$m\, s^{-2}$	:	Vektorfeld der Beschleunigung
$\tilde{c}_p$	$J\, kg^{-1}\, K^{-1}$	:	massenbezogene Wärmekapazität ($p = $ const) des Fluids
c_i	$mol\, m^{-3}$	:	Konzentration der Komponente i
D_i	$m^2\, s^{-1}$	:	Diffusionskoeffizient der Komponente i
$\Delta_R H$	$J\, mol^{-1}$	:	Reaktionsenthalpie
m	kg	:	Masse des Fluids
p	Pa	:	Druck
$\Re$	$mol\, s^{-1}$	:	absolute Reaktionsgeschwindigkeit
T_W	K	:	Temperatur der Reaktorwand
$\mathbf{u}$	$m\, s^{-1}$	:	Vektorfeld der Geschwindigkeit
V	m^3	:	Reaktionsvolumen
α	$W\, m^{-2}\, K^{-1}$	:	Wärmeübergangszahl
β_i	$m\, s^{-1}$	:	Stoffübergangszahl der Komponente i
λ	$W\, m^{-1}\, K^{-1}$	:	Wärmeleitfähigkeitskoeffizient des Fuids
ν	$m^2\, s^{-1}$	:	kinematischer Viskositätskoeffizient des Fluids
ν_i	–	:	stöchiometrischer Koeffizient der Komponente i
ϱ	$kg\, m^{-3}$	:	Dichte des Fluids

Die Aufstellung und Erlärung dieser Gleichungen erfolgt in den Abschnn. 7, 8 und 9.

1.3 Die Bilanzgleichungen

Zu den Bilanzgleichungen für Masse, Energie (i.e.S. wird hier die thermische Energie betrachtet) und Impuls gelangt man, indem man ein *Kontrollvolumen* $\Delta V = \Delta x \, \Delta y \, \Delta z$ als thermodynamisches System definiert. Dieses Kontrollvolumen ist ein Teil des in Abschn. 1.2 erwähnten Kontinuums; es wird umschlossen von einer realen oder gedachten Kontrollfläche, durch die *makroskopische* und *mikroskopische* Massen-, Energie- und Impulsströme hindurchtreten können.

Der makroskopische *Nettostrom* eines Fluids durch das Volumenelement ΔV – etwa hervorgerufen durch eine Pumpe – ergibt sich als Differenz des austretenden vom eintretenden Masse-, Energie- oder Impulsstromes. Dieser Term wird der *konvektive Term* genannt: der makroskopische Nettostrom ist dann:

(Zeitliche Änderung an Masse, Energie, Impuls) =
= (Zustrom an Masse, Energie, Impuls) −
− (Abstrom an Masse, Energie, Impuls)

Wir wissen aus der Kenntnis der Transportgleichungen, daß der Zu- und Abstrom der genannten Quantitäten nicht nur aufgrund makroskopischer Gegebenheiten resultiert, es können auch *mikroskopische* oder *molekulare* Transporte aufgrund der Konzentrations-, Temperatur- oder Geschwindigkeitsgradienten auftreten. Auch dieser mikroskopische Nettostrom ergibt sich als Differenz des austretenden über den eintretenden Fluß der ins Auge gefaßten Quantität; er wird *konduktiver Term* genannt: also erweitert sich der Bilanzgleichungsansatz:

(Zeitliche Änderung an Masse, Energie, Impuls) =
= (konvektiver Term: makroskopischer Nettostrom an Masse, Energie, Impuls) +
+ (konduktiver Term: mikroskopischer Nettostrom an Masse, Energie, Impuls)

Hinzu treten bei der Bilanzierung extensiver Größen (z.B. Konzentration und Temperatur) weitere Glieder, so die Änderung der Stoffmenge aufgrund einer chemischen Reaktion, oder die Änderung der Wärmemenge ebenfalls aufgrund einer chemischen Reaktion: man nennt ihn den *Reaktions-* oder *Produktionsterm*.

Wichtig sind darüberhinaus die Transporte *durch* eine hydrodynamische Grenzschicht an eine begrenzende Fläche von ΔV: etwa der Wärmetransport zu einer Wand oder der Stofftransport zu einer Phasengrenzfläche. Zur Abgrenzung von den oben genannten Makro- und Mikrotransporten soll dieser Transport zu einer Phasengrenzfläche als *Übergangsterm* bezeichnet werden. Es resultiert die

▷ ALLGEMEINE STRUKTUR DER BILANZGLEICHUNGEN:

(Zeitliche Änderung an Masse, Energie, Impuls) =
= (konvektiver Term) +
+ (konduktiver Term) +
+ (Übergangsterm)

Man erhält auf diese Weise ausgehend von der:
  Massebilanz das *Konzentrationsfeld*,
  Wärmebilanz das *Temperaturfeld*,
  Impulsbilanz das *Geschwindigkeitsfeld*,
eines reagierenden Fluids in einem chemischen Reaktor. Für spezielle Fragestellungen der chemischen Verfahrenstechnik vereinfachen sich die Bilanzen zumeist wieder dadurch, daß man aufgrund einer gezielten Problematik einzelne Terme vernachlässigen oder im Falle der Stationarität – wonach die zeitlichen Ableitungen der abhängigen Variablen zu Null gesetzt werden – streichen kann.

Skalare und Vektoren: In der Vektorrechnung unterscheidet man die einfachen Zahlengrößen, man nennt sie *Skalare*, von denjenigen, die neben ihrem Zahlenwert auch durch eine Richtung gekennzeichnet sind, man nennt sie *Vektoren*. Typische skalare Größen sind die Temperatur, der Druck, die Konzentration und die Zustandsfunktionen der Thermodynamik; typische vektorielle Größen sind die Geschwindigkeit, der Impuls, die Beschleunigung sowie die Kraft. Sowohl Skalare als auch Vektoren können sich über den von den Variablen aufgespannten Zustandsraum von Punkt zu Punkt ändern; man spricht dann von *Skalar*- oder *Vektorfeldern*.

Für die Chemische Verfahrenstechnik sind, wie schon angeklungen, die Formulierungen der Konzentrations-, Temperatur- und Geschwindigkeitsfelder von großer Wichtigkeit. Die beiden ersteren stellen also skalare Felder, das letztere ein Vektorfeld dar.

Für die Integration in Vektorfeldern gelten besondere Regeln, weshalb es erforderlich ist, diese in der Schreibweise von den Skalarfeldern zu unterscheiden. Nach erfolgter Integration ist in dem resultierenden Zusammenhang meist nur der Betrag eines Vektors von Bedeutung; die Angabe einer Richtung erübrigt sich also: von Interesse ist in diesem Fall nur der Betrag $u = |\mathbf{u}|$. Dieses Problem tritt in der chemischen Verfahrenstechnik vor allem bei dem Umgang mit *Kennzahlen* auf.

Vereinbarung: In der Regel interessiert bei den hier dargelegten einfacheren Problemen der chemischen Verfahrenstechnik nur der Betrag des Geschwindigkeitsvektors: in diesem Fall wird die Geschwindigkeit als u geschrieben. Bei der allgemeinen Formulierung der Bilanzgleichungen ist die Unterscheidung der skalaren von den vektoriellen Größen jedoch wichtig, dann wird der Geschwindigkeitsvektor für den eindimensionalen Fall mit der Raumkoordinaten indiziert: also u_z für die Geschwindigkeitskomponente in Richtung der z-Koordinaten. Wird ein Geschwindigkeitsfeld formuliert, so erscheint dies im Fettdruck als $\mathbf{u} = \mathbf{u}(x, y, z)$.

Das *gewöhnliche Produkt* wird nicht bezeichnet: ∇c_i stellt das gewöhnliche Produkt des Nabla-Operators mit der Konzentration der Komponente i dar.

Das *Skalarprodukt* wird mit $\cdot$ bezeichnet: $\nabla \cdot \mathbf{u}$ stellt das Skalarprodukt des Nabla-Operators mit dem Geschwindigkeitsfeld $\mathbf{u}$ dar.

Mehr als eingliedrige Argumente von Operatoren und Funktionen stehen stets in eckigen Klammern: $\nabla \cdot [c_i \mathbf{u}]$ stellt das Skalarprodukt des Nabla-Operators mit dem Produkt $c_i \mathbf{u}$ dar.

1.4 Klassifikation von Differentialgleichungen

Da den Differentialgleichungen eine sehr große Bedeutung bei der Beschreibung technisch-chemischer Prozesse zukommt, ist es nützlich, sich vorab einige grundsätzliche Definitionen wieder in das Gedächtnis zu rufen.

- Eine Gleichung, die die Ableitungen einer oder mehrerer abhängiger Variablen bezüglich einer oder mehrerer unabhängiger Variablen enthält, nennt man eine *Differentialgleichung*.
  ▷ DIFFERENTIALGLEICHUNG EINER PARALLELREAKTION:

$$\frac{\mathrm{d}c_i}{\mathrm{d}t} = -k_1 c_i - k_2 c_i^2 \tag{1.1}$$

  In der vorstehenden Gleichung stellt die Konzentration c_i die *abhängige Variable* sowie die Zeit t die *unabhängige Variable* dar.

- Eine Differentialgleichung, die nur die Ableitungen bezüglich *einer* unabhängigen Variablen enthält, nennt man eine *gewöhnliche Differentialgleichung*. Die Gleichung der Folgereaktion ist eine gewöhnliche Differentialgleichung.

- Eine Differentialgleichung, die Ableitungen bezüglich mehrerer unabhängiger Variablen enthält, nennt man eine *partielle Differentialgleichung*.
  ▷ REAKTION 1. ORDNUNG IN EINEM IDEALEN STRÖMUNGSROHR:

$$\frac{\partial c_i}{\partial t} = -u_z \frac{\partial c_i}{\partial z} - k\, c_i \tag{1.2}$$

  Diese Gleichung ist wegen der Abhängigkeit von Zeit t und Ort z eine partielle Differentialgleichung.

- Die höchste auftretende Ableitung in einer Differentialgleichung kennzeichnet die *Ordnung* einer Differentialgleichung.
  ▷ STATIONÄRE DIFFUSION GEKOPPELT MIT EINER REAKTION 1. ORDNUNG:

$$D_i \frac{\mathrm{d}^2 c_i}{\mathrm{d}z^2} = k\, c_i \tag{1.3}$$

  Diese gewöhnliche Differentialgleichung ist von zweiter Ordnung.

- Eine *nichtlineare gewöhnliche* Differentialgleichung n-ter Ordnung ist eine Differentialgleichung, bei der die Ableitungen der abhängigen Variablen sowie die abhängige Variable selbst in n-ter Potenz vorkommen. Auch die Verknüpfung mit transzendenten Funktionen und das Produkt der abhängigen Variablen mit seiner Ableitung bedingt eine Nichtlinearität.
  ▷ TEMPERATURFELD DES IDEALEN STRÖMUNGSROHRES MIT REAKTION:

$$\frac{\partial T}{\partial t} = -u_z \frac{\partial T}{\partial z} + \frac{\lambda}{\tilde{c}_p \varrho} \frac{\partial^2 T}{\partial z^2} + \frac{(-\Delta_\mathrm{R} H)}{\tilde{c}_p m} \Re_0 \exp\left[-\frac{E_\mathrm{A}}{RT}\right] \tag{1.4}$$

Diese Differentialgleichung ist wegen der darin auftretenden Exponentialfunktion eine *nichtlineare* Differentialgleichung. Ebenso ist die oben angeführte Gleichung der *Parallelreaktion* wegen des Gliedes $k_2 c_i^2$ nichtlinear.

- Stehen vor den Ableitungen Konstanten, so spricht man von einer Differentialgleichung mit *konstanten Koeffizienten*. Sind die Koeffizienten dagegen selbst Funktionen der unabhängigen Variablen, so liegt eine Differentialgleichung mit *variablen Koeffizienten* vor.
  ▷ EINDIMENSIONALE EULER-GLEICHUNG:

$$u_z \frac{\mathrm{d} u_z}{\mathrm{d} z} = a_z - \frac{1}{\varrho} \frac{\mathrm{d} p}{\mathrm{d} z} \qquad (1.5)$$

Die eindimensionale Euler-Gleichung ist eine Differentialgleichung mit variablen Koeffizienten. Die oben angegebene *Diffusiongleichung* ist für den isothermen Fall eine Gleichung mit konstanten Koeffizienten.

- Eine lineare Differentialgleichung ist *homogen*, wenn außer den Koeffizienten vor den Ableitungen und den Variablen keine reinen Konstanten vorkommen. Treten reine Konstanten auf, so ist die Differentialgleichung *inhomogen*.
  ▷ REAKTION 1. ORDNUNG IN EINEM IDEALEN RÜHRKESSEL:

$$\frac{\mathrm{d} c_i}{\mathrm{d} t} = \frac{c_{i,0} - c_i}{\tau} - k\, c_i \qquad (1.6)$$

Diese Differentialgleichung ist wegen des Gliedes $c_{i,0}/\tau$ inhomogen. Auch die Euler-Gleichung ist für den Fall konstanter Beschleunigung inhomogen.

- Die höchste auftretende Potenz der abhängigen Variablen oder ihrer Ableitungen oder die Produkte beider in einer Differentialgleichung bezeichnet den *Grad* der Differentialgleichung. Die obige Gleichung der *Parallelreaktion* ist eine Differentialgleichung zweiten Grades.

- Tritt die unabhängige Variable in der Differentialgleichung sonst explizit nicht auf, so ist die Differentialgleichung *autonom*, sonst ist sie *nicht autonom*.
  ▷ REALES STRÖMUNGSROHR MIT VERDRÄNGUNGSMARKIERUNG:

$$\frac{\partial c}{\partial t} = -u_z \frac{\partial c}{\partial z} + \mathcal{D}_{\mathrm{ax}} \frac{\partial^2 c}{\partial z^2} + u(t) \qquad (1.7)$$

Diese Differentialgleichung ist wegen des Zeitgliedes $u(t)$ eine nicht-autonome Differentialgleichung.

Wichtig ist jedoch, daß eine Differentialgleichung an sich *keinen* praktischen Sinn hat: sie liefert eine unendliche Schar von Lösungskurven. Erst durch die Angabe von *Anfangs-* und *Randbedingungen* wird die Lösungskurve aus dieser Schar herausgehoben, vgl. AMANN (1983), BERENDT/WEIMAR (1984), ROSS (1984).

Lösungen von Differentialgleichungen: Die Lösungen einiger für die chemische Verfahrenstechnik wichtiger Differentialgleichungen erfolgt an den entsprechenden Stellen des Textes. Zu den generellen Aspekten der Lösungen dieser Gleichungen vgl. die für Naturwissenschaftler aufbereiteten Lehrbücher von BURG/HAF/WILLE (1985), STOCKHAUSEN (1987) und ZACHMANN (1972).

Neben einer vertieften Darstellung der *Laplace-Transformationen* in Abschn. 10 und der Untersuchung der *Stabilitätseigenschaften* der Systeme von Differentialgleichungen in Abschn. 14 werden folgende Differentialgleichungen in diesem Text einer genaueren Betrachtung unterzogen, die:

- GEWÖHNLICHE LINEARE DIFFERENTIALGLEICHUNG:
    - Hagen-Poiseuille-Gleichung in Abschn. 3.4;
    - Euler-Gleichung in Abschn. 9.6;
    - Differentialgleichung einer Folgereaktion:
        * nach dem Verfahren von *Lagrange* durch Bestimmung der partikulären Lösung in Abschn. 5.6.4;
        * mithilfe der *Laplace-Transformation* in Abschn. 10.2.3;

- GEWÖHNLICHE DIFFERENTIALGLEICHUNG 2. ORDNUNG:
    - stationäre Diffusion mit Reaktion 1. Ordnung in Abschn. 6.5;

- GEWÖHNLICHE NICHTLINEARE DIFFERENTIALGLEICHUNG:
    - Stabilität des nicht-isothermen Rührkesselreaktors in Abschn. 14.5.5;
    - Differentialgleichung einer autokatalytischen Reaktion:
        * Formulierung als *Differenzengleichung* in Abschn. 11.4.1;
        * Untersuchung der Stabilität der *stationären Lösungen* in Abschn. 14.5.4;

- NICHT-AUTONOME GEWÖHNLICHE DIFFERENTIALGLEICHUNG:
    - Verweilzeitverhalten des idealen kontinuierlichen Rührkessels in Abschn. 12.4.1;

- PARTIELLE DIFFERENTIALGLEICHUNG 1. ORDNUNG:
    - Euler-Gleichung in Abschn. 15.5;
    - Lösung durch *Laplace-Transformation* in Abschn. 10.2.4;

- PARTIELLE DIFFERENTIALGLEICHUNG 2. ORDNUNG:
    - Diffusionsgleichung bei der Besprechung im Rahmen des konduktiven Terms in Abschn. 4.4.2;
    - Dispersionsgleichung bei der Besprechung des *Dispersionsmodelles* in Abschn. 11.1;
    - als *Differenzengleichung* in Abschn. 11.4.1;

- NICHT-AUTONOME PARTIELLE DIFFERENTIALGLEICHUNG 1. ORDNUNG:
    - Verweilzeitverhalten des idealen Strömungsrohres in Abschn. 12.4.2.

2 Zustandsgleichungen

Die nachfolgend vorgestellten *idealen* und *realen* Gase werden auf der Grundlage der *van-der-Waals*-Gleichung, des *Korrespondenzprinzipes*, der *Virialgleichung* sowie der *Redlich-Kwong*-Gleichung behandelt. Abschließend wird die Zustandsgleichung für Flüssigkeiten vorgestellt; an Lehrbuchliteratur vgl. ATKINS (1987), DENBIGH (1959).

- VAN-DER-WAALS-GLEICHUNG, Gl. 2.13: $\left(p + \dfrac{a}{v^2}\right)(v - b) = RT$

- EINFACHE VIRIALGLEICHUNG, Gl. 2.18: $Z = \dfrac{pv}{RT} = 1 + \dfrac{Bp}{RT}$

- REDLICH-KWONG-GLEICHUNG, Gl. 2.23: $\left(p + \dfrac{a'}{\sqrt{T}\,v\,(v + b')}\right)(v - b') = RT$

- ITERATION VON Z, Gln. 2.25ff: $Z = \dfrac{1}{1-h} - \dfrac{4.9340}{\sqrt{T_r^3}}\left(\dfrac{h}{1+h}\right)$, $h = \dfrac{0.08664\,p_r}{Z\,T_r}$

- ZUSTANDSGLEICHUNG FÜR FLÜSSIGKEITEN, Gl. 2.27: $V_0 - V \approx V_0\,C\,\log\left[1 + \dfrac{p}{D}\right]$

2.1 Die Zustandsgleichungen der Materie

Die Änderung der Inneren Energie U eines idealen Gases ergibt sich nach dem 1. Hauptsatz der Thermodynamik als Summe der Änderungen der Wärme- und Arbeitsumsätze zu: $dU = \delta Q + \delta W$. Unter isothermen Verhältnissen gilt für ein ideales Gas: $dU = 0$, also ist $dW = -p\,dV$ für ein *reversibel* arbeitleistendes System. Da die Betrachtungen auf ein mol eines Gases bezogen werden sollen, schreibt man in stoffmengenbezogenen Größen und formuliert $dW_m = -p\,dv$, vgl. Abschn. 17.1. Die zur Beschreibung des Arbeitsumsatzes dW_m erforderliche Funktion $p(v)$ soll nun vorgetellt werden.

Das $p(v)$-Verhalten der Materie (oder des Kontinuums, oder der Körper) wird von den *Zustandsgleichungen* beschrieben. Da Gase schon bei mäßigen Drucken eine merkliche Kompression zeigen, sind deren Zustandsgleichungen von besonderem Interesse. Doch auch für Flüssigkeiten und Festkörper gibt es Zustandsgleichungen, die bei sehr hohen Drucken im Bereich von 10^6 bis 10^8 Pa das $p(v)$-Verhalten beschreiben können. Folgende Zustandsgleichungen sind für die chemische Verfahrenstechnik von Bedeutung:

- Für *verdünnte Gase* : Anwendung in allen Verfahrensstufen, die unter vermindertem Druck von ungefähr 10^4 Pa (0.1 bar) arbeiten:

    – Ideales Gasgesetz

- Für *mäßig komprimierte Gase* : Anwendung in allen Verfahrensstufen, die mit Drucken bis zu ungefähr 10^6 Pa (10 bar) arbeiten:

    – Van-der-Waals-Gleichung

    – Virialgleichung

    – Redlich-Kwong-Gleichung

- Für *hoch komprimierte Gase* : Anwendung in allen Verfahrensstufen mit Drucken oberhalb ungefähr 10^6 Pa (10 bar):

    – Beattie-Bridgeman-Gleichung

    – Benedict-Webb-Rubin-Gleichung

- Für *Flüssigkeiten* : Anwendung in allen Verfahrensstufen mit Drucken oberhalb ungefähr 10^7 Pa (100 bar):

    – Tait-Gleichung

- Für *Festkörper* : Diese findet keine signifikante Anwendung in der chemischen Verfahrenstechnik:

    – Hugoniot-Gleichung

Von besonderer Wichtigkeit sind nur die Zustandsgleichungen für Gase; die Zustandsgleichungen für Flüssigkeiten und Festkörper sind allenfalls bei hohen statischen Drucken bzw. Experimenten mit *Stoßwellen* von Wichtigkeit.

2.2 Die Zustandsgleichung für ideale Gase

Ein *ideales Gas* ist durch die fehlenden Wechselwirkungen der Gasatome oder -moleküle untereinander ausgezeichnet. Für die sog. *permanenten* Gase (Edelgase, Sauerstoff, Stickstoff, Wasserstoff) ist dieser Zustand bei Normalbedingungen (1 bar, 298 K) annähernd realisiert. Für die übrigen Gase liegt dieser Idealzustand erst bei größerer Verdünnung bei ungefähr 10^4 Pa (0.1 bar) vor.

Isotherm-Isobare Bedingungen: Bei konstanter Temperatur ändert sich die Dichte eines Gases proportional zum Druck:

$$\frac{\varrho}{p} = \text{const}$$

Da die Dichte eines Gases reziprok zum Volumen ist, gilt für ein Mol eines idealen Gases mit dem Druck p, Einheit: Pa, und dem molaren Volumen v, Einheit: $m^3\,mol^{-1}$, das
▷ GESETZ VON BOYLE-MARIOTTE:

$$p\,v = \text{const} \quad , \text{J}\,\text{mol}^{-1} \tag{2.1}$$

Bei konstantem Druck ändert sich das molare Volumen eines Gases proportional zur absoluten Temperatur. Für ein mol eines Gases bei der Temperatur T gilt das
▷ GESETZ VON GAY-LUSSAC:

$$\frac{v}{T} = \text{const} \quad , \text{m}^3\,\text{mol}^{-1}\,\text{K}^{-1} \tag{2.2}$$

Aus den Beziehungen von Boyle-Mariotte und Gay-Lussac ergibt sich:

$$\frac{p\,v}{T} = \text{const} \quad , \text{J}\,\text{K}^{-1} \tag{2.3}$$

Mithilfe der Naturkonstanten R, $R = 8.314\ \text{J}\,\text{mol}^{-1}\,\text{K}^{-1}$, folgt das
▷ IDEALE GASGESETZ:

$$\boxed{p\,v = R\,T \quad , \text{J}\,\text{mol}^{-1}} \tag{2.4}$$

Für n mol eines idealen Gases setzt man $v = V/n$ und erhält:

$$p\,V = n\,R\,T \quad , \text{J} \tag{2.5}$$

Von Bedeutung für praktische Berechnungen ist nach Gl. 2.3 das sogenannte
▷ ALLGEMEINE GASGESETZ:

$$\boxed{\frac{p_1\,V_1}{T_1} = \frac{p_2\,V_2}{T_2} \quad , \text{J}\,\text{K}^{-1}} \tag{2.6}$$

darin bedeuten p_1, V_1, T_1 den Anfangszustand und p_2, V_2, T_2 den Endzustand des Gases.

2. Zustandsgleichungen

Adiabatische Bedingungen: Für die adiabatische Expansion eines idealen Gases sind die Wärmeumsätze gleich Null: nach dem 1. Hauptsatz folgt für einen reversiblen Prozeß $dU = dW$. Andererseits erhält man über die Definition der *Enthalpie*, $H = U + pV$, die Ableitung: $dH = dU + p\,dV + V\,dp$. Mit den Definitionen der Wärmekapazität bei konstantem Druck $C_p = \partial H/\partial T$ und konstantem Volumen $C_v = \partial U/\partial T$, erhält man für *ein* mol eines Gases:

$$c_p\,dT = v\,dp \quad ,\text{J mol}^{-1}$$
$$c_v\,dT = -p\,dv \quad ,\text{J mol}^{-1}$$

Die Division beider Gleichungen ergibt mit dem *Adiabatenexponent* κ:

$$\frac{c_p}{c_v} = \kappa = -\frac{d\ln p}{d\ln v} \tag{2.7}$$

Durch Umordnen des Ausdruckes erhält man:

$$0 = \kappa\,d\ln v + d\ln p$$
$$= d\ln\left[p\,v^\kappa\right]$$

Da die Änderungen zu Null werden, ist das Argument des Differentials konstant. Für die adiabatische Expansion eines idealen Gases ergibt sich somit die

▷ POISSON-GLEICHUNG:

$$\boxed{p\,v^\kappa = \text{const} \quad ,\text{J mol}^{-1}} \tag{2.8}$$

Bequemer rechnen läßt es sich mit den Beziehungen:

$$\frac{p_1}{p_2} = \left(\frac{v_2}{v_1}\right)^\kappa \tag{2.9}$$

$$\frac{T_1}{T_2} = \left(\frac{v_2}{v_1}\right)^{\kappa-1} \tag{2.10}$$

$$\frac{T_1}{T_2} = \left(\frac{p_1}{p_2}\right)^{\kappa-1/\kappa} \tag{2.11}$$

Polytrope Bedingungen: Unter realen Bedingungen ist eine Expansion eines idealen Gases weder isotherm noch adiabatisch, sondern *polytrop*. Der Adiabatenexponent κ wird in diesem Falle durch den Polytropenexponenten m ($1 < m < \kappa$) ersetzt, es folgt die Gleichung für die

▷ POLYTROPE ZUSTANDSÄNDERUNG:

$$\boxed{p\,v^m = \text{const} \quad ,\text{J mol}^{-1}} \tag{2.12}$$

Da sich die polytrope Zustandsgleichung nur um den Exponenten m von der adiabatischen Zustandsgleichung unterscheidet, gelten hierfür auch die obigen Gleichungen unter Austausch von κ gegen m. Der Polytropenexponent m eines Gases wird aus einer logarithmischen Auftragung der Gleichung: $\ln[p_1/p_2] = m\ln[v_2/v_1]$ ermittelt.

2.3 Die Zustandsgleichungen für reale Gase

Zur Beschreibung des $p(v)$-Verhaltens realer Gase gibt es eine Fülle vorgeschlagener Gleichungen. Für den Chemiker ist die Diskussion der *van-der-Waals*-Gleichung aus vielen Gründen wichtig. Zum einen liegt dieser Gleichung ein einfaches und leicht verständliches Konzept zugrunde, zum anderen lassen sich daran Phasenübergänge 1. und 2. Art behandeln. Selbst ein interessanter Zusammenhang mit der *Katastrophentheorie* offenbart sich bei der Diskussion der analytischen Eigenschaften, vgl. POSTON/STEWART (1981). Für die chemische Verfahrenstechnik ist die van-der-Waals-Gleichung nicht von dieser Bedeutung. Hier hat sich die Gleichung nach REDLICH-KWONG (1949) durchgesetzt.

2.3.1 Die van-der-Waals-Gleichung

Die idealisierende Vorstellung wechselwirkungsfreier Gasteilchen wird nun aufgegeben. Die Korrektur des Volumens mit einem Term $-b$ berücksichtigt das Eigenvolumen der Moleküle, es steht der freien Bewegung nicht zur Verfügung. Die Korrektur des Druckes mit einem Term a/v^2 berücksichtigt den Binnendruck des Gases aufgrund des Impulsübertrages bei Stoßvorgängen. Für 1 mol eines realen Gases gilt die

▷ VAN-DER-WAALS-GLEICHUNG:

$$\boxed{\left(p + \frac{a}{v^2}\right)(v - b) = RT \quad , \text{J mol}^{-1}} \quad (2.13)$$

In der Formulierung für n mol eines realen Gases setzt man $v = V/n$ und erhält:

$$\left(p + \frac{a\,n^2}{V^2}\right)(V - n\,b) = n\,RT \quad , \text{J} \quad (2.14)$$

Die van-der-Waals-Konstanten a, Einheit: $\text{Pa}\,(\text{m}^3\,\text{mol}^{-1})^2$ und b, Einheit: $\text{m}^3\,\text{mol}^{-1}$, sind für einige ausgewählte Gase in der Tab. 2.1 aufgeführt.

Der Verlauf der Isothermen nach dieser Gleichung ist in Abb. 2.1 dargestellt. Wie man erkennt, wird das Isothermenfeld durch eine *kritische Isotherme* T_k in zwei Bereiche aufgeteilt. Für $T < T_k$ erreicht die Isotherme von großen v-Werten kommend das Zweiphasengebiet. Beim Überschreiten der *Binodalkurve* B K A beginnt im Punkt A das Gas zu kondensieren. Bei konstantem Druck ist die Kondensation längs der *Konode* am Punkt B abgeschlossen: die Isotherme steigt nun steil an, da die Flüssigkeit weniger kompressibel ist. Für $T > T_k$ wird das Zweiphasengebiet nicht durchlaufen. Für die kritische Isotherme T_k gilt im Punkt K, daß Steigung und Krümmung Null werden: also $(\partial p/\partial v)_k = 0$ und $(\partial^2 p/\partial v^2)_k = 0$ gelten. Die partielle Differentiation der Gl. 2.13 ergibt:

$$\left(\frac{\partial p}{\partial v}\right)_k = -\frac{RT_k}{(v_k - b)^2} + \frac{2\,a}{v_k} = 0$$

$$\left(\frac{\partial^2 p}{\partial v^2}\right)_k = \frac{2\,RT_k}{(v_k - b)^3} - \frac{6\,a}{v_k^4} = 0$$

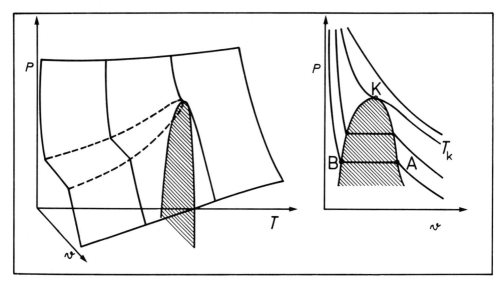

Abbildung 2.1: Prinzipieller Verlauf der van der Waals-Isothermen eines realen Gases.

Daraus lassen sich die Konstanten a und b ermitteln, sie lauten in den kritischen Zustandsvariablen p_k, v_k und T_k (für einige ausgewählte Gase sind die Werte in Tab. 2.1 aufgeführt):

$$a = 3\, p_k\, v_k^2 \qquad (2.15)$$

$$b = \frac{v_k}{3} \qquad (2.16)$$

$$R = \frac{8}{3} \frac{v_k\, p_k}{T_k} \qquad (2.17)$$

Bewertung: In der Nähe des Zweiphasengebietes beschreibt die van-der-Waals-Gleichung den Verlauf der Isothermen nur ungenau, in diesem Fall muß auf andere Zustandsgleichungen zurückgegriffen werden. Oft bietet die Redlich-Kwong-Gleichung bessere Genauigkeit, vgl. Abschn. 2.3.4. Bei anspruchsvolleren Problemen sind die 5-Konstanten-Gleichung nach BEATTIE/BRIDGMAN (1927) oder die 8-Konstanten-Gleichung nach BENEDICT/WEBB/RUBIN (1951) vorzuziehen, vgl. Abschn. 2.4.

Von besonderer Wichtigkeit für die chemische Verfahrenstechnik ist im Rahmen der realen Gase die Behandlung von *Wasserdampf* und *feuchter Luft*. Diese sind in der Kraftwerkstechnik und bei der *Trocknung* von Reaktionsedukten und -produkten von besonderer Bedeutung. In diesen Bereichen haben sich (pv)-Darstellungen weniger bewährt, vielmehr greift man dort auf Temperatur-Entropie- und Enthalpie-Entropie-Diagramme – sog. *TS*- und *HS*-Diagramme – zurück.

Tabelle 2.1: Werte der van-der-Waals-Konstanten a und b sowie der kritischen Werte T_k, p_k, v_k für einige ausgewählte Gase.

Verbindung	$\dfrac{a}{10^{-1} \dfrac{\text{Pa}\,\text{m}^6}{\text{mol}^2}}$	$\dfrac{b}{10^{-3} \dfrac{\text{m}^3}{\text{mol}}}$	$\dfrac{T_k}{\text{K}}$	$\dfrac{p_k}{10^5\,\text{Pa}}$	$\dfrac{v_k}{10^{-6} \dfrac{\text{m}^3}{\text{mol}}}$
Acetylen	4.46	5.15	308.3	61.4	113.0
Ammoniak	4.46	5.15	405.6	112.8	72.5
Argon	1.37	3.23	150.8	48.7	74.9
Benzol	18.24	11.50	562.1	48.9	259.0
n-Butan	14.69	12.30	425.2	38.0	255.0
Chlor	6.59	5.64	417.0	77.0	124.0
Chlormethan	7.57	6.51	416.3	66.8	139.0
Chlorwasserstoff	3.73	4.09	324.6	83.0	81.0
Cyanwasserstoff	10.90	8.25	456.8	53.9	139.0
Diethylether	17.63	13.50	466.7	36.4	280.0
Distickstoffmonoxid	3.84	4.43	309.6	72.4	97.4
Essigsäure	17.59	10.68	594.4	57.9	171.0
Ethan	5.53	6.47	305.4	48.8	148.0
Ethylen	4.53	5.73	282.4	50.4	129.0
Helium	0.03	2.38	5.2	2.27	57.3
Kohlendioxid	3.65	4.28	304.2	73.8	94.0
Kohlenmonoxid	1.51	4.00	132.9	35.0	93.1
Methan	2.29	4.30	190.9	46.0	99.0
Methanol	9.67	6.71	512.6	81.0	118.0
Propan	8.77	8.47	369.8	42.5	203.0
Propen	8.49	3.30	365.0	46.2	181.0
Sauerstoff	1.38	3.19	154.6	50.5	73.4
Schwefeldioxid	6.81	5.65	430.8	78.8.	122.0
Schwefelwasserstoff	4.49	4.30	373.2	89.4	139.0
Stickstoff	1.41	3.92	126.2	33.9	89.5
Stickstoffmonoxid	1.36	2.80	180.0	65.0	58.0
Wasser	5.53	3.60	647.3	220.5	56.0
Wasserstoff	0.25	2.67	33.2	13.0	65.0

2.3.2 Die Virialgleichung

Durch Umschreiben der van-der-Waals-Gleichung ergibt sich der Zusammenhang zu den Virialgleichungen: man löst Gl. 2.13 nach pv/RT auf und erhält den dimensionslosen Zusammenhang:

$$\frac{pv}{RT} = 1 + \frac{bp}{RT} - \frac{a}{RTv} + \frac{ab}{RTv^2}$$

Die Vernachlässigung des höheren Gliedes $ab/(RTv^2)$ und die Substitution von $a/(RTv)$ über das ideale Gasgesetz: $a/(RTv) = ap/(RT)^2$ liefert:

$$\frac{pv}{RT} = 1 + \frac{p}{RT}\left(b - \frac{a}{RT}\right)$$

Mit Einführung des 2. *Virialkoeffizienten* $B = b - a/RT$, Einheit : m³ mol⁻¹, folgt die
▷ EINFACHE VIRIALGLEICHUNG:

$$\boxed{\frac{pv}{RT} = 1 + \frac{Bp}{RT}} \tag{2.18}$$

Die *allgemeine Virialgleichung* lautet mit den höheren Gliedern C und D:

$$Z = \frac{pv}{RT} = 1 + \frac{Bp}{RT} + \frac{Cp^2}{RT} + \frac{Dp^3}{RT} + \cdots \tag{2.19}$$

Der 2. Virialkoeffizient B läßt sich aufgrund der Beziehung $pv = RT + Bp$ aus dem experimentell erhaltenen pv/p-Diagramm durch Ermittlung der Steigung der Isothermen für $p \to 0$ entnehmen, vgl. Abb. 2.2(a). Die höheren Virialkoeffizienten lassen sich theoretisch nach HIRSCHFELDER/CURTISS/BIRD (1954) mithilfe des *Lennard-Jones-Potentiales* ermitteln. Der dimensionslose Ausdruck $pv/(RT)$ ist der
▷ REALGAS- ODER KOMPRESSIBILITÄTSFAKTOR:

$$\boxed{Z = \frac{pv}{RT}} \tag{2.20}$$

Folgerungen: Für ein ideales Gas ist $Z = 1$. In der Form:

$$Z = 1 + Bp/RT$$

beschreibt die Gleichung das Realverhalten der Gase bis ca. 10^6 Pa (10 bar) hinreichend gut. Aus dem Realgasfaktor Z bzw. dem 2. Virialkoeffizienten B läßt sich der *Fugazitätskoeffizient* $\hat{\gamma}$ eines realen Gases ermitteln, vgl. Abschn. 8.3. Die Berechnung von Z kann nach der iterativen Methode mithilfe der Gln. 2.25 und 2.26 erfolgen.

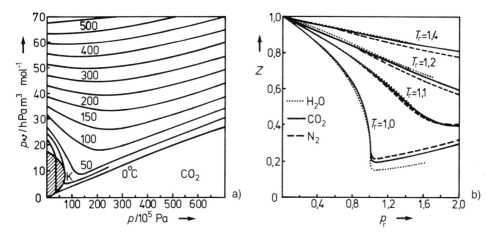

Abbildung 2.2: (a) Das $(p\,v)/p$-Diagramm für Kohlendioxid; (b) Prüfung des Korrespondenzprinzipes an Wasserdampf, Stickstoff und Kohlendioxid.

2.3.3 Das Korrespondenzprinzip

Setzt man in die van-der-Waals-Gleichung (Gl. 2.13) die aus der kritischen Isotherme T_k ermittelten Konstanten für a, b und R nach den Gln. 2.15, 2.16, 2.17 ein, so erhält man in *reduzierten Größen*: $p_r = p/p_k$, $T_r = T/T_k$, $v_r = v/v_k$ die
▷ REDUZIERTE VAN-DER-WAALS-GLEICHUNG:

$$\left(p_r + \frac{3}{v_r^2}\right)(3\,v_r - 1) = 8\,T_r \qquad (2.21)$$

Diese Gleichung läßt einen Zusammenhang $F(p_r, v_r, T_r) = 0$ unabhängig von der Art des Gases vermuten: es ist das *Theorem der übereinstimmenden Zustände* oder *Korrespondenzprinzip*. In dieser universellen Form ist das Korrespondenzprinzip jedoch nur für Sauerstoff, Stickstoff, Kohlenmonoxid, Methan und Edelgase verifizierbar. Wir greifen auf die einfache Virialgleichung in der Form $Z = 1 + B\,p/(RT)$ zurück und schreiben sie durch Erweitern auf reduzierte Größen um:

$$Z = 1 + \left(\frac{B\,p_k}{R\,T_k}\right)\left(\frac{p_r}{T_r}\right) \qquad (2.22)$$

Bei einer Auftragung von Z gegen p_r sollten die Kurvenscharen aller Gase für gewisse Werte von T_r zusammenfallen, vgl. Abb. 2.2(b). Auch aus dieser Auftragung läßt sich der 2. Virialkoeffizient B aus der Anfangssteigung $p_r \to 0$ schnell ermitteln. Eine verallgemeinerte Darstellung zeigt die Abb. 2.3, dort ist der Isothermen-Verlauf als Auftragung des Realfaktors Z gegen die reduzierten Größen p_r mit T_r als Parameter dargestellt. Eine weitere Verbesserung des Korrespondenzprinzips wird nach PITZER (1961) bzw. RIEDEL (1954 ff) durch Einführung eines vierten Parameters erreicht.

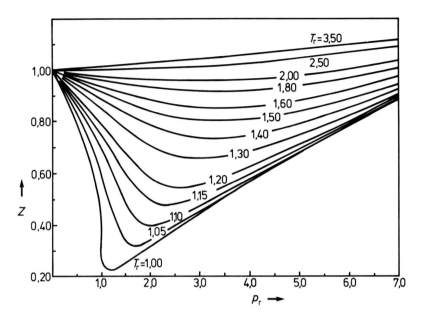

Abbildung 2.3: Verallgemeinerte Darstellung des Realfaktors Z gegen den reduzierten Druck p_r für verschiedene Werte der reduzierten Temperatur T_r.

2.3.4 Die Redlich-Kwong-Gleichung

Eine für die Anwendung im Bereich der chemischen Verfahrenstechnik wichtige Zustandsgleichung für Gase ist die

▷ REDLICH-KWONG-GLEICHUNG:

$$\left(p + \frac{a'}{\sqrt{T}\, v\, (v+b')} \right) (v - b') = RT \quad , \mathrm{J\,mol^{-1}} \tag{2.23}$$

Die dort auftretenden Größen a' und b' sind gegeben durch:

$$a' = \frac{0.42748\, R^2\, T_k^{2.5}}{p_k} \qquad b' = \frac{0.08664\, R T_k}{p_k} \tag{2.24}$$

Man erhält diese Redlich-Kwong-Konstanten a' und b' aus der kritischen Isotherme T_k nach gleichen Überlegungen wie bei der van der Waals-Isotherme dargelegt. In Tab. 2.1 sind zur Berechnung für einige Verbindungen die kritischen Werte p_k, T_k, v_k aufgeführt. Schreibt man nun Gl. 2.23 auf den Realfaktor $Z = p\,v/(RT)$ um, so erhält man:

$$Z = \frac{1}{1-h} - \frac{a'\, h}{RT^{1.5}\,(1+h)\, b'}$$

Hierin ist $h = b'/v = b'p/(ZRT)$). Setzt man nun für a' und b' die Ausdrücke aus Gl. 2.24 ein, so ergibt sich in den reduzierten Größen ein vielseitig anwendbarer Ausdruck für Z:

$$Z = \frac{1}{1-h} - \frac{4.9340}{T_r^{1.5}} \left(\frac{h}{1+h} \right) \qquad (2.25)$$

$$\text{mit} \quad h = \frac{0.08664 \, p_r}{Z \, T_r} \qquad (2.26)$$

Vorgehen: Die Bestimmung von Z läuft wie folgt ab: Man berechnet für das gewünschte Gas und die erforderlichen Werte von Temperatur und Druck die reduzierten Größen $T_r = T/T_k$, $p_r = p/p_k$. Diese setzt man in Gl. 2.26 zusammen mit dem Startwert $Z = 1$ ein und berechnet h. Den so berechneten Wert für h setzt man in Gl. 2.25 ein und berechnet Z. Den verbesserten Wert für Z nimmt man als neuen Startwert in Gl. 2.26 und iteriert so lange, bis das Ergebnis zufriedenstellend ist.

Bewertung: Die Redlich-Kwong-Gleichung ist gegenüber der van-der-Waals-Gleichung wegen der besseren Beschreibung der Isotherme zu bevorzugen.

Mithilfe von Z kann man bis zu Drucken von ungefähr 10^6 Pa (10 bar) die folgenden Größen für reale Gase berechnen:
- das reale Molvolumen v^{re} eines Gases, nach Gl. 2.20,
- den 2. Virialkoeffizienten B, nach Gl. 2.18,
- den Fugazitätskoeffizienten $\hat{\gamma}$ nach Gl. 8.45.

Für Drucke größer ungefähr 10^6 Pa (10 bar) kann man auf die erweiterte Beschreibung mittels eines vierten Parameters zurückgreifen, vgl. SMITH/VAN NESS (1987). Diese Berechnung eignet sich nicht für den Verlauf der Isothermen im Zweiphasengebiet, in diesen Fall konvergiert das Verfahren nicht.

Beispiel: Bestimme das molare Volumen v^{re}, den Virialkoeffizienten B und den Fugazitätskoeffizienten $\hat{\gamma}$ von n-Butan bei 500 K und 30 bar durch a) das ideale Gasgesetz und b) über den Realfaktor Z ($R = 8.314$ J mol^{-1} K^{-1}).
Lösung a) $v = RT/p = (8.314)(500)/(30 \cdot 10^5)$, $v = 1385 \cdot 10^{-6}$ m^3 mol^{-1}.
Da das ideale Gasgesetz vorausgesetzt wird, ist natürlich $B = 0$ und $\hat{\gamma} = 1$.
Lösung b) Aus Tab. 2.1 entnimmt man für n-Butan die Daten: $T_k = 425.2$ K, $p_k \approx 38$ bar, daraus berechnet sich $T_r = 500/425.2 = 1.1759$ und $p_r = 30/38 = 0.7895$. Setzt man nun nach dem beschriebenen Verfahren zunächst $Z = 1$ in Gln. 2.26, 2.25 ein, so erhält man nach wenigen Iterationen $Z = 0.8115$. Also ist $Z = 0.8115 = p v^{re}/RT$, daraus berechnet sich $v^{re} = (0.8115)(8.314)(500)/(30 \cdot 10^5) = 1124 \cdot 10^{-6}$ m^3 mol^{-1}.
Zur Berechnung des Virialkoeffizienten B folgt aus Gl. 2.18: $Z = 0.8115 = 1 + Bp/(RT)$ $\leadsto B = (-0.1885 \cdot 83.14 \cdot 500)/(30 \cdot 10^5) = -1.4 \cdot 10^{-4}$ m^3 mol^{-1}.
Der Fugazitätskoeffizient wird nach Gl. 8.45 berechnet: $\ln \hat{\gamma} = Bp/(RT) = Z - 1 = -0.1885 \leadsto \hat{\gamma} = 0.8282$.

2.4 Weitere Zustandsgleichungen für Gase

Die Gleichungen von BERTHELOT und DIETERICI werden beide von der van-der-Waals-Gleichung mit 2 Konstanten übertroffen. Jedoch haben sich die 5 Konstanten-Gleichung (A_0, B_0, a, b, c) nach BEATTIE/BRIDGEMAN (1927) und die 8 Konstanten-Gleichung ($A_0, B_0, C_0, a, b, c, \alpha, \gamma$) nach BENEDICT/WEBB/RUBIN (1951) bewährt.

▷ BEATTIE-BRIDGEMAN-GLEICHUNG:

$$p v^2 = RT(1 - \epsilon)(v + B) - A$$
$$A = A_0\left(1 - \frac{a}{v}\right), \quad B = B_0\left(1 - \frac{b}{v}\right), \quad \epsilon = \frac{c}{v T^3}$$

▷ BENEDICT-WEBB-RUBIN-GLEICHUNG:

$$p = \frac{RT}{v} + \frac{1}{v^2}\left\{RT\left(B_0 + \frac{b}{v}\right) - \left(A_0 + \frac{a}{v} - \frac{a\alpha}{v^4}\right) - \frac{1}{T^2}\left\{C_0 - \frac{c}{v}\left(1 + \frac{\gamma}{v^2}\right)\exp[-\gamma/v^2]\right\}\right\}$$

Diese Gleichungen sind nur zur Verdeutlichung des rechnerischen Aufwandes hier aufgeführt, hinsichtlich einer Anwendung sei auf die im Anhang aufgeführte Originalliteratur hingewiesen.

2.5 Die Zustandsgleichung für Flüssigkeiten

Theoretisch nicht fundiert, wohl aber von praktischer Bedeutung für Flüssigkeiten ist die
▷ ZUSTANDSGLEICHUNG VON TAIT (1921):

$$V_0 - V \approx V_0\, C \log\left[1 + \frac{p}{D}\right] \qquad (2.27)$$

Darin stellen C eine Konstante und D eine Funktion des Volumens dar. Diese Gleichung stellt nur eine sehr summarische Zusammenfassung der Druckeffekte auf eine Flüssigkeit dar. Der Grund ist in den Wechselwirkungen der die Flüssigphase aufbauenden Moleküle zu suchen. Das $p(v)$-Verhalten von Flüssigkeiten läßt sich daher nur qualitativ wie folgt subsummieren, vgl. BRADLEY (1963):

- die Kompressibilität $(1/V_0)(\partial V/\partial p)_T$ der Flüssigkeit nimmt mit steigendem Druck ab: diese Änderung wird jedoch mit steigendem Druck immer geringer;
- die Kompressibilität der Flüssigkeit wird größer mit wachsender Temperatur: dieser Effekt ist bei hohen Drucken vernachlässigbar;
- die Isobaren verlaufen im Gegensatz zu den Isothermen nahezu linear;
- für die Isochoren wird ein lineares Verhalten beobachtet. Demzufolge ist die Änderung des Druckes mit der Temperatur nur eine Funktion des Volumens: $(\partial p/\partial T)_V = f(V)$. Über den linearen Ansatz $p = T\,(\partial p)/(\partial T) + D$ wird hieraus die Größe D der obigen Gleichung ermittelt.

Teil I

Die Terme der Bilanzgleichungen

3 Der konvektive Term: Hydrodynamik

Die gleich zu Beginn des Abschnittes behandelte *Kontinuitätsgleichung* wird durch die Erläuterung der *rheologischen Stoffmodelle* und der *Strömungsformen* ergänzt. Nach der Ableitung des *Hagen-Poiseuille-Gesetzes* wird als erste technische Anwendung die *D'Arcy-Filtergleichung* besprochen.

- KONTINUITÄTSGLEICHUNG, Gl. 3.8: $\left(\dfrac{\partial \varrho}{\partial t}\right) = -\left(\dfrac{\partial}{\partial x} + \dfrac{\partial}{\partial y} + \dfrac{\partial}{\partial z}\right) \varrho\, \mathbf{u}$

- VISKOELASTISCHES STOFFMODELL, Gl. 3.17: $(\tau - \tau_0)^n = B \dfrac{du}{dy}$

- VISKOSITÄTSMESSUNG NACH OSTWALD, Gl. 3.20: $V = \dfrac{\Delta p}{8\,\eta\, l} \pi R^4$

- STRÖMUNGSPROFIL LAMINARE STRÖMUNG, Gl. 3.23: $\dfrac{u(r)}{u_{\max}} = 1 - \left(\dfrac{r}{R}\right)^2$

- STRÖMUNGSPROFIL TURBULENTE STRÖMUNG, Gl. 3.24: $\dfrac{u(r)}{u_{\max}} \approx \left(\dfrac{R-r}{R}\right)^{1/7}$

- REYNOLDS-ZAHL, Gl. 3.25: $(Re) = \dfrac{u\, L\, \varrho}{\eta}$

- GRENZSCHICHTDICKE, Gl. 3.26: $\delta = \dfrac{d}{\sqrt{(Re)}}$

- FILTERGLEICHUNG, Gl. 3.37: $\log V = \dfrac{m}{n} \log[\Delta p] + \dfrac{1}{n} \log[2\,k'\,A^2\,t]$

3.1 Die Kontinuitätsgleichung

Beim Besuch eines chemischen Betriebes fallen dem Besucher sofort die Vielzahl von Rohrleitungen auf. Obwohl der Eindruck vorherrscht, es passiere wenig, findet doch ein ständiger Fluß von gasförmigen und flüssigen Stoffen statt. Diese Stoffströme beeinflussen nahezu alle Prozesse der chemischen Verfahrenstechnik; die *Strömungslehre* bzw. *Hydrodynamik* ist daher eines der wichtigsten Fundamente. Auch bei der eingehenden Betrachtung der Stoff- und Wärmebilanz wird sich die wichtige Bedeutung der makroskopischen Flüsse herausstellen. Ein Fluid wird durch zwei Stoffeigenschaften gekennzeichnet:

- der *Dichte* und
- der *Viskosität*.

Das Dichtefeld eines Fluids wird von der *Kontinuitätsgleichung* beschrieben; die Viskosität ist von entscheidender Bedeutung bei der Ausbildung des *Strömungszustandes* eines Fluids. Diese Begriffe werden nun nacheinander diskutiert: zunächst erfolgt die Vorstellung der Kontinuitätsgleichung, sodann werden die Viskosität und die damit zusammenhängenden rheologischen Stoffmodelle besprochen.

Zur Aufstellung der Kontinuitätsgleichung betrachten wir das in Abb. 3.1 dargestellte Bilanzvolumen $\Delta V = \Delta x\, \Delta y\, \Delta z$: dieses soll in Richtung der z-Koordinaten von einem Fluid mit der Masse: $m = \varrho V$ (dann ist auch $\dot m = \varrho \dot V = \varrho u_z A = \varrho u_z \Delta x\, \Delta y$) durchströmt werden. An der Stelle $z(0)$ strömt durch die Fläche $\Delta x\, \Delta y$ pro Zeiteinheit die Masse ein:

$$\dot m_{z(0)} = (\varrho\, u_z)_{z(0)}\, \Delta x\, \Delta y \qquad (3.1)$$

An der Stelle $z(0) + \Delta z$ strömt gleichzeitig pro Zeiteinheit die Masse aus:

$$\dot m_{z(0)+\Delta z} = (\varrho\, u_z)_{z(0)+\Delta z}\, \Delta x\, \Delta y \qquad (3.2)$$

Um den Verlauf von $\dot m = \partial m/\partial t$ an der Stelle $z(0) + \Delta z$ angeben zu können, entwickelt man diese Gleichung in eine Taylor-Reihe, bricht nach dem linearen Glied ab und erhält:

$$\dot m_{z(0)+\Delta z} = \left\{ (\varrho\, u_z)_{z(0)} + \frac{\partial [\varrho\, u_z]}{\partial z} \Delta z \right\} \Delta x\, \Delta y \qquad (3.3)$$

Als Differenz dieser Ströme ergibt sich nach dem Einsetzen der Gln. 3.1 und 3.3 der Nettostrom zu:

$$\dot m_{z(0)} - \dot m_{z(0)+\Delta z} = \Delta \dot m_z = -\frac{\partial [\varrho\, u_z]}{\partial z}\, \Delta x\, \Delta y\, \Delta z \qquad (3.4)$$

Nun bringt man $\Delta V = \Delta x\, \Delta y\, \Delta z$ auf die linke Seite und berücksichtigt die Definition für $(\Delta m / \Delta V)_{\Delta V \to 0} = \mathrm{d}m/\mathrm{d}V = \varrho$, dann ergibt sich die Massenbilanz:

$$\left(\frac{\partial \varrho}{\partial t} \right)_z = -\frac{\partial [\varrho\, u_z]}{\partial z} \qquad (3.5)$$

Analog ergeben sich sich die Nettoströme in Richtung der x- bzw. y-Koordinaten:

$$\left(\frac{\partial \varrho}{\partial t} \right)_x = -\frac{\partial [\varrho\, u_x]}{\partial x} \qquad (3.6)$$

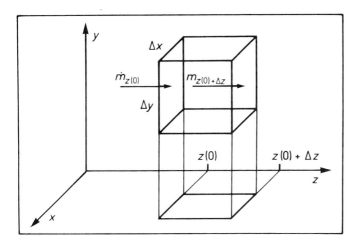

Abbildung 3.1: Skizze zur Erläuterung der Kontinuitätsgleichung.

$$\left(\frac{\partial \varrho}{\partial t}\right)_y = -\frac{\partial [\varrho\, u_y]}{\partial y} \qquad (3.7)$$

Die Teilströme nach Gln. 3.5, 3.6 und 3.7 können nun zu einem Gesamtstrom zusammenfasst werden, es ergibt sich die

▷ KONTINUITÄTSGLEICHUNG:

$$\boxed{\frac{\partial \varrho}{\partial t} = -\left(\frac{\partial [\varrho\, u_x]}{\partial x} + \frac{\partial [\varrho\, u_y]}{\partial y} + \frac{\partial [\varrho\, u_z]}{\partial z}\right)} \qquad (3.8)$$

Die etwas unhandlichen Differentialquotienten lassen sich unabhängig vom Koordinatensystem in Termen der Vektoranalysis darstellen, vgl. Abschn. 7.4. Wendet man auf die obige Gleichung die Produktregel der Differentialrechnung an, so folgt:

$$\frac{\partial \varrho}{\partial t} = -u_x\left(\frac{\partial \varrho}{\partial x}\right) - u_y\left(\frac{\partial \varrho}{\partial y}\right) - u_z\left(\frac{\partial \varrho}{\partial z}\right) - \varrho\left(\frac{\partial u_x}{\partial x}\right) - \varrho\left(\frac{\partial u_y}{\partial y}\right) - \varrho\left(\frac{\partial u_z}{\partial z}\right) \qquad (3.9)$$

$$\frac{\partial \varrho}{\partial t} = -\mathbf{u}\,\mathrm{grad}\,\varrho - \varrho\,\mathrm{div}\,\mathbf{u} = -\mathbf{u}\cdot\nabla\varrho - \varrho\nabla\cdot\mathbf{u} \qquad (3.10)$$

Für inkompressible Medien, das sind Flüssigkeiten unter mäßigem Druck und Gase mit Lineargeschwindigkeiten bis zu 100 m s^{-1}, tritt praktisch *keine* Variation der Geschwindigkeit nach dem Ort auf, es folgt die

▷ KONTINUITÄTSGLEICHUNG FÜR INKOMPRESSIBLE MEDIEN:

$$\frac{\partial \varrho}{\partial t} = -u_x\left(\frac{\partial \varrho}{\partial x}\right) - u_y\left(\frac{\partial \varrho}{\partial y}\right) - u_z\left(\frac{\partial \varrho}{\partial z}\right) \qquad (3.11)$$

3.2 Die Viskosität

Bei einem ruhenden Fluid ist der Druck $p_\perp$ als die Normalkomponente der Kraft $F_\perp$ auf eine Fläche definiert. Existieren keine Vorzugsrichtungen beim molekularen Aufbau des Fluids, wovon im allgemeinen ausgegangen wird, so ist der Druck *isotrop*, also richtungsunabhängig: man spricht dann vom *hydrostatischen Druck*:

$$p_\perp = \frac{F_\perp}{A} \qquad (3.12)$$

Ist das Fluid in Bewegung, so treten zusätzliche *Scherspannungen* τ parallel zur Fläche auf. Die Definition ist analog der obigen, jedoch wird nun die Tangentialkomponente der Kraft $F_\parallel$ – das ist die *Scherkraft* – herangezogen:

$$\tau = \frac{F_\parallel}{A} \qquad (3.13)$$

Die Ursache dieser Scherspannungen ist durch den molekularen Aufbau des Kontinuums gegeben: sie äußert sich in der *Viskosität* bzw. *Zähigkeit* des Fluids. Eine charakteristische Zahl ist der *Viskositätskoeffizient* bzw. die *Zähigkeitszahl* η; dieser Koeffizient ist demgemäß maßgebend für den Widerstand, den ein Fluid der Bewegung entgegensetzt.

Meßmethodik: Zur Bestimmung des Viskositätskoeffizienten η mißt man für verschiedene Geschwindigkeiten u_z die Kraft, die zur Bewegung einer Fläche A tangential zur Oberfläche eines Fluids in z-Richtung nötig ist, s. Abb. 3.2(a). Dann trägt man die flächenbezogene Kraft τ gegen den Geschwindigkeitsgradienten $\mathrm{d}u_z/\mathrm{d}y$ auf. Für den linearen Zusammenhang zwischen τ und $\mathrm{d}u_z/\mathrm{d}y$ erhält man den *isotropen* Viskositätskoeffizienten η (er wird aus diesem Grunde nicht indiziert) aus der Steigung der Geraden, s. Abb. 3.2(b). Der dieser Auftragung zugrundeliegenden Zusammenhang ist das
▷ NEWTONSCHE REIBUNGSGESETZ:

$$\boxed{\tau = \eta \frac{\mathrm{d}u_z}{\mathrm{d}y}} \qquad (3.14)$$

Sich dementsprechend verhaltende Flüssigkeiten bezeichnet man in der Hydrodynamik als *Newtonsche Flüssigkeiten*.

Die Scherspannung läßt sich auch als senkrecht zur Strömungsrichtung transportierter Impuls pro Zeit und Fläche deuten. Dies wird deutlich, wenn man statt des dynamischen Viskositätskoeffizienten η den kinematischen Viskositätskoeffizienten $\nu = \eta/\varrho$, Einheit: $\mathrm{m}^2\,\mathrm{s}^{-1}$, in das Newton-Gesetz einsetzt:

$$\tau = \nu \frac{\mathrm{d}[u_z \varrho]}{\mathrm{d}y} \qquad (3.15)$$

Das Produkt $u_z\,\varrho = u_z\,m/V$ ist der pro Volumeneinheit transportierte Impuls. Die Viskosität nimmt für Flüssigkeiten mit steigender Temperatur ab, für Gase dagegen mit steigender Temperatur zu.

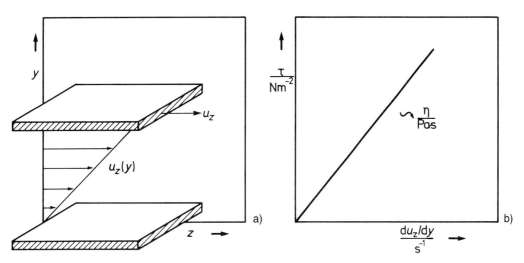

Abbildung 3.2: (a) Meßmethodik zur Ermittlung des Viskositätskoeffizienten, s. Text; (b) Auftragung der Meßwerte zur Ermittlung des Viskositätskoeffizienten.

Alte Einheiten:
- für η : $1\,\mathrm{P(oise)} = 100\,\mathrm{cP} = 1\,\mathrm{g\,cm^{-1}\,s^{-1}} = 0.1\,\mathrm{Pa\,s}$
- für ν : $1\,\mathrm{St(okes)} = 100\,\mathrm{cSt} = 1\,\mathrm{cm^2\,s^{-1}} = 10^{-4}\,\mathrm{m^2\,s^{-1}}$

Die hier gegebene Definition der Viskosität unterscheidet sich um das Vorzeichen von der im folgenden Abschnitt mit der Transportgleichung (Gl. 4.12) angegebenen Impulsstromdichte $dI/(A\,dt)$:

$$\frac{dI}{A\,dt} = -\eta\,\frac{du_z}{dy}$$

Es gibt offensichtlich zwei Denkansätze zur Definition von η:
den *physikalischen* Ansatz: $\dfrac{dI}{A\,dt} = -\eta\,\dfrac{du_z}{dy}$; den *technischen* Ansatz: $\tau = +\eta\,\dfrac{du_z}{dy}$.
In welcher Relation stehen diese zueinander? Nach der physikalischen Definition resultiert ein Transport des Impulses stets bei Vorliegen eines Geschwindigkeitsgradienten *gegen* eben diesen Gradienten in Richtung kleinerer Werte $u(z)$, also $du_z/dy < 0$, s. Skizze im Abschn. 4.3. Da der Viskositätskoeffizient eine positive Zahl ist, folgt das Minuszeichen im physikalischen Ansatz.

Die technische Definition orientiert sich an der Meßmethodik, Abb. 3.2(a). Da die gemessene Geschwindigkeit immer eine positive Größe ist, ist auch $du_z/dy > 0$. Es folgt das Pluszeichen im technischen Ansatz.

3.3 Die rheologischen Stoffmodelle

Die Einteilung der rheologischen Stoffmodelle erfolgt anhand der in Abb. 3.3 dargestellten Auftragung gemäß einer modifizierten Newtonschen Gleichung. Durch die formale Einführung eines *Viskositätsexponenten* n wird es möglich, auch nichtlineare Zusammenhänge zwischen der Scherspannung und dem Geschwindigkeitsgefälle zu beschreiben. Es folgt damit der empirische

▷ Ansatz von Ostwald-de Waele:

$$\boxed{\tau^n = B \frac{\mathrm{d}u}{\mathrm{d}y}} \qquad (3.16)$$

Newtonsche Flüssigkeiten: Für Newtonsche Flüssigkeiten ergibt sich, wie bereits dargestellt, $n = 1$, $B = \eta$, also ein linearer Zusammenhang. Die Gerade in Abb. 3.3 geht durch den Ursprung des Koordinatensystems.

Dieses Verhalten wird bei Fluiden beobachtet, die von kleineren und nur wenig assoziierten Molekülen aufgebaut werden: dazu gehören alle unpolaren organischen Flüssigkeiten, auch Wasser zählt trotz seines Assoziationsverhaltens dazu.

Strukturviskose Flüssigkeiten: Für strukturviskose Flüssigkeiten ist $n > 1$. Da nun kein linearer Zusammenhang zwischen der Schubspannung und dem Geschwindigkeitsgradienten mehr besteht, bezeichnet man B als *scheinbaren* Viskositätskoeffizienten. Der scheinbare Viskositätskoeffizient nimmt mit wachsendem Geschwindigkeitsgradienten ab: die Steigung der Kurve wird kleiner, vgl. obere Kurve Abb. 3.3. Die Flüssigkeit verhält sich also zunächst fast wie ein elastischer Körper und beginnt dann zu fließen.

Dieses Verhalten wird oft bei Polymeren beobachtet. Im Ruhezustand sind diese verknäult und ineinander verzahnt, sie wirken so der Verschiebung entgegen. Mit wachsendem Geschwindigkeitsgradienten werden die Polymere zunehmend entflochten und in Strömungsrichtung ausgerichtet: die Verschiebung wird dann zunehmend erleichtert.

Dilatante Flüssigkeiten: Für dilatante Flüssigkeiten ist $n < 1$. In diesem Fall nimmt der scheinbare Viskositätskoeffizient B mit wachsendem Geschwindigkeitsgradienten zu: die Steigung der Kurve wird größer, vgl. untere Kurve Abb. 3.3. Die Flüssigkeit verhält sich also zunächst normal und wird dann einem elastischen Körper immer ähnlicher; dies beobachtet man häufig bei Pasten und Emulsionen. Eine Erklärung dafür wurde schon von O. Reynolds für das rheologische Verhalten des Treibsandes gegeben.

Die in den Zwischenräumen der Partikeln der festen Phase gespeicherte Flüssigkeit wirkt zunächst als Schmierstoff und erleichtert die rotatorische und translatorische Bewegung der Partikeln der festen Phase. Mit zunehmenden Geschwindigkeitsgradienten und zunehmenden Abstand der Partikeln verteilt sich die konstant bleibende Menge der als Schmierstoff wirkenden Flüssigkeit in den größer werdenden Zwischenräumen. Die Schmierwirkung nimmt ab und es resultiert ein dem Festkörper ähnliches Verhalten.

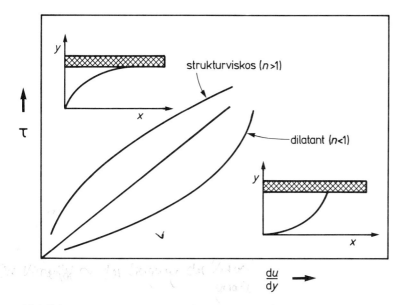

Abbildung 3.3: Skizze zur Erläuterung der Strukturviskosität und Dilatanz.

Bingham-Flüssigkeiten: Das Fließen setzt bei Bingham-Flüssigkeiten erst bei Anlegen einer Mindestscherspannung τ_0 ein

▷ MODELL DES VISKO-ELASTISCHEN KÖRPERS:

$$(\tau - \tau_0)^n = B' \frac{du}{dy} \tag{3.17}$$

Die Flüssigkeit verhält sich für $\tau < \tau_0$ elastisch; man spricht daher auch von *visko-elastischen* Körpern. Bei Polymerenschmelzen wird dies häufig durch Ausbildung von Wasserstoff-Brücken der langkettigen Moleküle untereinander bewirkt. Eine Bingham-Flüssigkeit kann auch strukturviskoses oder dilatantes Verhalten mit $n \neq 1$ zeigen.

Thixotropie: Bei realen Flüssigkeiten beobachtet man darüberhinaus häufig eine zeitliche Abhängigkeit des Viskositätskoeffizienten. Dies kann durch die Relaxation der Moleküle nach dem Aufbrechen der Wasserstoff-Brücken erklärt werden. Dem makroskopischen Bewegungsablauf des Fließens ist eine mikroskopische Bewegung überlagert.

Rheopexie: Unter Rheopexie versteht man die Strukturbildung in Flüssigkeiten bei kleinen Schergeschwindigkeiten. Sie spielt bei der Herstellung von Porzellan eine bedeutende Rolle. Zunächst unterstützen kleine Schüttelbewegungen den Transport einer Komponente zum strukturbildenden Partner. Die Wechselwirkungskraft mit diesem Strukturbildner ist jedoch so gering, daß sie durch größere Scherkräfte, also kräftigere Schüttelbewegungen, wieder aufgebrochen wird.

34   *3. Der konvektive Term: Hydrodynamik*

3.4 Das Hagen-Poiseuille-Gesetz

Der Einfluß der im Abschn. 3.3 erwähnten Druck- und Scherkräfte auf eine sich bewegende Flüssigkeit läßt sich anhand der *laminaren* Strömung einfach darstellen. Zweierlei Kräfte sind für die Flüssigkeitsbewegung in einem Zylinder maßgebend, s. Abb. 3.4:

1. auf die Stirnflächen des Zylinders wirkt die Oberflächenkraft: $F_\perp = \Delta p\, \pi\, r^2$;
2. auf die Zylinderwand wirkt die Scherkraft: $F_\parallel = \tau\, 2\, \pi\, r\, l$.

Im mechanischen Gleichgewicht ist die Kräftesumme gleich Null, also:

$$F_\perp + F_\parallel = 0$$
$$\Delta p\, (\pi\, r^2) + \tau (2\, \pi\, r\, l) = 0$$

Man löst diese Gleichung nach der Scherspannung τ auf und setzt den erhaltenen Ausdruck mit dem Newtonschen Reibungsgesetz nach Gl. 3.14 gleich:

$$\tau = -\frac{\Delta p\, r}{2\, l} = \eta\, \frac{\mathrm{d}u_z}{\mathrm{d}r} \qquad (3.18)$$

Die resultierende Differentialgleichung wird nach Trennung der Variablen unter Beachtung der Randbedingungen, daß am Rand des Rohres bei $r = R$ die Geschwindigkeit $u = 0$ ist, integriert:

$$\frac{\mathrm{d}u_z}{\mathrm{d}r} = -\frac{\Delta p\, r}{2\eta\, l}$$

$$\int_0^u \mathrm{d}u_z = -\frac{\Delta p}{2\eta\, l} \int_R^r r\, \mathrm{d}r$$

$$u = \left. \left| -\frac{\Delta p}{2\eta\, l}\left(\frac{r^2}{2}\right)\right| \right|_R^r$$

Nach dem Einsetzen der Grenzen und Ausklammern von R^2 ergibt sich:

$$u = -\frac{\Delta p}{2\eta\, l}\left(\frac{r^2}{2} - \frac{R^2}{2}\right) = \frac{\Delta p}{4\eta\, l}(R^2 - r^2) = \frac{\Delta p\, R^2}{4\eta\, l}\left(1 - \frac{r^2}{R^2}\right)$$

▷ Geschwindigkeitsprofil der laminaren Strömung:

$$\boxed{u = u_{\max}\left(1 - \frac{r^2}{R^2}\right)} \qquad (3.19)$$

Die hier gezeigte Abhängigkeit $u = u(r^2)$ liefert als Strömungsprofil das typische Rotationsparaboloid der laminaren Strömung, s. Abb. 3.5(a).

Für die über das Flächenelement $\mathrm{d}A$ austretende Flüssigkeitsmenge aus diesem Zylinder gilt:

$$\int_{\dot{V}} \mathrm{d}\dot{V} = \int_A u\, \mathrm{d}A$$

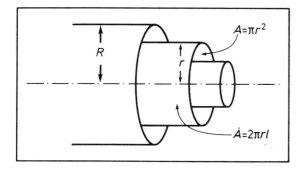

Abbildung 3.4: Skizze zur Ableitung des Hagen-Poiseuille-Gesetzes.

Die Integration liefert nach dem Einsetzen von u der Gl. 3.19, den Ausdruck:

$$\int_0^{\dot{V}} d\dot{V} = \int_0^R u\,(2\pi r\,dr)$$

$$\int_0^{\dot{V}} d\dot{V} = \int_0^R \frac{\Delta p}{4\eta l}(R^2 - r^2)(2\pi r\,dr)$$

▷ GESETZ NACH HAGEN-POISEUILLE:

$$\boxed{\dot{V} = \frac{\Delta p}{8\eta l}\pi R^4} \qquad (3.20)$$

Durch den Zusammenhang für den mittleren Volumenstrom $\dot{V} = \overline{u}\,A$ ergibt sich:

$$\overline{u} = \frac{\dot{V}}{A} = \frac{\Delta p}{8\eta l}\frac{\pi R^4}{\pi R^2} = \frac{\Delta p\,R^2}{8\eta l} = \frac{u_{\max}}{2}$$

▷ MITTLERE GESCHWINDIGKEIT DER LAMINAREN STRÖMUNG:

$$\boxed{\overline{u} = \frac{u_{\max}}{2}} \qquad (3.21)$$

Hinweis: Die Gl. 3.20 wird für die Bestimmung des Viskositätskoeffizienten nach OSTWALD zugrundegelegt. Man muß sich jedoch darüber im klaren sein, daß mit der Gl. 3.18 das Newton-Gesetz in die Ableitung eingefügt wurde, die geschilderten Gesetzmäßigkeit also *nur* für Newton-Flüssigkeiten gelten. Für Nicht-Newton-Flüssigkeiten erhält man nach Gl. 3.16:

$$\ln \dot{V} = (n+3)\ln R + \ln\left[+\frac{B(n+1)}{2(n+3)}\right] \qquad (3.22)$$

Die Strömungsprofile $u = u(r)$ für Nicht-Newtonsche Flüssigkeiten sind in der Abb. 3.5(b) denen der Newtonschen-Flüssigkeiten gegenübergestellt.

3.5 Strömung und hydrodynamische Grenzschicht

Laminare Strömung: Die laminare Strömung zeichnet sich durch einen geschichteten Verlauf der Strömungslinien aus. Das Strömungsprofil ist durch ein Rotationsparaboloid gegeben, es ergibt sich in einem Zylinder mit dem Radius R für den Zusammenhang $u = u(r)$, vergl. Abb. 3.5(a) und den vorhergehenden Abschnitt, das

▷ STRÖMUNGSPROFIL DER LAMINAREN STRÖMUNG:

$$\boxed{\frac{u(r)}{u_{\max}} = 1 - \left(\frac{r}{R}\right)^2} \qquad (3.23)$$

Turbulente Strömung: Demgegenüber verlaufen die Strömungslinien bei der turbulenten Strömung durch die heftige Verwirbelung chaotisch, das Strömungsprofil ist daher stark abgeflacht, s. Abb. 3.5(a). Es gilt annähernd der Zusammenhang für das

▷ STRÖMUNGSPROFIL DER TURBULENTEN STRÖMUNG:

$$\boxed{\frac{u(r)}{u_{\max}} \approx \left(\frac{R-r}{R}\right)^{1/7}} \qquad (3.24)$$

Während bei der laminaren Strömung die maximale Geschwindigkeit nur an einer ausgezeichneten Stelle des Rohres – nämlich in der Rohrmitte – realisiert ist, tritt diese bei der turbulenten Strömung praktisch über 2/3 des Rohrquerschnittes auf.

Die Ausbildung der Turbulenz ist abhängig von den Stoffeigenschaften des Fluids, einer *charakteristischen Länge* des um- oder durchströmten Körpers L und der Lineargeschwindigkeit u. Einen zahlenmäßigen Anhaltspunkt gibt die dimensionslose

▷ REYNOLDS-ZAHL:

$$\boxed{(Re) = \frac{u\,L\,\varrho}{\eta}} \qquad (3.25)$$

Die Herkunft dieses Zusammenhanges wird bei der Behandlung der Modelltheorie und der Ähnlichkeitstheorie in Abschn. 16 erläutert. O. Reynolds hat diesen Zusammenhang empirisch ermittelt und gefunden, daß für die freie Rohrströmung ohne Rohreinbauten mit $L = d$ (d: Durchmesser des Rohres) Turbulenz bei:

$$(Re)_k > 2300$$

resultiert. Dieser Wert stellt die kritische Reynolds-Zahl $(Re)_k$ dar, sie ist allerdings nur ein Anhaltswert. Bei geringen Oberflächenrauhigkeiten des Rohres kann laminare Strömung bis zu $(Re) \sim 10\,000$ realisiert werden.

Einlaufstörungen: Die in Abb. 3.5(a) dargestellten Strömungsprofile für laminare und turbulente Strömung gelten natürlich nur bei voll ausgebildeten Strömungsverhältnissen. Nach dem Einlauf in einem Rohr bildet sich das dargestellte Profil erst nach einer gewissen Einlaufstrecke l aus. Es gilt für:

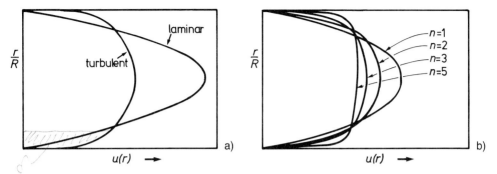

Abbildung 3.5: (a) Strömungsprofile der laminaren und turbulenten Strömung für den Viskositätsexponenten $n = 1$; (b) Strömungsprofile für $n \neq 1$.

- laminare Strömung: $l = 0.0575 \, (Re) \, d$
- turbulente Strömung : $l = 50 \, d$

Für ein Rohr mit einem Durchmesser $d = 0.05$ m ergibt sich für den laminaren Fall mit $(Re) = 2 \cdot 10^3 \leadsto l = 5.65$ m und für den turbulenten Fall mit $(Re) = 10^4 \leadsto l = 2.50$ m. Die Strecken zur Ausbildung des Profiles sind also nicht so kurz.

Der Begriff der Grenzschicht: Die Schicht, in der die Geschwindigkeit an der Zylinderwand im Fall der turbulenten Strömung vom Wert Null auf den Wert der Innenströmung ansteigt, bezeichnet man als *Grenzschichtdicke* δ oder *Reibungsschicht*. Die Dicke δ der Grenzschicht ist abhängig von der Reynolds-Zahl. Es gilt für die freie Rohrströmung in einem Rohr mit dem Durchmesser d für die

▷ GRENZSCHICHTDICKE:

$$\boxed{\delta = \frac{d}{\sqrt{(Re)}}} \qquad (3.26)$$

Folgerungen: Die Ausbildung dieser Grenzschicht ist die wesentliche Ursache dafür, daß man viele fluide Vorgänge als praktisch *reibungsfrei* betrachten kann. Die große Bedeutung der *Bernoulli-Gleichung* hat ihren Grund in dieser Näherung, vgl. Abschn. 15.

Viele Stoff- und Wärmeaustauschprozesse sind transportlimitiert, d.h. der molekulare Transport von Stoff bzw. Wärme durch diese Grenzschicht ist der geschwindigkeitsbestimmende Schritt. Für den Stofftransport ist die Diffusion der Komponente i durch die Grenzschicht bedeutend. Eine Abschätzung liefert mit dem Diffusionskoeffizienten $D^{gs} \approx 10^{-5}$ m^{2}s^{-1}; $D^{fl} \approx 10^{-9}$ m^{2}s^{-1}, vgl. Abschn. 4.4.2, die

▷ BEZIEHUNG VON EINSTEIN-SMOLUCHOWSKI:

$$\boxed{\overline{\delta^2} = 2 \, D^{gs/fl} \, t} \qquad (3.27)$$

Molekularströmung: Wie im Abschn. 4.1 dargelegt wird, ergibt sich die mittlere freie Weglänge Λ der Gasmoleküle A durch Gl. 4.5:

$$\Lambda_{AA} = \frac{k_B T}{\sqrt{2}\,\pi\,\sigma_{AA}^2\, p_A} \quad , \text{m}$$

Die mittlere freie Weglänge Λ ist druckabhängig: für 10^5 Pa und 300 K beträgt sie $\Lambda \sim 10^{-7}$ m. In Vakuumapparaturen mit Drucken von ca. 1 Pa $= 10^{-5}$ bar ergibt sich für $\Lambda \sim 10^{-2}$ m: das sind die Abmessungen der Rohrleitungen dieser Vakuumapparaturen.

Erreicht die mittlere freie Weglänge Λ die Größenordnung einer charakteristischen Apparatedimension L – hier des Rohrdurchmessers d – dann erfolgt die Strömung nicht mehr aufgrund der Molekül-Molekül-Stöße, sondern weitgehend aufgrund der Molekül-Wand-Stöße. Das Strömungsverhalten läßt sich dann *nicht* mehr mit dem Hagen-Poiseuille-Gesetz beschreiben.

Zur Charakterisierung der Molekularströmung wird der Quotient Λ/L herangezogen; er definiert eine dimensionslose Kennzahl, die

▷ KNUDSEN-ZAHL (Kn):

$$\boxed{(Kn) = \frac{\Lambda}{d}} \tag{3.28}$$

▷ CHARAKTERISIERUNG DER MOLEKULARSTRÖMUNG:

$$\begin{array}{lll}
(Kn) < 1/5 & \text{Hagen – Poiseuille – Strömung} \\
1/5 < (Kn) < 5 & \text{Übergangsgebiet} \\
(Kn) > 5 & \text{Molekularströmung}
\end{array} \tag{3.29}$$

3.6 Die Filtergleichung von D'Arcy

Die für die Ingenieurwissenschaften typische Anpassung einer exakten Gleichung an ein reales Problem soll nun anhand der Filtergleichung nach D'Arcy erläutert werden. Es ist charakteristisch für diese Anpassungen, daß die exakten Gesetze in ihrer Gestalt sehr stark verändert werden. Deshalb haben auch viele Chemiker Schwierigkeiten ihren Kollegen von der Ingenieurseite gedanklich zu folgen.

Die Filtration soll zunächst als hydrodynamisches Problem aufgefaßt und die Strömung des Filtrates durch die Poren des Filterkuchens als laminar angenommen werden. Für den Fluß in jeder Pore soll nach Gl. 3.20 das Hagen-Poiseuille-Gesetz gelten:

$$\dot{V} = \frac{\Delta p\,\pi\,R^4}{8\,\eta\,l}$$

Diese Gleichung muß aus mehreren Gründen modifiziert werden. Zunächst wird der Druckabfall Δp und die Länge l der Pore nicht konstant sein, da der Filterkuchen während der Filtration anwächst. Darüberhinaus findet auch eine Verdichtung des Filterkuchens statt, man wird also kaum von einem konstanten Radius R der Pore ausgehen können.

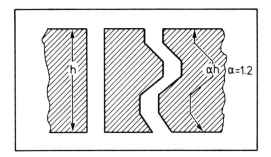

Dennoch wollen wir versuchen, diese Gleichung den technischen Gegebenheiten anzupassen. Zunächst ist die Länge l der Pore nicht identisch mit der Höhe h des Filterkuchens. Die Multiplikation mit einem Labyrinthfaktor α liefert $l = \alpha h$, mit $\alpha > 1$. Ist Z die Anzahl der Poren in der Filterfläche, dann ergibt sich der Gesamtvolumenstrom zu:

$$\dot{V} = Z \frac{\Delta p \, \pi \, R^4}{8 \, \eta \, \alpha \, h} \tag{3.30}$$

Ist die Kreisfläche des Filterkuchens A und die der einzelnen Pore πR^2, dann folgt mit der Porösität ϵ:

$$A = \epsilon \, Z \, \pi \, R^2 \tag{3.31}$$

Löst man den Ausdruck nach Z auf und setzt ihn in Gl. 3.30 ein, dann ergibt sich für die *Filtrationsgeschwindigkeit*:

$$\dot{V} = \frac{A \, \Delta p \, R^2}{\epsilon \, 8 \, \eta \, \alpha \, h} \tag{3.32}$$

Das sieht etwas kompliziert aus, also faßt man die vielen Konstanten zur Durchlässigkeitskonstanten $k = R^2/(8 \, \epsilon \, \alpha)$ zusammen und erhält die:

▷ D'ARCY-FILTERGLEICHUNG:

$$\boxed{\dot{V} = A \, k \frac{\Delta p}{\eta \, h}} \tag{3.33}$$

Diese Gleichung erlaubt jedoch *keine* Vorausberechnung der Filtration, weil: 1. h nicht konstant ist, 2. Δp mit h anwächst, 3. $k \sim R^2$ ebenfalls nicht konstant ist. Wir wollen die Gleichung jedoch noch retten und schreiben für die Höhe h des Filterkuchens einen Ausdruck, in dem h proportional dem Volumen V des Filtrates multipliziert mit dem relativen Feststoffgehalt β und reziprok zur Filterfläche A anwächst (f eine beliebige Konstante):

$$h = f \frac{V \beta}{A} \quad \text{mit} \quad \beta = \frac{\text{Feststoffvolumen}}{\text{Volumen der „Trübe"}} \tag{3.34}$$

Nach dem Einsetzen in die D'Arcy-Filtergleichung und Auflösen nach $\dot{V} = dV/dt$ folgt:

$$\dot{V} = \frac{A^2 \, k \, \Delta p}{\eta \, \beta \, f \, V}$$

$$\int_0^V V \, dV = k' A^2 \, \Delta p \int_0^t dt \quad \text{mit} \quad k' = \frac{k}{\eta \, \beta \, f}$$

$$\frac{V^2}{2} = k' A^2 \Delta p\, t$$
$$\leadsto V^2 = 2\, k' A^2 \Delta p\, t$$

Da sich dieser Zusammenhang experimentell nicht verifizieren läßt, schreibt man die Exponenten von V und Δp mit allgemeinen Exponenten m und n, dann wird logarithmiert:

$$V^n = 2\, k' A^2\, t(\Delta p)^m \tag{3.35}$$
$$n \log V = m \log[\Delta p] + \log[2\, k'\, A^2\, t] \tag{3.36}$$

Durch eine geschickte Auftragung lassen sich einige dieser Konstanten aus der Geradengleichung ermitteln:

$$\log V = \frac{m}{n} \log[\Delta p] + \frac{1}{n} \log[2\, k'\, A^2\, t] \tag{3.37}$$

1. Zunächst mißt man für verschiedene – jedoch konstant gehaltene – Druckabfälle Δp nach gewissen Filtrationszeiten $t_1, t_2, t_3, \ldots$ die Filtratvolumina $V_1, V_2, V_3, \ldots$ und trägt $\log V$ gegen $\log t$ auf, vgl. Abb. 3.6(a). Aus diesem Digramm wird der Exponent n aus der Steigung ermittelt;

2. sodann trägt man für konstante Filtrationszeiten t die Werte $\log V$ gegen $\log[\Delta p]$ auf und erhält den Exponenten n aus der Steigung m/n, vgl. Abb. 3.6(b).

So wird aus einem exakten Gesetz durch Berücksichtigung realer Verhältnisse ein mehr oder weniger empirischer Zusammenhang. Der Fehler, der hier gemacht wurde, liegt in den rein hydrodynamischen Annahmen. Offenbar liegt hier aber ein Problem vor, das die Umströmung der Partikeln durch das Filtrat berücksichtigen muß.

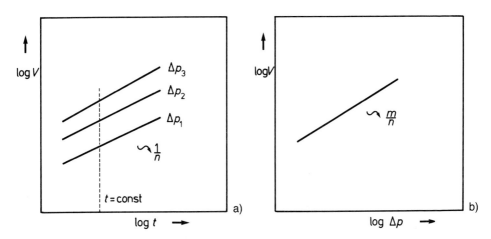

Abbildung 3.6: Experimentelle Ermittlung der Exponenten m und n der Filtrationsgleichung; (a) für konstante Druckverluste, (b) für konstante Filtrationszeiten.

4 Der konduktive Term: Transportgleichungen

Mit Einführung der Grundbegriffe der *kinetischen Gastheorie* wird das *random-walk-Modell* vorgestellt. Sodann werden Anwendungen der *Diffusiongleichung* diskutiert.

Mit der einfachen *kinetischen Gastheorie* können nur qualitative Angaben zu den Transportkoeffizienten gemacht werden; diese Ausdrücke lassen sich gut für Abschätzungen verwenden. Exakter sind die Berechnungen nach HIRSCHFELDER/CURTISS/BIRD (1954) durch Einbeziehung des *Stoßintegrals*; dazu werden Beispiele angegeben. Darüberhinaus werden semiempirische bzw. empirische Ausdrücke zur Berechnung der Transportkoeffizienten in Flüssigkeiten vorgestellt.

- MITTLERE MOLEKULARGESCHWINDIGKEIT, Gl. 4.1: $\overline{w}_A = \sqrt{\dfrac{8\,RT}{\pi\,M_A}}$

- MITTLERE FREIE WEGLÄNGE, Gl. 4.5: $\Lambda_{AA} = \dfrac{k_B T}{\sqrt{2}\,\pi\,\sigma_{AA}^2\,p_A}$

- ABSCHÄTZUNGEN:
  - DIFFUSIONSKOEFFIZIENT, Gl. 4.17: $D^{gs} \approx (2/3)\,\overline{w}\,\Lambda$
    * TEMPERATURABHÄNGIGKEIT, Gl. 4.19: $D^{gs} \sim \dfrac{\sqrt{T^3}}{p}$
  - VISKOSITÄTSKOEFFIZIENT, Gl. 4.17: $\eta^{gs} \approx (1/2)\,\overline{w}\,\Lambda\,\varrho$
    * TEMPERATURABHÄNGIGKEIT, Gl. 4.19: $\eta^{gs} \sim \sqrt{T}$
  - WÄRMELEITFÄHIGKEITSKOEFFIZIENT, Gl. 4.17: $\lambda^{gs} \approx \overline{w}\,\Lambda\,\varrho\,\tilde{c}_v$
    * TEMPERATURABHÄNGIGKEIT, Gl. 4.19: $\lambda^{gs} \sim \sqrt{T}$
  - MITTLERE FREIE WEGLÄNGE, m, Gl. 4.6: $\Lambda \approx 10^{-2}/p[\text{Pa}]$

4.1 Die Grundbegriffe der kinetischen Gastheorie

Die mittlere Molekulargeschwindigkeit: Im folgenden sollen die elementarsten Begriffe der kinetischen Gastheorie nur soweit erläutert werden, wie sie für die Chemische Verfahrenstechnik von Bedeutung sind. Bei der Ableitung der allgemeinen Transportgleichung in diesem Abschnitt treten die Begriffe *mittlere freie Weglänge* Λ und *mittlere Molekulargeschwindigkeit* $\overline{w}$ auf. Ein Ausdruck für die mittlere Molekulargeschwindigkeit für Moleküle der Sorte A mit der molekularen Masse M_A, Einheit: kg mol^{-1}, ergibt

▷ MITTLERE MOLEKULARGESCHWINDIGKEIT:

$$\boxed{\overline{w}_A = \sqrt{\frac{8RT}{\pi M_A}} \quad , \mathrm{m\,s^{-1}}} \qquad (4.1)$$

Dieser Ausdruck für die mittlere Molekulargeschwindigkeit soll im folgenden benutzt werden, typische Werte der mittleren Molekulargeschwindigkeit für Gase liegen in der Größenordnung von drei- bis fünfhundert m s^{-1}.

Die mittlere freie Weglänge einer Molekülsorte A: Ableitung der mittleren freien Weglänge Λ betrachtet man einen Stoßzylinder mit der Basisfläche $\pi \sigma_{AA}^2$, wobei $\sigma_{AA} = r_A + r_A$ den Stoßdurchmesser der Moleküle der Sorte A angibt. Der numerische Wert für σ hat molekulare Dimensionen, er wird in m oder – besser angepaßt – in pm angegeben. In diesem Stoßzylinder betrage die molekulare Dichte N_A/V, Einheit: m^{-3}. *Ein* Molekül der Sorte A mit der mittleren Geschwindigkeit $\overline{w}_A$ erfährt beim Zurücklegen der Strecke $w_A t$ in $t = 1$ s die Stoßzahl:

$$Z_A = \pi \sigma_{AA}^2 \sqrt{\frac{8RT}{\pi M_A}} \left(\frac{N_A}{V}\right) \quad , \mathrm{s}^{-1} \qquad (4.2)$$

Um die Stöße von N/V Molekülen zu erhalten, muß die Stoßzahl Z_A mit dem Faktor $N_A/(2V)$ multipliziert werden. Nimmt man vereinfachend an, daß die Moleküle vorwiegend unter dem Winkel von 90° stoßen, so ergibt die Vektoraddition der Geschwindigkeiten $\sqrt{2}\,\overline{w}_A$, es folgt für die Stoßzahl aller Moleküle der Sorte A:

$$Z_{AA} = \pi \sigma_{AA}^2 \frac{\sqrt{2}}{2} \sqrt{\frac{8RT}{\pi M_A}} \left(\frac{N_A}{V}\right)^2 \quad , \mathrm{m}^{-3}\mathrm{s}^{-1} \qquad (4.3)$$

Da zwei Stöße eines Moleküls der Gassorte A *eine* mittlere freie Weglänge abgrenzen, ergibt sich diese somit zu:

$$\Lambda_{AA} = \frac{\overline{w}_A\,(N_A/V)}{2 Z_{AA}} \qquad (4.4)$$

Mit dem idealen Gasgesetz $N_A = p_A V/(k_B T)$ und unter Einbeziehung der Boltzmann-Konstanten, $k_B = 1.38 \cdot 10^{-23}$ J K^{-1} ergibt sich nach dem Einsetzen von Gl. 4.3 die

▷ MITTLERE FREIE WEGLÄNGE DER TEILCHENSORTE A:

$$\boxed{\Lambda_{AA} = \frac{k_B T}{\sqrt{2}\,\pi \sigma_{AA}^2\, p_A} \quad , \mathrm{m}} \qquad (4.5)$$

Abschätzung der mittleren freien Weglänge: Setzt man in Gl. 4.5 für Temperatur, Druck und Stoßquerschnitt typische Werte ein ($T = 300$ K, $\sigma = 350$ pm), dann ergibt sich eine

▷ ABSCHÄTZUNG DER MITTLEREN FREIEN WEGLÄNGE IN GASEN:

$$\boxed{\Lambda \approx \frac{10^{-2}}{p\,[\text{Pa}]}\ \text{m}} \qquad (4.6)$$

Die mittlere freie Weglänge beträgt für verfahrenstechnisch wichtige Drucke angenähert:

$$\begin{array}{llll} 1 & \text{Pa} & \leadsto\ \Lambda \approx & 10^{-2}\ \text{m} \\ 10^{8} & \text{Pa} & \leadsto\ \Lambda \approx & 10^{-10}\ \text{m} \end{array}$$

Für einen Druck von 1 Pa ergibt sich eine mittlere freie Weglänge von ungefähr 1 cm. Diese Verhältnisse liegen typischerweise bei einem von einer Rotationspumpe erzeugten Vakuum vor und sind somit wichtig für alle Prozeßstufen unter stark vermindertem Druck. Da die mittlere freie Weglänge nun in der Größenordnung der Abmessungen des verfahrenstechnischen Apparates liegt, ändern sich auch die Transportverhältnisse. Die Molekül-Molekül-Stöße treten in ihrer Bedeutung zugunsten der Molekül-Wand-Stöße zurück: es liegt die sog. *Molekularströmung* vor, vgl. Abschn. 3.5.

Die mittlere freie Weglänge zweier Molekülsorten A, B: Zur Ableitung der mittleren freien Weglänge Λ_{AB} in einem Gasgemisch zweier Molekülsorten A, B modifiziert man den Ausdruck für Z_{AA} nach Gl. 4.3, indem man

- $(N_A/V)^2$ ersetzt durch $(N_A/V)(N_B/V)$,
- die reduzierte molekulare Masse von A und B mit $\mu_{AB} = \dfrac{M_A \cdot M_B}{M_A + M_B}$ in den Ausdruck für die Teilchengeschwindigkeit $\overline{w}_{AB}$ einsetzt, die $\sqrt{2}$ fällt dann fort;
- den Stoßdurchmesser σ nach $\sigma_{AB} = (r_A + r_B)$ berechnet;
- den Faktor 1/2 nun wegfallen läßt, da bei Vorhandensein zweier Teilchensorten *jeder* Stoß gezählt werden muß.

Also ergibt sich für die Stoßzahl Z_{AB} in der Gasmischung A/B:

$$Z_{AB} = \pi\,\sigma_{AB}^{2}\sqrt{\frac{8\,R\,T}{\pi\,\mu_{AB}}}\left(\frac{N_A}{V}\,\frac{N_B}{V}\right) \quad ,\text{m}^{-3}\text{s}^{-1} \qquad (4.7)$$

und für die mittlere freie Weglänge des Teilchens A im Gasgemisch AB:

$$\Lambda_{AB}^{A} = \frac{\overline{w}_A\,(N_A/V)}{2\,Z_{AA} + Z_{AB}} \quad ,\text{m} \qquad (4.8)$$

Z_{AB} wird hier nur einfach eingesetzt, da die Stoßsymmetrie nun fortfällt und *jeder* Stoß eine mittlere freie Weglänge markiert.

4.2 Das „random walk"-Modell

Die geradlinige Bewegung eines Moleküls wird durch den Stoß eines weiteren Moleküls begrenzt und nach den Stoßgesetzen umgelenkt. Die Bewegungsrichtung eines Moleküles ist daher zufällig und unabhängig von der Zahl der Stoßpartner. Man spricht aus diesem Grunde von dem Modell der Zufallsschritte, dafür hat sich der englische Ausdruck „random-walk"-Modell eingebürgert.

Greifen wir ein Molekül aus einem Ensemble vieler Moleküle heraus: es lege im Mittel die Weglänge Λ zurück. Zunächst wird der eindimensionale Fall in Richtung der z-Koordinaten betrachtet. Die Abb. 4.1(a) zeigt die Projektion der resultierenden Strecken auf die z-Achse. Die Bewegung vom Ort $z = 0$ zum Ort $z = 1$ betrage in der Projektion die Verschiebung um den Betrag z_1; die Bewegung vom Ort $z = 1$ nach $z = 2$ betrage z_2 usw. Nach sechs Stößen hat das Molekül die Nettostrecke Z zurückgelegt. Diese Netto-

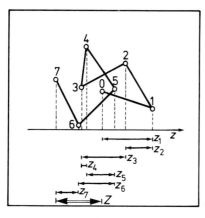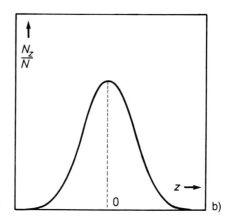

Abbildung 4.1: (a) Skizze zum „random-walk-Modell"; (b) die Gauß-Verteilung nach m Sprüngen eines Teilchenkollektivs, nach WICKE (1967).

strecke ergibt sich aus der Projektion aller m Verschiebungen auf der z-Achse zu:

$$Z = z_1 + z_2 + z_3 + z_4 + \cdots + z_m$$

Man bildet nun das *Verschiebungsquadrat* Z^2 und entwickelt den Binomialausdruck:

$$\begin{aligned} Z^2 &= (z_1 + z_2 + z_3 + z_4 + \cdots + z_m)^2 \\ Z^2 &= z_1^2 + z_2^2 + z_3^2 + z_4^2 + \cdots + z_n^2 + 2z_1z_2 + 2z_1z_3 + \cdots + 2z_{m-1}z_m \end{aligned}$$

Die Summen z_i^2 sind stets positiv, die gemischten Summen sind – je nach der Verschiebungsrichtung – manchmal positiv und manchmal negativ: sie mitteln sich über eine hinreichend große Anzahl von Verschiebungen heraus. Somit verbleibt:

$$Z^2 = (z_1 + z_2 + z_3 + z_4 + \cdots + z_m)^2 = m\,\overline{z_i^2}$$

Die Größe $\overline{z_i^2}$ ist das mittlere Verschiebungsquadrat eines Teilchen nach m Verschiebungen (oder Stößen). Dieses Verschiebungsquadrat wird üblicherweise als die *Varianz* σ_z^2 bezeichnet, also ergibt sich für das betrachtete Teilchen:

$$Z_\mathrm{I}^2 = m\,\sigma_{z,\mathrm{I}}^2$$

Diese Überlegungen gelten für *ein* (I) Teilchen, für das II. Teilchen, das III. Teilchen und schließlich das N.-te Teilchen ergibt sich analog:

$$\begin{aligned} Z_\mathrm{II}^2 &= m\,\sigma_{z,\mathrm{II}}^2 \\ Z_\mathrm{III}^2 &= m\,\sigma_{z,\mathrm{III}}^2 \\ \ldots &\quad \ldots \\ Z_N^2 &= m\,\sigma_{z,N}^2 \end{aligned}$$

Trägt man nun für das Kollektiv von N-Teilchen den Anteil der sich in Richtung der z-Koordinaten bewegenden Teilchen N_z gegen z auf, so erhält man die bekannte *Gauß-Verteilung* um den Startwert $z = 0$, s. Abb. 4.1(b), die Verteilung wird mit zunehmender Anzahl der Sprünge m flacher.

Diese Betrachtungen werden nun auf die anderen Koordinaten x und y erweitert. Es ergibt sich folgender Sachverhalt: ordnet man der Nettoverschiebung in Richtung der z-Koordinaten den Wert Z mit dem mittleren Verschiebungsquadrat den Wert σ_z^2 zu, so ergibt sich analog für die x-Koordinate die Nettoverschiebung X mit dem mittleren Verschiebungsquadrat σ_x^2 sowie für die y-Koordinate die Nettoverschiebung Y mit dem mittleren Verschiebungsquadrat σ_y^2. Ein Sprung eines Teilchen über den Raum R läßt sich daher in die drei Richtungskomponenten zerlegen:

$$R^2 = \sigma_x^2 + \sigma_y^2 + \sigma_z^2$$

Da der Raum als isotrop angenommen wird, somit keine räumliche Bevorzugung der Sprünge gegeben ist, folgt:

$$\sigma_x^2 = \sigma_y^2 = \sigma_z^2 \quad \rightsquigarrow \quad R^2 = 3\,\sigma^2 \tag{4.9}$$

Das random-walk-Modell ist innerhalb der chemischen Verfahrenstechnik für die Beschreibung folgender Phänomene bedeutsam:

- der *molekularen Diffusion* von Gasen;
- der *Rückvermischung* durch turbulente Wirbel;
- der *Dispersion* in Festbettreaktoren.

Die mit der molekularen Diffusion zusammenhängenden Fragen werden in diesem Abschnitt auf den folgenden Seiten behandelt; die insbesondere auf die Realströmungen fußenden Effekte der Rückvermischung und der Dispersion werden bei den Apparatemodellen behandelt, vgl. Abschn. 11.

4.3 Der allgemeine Transportansatz für Gase

Der Transport von Masse, Wärme und Impuls läßt sich aufgrund des random-walk-Modells für Gase einheitlich behandeln, da diese Quantitäten durch die thermische Bewegung der Moleküle über den Raum transportiert werden.

- Der Transport der Stoffmenge aufgrund mikroskopischer Vorgänge wird *Diffusion* genannt. Die Stoffmengenstromdichte der Komponente i, d.i. die pro Zeit und Querschnittsfläche transportierte Stoffmenge längs der Koordinaten z, ist gleich ihrem *Diffusionskoeffizienten* D_i, Einheit: $m^2\,s^{-1}$, multipliziert mit der z-Komponenten des Konzentrationsgradienten. Es ergibt sich das
  ▷ 1. FICKSCHE GESETZ:

$$\boxed{\frac{\mathrm{d}n_i}{A\,\mathrm{d}t} = -D_i \frac{\mathrm{d}c}{\mathrm{d}z}} \quad , \mathrm{mol}\,m^{-2}\,s^{-1} \qquad (4.10)$$

- Der Transport von Wärme aufgrund mikroskopischer Vorgänge wird *Wärmeleitung* genannt. Die Wärmestromdichte des Fluids, d.i. die pro Zeit und Querschnittsfläche transportierte Wärmemenge längs der Koordinaten z, ist gleich dem *Wärmeleitfähigkeitskoeffizienten* λ, Einheit: $W\,m^{-1}\,K^{-1}$, multipliziert mit der z-Komponenten des Temperaturgradienten. Es ergibt sich das
  ▷ 1. FOURIERSCHE GESETZ:

$$\boxed{\frac{\mathrm{d}Q}{A\,\mathrm{d}t} = -\lambda \frac{\mathrm{d}T}{\mathrm{d}z}} \quad , \mathrm{J}\,m^{-2}\,s^{-1} \qquad (4.11)$$

- Der Transport des Impulses aufgrund mikroskopischer Vorgänge wird *Viskosität* genannt. Die Impulsstromdichte, das ist der pro Zeit und Querschnittsfläche transportierte Impuls, ist gleich dem *Viskositäts-* oder *Zähigkeitskoeffizienten* η, Einheit: Pa s, multipliziert mit der y-Komponente des Geschwindigkeitsgradienten. Es ergibt sich das
  ▷ MODIFIZIERTE NEWTONSCHE REIBUNGSGESETZ:

$$\boxed{\frac{\mathrm{d}I}{A\,\mathrm{d}t} = -\eta \frac{\mathrm{d}u_z}{\mathrm{d}y}} \quad , \mathrm{kg}\,m^{-1}\,s^{-2} \qquad (4.12)$$

Allgemein kann man also für den molekularen Transport der genannten Quantitäten

$$\text{Fluß} = \text{Transportkoeffizient} \cdot \text{treibende Kraft} \quad \rightsquigarrow \quad \frac{\mathrm{d}J}{A\,\mathrm{d}t} = K \frac{\mathrm{d}\Gamma}{\mathrm{d}z}$$

formulieren. Darin stellt Γ die Transportgröße dar; im vorliegenden Fall sind die Stoffmenge, die Wärmemenge sowie der Impuls die Transportgrößen.

Zur molekularkinetischen Deutung der Transportkoeffizienten legen wir, wie in nebenstehender Abbildung dargestellt, in ein Koordinatensystem an der Stelle $z(0)$ eine Kontrollfläche und betrachten den Transport einer Transportgröße zwischen den Abständen der *mittleren freien Weglänge* $+\Lambda$ und $-\Lambda$. Nach Entwicklung in eine Taylor-Reihe ergibt sich die:

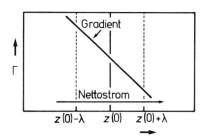

- nach rechts transportierte Transportgröße:

$$\Gamma_{z(0)+\Lambda} = \Gamma_{z(0)} + \frac{d\Gamma}{dz}\Lambda$$

- von links transportierte Transportgröße:

$$\Gamma_{z(0)-\Lambda} = \Gamma_{z(0)} - \frac{d\Gamma}{dz}\Lambda$$

Aus der Entfernung Λ treffen mit der mittleren Moleklargeschwindigkeit $\overline{w}_z$ die Zahl von $N\overline{w}/(6V)$ Moleküle auf die Fläche, sie führen also die Transportgröße mit sich:

$$\text{von links} \quad : \quad (1/6)(N/V)\overline{w}\left(\Gamma_{z(0)} - \frac{d\Gamma}{dz}\Lambda\right),$$

$$\text{nach rechts} \quad : \quad (1/6)(N/V)\overline{w}\left(\Gamma_{z(0)} + \frac{d\Gamma}{dz}\Lambda\right)$$

Die tatsächlich transportierte Quantität ergibt als Differenz („links minus rechts") dieser beiden Flüsse die allgemeine Transportgleichung:

$$\frac{dJ}{A\,dt} = -\frac{1}{3}(N/V)\overline{w}\Lambda\frac{d\Gamma}{dz} \tag{4.13}$$

Für den Stoffmengentransport setzt man nun für $\Gamma = n = cV/N$; für den Wärmetransport $\Gamma = Q = \varrho\,\tilde{c}_v\,T\,(V/N)$; für den Impulstransport $\Gamma = I = m\overline{w}$ ein und erhält nach Koeffizientenvergleich mit den Transportgleichungen (Gln. 4.10, 4.11, 4.12) schließlich für die Transportkoeffizienten von Gasen (Index: gs) die Ausdrücke:

▷ DIFFUSIONSKOEFFIZIENT D^{gs}:

$$D^{gs} = \frac{1}{3}\overline{w}\Lambda \quad , \text{m}^2\,\text{s}^{-1} \tag{4.14}$$

▷ VISKOSITÄTSKOEFFIZIENT η^{gs}:

$$\eta^{gs} = \frac{1}{3}\overline{w}\Lambda\varrho \quad , \text{Pa\,s} \tag{4.15}$$

▷ WÄRMELEITFÄHIGKEITSKOEFFIZIENT λ^{gs}:

$$\lambda^{gs} = \frac{1}{3}\overline{w}\Lambda\varrho\,\tilde{c}_v \quad , \text{W\,m}^{-1}\,\text{K}^{-1} \tag{4.16}$$

4. Der konduktive Term: Transportgleichungen

Λ m   : mittlere freie Weglänge nach Gl. 4.5
ϱ kg m^{-3} : Dichte des Gases
$\tilde{c}_v$ J kg^{-1} K^{-1} : massenbezogene Wärmekapazität des Gases bei $v = \text{const}$
$\overline{w}$ m s^{-1} : mittlere Molekulargeschwindigkeit nach Gl. 4.1

Der Faktor 1/3, der aufgrund des Teilchentransportes in Richtung der Flächennormalen resultiert, muß nach einer strengeren mathematischen Behandlung korrigiert werden: es ergibt sich dann für die Diffusion ein Faktor 0.67, für die Viskosität ein Faktor 0.5, für die Wärmeleitung der Faktor von 1.26 für einatomige Gase und 0.95 für zweiatomige Gase. Diese Zusammenhänge gelten ohnehin nur für die *Selbstdiffusion von Gasen*; die Berechnung der Transportkoeffizienten erfolgt besser mit der einige Seiten später dargelegten Methode nach HIRSCHFELDER/CURTISS/BIRD (1954). Somit ergeben sich folgende Zusammenhänge für eine überschlägige

▷ ABSCHÄTZUNG DER TRANSPORTKOEFFIZIENTEN:

$$\begin{aligned} D^{gs} &\approx \frac{2}{3} \overline{w} \Lambda &&, \text{m}^2 \text{s}^{-1} \\ \eta^{gs} &\approx \frac{1}{2} \overline{w} \Lambda \varrho &&, \text{Pa s} \\ \lambda^{gs} &\approx \overline{w} \Lambda \varrho \tilde{c}_v &&, \text{W m}^{-1} \text{K}^{-1} \text{ (für zweiatomige Gase)} \end{aligned}$$
(4.17)

Setzt man die Molekulargeschwindigkeit mit 500 m s^{-1}, die mittlere freie Weglänge bei Atmosphärendruck mit 10^{-7} m und die Dichte mit 2 kg m^{-3} an, dann ergeben sich die ungefähren Größen, man sollte sie sich merken:

$$\begin{aligned} D^{gs} &\approx 3 \cdot 10^{-5} & \text{m}^2 \text{s}^{-1} \\ \eta^{gs} &\approx 3 \cdot 10^{-5} & \text{Pa s} \\ \lambda^{gs} &\approx 10^{-2} & \text{W m}^{-1} \text{K}^{-1} \end{aligned}$$
(4.18)

Für Sauerstoff lauten die gemessenen Werte: $D_{O_2} = 2.3 \cdot 10^{-5}$ m^2 s^{-1}, $\eta_{O_2} = 3.23 \cdot 10^{-5}$ Pa s, $\lambda_{O_2} = 0.0264$ W m^{-1} K^{-1}. Die Abschätzung ist so schlecht nicht.

Wichtig sind auch die Zusammenhänge zur Beurteilung des p, T-Verhaltens der Transportkoeffizienten. Da $\overline{w} \sim \sqrt{T}$, $\Lambda \sim T/p$ und $\varrho \sim p/T$ folgt für einen temperaturunabhängigen Stoßquerschnitt σ:

$$D^{gs} \sim \frac{\sqrt{T^3}}{p}, \quad \eta^{gs} \sim \sqrt{T}, \quad \lambda^{gs} \sim \sqrt{T}$$
(4.19)

Diese Betrachtungen gelten nur für mäßig verdünnte Gase.

4.4 Die Diffusion

4.4.1 Das 2. Ficksche Gesetz

Zur Ableitung des 2. Fickschen Gesetzes greifen wir auf Abb. 4.2 zurück. Nach dem 1. Fickschen Gesetz gilt für den diffusiven Transport einer Komponente i längs der Koordinaten z aufgrund eines Konzentrationsgradienten im Gas:

$$\frac{dn_i}{A\,dt} = -D_i\left(\frac{dc_i}{dz}\right)$$

Da wir eine Abhängigkeit der Konzentration c_i von Ort und Zeit erwarten, wird die partielle Schreibweise gewählt:

$$\frac{\partial n_i}{\partial t} = -D_i\left(\frac{\partial c_i}{\partial z}\right)A = -D_i\left(\frac{\partial c_i}{\partial z}\right)\Delta x\,\Delta y$$

Durch das in der Abb. 4.2 dargestellte Volumenelement ΔV soll ein diffusiver Transportstrom fließen. An der Stelle $z(0)$ ergibt sich der Stoffmengenstrom dann zu:

$$\left(\frac{\partial n_i}{\partial t}\right)_{z(0)} = -D_i\left(\frac{\partial c_i}{\partial z}\right)_{z(0)}\Delta x\,\Delta y \tag{4.20}$$

Analog ergibt sich der Stoffmengenstrom an der Stelle $z(0) + \Delta z$ zu:

$$\left(\frac{\partial n_i}{\partial t}\right)_{z(0)+\Delta z} = -D_i\left(\frac{\partial c_i}{\partial z}\right)_{z(0)+\Delta z}\Delta x\,\Delta y \tag{4.21}$$

Dieser Ausdruck wird nun in eine Taylor-Reihe bis zum ersten Glied entwickelt, es folgt:

$$\left(\frac{\partial n_i}{\partial t}\right)_{z(0)+\Delta z} = \left\{-D_i\left(\frac{\partial c_i}{\partial z}\right)_{z(0)} + \frac{\partial}{\partial z}\left[-D_i\frac{\partial c_i}{\partial z}\right]\Delta z\right\}\Delta x\,\Delta y \tag{4.22}$$

Der Nettostrom aufgrund der Diffusion ergibt sich als Differenz der Teilströme nach den Gln. 4.20 und 4.22, also:

$$\left(\frac{\partial n_i}{\partial t}\right)_{z(0)} - \left(\frac{\partial n_i}{\partial t}\right)_{z(0)+\Delta z} = \left(\frac{\partial \Delta n_i}{\partial t}\right)_z = \frac{\partial}{\partial z}\left[D_i\frac{\partial c_i}{\partial z}\right]\Delta V$$

Der Zusammenhang $\Delta n_i/\Delta V = c_i$ liefert schließlich für die zeitliche Änderung der Konzentration der Komponente i im Gas aufgrund der Diffusion in Richtung der z-Koordinaten das

▷ 2. Ficksche Gesetz für den eindimensionalen Fall:

$$\boxed{\left(\frac{\partial c_i}{\partial t}\right)_z = \frac{\partial}{\partial z}\left[D_i\frac{\partial c_i}{\partial z}\right]} \tag{4.23}$$

Schreibt man die analogen Diffusionsteilströme in Richtung der x- und y-Koordinaten ebenfalls hin, dann ergibt sich schließlich der diffusive Gesamtstrom zu:

$$\frac{\partial c_i}{\partial t} = \frac{\partial}{\partial x}\left[D_i\frac{\partial c_i}{\partial x}\right] + \frac{\partial}{\partial y}\left[D_i\frac{\partial c_i}{\partial y}\right] + \frac{\partial}{\partial z}\left[D_i\frac{\partial c_i}{\partial z}\right] \tag{4.24}$$

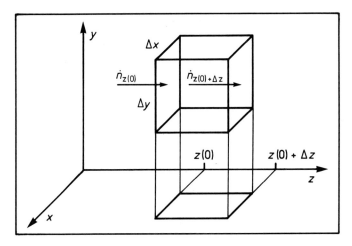

Abbildung 4.2: Skizze zur Ableitung des 2. Fickschen Gesetzes.

In dieser Formulierung wird dem allgemeinen Fall eines *ortsabhängigen* Diffusionskoeffizienten Rechnung getragen. Nimmt man den Diffusionskoeffizienten als *ortsunabhängig* an, zieht diesen also vor den Differentialquotienten, so ergibt sich die Formulierung:

$$\frac{\partial c_i}{\partial t} = D_i \left(\frac{\partial^2 c_i}{\partial x^2} + \frac{\partial^2 c_i}{\partial y^2} + \frac{\partial^2 c_i}{\partial z^2} \right) \tag{4.25}$$

Folgerungen: In vielen Problemen der chemischen Verfahrenstechnik überlagert sich dem Diffusionsterm eine Strömung mit hoher Lineargeschwindigkeit u. Naturgemäß ist dann die Verlagerung der Stoffmenge in den Turbulenzballen viel größer als aufgrund der Diffusion. In diesen Fällen erfolgt die mathematische Beschreibung mit dem *Dispersionsmodell*, vgl. Abschn. 11.1.

Die mathematische Beschreibung des diffusiven Transportes aufgrund des 2. Fickschen Gesetzes ist im Bereich der Verfahrenstechnik wichtig für folgende Gebiete:

1. Transport durch Membranen;

2. Transport durch hydrodynamische Grenzschichten über eine Phasengrenze im Rahmen der *Zweifilmtheorie*, vgl. Abschn. 16.7;

3. Wechselwirkung von Diffusion und Reaktion: z.B. bei der *Porendiffusion* in der heterogenen Katalyse, vgl. Abschn. 6.5.

4.4.2 Die Lösungen der Diffusionsgleichung

Der Lösungsansatz: Der dem random-walk-Modell zugrundeliegende Bewegungsmechanismus eines Teilchens aufgrund vieler Stöße wurde 1905 von *Einstein* und 1906 von *Smoluchowski* als Ursache der Diffusion erkannt. Um die Ergebnisse von Einstein-Smoluchowski darzustellen, greifen wir auf das 2. Ficksche Gesetz zurück:

$$\frac{\partial c_i}{\partial t} = D_i \frac{\partial^2 c_i}{\partial z^2} \tag{4.26}$$

Folgende Randbedingungen sind bei der Integration dieser Gleichung von Bedeutung:
doppelt unendlicher Halbraum: örtlich offene Diffusion nach beiden Seiten;
einseitig verschlossener Halbraum: örtliche offene Diffusion nach einer Seite;
beidseitig verschlossener Halbraum: örtliche Diffusion nach beiden Seiten begrenzt.

Üblicherweise werden partielle Differentialgleichungen dieses Typs durch einen exponentiellen Lösungsansatz befriedigt. Wir „raten" daher den Lösungsansatz zu:

$$c_i(z,t) = \frac{C}{\sqrt{t}} \exp\left[-\frac{z^2}{4 D_i t}\right] \tag{4.27}$$

Der $c(z,t)$-Verlauf dieses Ansatzes beschreibt die Gauß-Verteilung mit einer zunächst noch unbekannten Konstanten C. Zur Verifizierung des Ansatzes werden die örtlichen und zeitlichen Ableitungen dieses Ansatzes gebildet:

$$\frac{\partial c_i}{\partial z} = \frac{C}{\sqrt{t}} \left(\frac{-2z}{4 D_i t}\right) \exp\left[-\frac{z^2}{4 D_i t}\right] \tag{4.28}$$

$$\frac{\partial^2 c_i}{\partial z^2} = \frac{C}{2 D_i t \sqrt{t}} \left(\frac{z^2}{2 D_i t} - 1\right) \exp\left[-\frac{z^2}{4 D_i t}\right] \tag{4.29}$$

$$\frac{\partial c_i}{\partial t} = \frac{C}{2 t^{3/2}} \left(\frac{z^2}{2 D_i t} - 1\right) \exp\left[-\frac{z^2}{4 D_i t}\right] \tag{4.30}$$

Die nun vorliegenden partiellen Ableitungen werden in die Ausgangsgleichung 4.26 eingesetzt, es folgt:

$$\frac{C}{2 t \sqrt{t}} \left(\frac{z^2}{2 D_i t} - 1\right) \exp\left[-\frac{z^2}{4 D_i t}\right] = \frac{C D_i}{2 D_i t \sqrt{t}} \left(\frac{z^2}{2 D_i t} - 1\right) \exp\left[-\frac{z^2}{4 D_i t}\right]$$

Die Gleichung ergibt sich zu 0=0, wodurch der Lösungsansatz in seiner Richtigkeit verifiziert ist. Damit erfüllt der Ansatz 4.27 das 2. Ficksche Gesetz. Nun soll die im Lösungsansatz vorkommende noch unbekannte Konstante C berechnet werden. Die Koordinate z werde nach *beiden Richtungen als unendlich ausgedehnt* angenommen. Ein senkrecht zu dieser Koordinate stehendes Flächenelement ΔA wird dann von der Stoffmenge n_i der Komponente i durchsetzt; nach Einsetzen von Gl. 4.27 ergibt sich:

$$\frac{n_i}{A} = \int_{-\infty}^{+\infty} c_i(z,t)\,\mathrm{d}z$$

$$\frac{n_i}{A} = \int_{-\infty}^{+\infty} \frac{C}{\sqrt{t}} \exp\left[-\frac{z^2}{4 D_i t}\right] \mathrm{d}z$$

Dieses Integral wird durch Substitution gelöst, dazu setzt man $z^2/(4D_i t) = \zeta^2$ bzw. $\zeta = z/(2\sqrt{D_i t})$, es folgt durch Differentiation:

$$\frac{d\zeta}{dz} = \frac{1}{2\sqrt{D_i t}}$$

$$dz = 2\sqrt{D_i t}\, d\zeta$$

Das Integral ist nun ein wenig handlicher geworden:

$$\frac{n_i}{A} = \int_{-\infty}^{+\infty} \frac{2C\sqrt{D_i t}}{\sqrt{t}} \exp[-\zeta^2]\, d\zeta$$

Der Ausdruck $\sqrt{t}$ kürzt sich heraus, das Integral liefert $\int_{-\infty}^{+\infty} \exp[-\zeta^2]\, d\zeta = \sqrt{\pi}$:

$$\frac{n_i}{A} = 2C\sqrt{\pi D_i}; \quad \rightsquigarrow \quad C = \frac{n_i}{2A\sqrt{\pi D_i}}$$

Legt man das Maximum der Gauß-Verteilung nicht an den Punkt $z = 0$, sondern allgemein an den Ort $z = z_{\max}$, so ergibt sich die

▷ LÖSUNGSFUNKTION FÜR DEN DOPPELT UNENDLICHEN HALBRAUM:

$$\boxed{c_i(t,z) = \frac{n_i}{2A\sqrt{\pi D_i t}} \exp\left[-\frac{(z - z_{\max})^2}{4 D_i t}\right]} \quad (4.31)$$

Der $c_i(z,t)$-Verlauf für den einfach-unendlichen Halbraum ergibt sich auf analogem Wege, indem man die Grenzen des Integrals von Null bis Unendlich wählt.

Folgerungen: Die Gauß-Verteilung:

$$c_i(t,z) = \frac{n_i}{2A\sqrt{\pi D_i t}} \exp\left[-\frac{(z - z_{\max})^2}{4 D_i t}\right]$$

gibt die Konzentrationsverteilung in einem unendlich ausgedehnten Zylinder an, wenn bei $t = 0$ die gesamte diffundierende Substanz bei $z = z_{\max}$ enthalten war, vgl. Abb. 4.3(a). Aufgrund des zugrunde gelegten Stoßmechanismus gilt dieser Sachverhalt nur für Gase, er kann auch approximativ für Flüssigkeiten verwandt werden.

Am Wendepunkt der Gauß-Kurve gilt: $\partial^2 c_i/\partial z^2 = 0$ damit erhält man aus Gl. 4.29 einen Ausdruck des

▷ MITTLEREN VERSCHIEBUNGSQUADRATES VON EINSTEIN-SMOLUCHOWSKI:

$$\boxed{\overline{z^2} = 2 D_i t} \quad (4.32)$$

Die Fläche zwischen den Wendepunkten erfaßt ungefähr 2/3 (genau 68%) des Teilchenkollektivs, der Abstand zwischen den Wendepunkten beträgt $2\sqrt{2 D_i t}$. Dieser Lösungsansatz gilt für den eindimensionalen Fall; für den dreidimensionalen Fall gilt:

$$\overline{R^2} = \overline{x^2} + \overline{y^2} + \overline{z^2} = 6 D_i t \quad (4.33)$$

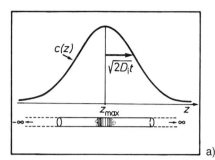 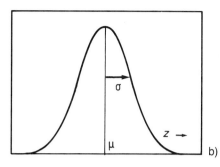

Abbildung 4.3: (a) Parameter der Diffusionsgleichung; (b) statistische Parameter der Gauß-Verteilung.

Verknüpfungen mit der Statistik: Wie bekannt, findet die Gauß-Verteilung auch in statistischen Beurteilung von Gesamtheiten eine große Anwendung. In der Statistik wird die Gauß-Verteilung wie folgt formuliert:

$$N(\mu, \sigma^2) = \frac{1}{\sigma \sqrt{2\pi}} \exp\left[-\frac{(z-\mu)^2}{2\sigma^2}\right] \quad (4.34)$$

Die Gauß-Verteilung wird durch zwei Parameter beschrieben, vgl. Abb.4.3(b):

1. die *Varianz* σ^2, sie ist eine Maßzahl für die *Fülligkeit* der Gaußkurve, der Abstand beider Wendepunkte ist 2σ;

2. den *Mittel- oder Erwartungswert* μ, dort liegt das Maximum der Gaußkurve.

Die Varianz gibt die Streuung um den Mittel- oder Erwartungswert μ an, die Wurzel aus der Varianz wird *Standardabweichung* σ genannt:

$$\sigma = \sqrt{\sigma^2} \quad (4.35)$$

Wir stellen den für die Diffusion bereitgestellten Ausdruck diesem statistischen Ausdruck gegenüber:

$$c_i(t,z) = \frac{n}{2\sqrt{\pi D_i t}} \exp\left[-\frac{(z-z_{\max})^2}{4 D_i t}\right]$$

Es ergibt sich also für die Varianz und die Standardabweichung:

$$\sigma^2 = 2 D_i t \quad \rightsquigarrow \quad \sigma = \sqrt{2 D_i t} \quad (4.36)$$
$$\mu = z_{\max} \quad (4.37)$$

Eine vertiefte Darstellung findet der Leser in dem Lehrbuch von FISZ (1980).

4.5 Berechnung: Diffusionskoeffizienten

Diffusionskoeffizienten von Gasen

Hirschfelder-Gleichung: Die Ergebnisse der einfachen kinetischen Gastheorie liefern nur ungenaue Werte der Transportkoeffizienten und sind nur zur Abschätzung geeignet. Nach HIRSCHFELDER/CURTISS/BIRD (1954) erhält man den binären Diffusionskoeffizienten D_{AB}^{gs} in einer Mischung der Gase A und B für Drücke bis ca. $2.5 \cdot 10^6$ Pa aus folgender Gleichung, vgl. Beispiel:

$$D_{AB}^{gs} = 0.001834 \frac{\sqrt{T^3 \frac{M_{r,A} + M_{r,B}}{2 M_{r,A} \cdot M_{r,B}}}}{p \, \sigma_{AB}^2 \, \Omega_D} \quad , \text{m}^2 \text{s}^{-1} \qquad (4.38)$$

T	K	:	Temperatur
p	bar	:	Druck
$\sigma_{AB} = \frac{1}{2}(\sigma_A + \sigma_B)$	pm	:	gemittelter Stoßdurchmesser
$\Omega_D(T^*)$	−	:	Stoßintegral, wird nach Berechnung von
			$\epsilon_{AB} = \sqrt{\epsilon_A \cdot \epsilon_B}$ ermittelt
$T^* = \epsilon_{AB}/k_B T$	−	:	gemittelte Kraftkonstante
$M_{r,A}$, $M_{r,B}$	−	:	relative molekulare Massen der Moleküle A und B

Diffusionskoeffizient von Gasgemischen: Nach FAIRBANKS/WILKE (1950) ergibt sich für den Diffusionskoeffizienten der Komponenten A im Multigemisch A, B, C, ... der Ausdruck:

$$D_{A/B,C,\ldots}^{gs} = \frac{1 - x_A}{\dfrac{x_B}{D_{AB}^{gs}} + \dfrac{x_C}{D_{AC}^{gs}} + \cdots} \qquad (4.39)$$

Druckabhängigkeit des Diffusionskoeffizienten: Für die Druckabhängigkeit des Diffusionskoeffizienten gilt in Übereinstimmung mit der Abschätzung nach Gl. 4.19 bis zu einem Druck von ungefähr $2.5 \cdot 10^6$ Pa die Konstanz des Produktes aus Gesamtdruck P und Diffusionskoeffizient, $P D_{AB}^{gs} \approx \text{const}$, bei höheren Drucken nimmt es ab. Es gilt dann annähernd:

$$\frac{P D_{AB}^{gs}[\text{bei hohem Druck}]}{P D_{AB}^{gs}[\text{bei } 10^5 \text{ Pa}]} = \frac{Z}{F} \qquad (4.40)$$

$$F = 1 + 1.31 \left(N\sigma^3/V\right) + 1.26 \left(N\sigma^3/V\right)^2 + 1.06 \left(N\sigma^3/V\right)^3 + \cdots \qquad (4.41)$$

$N/V = p/k_B T$	m^{-3}	:	Teilchendichte bei dem gewünschten Druck
Z	−	:	Realgasfaktor, berechnet nach Gln. 2.25, 2.26
σ	m	:	Stoßdurchmesser

4.5. Berechnung: Diffusionskoeffizienten

Temperaturabhängigkeit des Diffusionskoeffizienten: Die Temperaturabhängigkeit wird von Gl. 4.38 erfaßt, indem man die gewünschte Temperatur einsetzt. Bisweilen ist das daraus gebildete Verhältnis zur Berechnung des Diffusionkoeffizienten bei der Temperatur T_2 nützlich:

$$D^{gs}(T_2) = D^{gs}(T_1) \left(\frac{T_2}{T_1}\right)^{3/2} \left(\frac{\Omega_D(T_1^\star)}{\Omega_D(T_2^\star)}\right) \tag{4.42}$$

Vorgehen zur Berechnung von D^{gs}: Man entnimmt für das gewünschte Gaspaar A und B der Tabelle 4.1 für A die Werte für ϵ_A/k_B und σ_A sowie für B die Werte für ϵ_B/k_B und σ_B. Die Paarwerte (AB) berechnen sich zu:

$$\sigma_{AB} = \frac{1}{2}(\sigma_A + \sigma_B) \tag{4.43}$$

$$\frac{\epsilon_{AB}}{k_B} = \sqrt{\frac{\epsilon_A \cdot \epsilon_B}{k_B^2}} \tag{4.44}$$

Dann bildet man für die gewünschte Temperatur den Quotienten $k_B T/\epsilon_{AB}$ und sucht für diesen numerischen Wert aus der Tabelle 4.2 den Wert für das Stoßintegral Ω_D heraus. Nach dem Einsetzen in die Gl. 4.38 berechnet man daraus D^{gs}_{AB}. Findet man keine tabellierten Werte für ϵ/k_B und σ, so lassen sie sich mithilfe der folgenden Beziehungen abschätzen:

$$\begin{aligned}\frac{\epsilon}{k_B} &= 0.77\, T_k \quad \text{oder} \quad \frac{\epsilon}{k_B} = 1.21\, T_s \quad , \text{K} \\ \sigma &= 8330\, v_k^{1/3} \quad \text{oder} \quad \sigma = 1180\, v_s^{1/3} \quad , \text{pm}\end{aligned} \tag{4.45}$$

Darin bedeuten: T_k, T_s, Einheit: K, die kritische Temperatur bzw. die Siedetemperatur der gewünschten Verbindung; v_k, v_s, Einheit: $m^3\,mol^{-1}$, das molare Volumen der gewünschten Verbindung am kritischen Punkt bzw. am Siedepunkt. Die Berechnung von v_k kann aus den van der Waals-Konstanten erfolgen, s. Gln. 2.15, 2.16.

Beispiel: Es ist der Diffusionskoeffizient bei 2 bar und 353 K für die äquimolare Mischung von Methan und Kohlendioxid zu berechnen: a) mit den Tabellenwerten, b) mit den angegebenen Näherungen nach Gl. 4.45.

Lösung a): Aus der Tabelle 4.1 entnimmt man für:
CH_4: $M_r = 16$; $\sigma = 375.8$ pm; $\epsilon/k_B = 148.6$ K. CO_2: $M_r = 44$; $\sigma = 394.1$ pm; $\epsilon/k_B = 195.3$ K. Daraus berechnet sich:

$$\frac{\epsilon_{CH4/CO2}}{k_B} = \sqrt{\frac{\epsilon_{CH4} \cdot \epsilon_{CO2}}{k_B^2}} = \sqrt{148.6\,(195.3)} = 170.3 \text{ K}$$

$$\sigma_{CH4/CO2} = \frac{1}{2}(\sigma_{CO2} + \sigma_{CH4}) = \frac{1}{2}(375.8 + 394.1) = 385 \text{ pm}$$

$$\sqrt{\frac{M_{r,CO2} + M_{r,CH4}}{M_{r,CO2} \cdot M_{r,CH4}}} = \sqrt{\frac{16 + 44}{16 \cdot 44}} = 0.292 \sqrt{10^3 \text{ mol/kg}}$$

Aus $\epsilon_{CH4/CO2}/k_B = 170.3 \leadsto k_B T/\epsilon_{CH4/CO2} = 353/170.3 = 2.07$. Aus der Tabelle 4.2 entnimmt man nun den zugehörigen Wert des Stoßintegrals $\Omega_D = 1.062$. Setzt man diese Werte in Gl. 4.38 ein, so ergibt sich:

$$D_{\text{CH4/CO2}} = \frac{0.001834\,(353)^{3/2}\,0.292}{2\,(385)^2\,1.062} = 1.12 \cdot 10^{-5}\ \text{m}^2\,\text{s}^{-1}$$

Lösung b): Aus der Tabelle 2.1 ergeben sich die kritischen Temperaturen und die kritischen Molvolumina von Methan und Kohlendioxid zu:
$T_{\text{k,CH4}} = 190.9$ K, $v_{\text{k,CH4}} = 99$ cm^3 mol^{-1}; $T_{\text{k,CO2}} = 304.2$ K, $v_{\text{k,CO2}} = 94$ cm^3 mol^{-1}
Damit ergibt sich aus Gl. 4.45: $\epsilon/k_\text{B} = 0.77\,T_\text{k}$:
für CH$_4$: $\epsilon_{\text{CH4}}/k_\text{B} = 0.77 \cdot 190.9 = 147$ für CO$_2$: $\epsilon/k_\text{B} = 0.77 \cdot 304.2 = 234$.
Nun berechnet man $\epsilon_{\text{CH4/CO2}}/k_\text{B} = 185.4$ und damit $k_\text{B}T/\epsilon_{\text{CH4/CO2}} = 353/185.4 = 1.904$. Der zugehörige Wert für das Stoßintegral ist $\Omega_\text{D} = 1.094$.

Für σ erhält man aus dem Molvolumen am kritischen Punkt für Methan und Kohlendioxid: $\sigma_{\text{CH4}} = 8330\,(99)^{1/3} = 387$ pm, $\sigma_{\text{CO2}} = 8330\,(94)^{1/3} = 379$ pm und daraus: $\sigma_{\text{CH4/CO2}} = \frac{1}{2}(387+379) = 383$ pm. Setzt man all diese Werte in die Gl. 4.38 ein:

$$D_{\text{CH4/CO2}} = \frac{0.001834\,(353)^{3/2}\,0.292}{2\,(383)^2\,1.094} = 1.11 \cdot 10^{-5}\ \text{m}^2\,\text{s}^{-1}$$

Tabelle 4.1: Kraftkonstanten und Stoßquerschnitte für einige Verbindungen; weitere Werte vgl. REID/SHERWOOD (1958) und BAERNS/HOFMANN/RENKEN (1987).

Verbindung	$\frac{\epsilon}{k_\text{B}}/\text{K}$	σ/pm	Verbindung	$\frac{\epsilon}{k_\text{B}}/\text{K}$	σ/pm
Acetylen	231.8	403.3	Helium	10.2	255.1
Ammoniak	558.3	290.0	Kohlendioxid	195.3	394.1
Argon	93.3	354.2	Kohlenmonoxid	91.7	369.0
Benzol	412.3	534.9	Methan	148.6	375.8
i-Butan	330.1	527.8	Methanol	481.8	362.6
Chlor	315.9	421.7	Propan	237.1	511.8
Cyanwasserstoff	569.1	363.0	Sauerstoff	106.7	346.7
Ethan	215.7	444.3	Stickstoff	71.4	379.8
Ethanol	362.6	453.0	Stickstoffmonoxid	232.4	382.8
Ethylen	224.7	416.3	Wasser	59.7	282.7

Tabelle 4.2: Numerische Werte der Stoßintegrale Ω_V und Ω_D zur Berechnung des Diffusionskoeffizienten D^{gs}, des Viskositätskoeffizienten η^{gs} nach und des Wärmeleitfähigkeitskoeffizienten λ^{gs}, nach REID/SHERWOOD (1958).

$\dfrac{k_B T}{\epsilon}$	Ω_V	Ω_D	$\dfrac{k_B T}{\epsilon}$	Ω_V	Ω_D	$\dfrac{k_B T}{\epsilon}$	Ω_V	Ω_D
0.30	2.785	2.662	1.65	1.264	1.153	4.0	0.9700	0.8836
0.35	2.628	2.476	1.70	1.248	1.140	4.1	0.9649	0.8788
0.40	2.492	2.318	1.75	1.234	1.128	4.2	0.9600	0.8740
0.45	2.368	2.184	1.80	1.221	1.116	4.3	0.9553	0.8694
0.50	2.257	2.066	1.85	1.209	1.105	4.4	0.9507	0.8652
0.55	2.156	1.966	1.90	1.197	1.094	4.5	0.9464	0.8610
0.60	2.065	1.877	1.95	1.186	1.084	4.6	0.9422	0.8568
0.65	1.982	1.798	2.00	1.175	1.075	4.7	0.9382	0.8530
0.70	1.908	1.729	2.10	1.156	1.057	4.8	0.9343	0.8492
0.75	1.841	1.667	2.20	1.138	1.041	4.9	0.9305	0.8456
0.80	1.780	1.612	2.30	1.122	1.026	5.0	0.9269	0.8422
0.85	1.725	1.562	2.40	1.107	1.012	6.0	0.8963	0.8124
0.90	1.675	1.517	2.50	1.093	.9996	7.0	0.8727	0.7896
0.95	1.629	1.476	2.60	1.081	.9878	8.0	0.8538	0.7712
1.00	1.587	1.439	2.70	1.069	.9770	9.0	0.8379	0.7556
1.05	1.549	1.406	2.80	1.058	.9972	10.0	0.8242	0.7424
1.10	1.514	1.375	2.90	1.048	.9576	20.0	0.7432	0.6640
1.15	1.482	1.346	3.00	1.039	.9490	30.0	0.7005	0.6232
1.20	1.452	1.320	3.10	1.030	.9406	40.0	0.6718	0,5960
1.25	1.424	1.296	3.20	1.022	.9328	50.0	0.6504	0.5756
1.30	1.399	1.273	3.30	1.014	.9256	60.0	0.6335	0.5596
1.35	1.375	1.253	3.40	1.007	.9186	70.0	0.6194	0.5464
1.40	1.353	1.233	3.50	.9999	.9120	80.0	0.6076	0.5352
1.45	1.333	1.215	3.60	.9932	.9058	90.0	0.5973	0.5256
1.50	1.314	1.198	3.70	.9870	.8998	100.0	0.5882	0.5130
1.55	1.296	1.182	3.80	.9811	.8942	200.0	0.5320	0.4644
1.60	1.279	1.167	3.90	.9755	.8888	400.0	0.4811	0.4170

Diffusionskoeffizienten von Flüssigkeiten

Zur Vorausberechnung des Diffusionskoeffizienten in Flüssigkeiten reichen die Ansätze aus der vorgestellten kinetischen Gastheorie nicht aus. Der Mechanismus der Diffusion in Flüssigkeiten wird von der Struktur der Flüssigkeit, die sich aufgrund der molekularen Wechselwirkung etabliert, beeinflußt. Andererseits sind diese Wechselwirkungen nicht so stark, daß sich ananlog dem Festkörper definierte Gitter aufbauen können. Die theoretischen Ansätze lassen sich in drei Kategorien einteilen:

hydrodynamische Theorien ausgehend von der *Stokes-Einstein*-Beziehung;

Theorie des Übergangszustandes angewandt auf die Diffusion,

Näherungen mithilfe eines *Reibungskoeffizienten*.

Mit diesen Theorien gelingt jedoch nur eine globale Beschreibung der Diffusion in Flüssigkeiten, für die praktische Berechnung der Diffusionskoeffizienten in Flüssigkeiten greift man daher in der Regel auf die nun vorgestellten empirischen Ansätze zurück, vgl. BRETSZNAJDER (1971). In diese Zahlenwert-Gleichungen *müssen* die physikalischen Größen in folgenden Einheiten eingesetzt werden (der Index A bezieht sich auf das Gelöste, der Index B auf das Lösungsmittel, der Index AB auf die Lösung):

D_{AB}^{fl}	$m^2 s^{-1}$	:	Diffusionskoeffizient von Teilchen A verdünnt in Lösung B
$M_{r,A}$		:	relative molekulare Masse des Gelösten A
$M_{r,B}$		:	relative molekulare Masse des Lösungsmittels B
T	K	:	Temperatur
η_A^{fl}	$cP (= 10^{-3}\,Pa\,s)$	:	Viskositätskoeffizient des Gelösten
η_B^{fl}	$cP (= 10^{-3}\,Pa\,s)$	:	Viskositätskoeffizient des Lösungsmittels
η_{AB}^{fl}	$cP (= 10^{-3}\,Pa\,s)$	:	Viskositätskoeffizient der Lösung
v_A	$cm^3\,mol^{-1}$	:	molares Volumen des Gelösten
v_B	$cm^3\,mol^{-1}$	:	molares Volumen des Lösungsmittels

Wilke-Chang-Gleichung: Für den einfachen Fall einer verdünnten Lösung unpolarer Moleküle mit großer relativer molekularer Masse ($M_r > 1000$) gilt die bekannte *Stokes-Einstein*-Gleichung: $D = k_B T / (6 \pi \eta r)$. Für Moleküle mit kleinerer relativer molekularer Masse, die zudem noch polar oder gar geladen sind, erhält man jedoch falsche Ergebnisse. WILKE/CHANG (1955) korrigierten diesen Einfluß durch Berücksichtigung einer Assoziationskonstanten, sie erhielten für den Diffusionskoeffizienten des Gelösten A in Lösungsmittel B:

$$D_{AB}^{fl} = 7.4 \cdot 10^{-12} \frac{\sqrt{\chi M_{r,B}}}{\eta_{AB}^{fl} (v_A)^{0.6}} T \quad , m^2\,s^{-1} \qquad (4.46)$$

Für die hier auftretende Assoziationskonstante χ setzt man folgende Werte ein: χ (Wasser) $= 2.6$, χ (Methanol) $= 1.9$, χ (Ethanol) $= 1.5$, χ (Benzol) und andere unpolare Lösungsmittel $= 1$.

Nach Angaben der Autoren beträgt der Durchschnittsfehler ihrer Gleichung 10 %. Nach REDDY/DORAISWAMY (1967) beträgt der Fehler für Wasser als gelösten Stoff ±100 %, die Gleichung ist also für diese Systeme unbrauchbar; man muß auf die Gleichung nach *Reddy/Doraiswamy* zurückgreifen, s. unten.

Scheibel-Gleichung: In dieser Gleichung wird die Wilke-Chang-Gleichung dahingehend modifiziert, daß nun die molaren Volumina des Gelösten und des Lösungsmittels berücksichtigt werden, vgl. BRETSZNAJDER (1971), Einheiten s. oben:

$$D_{AB}^{fl} = 8.2 \cdot 10^{-12} \frac{1 + \left(\frac{3 v_B}{v_A}\right)^{0.66}}{\eta_B v_A^{0.33}} T \quad , \text{m}^2 \text{s}^{-1} \tag{4.47}$$

Diese Gleichung vereinfacht sich für folgende Fälle:

- für Wasser als Lösungsmittel und $v_A \leq v_B$:

$$D_{AB}^{fl} = 25.2 \cdot 10^{-12} \frac{T}{\eta_B v_A^{0.33}} \quad , \text{m}^2 \text{s}^{-1} \tag{4.48}$$

- für Benzol als Lösungsmittel und $v_A \leq 2 v_B$:

$$D_{AB}^{fl} = 18.9 \cdot 10^{-12} \frac{T}{\eta_B v_A^{0.33}} \quad , \text{m}^2 \text{s}^{-1} \tag{4.49}$$

- für andere Lösungsmittel und $v_A \leq 2.5 v_B$:

$$D_{AB}^{fl} = 17.5 \cdot 10^{-12} \frac{T}{\eta_B v_A^{0.33}} \quad , \text{m}^2 \text{s}^{-1} \tag{4.50}$$

Von REID/SHERWOOD (1958) wird der durchschnittliche Fehler mit Wasser als Lösungsmittel mit 9 % und mit Benzol als Lösungsmittel mit 10 % angegeben.

Reddy-Doraiswamy-Gleichung: In ihrer Arbeit geben REDDY/DORAISWAMY (1967) folgende Gleichung an, Einheiten s. oben:

$$D_{AB}^{fl} = C \frac{M_{r,A}^{0.5}}{\eta_B v_A^{0.33} v_B^{0.33}} T \quad , \text{m}^2 \text{s}^{-1} \tag{4.51}$$

Die Konstante C hat den Zahlenwert:

a) $C = 10 \cdot 10^{-12}$ für $v_B \leq 1.5 v_A$
b) $C = 8.5 \cdot 10^{-12}$ für $v_B > 1.5 v_A$

Der Durchschnittsfehler beträgt für Systeme nach a): 13 %, für Systeme nach b): 18 %. Für Wasser als gelösten Stoff beträgt der Fehler 25 %.

Lusis-Ratcliff-Gleichung: In ihrer Arbeit geben LUSIS/RATCLIFF (1959) folgende Gleichung an, Einheiten s. oben:

$$D_{AB}^{fl} = 8.52 \cdot 10^{-12} \frac{1.4 \left(\frac{v_B}{v_A}\right)^{0.33} + \frac{v_B}{v_A}}{\eta_B v_B^{0.33}} T \quad , \text{m}^2 \text{s}^{-1} \tag{4.52}$$

Diese Gleichung liefert Durchschnittsfehler um 15 bis 20 %, der Fehler nimmt zu bei assoziierten Lösungsmitteln.

4.6 Berechnung: Viskositätskoeffizienten

Viskositätskoeffizienten von Gasen

Hirschfelder-Gleichung: Man erhält durch Auswertung des Stoßintegrales den Viskositätskoeffizient des Gases A zu, vgl. HIRSCHFELDER (1954):

$$\eta_A^{gs} = 0.026693 \frac{\sqrt{M_{r,A} T}}{\sigma_{AA}^2 \, \Omega_V} \quad , \text{Pa s} \tag{4.53}$$

σ_{AA}	pm	:	Stoßdurchmesser, s. Tab. 4.1
$\Omega_V(T^*)$	–	:	Stoßintegral, s. Tab. 4.2
$M_{r,A}$	–	:	relative molekulare Masse von A
T	K	:	Temperatur

Das Vorgehen ist ähnlich dem der Berechnung der Gasdiffusionskoffizienten, vgl. Abschn. 4.5. Man entnimmt ϵ_i/k_B und σ_i der Tab. 4.1, berechnet $k_B T/\epsilon_i$ und bestimmt aus Tab. 4.2 den Wert für Ω_V. Auch hier können nicht tabellierte Werte für ϵ_i/k_B und σ_i nach der Gl. 4.45 abgeschätzt werden.

Viskositätskoeffizient von Gasgemischen: Eine einfache Approximation bietet der folgende Ansatz:

$$\frac{1}{\nu^{gs}} = \sum_i \frac{x_i}{\nu_i^{gs}} \tag{4.54}$$

Druckabhängigkeit: Nach der kinetischen Gastheorie ist η^{gs} druckunabhängig, doch erhält man für reale Gase nach einem Ausdruck von *Enskog*:

$$\frac{\eta^{gs} \text{ [bei hohem Druck]}}{\eta^{gs} \, [10^5 \, \text{Pa}]} = \frac{3}{2} \pi \, (N/V) \sigma^3 \left(\frac{RT}{Bp} + 0.80 + 0.761 \frac{Bp}{RT} \right) \tag{4.55}$$

B	m³ mol⁻¹	:	2. Virialkoeffizient
N/V	m⁻³	:	Teilchendichte
σ	m	:	Stoßdurchmesser
p	Pa	:	Druck
η^{gs}	Pa s	:	für η^{gs} nach Gl. 4.53 berechneter Wert

Beispiel Berechnung des Viskositätskoeffizienten von CO für 473 K:
Lösung: Aus der Tab. 4.1 entnimmt man für CO die Werte $\epsilon/k_B = 110 \, \text{K}, \sigma = 369$ pm. Daraus ergibt sich $k_B T/\epsilon = 473/110 = 4.3$, aus Tab. 4.2 entnimmt man den Wert des Stoßintegrals $\Omega_V = 0.9553$, diese Werte werden in Gl. 4.53 eingesetzt, also:

$$\eta_{CO} = 0.026693 \, \frac{\sqrt{28(473)}}{(369)^2 \, 0.9553} = 2.36 \, 10^{-5} \, \text{Pa s}$$

Viskositätskoeffizienten von Flüssigkeiten

Flüssigkeiten: Das theoretische Fundament zur Behandlung der Viskosität von Flüssigkeiten ist weitaus schwieriger als das der Gase. Eine durchgreifende einfache Theorie – vergleichbar der von HIRSCHFELDER ET AL. (1954) bei Gasen – existiert für Flüssigkeiten nicht. Einfache Ansätze gehen wiederum von der Stokes-Einstein-Beziehung aus, kompliziertere Ansätze basieren auf der Formulierung eines Potentiales.

Man wird daher den Viskositätskoeffizienten der Flüssigkeit η^{fl} in der Regel messen, z.B. durch Anwendung des *Hagen-Poiseuille-Gesetzes*, vgl. Abschn. 3.4, und dann die Temperaturabhängigkeit aus dem Ansatz:

$$\ln \eta^{\mathrm{fl}} = \frac{C_1}{T} + C_2 \qquad (4.56)$$

mit den aus der Auftragung $\ln \eta$ gegen $1/T$ zu ermittelnden Konstanten C_1, C_2 darstellen. Der Einfluß des Druckes auf η^{fl} kann unterhalb von 10 bar vernachlässigt werden.

Der Quotient aus dem dynamischen Viskositätskoeffizienten η und der Dichte ϱ wird als *kinematischer* Viskositätskoeffizient ν bezeichnet: $\nu = \eta/\varrho$. In der Praxis mißt man den kinematischen Viskositätskoeffizienten ν mit dem *Ostwald-Viskosimeter* und vergleicht die Fallzeiten des Meniskus der Flüssigkeit zwischen zwei eingravierten Marken mit denen der Flüssigkeit bekannter Viskosität $\nu^{\mathrm{Vergleich}}$, es gilt dann

$$\frac{\nu}{\nu^{\mathrm{Vergeich}}} = \frac{t}{t^{\mathrm{Vergleich}}}$$

Diese Relation gilt nur für Flüssigkeiten vergleichbarer Polarität und damit vergleichbaren Assoziationsverhaltens. Zur Prüfung dieses Sachverhaltes bildet man den folgenden Ausdruck in SI-Einheiten und vergleicht zwischen der zu messenden und der bekannten Flüssigkeit:

$$\eta^{\mathrm{fl}} \frac{\varrho}{M_{\mathrm{r}}} \cdot 10^4 = 40 \text{ bis } 60 \qquad (4.57)$$

Die Abweichung sollte nicht zu groß sein. Wie aus diesem Zusammenhang ersichtlich, ist der Viskositätskoeffizient von Flüssigkeiten sehr stark von ihrer Struktur bestimmt. Es liegt umfangreiches semiempirisches Material vor, den Viskositätskoeffizienten aus strukturellen Parametern der Moleküle abzuschätzen. Zur näheren Darlegung dieses Sachverhaltes vgl. REID/SHERWOOD (1958).

Suspensionen: Sind η^{fl} der Viskositätskoeffizient der Flüssigphase und $V^{\mathrm{ft}}, V^{\mathrm{fl}}$ die Volumenanteile der festen bzw. flüssigen Phase der Suspension (Index: Sp), so gilt für $V^{\mathrm{ft}} < 0.1\, V^{\mathrm{fl}}$ angenähert der Zusammenhang:

$$\ln \eta^{\mathrm{Sp}} = \sum x_i \ln \eta_i^{\mathrm{fl}} \qquad (4.58)$$

4.7 Berechnung: Wärmeleitfähigkeitskoeffizienten

Wärmeleitfähigkeitskoeffizienten von Gasen

Eucken-Gleichung: Den Wärmeleitfähigkeitskoeffizienten des Gases A erhält man:

$$\lambda_A^{gs} = \eta_A^{gs}\left(\tilde{c}_v + \frac{9\,R}{4\,M_A}\right) \quad , \text{W m}^{-1}\,\text{K}^{-1} \tag{4.59}$$

Die Stoffgrößen und -konstanten werden in SI-Einheiten eingesetzt: so die molekulare Masse M in kg mol^{-1} und $\tilde{c}_v$ in $\text{J kg}^{-1}\,\text{K}^{-1}$, EUCKEN (1913).

Hirschfelder-Gleichung: Man erhält den Wärmeleitfähigkeitskoeffizienten des Gases A aufgrund von Berechnungen des Lennard-Jones-Potentiales:

$$\lambda_A^{gs} = 831.4 \cdot \frac{\sqrt{\frac{T}{M_{r,A}}}}{\sigma_{AA}^2\,\Omega_V} \quad , \text{W m}^{-1}\,\text{K}^{-1} \tag{4.60}$$

$M_{r,A}$	–	:	relative molekulare Masse
η^{gs}	Pa s	:	Viskositätskoeffizient des Gases
σ_{AA}	pm	:	Stoßdurchmesser, s. Tab. 4.1
$\Omega_V(T^\star)$		:	Stoßintegral, s. Tab. 4.2

Die Berechnung von λ^{gs} läuft vergleichbar den Verfahren für die Berechnung von D^{gs}, η^{gs} ab. Man ermittelt zunächst aus Tab. 4.1 die Werte für σ und ϵ/k_B der gewünschten Verbindung, sodann bildet man den Quotienten $k_B T/\epsilon$ und entnimmt der Tab. 4.2 den numerischen Wert des Stoßintegrales Ω_V. Eingesetzt in Gl. 4.60 erhält man den Wärmeleitfähigkeitskoeffizienten λ^{gs}. Bis zu Drucken von ca. 10 bar nimmt λ^{gs} um ca. 1% pro bar zu.

Wärmeleitfähigkeitskoeffizienten von Flüssigkeiten

Bridgman-Gleichung: Ein approximativer Ausdruck für den Wärmeleitfähigkeitskoeffizienten der Flüssigkeit A ergibt sich nach BRIDGMAN (1923) zu:

$$\lambda_A^{fl} = 4.2 \cdot 10^2 \,\frac{2\,R\,c_s}{\left(\frac{M_{r,A}}{\varrho_A}\right)^{2/3}} \quad , \text{W m}^{-1}\,\text{K}^{-1} \tag{4.61}$$

c_s	m s^{-1}	:	Schallgeschwindigkeit in der Flüssigkeit
$M_{r,A}$	–	:	relative molekulare Masse
ϱ_A	kg m^{-3}	:	Dichte der Flüssigkeit

5 Der Reaktionsterm: homogene chemische Reaktionen

Die Lösung reaktionstechnischer Fragen wird in diesem Abschnitt behandelt. Zunächst werden die *Bilanzdiagramme* erläutert, mit der dabei eingeführten *Reaktionslaufzahl* lassen sich viele formalkinetische Ansätze elegant lösen. Die Begriffe *Reaktionsgeschwindigkeit, Reaktionsgeschwindigkeitskonstante, Aktivierungsenergie* und *Reaktionsordnung* werden erläutert und die Methoden zur Messung vorgestellt. Abschließend erfolgt die Behandlung der *Parallel-, Folge-* und *Kettenreaktionen*, vgl. auch LAIDLER(1987).

- MASSENERHALTUNGSSATZ, Gl. 5.8: $\sum_i \nu_i M_i = 0$
- DEFINITION DER REAKTIONSLAUFZAHL, Gl. 5.10: $d\xi = dn_i/\nu_i$
- UMGESETZTE STOFFMENGEN BEI EINER REAKTION, Gl. 5.11: $n_i = n_{i,0} + \nu_i \xi$
- VOLUMENBEZOGENE REAKTIONSLAUFZAHL, Gl. 5.13: $\xi_v = \xi/V$
- UMSATZ DER KOMPONENTE i, Gl. 5.21: $U_i = \dfrac{n_0 \, x_{i,0} - n \, x_i}{n_0 \, x_{i,0}}$
- UMSATZKOORDINATE, Gl. 5.22: $\xi_u = \xi_v/c_0 = -U_i \, x_{i,0}/\nu_i$
- ÄNDERUNG DES VOLUMENSTROMES, Gl. 5.18: $\dot V = \dot V_0 (1 + \overline{\nu}\, \xi_u)$
- REAKTIONSGESCHWINDIGKEIT, Gl. 5.41: $\dfrac{dc_i}{dt} = \nu_i r_v \left(1 + \alpha \dfrac{c_i}{c_{i,0}}\right)$
- REAKTIONSORDNUNG, Gl. 5.56: $\ln r_v = \ln k + n \ln c_A + m \ln c_B$

5.1 Einige grundsätzliche Bemerkungen

Die theoretische Beschreibung des Ablaufes einer chemischen Reaktion läßt sich in zwei große Teilaspekte aufgliedern:
1. in den Aspekt der formalkinetischen Beschreibung,
2. in den Aspekt der theoretischen – meist quantenmechanischen – Beschreibung.

Obwohl für die praktischen Probleme der chemischen Verfahrenstechnik die formalkinetische Beschreibung chemischer Reaktionen ausreicht, sollen die theoretischen Ansätze doch in ihren Grundlagen vorgestellt werden; eingehendere Darstellungen vgl. BOUDART (1968), LAIDLER (1987), MOORE/PEARSON (1981).

Die elementare Voraussetzung für die Reaktion zweier Moleküle A und B ist ein *Stoßprozeß*. Während des Stoßvorganges werden Bindungen des Eduktmoleküls gelöst und neue Bindungen zur Bildung des Produktmoleküls geknüpft. Dieser komplizierte Vorgang ist nur für einfach gebaute Moleküle überschaubar; für vielatomige Moleküle mit komplizierter Struktur ist dieser in der Regel nicht vorhersagbar.

Der Ansatz von Arrhenius: Im Jahre 1889 erkannte ARRHENIUS, daß die volumenbezogene Reaktionsgeschwindigkeit r_v sich in einen temperaturabhängigen Teil $k(T)$ und in einen konzentrationsabhängigen Teil $f(c)$ faktorisieren läßt:

$$r_v = k(T) \cdot f(c) \quad \text{mit} \quad k(T) = k_0 \exp\left[-\frac{E_A}{RT}\right] \tag{5.1}$$

Die Energie E_A im Argument der Exponentialfunktion nannte er *Aktivierungsenergie*.

Die Stoßtheorie: Die Stoßtheorie wurde von LEWIS im Jahre 1918 entwickelt und greift auf die Ergebnisse der *kinetischen Gastheorie* zurück, vgl. Abschn. 4.1. Sie beruht auf der Annahme, daß von den Stößen zweier Eduktmoleküle A und B nur diejenigen mit einem Mindestbetrag an kinetischer Energie erfolgreich sind. Diese Mindestenergie wird *Aktivierungsenergie* genannt. Die Zahl *aller* Stöße zwischen den Molekülen A und B wurde mit Gl. 4.7 bereits formuliert:

$$Z_{AB} = \pi \sigma_{AB}^2 \sqrt{\frac{8RT}{\pi \mu_{AB}}} \frac{N_A N_B}{V^2} \quad , \mathrm{m}^{-3}\,\mathrm{s}^{-1}$$

Nach Lewis sind von diesen Stößen nur diejenigen Z'_{AB}-Stöße erfolgreich, die die Schwellenenergie E_A überschreiten:

$$Z'_{AB} = Z_{AB} \exp\left[-\frac{E_A}{RT}\right] \tag{5.2}$$

Der Vergleich mit dem empirischen Ansatz von *Arrhenius* zeigt, daß der präexponentielle oder *Frequenz*-Faktor k_0 proportional zu $\sqrt{T}$ ist. Nach diesem Ansatz berechnet man für einfach gebauter Moleküle k_0 in der richtigen Größenordnung, für komplizierter gebaute Moleküle weicht der Ansatz bis zu einem Faktor 10^6 von dem berechneten Wert ab; auch eine Korrektur mit einem sterischen Faktor ist lediglich ein Behelf.

Die Eyring-Theorie: Die Schwächen der Lewis-Theorie wurden 1935 von EYRING durch die „Theorie des Übergangszustandes" behoben. Eyring verzichtete weitgehend auf die Anwendung der kinetischen Gastheorie in der chemischen Kinetik, vielmehr versuchte er diese konsequent mit den Methoden der statistischen Mechanik zu beschreiben. Diese rein energetischen Untersuchungen münden in der Erstellung eines *Reaktionsenergieprofiles* oder einer *Energiekonturkarte*, die alle strukturellen und energetischen Aspekte einer chemischen Reaktion zusammenfaßt.

In kurzen Zügen seien die wesentliche Aspekte dieser Theorie zusammengefaßt. Für den bimolekularen Austausch mit dem Übergangszustand $A \cdots B \cdots C$:

$$AB + C \underset{k_{-1}}{\overset{k_1}{\rightleftharpoons}} A \cdots B \cdots C \overset{k_2}{\to} A + BC$$

ergibt sich der Ausdruck für den präexponentiellen Faktor unter folgenden Annahmen:

1. der Übergangszustand steht im Gleichgewicht mit den Edukten;

2. der Übergangszustand zerfällt längs der Reaktionskoordinate in die Produkte, dieser Weg ist nicht umkehrbar;

3. der Übergangszustand hat hinsichtlich der Geschwindigkeitsverteilung alle Eigenschaften eines normalen Moleküls;

4. ein Freiheitsgrad der Oszillation wird längs der Reaktionskoordinaten in einen Freiheitsgrad der Translation umgewandelt.

Mit diesen Annahmen ergibt sich die Reaktionsgeschwindigkeitskonstante in der statistischen Formulierung mit den Zustandssummen q_i zu:

$$k = \frac{k_B T}{h} K^\ddagger \exp\left[-\frac{\epsilon_0}{k_B T}\right] \qquad (5.3)$$

In der Gleichgewichtskonstanten $K^\ddagger$ steht die um die Translation reduzierte Zustandssumme des Übergangszustandes:

$$K^\ddagger = \frac{q_{ABC^\ddagger}}{q_{AB} q_C} = \exp\left[-\frac{\Delta_R G^\ddagger}{RT}\right] = \exp\left[-\frac{\Delta_R H^\ddagger}{RT} + \frac{\Delta_R S^\ddagger}{R}\right] \qquad (5.4)$$

Mit diesem Zusammenhang werden neben den energetischen auch die entropischen Effekte der chemischen Reaktion berücksichtigt.

In ihren Grundzügen ist die Eyring-Theorie von bestechender Einfachheit, doch sollte man nicht übersehen, daß die Erstellung des Energieprofiles einer komplizierteren chemischen Reaktion den Rechenaufwand sehr schnell ansteigen läßt. Die Berechenbarkeit einer chemischen Reaktion ist daher nur auf die einfachen – für den Praktiker meist uninteressanten – Fälle beschränkt.

5.2 Die Klassifikation chemischer Reaktionen

Die „Schnelligkeit" einer Reaktion: Zur Charakterisierung der Schnelligkeit einer chemischen Reaktion greift man zunächst auf die Definition des Umsatzes der Komponente i einer chemischen Reaktion zurück:

▷ DEFINITION DES UMSATZES DER KOMPONENTE i:

$$U_i = \frac{n_{i,0} - n_i}{n_{i,0}} \qquad (5.5)$$

Diese in Stoffmengen gegebene – immer richtige – Definition ist dem Chemiker unbequem, er rechnet lieber in Konzentrationen und schreibt:

$$U_i = \frac{n_{i,0} - n_i}{n_{i,0}} = \frac{c_{i,0} V_0 - c_i V}{c_{i,0} V_0}$$

Für Reaktionen in Lösungen kann man oft vereinfachend $V_0 = V$ setzen, es resultiert dann die bekanntere Umsatzbeziehung:

$$U_i = \frac{c_{i,0} - c_i}{c_{i,0}} \qquad (5.6)$$

Eine praktische Klassifikation der Schnelligkeit einer chemischen Reaktion greift auf die *Halbwertszeit* $t_{1/2}$ zurück: das ist die Zeit, nach der der Umsatz 0.5 erreicht ist, also:

$$0.5 = \frac{c_{i,0} - c_{i,t_{1/2}}}{c_{i,0}} \qquad (5.7)$$

Man bezeichnet Reaktionen mit:

$$\begin{array}{rcl} t_{1/2} & > & 1\text{ min} \quad \text{als langsam;} \\ 1\text{ s} < t_{1/2} & < & 1\text{ min} \quad \text{als normal;} \\ 1\ \mu\text{s} < t_{1/2} & < & 1\text{ s} \quad \text{als schnell;} \\ t_{1/2} & < & 1\ \mu\text{s} \quad \text{als sehr schnell.} \end{array}$$

Homogene und heterogene Reaktionen: Die Unterscheidung in homogene und heterogene Reaktionen basiert auf der Ein- oder Mehrphasigkeit einer Reaktion. Die Oxidation von Kohlenmonoxid mit Sauerstoff kann *homogen* ablaufen, beide Reaktionspartner liegen dann gasförmig vor. Die *Boudouard*-Reaktion ($CO_2 + C \rightleftharpoons 2\ CO$) stellt dagegen ein *heterogene* Reaktion dar, bei der das Kohlenmonoxid sowie das Kohlendioxid in gasförmiger und der Kohlenstoff in fester Form vorliegen.

Heterogene Reaktionen unterscheiden sich in ihrer mathematische Beschreibung von homogenen Reaktionen oft durch die Überlagerung mit dem diffusiven Transportprozeß. Jedoch können auch homogene Reaktionen transportlimitiert sein, so z.B. die Polymerisation durch die steigende Viskosität der Reaktionsmischung.

Katalytische Reaktionen: Auch hier stellt die CO-Oxidation ein geeignetes Beispiel dar: diese Reaktion kann heterogen mit einem die Reaktion beschleunigenden festen *Katalysator* (meist einem Edelmetall) ablaufen. Es gibt auch Beispiele für homogenkatalysierte Reaktionen, so z.B. die säurekatalysierte Dehydratisierung von Alkoholen.

Heterogen-katalytische Reaktionen sind wegen ihrer Mehrphasigkeit ebenfalls durch die mögliche Überlagerung des Reaktionsgeschehens mit der Diffusion charakterisiert. Die Einbeziehung des konduktiven Transportes in das Reaktionsgeschehen führt zu einer Komplizierung der mathematischen Beschreibung, vgl. *Porendiffusion* in Abschn. 6.5 .

Elementarreaktionen: Aus den vorhergehenden Merkmalen einer chemischen Reaktion wird klar, daß die Zurückführung des Reaktionsgeschehens auf wenige überschaubare Grundgleichungen wünschenswert ist. Dies gelingt mit der Einführung einfach strukturierter *Elementarreaktionen*.

Aufgabe der chemischen Kinetik ist es u.a. die Konzentrationsfunktion $f(c)$ in dem Ansatz nach Gl. 5.1 aufgrund elementarer Modelle zu deuten. Dabei geht man davon aus, daß sich eine kompliziertere Brutto-Reaktionsgleichung von dem Typ

$$2\,A + 3\,B \xrightarrow{k_1} 7\,C$$

in Teilreaktionen zerlegen läßt. Man nennt die Abfolge dieser Teilreaktionen den *Reaktionsmechanismus* der aufgeführten Reaktion; er setzt sich aus den Elementarreaktionen zusammen, vgl. Abschn. 5.6.3 ff.

In der chemischen Kinetik werden die folgenden vier Elementarreaktionen als die wichtigsten erachtet:

1. monomolekularer Zerfall : $AB \xrightarrow{k_1} A + B$
2. Rekombination : $A + B \xrightarrow{k_2} AB$
3. Bimolekularer Austausch : $AB + C \xrightarrow{k_3} AC + B$
4. Umlagerung : $ABC \xrightarrow{k_4} ACB$

Diese Elementarreaktionen verlaufen stets irreversibel, für sie gelten die Reaktionsgeschwindigkeiten, vgl. Abschn. 5.6:

1. monomolekularer Zerfall : $r_{v,1} = k_1\, c_{AB}$
2. Rekombination : $r_{v,2} = k_2\, c_A c_B$
3. bimolekularer Austausch : $r_{v,3} = k_3\, c_{AB} c_C$
4. Umlagerung : $r_{v,4} = k_4\, c_{ABC}$

Ein Reaktionsmechanismus kann als aufgeklärt gelten, wenn die Art der Elementarreaktionen und deren gegenseitige Verknüpfung ermittelt ist. In diesem Falle läßt sich das experimentell gefundene Zeitgesetz einer chemischen Reaktion aus den Elementarreaktionen ableiten. Vereinfachende Annahmen, so die des *Bodensteinschen Stationaritätsprinzipes*, wonach die zeitlichen Änderungen der Konzentration instabiler Zwischenkörper (z.B. Radikale) zu Null gesetzt werden, verringern den rechnerischen Aufwand und führen schnell zu verwertbaren Ergebnissen, vgl. *Kettenreaktionen* in Abschn. 5.6.5.

5.3 Stöchiometrie und Umsatz

5.3.1 Der Massenerhaltungssatz

Zur Vereinfachung der Diskussion betrachten wir eine chemische Gleichung der Form:

$$2\,A + B = 3\,C$$

In dieser Gleichung werden die Reaktionsedukte A und B eindeutig mit dem Reaktionsprodukt C verknüpft. Schreibt man die Reaktionsgleichung nach Art einer algebraischen Gleichung, indem man die verschwindenden Edukte als negative und die gebildeten Produkte als positive Größen formuliert:

$$-2\,A - B + 3\,C = 0$$

so erhält man mit den molekularen Massen M_A, M_B, M_C:

$$-2\,M_A - M_B + 3\,M_C = 0$$

In allgemeinerer Formulierung ergibt sich damit der
▷ MASSENERHALTUNGSSATZES:

$$\boxed{\sum_i \nu_i\, M_i = 0} \qquad (5.8)$$

Die Koeffizienten ν_i werden *stöchiometrische Koeffizienten* genannt und sind, wie sich aus der algebraischen Formulierung schon ergibt, für:

$$\begin{aligned}\text{Edukte} &\quad:\quad \nu_i < 0 \\ \text{Produkte} &\quad:\quad \nu_i > 0 \\ \text{Inertstoffe} &\quad:\quad \nu_i = 0\end{aligned} \qquad (5.9)$$

Die Summe aller stöchiometrischen Koeffizienten ν_i einer Reaktion wird in diesem Text mit $\sum_i \nu_i = \bar{\nu}$ bezeichnet. Chemische Reaktionen können unter Stoffmengenkonstanz oder unter Stoffmengenänderung ablaufen. Der Effekt der Stoffmengenänderung auf das Reaktionsvolumen kann in nicht zu konzentrierten Lösungen i.allg. vernachlässigt werden, bei Gasreaktionen ist er dagegen bedeutend, weshalb man dann auch von der *Volumenänderung* einer chemischen Reaktion spricht. Es ergeben sich die
▷ STOFFMENGENÄNDERUNGEN EINER CHEMISCHEN REAKTION:

$\bar{\nu} = 0$: für Reaktionen *ohne Stoffmengenänderung*,
  z.B. $H_2 + J_2 = 2\,HJ$, $\bar{\nu} = 0$

$\bar{\nu} > 0$: für Reaktionen *mit Stoffmengenzunahme*,
  z.B. $C_3H_8 + 5\,O_2 = 3\,CO_2 + 4\,H_2O$, $\bar{\nu} = 1$

$\bar{\nu} < 0$: für Reaktionen *mit Stoffmengenabnahme*,
  z.B. $N_2 + 3\,H_2 = 2\,NH_3$, $\bar{\nu} = -2$

5.3.2 Die Reaktionslaufzahl einer chemischen Reaktion

Läßt man eine Reaktion in stöchiometrischen Stoffmengen ablaufen, so ist der Quotient n_i/ν_i jeder Komponente i einer Reaktion eine Konstante und damit für eine eindeutige chemische Reaktion eine reaktionsspezifische Größe. Zur Erläuterung dieses Sachverhaltes betrachten wir die homogene CO-Oxidation in „Chemikerschreibweise" und in „Mathematikerschreibweise":

$$2\,CO + O_2 = 2\,CO_2$$
$$-2\,CO - O_2 + 2\,CO_2 = 0$$

Bringt man nun 6 mol CO mit 3 mol O_2 zur Reaktion und schreibt die Stoffmengenbilanz gleich in Form einer algebraischen Gleichung, so ergibt sich:

$$-6\,mol\,CO - 3\,mol\,O_2 + 6\,mol\,CO_2 = 0$$

Die Quotienten n_i/ν_i für die Komponenten Kohlenmonoxid, Sauerstoff und Kohlendioxid ergeben sich für CO: $-6/-2 = 3$; für $O_2 = -3/-1 = 3$; für $CO_2 = 6/2 = 3$. Man erhält also einen von der Wahl der Komponente i *unabhängigen Parameter* für eine betrachtete chemische Reaktion: auf diesen Umstand beruht die Einführung einer

▷ REAKTIONSLAUFZAHL:

$$\boxed{d\xi = \frac{dn_i}{\nu_i} \quad , mol} \tag{5.10}$$

Die Reaktionslaufzahl ändert sich pro Stoffmengenumsatz um den Wert 1 mol; die Integration der Gleichung liefert die:

$$\nu_i \int_0^\xi d\xi = \int_{n_{i,0}}^{n_i} dn_i$$

▷ UMGESETZTEN STOFFMENGEN EINER CHEMISCHEN REAKTION:

$$\boxed{n_i = n_{i,0} + \nu_i \xi \quad , mol} \tag{5.11}$$

Die Umrechnung auf Massen und Konzentrationen ergibt sich nach Gl. 20.2 zu:

$$m_i = n_i M_i \quad \leadsto \quad m_i = m_{i,0} + \nu_i M_i \xi \quad , kg$$
$$c_i = n_i/V \quad \leadsto \quad c_i = c_{i,0} + \nu_i \xi/V \quad , mol\,m^{-3} \tag{5.12}$$

In der vorstehenden Gleichung tritt der Quotient ξ/V auf, er definiert die *volumenbezogene Reaktionslaufzahl*: $\xi_v = \xi/V$, $mol\,m^{-3}$. Man erhält also für die

▷ KONZENTRATIONSÄNDERUNG WÄHREND EINER CHEMISCHEN REAKTION:

$$\boxed{c_i = c_{i,0} + \nu_i \xi_v} \tag{5.13}$$

5.3.3 Verlauf der Stoffmengenanteile chemischer Reaktionen

Da die volumenbezogene Reaktionslaufzahl ξ_v ebenfalls unabhängig von den Komponenten i der betrachteten chemischen Reaktion ist, kann unter Benutzung der Gl. 5.13 über alle Komponenten i dieser Reaktion summiert werden:

$$\sum_i c_i = \sum_i c_{i,0} + \sum_i \nu_i \xi_v \qquad (5.14)$$

Der Ausdruck $\sum_i c_i = c$ wird als *Gesamtkonzentration* einer betrachteten Reaktion bezeichnet, etwa analog dem *Gesamtdruck* P bei einer Gasreaktion, es ergibt sich:

$$c = c_0 + \bar{\nu}\xi_v \quad \text{mit} \quad \sum_i \nu_i = \bar{\nu} \qquad (5.15)$$

Dividiert man diese Gleichung durch c_0, dann folgt mit der dimensionslosen
▷ Umsatzkoordinate:

$$\boxed{\xi_u = \frac{\xi_v}{c_0}} \qquad (5.16)$$

schnell ein in der Reaktionskinetik universell verwendbarer Ausdruck:

$$c = c_0(1 + \bar{\nu}\xi_u) \qquad (5.17)$$

Diese Gleichung ist von großem praktischen Wert, da sich mit ihr die Verläufe der Stoffmengen, Stoffmengenströme und Volumenströme bei nicht-stoffmengenkonstanter Reaktion leicht berechnen lassen. Es ergibt sich, da die Umrechnungsfaktoren stets nach dem Kürzen herausfallen, für die Stoffmenge, den Stoffmengenstrom und den Volumenstrom:

$$\boxed{\begin{aligned} n &= n_0(1 + \bar{\nu}\xi_u) \\ \dot{n} &= \dot{n}_0(1 + \bar{\nu}\xi_u) \\ \dot{V} &= \dot{V}_0(1 + \bar{\nu}\xi_u) \end{aligned}} \qquad (5.18)$$

Zur Berechnung des Stoffmengenanteiles der Komponente i einer nicht-stoffmengenkonstanten Reaktion greift man auf die Definition des Stoffmengenanteiles zurück.
▷ Definitionsgleichung des Stoffmengenanteiles:

$$x_i = \frac{n_i}{\sum_i n_i} = \frac{c_i}{\sum_i c_i} = \frac{p_i}{\sum_i p_i} \qquad (5.19)$$

Hier werden nun die bekannten Ausdrücke für $c_i = c_{i,0} + \nu_i \xi_v$ und $c = c_0 + \bar{\nu}\xi_v$ eingesetzt:

$$x_i = \frac{c_i}{\sum_i c_i} = \frac{c_{i,0} + \nu_i \xi_v}{c_0 + \bar{\nu}\xi_v}$$

Man dividiert Zähler und Nenner dieser Gleichung durch c_0 und erhält mit $c_{i,0}/c_0 = x_{i,0}$ und der dimensionslosen Umsatzkoordinate $\xi_v/c_0 = \xi_u$ den
▷ Stoffmengenanteil einer nicht-stoffmengenkonstanten Reaktion:

$$\boxed{x_i = \frac{x_{i,0} + \nu_i \xi_u}{1 + \bar{\nu}\xi_u}} \qquad (5.20)$$

5.3.4 Umsatz, Umsatzkoordinate und Bilanzdiagramm

Der Umsatz der Komponente i einer chemischen Reaktion ist bereits durch Gl. 5.5 formuliert worden, dort setzt man nun $n_i = n\, x_i$, es folgt eine weitere

▷ DEFINITION DES UMSATZES:

$$U_i = \frac{n_0\, x_{i,0} - n\, x_i}{n_0\, x_{i,0}} = \frac{\dot{n}_0\, x_{i,0} - \dot{n}\, x_i}{\dot{n}_0\, x_{i,0}} \qquad (5.21)$$

Nach einer leichten Umformung werden die mit den Gln. 5.18 und 5.20 abgeleiteten Ausdrücke eingesetzt, man erhält nach dem Kürzen:

$$U_i = 1 - \frac{n\, x_i}{n_0\, x_{i,0}} = 1 - \frac{n_0(1 + \overline{\nu}\, \xi_\mathrm{u})}{n_0\, x_{i,0}} \left(\frac{x_{i,0} + \nu_i\, \xi_\mathrm{u}}{1 + \overline{\nu}\, \xi_\mathrm{u}} \right)$$

▷ UMSATZ ALS FUNKTION DER UMSATZKOORDINATE:

$$U_i = -\frac{\nu_i\, \xi_\mathrm{u}}{x_{i,0}} \qquad (5.22)$$

Folgerungen: Bei nicht-stoffmengenkonstanten Reaktionen ändert sich der Stoffmengenanteil der *Inertkomponente*, und zwar:

(1) der Stoffmengenanteil der Inertkomponente *nimmt zu*, wenn in der Reaktion die Stoffmenge *abnimmt* ($\overline{\nu} < 0$), s. Beispiel unten;

(2) der Stoffmengenanteil der Inertkomponente *nimmt ab*, wenn in der Reaktion die Stoffmenge *zunimmt* ($\overline{\nu} > 0$).

Dieser Sachverhalt ist besonders bei Reaktionen wichtig, die unter explosiven Bedingungen ablaufen können. Bei organisch-chemischen Reaktionen verläuft in der Regel die Oxidation mit Sauerstoff unter Stoffmengenzunahme, die Reduktion mit Wasserstoff unter Stoffmengenabnahme.

Es kann also der Fall eintreten, daß die Reaktion unter sicheren Bedingungen außerhalb der Explosionsgrenzen gestartet wird, dann aber – wegen des eben dargestellten Sachverhaltes – dieses sichere Gebiet durch Änderung des Stoffmengenanteiles der Inertkomponente verlassen und dadurch eine Explosion ausgelöst wird. Anhand eines Beispieles soll die Wichtigkeit dieses soeben dargestellten Sachverhaltes verdeutlicht werden.

Beispiel: Die SO_2-Oxidation soll mit Zusatz von Stickstoff nach der Gleichung:

$$2\, SO_2 + O_2 \rightarrow 2\, SO_3\, ,\, N_2$$

ablaufen. Es ist $\sum_i \nu_i = \overline{\nu} = -1$. Die Eingangsstoffmengenanteile seien: $x_{SO_2,0} = 0.2$, $x_{O_2,0} = 0.16$, $x_{SO_3,0} = 0$, $x_{N_2,0} = 0.64$; 60% des SO_2 sollen umgesetzt werden.

Lösung: Zunächst werden die Umsatzkoordinate und der Sauerstoff-Umsatz berechnet:

$$\xi_\mathrm{u} = -U_{SO_2} \frac{x_{SO_2,0}}{\nu_{SO_2}} = -0.6 \frac{0.2}{-2} = 0.06$$

$$U_{O_2} = \frac{-\nu_{O_2}\xi_u}{x_{O_2,0}} = -\frac{(-1)\,0.06}{0.16} = 0.375$$

Die Abgaszusammensetzung ergibt sich durch Anwendung der Gl. 5.20:

$$x_{SO_2} = \frac{x_{SO_2,0} + \nu_{SO_2}\xi_u}{1 + \overline{\nu}\,\xi_u} = \frac{0.2 - 2(0.06)}{1 - 0.06} = 0.0855$$

(Die Rechnung unter Annahme der Stoffmengenkonstanz würde den Wert $x_{SO_2} = 0.08$ liefern.) Die Stoffmengenanteile der anderen Komponenten im Abgas ergeben sich analog zu: $x_{O_2} = 0.106$, $x_{SO_3} = 0.128$. Rechnet man nun noch die Änderung des Stoffmengenanteiles der Inertkomponente Stickstoff aus, so ergibt sich: $x_{N_2} = 0.64/1 - 0.06 = 0.68$. Obwohl die *Inertkomponente* nicht an der Reaktion teilnimmt, ändert sich dennoch deren Stoffmengenanteil!

Das Bilanzdiagramm

Der Verlauf der Stoffmengenanteile bei einer nicht-stoffmengenkonstanten Reaktion läßt sich besonders deutlich im Bilanzdiagramm veranschaulichen, vgl. HUGO(1965). Zur Erstellung des Bilanzdiagrammes greifen wir auf Gl. 5.20 zurück und subtrahieren auf beiden Seiten des Ausdruckes $x_{i,0}$, man erhält nach dem Erweitern mit $(1 + \overline{\nu}\,\xi_u)$:

$$x_i - x_{i,0} = \frac{x_{i,0} + \nu_i \xi_u}{1 + \overline{\nu}\,\xi_u} - \frac{x_{i,0}(1 + \overline{\nu}\,\xi_u)}{1 + \overline{\nu}\,\xi_u}$$

$$x_i - x_{i,0} = \frac{\xi_u(\nu_i - \overline{\nu}\,x_{i,0})}{1 + \overline{\nu}\,\xi_u}$$

Nach dem Umstellen dieser Gleichung erhält man einen konstanten Ausdruck:

$$\frac{x_i - x_{i,0}}{\nu_i - \overline{\nu}\,x_{i,0}} = \frac{\xi_u}{1 + \overline{\nu}\,\xi_u} = \text{const} \tag{5.23}$$

Wenn dieser Ausdruck für die Komponente i konstant ist, dann ist er auch für alle anderen Komponenten der betrachteten Reaktion konstant: also erhält man für die Komponenten $i, k, \ldots$ der gemeinsamen chemischen Reaktion den Zusammenhang:

$$\frac{x_i - x_{i,0}}{\nu_i - \overline{\nu}\,x_{i,0}} = \frac{x_k - x_{k,0}}{\nu_k - \overline{\nu}\,x_{k,0}} = \cdots \tag{5.24}$$

Dieser Ausdruck stellt die Gleichung einer Geradenschar mit der Steigung m dar:

$$x_i - x_{i,0} = m\,(x_k - x_{k,0}) \quad \text{mit} \quad m = \frac{\nu_i - \overline{\nu}\,x_{i,0}}{\nu_k - \overline{\nu}\,x_{k,0}} \tag{5.25}$$

Für das Bilanzdiagramm trägt man x_i gegen x_k auf und erhält Geraden, die in diesem Diagramm durch den sog. *Pol* verlaufen:

$$x_i^{\text{Pol}} = \frac{\nu_i}{\overline{\nu}} \quad ; \quad x_k^{\text{Pol}} = \frac{\nu_k}{\overline{\nu}} \tag{5.26}$$

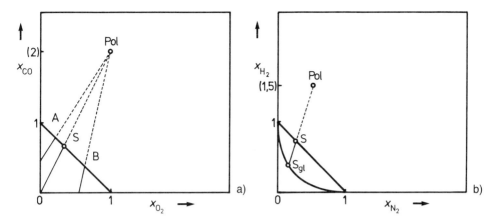

Abbildung 5.1: Bilanzdiagramm für: (a) die CO-Oxidation; (b) die NH$_3$-Bildung.

Bilanzdiagramm einer irreversiblen Reaktion: Es werden die Verhältnisse für die heterogene CO-Oxidation betrachtet: $2\,CO + O_2 \rightarrow 2\,CO_2$, s. Abb. 5.1(a). In der Darstellung x_{CO} vs. x_{O_2} ergibt sich der Pol für Kohlenmonoxid zu: $x_{CO}^{Pol} = \nu_{CO}/\bar{\nu} = -2/-1 = 2$ und für Sauerstoff zu: $x_{O_2}^{Pol} = \nu_{O_2}/\bar{\nu} = -1/-1 = 1$; die Geraden verlaufen durch den Pol (2,1). Der sinnvolle Wertebereich für Ausgangsmischungen von CO und O_2 liegt innerhalb der Dreiecksfläche (0/1/1) dort ist $x_{CO} + x_{O_2} + x_{CO_2} \leq 1$. Bei der heterogenen CO-Oxidation liegt bei Temperaturen um 350 K der Fall einer eindeutigen irreversiblen Reaktion vor. Ein Reaktionsgemisch aus Sauerstoff und Kohlenmonoxid liefert bei stöchiometrischen Ausgangsstoffmengenanteilen vollständig Kohlendioxid. Liegt dieser Sachverhalt vor, so verläuft die Bilanzgerade durch den Ursprung des Koordinatensystems: Bilanzgerade (S) in Abb. 5.1(a). Die Bilanzgerade (A) beginnt bei einem Ausgangsgemisch $x_{O_2} = 0.2$ und $x_{CO} = 0.8$, es liegt also ein starker Sauerstoff-Unterschuß vor, der Endstoffmengenanteil beträgt $x_{O_2} = 0$ und $x_{CO} = 0.45$. Die Bilanzgerade (B) dagegen beginnt bei $x_{O_2} = 0.65$ und $x_{CO} = 0.35$, also mit großem Sauerstoff-Überschuß, der Endstoffmengenanteil beträgt in diesem Fall $x_{CO} = 0$ und $x_{O_2} = 0.55$.

Bilanzdiagramm einer reversiblen Reaktion: Für den allgemeinen Fall der Gleichgewichtseinstellung einer chemischen Reaktion verlaufen die Bilanzgeraden bis zu den Gleichgewichtsstoffmengenanteilen dieser Reaktion. Für das Beispiel der Ammoniakbildung: $\frac{1}{2}N_2 + \frac{3}{2}H_2 = NH_3$ entwickelt sich folgender Gedankengang:

1. für die Summe der Gleichgewichtsstoffmengenanteile (Index: gl) gilt:

$$x_{H_2,gl} + x_{N_2,gl} + x_{NH_3,gl} = 1 \qquad (5.27)$$

2. das Verhältnis der Stoffmengenanteile $x_{N_2,gl} : x_{H_2,gl}$ liegt durch die Stöchiometrie fest:

$$\frac{x_{H_2,gl}}{x_{N_2,gl}} = \frac{3/2}{1/2} \quad \text{bzw.} \quad x_{N_2,gl} = \frac{1}{3} x_{H_2,gl} \qquad (5.28)$$

3. Der Stoffmengenanteil $x_{N_2,gl}$ läßt sich nun durch $x_{H_2,gl}$ ausdrücken:

$$x_{H_2,gl} + x_{N_2,gl} = \frac{3}{3}x_{H_2,gl} + \frac{1}{3}x_{N_2,gl} = \frac{4}{3}x_{H_2,gl} \tag{5.29}$$

Aus der Summenbedingung der Stoffmengenanteile erhält man für die Stoffmengenanteile von Wasserstoff und Stickstoff zwei Ausdrücke, die gleich über die Beziehung $p_i = x_i P$ auf Partialdrücke umgerechnet werden:

$$\frac{4}{3}x_{H_2,gl} + x_{NH_3,gl} = 1 \rightsquigarrow p_{H_2,gl} = \frac{3}{4}(1 - x_{NH_3,gl})P$$

$$x_{N_2,gl} = \frac{1}{4}(1 - x_{NH_3,gl}) \rightsquigarrow p_{N_2,gl} = \frac{1}{4}(1 - x_{NH_3,gl})P$$

Die Gleichgewichtskonstante K_p ergibt sich nach dem Einsetzen der Partialdrücke zu:

$$K_p = \frac{p_{NH_3,gl}}{\{p_{H_2,gl}\}^{3/2}\{p_{N_2,gl}\}^{1/2}} = \frac{x_{NH_3,gl}}{\{3/4(1-x_{NH_3,gl})\}^{3/2}\{1/4(1-x_{NH_3,gl})\}^{1/2} P}$$

$$K_p = \frac{16\, x_{NH_3,gl}}{\sqrt{27}\{1-x_{NH_3,gl}\}^2 P}$$

$$K_p P \frac{\sqrt{27}}{16} = \frac{x_{NH_3,gl}}{\{1-x_{NH_3,gl}\}^2} \tag{5.30}$$

Man ermittelt für die gewünschte Temperatur den Wert der Gleichgewichtskonstanten K_p und erhält dann für den erforderlichen Gesamtdruck P nach dieser Gleichung den Stoffmengenanteil $x_{NH_3,gl}$. Die rechte Seite der Gl. 5.30 zeigt den analytischen Verlauf einer Hyperbel, s. Abb. 5.1(b). Der Pol im Bilanzdiagramm liegt bei (3/2, 1/2); startet man die Reaktion mit den stöchiometrischen Ausgangsstoffmengenanteilen bei Punkt (S), so ergeben sich im Gleichgewicht die Gleichgewichtsstoffmengenanteile S_{gl}.

Hinsichtlich der Reaktionsführung mit nicht-stöchiometrischen Ausgangsgemischen gilt das im vorigen Absatz Gesagte, diese Verhältnisse lassen sich ohne weiteres auf den angegebenen Formalismus übertragen.

Bewertung: Bilanzdiagramme lassen sich mit großen Vorteil auf Reaktionen mit drei oder vier Komponenten anwenden, es resultieren dann zwei- bzw. dreidimensionale Darstellungen. Besonders Elementarreaktionen sind auf diese Weise übersichtlich darstellbar.

Für den Praktiker ist das Bilanzdiagramm für die Entgiftungsreaktionen der Rauchgase außerordentlich nützlich: auf diese Reaktionen, wie die Entschwefelung, die Entstickung und die Kohlenmonoxid-Oxidation läßt sich das Bilanzdiagramm anwenden. Auch zeigt sich sofort klar und anschaulich die Gleichgewichtsgrenze einer ausgewählten Reaktion, z.B. in Verbindung mit der Technischen Anleitung Luft.

5.4 Die Reaktionsgeschwindigkeit

Definition der Reaktionsgeschwindigkeit: Am zweckmäßigsten wird die Reaktionsgeschwindigkeit über die Reaktionslaufzahl ξ definiert, man erhält dann die
▷ WAHRE ODER ABSOLUTE REAKTIONSGESCHWINDIGKEIT $\Re$:

$$\boxed{\Re = \frac{d\xi}{dt} = \frac{dn_i}{\nu_i dt}} \quad , \text{mol s}^{-1} \tag{5.31}$$

Setzt man nun $n_i = c_i V$, so ergibt sich für die differentielle Änderung der Stoffmenge n nach Anwendung der Produktregel der Differentialrechnung: $dn_i = c_i\, dV + V\, dc_i$, oder nach dem Einsetzen in die obige Gleichung:

$$\nu_i \Re = \frac{V\, dc_i}{dt} + \frac{c_i\, dV}{dt} \tag{5.32}$$

In der *homogenen Kinetik* mißt man nicht die Änderung der Stoffmenge, sondern verfolgt die Konzentrationsänderungen, also definiert man eine
▷ VOLUMENBEZOGENE REAKTIONSGESCHWINDIGKEIT:

$$\boxed{r_v = \frac{\Re}{V}} \quad , \text{mol m}^{-3}\text{s}^{-1} \tag{5.33}$$

Somit ergibt sich nach dem Einsetzen der wichtige Ausdruck:

$$\nu_i r_v = \nu_i \frac{\Re}{V} = \frac{dc_i}{dt} + c_i \frac{dV}{V\, dt} \tag{5.34}$$

Man erkennt, daß die „einfache" Definition der volumenbezogenen Reaktionsgeschwindigkeit $\nu_i\, r_v = dc_i/dt$ ausschließlich für stoffmengenkonstante Reaktionen gilt. Für stoffmengenändernde Reaktionen ist diese Definition allenfalls in der Flüssigphase bei nicht zu großen Konzentrationen näherungsweise richtig.

In der *heterogenen Kinetik* bezieht man die Änderung der Stoffmenge häufig auf eine zu definierende Oberfläche S oder die Masse m_K des Katalysators, vgl. Gl. 6.33:

$$\boxed{r_S = \frac{\Re}{S} \quad \text{oder} \quad r_m = \frac{\Re}{m_K}} \tag{5.35}$$

Bewertung: Die exakte Definition der volumenbezogenen Reaktionsgeschwindigkeit nach Gl. 5.34 ist besonders für Gasreaktionen von Bedeutung. In der Regel laufen Oxidationen und Reduktionen unter Änderung der Stoffmenge ab, dann ändert sich auch das Volumen bzw. der Druck beim Ablauf dieser Reaktion. Unter diesen Bedingungen kann man *nicht* auf die „einfache" Definition der Reaktionsgeschwindigkeit $\nu_i r_v = dc_i/dt$ zurückgreifen.

5.5 Die Ermittlung der Reaktionsgeschwindigkeit

Die instationäre Methode

Die sog. differentielle Methode greift direkt auf die „vereinfachte" Definition der Reaktionsgeschwindigkeit über einen Differentialquotienten zurück. In der Regel mißt man in einem diskontinuierlichen Reaktor für die Komponente i der chemischen Reaktion die zeitliche Änderung der Konzentration c_i und ermittelt aus dem Graphen den Differentialquotienten dc_i/dt durch Berechnung der Steigung in verschiedenen Punkten $c_i(t)$. Exakt gilt jedoch nach der Gl. 5.34:

$$\frac{dc_i}{dt} = \nu_i r_v - c_i \frac{dV}{V\,dt} \tag{5.36}$$

Wie bringt man nun das additive Glied $c_i\, dV/(V\,dt)$ in Ansatz? Die Volumenänderung einer nicht-stoffmengenkonstanten chemischen Reaktion ist durch den Umsatz U_i der Komponente i dieser Reaktion bzw. der Reaktionslaufzahl ξ gekennzeichnet. Dazu schreiben wir in Analogie zu Gl. 5.18:

$$V = V_0(1 + \alpha U_i) \tag{5.37}$$

Weiterhin war nach den Umsatz- bzw. Stoffmengenbeziehungen, Gln. 5.11, 5.21:

$$\text{Gl. 5.21:} \quad U_i = \frac{n_0\, x_{i,0} - n\, x_i}{n_0\, x_{i,0}}$$

$$\text{Gl. 5.11:} \quad n_i = n_{i,0}(1 + \nu_i\, \xi_u)$$

$$\leadsto \quad U_i = -\frac{\nu_i\, \xi}{n_{i,0}} = -\frac{\nu_i\, \xi_u}{x_{i,0}}$$

Durch Einsetzen in die Gl. 5.37 ergibt sich schließlich für das Volumen V:

$$\leadsto \quad V = V_0\left(1 - \alpha \frac{\nu_i\, \xi}{n_{i,0}}\right) \tag{5.38}$$

$$\text{mit} \quad \alpha = \frac{V_{U=1} - V_0}{V_0}$$

Der Wert für α ergibt sich aus dem Volumen des Reaktionsgemisches bei vollständigem Umsatz abzüglich des Anfangsvolumens dividiert durch das Anfangsvolumen. Nun wird das Glied $dV/(V\,dt)$ gebildet: dazu differenziert man Gl. 5.38 nach der Zeit und erhält mit dem Ausdruck $n_{i,0}/V_0 = c_{i,0}$:

$$\frac{dV}{V\,dt} = -\frac{\alpha\, \nu_i}{c_{i,0}\, V} \frac{d\xi}{dt} \tag{5.39}$$

Der Term $d\xi/(V\,dt) = d\xi_v/dt = \nu_i\, r_v$ stellt die bekannte volumenbezogene Reaktionsgeschwindigkeit dar, also ist:

$$\frac{dV}{V\,dt} = -\frac{\alpha}{c_{i,0}} \nu_i r_v \tag{5.40}$$

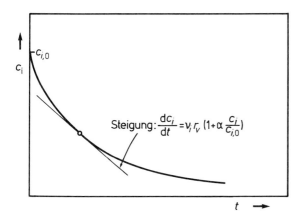

Abbildung 5.2: Konzentrations-Zeit-Verlauf einer chemischen Reaktion und Ermittlung der Reaktionsgeschwindigkeit für eine nicht-stoffmengenkonstante Reaktion.

Durch Einsetzen in die Ausgangsgleichung ergibt sich schließlich der Zusammenhang:

$$\boxed{\frac{\mathrm{d}c_i}{\mathrm{d}t} = \nu_i r_\mathrm{v}\left(1 + \alpha\,\frac{c_i}{c_{i,0}}\right)} \qquad (5.41)$$

Aus dem $c(t)$-Verlauf folgt für die volumenbezogene Reaktionsgeschwindigkeit r_v:

$$\boxed{\nu_i r_\mathrm{v} = \frac{\text{Steigung aus dem } c_i(t) - \text{Verlauf}}{1 + \alpha\,\dfrac{c_i}{c_{i,0}}}} \qquad (5.42)$$

Die differentielle Methode bietet sich immer dann an, wenn die Reaktionsgeschwindigkeit einer chemischen Reaktion hochwertiger Komponenten zu untersuchen ist. Man gewinnt die Information aus einer einzigen Messung; allerdings ist der Erfolg von der Schnelligkeit der Analysenmethode begrenzt, i.allg. ist diese Methode nur für Reaktionen mit Halbwertszeiten zwischen 1 bis 10 Minuten anwendbar. Für Gasreaktionen kann ein vom Gaskreislaufreaktor abgeleiteter instationärer Reaktor, dessen Beschreibung auf der nächsten Seite erfolgt, zur kinetischen Untersuchung herangezogen werden.

Die stationären Methoden

Bei dieser Versuchsanordnung erfolgt die Messung in einem kontinuierlichen Reaktor unter stationären Bedingungen. Da zur Aufrechterhaltung des stationären Zustandes u.U. große Eduktmengen durch den Reaktor gepumpt werden müssen, ist dieses Verfahren nur bei weniger hochwertigen Edukten durchführbar. Die Versuchsanordnung *isothermer* Reaktoren ergibt sich aus der Grundgleichung der Stoffbilanz, vgl. Abschn. 7.2:

78 5. Der Reaktionsterm: homogene chemische Reaktionen

$$\frac{dc_i}{dt} = -\text{div}\,[c_i \mathbf{u}] + \text{div}\,[D_i\,\text{grad}\,c_i] + \frac{\nu_i \Re}{V} \qquad (5.43)$$

Kann man aufgrund geschickter experimenteller Anordnung durch gute Vermischung den Diffusionsterm vernachlässigen, so ergibt sich für den stationären Fall:

$$0 = -\text{div}\,[c_i \mathbf{u}] + \frac{\nu_i \Re}{V} \qquad (5.44)$$

Wie im Abschn. 11 bei Einführung der *Apparatemodelle* dargelegt wird, leiten sich aus dieser Gleichung die Stoffbilanzen für das kontinuierliche *Strömungsrohr* und den *kontinuierlichen Rührkesselreaktor* ab. Diese Reaktoren werden auch unter labormäßigen Bedingungen als *Differentialreaktor* (abgeleitet vom Strömungsrohr) und als *Kreislaufreaktor* (abgeleitet vom Rührkessel) eingesetzt.

Der Kreislaufreaktor: Der Kreislaufreaktor wird erfolgreich bei der Untersuchung homogener und heterogener Gasreaktionen eingesetzt. Die intensive Durchmischung der Reaktionspartner erfolgt durch das schnelle Umpumpen der reagierenden Gase mit einer Pumpe, vgl. Abb. 5.3(a). Zur Vermeidung unzulässiger Konzentrations- und Temperaturgradienten muß das Umpump-Zulaufverhältnis der Gase größer als ungefähr 10 bis 20 sein. Die Berechnung der Reaktionsgeschwindigkeit ergibt sich aus der Bilanz für den kontinuierlichen Rührkessel, vgl. Abschn. 7.2:

$$\frac{c_{i,0}}{\tau_0} - \frac{c_i}{\tau} + \frac{\nu_i \Re}{V} = 0 \quad , \text{mol s}^{-1} \qquad (5.45)$$

Da man das Volumen des Kreislaufreaktors kennt, bzw. aus den Verweilzeitspektren ermittelt (vgl. Abschn. 12.4.1), die Volumenströme vor und nach dem Reaktor messen kann, ergibt sich die Reaktionsgeschwindigkeit aus einer algebraischen Gleichung. Eine bessere Übersicht ermöglicht die folgende Auftragung: nach Abtragung von $\nu_i \Re/V$ gegen c_i ergeben sich Geraden mit der Steigung $-1/\tau$ und dem Abzissenabschnitt $c_{i,0}/\tau_0$.

Der Differentialreaktor: Die Stoffbilanz für das isotherme, stationäre Strömungsrohr lautet, vgl. Abschn. 7.2:

$$-\frac{d[c_i u_z]}{dz} + \nu_i \frac{\Re}{V} = 0 \qquad (5.46)$$

Da man unter Laborbedingungen nur mit mäßigen Gasgeschwindigkeiten unter 100 m s^{-1} arbeitet, kann man die Änderungen der Gasgeschwindigkeit über dem Ort vernachlässigen: u_z wird vor das Differential gezogen. Des weiteren legt man den Reaktor so aus, daß über die Koordinate z nur sehr geringe reaktive Umsetzungen der Gase resultieren: man schneidet gewissermaßen eine „Scheibe" aus dem Strömungsrohr heraus, vgl. Abb. 5.3(b):

$$-u_z \frac{\Delta c_i}{\Delta z} + \nu_i \frac{\overline{\Re}}{V} = 0 \qquad (5.47)$$

Da die mittlere Verweilzeit $\tau = l/u_z = \Delta z/u_z$ ist, folgt für $\Delta c_i = c_{i,0} - c_i$:

5.5. Die Ermittlung der Reaktionsgeschwindigkeit

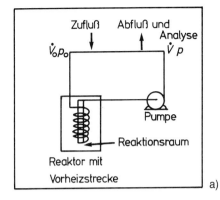
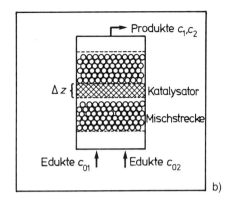

Abbildung 5.3: (a) Skizze zum experimentellen Aufbau eines Gaskreislaufreaktors, (b) eines Differentialreaktors.

$$-\nu_i \frac{\overline{\Re}}{V} = \frac{c_{i,0} - c_i}{\tau} \quad , \text{mol}\,\text{m}^{-3}\,\text{s}^{-1} \tag{5.48}$$

Für eine bekannte Gasgeschwindigkeit u und der wirksamen Länge Δz des Reaktors läßt sich nach Messung von $c_{i,0}$ und c_i die *gemittelte* Reaktionsgeschwindigkeit $\overline{\Re}$ schnell berechnen.

Zur Verifizierung des differentiellen Umsatzes wird bei der Ermittlung heterogener Kinetiken der aktive Katalysator in den inaktiven Träger gebettet. Damit wird auch eine Verbesserung der Mischung und des Wärmeüberganges erreicht, so daß der Differentialreaktor dann in guter Näherung isotherm betrieben werden kann.

Das Strömungsrohr: Schreibt man die stationäre Stoffbilanz des Strömungsrohres für ein inkompressibles Medium bei Vernachlässigung des diffusiven Transportes, so ergibt sich bei Substitution von $\tau = z/u_z$, vgl. Gl. 5.46:

$$u_z \frac{\mathrm{d}c_i}{\mathrm{d}z} = \nu_i \frac{\Re}{V} \quad \text{bzw.} \quad \frac{\mathrm{d}c_i}{\mathrm{d}\tau} = \nu_i \frac{\Re}{V} \tag{5.49}$$

Durch Vergleich dieser Gleichung mit der Definition der Reaktionsgeschwindigkeit für inkompressible Medien

$$\frac{\mathrm{d}c_i}{\mathrm{d}t} = \nu_i \frac{\Re}{V} \quad , \text{mol}\,\text{m}^{-3}\,\text{s}^{-1} \tag{5.50}$$

erkennt man sofort, daß die Zeitkoordinate t durch eine Ortskoordinate $\tau = l/u$ ersetzt wurde. Für kinetische Messungen wird also nicht der Verlauf $c_i(t)$, sondern derjenige $c_i(l)$ gemessen. Diese Methode findet immer dann Verwendung, wenn die Reaktionshalbwertszeit der Reaktion unter 1 min liegt.

5.6 Die Formalkinetik homogener Reaktionen

5.6.1 Aktivierungsenergie und Reaktionsordnung

Unter dem formalkinetischen Ansatz einer chemischen Reaktion versteht man die empirische Verknüpfung der Reaktionsgeschwindigkeit mit einer *Temperaturfunktion* $k(T)$ und einer *Konzentrationsfunktion* $f(c)$:

$$r_v = k(T) \cdot f(c) \tag{5.51}$$

Die *Temperaturfunktion* $k(T)$ und die *Konzentrationsfunktion* $f(c)$ sollen nun nachfolgend besprochen werden.

Die Temperaturfunktion $k(T)$: Das Glied $k(T)$ stellt die *Reaktionsgeschwindigkeitskonstante* dar, deren Temperaturabhängigkeit durch den Ansatz von ARRHENIUS gegeben ist:

$$k(T) = k_0 \exp\left[-\frac{E_A}{RT}\right] \tag{5.52}$$

Darin stellen die Konstanten E_A die *Aktivierungsenergie* der chemischen Reaktion und k_0 den *Frequenzfaktor* dar. Die Meßmethodik der Aktivierungsenergie ergibt sich direkt aus der logarithmierten Form dieser Gleichung:

$$\ln k = \ln k_0 - \frac{E_A}{RT} \tag{5.53}$$

Aus der Auftragung von $\ln k$ gegen $1/T$ ergibt sich die Steigung der Geraden zu $-E_A/R$. Die Aktivierungenergie liegt für homogene Reaktionen, die bei hohen Temperaturen in der Gasphase ablaufen, typischerweise bei ungefähr 200 bis 400 kJ mol^{-1}. Heterogenkatalysierte Reaktionen bei tiefen Temperaturen laufen dagegen bei Aktivierungsenergien von nur 50 bis 100 kJ mol^{-1} ab.

Der numerische Wert für die Reaktionsgeschwindigkeitskonstante k ergibt sich aus der Ermittlung der Ordnung der chemischen Reaktion nach der differentiellen Methode, s.u. Aus dem Verlauf des Graphen $\ln k$ gegen $1/T$ lassen sich – wie in Abb. 5.4 dargestellt ist – für weitere Untersuchungen noch einige Rückschlüsse ziehen.

Im Teil 5.4(a) zeigt eine Reaktion, die bei hoher Temperatur eine höhere Aktivierungsenergie hat als bei niedrigerer Temperatur. Dieses Verhalten läßt auf das Vorhandensein eines *Hochtemperaturmechanismus* und eines *Tieftemperaturmechanismus* der Reaktion schließen. Die Möglichkeit eines Wechsel des Reaktionsmechanismus ist auch immer ein Indiz dafür, daß sich diese Reaktion evtl. katalysieren läßt: die Suche nach einem Katalysator erscheint dann als aussichtsreich.

Im Teil 5.4(b) zeigt die Reaktion bei hoher Temperatur einen Verlauf, bei dem die Aktivierungsenergie gegen Null geht. Dieses Verhalten läßt auf die Wechselwirkung der chemischen Kinetik mit einem physikalischen Transport vermuten. In der Regel liegt bei diesem Verhalten eine Limitierung des Transportes durch Diffusion vor. Dieses Phänomen wird eingehend in dem Abschnitt über heterogene Katalyse unter dem Begriff *Porendiffusion* behandelt, vgl. Abschn. 6.5.

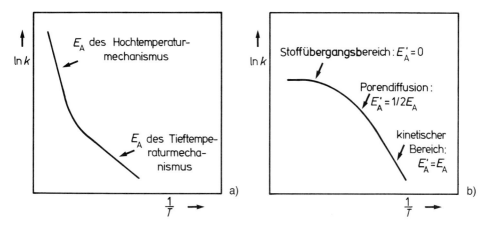

Abbildung 5.4: Typische Verläufe der Aktivierungsenergie: (a) beim Vorliegen zweier Reaktionsmechanismen; (b) beim Vorliegen einer Transporthemmung, vgl. auch Abschn. 6.5.

Die Konzentrationsfunktion $f(c)$: Die Abhängigkeit der Reaktionsgeschwindigkeit von den Konzentrationen der an der Reaktion beteiligten Komponenten i wird in der Regel durch einen Potenzansatz beschrieben, darin bedeutet $n(i)$ die *Reaktionsordnung*:

$$f(c) = \prod_i c_i^{n(i)} \tag{5.54}$$

Für eine Reaktion mit der etwas ungewöhnlichen Stöchiometrie $2\,A + 3\,B \xrightarrow{k_1} 7\,C$ ergibt sich der formalkinetische Ansatz zu:

$$r_v = -\frac{1}{2}\frac{dc_A}{dt} = -\frac{1}{3}\frac{dc_B}{dt} = \frac{1}{7}\frac{dc_C}{dt} = k\,c_A^{n(A)}\,c_B^{n(B)} \tag{5.55}$$

Die Exponenten n und m stellen die *Einzelordnungen* bezüglich der Komponenten A und B dar, die *Gesamtordnung* ist dann $n(A) + n(B)$. Ist die Gesamtordnung z.B. drei, dann ist die Reaktionsgeschwindigkeit kleiner als im Falle einer Gesamtordnung von zwei.

Bewertung: Die Ordnung n einer chemischen Reaktion läßt sich in der Regel *nicht* aus der Stöchiometrie der Reaktion entnehmen. Dies ist nur bei Vorliegen einer *Elementarreaktion* möglich.

Qualitativ läßt sich sagen: Ist die Ordnung einer chemischen Reaktion *groß*, dann ist die Reaktionsgeschwindigkeit *klein*; ist die Ordnung einer chemischen Reaktion *klein*, dann ist die Reaktionsgeschwindigkeit *groß*. Die Ordnung als empirische Größe einer chemischen Reaktion muß scharf vom Begriff der *Molekularität* abgegrenzt werden. Die Molekularität einer Reaktion gibt an, wieviel Komponenten der Reaktion sich in einem Schritt zum *Übergangszustand* vereinigen.

Ermittlung der Ordnung einer chemischen Reaktion: Für die Ermittlung der Ordnung einer chemischen Reaktion geht man von dem formalkinetischen Ansatz der Form $r_v = k\, c_A^{n(A)}\, c_B^{n(B)}$ aus und erhält nach dem Logarithmieren:

$$\ln r_v = \ln k + n(A) \ln c_A + n(B) \ln c_B \tag{5.56}$$

Nach der *Überschußmethode* wählt man eine Komponente in so großem Überschuß, daß sich deren Konzentration quasi nicht ändert: diese also in die Konstante mit einbezogen werden kann. Nach der obigen Gleichung erhält man die Ordnung bezüglich der Komponente A bei großem Überschuß von B durch Auftragung von $\ln r_v$ gegen $\ln c_A$, vgl. Abb. 5.5, 5.6. Bezüglich der Ermittlung von r_v vgl. Abb. 5.2.

1. Man ermittelt bei gerade beginnender Reaktion die Steigung an der Stelle $c_{A,0}+$ und erhält die *Anfangsreaktionsgeschwindigkeit*: $r_{v,0}$, vergl. Abb. 5.5. Sodann trägt man $\ln r_{v,0}$ gegen $\ln c_{A,0}$ auf und erhält aus der Steigung die *Ordnung in der Konzentration* $n_c(A)$ bezüglich der Komponente A. Diesen Wert bezeichnet man auch als *wahre* Ordnung, da sich zu Beginn der Reaktion noch keine den Reaktionsverlauf hemmenden oder beschleunigenden Reaktionsprodukte gebildet haben.

2. Man ermittelt die Reaktionsgeschwindigkeit bei verschiedenen Stellen $c_A(t)$ und trägt $\ln r_v$ gegen $\ln c_A(t)$ auf, vergl. Abb. 5.6. Die so ermittelte Ordnung nennt man *Ordnung in der Zeit* $n_t(A)$ bezüglich der Komponente A. Die Ordnung in der Zeit kann verschieden von der wahren Ordnung sein, da sich im Verlaufe der Reaktion hemmende oder beschleunigende Reaktionsprodukte gebildet haben können.

Die Ermittlung der Ordnung in der Zeit liefert u.U. wieder wertvolle Hinweise zum Reaktionsmechanismus. Dazu betrachten wir die Abb. 5.7. Im Bild (a) hat die Reaktion zunächst eine geringere Ordnung, dann wird die Steigung steiler, die Ordnung wird also größer. Größere Ordnung bedeutet aber geringere Reaktionsgeschwindigkeit: es hat sich bei der Reaktion ein die Reaktion *inhibierender* Stoff gebildet.

Im anderen Fall des Bildes (b) hat die Reaktion zunächst eine größere Ordnung, dann wird die Steigung kleiner, die Ordnung nimmt also ab. Geringere Ordnung bedeutet höhere Reaktionsgeschwindigkeit: es hat während der Reaktion ein *autokatalytisch* wirkender Stoff gebildet.

Bewertung: Die Ordnung einer chemischen Reaktion kann im Normalfall nicht vorhergesagt werden, sie hat mit der Stöchiometrie der Reaktion i. allg. nichts zu tun: eine Ausnahme stellen die *Elementarreaktionen* dar.

Die Ordnung einer chemischen Reaktion macht üblicherweise keine Aussage über den Reaktionsmechanismus: die Ordnung einer chemischen Reaktion kann geradzahlig, ungeradzahlig und auch negativ sein.

Die Ordnung einer chemischen Reaktion kann sich während der Reaktion ändern: sie kann zunehmen, dann nimmt die Reaktionsgeschwindigkeit ab (Inhibierung); sie kann auch abnehmen, dann nimmt die Reaktionsgeschwindigkeit zu (Autokatalyse).

5.6. Die Formalkinetik homogener Reaktionen

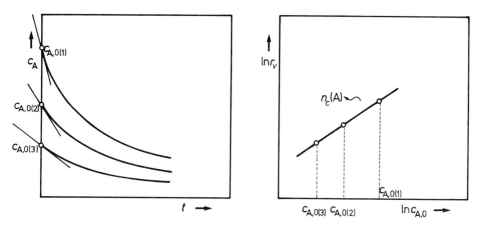

Abbildung 5.5: Ermittlung der Ordnung aus den Anfangsreaktionsgeschwindigkeiten.

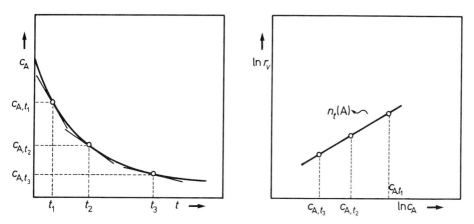

Abbildung 5.6: Ermittlung der Ordnung aus dem Konzentrations-Zeit-Verlauf.

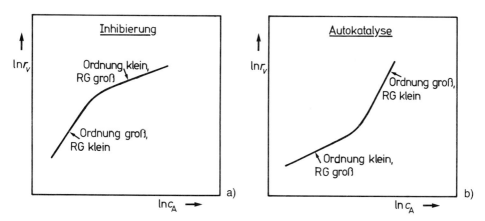

Abbildung 5.7: Änderung der Reaktionsordnung: (a) Inhibierung; (b) Autokatalyse.

5.6.2 Die Integration formalkinetischer Ansätze

Hat man für eine chemische Reaktion die Temperaturfunktion $k(T)$ ermitttelt und die Konzentrationsfunktion $f(c)$ „erraten", so liegt der *formalkinetische Ansatz* oder auch das *empirische Zeitgesetz* der Reaktion vor. Dieses Zeitgesetz kann sehr kompliziert sein, z.B. das einer *Kettenreaktion*, vgl. Abschn. 5.6.5. Nach Vorliegen des formalkinetischen Ansatzes kann man die Brauchbarkeit der kinetischen Messungen durch Vergleich des gemessenen und des berechneten Konzentrations-Zeit-Verlaufes verifizieren.

Die einfachen Fälle der Integration eines Zeitgesetzes für eine Reaktion 1. Ordnung, 2. Ordnung usw. sollen hier nicht vorgeführt werden, dazu wird der Leser auf die umfangreiche Literatur zur chemischen Kinetik verwiesen, vgl. MOORE/PEARSON (1981), LAIDLER (1987). Einige wichtige Integrationen werden ohnehin auf den folgenden Seiten bei der Besprechung der Parallel-, Folge- und Kettenreaktionen durchgeführt.

Zur Integration formalkinetischer Ansätze schreibt man das mit der Gl. 5.56 ermittelte Zeitgesetz der chemischen Reaktion vorteilhaft von Konzentrationen c_i auf die volumenbezogene Reaktionslaufzahl ξ_v als Variable um: dazu kann man den mit Gl. 5.13 abgeleiteten Ausdruck: $c_i = c_{i,0} + \nu_i \xi_v$ heranziehen. Nach der Integration des Zeitgesetzes kann man die Variable ξ_v wieder gegen die Konzentration c_i resubstituieren.

Nunmehr soll an einem allgemeineren Beispiel der vorteilhaftere Weg der Integration des kinetischen Zeitgesetzes über die volumenbezogenen Reaktionslaufzahl ξ_v dargestllt werden. Wir greifen auf die Reaktion mit der ungewöhnlichen Stöchiometrie zurück:

$$2\,A + 3\,B \xrightarrow{k_1} 7\,C$$

Die Reaktion möge bezüglich der Komponenten A und B jeweils erster Ordnung sein, es gilt also der formalkinetische Ansatz:

$$r_v = k_1\, c_A^1\, c_B^1 \qquad (5.57)$$

Die abhängigen Variablen c_A und c_B werden nun über die volumenbezogene Reaktionslaufzahl ausgedrückt. Mit Gl. 5.13 erhielten wir: $c_i = c_{i,0} + \nu_i \xi_v$, also folgt:

$$c_A = c_{A_0} - 2\,\xi_v \quad \text{und} \quad c_B = c_{B_0} - 3\,\xi_v$$

Diese Beziehungen werden nun in Gl. 5.57 eingesetzt, es folgt:

$$r_v = \frac{d\xi_v}{dt} = k_1\,(c_{A_0} - 2\,\xi_v)^1\,(c_{B_0} - 3\,\xi_v)^1 \qquad (5.58)$$

Diese Differentialgleichung wird nach Trennung der Variablen wie üblich durch Partialbruchzerlegung gelöst. Sie soll kurz vorgeführt werden: nach Trennung der Variablen ergibt sich:

$$\int_0^{\xi_v} \frac{d\xi_v}{(c_{A_0} - 2\,\xi_v)(c_{B_0} - 3\,\xi_v)} = \int_0^t k_1\,dt \qquad (5.59)$$

Der linke Integrand stellt eine *gebrochen rationale* Funktion dar, die sich als Summe von Brüchen darstellen läßt:

$$\frac{1}{(c_{A_0} - 2\,\xi_v)(c_{B_0} - 3\,\xi_v)} = \frac{X}{(c_{A_0} - 2\,\xi_v)} + \frac{Y}{(c_{B_0} - 3\,\xi_v)}$$

Durch Ausmultiplizieren der Brüche erhält man schnell:

$$1 = X(c_{B_0} - 3\xi_v) + Y(c_{A_0} - 2\xi_v)$$
$$1 = 3X\left(\frac{c_{B_0}}{3} - \xi_v\right) + 2Y\left(\frac{c_{A_0}}{2} - \xi_v\right)$$

Da diese Gleichung für jeden Wert von ξ_v erfüllt ist, gilt sie auch für $\xi_v = c_{B_0}/3$. Durch Einsetzen dieses Wertes fällt die zu X gehörige Klammer heraus, es folgt:

$$1 = 2Y\left(\frac{c_{A_0}}{2} - \frac{c_{B_0}}{3}\right)$$
$$\leadsto Y = \frac{1}{c_{A_0} - 2c_{B_0}/3}$$

Der gleiche Gedankengang gilt nun auch für $\xi_v = c_{A_0}/2$, man erhält auf analogem Wege:

$$1 = 3X\left(\frac{c_{B_0}}{3} - \frac{c_{A_0}}{2}\right)$$
$$\leadsto X = \frac{1}{c_{B_0} - 3c_{A_0}/2}$$

Die so ermittelten Werte für X und Y werden nun in das Integral eingesetzt und es folgt:

$$\int_0^{\xi_v} \frac{d\xi_v}{(c_{A_0} - 2\xi_v)(c_{B_0} - 3\xi_v)} = \int_0^{\xi_v}\left(\frac{X}{c_{A_0} - 2\xi_v} + \frac{Y}{c_{B_0} - 3\xi_v}\right)d\xi_v$$
$$= \frac{1}{c_{B_0} - 3c_{A_0}/2}\int_0^{\xi_v}\frac{d\xi_v}{c_{A_0} - 2\xi_v} + \frac{1}{c_{A_0} - 2c_{B_0}/3}\int_0^{\xi_v}\frac{d\xi_v}{c_{B_0} - 3\xi_v}$$

Die gliedweise Integration läßt sich jetzt leicht durchführen, die Stammfunktion lautet:

$$\int \frac{dx}{a + bx} = \frac{\ln[a+bx]}{b} \tag{5.60}$$

Das integrierte Zeitgesetz lautet damit nach Berücksichtigung der Integrationsgrenzen:

$$\frac{\ln[c_{A_0} - 2\xi_v]}{3c_{A_0} - 2c_{B_0}} + \frac{\ln[c_{B_0} - 3\xi_v]}{2c_{B_0} - 3c_{A_0}} = -k_1 t \tag{5.61}$$

Die Resubstitution mit $c_A = c_{A_0} - 2\xi_v$ und $c_B = c_{B_0} - 3\xi_v$ liefert schließlich:

$$\frac{\ln c_A}{3c_{A_0} - 2c_{B_0}} + \frac{\ln c_B}{2c_{B_0} - 3c_{A_0}} = -k_1 t \tag{5.62}$$

Der Weg über den Austausch der Variablen c_i gegen ξ_v erscheint zunächst unpraktisch, er ist jedoch der *einzige* Weg, das Problem auch für kompliziertere Ansätze zu lösen.

Die einfacheren Zeitgesetze der Reaktionen 1 und 2. Ordnung können auch „normal" mit der Konzentration c_i als Variable durchgeführt werden. Dafür sollen auf den folgenden Seiten einige Beispiele anhand der Parallel-, Folge- und Kettenreaktionen folgen.

5.6.3 Die Parallelreaktion

Die kinetische Behandlung von Parallelreaktionen ist besonders in der organischen Chemie von Bedeutung, so bei partiellen und totalen Oxidationen oder Hydrierungen. Ein Beispiel für diesen Reaktionsablauf wäre z.B. die Ethenoxidation zu Kohlendioxid einerseits und zu Acetaldehyd andererseits:

$$C_2H_4 + 3\,O_2 \xrightarrow{k_1} 2\,CO_2 + 2\,H_2O$$
$$C_2H_4 + \frac{1}{2}O_2 \xrightarrow{k_2} CH_3CHO$$

Dieser Reaktionstypus läßt sich mit dem allgemeinen Reaktionsschema beschreiben:

$$A \xrightarrow{k_1} U, \qquad A \xrightarrow{k_2} V, \qquad A \xrightarrow{k_2} W$$

Das Zeitgesetz bezüglich der Komponenten A lautet mit der abkürzenden Schreibweise $k_1 + k_2 + k_3 = K$:

$$-\frac{dc_A}{dt} = k_1\,c_A + k_2\,c_A + k_3\,c_A = K\,c_A \tag{5.63}$$

Die Integration dieser Gleichung sollte keine Schwierigkeit bereiten, sie ergibt sich zu:

$$\int_{c_{A_0}}^{c_A} \frac{dc_A}{c_A} = -\int_0^t K\,dt \quad\leadsto\quad \ln\left[\frac{c_A}{c_{A_0}}\right] = -K\,t \quad\leadsto\quad c_A = c_{A_0}\,\exp[-K\,t] \tag{5.64}$$

Das Zeitgesetz bezüglich der Komponenten U lautet:

$$\frac{dc_U}{dt} = k_1\,c_A \tag{5.65}$$

Den Konzentrationsverlauf von $c_A(t)$ haben wir mit der Gl. 5.64 bereits berechnet, man setzt ein und erhält:

$$\frac{dc_U}{dt} = k_1\,c_A = k_1\,c_{A_0}\,\exp[-K\,t] \tag{5.66}$$

Die Integration des Zeitgesetzes läßt sich nun ausführen: die Integrationsgrenzen ergeben sich aus der Überlegung, daß zur Zeit $t = 0$ auch $c_U = 0$ ist, zu:

$$\int_0^{c_U} dc_U = k_1\,c_{A_0} \int_0^t \exp[-K\,t]dt$$

$$c_U = -\frac{k_1\,c_{A_0}}{K}\,\left|\exp[-K\,t]\right|_0^t \quad\leadsto\quad c_U = \frac{k_1\,c_{A_0}}{K}\left(1 - \exp[-K\,t]\right)$$

Analog dazu ergibt sich der Konzentrations-Zeit-Verlauf für die Komponenten V und W:

$$c_V = \frac{k_2\,c_{A_0}}{K}\left(1 - \exp[-K\,t]\right) \quad \text{und} \quad c_W = \frac{k_3\,c_{A_0}}{K}\left(1 - \exp[-K\,t]\right)$$

Bildet man nun die Quotienten c_U/c_V bzw. c_U/c_W, so ergibt sich das bekannte

▷ WEGSCHEIDERSCHE PRINZIP:

$$c_U : c_V : c_W = k_1 : k_2 : k_3 \qquad (5.67)$$

Wie aus der Abb. 5.8(a) ersichtlich, ergeben sich aus diesem Sachverhalt die Relationen der Geschwindigkeitskonstanten aus dem Verhältnis der Konzentrationen der Komponenten U,V und W zur Zeit t.

Beachte: Das Wegscheidersche Prinzip gilt nur, wenn alle Teilreaktionen der betrachteten Parallelreaktion von gleicher Reaktionsordnung sind.

Das Verhältnis der Reaktionsgeschwindigkeit einer Teilreaktion r_i zur Summe aller Reaktionsgeschwindigkeiten eines Reaktionsmechanismus definiert die

▷ SELEKTIVITÄT DES TEILSCHRITTES i EINER REAKTION:

$$S_i = \frac{r_{v,i}}{\sum_i r_{v,i}} \qquad (5.68)$$

Damit zusammenhängend kann auch die *Ausbeute* aus der Reaktion i angegeben werden:

$$\text{Ausbeute} = \text{Umsatz} \cdot \text{Selektivität} \qquad (5.69)$$

5.6.4 Die Folgereaktion

Als ein Beispiel können wir wieder auf die Ethenoxidation zurückgreifen: die partielle Weiteroxidation des Acetaldehydes zu Essigsäure und Kohlendioxid liefert:

$$\text{CH}_3\text{CHO} \xrightarrow{1/2\,O_2} \text{CH}_3\text{COOH} \xrightarrow{2\,O_2} 2\,\text{CO}_2 + 2\,\text{H}_2\text{O}$$

Die Folgereaktion läßt sich mit dem allgemeinen Reaktionsschema beschreiben:

$$A \xrightarrow{k_1} B \xrightarrow{k_2} C$$

Die Zeitgesetze bezüglich der Komponenten A, B und C lauten dann:

$$-\frac{dc_A}{dt} = k_1 c_A$$
$$\frac{dc_B}{dt} = k_1 c_A - k_2 c_B$$
$$\frac{dc_C}{dt} = k_2 c_B$$

Die Integration des Zeitgesetzes der Komponente A liefert wieder, vgl. auch Gl. 5.64: $c_A = c_{A_0} \exp[-k_1 t]$. Dieser Ausdruck wird in die obige Gleichung für dc_B/dt eingesetzt, es folgt der Zusammenhang:

$$\frac{dc_B}{dt} = k_1 c_{A_0} \exp[-k_1 t] - k_2 c_B \qquad (5.70)$$

Dieser Differentialgleichungstyp läßt es bequem mit einer *Laplace-Transformation* lösen;

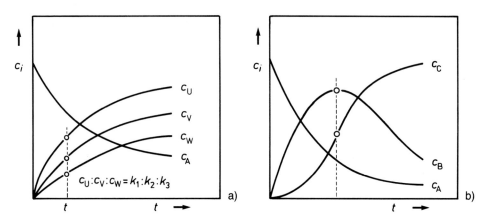

Abbildung 5.8: (a) Konzentrations-Zeit-Verlauf der Komponenten A, U, V und W in einer Parallelreaktion; (b) Konzentrations-Zeit-Verlauf der Komponenten A, B und C in einer Folgereaktion.

dies jedoch nur, wenn – wie oben – eine lineare Differentialgleichung vorliegt. Etwas unbequemer ist die *Variation der Konstanten* nach LAGRANGE. Die Lösung mithilfe der Laplace-Transformation wird im Abschn. 10.2.3 als Beispiel aufgeführt, die Lösung nach Lagrange soll hier vorgestellt werden; diese besteht aus drei Schritten:

1. Bestimmung der *allgemeinen* Lösung der *homogenen* Gleichung durch Trennung der Variablen;

2. Bestimmung der *partikulären* Lösung der inhomogenen Gleichung durch Variation der Konstanten;

3. Bestimmung der *allgemeinen* Lösung der *inhomogenen* Gleichung durch Addition der Lösungen des homogenen und des inhomogenen Teiles.

1. Bestimmung der Lösung des homogenen Teiles: Aus der Differentialgleichung 5.70 wird zunächst der Teil abgespalten, der nur die abhängige Variable dc_B enthält: dies ist der *homogene* Teil der Differentialgleichung. Durch Streichen des Termes $k_1 c_{A_0} \exp[-k_1 t]$ ergibt sich:

$$\frac{dc_B}{dt} = -k_2 c_B$$

Die Lösung der homogenen Gleichung ist uns nun schon mehrfach begegnet, sie lautet für das unbestimmte Integral mit der Integrationskonstanten C:

$$\int \frac{dc_B}{c_B} = -k_2 \int dt \quad \leadsto \quad \ln c_B = -k_2 t + C(t) \quad \leadsto \quad c_B = C(t) \exp[-k_2 t]$$

2. Bestimmung der partikulären Lösung: Der eben gewonnene Lösungsansatz für die Komponente B wird nun differenziert:

$$\frac{dc_B}{dt} = C'(t)\exp[-k_2 t] - C(t)\,k_2 \exp[-k_2 t] \tag{5.71}$$

Die Ursprungsgleichung für den Konzentrations-Zeit-Verlauf der Komponente B lautete mit der Gl. 5.70:

$$\frac{dc_B}{dt} = k_1 c_{A_0} \exp[-k_1 t] - k_2 c_B$$

$$\text{mit} \quad c_B = C(t)\exp[-k_2 t]$$

$$\leadsto \quad \frac{dc_B}{dt} = k_1 c_{A_0} \exp[-k_1 t] - k_2 C(t) \exp[-k_2 t]$$

Die partikuläre Lösung nach Gl. 5.71 wird nun mit diesem Ausdruck gleichgesetzt:

$$k_1 c_{A_0} \exp[-k_1 t] - k_2 C(t)\exp[-k_2 t] = C'(t)\exp[-k_2 t] - C(t)\,k_2 \exp[-k_2 t]$$

Nach dem Kürzen verbleibt aus dieser Gleichung:

$$k_1 c_{A_0} \exp[-k_1 t] = C'(t)\exp[-k_2 t]$$

Nun wird nach der differenzierten Integrationskonstanten $C'(t)$ aufgelöst und erneut integriert:

$$\int C'(t)\,dt = k_1 c_{A_0} \int \exp[(k_2 - k_1)t]\,dt$$

$$C(t) = \frac{k_1 c_{A_0}}{k_2 - k_1} \exp[(k_2 - k_1)t] + K$$

3. Bestimmung der allgemeinen Lösung: Der so gewonnene Ausdruck für $C(t)$ wird in die homogene Lösung: $c_B = C(t)\exp[-k_2 t]$ eingesetzt, es folgt:

$$c_B = \frac{k_1 c_{A_0}}{k_2 - k_1} \exp[(k_2 - k_1)t]\exp[-k_2 t] + K \exp[-k_2 t]$$

Die Integrationskonstante K ergibt sich aus den Anfangsbedingungen $c_B = 0$ für $t = 0$:

$$0 = \frac{k_1 c_{A_0}}{k_2 - k_1} + K$$

Schließlich folgt der Konzentrations-Zeit-Verlauf der Komponente B (derjenige der Komponente C ergibt sich analog und wird gleich mit hingeschrieben) zu:

$$c_B = \frac{k_1 c_{A_0}}{k_2 - k_1}\left(\exp[-k_1 t] - \exp[-k_2 t]\right)$$

$$c_C = c_{A_0}\left\{1 + \frac{1}{k_1 - k_2}\left(k_2 \exp[-k_1 t] - k_1 \exp[-k_2 t]\right)\right\}$$

Die Konzentrations-Zeit-Verläufe der Komponenten A, B und C sind in Abb. 5.8(b) dargestellt. Unter der Voraussetzung gleicher Reaktionsordnung der Teilschritte, liegt das Maximum der Komponente B über dem Wendepunkt der Komponente C.

5.6.5 Die Kettenreaktion

Als Beispiel eines komplizierter aufgebauten Zeitgesetzes soll im Rahmen der Kettenreaktionen das Zeitgesetz der HBr-Bildung besprochen werden. BODENSTEIN und LIND ermittelten 1906 für die HBr-Bildung das folgende Zeitgesetz:

$$\frac{dp_{HBr}}{dt} = k \frac{p_{H_2} \sqrt{p_{Br_2}}}{K + \frac{p_{HBr}}{p_{Br_2}}} \quad (5.72)$$

Die erfolgreiche Interpretation dieses Zeitgesetzes erfolgt durch Zerlegung der Reaktion in *Elementarreaktionen* und durch Anwendung des *Bodensteinschen Stationaritätsprinzipes*. Diese Sachverhalte sollen nun erläutert werden.

Wie bereits im Abschn. 5.2 dargestellt, sind vier Haupttypen von Elementarreaktionen bedeutsam, sie werden noch einmal mit den zugehörenden Reaktionsgeschwindigkeiten aufgeführt:

1. monomolekularer Zerfall : $AB \xrightarrow{k_1} A + B$: $r_{v,1} = k_1 \, c_{AB}$
2. Rekombination : $A + B \xrightarrow{k_2} AB$: $r_{v,2} = k_2 \, c_A c_B$
3. Bimolekularer Austausch : $AB + C \xrightarrow{k_3} AC + B$: $r_{v,3} = k_3 \, c_{AB} c_C$
4. Umlagerung : $ABC \xrightarrow{k_4} ACB$: $r_{v,4} = k_4 \, c_{ABC}$

1. Aufstellung der Elementarreaktionen: Für die HBr-Bildung ergibt sich:

- Kettenstart – monomolekularer Zerfall:

$$(1) \quad Br_2 \xrightarrow{k_1} 2\,Br$$

- Reaktionskette – bimolekularer Austausch:

$$(2) \quad Br + H_2 \xrightarrow{k_2} HBr + H$$
$$(3) \quad H + Br_2 \xrightarrow{k_3} HBr + Br$$
$$(4) \quad H + HBr \xrightarrow{k_4} H_2 + Br$$

- Kettenabbruch – Rekombination:

$$(5) \quad 2\,Br \xrightarrow{k_5} Br_2$$

Es lassen sich ohne Zweifel noch einige weitere Reaktionen finden, so beim Kettenstart die Bildung von Wasserstoffatomen oder beim Kettenabbruch die Reaktion von Wasserstoffatomen mit Bromatomen. Bei einiger Überlegung lassen sich diese Schritte ausschließen: die Dissoziation von Wasserstoffmolekülen bedingt eine hohe Aktivierungsenergie, die Konzentration der Wasserstoff- und Bromatome wird für das Reaktionsgeschehen nur von untergeordneter Bedeutung sein.

2. Aufstellung der kinetischen Zeitgesetze:
Die Bilanzen ergeben sich wie folgt:
- Die Bilanz der Bromradikale:

Die Bromradikale sind ohne Zweifel sehr kurzlebig: die Konzentration dieser *Zwischenkörper* wird also sehr gering sein. Auf BODENSTEIN geht die Annahme zurück, daß dann auch deren zeitliche Änderung gering sein wird: sie wird zu Null gesetzt.
▷ BODENSTEINSCHES STATIONARITÄTSPRINZIP:

$$\frac{dp_{Br}}{dt} = 2k_1 p_{Br_2} - k_2 p_{Br} p_{H_2} + k_3 p_H p_{Br_2} + k_4 p_H p_{HBr} - 2k_5 p_{Br}^2 = 0$$

Diese Gleichung wird mit der Annahme der *Unabhängigkeit* der Bromdissoziation von den Folgeschritten noch weiter vereinfacht: $k_1, k_5 \gg k_2, k_3, k_4$, d.h. es werden nur die Reaktionen (1) und (5) als wichtig erachtet. Also erhält man:

$$\frac{dp_{Br}}{dt} = 2k_1 p_{Br_2} - 2k_5 p_{Br}^2 = 0 \quad \leadsto \quad p_{Br} = \sqrt{\frac{k_1}{k_5} p_{Br_2}} = \sqrt{K p_{Br_2}} \qquad (5.73)$$

- Die Bilanz der Wasserstoffradikale:

Hier gehen wir nach dem gleichen Prinzip vor und schreiben die Bilanz zu:

$$\frac{dp_H}{dt} = k_2 p_{Br} p_{H_2} - k_3 p_H p_{Br_2} - k_4 p_H p_{HBr} = 0$$

Man löst diese Gleichung nun nach p_H auf und setzt dort den Ausdruck für p_{Br} nach Gl. 5.73 ein und erhält:

$$p_H = \frac{k_2 p_{Br} p_{H_2}}{k_3 p_{Br_2} + k_4 p_{HBr}} \quad \leadsto \quad p_H = \frac{k_2 p_{H_2} \sqrt{K p_{Br_2}}}{k_3 p_{Br_2} + k_4 p_{HBr}} \qquad (5.74)$$

- Die Bilanz des Bromwasserstoffes:

Die Aufstellung des Zeitgesetzes ergibt sich nach dem dargestellten Schema:

$$\frac{dp_{HBr}}{dt} = k_2 p_{Br} p_{H_2} + k_3 p_H p_{Br_2} - k_4 p_H p_{HBr} \qquad (5.75)$$

3. Verifikation des Ansatzes:
In die formulierte Gleichung für die zeitliche Änderung des Druckes von Bromwasserstoff werden nun die Ausdrücke für p_H und p_{Br} nach den Gln. 5.73 und 5.74 eingesetzt, es folgt nach einigem Umformen das Zeitgesetz:

$$\frac{dp_{HBr}}{dt} = 2 \frac{k_2}{k_4} \sqrt{K} k_3 \frac{p_{H_2} \sqrt{p_{Br_2}}}{k_2/k_4 + p_{HBr}/p_{Br_2}} \qquad (5.76)$$

Durch Vergleich mit der Ausgangsgleichung 5.72 am Beginn dieses Absatzes kann man sich von der Richtigkeit bei der Auswahl der Elementarreaktionen überzeugen.

Prinzipiell läßt sich jeder Reaktionsmechanismus als Kombination von Elementarreaktionen darstellen. Es resultiert dann in jedem Falle das richtige kinetische Zeitgesetz: wie einzusehen ist, kann dieser Weg sehr mühselig sein.

Tabelle 5.1: Zahlenwerte einiger kinetischer Größen, nach BOUDART(1968).

kinetische Größe	Gleichung	Zahlenwert	Einheit
mittlere Molekulargeschwindigkeit, Gl. 4.1	$\overline{w} = \sqrt{\dfrac{8\,RT}{\pi\,M}}$	$5 \cdot 10^2$	$\mathrm{m\,s^{-1}}$
Frequenzfaktor: Stoßtheorie, Gl. 5.2	$k_0 = \pi\,\sigma^2\,\overline{w}$	10^{-16}	$\mathrm{m^3\,s^{-1}}$
Frequenzfaktor: Eyring-Theorie, Gl. 5.3	$k_0 = \dfrac{k_\mathrm{B}\,T}{h}$	10^{13}	$\mathrm{s^{-1}}$
Frequenzfaktor: feste Oberflächen, Gl. 6.1	$k_0 = \dfrac{\overline{w}}{4}$	10^2	$\mathrm{m\,s^{-1}}$

6 Der Reaktionsterm: heterogene katalytische Reaktionen

Ein Charakteristikum der *heterogenen Katalyse* ist die Kopplung der Diffusion mit der chemischen Reaktion: es zeigt sich dabei, daß der Problemkreis vorteilhaft in den Bereich der *Makrokinetik* und der *Mikrokinetik* aufgespalten wird. Nach der Besprechung der speziellen Eigenschaften poröser Katalysatoren, wie *Sorptionsisothermen, Kapillarkondensation* und *Porenradienverteilung* werden die Reaktionsmechanismen von *Langmuir-Hinshelwood* und *Eley-Rideal* behandelt. Sodann wird die für die Makrokinetik wichtige *Porendiffusion* besprochen.

- SORPTIONSISOTHERME NACH BET, Gl. 6.6:

$$\frac{p/p_0}{n_{ad}(1-p/p_0)} = \frac{1}{n_{mo}C} + \frac{(C-1)p/p_0}{n_{mo}} \quad \text{mit} \quad S_{BET} = n_{mo}S_{mo}N_L$$

- MISCHADSORPTION NACH LANGMUIR, Gl. 6.11: $\quad \theta_A = \dfrac{b_A\,p_A}{1 + b_A\,p_A + b_B\,p_B}$

- LANGMUIR-HINSHELWOOD-MECHANISMUS, Gl. 6.16:

$$r_S = K_{LH}\frac{b_A\,p_A\,b_B\,p_B}{(1 + b_A\,p_A + b_B\,p_B)^2}$$

- ELEY-RIDEAL-MECHANISMUS, Gl. 6.19: $\quad r_S = K_{ER}\dfrac{b_A\,p_A}{1 + b_A\,p_A}\,p_B$

- THIELE-MODUL, Gl. 6.28 $\quad \varphi = l\sqrt{\dfrac{k}{D_{\text{eff}}}}$

6.1 Die Komplexität der Katalyse

Die Wichtigkeit der Behandlung katalytischer Vorgänge erhellt sich allein aus der Tatsache, daß ca. 70% aller technisch erzeugten chemischen Produkte in katalytischen Prozessen hergestellt werden. Es gibt große Anstrengungen die Elementarvorgänge bei der Katalyse zu erforschen und für die chemische Verfahrenstechnik nutzbar zu machen.

Aus dem umfangreichen Gebiet der heterogenen Reaktionen soll in diesem Text nur das Teilgebiet der *heterogenen Katalyse* behandelt werden. Viele Phänomene, die in diesem Gebiet eine Rolle spielen – so die Limitierung der chemischen Reaktion durch einen physikalischen Transport – lassen sich ohne weiteres auch auf andere heterogene Reaktionen übertragen. Doch auch aus der heterogenen Katalyse soll hier nur das Teilgebiet der katalytischen gasförmig/fest-Reaktionen betrachtet werden.

Typisch für diesen Teilaspekt der heterogenen Katalyse ist die Beteiligung einer festen Phase – dem Katalysator – an dem Reaktionsgeschehen der gasförmigen Edukte und Produkte. Ein Katalysator ist ein die chemische Reaktion beschleunigender Stoff, der nach Ablauf der Reaktion – idealerweise – wieder unverändert vorliegt.

Wir hatten bereits bei der Besprechung der Ermittlung der Aktivierungsenergie einer chemischen Reaktion in Abschn 5.6.1 gesehen, daß für chemische Reaktionen oft die Möglichkeit zur Ausbildung eines Hoch- und Tieftemperaturmechanismus besteht: diese beiden Mechanismen sind durch unterschiedliche Aktivierungsenergien ausgezeichnet. Es gibt jedoch auch den Fall unterschiedlicher Aktivierungsenergien bei Beteiligung einer festen Phase. Die Edukte einer Reaktion beziehen die feste Phase in das Reaktionsgeschehen ein, indem sie auf der festen Phase – dem Katalysator – eine für das weitere Reaktionsgeschehen bevorzugte Konfiguration einnehmen: die Bildung des Produktes wird so erleichtert und die Aktivierungsenergie herabgesetzt. Die Einbeziehung der festen Phase geschieht durch den Prozeß der *Physisorption*: dann ist die Wechselwirkung der Edukte mit dem Katalysator eher gering, oder durch *Chemisorption*: dann haben die Wechselwirkungen die Qualität einer chemischen Bindung.

Die Ausbildung einer chemisorptiven Bindung der Eduktmoleküle wird bevorzugt an Edelmetallen beobachtet. Um die katalytische Wirkung des – oft sehr teuren – Edelmetalles optimal zu nutzen, wird dieses in fein verteilter Form auf einen sonst meist inaktiven Träger mit großer Oberfläche aufgebracht: als Trägermaterialen haben sich Aluminiumoxid, Kieselsäure, Kaolin oder Aktivkohle bewährt. Das Trägermaterial wird meist in Form kleiner Zylinder oder Körner mit Durchmessern von 1 bis 10 mm eingesetzt. Die Konzentration des Edelmetalles – etwa Platin, Palladium, Rhodium o.ä. – auf dem Träger liegt im Bereich von 0.1 bis 1 Gew.%.

Der Katalysator wird als *Katalysatorschüttung* in einen Reaktor eingebracht und dort von den gasförmigen Edukten umströmt. Diese *Festbettreaktoren* haben Abmessungen, die im Bereich von einigen Metern liegen können.

Die Berechnung eines Festbettreaktors gehört zu den komplexen Problemen der Chemischen Verfahrenstechnik. In diesem Bereich fließt vieles von dem zusammen, was in den vorhergehenden Abschnitten vorgestellt wurde und hier noch vorgestellt wird.

6.2 Die katalytischen Einzelschritte

Damit der katalytische Prozeß ablaufen kann, müssen die Edukte zum Katalysator transportiert werden. Zur Darlegung der dabei ablaufenden physikalischen und chemischen Vorgänge wird die Abb. 6.1 herangezogen.

1. Konvektiver Transport der Edukte im Gasraum: Zunächst befinden sich die Edukte der chemischen Reaktion im freien Gasraum und werden über hydrodynamische Prozesse – etwa mithilfe eines Kompressors – an dem Katalysatorkorn vorbeigeführt. Die *hydrodynamischen Mischungserscheinungen* werden in Abschn. 11.1.2 behandelt.

2. Diffusion der Edukte durch die Grenzschicht: Bei der Anströmung des Katalysatorkorns bildet sich eine *hydrodynamische Grenzschicht* aus, vgl. Abschn. 3.5 . Diese hydrodynamische Grenzschicht kann weitgehend als ruhend angesehen werden: ein konvektiver Transport über diese Grenzschicht ist nicht möglich. Die Eduktmoleküle müssen durch diese Grenzschicht diffundieren, wenn sie die aktiven Edelmetallbereiche im Katalysatorkorn erreichen sollen, vgl. Abschn. 4 und 16.8 .

3. Porendiffusion der Edukte: Da die katalytisch aktive Komponente in geringer Konzentration auch im Innern des Trägers aufgebracht ist, müssen die Eduktmoleküle durch das Porengefüge des Katalysatorkorns zu den Edelmetallzentren diffundieren, Abschn. 6.5 .

4. Physisorption und/oder Chemisorption der Edukte: Haben die Eduktmoleküle das Edelmatallzentrum im Gefüge des Katalysatorkorns erreicht, so hängt die Ausbildung der Physisorption oder Chemisorption von der Affinität der Eduktmoleküle zum Edelmetall ab. In der Regel besteht ein fließender Übergang zwischen der Physisorption und der Chemisorption, vgl. Abschn. 6.4 .

5. Oberflächenreaktion: Die Eduktmoleküle sind am Edelmetallzentrum und können reagieren. Für die möglichen Oberflächenreaktionen werden nur wenige Mechanismen diskutiert, die wichtigsten sind: der LANGMUIR-HINSHELWOOD-Mechanismus und der ELEY-RIDEAL-Mechanismus. Die Einzelheiten dieser Mechanismen werden in den Abschn. 6.4.3 und 6.4.4 behandelt.

6. Desorption der Produkte: Bei der Oberflächenreaktion haben sich die gewünschten Reaktionsprodukte gebildet, diese haben nun den Weg zurück in die Gasphase vor sich. Die Desorption der Produktmoleküle wird durch die bei der exothermen Reaktion freiwerdende Wärme erleichtert. In der Regel spielt die Desorption keine wesentliche Rolle in dem katalytischen Reaktionsgeschehen.

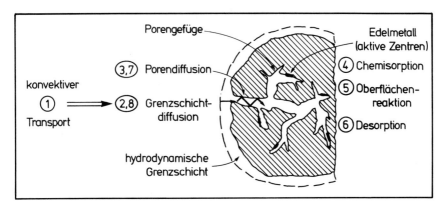

Abbildung 6.1: Skizze zur Erläuterung der physikalischen und chemischen Vorgänge bei der heterogenen Katalyse.

7. und 8. Porendiffusion und Grenzschichtdiffusion der Produkte: Die Produktmoleküle müssen nun durch das Porengefüge zurückdiffundieren und die hydrodynamische Grenzschicht durchtreten.

9. Konvektiver Transport der Produkte im Gasraum: Das gewünschte Produkt wird konvektiv über den Gasraum zur verfahrenstechnischen Aufarbeitung geleitet.

Folgerungen: Aus der skizzenhaften Beschreibung der katalytischen Elementarvorgänge geht bereits die Schwierigkeit ihrer mathematischen Formulierung hervor. Durch die intensive Kopplung der physikalischen und chemischen Vorgänge resultiert im einfachsten Fall eine lineare partielle Differentialgleichung 2. Ordnung mit der Zeit und dem Ort als unabhängige Variablen, hinsichtlich der Klassifikationsmerkmale der Differentialgleichungen vgl. Abschn. 1.4.

Die Behandlung wird jedoch noch komplizierter: in der Regel sind die Zeitgesetze heterogener Reaktionen nicht von einfacher linearer Natur. Bereits bei der Behandlung der Kettenreaktion im Abschn. 5.6.5 zeigten sich komplizierte *nichtlineare* Zusammenhänge. Die resultierende nichtlineare partielle Differentialgleichung 2. Ordnung ist in der Regel analytisch nicht lösbar. Zum anderen treten bei chemischen Reaktionen Wärmeumsätze auf, die eine isotherme Betrachtung von vornherein ausschalten. Es muß dann die Kopplung des Konzentrationsfeldes mit dem Temperaturfeld in Ansatz gebracht werden. Bei der praktischen Bearbeitung heterogen-katalytischer Aufgabenstellungen haben sich zwei Problemkreise herausgebildet:

1. die *Makrokinetik*: bei der die Transportprozesse berücksichtigt werden;

2. die *Mikrokinetik*: bei der nur die Chemisorption, die Oberflächenreaktion und die Desorption betrachtet werden.

6.3 Charakterisierung von Katalysatoren

6.3.1 Hohlraumstruktur und Sorptionsisothermen

Zur Charakterisierung der Hohlraumstruktur eines Katalysatorträgers sind die folgenden Parameter von Bedeutung (Index: kp, Katalysatorpore):

die *spezifische Oberfläche* $\tilde{s}$, Einheit: $m^2 \, kg^{-1}$;

das *spezifische Porenvolumen* $\tilde{v}_{kp}$, Einheit: $m^3 \, kg^{-1}$;

der *mittlere Porendurchmesser* $\bar{d}_{kp}$, Einheit: m oder nm;

die *Porenradienverteilung* dv_{kp}/dr_{kp}.

Zunächst einige grundsätzliche Bemerkungen. Ein wichtiger Parameter für die heterogene Katalyse ist der mittlere Porendurchmesser. Wie in der Tab. 6.1 aufgeführt, unterscheidet man zwischen *Mikroporen*, *Mesoporen* und *Makroporen*. Den ersten wichtigen Hinweis auf die in einem Träger vorliegende Porenart liefert die *Adsorptionsisotherme* mit einem inerten Gas, z.B. Stickstoff, vgl. Abb. 6.2.

Die *Mikroporen* zeigen aufgrund der von ihnen zur Verfügung gestellten großen inneren Oberfläche eine stark ansteigende Isotherme, die in eine Sättigung einläuft. Isothermen dieser Art werden durch einen von LANGMUIR angegebenen Ansatz beschrieben.

Bei den *Mesoporen* beobachtet man eine *Sorptionshysterese*, d.h. Adsorption und Desorption verlaufen nicht auf dem gleichen Kurvenzug. Diese Erscheinung beruht auf der *Kapillarkondensation* und wird anhand der KELVIN-GLEICHUNG erklärt.

Die *Makroporen* schließlich zeigen zunächst eine geringe Aufnahme des zu sorbierenden Gases. Erst bei sehr hohen Drucken wird die Kapillarkondensation beobachtet.

Tabelle 6.1: Porendurchmesser poröser Materialien mit Erfahrungswerten für das spezifische Porenvolumen und der spezifischen Oberfläche.

Porenart	Porendurchmesser / nm	spezif. Porenvolumen / $m^3 \, kg^{-1}$	spezif. Oberfläche / $m^2 \, kg^{-1}$
Submikroporen	$d_{kp} < 0.4$	$\tilde{v}_{kp} < 10^{-3}$	$\tilde{s} > 5 \cdot 10^5$
Mikroporen	$0.4 < d_{kp} < 2$	$10^{-4} < \tilde{v}_{kp} < 10^{-3}$	$2 \cdot 10^5 < \tilde{s} < 5 \cdot 10^5$
Mesoporen	$2 < d_{kp} < 50$	$10^{-5} < \tilde{v}_{kp} < 10^{-4}$	$1 \cdot 10^4 < \tilde{s} < 2 \cdot 10^5$
Makroporen	$d_{kp} > 50$	$10^{-6} < \tilde{v}_{kp} < 10^{-5}$	$\tilde{s} < 1 \cdot 10^4$

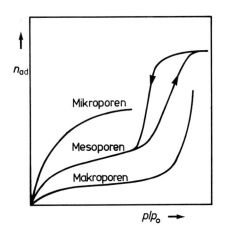

Abbildung 6.2: Verlauf der Adsorptionsisothermen an Mikroporen, Mesoporen und Makroporen.

Die Langmuir-Isotherme: Die Erklärung der Adsorptionsisotherme für Mikroporen wurde 1918 von LANGMUIR gegeben. Langmuir ging von der vereinfachenden Annahme der *energetischen Homogenität* der Katalysatoroberfläche aus: danach ist die Sorptionsenthalpie *unabhängig* vom Belegungsgrad θ der Oberfläche.

An dieser Stelle soll die *gaskinetische Ableitung* erfolgen. Nach der kinetische Gastheorie (vgl. auch Abschn. 4.1), ist die Zahl der pro Zeit und Fläche auf die Oberfläche treffenden Gasmoleküle: $Z_{ad} = (1/4)(N/V)\overline{w}$, $m^{-2}\,s^{-1}$. Damit das Gasmolekül auf der Oberfläche adsorbiert wird, muß es den von diesen Molekülen unbedeckten Teil der Oberfläche $(1-\theta)$ treffen und zudem eine Mindestaktivierungsenerige $E_{A,ad}$ besitzen, also:

$$Z_{ad} = \frac{1}{4}(N/V)\overline{w}(1-\theta)\exp\left[-\frac{E_{A,ad}}{RT}\right] \quad (6.1)$$

Nun setzt man für $N/V = p/RT$ und für $\overline{w} = \sqrt{8RT/(\pi M)}$ und erhält nach einigem Umformen:

$$Z_{ad} = \frac{p}{\sqrt{2RT\pi M}}(1-\theta)\exp\left[-\frac{E_{A,ad}}{RT}\right]$$

Die Rate der von der Oberfläche wieder desorbierenden Moleküle ist proportional der Desorptionskonstanten k sowie dem Bedeckungsgrad $\theta = n_{ad}/n_{mo}$ (vgl. Gl 6.6) und der Aktivierungsenergie des Desorption $E_{A,ds}$:

$$Z_{ds} = k\,\theta\,\exp\left[-\frac{E_{A,ds}}{RT}\right]$$

Im Sorptionsgleichgewicht ist die Rate der adsorbierenden und der desorbierenden Gasmoleküle gleich, es folgt:

$$\frac{p}{\sqrt{2RT\pi M}}(1-\theta)\exp\left[-\frac{E_{A,ad}}{RT}\right] = k\,\theta\,\exp\left[-\frac{E_{A,ds}}{RT}\right]$$

▷ LANGMUIR-ISOTHERME:

$$p = k\sqrt{2\,RT\pi M}\,\frac{\theta}{(1-\theta)}\exp\left[\frac{E_{A,ad} - E_{A,ds}}{RT}\right] \quad (6.2)$$

Einfacher ist die *kinetische Ableitung* der Langmuir-Isothermen, die aufgrund der Überlegungen nach Art eines kinetischen Gleichgewichtes erfolgt. Das Gas G mit dem Partialdruck p „reagiert" bei der Adsorption mit einem freien Platz F ($= 1 - \theta$) zu einem adsorbierten Zustand A ($= \theta$). Bei der Desorption findet die rückläufige Reaktion statt:

$$G + F \xrightarrow{k_1} G(ad) \quad \text{und} \quad G(ad) \xrightarrow{k_{1-}} G + F$$

Für das Sorptionsgleichgewicht ergibt sich mit $\theta = n_{G(ad)}/n_{G,mo}$:

$$\frac{d\theta}{dt} = k_1\,p\,(1-\theta) - k_{1-}\,\theta = 0 \quad \leadsto \quad p = \frac{k_{1-}}{k_1}\,\frac{\theta}{(1-\theta)} \quad (6.3)$$

Durch Koeffizientenvergleich mit dem aus der gaskinetischen Ableitung resultierenden Ausdruck ergibt sich das Verhältnis der Geschwindigkeitskonstanten zu:

$$\frac{k_{1-}}{k_1} = k\sqrt{2\,RT\pi M}\exp\left[\frac{E_{A,ad} - E_{A,ds}}{RT}\right] \quad (6.4)$$

Die Kapillarkondensation: Die Adsorptionsisotherme der Mesoporen verläuft nach Abb. 6.2 auf der Adsorptionsseite bei höheren Gasdrucken p. Die Erklärung dieser *Adsorptionshysterese* erfolgt durch folgende Gegebenheiten. Beim Ansteigen des äußeren Gasdruckes wird die Oberfläche der Poren solange mit dem kondensierenden Gas bedeckt, bis Schichten des an den gegenüberliegenden Wänden kondensierenden Gases einen Flüssigkeitsmeniskus mit der Oberflächenspannung σ ausbilden. Das mit dieser konkaven Oberfläche im Gleichgewicht stehende Gas zeigt nach der Kelvin-Gleichung einen geringeren Dampfdruck als über der freien Flüssigkeitsoberfläche: die Kondensation tritt schon bei niedrigeren Gasdrucken p ein. Die Dampfdruckdepression hängt dabei vom Porenradius r_{kp} ab.

▷ KELVIN-GLEICHUNG:

$$RT\ln\left[\frac{p}{p_0}\right] = \frac{2\,\sigma v}{r_{kp}} \quad (6.5)$$

p	Pa	:	Dampfdruck des Adsorptivs bei der Adsorption
p_0	Pa	:	Sättigungsdampfdruck des reinen flüssigen Adsorptivs
σ	$N\,m^{-1}$	:	Oberflächenspannung
v	$m^3\,mol^{-1}$	:	molares Volumen

Erniedrigt man nun den äußeren Gasdruck und beginnt damit den Desorptionszweig, so tritt die Desorption aufgrund des niedrigeren Dampfdruckes über dem konkaven Flüssigkeitsmeniskus erst später ein. Mit dem Reißen der Flüssigkeitsmenisken laufen dann beide Isothermen wieder zusammen.

100 6. Der Reaktionsterm: heterogene katalytische Reaktionen

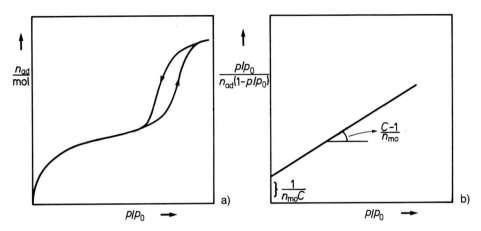

Abbildung 6.3: (a) BET-Isotherme, (b) Auftragung nach der Geradengleichung.

Die spezifische Oberfläche – BET-Isotherme: Die wichtigste Methode zur Ermittlung der Oberfläche von Katalysatoren ist die Bestimmung der Adsorptionsisotherme nach BRUNAUER/EMMET/TELLER (1938). Nach dieser Isotherme wird zunächst die Ausbildung einer monomolekularen Schicht gemäß der Langmuir-Isotherme angenommen. Auf der ersten Schicht können weitere Schichten kondensieren, für die die Gesetzmäßigkeiten reiner kondensierter Stoffe gelten. Alle Schichten – mit Ausnahme der ersten Schicht – verhalten sich so, also wären sie Teil des verflüssigten Gases, so daß von der Annahme kurzreichweitiger van-der-Waals-Kräfte ausgegangen werden kann.

▷ BET-ISOTHERME:

$$\frac{p/p_0}{n_{\mathrm{ad}}(1 - p/p_0)} = \frac{1}{n_{\mathrm{mo}} C} + \frac{(C-1)\, p/p_0}{n_{\mathrm{mo}}}$$

$$S_{\mathrm{BET}} = n_{\mathrm{mo}} S_{\mathrm{mo}} N_{\mathrm{L}} \quad , \mathrm{m}^2 \tag{6.6}$$

p	Pa	:	Dampfdruck des Adsorptivs bei der Adsorption
p_0	Pa	:	Sättigungsdampfdruck des reinen flüssigen Adsorptivs
n_{mo}	mol	:	adsorbierte Stoffmenge in der Monoschicht
n_{ad}	mol	:	gesamte adsorbierte Stoffmenge
S_{mo}	m²/Molekül	:	Oberflächenäquivalent eines des Adsorptivs: für Stickstoff bei 77 K: $16.2 \cdot 10^{-20}\,\mathrm{m}^2$.

Durch Auftragung als Geradengleichung: $\dfrac{p/p_0}{n_{\mathrm{ad}}(1 - p/p_o)}$ gegen p/p_0 erhält man durch Berechnung von Steigung und Ordinatenabschnitt die adsorbierte Stoffmenge in der Monoschicht n_{mo} und die Konstante C, vgl. Abb. 6.3. Daraus berechnet sich die Oberfläche S_{BET}, Einheit: m². Nach Division durch die Masse des eingesetzten Trägermaterials berechnet sich die spezifische Oberfläche $\tilde{s}_{\mathrm{BET}}$, Einheit: $\mathrm{m}^2\,\mathrm{kg}^{-1}$. Aufgrund theoretischer Überlegungen muß die Konstante C größer als 2 sein.

6.3.2 Der elektronische und geometrische Faktor

Der elektronische Faktor: Bei der Vorstellung der heterogenen Katalyse wurde auf die intensive Wechselwirkung des Eduktmoleküles mit dem Katalysator hingewiesen. Diese Wechselwirkung kann die Qualität einer chemischen Bindung haben. In der Tab. 6.2 sind einige katalytisch aktivierte Reaktionen aufgeführt: wir wenden unser Augenmerk in erster Linie den organischen Reaktionen zu. Es ist auffallend, daß sowohl die Hydrierung als auch die Oxidation mit Metallen der d-Gruppen des periodischen Systems durchgeführt werden können. Die elektronische Struktur der d-Metalle wird durch das *Bänder-*

Tabelle 6.2: Zusammenstellung einiger typischer katalytisch aktivierter Reaktionen.

Reaktion	Katalysator
$SO_2 + 1/2\,O_2 \longrightarrow SO_3$	Pt/SiO_2
$H_2 + 1/2\,O_2 \longrightarrow H_2O$	Pt/SiO_2
$C_6H_6 + 3\,H_2 \longrightarrow C_6H_{12}$	Pt od. Pd/SiO_2, Co od. Ni/SiO_2
$C_2H_4 + O_2 \longrightarrow CH_3CHO$	Pd/SiO_2
$C_2H_5OH \longrightarrow CH_3CHO + H_2$	InAs (p,n)

modell beschrieben. Nach dieser Vorstellung bilden die delokalisierten d-Elektronen ein „Elektronengas" über dem periodischen Gitterpotential der Atomrümpfe. Die Anzahldichte der Elektronen wird im Bändermodell durch die Lage des *Fermi-Niveaus* E_F bestimmt. Die Energie, die nötig ist, um ein Elektron vom Rand des Fermi-Niveaus in das Vakuum zu transportieren, wird *Austrittsarbeit* ϕ_0 genannt. Die Austrittsarbeit liegt bei den d-Metallen typischerweise um 4 eV und damit im UV-Bereich.

Die delokalisierten Elektronen des Edelmetalles können mit den lokalisierten Orbitalen der organischen Komponenten eine Wechselwirkung eingehen. Dabei wird man unterscheiden müssen, ob das organische Molekül Elektronendichte in das d-Band leitet, oder ob umgekehrt Elektronendichte aus dem d-Band in das organische Molekül übergeht: es müssen also die *Donator-* und *Akzeptoreigenschaften* der p-Orbitale des organisches Moleküls diskutiert werden.

Die Diskussion soll anhand des stark schematisierten Modelles eines *Potentialtopfes* erfolgen. Das Potential außerhalb des Metalles wird als konstant angenommen und für gewöhnlich zu Null gesetzt, das des Metallinnern wird nach Ausmittelung des Gitterpotentiales ebenfalls konstant gesetzt. Die Tiefe des Potentialtopfes hat die Größenordnung von 10 eV. Bei 0 K sind sind alle Niveaus zwischen dem Grundniveau und der Fermi-Grenze E_F° besetzt, bei höheren Temperaturen wird die Besetzung gemäß der Fermi-Dirac-Funktion zunehmend aufgelockert, vgl. Abb. 6.5(a).

In Abb. 6.4(b) sind die Verhältnisse für die Chemisorption eines *Akzeptors* – etwa des Sauerstoffes – aufgetragen. Der Akzeptor entnimmt Elektronendichte aus dem Leitungsband des Metalles: dadurch sinkt die Fermi-Energie auf E_F ab, die Austrittsarbeit steigt, es ergibt sich $\phi_A > \phi_0$. In Abb. 6.4(c) sind die Verhältnisse für die Chemisorption ei-

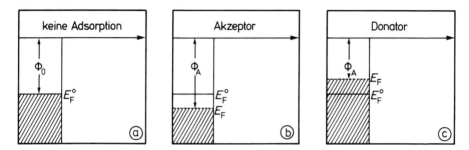

Abbildung 6.4: Erläuterung des elektronischen Faktors für Akzeptor und Donator.

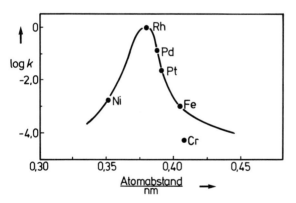

Abbildung 6.5: Katalysatoraktivität für die Ethen-Hydrierung; sog. Vulkankurve.

nes *Donators* – etwa des Kohlenmonoxides oder des Ethens – aufgetragen. Der Donator überträgt Elektronendichte in das Leitfähigkeitsband des Metalles: die Austrittsarbeit sinkt ab, es gilt $\phi_A < \phi_0$.

Da das d-Band bei Metallen meist schmal ist, hängt die Aktivität des Metall-Katalysators von der Besetzungsdichte der d-Elektronen in diesem Band ab. Für Donatoren sind Metalle mit gering aufgefüllten d-Band also günstiger.

Hat man die Wirkung des elektronischen Effektes einmal erkannt, so ist man u.U. nicht mehr auf die teuren Edelmetalle angwiesen, dann kann man die Anzahldichte der Elektronen in einem Halbleiter entsprechend dosieren.

Dotiert man z.B. das im idealen Diamantgitter vorliegende vierwertige Germanium mit dem fünfwertigen Arsen, so wird bei Einbau des Arsens in das Germaniumgitter ein Elektron abgespalten und trägt nun zur Leitung bei: es bildet sich ein *Überschußhalbleiter* oder *n-Halbleiter* aus.

Dotiert man nun das vierwertige Germanium mit dem dreiwertigen Gallium, so hat dieses beim Einbau in das Germaniumgitter die Tendenz ein Elektron aufzunehmen: dadurch entsteht ein *Defektelektronenzentrum*. Diese Halbleiter nennt man *Mangelhalbleiter* oder *p-Halbleiter*. Halbleitende Materialen entstehen nicht nur durch die beschriebene Dotierung, sie können auch aus Sauerstoffunterschuß oder -überschuß im Gitter von Oxiden innerhalb ihrer Existenzbreite resultieren: so ist das Nickeloxid ein typischer p-Halbleiter, Zinkoxid ein typischer n-Halbleiter.

Für Halbleiter muß die weitere Diskussion modifiziert werden: das Fermi-Niveau liegt bei Halbleitern in der „verbotenen" Zone zwischen Valenz- und Leitfähigkeitsband, auch hat die Fermi-Energie hier nicht die Bedeutung einer Grenzenergie bei der Bandbesetzung wie bei den Metallen. Die lokalisierten p-Elektronen des organischen Moleküls können also nicht in dem Band des Halbleiters untergebracht werden: sie treten vielmehr im Falle des p-Halbleiters mit den Defektelektronenzentren des Halbleiter in Wechselwirkung. Ein Beispiel dafür ist die katalytische Wirkung des Germanium/Gallium (Ge/Ga)-Katalysators bei der Hydrierung von Ethen: die p-Orbitale des Ethen lagern sich dabei in die Defektelektronenzentren ein.

Der geometrische Faktor: Nach einer älteren Theorie ist die Heterogenität der Oberfläche – hervorgerufen durch Versetzungen, Kanten und Störstellen – mitverantwortlich für die katalytische Aktivität. Das ist ohne Zweifel auch der Fall, doch soll dieser Aspekt hier nicht diskutiert werden. Die Wirkung des geometrischen Faktors soll hier nur qualitativ erfolgen.

Der geometrische Faktor hängt eng mit dem elektronischen Faktor zusammen: das periodische Gitterpotential der Oberflächenatome bietet die Haftstellen für die mehratomigen organischen Moleküle an. Betrachten wir z.B. das Ethen: der Bindungsabstand beträgt 133 pm. Liegt die Gitterkonstante des Edelmetalles in der gleichen Größenordnung, dann „paßt" das Ethen perfekt auf das aktive Zentrum: die Wahrscheinlichkeit, es dort durch eine Reaktion wieder abzulösen, ist dann eher gering. Günstig ist in diesem Falle ein größerer Gitterabstand: die chemische Bindung des Ethen wird dann tordiert und die Ablösung durch Reaktion begünstigt.

Dieser Sachverhalt wird empirisch durch die sog. *Vulkankurve* wiedergegeben, bei der die Reaktionsgeschwindigkeitskonstante der betrachteten Reaktion – hier der Ethen-Hydrierung – gegen den Atomabstand der katalytisch aktiven Edelmetalle aufgetragen wird, vgl. Abb. 6.5. Man erkennt, daß die katalytische Aktivität der Metallkatalysatoren zum Rhodium hin ansteigt, dort maximal wird und dann abfällt.

6.4 Die Kinetik heterogener gas/fest-Reaktionen

6.4.1 Die Physisorption

Der Potentialverlauf: Die Diskussion der Unterscheidung der beiden möglichen Sorptionsvorgänge: der Physisorption und der Chemisorption erfolgt anhand des Verlaufes der potentiellen Energie eines Moleküls in der Nähe der Katalysatoroberfläche, vgl. Abb. 6.6. Die Chemisorption entspricht in ihrem Charakter einer chemischen Bindung, es verläuft

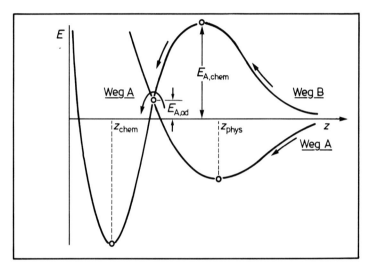

Abbildung 6.6: Potentialverlauf eines nichtdissoziativ sorbierenden Moleküls zur Erläuterung der Physisorption und Chemisorption.

steiler und mit einer tieferen Potentialmulde als bei der Physisorption mit dem 6-12-Potential. Der Ruheabstand z_{chem} des chemisorbierten Gasmoleküls ist kleiner als dessen Ruheabstand z_{phys} bei der Physisorption. Im Unterschied zur Physisorption handelt es sich bei der Chemisorption manchmal um einen *aktivierten* Prozeß: die Aktivierungsenergie der Chemisorption ist $E_{A,chem}$.

Wir wollen nun den Sorptionsweg eines Moleküls verfolgen und dabei die Frage erörtern, welche Teilwege zur Sorption günstiger sind:

Weg A: Beim Weg A geht das Gasmolekül zunächst einen physisorbierten Zustand ein. Der Übergang in den folgenden chemisorbierten Zustand erfordert nur die Aktivierungsenergie $E_{A,ad}$.

Weg B: Beim Weg B nimmt das Gasmolekül, nachdem es die Aktivierungsenergie $E_{A,chem}$ aufgebracht hat, direkt den chemisorbierten Zustand ein. Diese Aktivierungsenergie ist höher als beim Weg A. Das Durchlaufen des physisorbierten Zustandes ist also energetisch günstiger.

6.4.2 Die Chemisorption

Bei der Diskussion der Chemisorption an *technischen Katalysatoren* spielt die Langmuir-Isotherme eine überragende Rolle. Obwohl diese Isotherme nur für die einschneidende Bedingung der energetisch homogenen Oberfläche und Vernachlässigung lateraler Wechselwirkungen gilt, behauptet sie dennoch einen festen Platz in der Mikrokinetik.

Eine Aufschlüsselung der Aktivität des Edelmetallkatalysators nach den kristallographischen Ebenen, wie sie wissenschaftlich im UHV-Bereich eingehend untersucht sind, sind für den Praktiker von weniger großem Wert. Ohne Zweifel lassen sich auf diese Weise dennoch viele Elementarschritte der Chemisorption deuten und einige Phänomene erklären: so die Beobachtung oszillierender heterogener Reaktionen unter isothermen Verhältnissen.

Die Gl. 6.3 wird als Funktion des Belegungsgrades umgeschrieben, es folgt die
▷ LANGMUIR-ISOTHERME:

$$\boxed{\theta = \frac{bp}{1+bp} \quad \text{mit} \quad b = \frac{k_1}{k_{1-}}} \tag{6.7}$$

Dissoziative Chemisorption: Für den Fall der *dissoziativen* Chemisorption des Gases G muß der Ansatz modifiziert werden. An dieser Stelle soll nur die kinetische Ableitung erfolgen; für stationäre Verhältnisse gilt mit $\theta = n_{G(ad)}/n_{G,mo}$:

$$\frac{1}{2} G \cdot G + F \xrightarrow{k_1} G(ad) \quad \text{und} \quad G(ad) \xrightarrow{k_{1-}} \frac{1}{2} G \cdot G + F$$

$$\frac{d\theta}{dt} = k_1 \sqrt{p}(1-\theta) - k_{1-}\theta = 0 \quad \rightsquigarrow \quad \theta = \frac{b\sqrt{p}}{1+b\sqrt{p}} \tag{6.8}$$

Darin ist die Sorptionskonstante wieder $b = k_1/k_{1-}$. Dissoziative Chemisorption wird oft bei Wasserstoff an Edelmetallen gefunden, jedoch nicht so häufig bei Sauerstoff.

Mischadsorption: Für den Fall, daß zwei Gase A und B um freie Plätze konkurrieren, muß die Zahl der freien Plätze mit $(1 - \theta_A - \theta_B)$ eingesetzt werden: es ergibt sich für die stationäre Chemisorption der Gase A und B:

$$\text{Gas A}: \quad k_1 p_A (1 - \theta_A - \theta_B) = k_{1-} \theta_A \tag{6.9}$$

$$\text{Gas B}: \quad k_2 p_B (1 - \theta_A - \theta_B) = k_{2-} \theta_B \tag{6.10}$$

$$\theta_A = \frac{b_A p_A}{1 + b_A p_A + b_B p_B} \quad \text{und} \quad \theta_B = \frac{b_B p_B}{1 + b_A p_A + b_B p_B} \tag{6.11}$$

Analoge Ausdrücke ergeben sich für die dissoziative Chemisorption oder bei der Beteiligung weiterer Gasmoleküle am Chemisorptionsprozeß.

6.4.3 Der Langmuir-Hinshelwood-Mechanismus

Dieser Mechanismus der heterogenen Katalyse geht davon aus, daß für die heterogene Umsetzung der Gase A und B zum Produkt P beide Edukte auf der Katalysatoroberfläche adsorbiert sein müssen:

$$A^{gs} + F \xrightarrow{k_1} A(ad) \qquad A(ad) \xrightarrow{k_{1-}} A^{gs} + F$$
$$B^{gs} + F \xrightarrow{k_2} B(ad) \qquad B(ad) \xrightarrow{k_{2-}} B^{gs} + F$$
$$A(ad) + B(ad) \xrightarrow{k_{LH}} P(ad)$$

Die heterogene, oberflächenbezogene Reaktionsgeschwindigkeit unter Vernachlässigung aller Transportprozesse und bei eingestelltem Chemisorptionsgleichgewicht ist dann, vgl. Gl. 5.35:

$$r_S = \frac{\Re}{S} = k_{LH}\, n_{A(ad)}\, n_{B(ad)} \quad , \text{mol m}^{-2}\,\text{s}^{-1} \tag{6.12}$$

Der Zusammenhang zum Bedeckungsgrad θ ergibt sich aus der adsorbierten Stoffmenge dividiert durch die in der Monoschicht maximal mögliche Molzahl. Die Stoffmenge der Monoschicht n_{mo} ist für einen gegebenen Katalysator eine konstante Größe und läßt sich aus der BET-Isothermen entnehmen, vgl. Gl. 6.6: sie hängt vom geometrischen Flächenbedarf des chemisorbierten Moleküls ab. Wir fassen die Konstanten der Gl. 6.6 zusammen $n_{mo} = S_{BET}/(S_{mo} N_L)$ und schreiben für das Gas A, resp. Gas B (die BET-Größen müssen für die in der Reaktion relevanten Gase A und B *getrennt* bestimmt werden):

$$\theta = \frac{n_{ad}}{n_{mo}} \rightsquigarrow n_{ad} = \theta\, n_{mo} \quad \text{mit} \quad n_{mo} = \frac{S_{BET}}{S_{mo}\, N_L} \tag{6.13}$$
$$n_{A(ad)} = n_{A,mo}\, \theta_A \quad \text{und} \quad n_{B(ad)} = n_{B,mo}\, \theta_B \tag{6.14}$$
$$\rightsquigarrow r_S = k_{LH}\, n_{A,mo}\, n_{B,mo}\, \theta_A\, \theta_B = K_{LH}\, \theta_A\, \theta_B \tag{6.15}$$

In diese Gleichung setzt man nun die Ausdrücke für die Mischadsorption nach Gl. 6.11 ein und erhält die

▷ Reaktionsgeschwindigkeit nach Langmuir-Hinshelwood:

$$\boxed{\begin{aligned} r_S &= K_{LH}\, \frac{b_A\, p_A\, b_B\, p_B}{(1 + b_A\, p_A + b_B\, p_B)^2} \\ b_A = k_1/k_{1-}\,, b_B &= k_2/k_{2-}\,, K_{LH} = k_{LH}\, n_{A,mo}\, n_{B,mo} \end{aligned}} \tag{6.16}$$

Diese wichtige Gleichung wollen wir für zwei Grenzfälle unter der Voraussetzung diskutieren, daß das Gas B im nahezu konstanten Überschuß vorliegt.

1. Grenzfall : Partialdruck an Gas A ist gering:
in diesem Fall kann man im Nenner der Gl. 6.16 $b_A\, p_A$ gegen $(1 + b_B\, p_B)$ vernachlässigen, es folgt für die heterogene Reaktionsgeschwindigkeit:

$$r_S \approx K\, b_A\, p_A\, \frac{b_B\, p_B}{1 + b_B\, p_B} \approx K'_{LH}\, p_A$$

Die Reaktionsgeschwindigkeit ist bei kleinen Partialdrucken von A und konstantem Partialdruck an B *proportional* zu p_A, vgl. Abb. 6.7.

2. Grenzfall : Partialdruck an Gas A ist groß:
in diesem Falle kann im im Nenner der Gl. 6.16 den Ausdruck $(1 + b_B\, p_B)$ gegen $b_A\, p_A$ vernachlässigen, es folgt:

$$r_S \approx \frac{K_{LH}''}{b_A\, p_A}$$

Für den Grenzfall hoher Partialdrücke an Gas A ist im Falle des Langmuir-Hinshelwood-Mechanismus die heterogene Reaktionsgeschwindigkeit *reziprok* zum Partialdruck an A: es liegt eine Reaktion mit der Ordnung -1 vor, vgl. Abb. 6.7.

Folgerungen: Insgesamt ergibt sich der für den Langmuir-Hinshelwood-Mechanismus typische Verlauf der heterogenen Reaktionsgeschwindigkeit mit einem *Maximum*. Bei kleinen Partialdrücken an A ist der Bedeckungsgrad der Oberfläche noch gering, alle chemisorbierten Spezies finden einen Reaktionspartner: die Reaktionsgeschwindigkeit steigt. Bei hohen Partialdrücken ist die Oberfläche weitgehend belegt und blockiert; es tritt eine „Vergiftung" der Oberfläche auf: die Reaktionsgeschwindigkeit fällt. Nach dem Langmuir-Hinshelwood-Mechanismus verlaufen z.B. die folgenden heterogenen Reaktionen:

$$
\begin{aligned}
2\,CO + O_2 &\xrightarrow{Pt} 2\,CO_2 \\
CO + 2\,H_2 &\xrightarrow{Cr_2O_3} CH_3OH \\
C_2H_4 + H_2 &\xrightarrow{Cu} C_2H_6 \\
CH_2CH_2 + O_2 &\xrightarrow{Pd} CH_3CHO \\
N_2O + H_2 &\xrightarrow{Au} N_2 + H_2O
\end{aligned}
\qquad (6.17)
$$

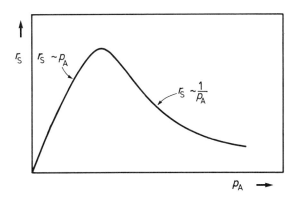

Abbildung 6.7: Skizze zum Verlauf der heterogenen Reaktionsgeschwindigkeit als Funktion des Partialdruckes der Komponente A bei konstantem B im Falle des Langmuir-Hinshelwood-Mechanismus.

6.4.4 Der Eley-Rideal-Mechanismus

Dieser Mechanismus geht davon aus, daß die heterogene Umsetzung zweier Gase A und B über die Chemisorption nur *einer* Komponente erfolgt: die andere Komponente reagiert vom Gasraum her. Analog zur Gl. 6.15 ergibt sich der Ausdruck für die heterogene Reaktionsgeschwindigkeit für den Fall der Chemisorption des Gases A:

$$r_S = k_{ER}\, n_{A,mo}\, \theta_A\, p_B = K_{ER}\, \theta_A\, p_B \tag{6.18}$$

Da in diesem Fall keine Mischadsorption vorliegt, kann man für den Bedeckungsgrad des Gases A auf Gl. 6.7 zurückgreifen, es folgt die

▷ REAKTIONSGESCHWINDIGKEIT NACH ELEY-RIDEAL:

$$\boxed{r_S = K' \frac{b_A p_A}{1 + b_A p_A} p_B} \tag{6.19}$$

Für die Komponente A ergibt sich der Ausdruck für die Langmuir-Isotherme, daher folgt die heterogene Reaktionsgeschwindigkeit bei p_B = const dieser Isothermen und läuft in einen konstanten Wert ein, vgl. Abb. 6.8. Nach dem Eley-Rideal-Mechanismus verläuft – nach der gegenwärtigen Kenntnis – nur die Ethenoxidation:

$$C_2H_4 + O_2 \xrightarrow{Ag} C_2H_4O \tag{6.20}$$

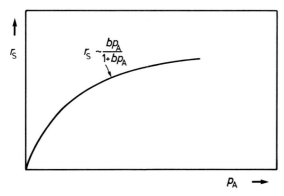

Abbildung 6.8: Skizze zum Verlauf der heterogenen Reaktionsgeschwindigkeit nach dem Mechanismus von Eley-Rideal für konstanten Partialdruck der Komponente B.

An dem Silberkatalysator wird der Sauerstoff zunächst molekular chemisorbiert und reagiert in einem ersten Schritt mit dem Ethen aus der Gasphase zu Ethylenoxid. Der dabei resultierende Adsorptionszustand atomaren Sauerstoffes ist sehr reaktiv: er reagiert mit dem Ethen direkt unter Bildung von Kohlendioxid und Wasser ab. Auf die nunmehr freie Oberfläche wird wiederum molekularer Sauerstoff chemisorbiert.

6.5 Die Porendiffusion

Wegen der Komplexität der Zusammenhänge wird die Behandlung der Porendiffusion in diesem Text nur unter den einfachst möglichen Annahmen erfolgen:

1. Annahme: Das Edukt soll sich in der Katalysatorpore mit dem Querschnitt S und der Länge l nach einer Reaktion 1. Ordnung umsetzen. Die Formulierung der Reaktionsgeschwindigkeit ergibt sich aus folgendem Gedankengang: nach den Gln. 5.33 und 5.35 hängt die wahre Reaktionsgeschwindigkeit $\Re$ mit der auf die Katalysatormasse m_K, oder der Oberfläche S, oder dem Volumen $V = S\,l$ bezogenen Reaktionsgeschwindigkeit wie folgt zusammen:

$$\frac{\Re}{m_K} = r_K \quad ,\text{mol}\,\text{kg}^{-1}\,\text{s}^{-1} \tag{6.21}$$

$$\frac{\Re}{S} = r_S \quad ,\text{mol}\,\text{m}^{-2}\,\text{s}^{-1} \tag{6.22}$$

$$\frac{\Re}{V} = r_v \quad ,\text{mol}\,\text{m}^{-3}\,\text{s}^{-1} \tag{6.23}$$

$$\rightsquigarrow \quad \frac{\Re}{S} = l\,r_v = -k\,l\,c \tag{6.24}$$

2. Annahme: Der Diffusionskoeffizient in der Pore unterscheidet sich um einen Faktor von dem in Abschn. 4 behandelten sog. „freien" Diffusionskoeffizienten D^{gs}: denn dort wurde ausschließlich die Diffusion im freien Gasraum behandelt. In der Pore dagegen überschreitet die Zahl der Gas-Porenwand-Stöße bei weitem die Zahl der Gas-Gas-Stöße, das wird allerdings von den Abmessungen der Pore abhängen. Für ein poröses System ergibt sich der *effektive* Diffusionskoeffizient D_{eff} aus dem freien Diffusionskoeffizienten durch Korrektur mit einem *Labyrinthfaktor* $\chi \approx 1/3$ und dem *relativen Porenvolumen* $\epsilon_0 \approx 1/3$ zu:

$$D_{\text{eff}}^{gs} = \chi\,\epsilon_0\,D^{gs} \quad \text{mit} \quad \epsilon_0 = \frac{\text{Porenvolumen}}{\text{Kornvolumen}} \tag{6.25}$$

Falls man keine entsprechenden Angaben über einen interessierenden Katalysator finden kann, ergibt sich mit den ungefähren Zahlenwerten die

▷ ABSCHÄTZUNG DES EFFEKTIVEN DIFFUSIONSKOEFFIZIENTEN:

$$\boxed{D_{\text{eff}} \approx \frac{1}{10}\,D^{gs}} \tag{6.26}$$

Dieser effektive Diffusionskoeffizient soll räumlich konstant sein. Zur Lösung des Problems schreiben wir die allgemeine Stoffbilanz, vgl. Abschn. 7.2:

$$\frac{\partial c_i}{\partial t} = -\text{div}[c_i\,\mathbf{u}] + \text{div}[D_i\,\text{grad}\,c_i] + \nu_i\,r_v$$

Da in der Katalysatorpore bei volumenkonstanter Reaktion kein konvektiver Stoffstrom auftritt, wird der Term: $-\text{div}[c_i\,\mathbf{u}]$ zu Null gesetzt. Für das *eindimensionale stationäre*

Problem folgt dann bei einem räumlich konstanten effektiven Diffusionskoeffizienten und einer Reaktion erster Ordnung:

$$D_{\text{eff}} \frac{d^2 c}{dz^2} - kc = 0 \quad \text{mol}\,\text{m}^{-3}\,\text{s}^{-1} \quad (6.27)$$

Die Lösung des Problems ist auf eine gewöhnliche lineare Differentialgleichung zweiter Ordnung zurückgeführt worden. Diese Gleichung wird unter Verwendung der Konzentration c_0 im freien Gasraum und der Porenlänge l auf die dimensionslosen Variablen $\Gamma = c/c_0$ und $\zeta = z/l$ umgeschrieben, vgl. Skizze:

$$\frac{d^2\Gamma}{d\zeta^2} = \frac{l^2 k}{D_{\text{eff}}}\Gamma$$

Der Quotient $l^2 k/D_{\text{eff}} = \varphi^2$ stellt einen dimensionslosen Ausdruck dar, er definiert den
▷ THIELE-MODUL:

$$\boxed{\varphi = l\sqrt{\frac{k}{D_{\text{eff}}}}} \quad (6.28)$$

Die Differentialgleichung hat jetzt die Form:

$$\frac{d^2\Gamma}{d\zeta^2} = \varphi^2 \Gamma \quad (6.29)$$

Die Lösung dieser Gleichung soll für eine einfache Geometrie gesucht werden: sie ist für die *Einzelpore* mit katalytisch aktiver Wand und die unendlich schmale *Katalysatorplatte* identisch. Die Behandlung des sphärischen Katalysatorkornes in Polarkoordinaten etwas unbequemer, die Lösung dafür findet sich bei EMIG (1979).

Randbedingungen: Die Festlegung der Randbedingungen erfolgt anhand der nebenstehenden Abbildung. Im freien Gasraum herrsche die Konzentration des Eduktes c_0, diese nimmt mit der Reaktion zum Produkt in der Katalysatorplatte ab und erreicht bei $z = l$ einen minimalen Wert. Das Problem ist symmetrischer Natur: es ergeben sich somit die Randbedingungen:

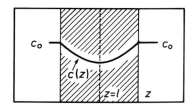

1. für $z = 0$ ist $c = c_0$ bzw. für $\zeta = 0$ ist $\Gamma = 1$
2. für $z = l$ ist $\dfrac{dc}{dz} = 0$ bzw. für $\zeta = 1$ ist $\dfrac{d\Gamma}{d\zeta} = 0$

Lösungsansatz: Der Lösungsansatz einer partiellen Differentialgleichung wird vorteilhaft mit einem Exponentialansatz vorgenommen, dieser wird differenziert:

$$\text{Ansatz}: \quad \Gamma = C\exp[\lambda\zeta] \quad (6.30)$$

$$\rightsquigarrow \quad \frac{d\Gamma}{d\zeta} = C\lambda\exp[\lambda\zeta] \quad \text{und} \quad \frac{d^2\Gamma}{d\zeta^2} = C\lambda^2\exp[\lambda\zeta] \quad (6.31)$$

Die Ableitungen werden nun in die Ausgangsgleichung 6.29 eingesetzt, es folgt:

$$C\lambda^2 \exp[\lambda\zeta] = \varphi^2 C \exp[\lambda\zeta] \quad \leadsto \quad \lambda^2 = \varphi^2 \quad \leadsto \quad \lambda = \pm\varphi$$

Also ergibt sich für den Ansatz nach Gl. 6.30 der Ausdruck:

$$\Gamma = A \exp[\varphi\zeta] + B \exp[-\varphi\zeta]$$

Die Konstanten A und B werden aus den Randbedingungen ermittelt, man erhält:
- aus der ersten Randbedingung: für $\zeta = 0$ gilt $\Gamma = 1$, es folgt schnell:

$$A + B = 1$$

- aus der zweiten Randbedingung: für $\zeta = 1$ gilt $d\Gamma/d\zeta = 0$, es folgt durch Einsetzen:

$$\frac{d\Gamma}{d\zeta} = A\varphi \exp[\varphi] - B\varphi \exp[-\varphi] = 0$$

$$A = \frac{B \exp[-\varphi]}{\exp[\varphi]} = 1 - B \quad \text{und} \quad B = \frac{A \exp[\varphi]}{\exp[-\varphi]} = 1 - A$$

Nun löst man nach den Konstanten A und B auf, es folgt schließlich:

$$A = \frac{\exp[-\varphi]}{\exp[-\varphi] + \exp[\varphi]} \quad \text{und} \quad B = \frac{\exp[\varphi]}{\exp[-\varphi] + \exp[\varphi]}$$

Durch Einsetzen der berechneten Konstanten in den Ansatz $\Gamma = A \exp[\varphi\zeta] + B \exp[-\varphi\zeta]$ folgt nach Anwendung der Additionstheoreme der

▷ KONZENTRATIONSVERLAUF IN DER KATALYSATORPLATTE:

$$\boxed{\Gamma = \frac{\cosh \varphi(1-\zeta)}{\cosh \varphi} \quad \text{bzw.} \quad \frac{c}{c_0} = \frac{\cosh \varphi\left(1 - \frac{z}{l}\right)}{\cosh \varphi}} \tag{6.32}$$

Bewertung: Der Verlauf dieser Funktion in Abhängigkeit von z/l mit dem Thiele-Modul als Parameter ist in Abb. 6.9(a) dargestellt. Mit zunehmender Temperatur steigt wegen des Zusammenhanges $\varphi = l\sqrt{k/D_{\text{eff}}}$ und $k = k_0 \exp[-E_A/(RT)]$ der Thiele-Modul an. Das Edukt reagiert somit weitgehend am Rand der Katalysatorplatte bei $z/l \ll 1$ ab.

Das Edukt erreicht bei $\varphi \geq 3$ das Innere der Katalysatorplatte praktisch nicht mehr. Die innere Oberfläche des Katalysators wird für die Reaktion nicht mehr voll ausgenutzt: das teure Edelmetall kann dort als Katalysator nicht wirken und ist vergeudet. In diesem Fall ist es günstig, die *Katalysatorabmessung* zu verringern oder eine *Randimprägnierung* des Katalysators vorzunehmen. Die Untersuchung des Bereiches der Porendiffusion hat also bedeutende wirtschaftliche Auswirkungen auf die Durchführung eines heterogenkatalytischen Prozesses.

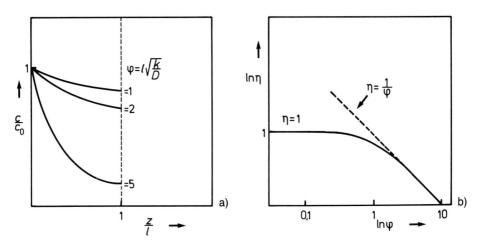

Abbildung 6.9: (a) Der Konzentrationsverlauf eines Eduktes in einer Katalysatorplatte; (b) Abhängigkeit des Porennutzungsgrades vom Thiele-Modul.

Der Porennutzungsgrad: Wir greifen auf das Zeitgesetz nach Gl. 6.24 zurück: in der Katalysatorplatte sei S der *Querschnitt* und l die Länge der Poren:

$$\frac{\Re}{V} = \frac{\Re}{l\,S} = r_v \quad \leadsto \quad \frac{\Re}{S} = r_S = l\,r_v \tag{6.33}$$

Der Porennutzungsgrad η ist über das Verhältnis einer Reaktionsgeschwindigkeit zur maximal möglichen Reaktionsgeschwindigkeit definiert, hier wählen wir:

$$\eta = \frac{r_S}{r_{S,\max}} \tag{6.34}$$

Die maximale querschnittsbezogene Reaktionsgeschwindigkeit am Beginn der Poren ist $r_{S,\max} = k\,l\,c_0$, zum Innern hin verarmen die Poren als Funktion des Ortes z an der reaktionsfähigen Komponenten, dort ist die Reaktionsgeschwindigkeit

$$r_S = k \int_0^l c(z)\,\mathrm{d}z$$

Also ergibt sich für den Porennutzungsgrad:

$$\eta = \frac{r_S}{r_{S,\max}} = \frac{k \int_0^l c(z)\,\mathrm{d}z}{k\,l\,c_0} \tag{6.35}$$

In diese Gleichung setzt man die Lösungsfunktion Gl. 6.32 der Diffusions-Reaktionsgleichung nach Gl. 6.27 ein, es folgt:

$$\Gamma = \frac{c}{c_0} = \frac{\cosh\varphi(1-\zeta)}{\cosh\varphi} \tag{6.36}$$

$$\leadsto \quad \eta = \int_0^l \frac{\cosh\varphi(1-z/l)}{l\,\cosh\varphi}\,\mathrm{d}z \tag{6.37}$$

▷ PORENNUTZUNGSGRAD IN DER KATALYSATORPLATTE:

$$\boxed{\eta = \frac{\tanh \varphi}{\varphi}} \qquad (6.38)$$

Der funktionelle Verlauf des Porennutzungsgrades vom Thiele-Modul ist an Abb. 6.9(b) wiedergegeben: es ergeben sich zwei charakteristische Bereiche:
- für $\varphi \leq 0.18$ wird $\eta \approx 1$;
- für $\varphi \geq 3$ wird $\eta \approx 1/\varphi$.

Aus diesem Sachverhalt läßt sich der Verlauf der Aktivierungsenergien für den Fall einer diffusionskontrollierten Reaktion qualitativ ermitteln: in Abb. 6.10 findet sich die Auftragung des Logarithmus der mit dem Porennutzungsgrad multiplizierten Reaktionsgeschwindigkeitskonstanten $\ln[k\eta]$ gegen die reziproke Temperatur. Der Ausdruck $\ln[k\eta]$ ist die *scheinbare* Reaktionsgeschwindigkeitskonstante, mit ihr hängt die *scheinbare* Aktivierungsenergie $E_{A,s}$ zusammen:

$$\ln[k\eta] = \ln\left\{k_0 \exp\left[-\frac{E_{A,s}}{RT}\right]\right\} \qquad (6.39)$$

$$= \ln k_0 - \frac{E_{A,s}}{RT} \qquad (6.40)$$

Anhand dieser Gleichung wird nun die Diskussion über den Verlauf der scheinbaren Aktivierungsenergien der heterogenen Reaktion erfolgen.

- Das *kinetische Gebiet*: dies ist der Bereich sehr kleiner Thiele-Moduln: Die innere Oberfläche des Kastalysators wird für die Reaktion praktisch vollständig ausgenutzt. Nach der Abb. 6.9(b) ist dann $\eta \approx 1$ und damit:

$$\ln[k\eta] \approx \ln k \approx \ln k_0 - \frac{E_{A,s}}{RT}$$

Die scheinbare Aktivierungsenergie $E_{A,s}$ ist praktisch identisch mit der unveränderten Aktivierungsenergie E_A der Reaktion, vgl. Abb. 6.10.

- Das *Porendiffusionsgebiet*: die Gl. 6.40 wird für den Fall $\eta \approx 1/\varphi$ untersucht:

$$\ln[k\eta] = \ln k + \ln \eta$$
$$\ln[k\eta] = \ln k - \ln \varphi$$

mit $\varphi = l\sqrt{k/D} \rightsquigarrow \ln[k\eta] = \frac{1}{2}\ln k - \ln l + \frac{1}{2}\ln D_{\text{eff}}$

$\ln k = \ln k_0 - \dfrac{E_{A,s}}{RT} \rightsquigarrow \ln[k\eta] = \dfrac{1}{2}\ln k_0 - \dfrac{E_{A,s}}{2RT} - \ln l + \dfrac{1}{2}\ln D_{\text{eff}}$

Die scheinbare Aktivierungsenergie $E_{A,s}$ beträgt den halben Wert der Aktivierungsenergie der Reaktion, vgl. Abb. 6.10.

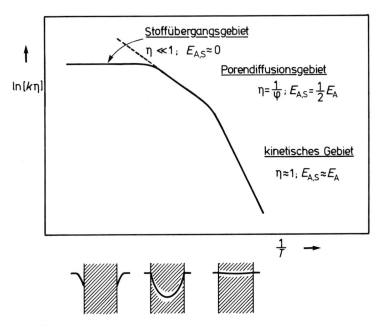

Abbildung 6.10: Darstellung des kinetischen-, Porendiffusions- und Stoffübergangsgebietes im Arrhenius-Diagramm, nach WICKE (1960).

- Das *Stoffübergangsgebiet*: Bei hohen Temperaturen wird $\varphi \gg 1$ und $\eta \ll 1$. Die Reaktionsgeschwindigkeit – repräsentiert durch den Ausdruck $k\eta$ – tritt gegenüber dem Diffusionsterm durch die *Grenzschicht* zurück. Jedes Gasteilchen, das die Grenzschicht durch Diffusion überwindet, reagiert *momentan* an der äußeren Katalysatoroberfläche ab.

Die scheinbare Aktivierungsenergie $E_{A,s}$ einer heterogenen Reaktion nimmt mit wachsender Temperatur bis auf $E_{A,s} = E_A/2$ ab. Bei weiterer Steigerung der Temperatur weicht die Reaktion immer mehr aus dem Innern des Katalysators zurück, bis schließlich allein der Transport durch die Grenzschicht bestimmend ist.

Teil II

Die Bilanzgleichungen für Stoff, Wärme und Impuls

7 Die allgemeine Stoffbilanz

Nun erst wenden wir uns der Stoffbilanz zu: hierin werden der *konvektive* Term, der *konduktive* Term, der *Reaktionsterm* und der *Übergangsterm* berücksichtigt. Darüberhinaus werden einige Elemente der Vektoranalysis: der Begriff des *Nabla-Operators*, der *Divergenz* und des *Gradienten* bei dieser Gelegenheit erläutert. Die Formulierung der Bilanz erfolgt in *Euler*- und *Lagrange*-Formulierung. Lehrbuchliteratur vgl. BRAUER (1971a).

- KONZENTRATIONSFELD BZW. DIE STOFFBILANZ DER KOMPONENTE i IN DER KOORDINATENSCHREIBWEISE, Gl. 7.30:

$$\frac{\partial c_i}{\partial t} = -\left(\frac{\partial [c_i u_x]}{\partial x} + \frac{\partial [c_i u_y]}{\partial y} + \frac{\partial [c_i u_z]}{\partial z}\right) +$$

$$+ \frac{\partial}{\partial x}\left[D_i \frac{\partial c_i}{\partial x}\right] + \frac{\partial}{\partial y}\left[D_i \frac{\partial c_i}{\partial y}\right] + \frac{\partial}{\partial z}\left[D_i \frac{\partial c_i}{\partial z}\right] +$$

$$+ \nu_i \frac{\Re}{V} \pm \frac{\beta_i A_S \Delta c_i}{V}$$

- IN DER VOM KOORDINATENSYSTEM FREIEN SCHREIBWEISE, Gln. 7.31, 7.32:

$$\frac{\partial c_i}{\partial t} = -\text{div}[c_i \mathbf{u}] + \text{div}[D_i \text{ grad } c_i] + \nu_i \frac{\Re}{V} \pm \frac{\beta_i A_S \Delta c_i}{V}$$

$$\frac{\partial c_i}{\partial t} = -\nabla \cdot [c_i \mathbf{u}] + \nabla \cdot [D_i \nabla \cdot c_i] + \nu_i \frac{\Re}{V} \pm \frac{\beta_i A_S \Delta c_i}{V}$$

- GAUSSSCHER INTEGRALSATZ, Gl. 7.47:

$$\int_V \text{div } \mathbf{E} \, dV = \int_A \mathbf{E} \cdot d\mathbf{A}$$

7.1 Die Aufstellung der Stoffbilanz

7.1.1 Der konvektive Term

Die Aufstellung des konvektiven Terms der Stoffbilanz ist weitgehend identisch mit der Ableitung der *Kontinuitätsgleichung*, vgl. Abschn. 3.1. Wir betrachten dazu das in Abb. 7.1 dargestellte Bilanzvolumen $\Delta V = \Delta x \, \Delta y \, \Delta z$; dieses soll in Richtung der z-Koordinate von einem Fluid durchströmt werden, das die Stoffmenge $n_i = c_i V$ der Komponente i enthält. Der Stoffmengenstrom ist dann $\dot{n}_i = c_i \dot{V}_z = c_i u_z A = c_i u_z \Delta x \, \Delta y$, mol s^{-1}. An der Stelle $z(0)$ strömt durch die Fläche $A = \Delta x \, \Delta y$ pro Zeiteinheit die Stoffmenge ein:

$$\dot{n}_{i,z(0)} = (c_i u_z)_{z(0)} \Delta x \, \Delta y \tag{7.1}$$

An der Stelle $z(0) + \Delta z$ strömt gleichzeitig pro Zeiteinheit die Stoffmenge aus:

$$\dot{n}_{i,z(0)+\Delta z} = (c_i u_z)_{z(0)+\Delta z} \Delta x \, \Delta y \tag{7.2}$$

Um den Verlauf von $\dot{n}_i$ an der Stelle $z(0) + \Delta z$ angeben zu können, entwickelt man diesen Ausdruck in eine Taylor-Reihe bis zum linearen Glied und erhält:

$$\dot{n}_{i,z(0)+\Delta z} = \left\{ (c_i u_z)_{z(0)} + \frac{\partial [c_i u_z]}{\partial z} \Delta z \right\} \Delta x \, \Delta y \tag{7.3}$$

Als Differenz dieser Ströme ergibt sich nach Gl. 7.1 und 7.3 der Nettostrom zu:

$$\dot{n}_{i,z(0)} - \dot{n}_{i,z(0)+\Delta z} = \Delta \dot{n}_{i,z} = -\frac{\partial [c_i u_z]}{\partial z} \Delta x \, \Delta y \, \Delta z$$

Berücksichtigt man die Definition für $c_i = \Delta n_i / \Delta V$, mol m^{-3}, dann folgt für den Stoffmengenstrom pro Volumen des in z-Richtung strömenden Fluids:

$$\frac{\partial c_i}{\partial t} = -\frac{\partial [c_i u_z]}{\partial z} \tag{7.4}$$

Analog ergeben sich sich die Bilanzen in Richtung der x- bzw. y-Koordinaten zu:

$$\frac{\partial c_i}{\partial t} = -\frac{\partial [c_i u_x]}{\partial x} \tag{7.5}$$

$$\frac{\partial c_i}{\partial t} = -\frac{\partial [c_i u_y]}{\partial y} \tag{7.6}$$

Die volumenbezogenen Stoffmengenströme in Richtungen der Koordinaten x, y und z werden zu einem Gesamtstrom zusammengefaßt:

$$\frac{\partial c_i}{\partial t} = -\left(\frac{\partial [c_i u_x]}{\partial x} + \frac{\partial [c_i u_y]}{\partial y} + \frac{\partial [c_i u_z]}{\partial u_z} \right) \tag{7.7}$$

Die etwas unhandlichen Differentialquotienten lassen sich eleganter mithilfe des Nabla-Operators (s. unten und Abschn. 7.4) darstellen:

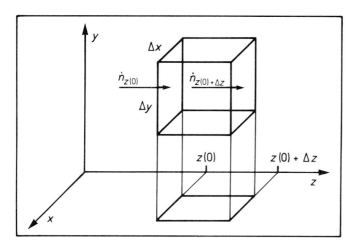

Abbildung 7.1: Skizze zur Erläuterung des konvektiven Termes der Stoffbilanz.

▷ KONVEKTIVE TERM DER STOFFBILANZ IN DER KOORDINATENSCHREIBWEISE:

$$\frac{\partial c_i}{\partial t} = -\left(\frac{\partial}{\partial x} + \frac{\partial}{\partial y} + \frac{\partial}{\partial z}\right)[c_i\,\mathbf{u}] \qquad (7.8)$$

VOM KOORDINATENSYSTEM FREIEN SCHREIBWEISE MIT DER DIVERGENZ:

$$\boxed{\frac{\partial c_i}{\partial t} = -\operatorname{div}[c_i\,\mathbf{u}]} \qquad (7.9)$$

VOM KOORDINATENSYSTEM FREIEN SCHREIBWEISE MIT DEM NABLA-OPERATOR:

$$\frac{\partial c_i}{\partial t} = -\nabla\cdot[c_i\,\mathbf{u}] \qquad (7.10)$$

Obwohl der Begriff der Divergenz (Abkürzung: div) und des Gradienten (Abkürzung: grad) erst weiter unten folgt, soll ein wichtiger Sachverhalt schon jetzt dargestellt werden. In der Schreibweise nach den Gln. 7.8, 7.9 und 7.10 unterliegt sowohl die Konzentration der Komponente i als auch das Geschwindigkeitsfeld der örtlichen Variation. Die Anwendung der Produktregel liefert:

$$-\operatorname{div}[c_i\,\mathbf{u}] = -\mathbf{u}\,\operatorname{grad}c_i - c_i\,\operatorname{div}\mathbf{u} \qquad (7.11)$$

Für die stationäre Strömung eines inkompressiblen Fluids gilt stets $\operatorname{div}\mathbf{u} = 0$. Im Falle des Ablaufes einer chemischen Reaktion mit Stoffmengenänderung gilt dies auch für Flüssigkeiten annähernd; für Gasreaktionen tritt in diesem Fall jedoch ein partielle Beschleunigung auf. Somit lautet der konvektive Term der Stoffbilanz für *inkompressible Medien*:

$$\frac{\mathrm{d}c_i}{\mathrm{d}t} = -\mathbf{u}\,\operatorname{grad}c_i \qquad (7.12)$$

Die Divergenz

Es soll versucht werden, den Begriff der *Divergenz* anschaulich zu erörtern. Der Ausdruck $\nabla = e_x \, \partial/\partial x + e_y \, \partial/\partial y + e_z \, \partial/\partial z$ stellt durch die Multiplikation der Differentialquotienten mit den Einheitsvektoren einen *Vektor-Operator* dar. Wie dargelegt, entsteht dieser Ausdruck bei der Differenzbildung zweier Flüsse: des eintretenden und des austretenden Stoffmengenstromes eines Fluids. Ist die Differenz gleich Null, so resultiert kein Nettofluß; ist sie größer (bzw. kleiner) Null, so resultiert ein positiver (bzw. negativer) Nettofluß. Der resultierende Nettofluß wird als *Quelle* bzw. *Senke* im Volumenelement ΔV gedeutet; auf diesem Gedankengang fußt der Begriff der Quellendichte (oder Ergiebigkeit), man bezeichnet ihn auch als *Divergenz*, Abkürzung : div . Da der Fluß im vorliegenden Falle durch die Geschwindigkeitsvektoren u_x, u_y, u_z repräsentiert wird, spricht man auch von der Divergenz eines Vektorfeldes – hier eines Geschwindigkeitsfeldes – **u**:

$$\frac{\partial u_x}{\partial x} + \frac{\partial u_y}{\partial y} + \frac{\partial u_z}{\partial z} = \text{div } \mathbf{u} \tag{7.13}$$

Dieser Ausdruck ist identisch mit dem Skalarprodukt des Nabla-Operators ∇ und des Geschwindigkeitsfeldes **u**:

$$\text{div } \mathbf{u} \equiv \nabla \cdot \mathbf{u} \tag{7.14}$$

Da das Skalarprodukt zweier Vektoren einen Skalar liefert, definiert die Divergenz eines Vektorfeldes somit ein Skalarfeld. Im Abschn. 7.4 werden die Elemente der Vektoranalysis noch einmal zusammenfassend erläutert.

7.1.2 Der konduktive Term

Zur Ableitung des molekularen Transporttermes greifen wir ebenfalls auf Abb. 7.1 zurück. Nach dem 1. Fickschen Gesetz (da der Diffusionsstrom entlang der z-Koordinaten gewählt wird, ist der Diffusionskoeffizient entsprechend indiziert) gilt für den Transport aufgrund eines Konzentrationsgradienten der Komponente i im Fluid, vgl. Abschn. 4.4.1 mit Abb. 4.2:

$$\frac{\mathrm{d}n_i}{A\,\mathrm{d}t} = -D_i\left(\frac{\mathrm{d}c_i}{\mathrm{d}z}\right)$$

In Analogie zu den bisherigen Ergebnissen wird man nun ebenfalls eine Abhängigkeit der Konzentration c_i von Ort und Zeit erwarten. Es wird daher die partielle Schreibweise gewählt:

$$\frac{\partial n_i}{\partial t} = -D_i\left(\frac{\partial c_i}{\partial z}\right)A = -D_i\left(\frac{\partial c_i}{\partial z}\right)\Delta x\,\Delta y$$

Für den konduktiven Transport in z-Richtung an der Stelle $z(0)$ ergibt sich der Stoffmengenstrom zu:

$$\left(\frac{\partial n_i}{\partial t}\right)_{z(0)} = -D_i\left(\frac{\partial c_i}{\partial z}\right)_{z(0)} \Delta x\,\Delta y \tag{7.15}$$

Analog ergibt sich für den konduktiven Transport an der Stelle $z(0) + \Delta z$:

$$\left(\frac{\partial n_i}{\partial t}\right)_{z(0)+\Delta z} = -D_i\left(\frac{\partial c_i}{\partial z}\right)_{z(0)+\Delta z} \Delta x\,\Delta y \tag{7.16}$$

Wie bei der Ableitung des konduktiven Termes wird auch dieser Ausdruck in eine Taylor-Reihe bis zum linearen Glied entwickelt, es folgt:

$$\left(\frac{\partial n_i}{\partial t}\right)_{z(0)+\Delta z} = \left\{-D_i\left(\frac{\partial c_i}{\partial z}\right)_{z(0)} + \frac{\partial}{\partial z}\left[-D_i\frac{\partial c_i}{\partial z}\right]\Delta z\right\}\Delta x\,\Delta y \qquad (7.17)$$

Der Nettostrom aufgrund der Diffusion ergibt sich auch hier als Differenz der Teilströme nach Gln. 7.15 und 7.17, also:

$$\left(\frac{\partial n_i}{\partial t}\right)_{z(0)} - \left(\frac{\partial n_i}{\partial t}\right)_{z(0)+\Delta z} = \left(\frac{\partial \Delta n_i}{\partial t}\right)_z = \frac{\partial}{\partial z}\left[D_i\frac{\partial c_i}{\partial z}\right]\Delta V$$

Der Zusammenhang $\Delta n_i/\Delta V = c_i$ liefert schließlich für die zeitliche Änderung der Konzentration der Komponente i im Fluid aufgrund der Diffusion in Richtung der z-Koordinaten das

▷ 2. FICKSCHE GESETZ FÜR DEN EINDIMENSIONALEN FALL:

$$\boxed{\left(\frac{\partial c_i}{\partial t}\right)_z = \frac{\partial}{\partial z}\left[D_i\frac{\partial c_i}{\partial z}\right]} \qquad (7.18)$$

Schreibt man die analogen Diffusionsteilströme in Richtung der x- und y-Koordinaten ebenfalls hin, dann ergibt sich schließlich der diffusive Gesamtstrom zu:

$$\frac{\partial c_i}{\partial t} = \frac{\partial}{\partial x}\left[D_i\frac{\partial c_i}{\partial x}\right] + \frac{\partial}{\partial y}\left[D_i\frac{\partial c_i}{\partial y}\right] + \frac{\partial}{\partial z}\left[D_i\frac{\partial c_i}{\partial z}\right] \qquad (7.19)$$

In dieser Formulierung wird dem allgemeinen Fall eines *ortsabhängigen* Diffusionskoeffizienten Rechnung getragen. Nimmt man den Diffusionskoeffizienten als *ortsunabhängig* an, zieht diesen also aus dem Differentialquotienten heraus, so ergibt sich die Formulierung:

$$\frac{\partial c_i}{\partial t} = D_i\frac{\partial^2 c_i}{\partial x^2} + D_i\frac{\partial^2 c_i}{\partial y^2} + D_i\frac{\partial^2 c_i}{\partial z^2} \qquad (7.20)$$

Bei rein konduktiven Transporten in der Gasphase nimmt man den Diffusionskoeffizienten als isotrop an:

$$\frac{\partial c_i}{\partial t} = D_i\left(\frac{\partial^2 c_i}{\partial x^2} + \frac{\partial^2 c_i}{\partial y^2} + \frac{\partial^2 c_i}{\partial z^2}\right) \qquad (7.21)$$

Nach dem Einsetzen des konduktiven Termes in die allgemeine Stoffbilanz überlagert sich diesem Term ein Strömungsterm, damit tritt die Diffusion als Transportprozeß weit hinter den Stofftransport der durch die Strömung versetzten Volumenelemente zurück. Dieser Fall wird bei der Besprechung des *Dispersionsmodelles* im Abschn. 11.1 diskutiert.

Der Gradient

Auch in der Ableitung des konduktiven Termes der Stoffbilanz tritt in Gl. 7.19 der Nabla-Operator – und zwar in zweifacher Anwendung – auf. Zunächst wird er auf das örtliche Konzentrationsfeld angewandt. Anschaulich wird mit der Operation $\partial/\partial x$ an dem Konzentrationsfeld c_i eine Tangente errichtet, die sowohl Richtung als auch Betrag hat, s. Abb. 7.2. Durch Anwendung des Nabla-Operators auf dieses Skalarenfeld wird also ein Vektor erzeugt, man spricht von dem *Gradienten*, Abkürzung: grad:

$$D_i \nabla c_i = D_i \operatorname{grad} c_i = D_i \frac{\partial c_i}{\partial x} + D_i \frac{\partial c_i}{\partial y} + D_i \frac{\partial c_i}{\partial z}$$

Die erneute Anwendung des Nabla-Operators auf diesen eben erzeugten Vektor ist dann die bereits besprochene Bildung der Divergenz des Vektorfeldes, also:

$$\frac{\partial}{\partial x}\left[D_i \frac{\partial c_i}{\partial x}\right] + \frac{\partial}{\partial y}\left[D_i \frac{\partial c_i}{\partial y}\right] + \frac{\partial}{\partial z}\left[D_i \frac{\partial c_i}{\partial z}\right] = \operatorname{div}\left[D_i \operatorname{grad} c_i\right] = \nabla \cdot \left[D_i \nabla c_i\right]$$

Es ergeben sich somit die verschiedenen Schreibweisen des

▷ Konduktiven Termes der Stoffbilanz:

in der Koordinatenschreibweise:

$$\frac{\partial c_i}{\partial t} = \frac{\partial}{\partial x}\left[D_i \frac{\partial c_i}{\partial x}\right] + \frac{\partial}{\partial y}\left[D_i \frac{\partial c_i}{\partial y}\right] + \frac{\partial}{\partial z}\left[D_i \frac{\partial c_i}{\partial z}\right] \tag{7.22}$$

in der Schreibweise mit Divergenz und Gradient bzw. mit ∇:

$$\boxed{\frac{\partial c_i}{\partial t} = \operatorname{div}\left[D_i \operatorname{grad} c_i\right] = \nabla \cdot \left[D_i \nabla c_i\right]} \tag{7.23}$$

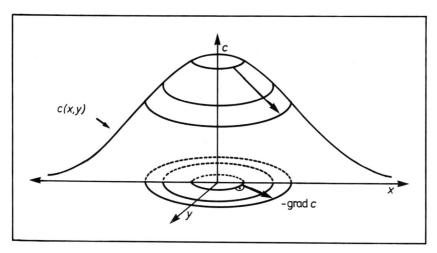

Abbildung 7.2: Skizze zur Erläuterung des Begriffes „Gradient" am Konzentrationsfeld.

7.1.3 Der Reaktionsterm

Zur Einfügung des Reaktionstermes in die Stoffbilanz benötigt man an dieser Stelle nur eine Definition der Reaktionsgeschwindigkeit der im Fluid ablaufenden Reaktion. Die formalkinetischen Ansätze sowie die zugehörigen Begriffe wie Reaktionsordnung, Reaktionsgeschwindigkeitskonstante, Aktivierungsenergie usw. sind im Abschn. 5 dargelegt.

Die Definition der wahren oder absoluten Reaktionsgeschwindigkeit $\Re$ erfolgt zweckmäßigerweise über die *Reaktionslaufzahl* ξ:

▷ DEFINITION DER WAHREN ODER ABSOLUTEN REAKTIONSGESCHWINDIGKEIT:

$$\boxed{\Re = \frac{d\xi}{dt} = \frac{dn_i}{\nu_i\, dt}} \qquad (7.24)$$

In der Chemie werden zumeist nicht die Stoffmengenänderungen, sondern die Konzentrationsänderungen während einer chemischen Reaktion beobachtet. Setzt man $n_i = c_i V$ in diese Gleichung ein, dann folgt nach der Produktregel der Differentialrechnung:

$$\Re = \frac{dn_i}{\nu_i\, dt} = \frac{d[c_i V]}{\nu_i\, dt} = \frac{c_i\, dV + V\, dc_i}{\nu_i\, dt}$$

bzw. nach der Division durch das Reaktionsvolumen V:

$$\frac{\Re}{V} = \frac{dc_i}{\nu_i\, dt} + c_i \frac{dV}{\nu_i V\, dt} \qquad (7.25)$$

Der Quotient $\Re/V$ stellt die volumenbezogene Reaktionsgeschwindigkeit dar: $r_\mathrm{v} = \Re/V$, also ergibt sich die

▷ VOLUMENBEZOGENE REAKTIONSGESCHWINDIGKEIT:

$$\boxed{\nu_i r_\mathrm{v} = \frac{dc_i}{dt} + c_i \frac{dV}{V\, dt}} \qquad (7.26)$$

Folgerungen: Die übliche Definition der Reaktionsgeschwindigkeit über die zeitliche Änderung der Konzentration der Komponente i: $\nu_i r_\mathrm{v} = dc_i/dt$, resultiert nur bei konstantem Reaktionsvolumen. Dies ist bei vielen Reaktionen in Lösungen auch bei nicht stoffmengenkonstanten Reaktionen annähernd der Fall. Bei stoffmengenändernden Reaktionen (z.B. Hydrierungen oder Oxidationen in der Gasphase) kann diese Annahme nicht mehr aufrecht erhalten werden. Je nach verfahrenstechnischer Gestaltung des Reaktionsschrittes, kann zwar das Reaktionsvolumen konstant sein, jedoch werden dann entweder der Druck p (beim *batch*-Reaktor) oder das Geschwindigkeitsfeld $\mathbf{u}$ einer Variation unterworfen sein (*Strömungsrohr*-Reaktor).

7.1.4 Der Stoffübergangsterm

Der Stofftransport der Komponente i im Fluid an eine Phasengrenze erfolgt durch Diffusion über die hydrodynamische Grenzschicht δ der fluiden Phase bis zur Phasengrenze. Im Innern der Phase herrsche die Konzentration c_i, an der Phasengrenze soll die Gleichgewichtskonzentration (Index: gl) $c_{i,\mathrm{gl}}$ eingestellt sein. Man greift auf das 1. Ficksche Gesetz zurück und schreibt:

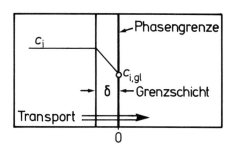

$$\frac{\mathrm{d}n_i}{A\,\mathrm{d}t} = -D_i \frac{\mathrm{d}c_i}{\mathrm{d}z}$$

$$\dot{n}_i = -A D_i \frac{\mathrm{d}c_i}{\mathrm{d}z}$$

Diese Gleichung wird nun über die Grenzen, in denen der diffusive Stofftransport abläuft integriert, vgl. nebenstehende Skizze, man erhält dann:

$$\dot{n}_i \int_{-\delta}^{0} \mathrm{d}z = -A D_i \int_{c_i}^{c_{i,\mathrm{gl}}} \mathrm{d}c_i$$

$$\leadsto \quad \dot{n}_i \delta = -A D_i (c_{i,\mathrm{gl}} - c_i) \qquad (7.27)$$

Der Quotient $D_i/\delta = \beta_i$ wird *Stoffübergangskoeffizient* der Komponente i in der fluiden Phase genannt, Einheit: $\mathrm{m\,s^{-1}}$. Wir erhalten also für die fluide Phase die

▷ STOFFÜBERGANGSGLEICHUNG:

$$\boxed{|\dot{n}_i| = \beta_i\, A\, \Delta c_i} \qquad (7.28)$$

mit $\Delta c = (c_{i,\mathrm{gl}} - c_i)$. Um diesen Ausdruck in die Stoffbilanz einsetzen zu können, muß diese Gleichung auf $\mathrm{d}c_i/\mathrm{d}t$ umschrieben werden:

$$\dot{n}_i = \frac{\mathrm{d}n_i}{\mathrm{d}t} = \frac{\mathrm{d}[c_i V]}{\mathrm{d}t} = c_i \frac{\mathrm{d}V}{\mathrm{d}t} + V \frac{\mathrm{d}c_i}{\mathrm{d}t}$$

$$\leadsto \quad \frac{\mathrm{d}c_i}{\mathrm{d}t} = \frac{\beta_i A \Delta c_i}{V} - c_i \frac{\mathrm{d}\ln V}{\mathrm{d}t}$$

Das in diesen Gleichungen auftretende Volumen V ist gegeben durch das Bilanzvolumen. Eine zeitliche Volumenänderung kann bei Reaktionen in Lösungen auch bei Ablauf einer nicht-stoffmengenkonstanten Reaktion im allgemeinen vernachlässigt werden. Man erhält dann bei Stoffzugang (+) bzw. Stoffabgabe (−) den

▷ STOFFÜBERGANGSTERM:

$$\boxed{\frac{\mathrm{d}c_i}{\mathrm{d}t} = \pm \frac{\beta_i A_\mathrm{S} \Delta c_i}{V}} \qquad (7.29)$$

Die Stoffaustauschfläche wird indiziert nun als A_S geschrieben, da diese Fläche abgegrenzt werden muß von derjenigen des analogen Austauschterms beim Wärmetransport.

7.2 Die Stoffbilanz idealer Reaktoren

Auf den vorangegangenen Seiten sind nun alle zur Formulierung der allgemeinen Stoffbilanz der Komponente i erforderlichen Terme abgeleitet worden. Zur Gewöhnung an die mathematischen Formalismen wird diese Bilanz nun in den drei üblichen Formulierungen: der Koordinatenschreibweise und der koordinatenfreien Schreibweise mit Divergenz und Gradient sowie in der mit dem Nabla-Operator hingeschrieben.

Faßt man den konvektiven-, konduktiven-, reaktiven- und Stoffübergangsterm zusammen, dann erhält man aus den Gln. 7.7, 7.22, 7.25 und 7.29 die:
▷ STOFFBILANZ DER KOMPONENTE i eines beliebigen Reaktors:
IN DER KOORDINATENSCHREIBWEISE:

$$\begin{aligned}\frac{\partial c_i}{\partial t} =& -\left(\frac{\partial [c_i u_x]}{\partial x} + \frac{\partial [c_i u_y]}{\partial y} + \frac{\partial [c_i u_z]}{\partial z}\right) + \\ &+ \frac{\partial}{\partial x}\left[D_i \frac{\partial c_i}{\partial x}\right] + \frac{\partial}{\partial y}\left[D_i \frac{\partial c_i}{\partial y}\right] + \frac{\partial}{\partial z}\left[D_i \frac{\partial c_i}{\partial z}\right] + \\ &+ \nu_i \frac{\Re}{V} \pm \frac{\beta_i A_S \Delta c_i}{V}\end{aligned} \quad (7.30)$$

aus den Gln. 7.9, 7.23, 7.25 und 7.29:
IN DER SCHREIBWEISE MIT DIVERGENZ UND GRADIENT:

$$\frac{\partial c_i}{\partial t} = -\mathrm{div}[c_i \mathbf{u}] + \mathrm{div}\,[D_i\,\mathrm{grad}\,c_i] + \nu_i \frac{\Re}{V} \pm \frac{\beta_i A_S \Delta c_i}{V} \quad (7.31)$$

aus den Gln. 7.10, 7.23, 7.25 und 7.29:
IN DER SCHREIBWEISE MIT DEM NABLA-OPERATOR:

$$\frac{\partial c_i}{\partial t} = -\nabla \cdot [c_i \mathbf{u}] + \nabla \cdot [D_i \nabla c_i] + \nu_i \frac{\Re}{V} \pm \frac{\beta_i A_S \Delta c_i}{V} \quad (7.32)$$

Für inkompressible Medien *ohne* Austauschterm gilt div $\mathbf{u} = 0$ und $\partial \ln V/\partial t \approx 0$. Nimmt man auch noch den Transportkoeffizient als ortsunabhängig an, dann erhält man eine einfache Form der Stoffbilanz in den Lagrange-Koordinaten:
▷ „EINFACHE" STOFFBILANZ DER KOMPONENTE i IN KONDENSIERTER PHASE:

$$\frac{\partial c_i}{\partial t} = -\mathbf{u}\,\mathrm{grad}\,c_i + D_i\,\mathrm{div}\,[\mathrm{grad}\,c_i] + \nu_i \frac{\Re}{V} \quad (7.33)$$

Aus dieser Bilanz werden die Gleichungen für die Apparatemodelle abgeleitet, vgl. auch Abschn. 11.

Das ideale Strömungsrohr: Zur Ableitung der Bilanz des Strömungsrohres wird die Bilanz der Koordinatenschreibweise nach Gl. 7.30 modifiziert, indem nur die Variationen der abhängigen Variablen längs der Strömungsrichtung z betrachtet werden. Zugleich werden der konduktive und der Austauschterm zu Null gesetzt:

$$\frac{\partial c_i}{\partial t} = \frac{\partial [c_i u_z]}{\partial z} + \nu_i \frac{\Re}{V} \tag{7.34}$$

Für kondensierte Fluide ist die Geschwindigkeitskomponente u_z unabhängig vom Ort, dies gilt auch für stoffmengenändernde Reaktion angenähert, also folgt für die

▷ STOFFBILANZ DES IDEALEN STRÖMUNGSROHRES:

$$\boxed{\frac{\partial c_i}{\partial t} = -u_z \frac{\partial c_i}{\partial z} + \nu_i \frac{\Re}{V}} \tag{7.35}$$

Wir wollen uns den Gültigkeitsbereich der Gleichung noch einmal vor Augen führen: Streng genommen wird die Gl. 7.30 zunächst auf Zylinderkoordinaten umgeschrieben, vgl. Tab. 7.1, sodann der radiale und winkelabhängige Term fortgelassen, das Ergebnis ist identisch mit der eben dargestellten Gleichung.

Die Vernachlässigung dieser beiden Terme bedeutet, daß Konzentrationsgradienten in diesen Richtungen nicht auftreten, deshalb fällt auch der Diffusionsterm dieser Richtungen fort. Verbleibt der axiale Diffusionsterm: dieser wird durch die Annahme eines ebenen Konzentrationsprofiles im Strömungsrohr bedeutungslos und fällt ebenfalls heraus. Das somit vorausgesetzte ebene Strömungsprofil der *Pfropfenströmung* ist bei turbulenter Strömung recht gut realisiert, vergl. dazu Abschn. 3.5 .

Der ideale kontinuierliche Rührkessel: Der ideale Rührkessel zeichnet sich per definitionem durch einen gradientenfreien Betrieb aus, in der allgemeinen Stoffbilanz nach Gl. 7.30 wird der konduktive Term zu Null gesetzt. Zur Ableitung der Stoffbilanz für den idealen kontinuierlichen Rührkessel ohne Stoffübergang greifen wir auf die so vereinfachte Stoffbilanz, Gl. 7.31 zurück und integrieren über das Bilanzvolumen:

$$\int_V \frac{\partial c_i}{\partial t} \, dV = - \int_V \operatorname{div}[c_i \, \mathbf{u}] \, dV + \int_V \nu_i \frac{\Re}{V} \, dV \tag{7.36}$$

Die in das Reaktorvolumen eingeschlossene Reaktionsmasse kann den Reaktor nur bei Durchtritt der Oberfläche verlassen; damit ist die Anwendung des Gaußschen Satzes auf die Divergenz möglich, vgl. Abschn. 7.4, man erhält mit $\dot V = u A$:

$$-\int_{V_0}^{V} \operatorname{div}[c_i \, \mathbf{u}] \, dV = -\int_{A_0}^{A} (c_i \, \mathbf{u}) \cdot d\mathbf{A} = c_{i,0} \, u_0 \, A_0 - c_i \, u \, A \tag{7.37}$$

▷ STOFFBILANZ DES IDEALEN KONTINUIERLICHEN RÜHRKESSELREAKTORS:

$$\boxed{V \frac{dc_i}{dt} = c_{i,0} \dot V_0 - c_i \dot V + \nu_i \Re} \tag{7.38}$$

Formulierung nach Euler und Lagrange

In der eben dargestellten Schreibweise nach Gln. 7.30, 7.31 und 7.32 ist die Stoffbilanz in der sog. *Lagrange-Formulierung* aufgestellt worden. In dieser Schreibweise steht auf der linken Seite der Gleichungen stets allein die lokale zeitliche Ableitung $\partial c_i/\partial t$. Zur Darlegung der Schreibweise der Stoffbilanz nach *Euler* zerlegen wir den konvektiven Term: $-\text{div}[c_i \mathbf{u}]$ nach der Produktregel:

$$\frac{\partial c_i}{\partial t} = -\text{div}\,[c_i \mathbf{u}]$$

$$\frac{\partial c_i}{\partial t} = -c_i\,\text{div}\,\mathbf{u} - \mathbf{u}\,\text{grad}\,c_i$$

$$\frac{\partial c_i}{\partial t} = -\left(c_i \frac{\partial u_x}{\partial x} + c_i \frac{\partial u_y}{\partial y} + c_i \frac{\partial u_z}{\partial z} + u_x \frac{\partial c_i}{\partial x} + u_y \frac{\partial c_i}{\partial y} + u_z \frac{\partial c_i}{\partial z}\right) \tag{7.39}$$

Ordnet man man die vorstehende Gleichung nach den Differentialquotienten, die c_i enthalten, so ergibt sich:

$$\frac{\partial c_i}{\partial t} + u_x \frac{\partial c_i}{\partial x} + u_y \frac{\partial c_i}{\partial y} + u_z \frac{\partial c_i}{\partial z} = c_i\,\text{div}\,\mathbf{u} \tag{7.40}$$

Auf der linken Seite dieser Gleichung stehen nun die *lokale zeitliche* Ableitung und die *lokale örtliche* Ableitung der Konzentration, auf der rechten Seite der Gleichung steht nur noch die Divergenz der Geschwindigkeit. Diese Schreibweise nennt man *Eulersche* Schreibweise, die Summe der Differentialquotienten der linken Seite auch die *substantielle Ableitung* oder *Stokes-Ableitung*; sie wird bisweilen auch als Dc/Dt oder Dc/dt geschrieben, also:

$$\frac{Dc_i}{Dt} = \frac{Dc_i}{dt} \tag{7.41}$$

$$\frac{Dc_i}{Dt} = \frac{\partial c_i}{\partial t} + u_x \frac{\partial c_i}{\partial x} + u_y \frac{\partial c_i}{\partial y} + u_z \frac{\partial c_i}{\partial z} \tag{7.42}$$

$$\frac{Dc_i}{Dt} = \frac{\partial c_i}{\partial t} + \mathbf{u}\,\text{grad}\,c_i \tag{7.43}$$

Wir stellen noch einmal die Schreibweisen der „einfachen" Stoffbilanz nach Gl. 7.33 in den beiden Schreibweisen gegenüber:

▷ STOFFBILANZ IN LAGRANGE-FORMULIERUNG:

$$\frac{\partial c_i}{\partial t} = -\mathbf{u}\,\text{grad}\,c_i + D_i\,\text{div}\,[\text{grad}\,c_i] + \nu_i \frac{\Re}{V} \tag{7.44}$$

▷ STOFFBILANZ IN EULER-FORMULIERUNG:

$$\frac{\partial c_i}{\partial t} + \mathbf{u}\,\text{grad}\,c_i = D_i\,\text{div}\,[\text{grad}\,c_i] + \nu_i \frac{\Re}{V} \tag{7.45}$$

7.3 Die Vektoranalysis: Nabla-Operator, Gradient, Divergenz, und Rotation

Der Nabla-Operator: Der Nabla-Operator ∇ ist in kartesischen Koordinaten definiert durch:

$$\nabla = \vec{e}_x \frac{\partial}{\partial x} + \vec{e}_y \frac{\partial}{\partial y} + \vec{e}_z \frac{\partial}{\partial z} \qquad (7.46)$$

Dieser Differential-Operator besitzt zugleich die Eigenschaften eines Vektors.

Der Gradient: Ist eine skalare Größe $\phi(x, y, z)$ im Bilanzgebiet definiert und differenzierbar, dann ist der Gradient von ϕ das einfache Produkt von ∇ mit ϕ:

$$\begin{aligned} \operatorname{grad} \phi &= \nabla \phi \\ \operatorname{grad} \phi &= \left(\vec{e}_x \frac{\partial}{\partial x} + \vec{e}_y \frac{\partial}{\partial y} + \vec{e}_z \frac{\partial}{\partial y} \right) \phi \\ \operatorname{grad} \phi &= \vec{e}_x \frac{\partial \phi}{\partial x} + \vec{e}_y \frac{\partial \phi}{\partial y} + \vec{e}_z \frac{\partial \phi}{\partial z} \end{aligned}$$

$\nabla \phi$ ist ein Vektorfeld.

Die Divergenz: Eine vektorielle Größe $\mathbf{E}(x, y, z)$ sei über ein Bilanzgebiet definiert und differenzierbar, dann ist die Divergenz von $\mathbf{E}$ das Skalarprodukt von ∇ mit $\mathbf{E}$, also:

$$\begin{aligned} \operatorname{div} \mathbf{E} &= \nabla \cdot \mathbf{E} \\ \operatorname{div} \mathbf{E} &= \left(\vec{e}_x \frac{\partial}{\partial x} + \vec{e}_y \frac{\partial}{\partial y} + \vec{e}_z \frac{\partial}{\partial z} \right) \cdot \left(E_x \vec{e}_x + E_y \vec{e}_y + E_z \vec{e}_z \right) \\ \operatorname{div} \mathbf{E} &= \frac{\partial E_x}{\partial x} + \frac{\partial E_y}{\partial y} + \frac{\partial E_z}{\partial z} \end{aligned}$$

Folgende Zusammenhänge sind nützlich bei der Diskussion von Vektorfeldern:

1. $\nabla \cdot \mathbf{E}$ ist ein Skalarfeld;
2. ein Vektorfeld ist quellenfrei, *selenoidal*, wenn: $\operatorname{div} \mathbf{E} = 0$ ist;
3. ein Vektorfeld ist *dissipativ*, wenn: $\operatorname{div} \mathbf{E} < 0$ ist;
4. aus dem Volumenelement dV tritt die vektorielle Größe $\mathbf{E}$ über die Flächennormale $d\mathbf{A}$ heraus. Es gilt

▷ GAUSSSCHER INTEGRALSATZ BZW. GAUSSSCHES DIVERGENZTHEOREM:

$$\boxed{\int_V \operatorname{div} \mathbf{E} \, dV = \int_A \mathbf{E} \cdot d\mathbf{A}} \qquad (7.47)$$

In Worten: Die Divergenz eines umschlossenen Systems ist gleich dem Nettofluß aus diesem System.

7.4 Die Operatoren $\mathrm{div}, \mathrm{grad}, \frac{\mathrm{D}}{\mathrm{Dt}}, \nabla^2$ in verschiedenen Koordinatensystemen

Tabelle 7.1: Darstellung der Operatoren grad und div.

Koordinatensystem	grad f	div **f**
Kartesisch	$\dfrac{\partial f}{\partial x} + \dfrac{\partial f}{\partial y} + \dfrac{\partial f}{\partial z}$	$\dfrac{\partial f_x}{\partial x} + \dfrac{\partial f_y}{\partial y} + \dfrac{\partial f_z}{\partial z}$
Zylindrisch	$\dfrac{\partial f}{\partial z} + \dfrac{\partial f}{\partial r} + \dfrac{1}{r}\dfrac{\partial f}{\partial \theta}$	$\dfrac{1}{r}\dfrac{\partial}{\partial r}\left[r\, f_r\right] + \dfrac{1}{r}\dfrac{\partial f_\theta}{\partial \theta} + \dfrac{\partial f_z}{\partial z}$
Polar	$\dfrac{\partial f}{\partial r} + \dfrac{1}{r}\dfrac{\partial f}{\partial \theta} + \dfrac{1}{r\sin\theta}\dfrac{\partial f}{\partial \varphi}$	$\dfrac{\partial}{\partial r^2 \partial r}\left[r^2 f_r\right] + \dfrac{1}{r\sin\theta}\dfrac{\partial}{\partial \theta}\left[f_\theta \sin\theta\right] + \dfrac{1}{r\sin\theta}\dfrac{\partial f_\varphi}{\partial \varphi}$

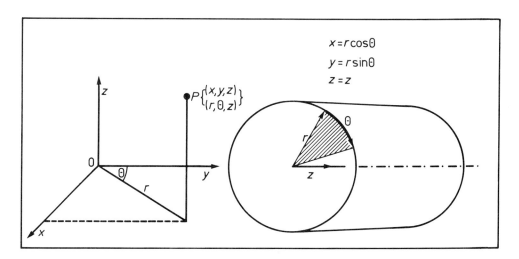

Abbildung 7.3: Benennung zylindrischer Koordinaten.

7. Die allgemeine Stoffbilanz

Tabelle 7.2: Darstellung der Operatoren $\dfrac{\mathrm{D}f}{\mathrm{D}t}$ und ∇^2.

Koordinatensystem	$\dfrac{\mathrm{D}f}{\mathrm{D}t}$	$\nabla^2 f$
Kartesisch	$\dfrac{\partial f}{\partial t} + u_x \dfrac{\partial f}{\partial x} + u_y \dfrac{\partial f}{\partial y} + u_z \dfrac{\partial f}{\partial z}$	$\dfrac{\partial^2 f}{\partial x^2} + \dfrac{\partial^2 f}{\partial y^2} + \dfrac{\partial^2 f}{\partial z^2}$
Zylindrisch	$\dfrac{\partial f}{\partial t} + u_z \dfrac{\partial f}{\partial z} + u_r \dfrac{\partial f}{\partial r} + \dfrac{u_\theta}{r} \dfrac{\partial f}{\partial \theta}$	$\dfrac{\partial^2 f}{\partial r^2} + \dfrac{\partial f}{r \partial r} + \dfrac{\partial^2 f}{r^2 \partial \theta^2} + \dfrac{\partial^2 f}{\partial z^2}$
Polar	$\dfrac{\partial f}{\partial t} + u_r \dfrac{\partial f}{\partial r} + \dfrac{u_\theta}{r} \dfrac{\partial f}{\partial \theta} + \dfrac{u_\varphi}{r \sin\theta} \dfrac{\partial f}{\partial \varphi}$	$\dfrac{\partial}{r^2 \partial r}\left[r^2 \dfrac{\partial f}{\partial r}\right] + \dfrac{1}{r^2 \sin^2\theta} \dfrac{\partial^2 f}{\partial \varphi^2} + \dfrac{1}{r^2 \sin\theta} \dfrac{\partial}{\partial \theta}\left[\sin\theta \dfrac{\partial f}{\partial \theta}\right]$

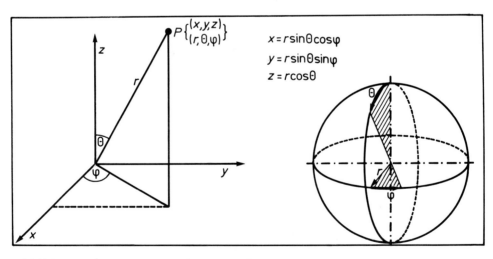

Abbildung 7.4: Benennung polarer Koordinaten.

8 Die allgemeine Wärmebilanz und Reaktionsgleichgewichte

Für nicht-isotherme Reaktionsführung ist die Kenntnis der Wärmebilanz wichtig: der *konvektive-*, *konduktive-*, *Wärmeerzeugungs-* und *Wärmeübergangsterm* werden hergeleitet. Es wird auf die bei der Ableitung der Stoffbilanz eingeführten Elemente der Vektoranalysis zurückgegriffen. Die Lage des chemischen Gleichgewichts ist wichtig für die Voraussage der Ablauffähigkeit einer chemischen Reaktion. Die maßgebenden Gleichungen werden abgeleitet, das *Gleichgewichtsdiagramm* wird diskutiert, vgl. DENBIGH (1959).

- DAS IDEALE KONTINUIERLICHE STRÖMUNGSROHR, analog zu Gl. 8.28:

$$\frac{\partial T}{\partial t} = -\frac{\partial [u_z T]}{\partial z} + \mathcal{A}\frac{\partial^2 T}{\partial z^2} + \frac{(-\Delta_R H)\Re}{\tilde{c}_p m} + \frac{\alpha A_W (T_W - T)}{\tilde{c}_p m}$$

- DER IDEALE KONTINUIERLICHE RÜHRKESSELREAKTOR:, Gl. 8.32:

$$V\frac{dT}{dt} = (\dot{V}_0 T_0 - \dot{V} T) + V\frac{(-\Delta_R H)\Re}{\tilde{c}_p m} + V\frac{(T' - T)}{\tilde{c}_p m}\frac{\dot{m}' \tilde{c}_p' \alpha A_W}{\alpha A_W + \dot{m}' \tilde{c}_p'}$$

- GLEICHGEWICHTSBEDINGUNG, Gl. 8.49: $\sum_i \nu_i \mu_i = 0$

- REAKTIONSGLEICHGEWICHTSKONSTANTE, Gl. 8.56: $-RT \ln K_p = \Delta_R G^\ominus$

- GESETZ VON VAN'T HOFF, Gl. 8.58: $\dfrac{d \ln K_p}{dT} = \dfrac{\Delta_R H^\ominus}{RT^2}$

- SATZ VON KIRCHHOFF, Gl. 8.59: $\dfrac{d\Delta_R H^\ominus}{dT} = \sum_i \nu_i c_{p,i}$

8.1 Die Aufstellung der Wärmebilanz

8.1.1 Der konvektive Term

Die Aufstellung der Wärmebilanz kann etwas kürzer gefaßt werden, sie ist analog der Ableitung der Stoffbilanz. Die Indizierung der Variablen und stoffbezogenen Größen muß im Falle der Wärmebilanz sorgfältig beachtet werden, da für die Formulierung des Übergangstermes die Wärmekapazität des Reaktionsgemisches $\tilde{c}_p$ abgegrenzt werden muß von der Wärmekapazität des Austauschmediums $\tilde{c}'_p$, gleiches gilt für die Dichte ϱ resp. ϱ' und die Massen m resp. m'.

Zur Veranschaulichung betrachten wir auch in diesem Fall das in Abb. 8.1 dargestellte Bilanzvolumen $\Delta V = \Delta x\,\Delta y\,\Delta z$, es werde in Richtung der z-Koordinaten von einem Fluid mit der massebezogenen Wärmekapazität $\tilde{c}_p$, J kg^{-1} K^{-1}, und der Dichte ϱ, kg m^{-3}, durchsetzt, vgl. Abschn. 20.3. Die pro Zeiteinheit von dem Fluid transportierte Wärmemenge ist gegeben zu: $\dot{Q} = \dot{m}\,\tilde{c}_p T = \varrho\,\dot{V}_z\,\tilde{c}_p T = \varrho\,u_z A\,\tilde{c}_p T$; vgl. BRAUER (1971a), GREGORIG (1973).

An der Stelle $z(0)$ transportiert das Fluid durch die Fläche $\Delta x\,\Delta y$ pro Zeiteinheit die Wärmemenge:

$$\dot{Q}_{z(0)} = (\tilde{c}_p\,\varrho\,u_z\,T)_{z(0)}\,\Delta x\,\Delta y \tag{8.1}$$

An der Stelle $z(0)+\Delta z$ strömt gleichzeitig pro Zeiteinheit mit dem Fluid die Wärmemenge aus:

$$\dot{Q}_{z(0)+\Delta z} = (\tilde{c}_p\,\varrho\,u_z\,T)_{z(0)+\Delta z}\,\Delta x\,\Delta y \tag{8.2}$$

Auch hier entwickelt man den Term an der Stelle $z(0) + \Delta z$ in eine Taylor-Reihe:

$$\dot{Q}_{z(0)+\Delta z} = \left\{(\tilde{c}_p\,\varrho\,u_z\,T)_{z(0)} + \frac{\partial}{\partial z}[\tilde{c}_p\,\varrho\,u_z\,T]\Delta z\right\}\Delta x\,\Delta y \tag{8.3}$$

und bildet die Differenz der beiden Ströme nach den Gln. 8.1 und 8.3:

$$\Delta\dot{Q}_z = \dot{Q}_{z(0)} - \dot{Q}_{z(0)+\Delta z} \tag{8.4}$$

$$\Delta\dot{Q}_z = -\frac{\partial}{\partial z}[\tilde{c}_p\,\varrho\,u_z\,T]\Delta V \tag{8.5}$$

Bringt man ΔV auf die linke Seite der Gleichung und setzt $\Delta Q/\Delta V = \varrho\,\tilde{c}_p T$, dann ergibt sich der Wärmetransport in Richtung der z-Koordinaten unter der Voraussetzung der *Ortsunabhängigkeit* von $\tilde{c}_p$ und ϱ (d.h. $\tilde{c}_p$ und ϱ werden vor das Differential gezogen und zudem als konstante Temperaturmittelwerte weitergeführt):

$$\tilde{c}_p\,\varrho\left(\frac{\partial T}{\partial t}\right)_z = -\tilde{c}_p\,\varrho\,\frac{\partial[u_z\,T]}{\partial z} \quad,\text{W m}^{-3} \tag{8.6}$$

Für die Richtungen x und y ergibt sich der Wärmetransport analog:

$$\tilde{c}_p\,\varrho\left(\frac{\partial T}{\partial t}\right)_x = -\tilde{c}_p\,\varrho\,\frac{\partial[u_x\,T]}{\partial x} \tag{8.7}$$

$$\tilde{c}_p\,\varrho\left(\frac{\partial T}{\partial t}\right)_y = -\tilde{c}_p\,\varrho\,\frac{\partial[u_y\,T]}{\partial y} \tag{8.8}$$

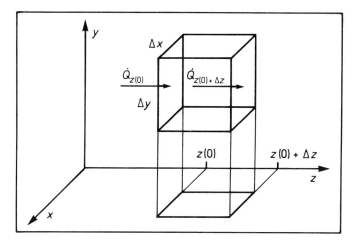

Abbildung 8.1: Skizze zur Erläuterung des konvektiven und konduktiven Termes der Wärmebilanz.

Die Temperaturmittelwerte der Wärmekapazität und der Dichte kürzen sich an dieser Stelle zwar heraus, doch müssen wir sie bei der Einfügung der anderen Terme der Wärmebilanz berücksichtigen.

Man summiert nun die Einzeltransporte der einzelnen Raumrichtungen zum Gesamttransport und erhält in den verschiedenen Schreibweisen den

▷ KONVEKTIVEN TERM DES TEMPERATURFELDES

IN DER KOORDINATENSCHREIBWEISE:

$$\frac{\partial T}{\partial t} = -\left(\frac{\partial [u_x T]}{\partial x} + \frac{\partial [u_y T]}{\partial y} + \frac{\partial [u_z T]}{\partial z}\right) \tag{8.9}$$

IN DER KOORDINATENFREIEN SCHREIBWEISE MIT DER DIVERGENZ:

$$\boxed{\frac{\partial T}{\partial t} = -\operatorname{div}[\mathbf{u}\, T]} \tag{8.10}$$

IN DER KOORDINATENFREIEN SCHREIBWEISE MIT DEM NABLA-OPERATOR:

$$\frac{\partial T}{\partial t} = -\nabla \cdot [\mathbf{u}\, T] \tag{8.11}$$

8.1.2 Der konduktive Term

Die Formulierung des konduktiven Termes erfolgt ebenfalls anhand der Abb. 8.1. Wir greifen wir auf das *1.Fouriersche Gesetz* nach Gl. 4.11 zurück und schreiben für den konduktiven Transport in Richtung der z-Koordinaten an den Stellen $z(0)$ und $z(0)+\Delta z$:

$$\left(\frac{\partial Q}{A\,\partial t}\right)_{z(0)} = -\lambda \left(\frac{\partial T}{\partial z}\right)_{z(0)} \tag{8.12}$$

$$\left(\frac{\partial Q}{A\,\partial t}\right)_{z(0)+\Delta z} = -\lambda \left(\frac{\partial T}{\partial z}\right)_{z(0)+\Delta z} \tag{8.13}$$

Die vorstehende Gleichung wird wieder in eine Taylor-Reihe entwickelt und der Nettostrom in Richtung der z-Koordinaten durch Differenzbildung dieser Gleichungen ermittelt:

$$\left(\frac{\partial \Delta Q}{A\,\partial t}\right)_z = -\lambda\left(\frac{\partial T}{\partial z}\right)_{z(0)} - \left\{-\lambda\left(\frac{\partial T}{\partial z}\right)_{z(0)} - \frac{\partial}{\partial z}\left[\lambda\frac{\partial T}{\partial z}\right]\Delta z\right\}$$

$$\left(\frac{\partial \Delta Q}{A\,\partial t}\right)_z = \frac{\partial}{\partial z}\left[\lambda\frac{\partial T}{\partial z}\right]\Delta z \tag{8.14}$$

Nun bringt man Δz wieder auf die linke Seite der Gleichung, ersetzt den resultierenden Quotienten $\Delta Q/\Delta V = \tilde{c}_p \varrho T$ und erhält schließlich unter der Voraussetzung der Konstanz der kombinierten Stoffgröße $\lambda/(\tilde{c}_p \varrho) = \mathcal{A}$ ($\mathcal{A}$: mittlere Temperaturleitzahl des Fluids, Einheit: m^2 s^{-1}) eine mögliche Formulierung des

▷ EINDIMENSIONALEN 2. FOURIERSCHEN GESETZES:

$$\boxed{\frac{\partial T}{\partial t} = \mathcal{A}\,\frac{\partial}{\partial z}\left[\frac{\partial T}{\partial z}\right]} \tag{8.15}$$

Durch Hinzufügung der konduktiven Transportterme in Richtung der x- und y-Koordinaten ergibt sich schließlich die Formulierung dieses Termes unter der Voraussetzung einer *isotropen* und *ortsunabhängigen* mittleren Temperaturleitzahl $\mathcal{A}$ zum

▷ ALLGEMEINEN KONDUKTIVEN TERM DES TEMPERATURFELDES IN DER KOORDINATENSCHREIBWEISE:

$$\frac{\partial T}{\partial t} = \mathcal{A}\left\{\frac{\partial}{\partial x}\left[\frac{\partial T}{\partial x}\right] + \frac{\partial}{\partial y}\left[\frac{\partial T}{\partial y}\right] + \frac{\partial}{\partial z}\left[\frac{\partial T}{\partial z}\right]\right\} \tag{8.16}$$

IN DER SCHREIBWEISE MIT DIVERGENZ UND GRADIENT SOWIE MIT ∇:

$$\boxed{\frac{\partial T}{\partial t} = \mathcal{A}\,\text{div}\,[\text{grad}\,T] = \mathcal{A}\,\nabla \cdot [\nabla T]} \tag{8.17}$$

Die Stoffgröße $\mathcal{A}$ stellt hierin eine über den gewünschten Temperaturbereich gemittelte Temperaturleitzahl dar. Sie entsteht aus der der Quotientenbildung der Temperaturmittelwerte der Größen: $\lambda/\tilde{c}_p \varrho = \mathcal{A}$.

8.1.3 Der Wärmeproduktionsterm

Die bei einer chemischen Reaktion umgesetzte Wärmemenge ist der Reaktionsgeschwindigkeit $\Re$ proportional. Die pro Volumeneinheit erzeugte oder verbrauchte Wärmemenge durch eine chemische Reaktion ist gegeben durch:

$$\frac{dQ}{dt} = V \frac{d[\tilde{c}_p \varrho T]}{dt} = (-\Delta_R H)\Re \quad , \text{J s}^{-1} \tag{8.18}$$

Die Reaktionsenthalpie $\Delta_R H$, Einheit: J mol^{-1}, ist für exotherme (also wärmeliefernde) Reaktionen eine negative, für endotherme (also wärmeverbrauchende) Reaktionen eine positive Größe. Demzufolge muß in den obigen Ausdruck $(-\Delta_R H)$ eingesetzt werden, damit bei einer exothermen Reaktion dT/dt positiv wird. Unter der Voraussetzung der Konstanz von $\tilde{c}_p$ und ϱ, ergibt mit sich nach dem Herausziehen dieser Größen aus dem Differentialquotienten mit den Temperaturmittelwerten $\tilde{c}_p$ und ϱ der

▷ WÄRMEPRODUKTIONSTERM:

$$\boxed{\frac{dT}{dt} = \frac{(-\Delta_R H)\Re}{\tilde{c}_p m}} \tag{8.19}$$

8.1.4 Der Wärmeübergangsterm

Ein Ausdruck für den Wärmetransport an eine Phasengrenze ist durch das 1. Fouriersche Gesetz gegeben. Wir greifen auf dieses Gesetz nach Gl. 4.11 zurück und schreiben für das Fluid:

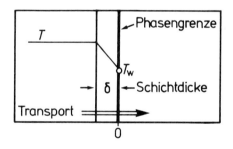

$$\frac{dQ}{A\,dt} = -\lambda \frac{dT}{dz}$$
$$\dot{Q} = -A\lambda \frac{dT}{dz} \tag{8.20}$$

Diese Gleichung integriert man nun über die Grenzen, in denen der Wärmeübergang über die hydrodynamische Grenzschicht der Dicke δ abläuft, vgl. nebenstehende Skizze, gleichzeitig wird λ als konstanter Temperaturmittelwert vor das Integral gezogen:

$$\dot{Q}\int_{-\delta}^{0} dz = -A\lambda \int_{T}^{T_W} dT \quad \rightsquigarrow \quad \dot{Q}\delta = -A\lambda(T_W - T) \tag{8.21}$$

Mit dem Quotienten $\lambda/\delta = \alpha$, *mittlere Wärmeübergangszahl*, Einheit: W m^{-2} K^{-1}, und der Indizierung der Wärmetauschfläche als A_W folgt die

▷ WÄRMEÜBERGANGSGLEICHUNG:

$$\boxed{\left|\frac{dQ}{dt}\right| = \alpha\, A_W\, \Delta T} \tag{8.22}$$

Wärmeübergangsterm für das Strömungsrohr: Um den Ausdruck nach Gl. 8.22 in die Gleichung für das Temperaturfeld einsetzen zu können, dividieren wir diesen durch $\tilde{c}_p\, m$ und erhalten unter Beachtung des Vorzeichens den

▷ WÄRMEÜBERGANGSTERM FÜR DAS KONTINUIERLICHE STRÖMUNGSROHR:

$$\frac{dT}{dt} = \frac{\alpha\, A_W\, (T_W - T)}{\tilde{c}_p\, m} \tag{8.23}$$

In dieser Formulierung wird der Wärmeübergangsterm in die Gleichung für das kontinuierliche Stömungsrohr eingesetzt. Für $T_W < T$ muß Wärme aus dem Reaktor abfließen, also $dT/dt < 0$ sein.

Wärmeübergangsterm für den kontinuierlichen Rührkesselreaktor: Einerseits gilt für den Wärmetransport über eine Phasengrenze bis zur Reaktorwand die Gl. 8.22, andererseits die Beziehung $\dot{Q} = \dot{m}\, \tilde{c}_p$. Zur weiteren Diskussion führen wir folgende Größen in die Betrachtung ein:

Die Temperatur des Reaktionsgemisches sei T, die Temperatur der Reaktorwand sei T_W, die Temperatur des Wärmetauschmediums sei T'. Das Wärmetauschmedium durchsetzt den Wärmeaustauscher mit dem Massenfluß $\dot{m}'$ und hat die massenbezogene Wärmekapazität $\tilde{c}_p'$. Das Wärmetauschmedium führt die Wärmemenge ab:

$$\dot{Q} = \dot{m}'\, \tilde{c}_p'\, (T' - T_W) \tag{8.24}$$

Diese Wärmemenge ist gleich der durch die Reaktorwand fließende Wärmemenge nach der Gl. 8.22:

$$\dot{Q} = \alpha\, A_W\, (T_W - T) \tag{8.25}$$

Beide Gleichungen werden nun nach $T_W/\dot{Q}$ aufgelöst und gleichgesetzt, man erhält:

$$\frac{T_W}{\dot{Q}} = \frac{T}{\dot{Q}} + \frac{1}{\alpha\, A_W} = -\frac{1}{\dot{m}'\, \tilde{c}_p'} + \frac{T'}{\dot{Q}}$$

Man löst nun nach $\dot{Q}$ auf und erhält die im kontinuierlichen Rührkessel mit dem Kühlmedium ausgetauschte Wärmemenge:

$$\dot{Q} = (T' - T) \frac{\dot{m}'\, \tilde{c}_p'\, \alpha\, A_W}{\alpha\, A_W + \dot{m}'\, \tilde{c}_p'} \tag{8.26}$$

Die Division durch die Stoffgrößen des Fluids $\tilde{c}_p\, m$ liefert einen Ausdruck für das

▷ WÄRMEÜBERGANGSTERM DES KONTINUIERLICHEN RÜHRKESSELS:

$$\frac{dT}{dt} = \frac{(T' - T)}{\tilde{c}_p\, m} \frac{\dot{m}'\, \tilde{c}_p'\, \alpha\, A_W}{\alpha\, A_W + \dot{m}'\, \tilde{c}_p'} \tag{8.27}$$

8.2 Das Temperaturfeld idealer Reaktoren

Das kontinuierliche Strömungsrohr: Da nun die charakteristischen Terme des Temperaturfeldes eines Fluids abgeleitet sind, setzen wir diese zusammen und erhalten aus den Gln. 8.9, 8.16, 8.19 und 8.23 in kartesischen Koordinaten das

▷ TEMPERATURFELD EINES BILANZSYSTEMS:

$$\frac{\partial T}{\partial t} = -\left(\frac{\partial [u_x T]}{\partial x} + \frac{\partial [u_y T]}{\partial y} + \frac{\partial [u_z T]}{\partial z}\right) +$$

$$+ \mathcal{A}\left\{\frac{\partial}{\partial x}\left[\frac{\partial T}{\partial x}\right] + \frac{\partial}{\partial y}\left[\frac{\partial T}{\partial y}\right] + \frac{\partial}{\partial z}\left[\frac{\partial T}{\partial z}\right]\right\} + \quad (8.28)$$

$$+ \frac{(-\Delta_R H)\,\Re}{\tilde{c}_p\, m} + \frac{\alpha\, A_W\, (T_W - T)}{\tilde{c}_p\, m}$$

Diese Gleichung wird mithilfe der Tabelle 7.2 in die Symmetrie des Strömungsrohres – den Zylinderkoordinaten – umgeschrieben. Man erhält dann für die axiale Vorzugsrichtung z unter Vernachlässigung des winkelabhängigen und radialen Termes:

$$\frac{\partial T}{\partial t} = -\frac{\partial [u_z T]}{\partial z} + \mathcal{A}\frac{\partial}{\partial z}\left[\frac{\partial T}{\partial z}\right] + \frac{(-\Delta_R H)\,\Re}{\tilde{c}_p\, m} + \frac{\alpha\, A_W\, (T_W - T)}{\tilde{c}_p\, m} \quad (8.29)$$

Der axiale konduktive Term fällt aufgrund der Annahme der Pfropfenströmung des idealen Strömungsrohres (vgl. Abschn. 7.2) ebenfalls fort, es folgt

▷ TEMPERATURFELD DES IDEALEN STRÖMUNGSROHRES:

$$\boxed{\frac{\partial T}{\partial t} = -\frac{\partial [u_z T]}{\partial z} + \frac{(-\Delta_R H)\,\Re}{\tilde{c}_p\, m} + \frac{\alpha\, A_W\, (T_W - T)}{\tilde{c}_p\, m}} \quad (8.30)$$

Der kontinuierliche Rührkesselreaktor: Für die Ableitung des Temperaturfeldes des kontinuierlichen Rührkesselreaktors geht man von der Schreibweise mit der Divergenz aus. Man erhält aus den Gln. 8.10, 8.17, 8.19 und 8.27 wegen des gradientenfreien Betriebes – der konduktive Term fällt fort – schnell:

$$\frac{\partial T}{\partial t} = -\mathrm{div}\,[\mathbf{u}\,T] + \frac{(-\Delta_R H)\,\Re}{\tilde{c}_p\, m} + \frac{(T' - T)}{\tilde{c}_p\, m}\,\frac{\dot{m}'\,\tilde{c}'_p\,\alpha\,A_W}{\alpha\,A_W + \dot{m}'\,\tilde{c}'_p} \quad (8.31)$$

Diese Gleichung wird über das Reaktorvolumen integriert, sodann findet der Gaußsche Satz Anwendung, vgl. Gl. 7.47, man erhält mit $\dot{V} = u\,A$ den

▷ TEMPERATURVERLAUF DES IDEALEN KONTINUIERLICHEN RÜHRKESSELREAKTORS:

$$\boxed{V\frac{dT}{dt} = (\dot{V}_0\, T_0 - \dot{V}\, T) + V\,\frac{(-\Delta_R H)\,\Re}{\tilde{c}_p\, m} + V\,\frac{(T' - T)}{\tilde{c}_p\, m}\,\frac{\dot{m}'\,\tilde{c}'_p\,\alpha\,A_W}{\alpha\,A_W + \dot{m}'\,\tilde{c}'_p}} \quad (8.32)$$

8.3 Die Behandlung der Reaktionsgleichgewichte

8.3.1 Chemisches Potential, Aktivität und Fugazität

Ideales Gas: Der Einfachheit halber soll nur das chemische Potential eines reinen idealen Gases betrachtet werden, die anderen Formulierungen werden dann bei der Behandlung der Thermodynamik der Mischphasen übernommen. Für ein ideales Einkomponentensystem greifen wir auf das totale Differential der Freien Enthalpie nach Gl. 17.14ff vor; es verbleibt unter der Voraussetzung konstanter Temperatur ($dT = 0$):

$$dG = V\, dp \qquad (8.33)$$

Für ein ideales Gas mit $pV = nRT$ ergibt die Integration über Standardbedingungen (Index $\ominus$: 298 K, 10^5 Pa):

$$\int_{G^\ominus}^{G} dG = \int_{p^\ominus}^{p} \frac{nRT}{p}\, dp$$

$$G - G^\ominus = nRT \ln\left[\frac{p}{p^\ominus}\right]$$

Das chemische Potential μ ist definiert als die partielle molare Größe $\mu = \partial G/\partial n$, Einheit: J mol^{-1}, die gliedweise partielle Differentiation ergibt:

$$\frac{\partial G}{\partial n} = \frac{\partial G^\ominus}{\partial n} + \frac{\partial}{\partial n}\left[nRT \ln\left[\frac{p}{p^\ominus}\right]\right]$$

▷ CHEMISCHE POTENTIAL EINES REINEN IDEALEN GASES:

$$\boxed{\mu^{\text{id}} = \mu^\ominus + RT \ln\left[\frac{p}{p^\ominus}\right] \quad, \text{J mol}^{-1}} \qquad (8.34)$$

Der Standardwert des chemischen Potentiales $\mu^\ominus$ ist nur eine Funktion der Temperatur, $\mu^\ominus = \mu^\ominus(T)$. Für ein Mischung gasförmiger Komponenten schreibt man analog das

▷ CHEMISCHE POTENTIAL DER KOMPONENTE i EINER IDEALEN GASMISCHUNG:

$$\boxed{\mu_i^{\text{id}} = \mu_i^\ominus + RT \ln\left[\frac{p_i}{p^\ominus}\right] \quad, \text{J mol}^{-1}} \qquad (8.35)$$

Ideale Lösungen: Hier übernehmen wir den von LEWIS abgeleiteten Ausdruck des chemischen Potentiales der Komponente i in einer Lösung mit dem Molenbruch x_i und formulieren in Analogie zum chemischen Potential der idealen Gasmischung das

▷ CHEMISCHE POTENTIAL DER KOMPONENTE i IN EINER IDEALEN LÖSUNG:

$$\boxed{\mu_i = \mu_i^* + RT \ln x_i} \qquad (8.36)$$

Im Gegensatz zum Standardwert $\mu_i^\ominus(T)$ von Gasmischungen ist nun der Standardwert $\mu_i^*(p,T)$ flüssiger Mischungen eine Funktion von Temperatur und Druck.

8.3. Die Behandlung der Reaktionsgleichgewichte

Reales Gas – die Fugazität: Für ein reines reales Gas muß in Gl. 8.34 der Druck p durch die *Fugazität* $f = \hat{\gamma} p$ ersetzt werden. Der Fugazitätskoeffizient $\hat{\gamma}$ berücksichtigt die realen Wechselwirkungen der Gasmoleküle untereinander. Da für $p \to 0$ die realen Gase sich dem Idealverhalten nähern, folgt $\gamma \to 1$ für $p \to 0$. Also ist das

▷ CHEMISCHE POTENTIAL EINES REINEN REALEN GASES:

$$\begin{aligned} \mu^{\text{re}} &= \mu^{\ominus} + RT \ln\left[\frac{f}{p^{\ominus}}\right] \\ \mu^{\text{re}} &= \mu^{\ominus} + RT \ln\left[\frac{\hat{\gamma} p}{p^{\ominus}}\right] \end{aligned} \tag{8.37}$$

Analog ergibt sich aus Gl. 8.35 für eine Mischung mehrerer gasförmiger Komponenten für die Komponente i das

▷ CHEMISCHE POTENTIAL DER KOMPONENTE i EINER REALEN GASMISCHUNG:

$$\begin{aligned} \mu_i^{\text{re}} &= \mu_i^{\ominus} + RT \ln\left[\frac{f_i}{p^{\ominus}}\right] \\ \mu_i^{\text{re}} &= \mu_i^{\ominus} + RT \ln\left[\frac{\hat{\gamma}_i p_i}{p^{\ominus}}\right] \end{aligned} \tag{8.38}$$

Der Zusammenhang zwischen der Fugazität der Komponente i in der Mischung und der Fugazität der reinen Komponente i ist gegeben durch die

▷ LEWIS-RANDALL-REGEL:

$$\boxed{f_i = x_i f} \tag{8.39}$$

Folgerungen: In einer Gasmischung ist also die Fugazität jeder Komponente gleich ihrem Molenbruch multipliziert mit der Fugazität, die sie als reines Gas bei gleichem Druck und Temperatur hätte. Der Fehler der Lewis-Randall-Regel kann bis zu 20% betragen.

Reale Lösungen – die Aktivität: Für reale Lösungen mehrerer Komponenten definiert man analog zum realen Gas die der Fugazität entsprechende *Aktivität* $a_i = \gamma_i x_i$ und erhält das

▷ CHEMISCHE POTENTIAL DER SICH REAL VERHALTENDEN KOMPONENTE i:

$$\mu_i = \mu_i^* + RT \ln a_i \tag{8.40}$$

$$\boxed{\mu_i = \mu_i^* + RT \ln[\gamma_i x_i]} \tag{8.41}$$

Darin stellt γ_i den *Aktivitätskoeffizienten* der Komponente i in der Lösung dar.

8. Die allgemeine Wärmebilanz und Reaktionsgleichgewichte

Die Ermittlung der Fugazitätskoeffizienten: Die Fugazitäten reiner Gase lassen sich aus dem 2. Virialkoeffizienten B ermitteln. Dazu stellt man das chemische Potential des realen und des idealen Gases gegenüber und definiert ein *Exzeßpotential* (Überschußgröße, Index: E, vgl. Abschn. 17.2.1) mit $\mu^E = \mu^{re} - \mu^{id}$. Aus dem Ausdruck: $dG = Vdp$ formulieren wir die partielle molare Größe: $d\mu = vdp$ und übernehmen diesen Ausdruck für μ^{re} und μ^{id}:

$$d\mu^{id} = v\,dp$$
$$\leadsto \mu^{id} = \mu^\ominus + \int_{p^\ominus}^{p} \frac{RT}{p}\,dp$$

Weiter ergibt sich für reale Verhältnisse nach dem Einsetzen von v^{re}:

$$d\mu^{re} = v^{re}\,dp$$
$$\leadsto \mu^{re} = \mu^\ominus + \int_{p^\ominus}^{p} v^{re}\,dp$$

Mit diesen beiden Ausdrücken folgt für die Exzeßgröße μ^E:

$$\mu^E = \mu^{re} - \mu^{id} = \int_{p^\ominus}^{p} \left(v^{re} - \frac{RT}{p}\right)dp$$

Darin wird $1/p$ ausgeklammert, man erhält:

$$\mu^E = \int_{p^\ominus}^{p} \left(p\,v^{re} - RT\right)\frac{dp}{p} \tag{8.42}$$

Der Klammerausdruck im Argument des Integrals ist nach Gl. 2.18: $Bp = pv^{re} - RT$:

$$\mu^E = \int_{p^\ominus}^{p} B\,p\,\frac{dp}{p}$$
$$\leadsto \mu^E = B(p - p^\ominus)$$

Für den Standarddruck $p^\ominus$ soll sich das Gas ideal verhalten, also $B = 0$ sein, es folgt:

$$\mu^E = B\,p \tag{8.43}$$

Andererseits ist nach den Gln. 8.37 und 8.34

$$\mu^E = \mu^{re} - \mu^{id}$$
$$\leadsto \mu^E = \mu^\ominus + RT \ln\left[\frac{\hat{\gamma}\,p}{p^\ominus}\right] - \left\{\mu^\ominus + RT \ln\left[\frac{p}{p^\ominus}\right]\right\}$$
$$\leadsto \mu^E = RT \ln \hat{\gamma} \tag{8.44}$$

Nach dem Gleichsetzen der Gleichungen für μ^E (Gln. 8.43 und 8.44) erhält man eine
▷ Bestimmungsgleichung für den Fugazitätskoeffizienten:

$$\boxed{\ln \hat{\gamma} = \frac{B\,p}{RT}} \tag{8.45}$$

Das Vorgehen zur Berechnung von $Bp/RT = Z - 1$ ist in Abschn. 2.3.4 dargestellt.

8.3.2 Gleichgewichtsbedingung und Gleichgewichtskonstante

Die Gleichgewichtsbedingung: Zur Formulierung des Reaktionsgleichgewichtes der chemischen Reaktion:

$$2\,A + B = 3\,C$$

greift man auf das totale Differential von G zurück: $dG = V\,dp - S\,dT + \sum_i \mu_i\,dn_i$, und setzt für $n_i = n_A, n_B, n_C$ ein:

$$dG = V\,dp - S\,dT + \mu_A dn_A + \mu_B dn_B + \mu_C dn_C \tag{8.46}$$

Aufgrund der stöchiometrischen Bilanz sind die Änderungen der Komponenten A, B und C gegeben durch:

$$-\frac{dn_A}{2} = -dn_B = \frac{dn_C}{3}$$
$$\rightsquigarrow dn_A = 2\,dn_B$$
$$\rightsquigarrow dn_C = -3\,dn_B$$

es ergibt sich durch Substitution für konstanten Druck und Temperatur, $dp = dT = 0$:

$$dG = (2\,\mu_A + \mu_B - 3\,\mu_C)dn_B \tag{8.47}$$

Es gilt die Gleichgewichtsbedingung: $dG=0$, also folgt:

$$0 = 2\,\mu_A + \mu_B - 3\,\mu_C \tag{8.48}$$

▷ ALLGEMEINE GLEICHGEWICHTSBEDINGUNG:

$$\boxed{\sum_i \nu_i \mu_i = 0} \tag{8.49}$$

Bevor aus dieser Gleichung eine Bedingung für die Gleichgewichtskonstante einer chemischen Reaktion abgeleitet wird, wollen wir kurz die Ablauffähigkeit der Reaktion formulieren: die Ablauffähigkeit eines Prozesses ist gegeben durch die Bedingung $G < 0$, somit ist der Reaktionsweg für:

$$2\,\mu_A + \mu_B < 3\,\mu_C \quad \rightsquigarrow \quad 2\,A + B \rightarrow 3\,C \tag{8.50}$$
$$2\,\mu_A + \mu_B > 3\,\mu_C \quad \rightsquigarrow \quad 3\,C \rightarrow 2\,A + B \tag{8.51}$$

Diesen Sachverhalt kann man bequemer dem *Gleichgewichtsdiagramm* entnehmen, vgl. Abschn. 8.4 .

8. Die allgemeine Wärmebilanz und Reaktionsgleichgewichte

Die Gleichgewichtskonstante: In die allgemeine Gleichgewichtsbdingung: $\sum_i \nu_i \mu_i = 0$ setzt man für eine Gasreaktion den mit Gl. 8.35 abgeleiteten Ausdruck des chemische Potentiales der sich ideal verhaltenden Komponenten i ein (für reales Verhalten setzt man $p_i = f_i$):

$$\mu_i = \mu_i^\ominus + RT \ln\left[\frac{p_i}{p^\ominus}\right]$$

Da der Standarddruck $p^\ominus = 10^5$ Pa ist, folgt für die Summenbildung nach Gl. 8.49:

$$\sum_i \nu_i \mu_i = 0 \rightsquigarrow \sum_i \nu_i \mu_i^\ominus + \sum_i \nu_i RT \ln p_i = 0$$

$$\text{also} \quad \sum_i \nu_i \mu_i^\ominus = -\sum_i \nu_i RT \ln p_i$$

$$\rightsquigarrow \sum_i \nu_i \mu_i^\ominus = -\sum_i RT \ln p_i^{\nu_i} = -RT \ln \prod_i p_i^{\nu_i} \tag{8.52}$$

Der Ausdruck $\prod_i p_i^{\nu_i}$ ist identisch mit der Definition der Gleichgewichtskonstanten K_p der betrachteten Reaktion: $2\,\text{A} + \text{B} = 3\,\text{C}$:

$$\sum_i \nu_i \mu_i^\ominus = -RT \ln K_p \tag{8.53}$$

$$\text{mit} \quad K_p = \frac{p_\text{C}^3}{p_\text{A}^2 \cdot p_\text{B}} \tag{8.54}$$

Das chemische Standardpotential $\mu_i^\ominus$, Einheit: J mol^{-1}, ist die partielle molare Freie Enthalpie. Läßt man eine Reaktion in stöchiometrischen Stoffmengen ablaufen, dann ist $\sum_i \nu_i \mu_i^\ominus$ die Standardänderung der Freien Reaktionsenthalpie, also:

$$\sum_i \nu_i \mu_i^\ominus = \Delta_\text{R} G^\ominus \quad , \text{J mol}^{-1} \tag{8.55}$$

Die Zusammenfassung der Gln. 8.55 und 8.53 liefert den Zusammenhang zwischen der
▷ Freien Standardreaktionsenthalpie und der Gleichgewichtskonstanten K_p:

$$\boxed{\begin{aligned} -RT \ln K_p &= \Delta_\text{R} G^\ominus \\ \Delta_\text{R} G^\ominus &= \sum_i \nu_i \Delta_\text{B} G_i^\ominus \end{aligned}} \tag{8.56}$$

Die Freien Standardenthalpien $\Delta_\text{R} G^\ominus$ und $\Delta_\text{B} G^\ominus$ sind über die Definitionen nach den Gln. 8.55 und 8.56 intensive Größen, auf eine ensprechende Indizierung wird daher verzichtet. $\Delta_\text{R} G^\ominus$ errechnet sich aus der Summe der Freien Standardbildungsenthalpien $\Delta_\text{B} G^\ominus$ der an der Reaktion beteiligten Komponenten.

8.3. Die Behandlung der Reaktionsgleichgewichte

Temperaturabhängigkeit von K_p: Zur Ermittlung der Temperaturabhängigkeit von K_p schreiben wir die Gl. 8.56 um, es folgt die:

$$\ln K_p = -\frac{\Delta_R G^\ominus}{RT}$$

nach T differenzieren:
$$\frac{d\ln K_p}{dT} = -\frac{d(\Delta_R G^\ominus/RT)}{dT} \qquad (8.57)$$

Die rechte Seite der obenstehenden Gleichung wird wie folgt berechnet: nach Gl. 17.17 ist $\partial G/\partial T = -S$, hierin wird aus Gl. 17.13 der Ausdruck $S = (H-G)/T$ eingesetzt, es folgt: $\partial G/\partial T - G/T = -H/T$. Andererseits folgt nach der Quotientenregel:

$$\frac{\partial G/T}{\partial T} = \frac{1}{T}\left(\frac{\partial G}{\partial T} - \frac{G}{T}\right) = -\frac{H}{T^2}$$

▷ VAN'T HOFFSCHE GLEICHUNG:

$$\boxed{\frac{d\ln K_p}{dT} = \frac{\Delta_R H^\ominus}{RT^2}} \qquad (8.58)$$

Die Standard-Reaktionsenthalpie $\Delta_R H^\ominus$ ist eine Funktion der Temperatur und gegeben durch das partielle Differential $\partial H/\partial T = C_p$, somit folgt die
▷ KIRCHHOFFSCHE GLEICHUNG:

$$\boxed{\frac{d\Delta_R H^\ominus}{dT} = \sum_i \nu_i c_{p,i}} \qquad (8.59)$$

Die Temperaturabhängigkeit von c_p wird häufig durch einen *Virialansatz* berücksichtigt:

$$c_p = A + BT + CT^2 + \cdots \qquad (8.60)$$

Auch hier berechnet sich $\Delta_R H^\ominus$ aus der Summe der Standard-Bildungsenthalpien der beteiligten Komponenten: $\Delta_R H^\ominus = \sum_i \nu_i \Delta_B H_i^\ominus$. Ein wichtiger Zusammenhang ist
▷ GIBBS-HELMHOLTZ-GLEICHUNG:

$$\boxed{\begin{aligned} \Delta_R G^\ominus &= \Delta_R H^\ominus - T\Delta_R S^\ominus \\ \Delta_B G^\ominus &= \Delta_B H^\ominus - T\Delta_B S^\ominus \end{aligned}} \qquad (8.61)$$

Andere Beziehungen für die Gleichgewichtskonstante: Die Zusammenhänge von K_p zu K_c und K_x, d.h. der Formulierung der Gleichgewichtskonstanten in Konzentrationen oder Molenbrüchen ergeben sich zu ($\bar\nu = \sum_i \nu_i$):

1. Es war $K_p = \prod_i p_i^{\nu_i}$ mit $p_i^{\nu_i} = c_i^{\nu_i}(RT)^{\nu_i} \rightsquigarrow K_c = (RT)^{\bar\nu} \prod_i c_i^{\nu_i}$
2. Es war $K_p = \prod_i p_i^{\nu_i}$ mit $p_i^{\nu_i} = (x_i P)^{\nu_i} \rightsquigarrow K_x = P^{-\bar\nu} \prod_i p_i^{\nu_i}$

In dieser Formulierung hängt K_x also noch vom Gesamtdruck P ab.

8.4 Das Gleichgewichtsdiagramm

Zur Darlegung des Gleichgewichtsdiagrammes wollen wir uns die Frage stellen, ob es möglich ist, Ethin (Acetylen) aus Methan herzustellen. Methan liegt in großen Mengen im Erdgas vor, Ethin ist eine Grundchemikalie in der chemischen Industrie.

Chemische Reaktionen verlaufen freiwillig stets in Richtung abnehmender Werte der Freien Enthalpie. Das Reaktionsgleichgewicht ist erreicht, wenn die molaren Freien Enthalpien der Edukte gleich denen der Produkte einer Reaktion geworden sind: es gilt dann $\Delta_R G = 0$. Diese Bedingung gilt auch für *metastabile* Gleichgewichte, bei denen infolge einer katalytischen Hemmung die Reaktion nicht abläuft: so sind alle Kohlenstoffverbindungen auf der Erde metastabil, es dürfte nur CO_2 vorliegen.

Wie dargelegt, errechnet sich die Gleichgewichtskonstante einer Reaktion aus dem Standardwert der Freien Reaktionsenthalpie $\Delta_R G^\ominus$ nach der Gl. 8.56:

$$-RT \ln K_p = \Delta_R G^\ominus$$

Dabei ergibt sich der Standardwert der Freien Reaktionsenthalpie aus der Differenz der Standardwerte der Freien Bildungsenthalpien der an der Reaktion beteiligten Stoffe: $\Delta_R G^\ominus = \sum_i \nu_i \Delta_B G_i^\ominus$. Die Freien Bildungsenthalpien der Elemente werden definitionsgemäß zu Null gesetzt.

Trägt man die Freie Bildungsenthalpie aller an der Reaktion beteiligten Stoffe gegen die Temperatur auf, so folgt das *Gleichgewichtsdiagramm*. Der oft verwendete Terminus *Stabilitätsdiagramm* ist unglücklich, da diese sog. thermodynamische Stabilität in keinem Fall zu verwechseln ist mit der mathematischen Stabilität von Differentialgleichungssystemen, vgl. Abschn. 14. Zweckmäßigerweise faßt man zur Aufstellung des Gleichgewichtsdiagrammes die Freien Bildungsenthalpien der Edukte und Produkte zusammen. Bei der Auftragung der Freien Bildungsenthalpien der Edukte und der Produkte gegen die Temperatur ergibt sich aus dem Abstand der Kurven die Freie Reaktionsenthalpie. Am Schnittpunkt der Geraden ist $\Delta_R G = 0$, bzw. $K_p = 1$. Also ist:

$$\boxed{\begin{array}{ll} K_p < 1 \quad \text{d.h.} \quad \ln K_p < 0 & \text{Reaktion läuft nicht ab} \\ K_p > 1 \quad \text{d.h.} \quad \ln K_p > 0 & \text{Reaktion läuft ab} \end{array}} \quad (8.62)$$

Beispiel: Die Abb. 8.2 zeigt das Gleichgewichtsdiagramm für Methan und seine Oxidationsprodukte:

1. die Reaktion von Methan zu Ethin erst oberhalb ca. 1900 K möglich, dann ist Ethin jedoch thermisch dissoziiert.

2. die Bildung von Ethen aus Methan ist praktisch immer möglich; die Bildung von Ethin aus Ethen ist bei ca. 1400 K möglich.

3. die Bildung von Kohlenwasserstoffen aus Kohlenmonoxid ist praktisch immer möglich, auf diesen Sachverhalt gründen sich die REPPE- und die FISCHER-TROPSCH-Synthesen.

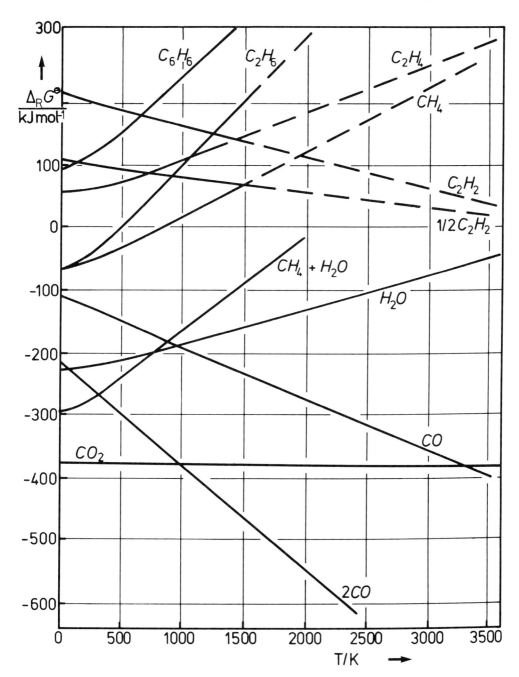

Abbildung 8.2: Gleichgewichtsdiagramm für einige organische Reaktionen.

8. Die allgemeine Wärmebilanz und Reaktionsgleichgewichte

Allgemeine Folgerungen: Legt man die bekannte Gibbs-Helmholtz-Gleichung zugrunde: $\Delta_R G^\ominus = \Delta_R H^\ominus - T \Delta_R S^\ominus$ und vernachlässigt zunächst den Entropieterm, dann laufen freiwillig nur die exothermen Reaktionen ab. Legt man einen konstanten Entropieterm für Produkte und Edukte zugrunde, dann laufen endotherme Reaktionen nur bei höheren Temperaturen ab: Prinzip von LE CHATELIER.

Wir wollen die Sachverhalte etwas präzisieren und den Verlauf der Freien Standardbildungsenthalpie für endotherme (Fall 1 und 2) sowie für exotherme (Fall 3 und 4) Reaktionen betrachten; die Entropie soll nur stoffmengenbedingt zu- oder abnehmen:

Tabelle 8.1: Qualitative Vorhersagen zu $\Delta_R G$.

Fall	$\Delta_R H^\ominus$	$\Delta_R S^\ominus$	läuft ab bei: T hoch	läuft ab bei: T niedrig
1.	> 0	> 0, d.h. $\bar{\nu} > 0$	ja	nein
2.	> 0	< 0, d.h. $\bar{\nu} < 0$	nein	nein
3.	< 0	> 0, d.h. $\bar{\nu} > 0$	ja	ja
4.	< 0	< 0, d.h. $\bar{\nu} > 0$	nein	nein

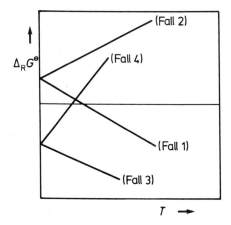

Abbildung 8.3: Qualitative Vorhersagen zu $\Delta_R G$.

Endotherme Gasreaktionen unter Volumenabnahme sind prinzipiell nicht möglich. Katalytische Oberflächenreaktionen laufen i. allg. unter Entropieabnahme ab: es lassen sich also in der Regel nur exotherme Reaktionen katalysieren.

9 Die Impulsbilanz: Navier-Stokes-Gleichungen, Euler-Gleichung und Bernoulli-Gleichung

Die hydrodynamischen Gesetzmäßigkeiten werden vorgestellt: die Navier-Stokes-Gleichungen werden in der *Euler-* und *Lagrange*-Schreibweise formuliert. In der Hierarchie der Strömungsgleichungen sind die *Euler-Gleichung* und *Bernoulli-Gleichung* von Bedeutung.

- NAVIER-STOKES-GLEICHUNGEN IN KOORDINATENSCHREIBWEISE, Gl. 9.27:

$$\frac{\partial u_x}{\partial t} + u_x \frac{\partial u_x}{\partial x} + u_y \frac{\partial u_x}{\partial y} + u_z \frac{\partial u_x}{\partial z} = a_x - \frac{1}{\varrho} \frac{\partial p}{\partial x} + \nu \left(\frac{\partial^2 u_x}{\partial x^2} + \frac{\partial^2 u_x}{\partial y^2} + \frac{\partial^2 u_x}{\partial z^2} \right)$$

$$\frac{\partial u_y}{\partial t} + u_x \frac{\partial u_y}{\partial x} + u_y \frac{\partial u_y}{\partial y} + u_z \frac{\partial u_y}{\partial z} = a_y - \frac{1}{\varrho} \frac{\partial p}{\partial y} + \nu \left(\frac{\partial^2 u_y}{\partial x^2} + \frac{\partial^2 u_y}{\partial y^2} + \frac{\partial^2 u_y}{\partial z^2} \right)$$

$$\frac{\partial u_z}{\partial t} + u_x \frac{\partial u_z}{\partial x} + u_y \frac{\partial u_z}{\partial y} + u_z \frac{\partial u_z}{\partial z} = a_z - \frac{1}{\varrho} \frac{\partial p}{\partial z} + \nu \left(\frac{\partial^2 u_z}{\partial x^2} + \frac{\partial^2 u_z}{\partial y^2} + \frac{\partial^2 u_z}{\partial z^2} \right)$$

- EULERSCHE GLEICHUNG, Gl. 9.33: $\quad \dfrac{d\mathbf{u}}{dt} = \mathbf{a} - \dfrac{1}{\varrho} \nabla p$

- BERNOULLI-GLEICHUNG IN ENERGIEFORM, Gl. 9.37: $\quad \dfrac{\varrho}{2} u^2 + \varrho g h + p = \text{const}$

- BERNOULLI-GLEICHUNG IN HÖHENFORM, Gl. 9.38: $\quad \dfrac{u^2}{2g} + h + \dfrac{p}{\varrho g} = \text{const}$

9.1 Einführung

Die Bewegung der Fluide wird durch vier grundlegende Gesetze mit den folgenden Gleichungen beschrieben:

die Kontinuitätsgleichung – Satz von der Massenerhaltung,

die Newtonsche Bewegungsgleichung – Satz von der Impulserhaltung,

dem 1. Hauptsatz der Thermodynamik – Satz von der Energieerhaltung,

dem 2. Hauptsatz der Thermodynamik.

Diese Gleichungen finden ihre Anwendung für jedes *fixierte* Massenelement, das Zustandsänderungen unterworfen ist. Im Bereich der Strömungslehre ist die Untersuchung fixierter Massenelemente es jedoch nicht üblich. Das strömende Medium kann auf seinem Wege durch ein System ortsabhängigen Veränderungen unterworfen sein. Die vier vorgenannten Gesetze fußen jedoch auf ein fixiertes *Massenelement*, sind also auf ein strömendes *Volumenelement* nicht unmittelbar anwendbar. So müssen wir uns fragen, wie diese elementaren Gesetze abgewandelt werden können, damit eine Anwendung auf strömende Medien möglich wird.

Der Kernpunkt der Frage ist: wie ändert sich ein Volumenelement eines strömenden Mediums, das auf seinem Wege einer Veränderung unterworfen ist? Diese Frage wird in diesem Abschnitt erörtert werden. Zuvor sollen jedoch in einer Tabelle die vorgenannten Gesetze mit ihren Gleichungen aufgeführt werden.

Gesetz	Systemgleichung	Zitat
Kontinuitätsgleichung	$\dfrac{d\varrho}{dt} = -\mathrm{div}\,[\varrho\,\mathbf{u}]$	Gl. 3.8
Newton-Gleichung	$\dfrac{d[m\,\mathbf{u}]}{dt} = \mathbf{F}$	Gl. 9.3
1. Haupsatz	$\dfrac{dU}{dt} = \dfrac{\delta Q}{dt} + \dfrac{\delta W}{dt}$	Gl. 17.3
2. Hauptsatz	$dS - \dfrac{dQ}{dT} \geq 0$	Gl. 17.9

Für die in diesem Text behandelten Probleme wird vorausgesetzt, daß die Strömungen isotherm und newtonisch sind, in diesem Fall vereinfacht sich die Problematik auf die Erhaltungssätze für Masse und Impuls und Energie. Der Leser möge diese bedeutende Einschränkung im Auge behalten, denn diese idealisierenden Bedingungen sind in der chemischen Verfahrenstechnik sicher nicht oft erfüllt.

9.2 Die substantielle Ableitung

Für *fluide* Medien hat sich die Beschreibung mit einem bewegten Koordinatensystem bewährt: man betrachtet die in einem Volumenelement eingeschlossene Masse und bewegt sich mit diesem zeitlich und örtlich. Zur Übertragung dieser Beschreibungsmöglichkeiten in eine Situation des täglichen Lebens wollen wir die Zugbewegungen studieren: bei der Lagrange-Formulierung löst der Bearbeiter dieses Problem auf dem Bahnhof stehend; bei der Euler-Formulierung reist er in dem Zug mit, vgl. Abschn. 7.3 . Wir betrachten ein Volumenelement des Zuges, das durch die Position **r** in dem Zug fixiert ist. Für die stehenden Betrachter auf dem Bahnhof ist die Beschleunigung des Volumenelementes gegeben durch $d^2\mathbf{r}/dt^2$. Für den im Zuge fahrenden Betrachter ist diese Angabe sinnlos, da durch die Mitbewegung des Koordinatensystems sich der fixierte Punkt nicht ändert. Demzufolge muß die Beschleunigung in der Euler-Formulierung als Funktion der Geschwindigkeit geschrieben werden. Doch nun zu den Fluiden.

Man unterscheidet in diesem Zusammenhang die *lokale* Geschwindigkeit und die *substantielle* Geschwindigkeit. Die lokale Geschwindigkeit $\partial\mathbf{u}/\partial t$ gibt die Geschwindigkeitsänderung des Fluids in einem *festen* Raumpunkt an. Wir benötigen jedoch die Geschwindigkeit eines bestimmten, sich im Raume *bewegenden* Flüssigkeitselementes; der Ausdruck muß also so gestaltet sein, daß eine Beziehung zu festen Raumpunkten hergestellt wird. Die Änderung $d\mathbf{u}$ der Geschwindigkeit des Elementes einer strömenden Fluids in der Zeit dt setzt sich aus zwei Anteilen zusammen:

1. aus der Geschwindigkeitsänderung in dem *gegebenen* Raumpunkt: dieser Anteil ist gegeben durch den Ausdruck: $\dfrac{\partial \mathbf{u}}{\partial t}dt$. Die Ableitung $\partial\mathbf{u}/\partial t$ ist für konstante x, y und z zu bilden.

2. aus der Differenz der Geschwindigkeiten in den Raumpunkten mit dem Abstand $d\mathbf{r} = dx + dy + dz$ zum gleichen Zeitpunkt. Der Abstand $d\mathbf{r}$ wird von dem Fluidelement in der Zeit dt zurückgelegt. Dieser Ausdruck ist:

$$dx\frac{\partial \mathbf{u}}{\partial x} + dy\frac{\partial \mathbf{u}}{\partial y} + dz\frac{\partial \mathbf{u}}{\partial z} = \left(dx\frac{\partial}{\partial x} + dy\frac{\partial}{\partial y} + dz\frac{\partial}{\partial z}\right)\mathbf{u} = (d\mathbf{r}\cdot\nabla)\mathbf{u}$$

Die Gesamtänderung der Geschwindigkeit des Flüssigkeitselementes aus *zeitlicher* und *örtlicher* Änderung ergibt sich dann zu:

$$d\mathbf{u} = \frac{\partial \mathbf{u}}{\partial t}dt + \left(dx\frac{\partial}{\partial x} + dy\frac{\partial}{\partial y} + dz\frac{\partial}{\partial z}\right)\mathbf{u} \tag{9.1}$$

Die Differentiation nach dt liefert mit den Geschwindigkeitskomponenten $u_x = dx/dt, u_y = dy/dt, u_z = dz/dt$ den Ausdruck:

$$\frac{d\mathbf{u}}{dt} = \frac{D\mathbf{u}}{Dt} = \frac{\partial \mathbf{u}}{\partial t} + \left(u_x\frac{\partial}{\partial x} + u_y\frac{\partial}{\partial y} + u_z\frac{\partial}{\partial z}\right)\mathbf{u} = \frac{\partial \mathbf{u}}{\partial t} + (\mathbf{u}\cdot\nabla)\mathbf{u} \tag{9.2}$$

Um auch verbal die zeitliche *und* die örtliche Änderung der Geschwindigkeit in dem Differentialquotienten $d\mathbf{u}/dt$ auszudrücken, bezeichnet man diesen auch als *substantielle* oder *Stokessche Ableitung*, geschrieben $D\mathbf{u}/Dt$.

9.3 Die Aufstellung der Impulsbilanz

Die Newtonsche Bewegungsgleichung: Nach dem *Newtonschen Aktionsprinzip* erzeugt jede an einen Körper angreifende Kraft in ihm eine Beschleunigung. Die Beschleunigung ist der Kraft porportional und gleichgerichtet: $\mathbf{F} = m\,\mathbf{a}$. Der Proportionalitätsfaktor zwischen Kraft und erzeugter Besschleunigung heißt die *Masse*, sie ist ein Skalar und hat den Charakter eines *Beschleunigungswiderstandes*: sie ist *träge*. In differentieller Formulierung heißt sie

▷ NEWTONSCHE BEWEGUNGSGLEICHUNG:

$$\boxed{\mathbf{F} = \frac{d\mathbf{I}}{dt} = \frac{d[m\mathbf{u}]}{dt}} \qquad (9.3)$$

Mit ihr kann für eine konstante Masse m über die Kräftesumme $\mathbf{F}_\Sigma$ die Bewegungsgleichung für Flüssigkeiten aufgestellt werden:

$$\mathbf{F}_\Sigma = m\frac{d\mathbf{u}}{dt} \qquad (9.4)$$

Zur Herleitung der Navier-Stokes-Gleichung sind zunächst Überlegungen zur Kräftesumme $\mathbf{F}_\Sigma$ notwendig. Wie schon diskutiert, werden in der Hydrodynamik sich bewegende Volumenelemente ΔV betrachtet. Die in dem Volumenelement eingeschlossene Masse ist dann $\varrho\,dV$. Als wirkende Kräfte muß man die *Trägheitskraft* als volumenbezogene Kraft, die *Druckkraft* als senkrecht zur Fläche des Volumenelementes wirksame Kraft und die *Scherkraft* als parallel zur Fläche des Volumenelementes wirksame Kraft betrachten.

Die Grundgleichung der Hydrodynamik: In einem beliebigen Punkt eines Strömungsfeldes sollen die Kräfte, die die Bewegung des Fluids bedingen, im Gleichgewicht sein. Maßgebend für die Fluidbewegung sind die:

$$\begin{aligned}
\text{Massenkraft} &\quad : \quad \mathbf{F}_a = m\,\mathbf{a} \\
\text{Oberflächenkraft } \perp &\quad : \quad \mathbf{F}_\perp = \int_A p_\perp\,dA \\
\text{Oberflächenkraft } \| &\quad : \quad \mathbf{F}_\| = \tau A
\end{aligned} \qquad (9.5)$$

Die Newtonsche Bewegungsgleichung erhält somit die für die Anwendungen in der Strömungslehre praktikable Form:

$$\boxed{\begin{aligned}
\mathbf{F}_\Sigma &= \mathbf{F}_a + \mathbf{F}_\perp + \mathbf{F}_\| \\
\varrho\,dV\frac{d\mathbf{u}}{dt} &= \sum \varrho\,\mathbf{a}\,dV + \sum p_\perp\,d\mathbf{A} + \sum \tau\,d\mathbf{A}
\end{aligned}} \qquad (9.6)$$

Die einzelnen Terme dieser Gleichung sollen nun abgeleitet werden.

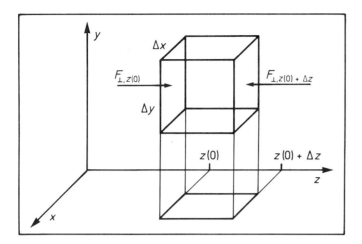

Abbildung 9.1: Erläuterung der Oberflächenkraft $\mathbf{F}_\perp$ der Navier-Stokes-Gleichung.

Die Massenkraft $\mathbf{F}_a$: An ein Volumenelement ΔV eines in z-Richtung beschleunigten Fluids greift die Massenkraft $(m\,a = \varrho \Delta V\, a)$ an:

$$F_{a,z} = \varrho\, a_z\, \Delta V = \varrho\, a_z\, \Delta x\, \Delta y\, \Delta z \tag{9.7}$$

Mit der Indizierung der Beschleunigung a_z und der Massenkraft $F_{a,z}$ werden die Komponenten der Vektoren angegeben. Analog ergibt sich für die beiden anderen Koordinaten x und y:

$$F_{a,x} = \varrho\, a_x\, \Delta V = \varrho\, a_x\, \Delta x\, \Delta y\, \Delta z \tag{9.8}$$
$$F_{a,y} = \varrho\, a_y\, \Delta V = \varrho\, a_y\, \Delta x\, \Delta y\, \Delta z \tag{9.9}$$

Allgemein ergibt sich als vektorielle Gleichung:

$$\mathbf{F}_a = \mathbf{a}\, \varrho\, \Delta V \tag{9.10}$$

Die Oberflächenkraft $\mathbf{F}_\perp$: Die Strömung eines Fluids durchsetze ein Volumenelement ΔV in z-Richtung, vgl. Abb. 9.1. Auf die Eintrittsfläche $\Delta x\, \Delta y$ wirkt dann an der Stelle $z(0)$ in Richtung der Flüssigkeitsbewegung die Oberflächenkraft: $p_{z(0)}\, \Delta x\, \Delta y$:

$$F_{\perp,z(0)} = p_{z(0)}\, \Delta x\, \Delta y \tag{9.11}$$

Auf die Austrittsfläche wirkt an der Stelle $z(0) + \Delta z$ die der Flüssigkeitsbewegung entgegengerichtete Oberflächenkraft: $-p_{z(0)+\Delta z}\, \Delta x\, \Delta y$:

$$F_{\perp,z(0)+\Delta z} = -p_{z(0)+\Delta z}\, \Delta x\, \Delta y \tag{9.12}$$

Der Term an der Stelle $z(0) + \Delta z$ wird nun in eine Taylor-Reihe entwickelt:

$$F_{\perp,z(0)+\Delta z} = -p_{z(0)+\Delta z}\Delta x\, \Delta y = -\left(p_{z(0)} + \frac{\partial p}{\partial z}\Delta z\right)\Delta x\, \Delta y \tag{9.13}$$

9. Die Impulsbilanz: Navier-Stokes, Euler und Bernoulli

Die Resultierende der Oberflächenkraft in Richtung der z-Achse ist dann:

$$F_{\perp,z} = F_{\perp,z(0)} + F_{\perp,z(0)+\Delta z} = p_{z(0)}\Delta x\,\Delta y - \left(p_{z(0)} + \frac{\partial p}{\partial z}\Delta z\right)\Delta x\,\Delta y \quad (9.14)$$

$$F_{\perp,z} = -\frac{\partial p}{\partial z}\Delta V \quad (9.15)$$

Analog ergeben sich die Oberflächenkräfte für die anderen Richtungen x und y zu:

$$F_{\perp,x} = -\frac{\partial p}{\partial x}\Delta V \quad \text{und} \quad F_{\perp,y} = -\frac{\partial p}{\partial y}\Delta V \quad (9.16)$$

Das Vektorfeld der Oberflächenkräfte ergibt sich dann aus den Einzelkomponenten $F_{\perp,x}$, $F_{\perp,y}$ und $F_{\perp,z}$ nach diesen Gleichungen zu:

$$\mathbf{F}_\perp = -\Delta V\left(\vec{e}_x\frac{\partial}{\partial x} + \vec{e}_y\frac{\partial}{\partial y} + \vec{e}_z\frac{\partial}{\partial z}\right)p \quad (9.17)$$

Die Differentiation des skalaren Druckfeldes nach den Lagekoordinaten liefert den Gradienten und damit ein Vektorfeld, also:

$$\mathbf{F}_\perp = -\Delta V\,\mathrm{grad}\,p = -\Delta V\,\nabla p \quad (9.18)$$

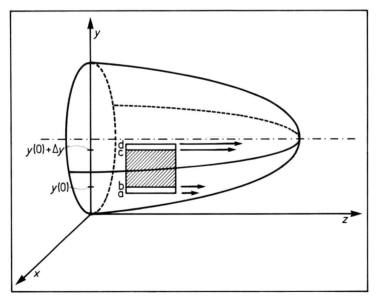

Abbildung 9.2: Erläuterung der Oberflächenkraft $\mathbf{F}_\parallel$ der Navier-Stokes-Gleichung.

9.3. Die Aufstellung der Impulsbilanz

Die Oberflächenkraft $F_\parallel$: Für die Ableitung eines Ausdruckes für die Oberflächenkraft $F_\parallel$, d.i. die Scherkraft, nehmen wir – wie in Abb. 9.2 dargestellt – an, daß das ins Auge gefaßte Volumenelement ΔV (nun vereinfachend „eindimensional" und schraffiert gezeichnet) ebenfalls in Richtung der z-Achse von einer Hagen-Poiseuille-Strömung durchsetzt werde.

An der Stelle $y(0)$ ist die Geschwindigkeit der Strömungsschicht (b) *im* Volumenelement *größer* als die der benachbarten Schicht (a) außerhalb des Volumenelementes. Die Schicht (b) wird durch die Scherkraft der Schicht (a) *verzögert* ⇝ *Impuls wandert aus dem Volumenelement*:

$$F_{\parallel, y(0)} = -\tau_{y(0)} \Delta x \, \Delta z \tag{9.19}$$

An der Stelle $y(0) + \Delta y$ ist die Geschwindigkeit der Strömungsschicht (c) im Volumenelement *kleiner* als die der dem Volumenelement *benachbarten* Schicht (d). Die Schicht (c) wird also durch die Scherung *mitgezogen* ⇝ *Impuls wandert in das Volumenelement*:

$$F_{\parallel, y(0)+\Delta y} = \tau_{y(0)+\Delta y} \Delta x \, \Delta z \tag{9.20}$$

Dieser Ausdruck wird nun in eine Taylor-Reihe entwickelt:

$$F_{\parallel, y(0)+\Delta y} = \left(\tau_{y(0)} + \frac{\partial \tau}{\partial y} \Delta y\right) \Delta x \, \Delta z \tag{9.21}$$

Die Resultierende der beiden Scherkräfte ergibt sich dann zu:

$$F_{\parallel, y} = F_{\parallel, y(0)} + F_{\tau, y(0)+\Delta y} \tag{9.22}$$

$$F_{\parallel, y} = \frac{\partial \tau}{\partial y} \Delta V \tag{9.23}$$

Andererseits gilt nach dem Newtonschen Reibungsgesetz nach Gl. 3.14 in Abschn. 3: $\tau = \eta \,(\mathrm{d}u_z/\mathrm{d}y)$. Es ergibt sich nach dem Einsetzen:

$$F_{\parallel, y} = \frac{\partial}{\partial y}\left[\eta \frac{\partial u_z}{\partial y}\right] \Delta V \tag{9.24}$$

Für die Scherkraft in Richtung der y-Koordinaten ergibt sich für den Fall der Ortsunabhängigkeit von η (d.h. η wird vor das Differential gezogen) der Zusammenhang:

$$F_{\parallel, y} = \eta \frac{\partial^2 u_z}{\partial y^2} \Delta V \tag{9.25}$$

Im allgemeinen tritt die Scherkraft nicht nur in der Richtung der y-Koordinaten, sondern in allen drei Koordinatenrichtungen auf: denn das Geschwindigkeitsprofil braucht nicht – wie in Abb. 9.2 dargestellt – unbedingt ein Rotationsparaboloid zu sein. Man erhält für den Fall eines isotropen ortsunabhängigen Viskositätskoeffizienten η:

$$\mathbf{F}_\parallel = \eta\left(\frac{\partial^2 u_z}{\partial x^2} + \frac{\partial^2 u_z}{\partial y^2} + \frac{\partial^2 u_z}{\partial z^2}\right)\Delta V = \Delta V\, \eta \,\mathrm{grad}\,[\mathrm{div}\,\mathbf{u}] = \Delta V\, \eta\, \nabla^2\, \mathbf{u} \tag{9.26}$$

9.4 Der Satz der Navier-Stokes-Gleichungen

Führt man die oben dargelegte Bilanzierung der die Strömung bedingenden Kräfte auch für die x- und y- Koordinate durch, so erhält man schließlich durch Zusammenfassung der Gln. 9.2, 9.10, 9.18 und 9.26 den kompletten Satz der Navier-Stokes-Gleichungen mit der Einführung des isotropen kinematischen Viskositätskoeffizienten $\nu = \eta/\varrho$:

▷ IN DER KOORDINATENSCHREIBWEISE:

$$\frac{\partial u_x}{\partial t} + u_x \frac{\partial u_x}{\partial x} + u_y \frac{\partial u_x}{\partial y} + u_z \frac{\partial u_x}{\partial z} = a_x - \frac{1}{\varrho}\frac{\partial p}{\partial x} + \nu\left(\frac{\partial^2 u_x}{\partial x^2} + \frac{\partial^2 u_x}{\partial y^2} + \frac{\partial^2 u_x}{\partial z^2}\right)$$

$$\frac{\partial u_y}{\partial t} + u_x \frac{\partial u_y}{\partial x} + u_y \frac{\partial u_y}{\partial y} + u_z \frac{\partial u_y}{\partial z} = a_y - \frac{1}{\varrho}\frac{\partial p}{\partial y} + \nu\left(\frac{\partial^2 u_y}{\partial x^2} + \frac{\partial^2 u_y}{\partial y^2} + \frac{\partial^2 u_y}{\partial z^2}\right)$$

$$\frac{\partial u_z}{\partial t} + u_x \frac{\partial u_z}{\partial x} + u_y \frac{\partial u_z}{\partial y} + u_z \frac{\partial u_z}{\partial z} = a_z - \frac{1}{\varrho}\frac{\partial p}{\partial z} + \nu\left(\frac{\partial^2 u_z}{\partial x^2} + \frac{\partial^2 u_z}{\partial y^2} + \frac{\partial^2 u_z}{\partial z^2}\right) \quad (9.27)$$

▷ IN DER KOORDINATENFREIEN SCHREIBWEISE MIT DIVERGENZ UND GRADIENT:

$$\boxed{\frac{\partial \mathbf{u}}{\partial t} + (\mathbf{u} \cdot \nabla)\mathbf{u} = \mathbf{a} - \frac{1}{\varrho}\,\mathrm{grad}\,p + \nu\,\mathrm{grad}[\mathrm{div}\,\mathbf{u}]} \quad (9.28)$$

Betrachtet man den kinematischen Viskositätskoeffizienten als ortsunabhängig, dann kann man diesen vor den Gradienten schreiben und erhält:

$$\boxed{\frac{\partial \mathbf{u}}{\partial t} + (\mathbf{u} \cdot \nabla)\mathbf{u} = \mathbf{a} - \frac{1}{\varrho}\,\mathrm{grad}\,p + \nu\,\mathrm{grad}[\mathrm{div}\,\mathbf{u}]} \quad (9.29)$$

▷ IN DER KOORDINATENFREIEN SCHREIBWEISE MIT DEM NABLA-OPERATOR:

$$\frac{\partial \mathbf{u}}{\partial t} + (\mathbf{u} \cdot \nabla)\mathbf{u} = \mathbf{a} - \frac{1}{\varrho}\nabla p + \nu\,\nabla[\nabla \cdot \mathbf{u}] \quad (9.30)$$

Für den allgemeinen Fall des ortsabhängigen kinematischen Viskositätskoeffizienten ν ergibt sich:

$$\frac{\partial \mathbf{u}}{\partial t} + (\mathbf{u} \cdot \nabla)\mathbf{u} = \mathbf{a} - \frac{1}{\varrho}\nabla p + \nabla[\nu\,\nabla \cdot \mathbf{u}] \quad (9.31)$$

Die Schreibweise mit dem Nabla-Operator läßt sich für Strömungen, auf die nur die konstante Erdbeschleunigung $\mathbf{a} = \mathbf{g}$ wirkt, noch weiter durch die Einführung der *Rotation* vereinfachen.

Folgerungen: Die Reaktionsgeschwindigkeit taucht explizit nur in den Gleichungen für das Konzentrations- und Temperaturfeld auf. Das heißt jedoch auf keinen Fall, daß die Formulierung des Geschwindigkeitsfeldes bei der Berechnung chemischer Reaktoren nachrangig wäre. Es ist vor allem für Reaktionen in der Gasphase dann wichtig, wenn die Reaktion nicht volumenkonstant abläuft.

9.5 Die Euler-Gleichung

Da eine geschlossene Lösung der Navier-Stokes-Gleichungen in Verbindung mit den anderen Bilanzen meist nicht möglich ist, müssen Vereinfachungen vorgenommen werden. Es baut sich folgende Hierarchie der Strömungsgleichungen auf:

1. Navier-Stokes-Gleichung, dann folgt die
2. Euler-Gleichung für ein reibungsfreies Fluid, sodann als deren Integral die
3. Bernoulli-Gleichung für konstante Beschleunigung.

Erst die letztgenannte Bernoulli-Gleichung findet vielfältige Verwendung in der chemischen Verfahrenstechnik. Insbesondere ist sie innerhalb der mechanischen Verfahrenstechnik von großer Bedeutung, vgl. Absch. 15.

Um zu verwertbaren Aussagen zu gelangen, hat sich das Modell des reibungsfreien Fluids durchgesetzt. Diese Annahme mag auf den ersten Augenblick als recht harsch anmuten, zumal die Viskosität als Transporteigenschaft zu den dissipativen Größen gehört, dennoch wird sie durch das Auftreten des Grenzschichtphänomens annähernd verifiziert, vgl. Abschn. 3.5. Auf diese Weise entfällt die partielle zweite Ableitung der Geschwindigkeit nach dem Ort. Aus der Navier-Stokes-Gleichung folgt:

$$\frac{d\mathbf{u}}{dt} = \mathbf{a} - \frac{1}{\varrho}\nabla p + \nu\,\nabla^2\,\mathbf{u} \tag{9.32}$$

durch Fortlassen des Scher- oder Reibungstermes erhält man die
▷ EULER-GLEICHUNG:

$$\boxed{\frac{d\mathbf{u}}{dt} = \mathbf{a} - \frac{1}{\varrho}\operatorname{grad} p} \tag{9.33}$$

Auch hier ist $d\mathbf{u}/dt$ durch die substantielle Ableitung gegeben, vgl. Gl. 9.2:

$$\frac{d\mathbf{u}}{dt} = \frac{D\mathbf{u}}{Dt} = \frac{\partial \mathbf{u}}{\partial t} + u_x\frac{\partial \mathbf{u}}{\partial x} + u_y\frac{\partial \mathbf{u}}{\partial y} + u_z\frac{\partial \mathbf{u}}{\partial z}$$

Diese Schreibweise – durchgeführt auf die drei Raumrichtungen – ergibt schließlich den Satz der Eulerschen Gleichungen in der Schreibweise mit dem Nabla-Operator:

$$\frac{\partial \mathbf{u}}{\partial t} + (\mathbf{u}\cdot\nabla)\,\mathbf{u} = \mathbf{a} - \frac{1}{\varrho}\nabla p \tag{9.34}$$

Legt man eine Vorzugsrichtung der Strömung entlang der Koordinaten z fest, dann folgt für die stationäre Strömung als einfache gewöhnliche Differentialgleichung die:
▷ STATIONÄRE EINDIMENSIONALE EULER-GLEICHUNG:

$$\boxed{u_z\frac{du_z}{dz} = a_z - \frac{1}{\varrho}\frac{dp}{dz}} \tag{9.35}$$

9.6 Die Bernoulli-Gleichung

Während bei der Eulerschen Gleichung an dem generellen Beschleunigungsterm festgehalten wird, erhält man eine weitere Vereinfachung dieser Gleichung durch die Annahme, daß nur die konstante Erdbeschleunigung auf die stationäre Strömung wirkt.

Für aufwärts gerichtete, der Erdbeschleunigung entgegengesetzt gerichtete Strömungen: $a_z = -g$, schreibt man die Differentialgleichung Gl. 9.35 um und integriert sie über die Höhe dh wie folgt:

$$\int_{u_1}^{u_2} u\, du = -\int_{h_1}^{h_2} g\, dh - \frac{1}{\varrho}\int_{p_1}^{p_2} dp$$

$$\frac{u_2^2 - u_1^2}{2} = -g(h_2 - h_1) - \frac{(p_2 - p_1)}{\varrho}$$

Dies ist bereits die berühmte *Bernoulli-Gleichung*. Dafür gibt es aufgrund des folgenden Zusammenhanges verschiedene Schreibweisen:

$$\frac{u_2^2}{2} + \frac{p_2}{\varrho} + g\, h_2 = \frac{u_1^2}{2} + \frac{p_1}{\varrho} + g\, h_1 = \text{const} \qquad (9.36)$$

Die wichtigsten Formulierungen, die man auch behalten sollte, sind die

▷ ENERGIEFORM DER BERNOULLI-GLEICHUNG:

$$\boxed{\frac{\varrho}{2}u^2 + \varrho\, g\, h + p = \text{const} \quad ,\, \text{J m}^{-3}} \qquad (9.37)$$

▷ HÖHENFORM DER BERNOULLI-GLEICHUNG:

$$\boxed{\frac{u^2}{2g} + h + \frac{p}{\varrho\, g} = \text{const} \quad ,\, \text{m}} \qquad (9.38)$$

Die Energieformulierung läßt sich leicht einsehen, wenn man die Terme der Gl. 9.37 gliedweise mit dem Volumen V multipliziert, dann stellt der

1. Term ($\frac{m}{2}u^2$) die *kinetische Energie*,
2. Term ($m\, g\, h$) die *potentielle Energie*,
3. Term ($p\, V$) die *Druckenergie* dar.

In der zweiten Formulierung nach der Höhenform ist die Bernoulli-Gleichung besonders bei den Ingenieuren beliebt, in ihr stellt der

1. Term ($\frac{p}{\varrho\, g}$) die *Druckhöhe*,
2. Term (h) die *Ortshöhe*,
3. Term ($\frac{u^2}{2g}$) die *Geschwindigkeitshöhe* dar.

Die Bernoulli-Gleichung in der Energieform ist bei der Berechnung von *Gaskompressoren*, diejenige in der Höhenform bei der Berechnung von *Flüssigkeitspumpen* vorzuziehen.

Teil III
Reaktionstechnik

10 Einführung in die Laplace-Transformationen und Regelungstechnik

Die Ermittlung der Lösungen *linearer Differentialgleichungen* gelingt mit der Laplace-Transformation. Nach einigen Worten über den Sinn und Zweck der Funktionaltransformationen werden die für die Chemische Verfahrenstechnik wichtigsten Laplace-Transformierten abgeleitet und die Lösungswege wichtiger Differentialgleichungen angegeben.

- DEFINITIONSGLEICHUNG DER FOURIER-TRANSFORMATION, Gl. 10.3:

$$F(\omega) = \mathcal{F}[f(t)] = \frac{1}{2\pi} \int_{-\infty}^{\infty} f(t) \cdot \exp[-\mathrm{i}\omega t]\, \mathrm{d}t$$

- DEFINITIONSGLEICHUNG DER LAPLACE-TRANSFORMATION, Gl. 10.6:

$$\tilde{F}(s) = \mathcal{L}[f(t)] = \int_0^\infty f(t) \cdot \exp[-st]\, \mathrm{d}t$$

- PROPORTIONALREGLER, Gl. 10.54:
$$\frac{k\, c_{\mathrm{st}}}{V} \Delta \dot{V} = K_{\mathrm{P}}\, \Delta \dot{V}$$

- DIFFERENTIALREGLER, Gl. 10.55:
$$\frac{k\, c_{\mathrm{st}}}{V} \Delta \dot{V} = K_{\mathrm{D}}\, \frac{\mathrm{d}\Delta \dot{V}}{\mathrm{d}t}$$

- INETEGRALREGLER, Gl. 10.57:
$$\frac{k\, c_{\mathrm{st}}}{V} \Delta \dot{V} = K_{\mathrm{I}} \int_{\dot{V}} \Delta \dot{V}\, \mathrm{d}\dot{V}$$

10.1 Funktionaltransformationen und Signale

Definition: Ordnet man einer gewissen Funktion $f(t)$ nach einer Vorschrift eine andere Funktion $F(\omega)$ zu, so nennt man die Zuordnung *Funktionaltransformation*.

Man kann die Funktionen $f(t)$ und $F(\omega)$ als Vokabeln zweier verschiedener Sprachen auffassen. Ebenso wie dort kann man mit einem Wörterbuch (= Funktionentabelle) und einer Grammatik (= Operationen mit der Funktion) eine Übersetzung bewerkstelligen. Die bekanntesten Funktionaltransformationen sind die Fourier-Transformation, die Laplace-Transformation und die $\mathcal{Z}$-Transformation.

Mithilfe der Laplace-Transformation gelingt oft eine Vereinfachung des Lösungsweges *linearer* Differentialgleichungen. Dabei bildet man das im *Oberbereich* vorgegebene Problem $f(t)$ mithilfe einer Operation – der Laplace-Transformation – auf einen *Unterbereich* oder *Bildbereich* ab und erhält das abgebildete Problem $F(\omega)$. In diesem Unterbereich löst man die resultierende Aufgabe durch algebraische Umformungen und retransformiert die Lösung wieder in den Oberbereich. Die Laplace-Transformation soll mit $\mathcal{L}$ und die Retransformation mit $\mathcal{L}^{-1}$ bezeichnet werden, dann ergibt sich das Schema:

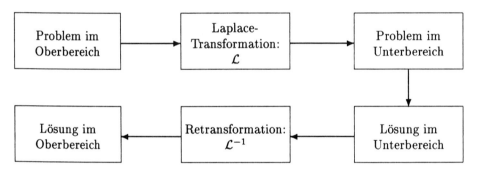

Der große Vorteil der Laplace-Transformation liegt in der bedeutenden Vereinfachung der Problemlösung im Bildbereich: so resultiert aus einer gewöhnlichen Differentialgleichung eine algebraische Gleichung, eine partielle Differentialgleichung wird auf eine gewöhnliche Differentialgleichung zurückgeführt.

Die weiteren Erläuterungen sollen anhand des *Signalflusses* eines Thermometers erfolgen. Wie bekannt, nimmt das Thermometer infolge der Umgebungstemperatur T_U *Signale* als *Ursache* auf und reagiert mit dem Ansteigen des Meniskus der Thermometerflüssigkeit als *Wirkung:* das Thermometer wirkt also als *Signalüberträger*. Die Kopplung von

$$\text{Ursache} \to \text{Überträger} \to \text{Wirkung}$$

nennt man *System*. Das vorgestellte System wird durch die Wärmebilanz, vergl. Gl. 8.23:

$$\frac{dT}{dt} = \kappa(T_U - T) \tag{10.1}$$

beschrieben. Ist $T_U > T$, so wird $dT/dt > 0$, das Auge registriert am steigenden Meniskus eine Temperaturerhöhung.

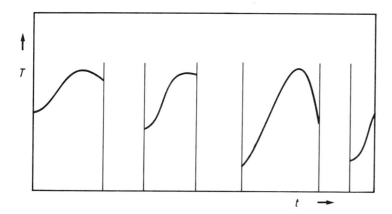

Abbildung 10.1: Temperaturtagebuch zur Erläuterung einer stückweise stetigen Funktion, siehe Text.

Für die mathematische Behandlung dieses Problems in der *Systemtheorie* schreibt man die Differentialgleichung um, indem man die unabhängigen Variable als Wirkung auf die linke Seite und den inhomogenen Teil als Ursache auf die rechte Seite der Differentialgleichung schreibt:

$$\text{Systemgleichung in der Wirkung} = \text{Ursache}$$
$$\frac{dT}{dt} + \kappa T = \kappa T_U$$

Da die Ursache auch als *Störung* gedeutet werden kann, wird das Glied κT_U auch als *Störfunktion* bezeichnet.

Die Fourier-Transformation: Zur Führung eines Wettertagebuch beobachten wir für gewisse Zeiten das Thermometer und notieren die Temperaturen. Dann resultieren für diese Zeiten Meßwerte, doch werden auch – zumindest zur Schlafenszeit des Protokollanten – Lücken in dem Protokoll auftreten. Man erhält somit einen „gestückelten" Verlauf der Temperatur mit der Zeit: in unserem Fall eine *stückweise stetige Funktion*, vgl. das Temperaturtagebuch in Abb. 10.1.

Ein Erfahrungssatz sagt, daß man mit einer Funktionaltransformation – der *Fourier-Transformation* – den schwankenden Temperaturverlauf mithilfe einer Sinus/Cosinus-Darstellung „harmonisieren" kann. Dazu „überformt" man der Funktion $f(t)$ die Sinus/-Cosinus-Funktion in folgender Art:

$$F(\omega) = \frac{1}{2\pi} \int_{-\infty}^{\infty} f(t) \left\{ \cos[\omega t] - i \sin[\omega t] \right\} dt \tag{10.2}$$

Mithilfe des *Eulerschen Satzes*: $\exp[-i\omega t] = \cos[\omega t] - i \sin[\omega t]$ erhält man die

10. Einführung in die Laplace-Transformationen und Regelungstechnik

▷ DEFINITIONSLGEICHUNG DER FOURIER-TRANSFORMATION:

$$F(\omega) = \frac{1}{2\pi} \int_{-\infty}^{\infty} f(t) \cdot \exp[-\mathrm{i}\omega t]\, \mathrm{d}t \tag{10.3}$$

Die Fourier-Transformation erstreckt sich von den Grenzen $-\infty$ bis $+\infty$ und ist in erster Linie Dauervorgängen angepaßt, die wirklich auch über diese Zeit beobachtet werden.

Die Laplace-Transformation: Für die Praxis ist es jedoch günstiger, den Zeitpunkt $t = 0$ für den Beginn der Beobachtung anzusetzen. Dazu könnte man zunächst eine „einseitige" Fourier-Transformierte einführen, mit:

$$F(\omega) = \int_{0}^{\infty} f(t) \cdot \exp[-\mathrm{i}\omega t]\, \mathrm{d}t \tag{10.4}$$

Zur Auswertung des Integrals muß sichergestellt sein, daß dessen Argument auch konvergiert. Das ist unglückseligerweise für viele Fälle nicht verifiziert, so z.B. für Schwingungsvorgänge: dort heben sich die Schwingungsmaxima und -minima heraus. Man hilft diesem Umstand ab, indem man die Fourier-Transformierte mit einer stark dämpfenden Exponentialfunktion: $\exp[-xt]$ multipliziert. Auf diese Weise wird der Schwingungsvorgang so stark gedämpft, daß die Fläche eines Schwingungsmaximums immer größer ist als die des nachfolgenden Schwingungsminimums: damit konvergieren die aufeinanderfolgenden Flächensummen:

$$\int_{0}^{\infty} f(t) \cdot \exp[-\mathrm{i}\omega t] \cdot \exp[-xt]\, \mathrm{d}t = \int_{0}^{\infty} f(t) \cdot \exp[-(x + \mathrm{i}\omega)t]\, \mathrm{d}t \tag{10.5}$$

Nun hat sich gewissermaßen „von selbst" eine komplexe Variable $(x + \mathrm{i}\omega)t$ eingestellt, man bezeichnet sie als s und erhält die

▷ DEFINITIONSGLEICHUNG DER LAPLACE-TRANSFORMATION:

$$\boxed{\tilde{F}(s) = \mathcal{L}[f(t)] = \int_{0}^{\infty} f(t) \cdot \exp[-st]\, \mathrm{d}t} \tag{10.6}$$

Folgerungen: Der Funktion $f(t)$ wird durch die Operation $\mathcal{L}$ eine Bildfunktion $\tilde{F}(s)$ zugeordnet, zugleich wird die Zeit t als Variable eliminiert und eine neue komplexe Variable s eingeführt. Die Überlegenheit der Laplace-Transformation ergibt sich nicht nur aus der Übersetzungsmöglichkeit als Funktionaltransformation, sondern vor allem durch die Erweiterung auf den Zahlenbereich der komplexen Zahlen.

Die Beschränkung der Laplace-Transformation liegt in der alleinigen Anwendbarkeit auf *lineare* Probleme. Wie bereits mehrfach in diesem Text gezeigt, resultieren aus der Stoff- und aus der Wärmebilanz sehr oft *nichtlineare* Differentialgleichungen; auch die Navier-Stokes-Gleichungen sind immer nichtlinear. Die Anwendung der Laplace-Transformation auf Probleme der chemischen Verfahrenstechnik, die die Kopplung von Stoff- und Wärmebilanz beinhalten, ist daher begrenzt. Dennoch haben die Laplace-Transformationen große Bedeutung für die Beschreibung *linearisierter* Systeme, vgl. auch Abschn. 14.

10.2 Anwendungen der Laplace-Transformation

10.2.1 Laplace-Transformierte von Funktionen

Die Laplace-Transformierten der Funktionen $f(t)$ sind tabelliert; bevor wir die Tabellen nutzen, sollen einige Funktionen ausgerechnet werden. Für die chemische Verfahrenstechnik sind folgende Funktionen wichtig:
- die Sprungfunktion: $f(t) = K$,
- die Rampenfunktion: $f(t) = At$,
- die Delta-Funktion: $f(t) = \delta(t)$
- die Exponentialfunktion: $f(t) = \exp[at]$
- die Winkelfunktionen, z.B. : $f(t) = \sin[\omega t]$

Die Laplace-Transformierte der Zahl 1: Wir setzen in die obige Definitionsgleichung 10.6 den Ausdruck $f(t) = 1$ ein und erhalten:

$$\mathcal{L}[1] = \int_0^\infty 1 \cdot \exp[-st] \mathrm{d}t \qquad (10.7)$$

Aus der Stammfunktion von $\int \exp[sx] = \exp[sx]/s$ folgt schnell:

$$\mathcal{L}[1] = \left| -\frac{1}{s} \exp[-st] \right|_0^\infty = 0 - (-\frac{1}{s}) = \frac{1}{s}$$

▷ LAPLACE-TRANSFORMIERTE DER ZAHL 1:

$$\boxed{\mathcal{L}[1] = \frac{1}{s}} \qquad (10.8)$$

Die Laplace-Transformierte einer Konstanten ergibt sich aus dem soeben dargestellten Zusammenhang einfach zu:

▷ LAPLACE-TRANSFORMIERTE EINER KONSTANTEN:

$$\boxed{\mathcal{L}[K] = K\,\mathcal{L}[1] = \frac{K}{s}} \qquad (10.9)$$

Die Sprung-, Stufen- oder Heavyside-Funktion: Die Laplace-Transformierte der Zahl 1 ist also der Ausdruck $1/s$. Aus den Integrationsgrenzen folgt unmittelbar, daß es sich um eine *Sprungfunktion* – $u(t)$ genannt –, handelt:

$$\boxed{f(t) = \begin{pmatrix} \text{ist } 0 & \text{für } t<0 \\ \text{ist } 1 & \text{für } t \geq 0 \end{pmatrix} \doteq u(t)} \qquad (10.10)$$

Die Sprungfunktion hat die Höhe 1, sie ist eine *Störfunktion*. Auch die Konstante ergibt eine Störfunktion mit der Höhe K, sie wird $K\,u(t)$ genannt, vgl. Abb. 10.2(a).

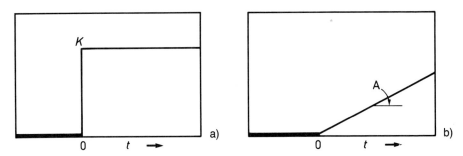

Abbildung 10.2: (a) Sprungfunktion der Höhe K, (b) Rampenfunktion der Steigung A.

Die Laplace-Transformierte einer Variablen: Wir wählen als Variable die Zeit t, also $f(t) = t$, setzen in Gl. 10.6 ein und erhalten:

$$\mathcal{L}[t] = \int_0^\infty t \cdot \exp[-st]\mathrm{d}t \tag{10.11}$$

Dieses Integral wird durch partielle Integration gelöst:

$$\int u\,v'\,\mathrm{d}t = u\,v - \int v\,u'\,\mathrm{d}t$$

$$\text{Setze:}\quad u = t \rightsquigarrow u' = 1$$

$$\text{Setze:}\quad v' = \exp[-st] \rightsquigarrow v = -\frac{1}{s}\exp[-st]$$

Man setzt u, v, u' und v' in das partielle Integral ein und erhält:

$$\mathcal{L}[t] = \int_0^\infty t\,\exp[-st]\mathrm{d}t = \left|-\frac{t}{s}\exp[-st]\right|_0^\infty - \int_0^\infty -\frac{1}{s}\exp[-st]\mathrm{d}t$$

Der Ausdruck $(-t/s)\exp[-st] = 0$ in den Grenzen 0 bis ∞, also folgt die
▷ LAPLACE-TRANSFORMIERTE EINER VARIABLEN:

$$\boxed{\mathcal{L}[t] = \frac{1}{s^2}} \tag{10.12}$$

Die Multiplikation der Variablen mit einer Konstanten A ergibt analog zu oben:

$$\mathcal{L}[At] = \frac{A}{s^2} \tag{10.13}$$

Rampenfunktion: Auch hier hat die Variable besondere Eigenschaften: in der Regelungstechnik bezeichnet man die Funktion $f(t) = At$ als eine *Rampe* mit der Steigung A, sie ist eine *Störfunktion*, s. Abb. 10.2(b).

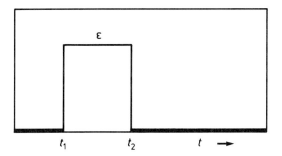

Abbildung 10.3: Delta-Funktion mit der Höhe A/ϵ und der Breite ϵ.

Die Laplace-Transformierte der Delta-Funktion: Die Delta-Funktion $\delta(t)$ ist eine *Stoßfunktion* und stellt in ihrer Struktur die Subtraktion zweier Sprungfunktionen für den Grenzfall $\epsilon \to \infty$ dar, s. Abb. 10.3.

$$\delta(t) = \frac{A}{\epsilon}\Big(u(t-t_1) - u(t-t_2)\Big) \tag{10.14}$$

Zur Berechnung von $\mathcal{L}[\delta(t)]$ muß also $\mathcal{L}\left[\frac{A}{\epsilon}\Big(u(t-t_1) - u(t-t_2)\Big)\right]$ gefunden werden. Wir betrachten zunächst den Ausdruck: $\mathcal{L}[u(t-t_1)]$:

$$\mathcal{L}[u(t-t_1)] = \int_0^\infty u(t-t_1)\exp[-st]\,\mathrm{d}t$$

Durch Erweiterung mit der Exponentialfunktion $\exp[-st_1]$ erhält man:

$$\int_0^\infty u(t-t_1)\exp[-st]\,\mathrm{d}t = \exp[-st_1]\int_0^\infty u(t-t_1)\exp[-s(t-t_1)]\mathrm{d}(t-t_1)$$

Setze nun $\tau = t - t_1$, es ergibt sich:

$$\mathcal{L}[u(t-t_1)] = \exp[-st_1]\int_{-t_1}^\infty u(\tau)\exp[-s\tau]\mathrm{d}\tau$$

Das Integral ist gerade die Laplace-Transformierte der Sprungfunktion $u(t)$:

$$\mathcal{L}[u(\tau)] = \int_{-t_1}^\infty u(\tau)\exp[-s\tau]\mathrm{d}\tau = \frac{1}{s}$$

Somit ergibt sich endlich:

$$\frac{A}{s}\mathcal{L}[u(t-t_1)] = \frac{A}{s\epsilon}\exp[-st_1]$$

Für den zweiten Sprung folgt analog:

$$-\frac{A}{s}\mathcal{L}[u(t-t_2)] = -\frac{A}{s\epsilon}\exp[-st_2]$$

Somit für beide Sprungfunktionen:

$$\mathcal{L}\left[\frac{A}{\epsilon}\left(u(t-t_1)-u(t-t_2)\right)\right]=\frac{A}{s\epsilon}\exp[-st_1]-\frac{A}{s\epsilon}\exp[-st_2] \qquad (10.15)$$

Für $\epsilon \to 0$ folgt die
▷ LAPLACE TRANSFORMIERTE EINER DELTA-FUNTKION:

$$\boxed{\mathcal{L}[\delta(t)]=1} \qquad (10.16)$$

Die Funktion hat die Eigenschaft:

$$\boxed{f(t)=\begin{pmatrix} \text{ist } 0 & \text{für } t\neq t_1 \\ \text{ist } \infty & \text{für } t=t_1 \end{pmatrix} \doteq \delta(t)} \qquad (10.17)$$

Die Laplace-Transformierte der Exponentialfunktion: Wir setzen nun für $f(t) = \exp[-at]$ ein und erhalten:

$$\mathcal{L}\left[\exp[-at]\right]=\int_0^\infty \exp[-at]\exp[-st]\,dt=\int_0^\infty \exp[-(s+a)t]dt=\frac{1}{s+a} \qquad (10.18)$$

▷ LAPLACE-TRANSFORMIERTE DER EXPONENTIALFUNKTION:

$$\boxed{\mathcal{L}\left[\exp[-at]\right]=\frac{1}{s+a}} \qquad (10.19)$$

Die Laplace-Transformierte der Sinus-Funktion: Man setzt $f(t)=sin[\omega t]$ und substitutiert die Sinus-Funktion durch eine Exponentialdarstellung:

$$\sin[\omega t]=\frac{\exp[i\omega t]-\exp[-i\omega t]}{2i} \qquad (10.20)$$

Nun erhält man:

$$\mathcal{L}\left[\sin[\omega t]\right]=\frac{1}{2i}\int_0^\infty \exp[(i\omega-s)t]dt-\frac{1}{2i}\int_0^\infty \exp[-(i\omega+s)t]dt$$

Die Stammfunktion des Integranden ist $\int \exp[(i\omega-s)t]=1/(s-i\omega)$, mit $i^2=-1$ folgt:

$$\mathcal{L}\left[\sin[\omega t]\right]=\frac{1}{2i}\left(\frac{1}{s-i\omega}-\frac{1}{s+i\omega}\right)=\frac{\omega}{s^2+\omega^2}$$

▷ LAPLACE-TRANSFORMIERTE DER SINUS-FUNKTION:

$$\boxed{\mathcal{L}\left[\sin[\omega t]\right]=\frac{\omega}{s^2+\omega^2}} \qquad (10.21)$$

10.2.2 Die Faltung

Bisweilen kommt es vor, daß bei der Erzeugung der Laplace-Transformierten im Bildraum eine Funktion resultiert, für die eine Retransformation als schwierig erscheint. In diesem Fall wendet man mit Erfolg eine *Faltung* (engl. Convolution) an. Nach Erzeugung der Bildfunktion $\tilde{F}(s)$ nach dem Schema:

$$f(t) \longrightarrow \tilde{F}(s) \xrightarrow{\text{Ordnen}} \tilde{Y}(s) \xrightarrow{?} y(t)$$

soll die Retransformation mit einer Tabelle der Laplace-Transformationen nicht vorgenommen werden können. In diesem Falle zerlegt man $\tilde{Y}(s)$ in die Faktoren $\tilde{V}(s)$ und $\tilde{W}(s)$ nach der Vorschrift:

$$\tilde{Y}(s) = \tilde{V}(s) \cdot \tilde{W}(s) \tag{10.22}$$

Für die Retransformation gilt dann:

$$y(t) = \mathcal{L}^{-1}[\tilde{Y}(s)] = \mathcal{L}^{-1}[\tilde{V}(s) \cdot \tilde{W}(s)] \tag{10.23}$$

Ohne Beweis sei angeführt, daß die Retransformation auf das *Faltungsintegral* führt:

$$\mathcal{L}^{-1}[\tilde{V}(s) \cdot \tilde{W}(s)] = \int_0^t v(\tau)\, w(t-\tau)\, \mathrm{d}\tau \tag{10.24}$$

$$v * w = \int_0^t v(\tau)\, w(t-\tau)\, \mathrm{d}\tau \tag{10.25}$$

Die rechte Seite dieser Gleichungen stellt das Faltungsintegral dar. Der Produktbildung im Bildraum entspricht also die Faltung im Oberraum.

Beispiel: Im Bildraum resultiere die Laplace-Transformierte $\tilde{Y} = s^2/(s^2+1)^2$. Die Faktorenzerlegung ergibt:

$$\tilde{Y} = \tilde{V} \cdot \tilde{W}$$
$$\frac{s^2}{(s^2+1)^2} = \left(\frac{s}{s^2+1}\right)\left(\frac{s}{s^2+1}\right)$$

Der Tabelle entnimmt man $v(t) = w(t) = \cos t$, damit ergibt sich für das Faltungsintegral:

$$f(t) = \int_0^t \cos\tau \cdot \cos[t-\tau]\, \mathrm{d}\tau$$
$$= \frac{1}{2}\int_0^t \left(\cos t + \cos[2\tau - t]\right)\mathrm{d}t$$
$$= \frac{1}{2}\left(t\cos t + \frac{1}{2}\sin t + \frac{1}{2}\sin t\right)$$

und schließlich : $$f(t) = \frac{1}{2}(t\cos t + \sin t)$$

10.2.3 Die Lösung gewöhnlicher Differentialgleichungen

Die Laplace-Transformierte des Differentialquotienten: Zunächst muß die Laplace-Transformierte des Differentialquotienten abgeleitet werden, es ergibt sich schnell:

$$\mathcal{L}\left[\frac{dy}{dt}\right] = \int_0^\infty \frac{dy}{dt} \cdot \exp[-st]\,dt \qquad (10.26)$$

Das Integral wird durch partielle Integration gelöst:

$$\int u\,v'\,dt = u\,v - \int v\,u'\,dt$$

$$u = \exp[-st] \rightsquigarrow u' = -s\exp[-st]$$

$$v' = \frac{dy}{dt} \rightsquigarrow v = y(t)$$

Durch Einsetzen erhält man schließlich:

$$\int_0^\infty \frac{dy}{dt}\exp[-st]\,dt = |y(t)\exp[-st]|_0^\infty - \int_0^\infty -y(t)\,s\exp[-st]\,dt$$

Der Ausdruck $y(t)\exp[-st]|_0^\infty = -y(0)$, das dahinterstehende Integral ist gerade die Laplace-Transformierte multipliziert mit s: $s\mathcal{L}[y(t)] = s\tilde{Y}(s)$, s. Gl. 10.6:

$$\int_0^\infty \frac{dy}{dt}\exp[-st]\,dt = s\tilde{Y}(s) - y(0) \qquad (10.27)$$

Schließlich ergibt sich die

▷ LAPLACE-TRANSFORMIERTE DES DIFFERENTIALQUOTIENTEN:

$$\boxed{\mathcal{L}\left[\frac{dy}{dt}\right] = s\tilde{Y}(s) - y(0)} \qquad (10.28)$$

wobei $y(0)$ der Funktionswert bei $t=0$ ist. Analog ergibt sich für die höheren Ableitungen eines Differentialquotienten:

$$\mathcal{L}\left[\frac{d^2y}{dt^2}\right] = s^2\tilde{Y}(s) - sy(0) - y'(0) \qquad (10.29)$$

$$\mathcal{L}\left[\frac{d^3y}{dt^3}\right] = s^3\tilde{Y}(s) - s^2y(0) - sy'(0) - y''(0) \qquad (10.30)$$

Darin bedeutet $y(0)$ der Funktionswert der Originalfunktion bei $t=0$. $y'(0)$, $y''(0)$ sind die Funktionswerte der ersten bzw. zweiten Ableitung der Urfunktion bei $t=0$.

Folgerungen: Die Erzeugung von Laplace-Transformierten ist eingehend darstellt, es folgen einige Beispiele aus der Reaktionskinetik: die im Abschn. 5.6 dargelegten Integrationen formalkinetischer Ansätze der Parallel- und Folgereaktionen sollen hier mithilfe der Laplace-Transformation durchgeführt werden.

Es muß jedoch noch einmal ausdrücklich darauf hingewiesen werden, daß auf diese Weise nur die Konzentrations-Zeit-Verläufe von gekoppelten Reaktionen 1. Ordnung berechnet werden können!

10.2. Anwendungen der Laplace-Transformation

Die Reaktion 1. Ordnung: Wir betrachten eine Reaktion 1. Ordnung $A \xrightarrow{k_1} P$, dann ergibt sich mit der Geschwindigkeitskonstanten k_1 das Zeitgesetz zu:

$$\frac{dc_A}{dt} = -k_1 c_A \quad \leadsto \quad \frac{dc_A}{dt} + k_1 c_A = 0 \tag{10.31}$$

Die Laplace-Transformierte der Differentialgleichung lautet dann:

$$\mathcal{L}\left[\frac{dc_A}{dt}\right] + \mathcal{L}[k_1 c_A] = 0$$

$$\mathcal{L}\left[\frac{dc_A}{dt}\right] = s\tilde{C}_A - c_{A_0} \quad ; \quad \mathcal{L}[k_1 c_A] = k_1 \tilde{C}_A$$

$$\leadsto \quad s\tilde{C}_A - c_{A_0} + k_1 \tilde{C}_A = 0$$

Diese Gleichung wird nach $\tilde{C}_A$ aufgelöst, es folgt:

$$\tilde{C}_A = c_{A_0}\left(\frac{1}{s+k_1}\right) \tag{10.32}$$

Nun schaut man in der Tabelle in Abschn. 10.3 der Laplace-Transformierten nach und findet zu $1/(s+k_1) = \exp[-k_1 t]$, das Ergebnis, welches wir auch bei der Ableitung der Laplace-Transformierten der Exponentialfunktion erhalten hatten. Also ergibt sich für die Retransformation:

$$c_A(t) = c_{A_0} \exp[-k_1 t] \tag{10.33}$$

Ein Ergebnis, daß auch sonst bekannt sein sollte.

Die Folgereaktion: Für die Folgereaktion $A \xrightarrow{k_1} B \xrightarrow{k_2} C$ ist der $c(t)$-Verlauf des Eduktes A und des Zwischenproduktes B bereits in Abschn. 5.6.4 mithilfe des Lagrange-Verfahren berechnet worden. Die Differentialgleichungen:

$$\frac{dc_A}{dt} = -k_1 c_A \quad , \quad \frac{dc_B}{dt} = k_1 c_A - k_2 c_B \tag{10.34}$$

sollen nun mithilfe der Laplace-Transformationen berechnet werden. Die Lösung der Gl. für dc_A/dt ist bereits mit Gl. 10.33 gefunden worden, sie wird eingesetzt:

$$\frac{dc_B}{dt} = k_1 c_{A,0} \exp[-k_1 t] - k_2 c_B \tag{10.35}$$

Die Laplace-Transformierte die Gleichung lautet:

$$\mathcal{L}\left[\frac{dc_B}{dt}\right] - \mathcal{L}\left[k_1 c_{A,0} \exp[-k_1 t]\right] + \mathcal{L}[k_2 c_B] = 0$$

$$s\tilde{C}_B - c_{B,0} - \frac{k_1 c_{A,0}}{s+k_1} + k_2 \tilde{C}_B = 0$$

$$\text{mit } c_B = 0 \leadsto \tilde{C}_{B,0} = k_1 c_{A,0}\left(\frac{1}{s+k_1}\right)\left(\frac{1}{s+k_2}\right)$$

Die Retransformation liefert mit der Tab. 10.3:

$$c_B = \frac{k_1 c_{A,0}}{k_2 - k_1}\left(\exp[-k_1 t] - \exp[-k_2 t]\right) \tag{10.36}$$

10.2.4 Die Lösung partieller Differentialgleichungen

Zur Illustration der Lösung partieller Differentialgleichungen betrachten wird die Stoffbilanz einer Reaktion 1. Ordnung in einem Strömungsrohr, die Bilanz lautet:

$$\frac{\partial c}{\partial t} + u_z \frac{\partial c}{\partial z} + kc = 0 \tag{10.37}$$

Nun bilden wir die Laplace-Transformierte dieser Gleichung:

$$\mathcal{L}\left[\frac{\partial c}{\partial t} + u_z \frac{\partial c}{\partial z} + k\,c\right] = \int_0^\infty \exp[-st]\left[\frac{\partial c}{\partial t} + u_z \frac{\partial c}{\partial z} + k\,c\right]\mathrm{d}t \tag{10.38}$$

Die Laplace-Transformierte des Differentialquotienten $\partial c/\partial t$ sowie die der Funktion $k\,c$ kennen wir bereits, es folgt für die verschwindende Anfangsbdingung $c(0) = 0$:

$$\mathcal{L}\left[\frac{\partial c}{\partial t} + u_z \frac{\partial c}{\partial z} + k\,c\right] = s\tilde{C} + u_z \frac{\partial}{\partial z}\int_0^\infty c\,\exp[-st]\mathrm{d}t + k\tilde{C} \tag{10.39}$$

Das Argument des Integrals ist gerade die Laplace-Transformierte von c:

$$u_z \frac{\partial}{\partial z}\int_0^\infty c\,\exp[-st]\mathrm{d}t = \frac{\partial \tilde{C}}{\partial z} \tag{10.40}$$

Somit stellt die Laplace-Transformierte der partiellen Differentialgleichung eine gewöhnliche Differentialgleichung dar:

$$\mathcal{L}\left[\frac{\partial c}{\partial t} + u_z \frac{\partial c}{\partial z} + k\,c\right] = s\tilde{C} + u_z \frac{\mathrm{d}\tilde{C}}{\mathrm{d}z} + k\,\tilde{C} = 0 \tag{10.41}$$

Diese Differentialgleichung wird wie gewöhnlich durch Trennung der Variablen gelöst:

$$\frac{\mathrm{d}\tilde{C}}{\mathrm{d}z} = -\tilde{C}\frac{s+k}{u_z}$$

$$\int_{\tilde{C}_0}^{\tilde{C}} \frac{\mathrm{d}\tilde{C}}{\tilde{C}} = -\frac{s+k}{u_z}\int_0^l \mathrm{d}z$$

$$\frac{\tilde{C}}{\tilde{C}_0} = \exp\left[-\frac{(s+k)l}{u_z}\right]$$

$$= \exp\left[-\frac{s\,l}{u_z}\right]\exp\left[-\frac{k\,x}{u_z}\right]$$

Die Retransformation liefert eine Abklingfunktion, die von der Länge des Strömungsrohres l und vom Wert der Reaktionsgeschwindigkeitskonstanten k abhängt:

$$\frac{c}{c_0} = \delta\left(t - \frac{k\,l}{u_z}\right) \tag{10.42}$$

Auf diese Sachverhalte werden wir bei der Behandlung des Verweilzeitverhaltens des idealen Strömungsrohres zurückgreifen, vgl. Abschn. 12.4.2.

10.3 Funktionentabelle: Laplace-Transformationen

$\tilde{F}(s)$	$f(t)$	$\tilde{F}(s)$	$f(t)$
1	$\delta(t)$	$\dfrac{1}{s^3}$	$\dfrac{t^2}{2}$
$\dfrac{1}{s}$	1	$\dfrac{1}{s^2(s-a)}$	$\dfrac{1}{a^2}(\exp[at] - 1 - at)$
$\dfrac{1}{s^2}$	t	$\dfrac{1}{s^2(1+as)}$	$a\exp[-t/a] + t - a$
$\dfrac{1}{s-a}$	$\exp[at]$	$\dfrac{1}{(s-a)^3}$	$\dfrac{t^2 \exp[at]}{2}$
$\dfrac{1}{(s-a)^2}$	$t\exp[at]$	$\dfrac{1}{s(s^2+a^2)}$	$\dfrac{1-\cos[at]}{a^2}$
$\dfrac{1}{(s-a)(s-b)}$	$\dfrac{\exp[at]-\exp[bt]}{a-b}$	$\dfrac{1}{s(s^2-a^2)}$	$\dfrac{\cosh[at]-1}{a^2}$
$\dfrac{1}{s(s-a)}$	$\dfrac{1}{a}(\exp[-at]-1)$	$\dfrac{s}{(s-a)^3}$	$\left(t+\dfrac{at^2}{2}\right)\exp[at]$
$\dfrac{1}{1+as}$	$\dfrac{1}{a}\exp[-t/a]$	$\dfrac{1}{\sqrt{s}}$	$\dfrac{1}{\sqrt{\pi t}}$
$\dfrac{1}{(1+as)^2}$	$\dfrac{t}{a^2}\exp[-t/a]$	$\dfrac{1}{s\sqrt{s}}$	$2\sqrt{t/\pi}$
$\dfrac{1}{(1+as)(1+bs)}$	$\dfrac{\exp[-t/a]-\exp[-t/b]}{a-b}$	$\dfrac{s+a}{s\sqrt{s}}$	$\dfrac{1+2at}{\sqrt{\pi t}}$
$\dfrac{1}{s(1+as)}$	$1-\exp[-t/a]$	$\dfrac{1}{\sqrt{s+a}}$	$\dfrac{\exp[-at]}{\sqrt{\pi t}}$
$\dfrac{a}{s^2+a^2}$	$\sin[at]$	$\sqrt{s-a}-\sqrt{s-b}$	$\dfrac{\exp[bt]-\exp[at]}{2t\sqrt{\pi t}}$
$\dfrac{a}{s^2-a^2}$	$\sinh[at]$	$\dfrac{\log s}{s}$	$-\log t - C$
$\dfrac{s}{s^2+a^2}$	$\cos[at]$	$\log\dfrac{s-a}{s}$	$\dfrac{1-\exp[at]}{t}$
$\dfrac{s}{s^2-a^2}$	$\cosh[at]$	$\log\dfrac{s-a}{s-b}$	$\dfrac{\exp[bt]-\exp[at]}{t}$
$\dfrac{s}{(s-a)^2}$	$(1+at)\exp[at]$	$\dfrac{\exp[-as]}{s}$	$u(t-a)$
$\dfrac{s}{(s-a)(s-b)}$	$\dfrac{a\exp[at]-b\exp[bt]}{a-b}$	$\exp[-as]$	$\delta(t-a)$

10.4 Zusammengeschaltete Systeme

Die mathematische Beschreibung der Regelungstechnik bedient sich der Elemente der *Systemanalyse*, bei der die Auswirkung einer Störung auf ein System untersucht wird: naturgemäß stellen Regeleingriffe stets Störungen dar.

Fügt man einer homogenen Differentialgleichung 1. Ordnung das *Störglied A* hinzu, so resultiert die *inhomogene* Differentialgleichung mit der Laplace-Transformierten:

$$\text{Systemgleichung in der Wirkung} = \text{Störfunktion}$$

$$\frac{dy}{dt} + y = A$$

$$s\tilde{Y} - y(0) + \tilde{Y} = \frac{A}{s}$$

Ist die hinzugefügte Störung eine Funktion der Zeit, also $A(t)$, so nennt man die resultierende Differentialgleichung *nicht autonom*:

$$\frac{dy}{dt} + y = A(t)$$

$$s\tilde{Y} - y(0) + \tilde{Y} = \frac{A}{s^2}$$

Die Ermittlung des Einflusses dieser Störfunktion auf die Differentialgleichung ist eine der Hauptaufgaben der *Systemtheorie*. Wird ein System von einer Differentialgleichung 1. Ordnung beschrieben, so spricht man von einem System 1. Ordnung; eine Differentialgleichung 2. Ordnung liefert dann ein System 2. Ordnung, usw. Wir nennen nun die Störfunktion $x(t)$ und schreiben für ein gestörtes System 1. Ordnung mit seiner Laplace-Transformierten:

$$\frac{dy}{dt} + y = x(t)$$

$$s\tilde{Y} - y(0) + \tilde{Y} = \tilde{X}$$

Der Quotient $\tilde{Y}/\tilde{X}$ definiert die

▷ ÜBERTRAGUNGSFUNKTION $\tilde{G}(s)$ EINES SYSTEMS:

$$\boxed{\tilde{G}(s) = \frac{\tilde{Y}}{\tilde{X}} = \frac{\mathcal{L}[\text{Systemgleichung in der Wirkung}]}{\mathcal{L}[\text{Störfunktion}]}} \qquad (10.43)$$

Für den Sonderfall $x(t) = A$, also der Hinzunahme einer *Stufenfunktion* als Störfunktion hat sich der Begriff *Übergangsfunktion* eingebürgert.

Es zeigt sich nun, daß mit der Übertragungsfunktion $\tilde{G}(s)$ im Bildbereich eine Systemanalyse besonders übersichtlich darstellbar ist. Es ergibt sich folgendes Schema:

$$\tilde{X}(s) \quad \longrightarrow \quad \boxed{\tilde{G}(s)} \quad \longrightarrow \quad \tilde{Y}(s)$$

Eingang, Störung — System — Ausgang, Antwort

10.4. Zusammengeschaltete Systeme

Die Reihenschaltung: Schaltet man zwei Systeme mit den Übertragungsfunktionen $\tilde{G}_1$ und $\tilde{G}_2$ in Reihe, so ergibt sich das folgende Schema als Blockdiagramm. Die einzelnen

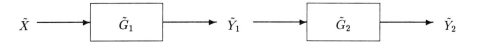

Übertragungsfunktionen $\tilde{G}_1$ und $\tilde{G}_2$ der in Reihe geschalteten Systeme ergeben sich zu:

$$\tilde{G}_1 = \frac{\tilde{Y}_1}{\tilde{X}_1} \quad \text{und} \quad \tilde{G}_2 = \frac{\tilde{Y}_2}{\tilde{Y}_1}$$

$$\leadsto \quad \tilde{Y}_1 = \frac{\tilde{Y}_2}{\tilde{G}_2}$$

Setzt man die dritte Gleichung in die erste Gleichung ein, so folgt die
▷ ÜBERTRAGUNGSFUNKTION BEI REIHENSCHALTUNG:

$$\boxed{\frac{\tilde{Y}_2}{\tilde{X}} = \tilde{G}_1 \tilde{G}_2} \tag{10.44}$$

Für eine Reihenschaltung *multiplizieren* sich die Übertragungsfunktionen der Systeme.

Parallelschaltung: Das Schema für die Parallelschaltung zweier Systeme ergibt sich:

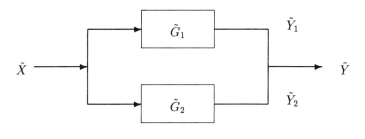

$$\tilde{G}_1 = \frac{\tilde{Y}_1}{\tilde{X}} \quad \text{und} \quad \tilde{G}_2 = \frac{\tilde{Y}_2}{\tilde{X}}$$
$$\tilde{Y} = \tilde{Y}_1 + \tilde{Y}_2$$

Durch Einsetzen ergibt sich unmittelbar der Zusammenhang für die
▷ ÜBERTRAGUNGSFUNKTION BEI PARALLELSCHALTUNG:

$$\boxed{\frac{\tilde{Y}}{\tilde{X}} = \tilde{G}_1 + \tilde{G}_2} \tag{10.45}$$

Für eine Parallelschaltung *addieren* sich die Übertragungsfunktionen der gestörten Systeme.

Mitkopplung und Gegenkopplung: Das Verlaufsschema für die Mitkopplung zweier Systeme ergibt sich durch Addition der Rückführung im Blockdiagramm: Für die Einzel-

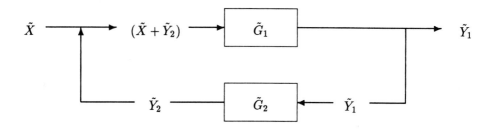

Übertragungsfunktionen $\tilde{G}_1$ und $\tilde{G}_2$ folgt:

$$\tilde{G}_1 = \frac{\tilde{Y}_1}{\tilde{X} + \tilde{Y}_2} \quad \text{und} \quad \tilde{G}_2 = \frac{\tilde{Y}_2}{\tilde{Y}_1}$$

$$\leadsto \quad \tilde{G}_1 = \frac{\tilde{Y}_1}{\tilde{X} + \tilde{Y}_1 \tilde{G}_2}$$

Nach dem Einsetzen ergibt sich die
▷ ÜBERTRAGUNGSFUNKTION BEI MITKOPPLUNG:

$$\boxed{\frac{\tilde{Y}_1}{\tilde{X}} = \frac{\tilde{G}_1}{1 + \tilde{G}_1 \tilde{G}_2}} \tag{10.46}$$

Für die Gegenkopplung ergibt sich ganz analog für die Subtraktion der Rückführung:

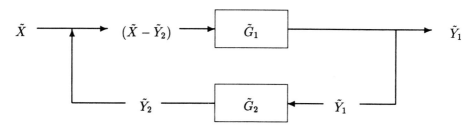

▷ ÜBERTRAGUNGSFUNKTION BEI GEGENKOPPLUNG:

$$\boxed{\frac{\tilde{Y}_1}{\tilde{X}} = \frac{\tilde{G}_1}{1 - \tilde{G}_1 \tilde{G}_2}} \tag{10.47}$$

Auf diesem Wege lassen sich für beliebig zusammengeschaltete Systeme die funktionellen Zusammenhänge der Übertragungsfunktionen bereitstellen.

10.5 Elemente der Regelungstechnik

Zur Darlegung des Problems greifen wir auf die Stoffbilanz eines idealen kontinuierlichen Rührkesselreaktor zurück, vgl. Abschn. 7.2, Gl. 7.38. In diesem Rührkesselreaktor laufe die stoffmengenkonstante Reaktion 1. Ordnung A → P ab: dann gilt die Bilanz für das Edukt A (der Index A wird fortgelassen):

$$V \frac{\mathrm{d}c}{\mathrm{d}t} = \dot{V}(c_0 - c) - V k c \qquad (10.48)$$

Unter stationären Bedingungen verschwindet die zeitliche Ableitung, es folgt:

$$\dot{V}_{\mathrm{st}}(c_{0,\mathrm{st}} - c_{\mathrm{st}}) - V k c_{\mathrm{st}} = 0 \qquad (10.49)$$

Nun unterliegen in einem technischen Prozeß sowohl der Volumenstrom $\dot{V}$ als auch die Eingangskonzentration c_0 gewissen Schwankungen: der Volumenstrom variiert mit der Größe $\Delta \dot{V}$ um den stationären Wert $\dot{V}_{\mathrm{st}}$, die Eingangskonzentration variiert mit der Größe $\Delta c_{0,\mathrm{st}}$ um den stationären Wert $c_{0,\mathrm{st}}$. Mit der Schwankung dieser Eingangsgrößen ändert sich naturgemäß auch die stationäre Konzentration c_{st}.

Folglich muß die Stoffbilanz mit Berücksichtigung der Abweichungen $\Delta \dot{V}, \Delta c_{0,\mathrm{st}}$ und Δc_{st} umgeschrieben werden zu:

$$V \frac{\mathrm{d}\Delta c}{\mathrm{d}t} = (\dot{V}_{\mathrm{st}} + \Delta \dot{V})(c_{0,\mathrm{st}} + \Delta c_0) - (\dot{V}_{\mathrm{st}} + \Delta \dot{V})(c_{\mathrm{st}} + \Delta c) - V k (c_{\mathrm{st}} + \Delta c) \qquad (10.50)$$

Multipliziert man diese Gleichung aus und berücksichtigt die Stoffbilanz nach Gl. 10.49, dann erhält man:

$$V \frac{\mathrm{d}\Delta c}{\mathrm{d}t} = -\Delta c (\dot{V}_{\mathrm{st}} + V k) + \Delta \dot{V} (c_{0,\mathrm{st}} - c_{\mathrm{st}}) + \Delta c_0 \dot{V}_{\mathrm{st}} \qquad (10.51)$$

Mit Einführung der mittleren Verweilzeit $\tau = V/\dot{V}$ ergibt sich:

$$\frac{\mathrm{d}\Delta c}{\mathrm{d}t} = \left(-\frac{1}{\tau} - k\right)\Delta c + \frac{k c_{\mathrm{st}}}{\dot{V}}\Delta \dot{V} + \frac{1}{\tau}\Delta c_0 \qquad (10.52)$$

Dies ist eine für die Diskussion der Systemdynamik übliche Schreibweise: auf der rechten Seite der Gleichung steht an erster Stelle die *abhängige Variable*, an zweiter Stelle die *manipulierbare* Störgröße, an dritter Stelle die *nicht-manipulierbare* Störgröße.

Die manipulierbare Störgröße, auch *Kontrollvariable* genannt, ist in unserem Fall der Volumenstrom $\dot{V}$. Durch einen Regeleingriff soll die Abweichung vom Sollwert $\dot{V}_{\mathrm{st}}$ beseitigt werden.

$$\text{Kontrollvariable}: \quad \frac{k c_{\mathrm{st}}}{\dot{V}}\Delta \dot{V} \qquad (10.53)$$

Der Proportionalregler – P-Regler: Der Proportionalregler stellt die einfachste Regelung dar: die Beseitigung der Abweichung vom Sollwert erfolgt proportional zur bestehenden *Abweichung* $\Delta \dot{V}$:

$$\frac{k\, c_{\text{st}}}{V} \Delta \dot{V} = K_{\text{P}}\, \Delta \dot{V} \qquad (10.54)$$

Charakteristisch für den Proportionalregler ist, daß mit ihm eine Regelabweichung nicht vollständig beseitigt werden kann. Die Abweichung vom Sollwert ist umso kleiner, je größer der *Verstärkungsgrad* K_{P} eingestellt wird. Der reale P-Regler reagiert mit einer zeitlichen Verzögerung auf die Abweichung vom Sollwert, vgl. nebenstehende Abb.

Der Proportionalregler mit Differentialanteil – PD-Regler: Der Differentialregler ist so beschaffen, daß sein Eingriff zur Beseitung der Abweichung proportional der *Änderung* von $\Delta \dot{V}$ ist:

$$\frac{k\, c_{\text{st}}}{V} \Delta \dot{V} = K_{\text{D}} \frac{\mathrm{d} \Delta \dot{V}}{\mathrm{d}t} \qquad (10.55)$$

Die Kopplung von Proportional- mit dem Differentialregler ergibt demnach:

$$\frac{k\, c_{\text{st}}}{V} \Delta \dot{V} = K_{\text{P}}\, \Delta \dot{V} + K_{\text{D}} \frac{\mathrm{d} \Delta \dot{V}}{\mathrm{d}t} \qquad (10.56)$$

Ändert man schlagartig den Sollwert, so wird der Differentialquotient unendlich groß, es ergibt sich eine δ-Funktion. Beim Regler mit Verzögerung kehrt das System zeitlich verzögert auf den Proporionalanteil zurück, vgl. nebenstehende Abb.

Der Integralregler – I-Regler: Beim Integralregler wird die Regelabweichung proportional dem *zeitlichen Integral* der Abweichung $\Delta \dot{V}$ beseitigt:

$$\frac{k\, c_{\text{st}}}{V} \Delta \dot{V} = K_{\text{I}} \int_{\dot{V}} \Delta \dot{V} \mathrm{d}\dot{V} \qquad (10.57)$$

Da der Regler auf das Integral der Abweichung reagiert, bleibt er solange aktiv, bis die Abweichung restlos beseitigt ist.

Der proportional-integrale Regler mit D-Anteil: Da die Regelabweichung proportional, differentiell und integral beeinflußt wird, ergibt sich:

$$\frac{k\, c_{\text{st}}}{V} \Delta \dot{V} = K_{\text{P}}\, \Delta \dot{V} + K_{\text{D}} \frac{\mathrm{d} \Delta \dot{V}}{\mathrm{d}t} + K_{\text{I}} \int_{\dot{V}} \Delta \dot{V} \mathrm{d}\dot{V} \qquad (10.58)$$

Auf die Regelabweichung antwortet der Regler spontan mit dem Differentialanteil in Form eines steilen Anstiegs (ideal einer δ-Funktion), nach Abfall auf den Proportionalanteil regelt der Regler über das Integral der Abweichung, bis diese beseitigt ist.

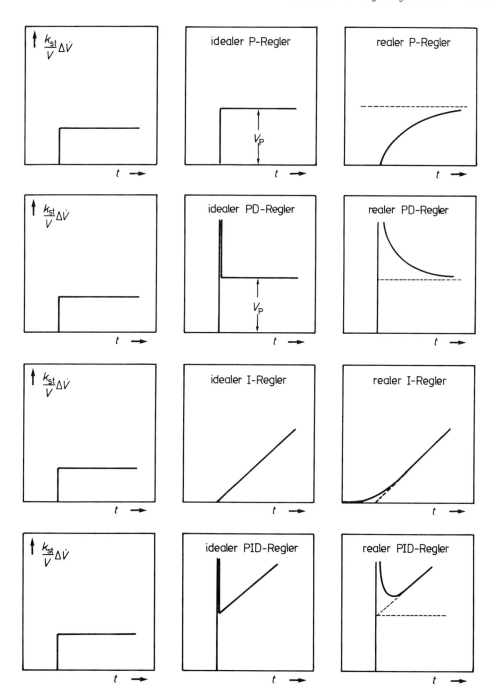

Abbildung 10.4: P-Regler, PD-Regler, I-Regler und PID-Regler.

Die Frequenzganganalyse: Für die Beurteilung der Stabilität eines Regelsystemes ist eine Untersuchung des Differentialgleichungssystems notwendig, dies kann in der gleichen Weise erfolgen, wie noch in Abschn. 14 dargestellt wird. Nach diesem Verfahren wird eine Linearisierung des nichtlinearen Systems vorgenommen, sodann können die Wurzeln der charakteristischen Gleichung nach dem Verfahren von Routh oder Hurwitz untersucht werden, vgl. Abschn. 14.4 .

Für die Belange der Regelungstechnik ist dieses Verfahren oft zu aufwendig: hier hat sich die *Frequenzganganalyse* nach NYQUIST eingebürgert. Gegeben sei ein gestörtes System 1. Ordnung mit der Laplace-Transformierten:

$$\tau \frac{dy}{dt} + y = x(t) \quad \leadsto \quad \tau(s\tilde{Y} - y_0) + \tilde{Y} = \tilde{X}(s) \tag{10.59}$$

Die Übergangsfunktion $\tilde{G}(s)$ wird nun nach dem Rezept: ersetze die komplexe Laplace-Variable s durch den Ausdruck $i\omega$, es ergibt sich für $y_0 = 0$:

$$\tilde{G}(s) = \frac{\tilde{Y}}{\tilde{X}} = \frac{1}{s\tau + 1} = \frac{1}{i\omega\tau + 1} \tag{10.60}$$

Die Auftrennung dieses Ausdrucks nach Real- und Imaginärteil liefert:

$$\tilde{G}(\omega) = \frac{1}{1 + \omega^2\tau^2} - \frac{i\omega\tau}{1 + \omega^2\tau^2}$$

Trägt man den Imaginärteil von $\tilde{G}$ gegen dessen Realteil auf, so ergibt sich die *Ortskurve* des Frequenzgangs, vgl. Abbildung. Da die Division durch Null „verboten" ist, hat der Wert $s\tau = -1$ bzw. $i\omega\tau = -1$ eine besondere Bedeutung. Darauf gründet sich das

▷ NYQUIST-KRITERIUM DER STABILITÄT DER REGELUNG:

Ein System ist stabil, wenn beim Durchlaufen der Ortskurve in Richtung steigender ω-Werte der Punkt -1 immer zur linken Hand liegt, sog. „Linke-Hand-Regel". Ein System ist also:

$$\begin{aligned} \text{instabil für:} \quad & \text{Re}[\tilde{G}(\omega)] < -1 \\ \text{grenzstabil für:} \quad & \text{Re}[\tilde{G}(\omega)] = -1 \\ \text{stabil für:} \quad & \text{Re}[\tilde{G}(\omega)] > -1 \end{aligned} \tag{10.61}$$

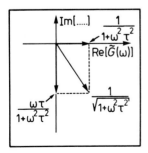
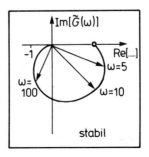
stabil
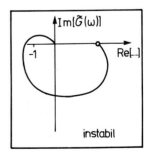
instabil

11 Hydrodynamische Modelle chemischer Reaktoren

Die im Abschnitt 7 abgeleitete allgemeine Stoffbilanz wird als Grundgleichung der *Apparatemodelle* herangezogen. Aus diesen Modellen entsteht durch Hinzufügung des Austauschterms die Grundgleichung der *Stoffaustauschapparate*; durch Hinzufügung des Reaktionstermes die Grundgleichung der *Reaktionsapparate*. Die Ausführungen aus Abschn. 7 zum idealen Rührkesselreaktor und dem idealen Strömungsrohr werden erweitert und in den Zusammenhang mit dem *Dispersionsmodell* und dem *Zellenmodell* gestellt.

- DISPERSIONSMODELL, Gl. 11.2, 11.4:
$$\frac{\partial c}{\partial \theta} = -\frac{\partial c}{\partial \zeta} + \frac{1}{(Bo)}\frac{\partial^2 c}{\partial \zeta^2}$$

- LÖSUNG DER DISPERSIONSGLEICHUNG FÜR $(Bo) > 100$, Gl. 11.10:
$$\frac{c}{c_0} = \frac{\sqrt{(Bo)/\pi}}{2}\exp\left[-\frac{(1-\theta)^2(Bo)}{4}\right]$$

- LAMINARES VERDRÄNGUNGSMODELL, Gl. 11.16:
$$\frac{\partial c_i}{\partial t} = -u_{\max}\left(1 - \frac{r^2}{R^2}\right)\frac{\partial c_i}{\partial z}$$

- IDEALES VERDRÄNGUNGSMODELL, Gl. 11.18:
$$\frac{\partial c_i}{\partial t} = -\frac{\partial c_i\, u_z}{\partial z}$$

- MISCHUNGSMODELL, Gl. 11.22:
$$V\frac{\mathrm{d}c_i}{\mathrm{d}t} = (\dot V_0\, c_{i,0} - \dot V\, c_i)$$

- ZELLENMODELL, Abschn. 11.4:
$$V(j)\frac{\mathrm{d}c_i(j)}{\mathrm{d}t} = \dot V(j-1)\, c_i(j-1) - \dot V(j)\, c_i(j)$$

11.1 Das Dispersionsmodell

Die instationäre Verlagerung der Stoffmenge der Komponente i aufgrund molekularer Transportprozesse längs der Koordinaten z wird durch das 2. Ficksche Gesetz beschrieben, vgl. Abschn. 4.4:

$$\frac{\partial c_i}{\partial t} = D_i \frac{\partial^2 c_i}{\partial z^2}$$

Überlagert man dem molekularen Transport einen Strömungsterm mit hoher Lineargeschwindigkeit u, so ist naturgemäß die Verlagerung der Stoffmenge in *Turbulenzballen* viel größer als aufgrund der Diffusion. Es zeigt sich, daß auch diese Ausgleichsvorgänge linear vom Konzentrationsgradienten abhängen: man kann also formal unter Einführung eines neuen Transportkoeffizienten für die *axiale* z-Richtung – dem Dispersionskoeffizienten $\mathcal{D}_{\text{ax}}$ – schreiben:

▷ GLEICHUNG FÜR DAS DISPERSIONSMODELL:

$$\boxed{\frac{\partial c_i}{\partial t} = -u_z \frac{\partial c_i}{\partial z} + \mathcal{D}_{\text{ax}} \frac{\partial^2 c_i}{\partial z^2}} \quad (11.1)$$

Der Dispersionskoeffizient $\mathcal{D}_{\text{ax}}$ ist aufgrund der Überlagerung mit einem Strömungsterm weitestgehend abhängig von den hydrodynamischen Eigenschaften des durchströmten Reaktors oder des Apparates. Bedeutungsvoll ist:

1. die axiale Dispersion in freien Rohren für $(Re) > 10^4$, vgl. Abschn. 11.1.1;
2. die axiale Dispersion in allen Festbettreaktoren, vgl. Abschn. 11.1.2.

Die Gleichung 11.1 wird durch die Einführung einer dimensionslosen Zeit $\theta = t/\tau$ mit $\tau = L/u_z$ und einer dimensionslosen Länge $\zeta = z/L$ modifiziert, man erhält die

▷ DIMENSIONSLOSE GLEICHUNG FÜR DAS DISPERSIONSMODELL:

$$\boxed{\frac{\partial c_i}{\partial \theta} = -\frac{\partial c_i}{\partial \zeta} + \frac{\mathcal{D}_{\text{ax}}}{u_z L} \frac{\partial^2 c_i}{\partial \zeta^2}} \quad (11.2)$$

Die dimensionslose Zahl $\mathcal{D}_{\text{ax}}/u\,L$ bezeichnet man als

▷ DISPERSIONSZAHL:

$$(DZ) = \frac{\mathcal{D}_{\text{ax}}}{u_z L} \quad (11.3)$$

üblicherweise jedoch den inversen Wert davon als

▷ BODENSTEIN-ZAHL, (Bo):

$$\boxed{(Bo) = \frac{u_z L}{\mathcal{D}_{\text{ax}}}} \quad (11.4)$$

Als Grenzfälle des Dispersionsmodelles ergeben sich das:

1. *Verdrängungsmodell* ohne axiale Dispersion für $(Bo) \to \infty$;
2. *Rückvermischungsmodell* mit axialer Dispersion für $(Bo) \to 0$.

Diese Variation bietet die Möglichkeit den realen Reaktionsapparat zu berechnen.

11.1.1 Die analytische Lösung der Dispersionsgleichung

Die Dispersionsgleichung läßt sich ebenso wie die Diffusionsgleichung (vgl. Abschn. 4.4.2) für unterschiedliche Randbedingungen analytisch lösen. Erschwerend kommt gegenüber der Diffusionsgleichung hinzu, daß sich der Diffusion ein axialer Strömungsterm überlagert und damit den örtlichen Konzentrationsverlauf verzerrt.

Zur Darlegung des Lösungsganges wenden wir uns der in Abschn. 4.4.2 hergeleiteten Lösungsfunktion (Gl. 4.31) der Diffusionsgleichung für die Randbedingungen doppeltunendlichen Halbraum zu:

$$c_i(t,z) = \frac{n_i}{2\,A\,\sqrt{\pi\,D_i\,t}} \exp\left[-\frac{(z-z_{\max})^2}{4\,D_i\,t}\right] \tag{11.5}$$

Diese Lösungsfunktion beschreibt mit der Zeit t als Parameter die symmetrische Gauß-Verteilung, vgl. Abb. 4.3(a). Da wir im hier vorliegenden Fall die Verhältnisse in einem bewegten – der Dispersion unterliegendem Fluid – betrachten wollen, wird nach Einführung des Dispersionskoeffizienten $\mathcal{D}_{\mathrm{ax}}$ der Erwartungswert zu: $z_{\max} = u_z\,t_{\max}$ umgeformt, es folgt:

$$c(t,z) = \frac{n_i}{2\,A\,\sqrt{\pi\,\mathcal{D}_{\mathrm{ax}}\,t}} \exp\left[-\frac{(z-u_z\,t_{\max})^2}{4\,\mathcal{D}_{\mathrm{ax}}\,t}\right] \tag{11.6}$$

Der Konzentrationsverlauf am Ort $z = L$ ergibt sich durch Einführung der dimensionslosen Gruppen: $(Bo) = u_z\,L/\mathcal{D}_{\mathrm{ax}}$ und $\theta = t/\tau$ zu

$$c_i\{\theta,(Bo)\} = \frac{c}{c_0} = \frac{1}{2}\sqrt{\frac{(Bo)}{\pi\,\theta}} \exp\left[-\frac{(1-\theta_{\max})^2\,(Bo)}{4\,\theta}\right] \tag{11.7}$$

Diese Lösungsfunktion ist – wie die Gauß-Verteilung – durch zwei Parameter bestimmt, sie werden in der chemischen Verfahrenstechnik auch *Momente* genannt

▷ 1. MOMENT, er entspricht dem *Erwartungswert*:

$$\theta_{\max} = \frac{t_{\max}}{\tau} = 1 + \frac{2}{(Bo)} \tag{11.8}$$

▷ 2. MOMENT, er entspricht der *Varianz*:

$$\sigma_\theta^2 = \frac{\sigma^2}{\tau^2} = \frac{2}{(Bo)} + \frac{8}{(Bo)^2} \tag{11.9}$$

Bei dieser von LEVENSPIEL/SMITH (1957) angegebenen Lösungsfunktion der Dispersionsgleichung für die Randbedingungen des doppelt-unendlichen Halbraumes tritt keine Diskontinuität der Dispersion an den Rändern auf. Dieser Lösungsverlauf ist dem Realfall endlicher Reaktoren sicher nicht angemessen, wird jedoch – wie unten noch ausgeführt – meist in Ansatz gebracht. Bei Anwendung der Randbedingungen des einfach-unendlichen Halbraumes sowie des doppelt-unendlichen Halbraumes ist eine analytische Lösung nicht mehr möglich.

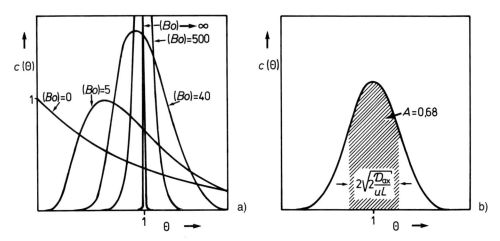

Abbildung 11.1: (a) Lösungsverlauf der Dispersiongleichung für verschiedene Bodensteinzahlen; (b) Lösungsverlauf und Parameter der Dispersionsgleichung für $(Bo) > 100$.

In der Abb. 11.1(a) ist der Verlauf der Lösungsfunktion 11.7 mit der Bodenstein-Zahl (Bo) als Parameter angegeben. Man erkennt, daß für zunehmende Bodenstein-Zahlen der Kurvenverlauf zunehmend symmetrischer wird. Bei kleinen Bodenstein-Zahlen ist die Überlagerung des Strömungstermes über den Dispersionsterm sehr stark: es resultiert eine unsymmetrische Lösungskurve. Für Bodenstein-Zahlen ab ungefähr 100 kann man praktisch von einer symmetrischen Verteilung ausgehen. Es folgt die

▷ LÖSUNGSFUNKTION DES DISPERSIONSMODELLES FÜR $(Bo) > 100$:

$$\frac{c_i}{c_{i,0}} = \frac{\sqrt{(Bo)/\pi}}{2} \exp\left[-\frac{(1-\theta)^2 (Bo)}{4}\right]$$

1. Moment : $\theta_{\max} = \dfrac{t_{\max}}{\tau} = 1$

2. Moment : $\sigma_\theta^2 = \dfrac{\sigma^2}{\tau^2} = \dfrac{2}{(Bo)}$

(11.10)

Diese Verhältnisse sind in der Abb. 11.1(b) wiedergegeben, das Maximum liegt bei $\theta = 1$, die Fläche unter der Glockenkurve ist $A = 1$. Die Fläche zwischen den Wendepunkten der Kurve ist $A = 0.68$, mit der Angabe der doppelten Standardabweichung des Mittelwertes wird das Verhalten von ungefähr 2/3 der Fluidelemente erfaßt.

Der Einfluß der Randbedingungen auf die Lösungsfunktion wird mit zunehmenden Bodenstein-Zahlen immer unkritischer, da die Momente dann nur noch um wenige Prozent differieren. Zur Veranschaulichung dieses Sachverhaltes sind die Momente für die unterschiedlichen Randbedingungen in der Tabelle 11.1 angegeben. Bezüglich der rekursiven Berechnung der Dispersiongleichung als Differenzengleichung vgl. Abschn. 11.4.1/2.

Tabelle 11.1: Momente der Dispersionsgleichung für verschiedene Randbedingungen.

Randbedingung	1. Moment	2. Moment
(1): doppelt unendlicher Halbraum	$1 + \dfrac{2}{(Bo)}$	$\dfrac{2}{(Bo)} + \dfrac{8}{(Bo)^2}$
wie (1): doch $(Bo) > 100$	1	$\dfrac{2}{(Bo)}$
(2): einfach unendlicher Halbraum	$1 + \dfrac{1}{(Bo)}$	$\dfrac{2}{(Bo)} + \dfrac{3}{(Bo)^2}$
(3): zweifach begrenzter Halbraum	1	$\dfrac{2}{(Bo)} - \dfrac{2}{(Bo)^2}\left\{1 - \exp[-(Bo)]\right\}$

Ermittlung des axialen Dispersionskoeffizienten: An dieser Stelle soll nur die Ermittlung des axialen Dispersionskoeffizienten der freien Rohrströmung angegeben werden, die des Festbettreaktors ist im folgenden Abschnitt dargelegt.

Nach ARIS (1956) kann man den Dispersionskoeffizienten der freien *laminaren* Rohrströmung für $1 < (Re) < 2000$ aus dem molekularen Diffusionskoeffizienten der Flüssigkeit oder des Gases $D^{gs/fl}$ berechnen:

$$\mathcal{D}_{ax} = D^{gs/fl} + \frac{\overline{u}^2 R^2}{48\, D^{gs/fl}} \tag{11.11}$$

Darin ist R der Radius des laminar durchströmten Rohres, vgl. Abschn. 3.4.

11. Hydrodynamische Modelle chemischer Reaktoren

Für die *turbulente* Strömung in freien Rohren ist die Berechnung des Dispersionskoeffizienten nicht möglich. Bei turbulenter Strömung findet mit dem zunehmend chaotischen Verlauf der Stromlinien eine räumliche Versetzung der Fluidelemente statt.

Da eine mathematische Behandlung dieser Phänomene trotz bedeutender Fortschritte, vgl. OTTINO (1989) noch nicht zu praktisch verwertbaren Ergebnissen geführt hat, ist man im Bereich der chemischen Verfahrenstechnik noch auf die empirische Beschreibung angewiesen. Für $(Re) > 2000$ hat sich die Gleichung bewährt:

$$(Bo) = \frac{u_z L}{\mathcal{D}_{ax}} = \frac{3 \cdot 10^7}{(Re)^{2.1}} + \frac{1.35}{(Re)^{0.125}} \qquad (11.12)$$

Dieser Zusammenhang findet sich in Abb. 11.2 dargestellt. Wie ersichtlich, ist er nur für voll ausgebildete Turbulenz befriedigend, bei einsetzender Turbulenz dagegen ist der Fehler beträchtlich.

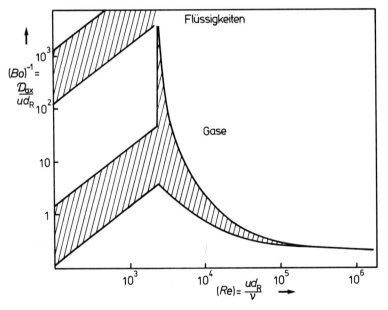

Abbildung 11.2: Dimensionslose Darstellung der axialen Dispersion der freien Rohrströmung für Gase und Flüssigkeiten als Funktion von (Re), nach LEVENSPIEL(1962).

11.1.2 Die Dispersion in Festbettreaktoren

Die Umsetzung von gasförmigen Edukten an einem Katalysator wird technisch i. allg. in Festbettreaktoren vorgenommen: der Katalysator wird auf ein zylindrisches oder kugeliges Trägermaterial aufgebracht und dieses als Schüttung in ein Reaktionsgefäß gegeben. Dieser Reaktortyp stellt aufgrund der Mischzellenwirkung der Kornzwischenräume ein Strömungsrohr dar. Die rechnerische Behandlung *kurzer* Festbettreaktoren stellt eine Anwendung des *Dispersionsmodells* dar, wir erhielten mit Gl. 11.1:

$$\frac{\partial c_i}{\partial t} = -u_z \frac{\partial c_i}{\partial z} + \mathcal{D}_{ax} \frac{\partial^2 c_i}{\partial z^2}$$

Die konstruktive Auslegung eines Festbettreaktors ist skizzenhaft in Abb. 11.3(a) wiedergegeben. Die umzusetzenden Edukte strömen den Festbettreaktor von unten an; dabei verteilen sich die Edukte stromabwärts in z-Richtung über den gesamten Rohrquerschnitt. In jedem Querschnitt des Reaktors stellen sich stationäre Konzentrationsverteilungen in Form einer radialsymmetrischen Gaußkurve ein; diese wird mit zunehmender Entfernung vom Einströmpunkt flacher.

Der zugrundeliegende physikalische Vorgang läßt sich mit dem Dispersionsmodell beschreiben. Das mittlere Verschiebungsquadrat des Dispersionskoeffizienten der Schüttung im Festbettreaktor $\mathcal{D}_{ax}$ ist für $(Bo) > 100$ nach Gl. 11.10:

$$\sigma^2 = \frac{2}{(Bo)} \tau^2 \quad , \text{s}^2 \tag{11.13}$$

Der Abstand zwischen den Wendepunkten der Gaußkurve beträgt $\sigma = 2\sqrt{2\tau^2/(Bo)}$. Bei der Strömung eines Gases durch einen Festbettreaktor erweist sich die Mischungsintensität als *anisotrop* und für Reynolds-Zahlen größer als 10 als unabhängig von der Gasart (da für Gase $(Sc) \approx 1$, vgl. Abschn. 16.8). Dabei ist der *radiale* Mischungskoeffizient $\mathcal{D}_{rd}$ etwa fünfmal kleiner als der *axiale* Mischungskoeffizient $\mathcal{D}_{ax}$: das Partialdruckprofil wird also in axialer Richtung stärker verbreitert als in radialer Richtung.

Der Mischungsprozeß erfolgt in der Weise, daß die Stromlinien an den Katalysatorkörnern aufgespalten werden und um einen halben Partikeldurchmesser $d_p/2$ versetzt mit anderen Fluidelementen wieder zusammenströmen (*Flechtströmung*). Unter Zugrundelegung des Dispersionsmodells, definiert man eine *axiale* und *radiale Bodenstein*-Zahl:

$$(Bo)_{rd} = \frac{u\, d_p}{\mathcal{D}_{rd}} \quad \text{bzw.} \quad (Bo)_{ax} = \frac{u\, d_p}{\mathcal{D}_{ax}} \tag{11.14}$$

Auf WILHELM (1962) geht die Auftragung der Dispersionszahl bzw. der inversen Bodenstein-Zahl gegen die Reynolds-Zahl zurück, s. Abb. 11.4. Bei kleinen (Re)-Zahlen: $(Re) < 10$ unterscheidet sich die radiale und axiale Dispersion noch nicht wesentlich von der molekularen Diffusion. Bei größer werdenden (Re)-Zahlen wird die Mischwirkung der Flechtströmung zunehmend größer und führt zum Anwachsen der Dispersionskoeffizienten: die radiale und axiale Dispersion münden in einen konstanten Wert.

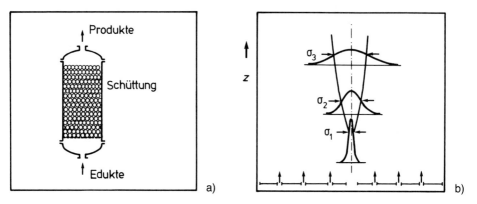

Abbildung 11.3: (a) Skizze des Festbettreaktors; (b) axiale Dispersion im Reaktor.

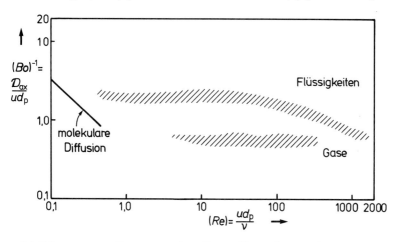

Abbildung 11.4: Dimensionslose Darstellung der axialen Dispersion von Flüssigkeiten und Gasen in einem Festbettreaktor, nach LEVENSPIEL (1962).

Ermittlung des Dispersionskoeffizienten: Zur Ermittlung des axialen Dispersionskoeffizienten $\mathcal{D}_{ax}$ beaufschlagt man den Festbettreaktor mit einer Stoßmarkierung, vgl. Abschn. 12.3. Sodann mißt man die Standardabweichung der Markierungssubstanz im Abstand L an zwei Stellen des Reaktors und erhält durch Ausmessen die Werte für σ_1 und σ_2, vgl. dazu Abb. 11.3(b). Aus der Beziehung: $\Delta\sigma^2 = \sigma_2^2 - \sigma_1^2 :$ s^2, folgt der

▷ AXIALE DISPERSIONSKOFFIZIENT DES FESTBETTREAKTORS:

$$\mathcal{D}_{ax} = \frac{u\, d_p}{2} \Delta\sigma^2 \left(\frac{u_L}{L\, \epsilon}\right)^2 \quad , \text{m}^2\, \text{s}^{-1} \tag{11.15}$$

Darin stellen u_L die Leerrohrgeschwindigkeit für den ungefüllten Festbettreaktor und ϵ die Porösität dar ($\epsilon = 0.418$ für die Zufallsschüttung), vgl. Abschn. 15.6.

11.2 Das Verdrängungsmodell

Das laminare Verdrängungsmodell mit axialer Dispersion: Für das laminare Verdrängungsmodell auf der Grundlage der Gleichung:

$$\frac{\partial c}{\partial t} = -2\,\bar{u}\Big(1 - \frac{r^2}{R^2}\Big)\frac{\partial c}{\partial z} + D^{\text{gs/fl}}\Big(\frac{1}{r}\frac{\partial}{\partial r}\,r\,\frac{\partial c}{\partial r}\Big) + \frac{\partial^2 c}{\partial z^2} \qquad (11.16)$$

haben TAYLOR (1953) und TAYLOR/ARIS (1956) eine Lösung mit der Annahme „undurchdringlicher" Zylinderwände der Schichtströmung, vgl. Abb. 3.4, gefunden. Durch Einführung der Variablen $\hat{c} = (2/R^2)\int_0^R r\,\hat{c}\,dr$ ergibt sich ein Zusammmenhang zwischen

▷ AXIALER DISPERSION UND DEM MOLEKULAREN DIFFUSIONSKOEFFIZIENTEN $D^{\text{gs/fl}}$:

$$\boxed{\mathcal{D}_{\text{ax}} = D^{\text{gs/fl}} + \frac{u^2\,R^2}{48\,D^{\text{gs/fl}}}} \qquad (11.17)$$

Das ideale Verdrängungsmodell: Das Modell des idealen Strömungsrohres stellt eine weitere Vereinfachung der zum Dispersionsmodell führenden Gedankengänge dar: die axiale Dispersion wird nun ebenfalls zu Null gesetzt. Wie aus der Abb. 11.1 ersichtlich, ist diese Vernachlässigung nur bei geringer Dispersion, d.h. bei Bodenstein-Zahlen größer als ungefähr 300 zulässig. Bei der Anwendung des idealen Verdrängungsmodelles muß dieser Sachverhalt in jedem Fall zuvor geprüft werden. Es ergibt sich dann:

$$\frac{\partial c}{\partial \theta} = -\frac{\partial c}{\partial \zeta} + \frac{1}{(Bo)}\frac{\partial^2 c}{\partial \zeta^2} \quad \text{für } (Bo) > 300 \rightsquigarrow \quad \frac{\partial c}{\partial \theta} = -\frac{\partial c}{\partial \zeta}$$

▷ IDEALE VERDRÄNGUNGSMODELL:

$$\boxed{\begin{aligned}\frac{\partial c_i}{\partial t} &= -\frac{\partial [u_z c_i]}{\partial z} \\ \frac{\partial c_i}{\partial t} &= -\frac{\partial c_i}{\partial \tau}\end{aligned}} \qquad (11.18)$$

Das ebene Strömungsprofil der *Pfropfenströmung* ist bei turbulenter Strömung recht gut realisiert und für Newton-Flüssigkeiten unproblematisch. In diesen Fällen führen die erforderlichen hohen Lineargeschwindigkeiten auch zu großen Bodenstein-Zahlen.

Folgerungen: Führt man dagegen eine Reaktion mit einer Nicht-Newton'schen Flüssigkeit durch – etwa eine Polymerisation mit strukturviskosem Verhalten – so lassen sich die erforderlichen hohen Lineargeschwindigkeiten nicht einstellen: dann resultiert auch eine niedrige Bodenstein-Zahl, bzw. eine große Dispersion. Um dennoch das einfache Verdrängungsmodell anwenden zu können, ist es erforderlich, das Dispersionsverhalten des Fluids zu ändern. Bei der Besprechung der Dispersion im Festbettreaktor wurde erläutert, daß durch die resultierende Flechtströmung die Dispersionszahl bereits bei kleinen Reynolds-Zahlen in einen konstanten Wert mündet. Diesen Sachverhalt kann man sich für die Polymerisation in einfach gelagerten Fällen zunutze machen und die (Bo)-Zahl in einem mit Füllkörpern versehenen Reaktor einstellen.

11.3 Das ideale Mischungsmodell

Der ideale kontinuierliche Rührkessel (engl.: continous stirred tank reactor, CSTR) zeichnet sich wegen der guten Vermischung des Reaktorinhaltes durch einen gradientenfreien Betrieb aus: in der allgemeinen Stoffbilanz fällt der Diffusionsterm fort.

Zur Aufstellung der Stoffbilanz für den CSTR greifen wir auf die so vereinfachte Stoffbilanz zurück und integrieren über das Reaktionsvolumen:

$$\int_V \frac{\partial c_i}{\partial t} \, dV = -\int_V \mathrm{div}[c_i\, \mathbf{u}] \, dV \qquad (11.19)$$

Durch Anwendung des Gaußschen Satzes auf die Divergenz erhält man, vgl. Gl. 7.47:

$$-\int_{V_0}^{V} \mathrm{div}[c_i\, \mathbf{u}] \, dV = -\int_{A_0}^{A} (c_i\, \mathbf{u}) \cdot d\mathbf{A} \qquad (11.20)$$

$$-\int_{V_0}^{V} \mathrm{div}[c_i\, \mathbf{u}] \, dV = c_{i,0}\, u_0\, A_0 - c_i\, u\, A \qquad (11.21)$$

Da nun $\dot{V} = u\,A$ ist, ergibt sich das

▷ IDEALE MISCHUNGSMODELL:

$$\boxed{V \frac{dc_i}{dt} = c_{i,0}\, \dot{V}_0 - c_i\, \dot{V} \quad , \mathrm{mol\, s^{-1}}} \qquad (11.22)$$

Für eine stoffmengenkonstante Reaktion ist $\dot{V}_0 = \dot{V}$, annähernd gilt dies auch für stoffmengenändernde Reaktionen in kondensierten Fluiden; es ergibt sich nach der Bildung des Quotienten $\tau = V/\dot{V}_0$ das

▷ IDEALE MISCHUNGSMODELL FÜR KONDENSIERTE FLUIDE:

$$\boxed{\tau \frac{dc_i}{dt} = c_{i,0} - c_i \quad , \mathrm{mol\, m^{-3}\, s^{-1}}} \qquad (11.23)$$

Auf diesen Zusammenhang wird bei Aufstellung des Zellenmodells zurückgegriffen. Der ideale Grenzfall der sogenannten Mikrovermischung bedeutet, daß die zur Zeit $t = 0$ in den kontinuierlichen Rührkessel getrennt eingespeisten Reaktanden sich momentan unter Ausgleich sämtlicher Gradienten molekulardispers mischen lassen. Statistisch gesehen sollen sich in unendlich kurzer Zeit in jedem Volumenelement gleiche Verteilungen einstellen. In der Realität wird die Mischungsdauer endlich sein: sie hängt von den in den Rührkesselreaktor eingebrachten Scherkräften ab. Ohne auf die verwickelten Vorgänge näher einzugehen, sei hier nur ein einfacher qualitativer Zusammenhang für den turbulenten Bereich aufgeführt:

$$(\text{Mischzeit } /s) \cdot (\text{Rührerdrehzahl } /\mathrm{U\, s^{-1}}) \approx 20 \text{ bis } 50 \qquad (11.24)$$

Eine eingehende Darstellung findet sich in den Texten von BAERNS/HOFMANN/RENKEN (1987) und GRASSMANN (1961), die *Makrovermischung* wird in Abschn. 13.3.2 behandelt.

11.4 Das Zellenmodell und diskrete Systeme

Einführung in die Differenzengleichungen

Das Zellenmodell findet große Anwendung in der chemischen Verfahrenstechnik nicht nur zur Berechnung von Rührkesselkaskaden, sondern auch überall dort, wo diskrete Verfahrensstufen durchlaufen werden, so bei der Rektifikation oder Extraktion auf den sog. *Böden*, vgl. Abschne. 18 und 19. Zur Einführung in die diskreten Systeme betrachten wir die Stoffbilanz einer 4-Kesselkaskade gemäß Gl. 11.23 mit der Laufzahl j:

$$
\begin{aligned}
\text{1.Kessel:} \quad & \tau(1)\frac{dc_i(1)}{dt} = c_{i,0} - c_i(1) \\
\text{2.Kessel:} \quad & \tau(2)\frac{dc_i(2)}{dt} = c_i(1) - c_i(2) \\
\text{3.Kessel:} \quad & \tau(3)\frac{dc_i(3)}{dt} = c_i(2) - c_i(3) \\
\text{4.Kessel:} \quad & \tau(4)\frac{dc_i(4)}{dt} = c_i(3) - c_i(4) \\
\text{allgemein:} \quad & \tau(j)\frac{dc_i(j)}{dt} = c_i(j-1) - c_i(j) \\
\text{stationärer Fall:} \quad & 0 = c_i(j-1) - c_i(j)
\end{aligned}
\qquad (11.25)
$$

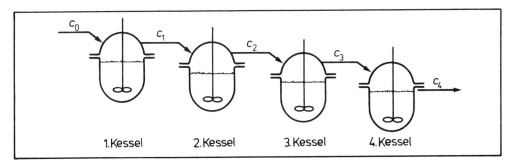

Abbildung 11.5: Skizze einer 4-Kesselkaskade zur Erläuterung der Differential-Differenzengleichung.

Man erhält auf diese Weise ein gekoppeltes System von vier Differentialgleichungen, das sich allgemein auch als *Differential-Differenzengleichung* schreiben läßt. Für den stationären Fall erhält man eine einfache *Differenzengleichung*.

Die Darstellung des Differenzenkalküls soll an dieser Stelle nur in der Art eines „Kochrezeptes" erfolgen. Bessere Darstellungen findet der Leser in den einführenden Texten von ROMMELFANGER (1986) und DÜRR/ZIEGENBALG (1984).

11. Hydrodynamische Modelle chemischer Reaktoren

Da sich Differentialgleichungen stets in Differenzengleichungen umschreiben lassen – das wird auf den nächsten Seiten gezeigt – gelten hierfür auch alle von den Eigenschaften der Differentialgleichungen abgeleiteten Regeln: insbesondere gilt dies für die Stabilitätskriterien. Bei der Behandlung der Stabilitätseigenschaften gekoppelter Differentialgleichungssysteme in Abschn. 14 wird sich zeigen, daß die Stabilitätsanalyse nichtlinearer Differentialgleichungssysteme zu den schwierigen Dingen gehört. Diese Schwierigkeit wird durch die Linearisierung des nichtlinearen Problems umgangen; das versagt jedoch immer dann, wenn im linearisierten System rein imaginäre Wurzeln auftauchen, vgl. die Ljapunow-Kriterien in Abschn. 14.5.1. In diesem Fall ist man stets auf eine numerische Analyse des Systems angewiesen.

Die numerische Behandlung nichtlinearer Differentialgleichungen gründet sich auf die Differenzengleichungen. Bei dem Umschreiben einer Differentialgleichung in eine Differenzengleichung tauchen Begriffe wie *Diskretisierungslänge* und *Diskretisierungszeit* auf, die Erklärung folgt auf den nächsten Seiten. Diese Diskretisierungsschritte ermöglichen eine *rekursive* Berechnung des nichtlinearen Problems. Die Formulierung numerischer Probleme geht über den Inhalt dieses Textes hinaus, der interessierte Leser möge sich Rat und Hilfe in den Texten von KREUZER (1987) und DÜRR/ZIEGENBALG (1984) holen, die letztgenannten Autoren haben viele Beispiele dargestellt und durchgerechnet.

Dies ist nicht der einzige Zugang zu den Differenzengleichungen, viel allgemeiner ist dieser Begriff in der Regelungstechnik, vgl. Abschn. 10.3/4, dort stehen Systemgrößen – etwa Temperatur und Konzentration – nur zu diskreten Zeitpunkten dem Regelungseingriff durch periodische Abtastung zur Verfügung. Die Behandlung diskreter Systeme gewinnt mit zunehmender Digitalisierung der Meßgrößen ständig an Bedeutung.

Die mathematische Beschreibung analoger Regelungsvorgänge gründet sich auf die Laplace-Transformationen, vgl. Abschn. 10. Zur Beschreibung diskreter Vorgänge durch Differenzengleichungen hat sich die $\mathcal{Z}$-Transformation etabliert, vgl. DOETSCH (1985).

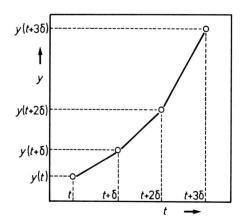
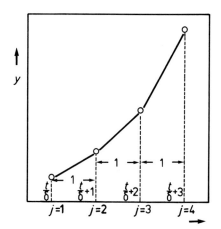

Abbildung 11.6: Skizze zur Erläuterung des Differenzenkalküls.

11.4. Das Zellmodell und diskrete Systeme

Wir betrachten den in der Abb. 11.6(a) dargestellten mehrgliedrigen Polygonzug diskreter Meßwerte y über der Zeit t; die Zeitdifferenz zwischen zwei Abtastungen betrage jeweils $\Delta t = \delta$. Für die ersten beiden Zeitabschnitte ergeben sich die Steigungen zu:

$$\begin{aligned}\left(\frac{\Delta y}{\Delta t}\right)_1 &= \frac{y(t+\delta) - y(t)}{\delta} \\ \left(\frac{\Delta y}{\Delta t}\right)_2 &= \frac{y(t+2\delta) - y(t+\delta)}{\delta}\end{aligned} \quad (11.26)$$

Diese Ausdrücke werden der *1. Differenzenquotient* genannt. Der *2. Differenzenquotient* – analog zur 2. Ableitung – ergibt sich aus dem Zusammenhang:

$$\begin{aligned}\frac{\Delta}{\Delta t}\left[\frac{\Delta y}{\Delta t}\right] &= \frac{1}{\Delta t}\left\{\left(\frac{\Delta y}{\Delta t}\right)_2 - \left(\frac{\Delta y}{\Delta t}\right)_1\right\} \\ \frac{\Delta}{\Delta t}\left[\frac{\Delta y}{\Delta t}\right] &= \frac{1}{\delta}\left\{\frac{y(t+2\delta) - y(t+\delta)}{\delta} - \frac{y(t+\delta) - y(t)}{\delta}\right\} \\ \rightsquigarrow \quad \frac{\Delta}{\Delta t}\left[\frac{\Delta y}{\Delta t}\right] &= \frac{y(t+2\delta) - 2y(t+\delta) + y(t)}{\delta^2}\end{aligned}$$

Führt man eine reduzierte Darstellung ein, indem man y über $t/\delta = (j)$ aufträgt, vgl. Abb. 11.6(b), so ergibt sich für den 1. Differenzenquotienten aus der Gl. 11.26:

$$\begin{aligned}\left(\frac{\Delta y}{\Delta(t/\delta)}\right)_1 &= \frac{y(t/\delta + \delta/\delta) - y(t/\delta)}{\delta/\delta} = y(j+1) - y(j) \\ \rightsquigarrow \quad \left(\frac{\Delta y}{\Delta t}\right)_1 &= \frac{y(j+1) - y(j)}{\delta}\end{aligned}$$

Analog ergibt sich für den 2. Differenzenquotienten:

$$\begin{aligned}\frac{\Delta}{\Delta t}\left[\frac{\Delta y}{\Delta t}\right] &= \frac{1}{\Delta t}\left\{\left(\frac{\Delta y}{\Delta t}\right)_2 - \left(\frac{\Delta y}{\Delta t}\right)_1\right\} \\ \frac{\Delta}{\Delta t}\left[\frac{\Delta y}{\Delta t}\right] &= \frac{y(j+2) - 2y(j+1) + y(j)}{\delta^2}\end{aligned}$$

Für infinitesimale Größen ergibt sich $(\Delta y / \Delta t)_{\Delta t \to 0} = dy/dt$, somit folgt unmittelbar die Beziehung des 1. und 2. Differenzenquotienten zum Differentialquotienten:

$$\boxed{\begin{aligned}\frac{dy}{dt} &= \frac{y(j+1) - y(j)}{\delta} \\ \frac{d^2 y}{dt^2} &= \frac{y(j+2) - 2y(j+1) + y(j)}{\delta^2}\end{aligned}} \quad (11.27)$$

11.4.1 Differentialgleichungen als Differenzengleichungen

Zeitliche Ableitungen – die Reaktion 1. Ordnung: Wir greifen für die Formulierung einer Reaktion 1. Ordnung auf das Zeitgesetz zurück:

$$\frac{dc_i}{dt} = -k\, c_i \qquad (11.28)$$

Nun wird der Differentialquotient in den Differenzenquotienten mit der Laufzahl (j) nach der Gl. 11.27 umgeschrieben, es folgt:

$$\frac{dc_i}{dt} = \frac{c_i(j+1) - c_i(j)}{\delta_t} \qquad (11.29)$$

Nach dem Einsetzen in die obige Differentialgleichung ergibt sich:

$$c_i(j+1) - c_i(j) = -\delta_t\, k\, c_i(j) \qquad (11.30)$$
$$\leadsto \quad c_i(j+1) = c_i(j)\{1 - \delta_t\, k\} \qquad (11.31)$$

Die Größe δ_t stellt die *Diskretisierungszeit* dar, wir versehen sie mit dem Index: t, damit eine spätere Unterscheidung zur Diskretisierungslänge möglich ist.

Die Folgereaktion – logistische Gleichung: Die Folgereaktion wird durch das Reaktionsschema wiedergegeben, vgl. Abschn. 5.6.4:

$$E \xrightarrow{k_1} A$$
$$2\,A \xrightarrow{k_2} P$$

Das empirische Zeitgesetz bezüglich der Komponente A möge lauten:

$$\frac{dc_A}{dt} = k_1 c_A - 2 k_2 c_A^2 \qquad (11.32)$$

Durch Umschreiben des Differentialquotienten in einen Differenzenquotienten ergibt sich wieder:

$$\frac{dc_A}{dt} = \frac{c_A(j+1) - c_A(j)}{\delta_t} \qquad (11.33)$$

Man setzt diesen Ausdruck in das Zeitgesetz der Folgereaktion ein, es folgt:

$$c_A(j+1) - c_A(j) = \delta_t\, k_1\, c_A(j) - 2\,\delta_t\, k_2\, \{c_A(j)\}^2 \qquad (11.34)$$
$$\leadsto \quad c_A(j+1) = c_A(j)\{1 + \delta_t\, k_1 - 2\,\delta_t\, k_2 c_A(j)\} \qquad (11.35)$$

Diese Differenzengleichung wird auch „logistische Gleichung" genannt.

Örtliche Ableitungen – das stationäre Strömungsrohr: In einem Strömungsrohr möge eine Reaktion 2. Ordnung ablaufen, die stationäre Bilanz ergibt sich dann zu:

$$0 = -u_z \frac{\mathrm{d}c_i}{\mathrm{d}z} - k\, c_i^2 \qquad (11.36)$$

Die örtliche Ableitung wird umgeschrieben unter Benutzung der *Diskretisierungslänge*:

$$u_z \frac{\mathrm{d}c_i}{\mathrm{d}z} = u_z \frac{c_i(j+1) - c_i(j)}{\delta_z} \qquad (11.37)$$

Dieser Ausdruck wird in die Bilanz des stationären Strömungsrohres eingesetzt:

$$u_z\{c_i(j+1) - c_i(j)\} = -\delta_z k \{c_i(j)\}^2 \qquad (11.38)$$

$$\rightsquigarrow \quad c_i(j+1) = c_i(j)\left\{1 - \frac{\delta_z k}{u_z} c_i(j)\right\} \qquad (11.39)$$

Partielle Differentialgleichungen – das Dispersionsmodell: Das Dispersionsmodell wurde im Abschn. 11.1 eingehend besprochen, es soll nun als Differenzengleichung formuliert werden; die Dispersionsgleichung lautete:

$$\frac{\partial c_i}{\partial t} = -u_z \frac{\partial c_i}{\partial z} + \mathcal{D}_{\mathrm{ax}} \frac{\partial^2 c_i}{\partial z^2} \qquad (11.40)$$

Die zeitlichen und örtlichen Differentialquotienten ergeben sich zu:

$$\frac{\partial c_i}{\partial t} = \frac{c_i(j+1) - c_i(j)}{\delta_t} \quad \text{und} \quad \frac{\partial c_i}{\partial z} = \frac{c_i(j+1) - c_i(j)}{\delta_z}$$

$$\frac{\partial^2 c_i}{\partial z^2} = \frac{c_i(j+2) - 2\,c_i(j+1) + c_i(j)}{\delta_z^2}$$

Eingesetzt in die Dispersionsgleichung ergibt sich:

$$\rightsquigarrow \quad \frac{c_i(j+1) - c_i(j)}{\delta_t} = -u_z \frac{c_i(j+1) - c_i(j)}{\delta_z} +$$

$$+ \mathcal{D}_{\mathrm{ax}} \frac{c_i(j+2) - 2\,c_i(j+1) + c_i(j)}{\delta_z^2}$$

In dieser Differenzengleichung tauchen sowohl die Diskretisierungszeit δ_t als auch die Diskretisierunglänge δ_z auf. Multipliziert man diese Gleichung mit $\delta_z^2/\mathcal{D}_{\mathrm{ax}}$, so folgt:

$$\frac{\delta_z^2}{\delta_t \mathcal{D}_{\mathrm{ax}}} c_i(j+1) - c_i(j) = -\frac{u_z \delta_z}{\mathcal{D}_{\mathrm{ax}}} c_i(j+1) - c_i(j)$$

$$+ c_i(j+2) - 2\,c_i(j+1) + c_i(j)$$

Eine abkürzende Schreibweise liefert die Differenzengleichung des Dispersionsmodelles:

$$\boxed{\begin{aligned} \left(1 + \frac{\delta_z^2}{\delta_t \mathcal{D}_{\mathrm{ax}}} + \frac{u_z \delta_z}{\mathcal{D}_{\mathrm{ax}}}\right) &= K \\ \rightsquigarrow \quad c_i(j+2) - c_i(j+1)(K+1) + c_i(j)K &= 0 \end{aligned}} \qquad (11.41)$$

11.4.2 Rekursive Berechnungen

Die Wahl der Diskretisierungszeit: Für die Erläuterung der rekursiven Berechnung von Differenzengleichungen greifen wir auf die einfache Gleichung 11.31 einer Reaktion 1. Ordnung zurück. Wie dort schon formuliert, schreibt man zweckmäßigerweise alle die Laufzahl (j) enthaltende Glieder auf die rechte Seite:

$$c_i(j+1) = c_i(j)\{1 - \delta_t k\} \tag{11.42}$$

Nach Vorgabe eines Startwertes – hier der Konzentration c_0 – berechnet man $c(1)$, $c(2)$,- $c(3)$, usf.:

$$\begin{aligned} c_i(1) &= c_{i,0}\{1 - \delta_t k\} \\ c_i(2) &= c_i(1)\{1 - \delta_t k\} \\ c_i(3) &= c_i(2)\{1 - \delta_t k\} \quad \cdots \end{aligned}$$

Da die Reaktionsgeschwindigkeitskonstante in diesem Falle die Dimension s^{-1} hat, führt die Wahl der Diskretisierungszeit $\delta_t = 1$ zu einer Berechnung in *Echtzeit*, d.h. man berechnet die tatsächlichen Konzentrationen nach 1 s, 2 s, 3 s, $\cdots$.

Sehr schnelle Reaktionen können nach dieser Zeit schon weitgehend abgelaufen sein: in diesem Fall muß man die Disktretisierungszeit δ_t bedeutend kürzer wählen und auf etwa 10^{-3} s festlegen. Man erhält dann eine *zeitlich gröbere* Darstellung.

Ebenso kann sich bei sehr langsamen Reaktion nach einigen Sekunden noch nicht viel getan haben: dann wählt man die Disktretisierungszeit größer, etwa 10^2 s; es folgt eine *zeitlich feinere* Darstellung.

Das obige Berechnungsschema ist nur für Fälle praktisch, in denen man je nach Gutdünken die Berechnung etwa bis zum Wert $j = 100$ durchführt. Will man dagegen für schnelle Reaktionen wissen, welche Konzentration sich nach etwa 5 Sekunden eingestellt hat, dann substituiert man zweckmäßigerweise und berechnet diesen gewünschten Wert in einem Schritt nach dem Schema:

$$\begin{aligned} c_i(1) &= c_{i,0}\{1 - \delta_t k\} \\ c_i(2) &= c_i(1)\{1 - \delta_t k\} = c_{i,0}\{1 - \delta_t k\}^2 \\ c_i(3) &= c_i(2)\{1 - \delta_t k\} = c_{i,0}\{1 - \delta_t k\}^3 \\ c_i(4) &= c_i(3)\{1 - \delta_t k\} = c_{i,0}\{1 - \delta_t k\}^4 \\ c_i(5) &= c_i(4)\{1 - \delta_t k\} = c_{i,0}\{1 - \delta_t k\}^5 \end{aligned}$$

Die Wahl der Diskretisierunglänge: Zur Besprechung dieses Falles greifen wir auf die Differenzengleichung des Strömungsrohres nach Gl. 11.39 zurück:

$$c_i(j+1) = c_i(j)\left\{1 - \frac{\delta_z k}{u_z} c_i(j)\right\} \tag{11.43}$$

Die Gleichung ist von gleicher Struktur wie die eben für eine Reaktion 1. Ordnung besprochene, nur ist die Diskretisierungszeit nun durch die Diskretisierungslänge ersetzt. Die bereits geschilderten Zusammenhänge ergeben sich analog.

11.5 Die Wahl des geeigneten Modells

Für die einfachen Reaktoren – dem idealen kontinuierlichen Rührkessel und dem idealen Strömungsrohr – ist die Wahl des Modells vorgegeben und unkritisch: hier gelten die besprochenen Bilanzgleichungen des Mischungs- bzw. Verdrängungsmodells.

Kritisch wird dagegen die Wahl des geeigneten Modells bei Vorliegen der *Dispersion* im Strömungsrohrreaktor. Zur Diskussion betrachten wir die Dispersionsgleichung und das Zellenmodell nach den Gln 11.1 und 11.25:

$$\text{Dispersionsmodell}: \quad \frac{\partial c_i}{\partial t} = -u_z \frac{\partial c_i}{\partial z} + \mathcal{D}_{\text{ax}} \frac{\partial^2 c_i}{\partial z^2}$$

$$\text{Zellenmodell}: \quad \tau(j) \frac{\mathrm{d} c_i(j)}{\mathrm{d} t} = c_i(j-1) - c_i(j)$$

Für den instationären Fall ergibt sich nach der Dispersionsgleichung eine *örtliche* und *zeitliche* Variation der Konzentration der Komponente i, wohingegen nach dem Zellenmodell unter gleichen Bedingungen die Konzentration örtlich in jeder „Zelle" auf die mittlere Konzentration $c(j)$ „zusammengefaßt" wird. Modelle dieser Art werden auch als solche mit „verteilten" Parametern (engl. *distributed parameters*) bzw. „zusammengefaßten" Parametern (engl. *lumped parameters*) bezeichnet.

Augenscheinlich sind Modelle mit zusammengefaßten Parametern mathematisch leichter zu behandeln. Einen einfachen Hinweis für die Anwendbarkeit des Zellenmodells bietet die Ermittlung der *Übertragungsfunktion* (vgl. Abschn. 10.4) an verschiedenen Stellen des Reaktors: ist diese an verschiedenen Orten gleich, so kann auf das Zellenmodell zurückgegriffen werden.

Existieren verschiedene Übertragungsfunktionen an unterschiedlichen Stellen des Reaktors in axialer Richtung, so wird man auf das Dispersionsmodell zurückgreifen müssen. Bei der Besprechung dieses Modells in Abschn. 11.1 und der Diffusionsgleichung in Abschn. 4.4.2 ist bereits zur Sprache gekommen, daß die Lösungen dieser Differentialgleichungen abhängig von den gegebenen *Randbedingungen* sind. Für hinreichend große Bodenstein-Zahlen $(Bo) > 100$ – d.h. bei hohen Lineargeschwindigkeiten oder großer Reaktorlänge – wird jedoch die Wahl der Randbedinungen immer unkritischer: man kann auf das „einfache" Dispersionsmodell nach Gl. 11.10 zurückgreifen.

Liegt die Bedingung großer Bodenstein-Zahlen nicht vor, so erfolgt zweckmäßig eine abschnittsweise Berechnung des Reaktors nach dem Umschreiben der Dispersionsgleichung in eine Differenzengleichung gemäß Gl. 11.41, wobei Diskretisierungslänge und Diskretisierungszeit dem Problem angepaßt werden müssen.

12 Verweilzeitverhalten chemischer Reaktoren

Der reale und ideale chemische Reaktor läßt sich durch das *Verweilzeitverhalten* charakterisieren. Nach einer Einführung in die Begriffe der *relativen Häufigkeit* und *Summenhäufigkeit* werden die *Verweilzeitspektren* und die *Verweilzeitsummenkurven* der im vorigen Abschnitt besprochenen Apparatemodelle abgeleitet. Das Verweilzeitverhalten als diagnostisches Merkmal bestimmt die Diskussion der Realfälle chemischer Reaktoren.

- IDEALER RÜHRKESSELREAKTOR:

    - VERWEILZEITSPEKTRUM, Gl. 12.14: $\qquad h(t) = \dfrac{1}{\tau} \exp[-t/\tau]$

    - VERWEILZEITSUMMENKURVE, Gl. 12.16: $\qquad H(t) = 1 - \exp[-t/\tau]$

- IDEALES STRÖMUNGSROHR:

    - VERWEILZEITSPEKTRUM, Gl. 12.23: $\qquad h(t) = \delta\left(t - \dfrac{l}{u_z}\right)$

    - VERWEILZEITSUMMENKURVE, Gl. 12.26: $\qquad H(t) = u\left(t - \dfrac{l}{u_z}\right)$

- LAMINARES STRÖMUNGSROHR:

    - VERWEILZEITSPEKTRUM, Gl. 12.31: $\qquad h(t) = \dfrac{\tau^2}{2\,t^3}$

    - VERWEILZEITSUMMENKURVE, Gl. 12.33: $\qquad H(t) = 1 - \dfrac{1}{4}\left(\dfrac{\tau}{t}\right)^2$

- VERWEILZEITSUMMENKURVE DER REAKTORKASKADE, Abschn. 12.4.4:

$$H(t) = \frac{c(j)}{c_0} = 1 - \left\{1 + \frac{t}{\tau} + \frac{1}{2!}\left(\frac{t}{\tau}\right)^2 + \frac{1}{3!}\left(\frac{t}{\tau}\right)^3 + \cdots + \frac{1}{(j-1)!}\left(\frac{t}{\tau}\right)^{j-1}\right\} \exp\left[-\frac{t}{\tau}\right]$$

12.1 Die Wichtigkeit der Verweilzeit

Bei der Erstellung der Stoffbilanzen chemischer Apparate sind verschiedene ideale Modelle zur Sprache gekommen, die sich direkt auf die hydrodynamischen Eigenschaften eines Apparates zurückführen lassen: so das *Verdrängungsmodell* mit ebenem Strömungsprofil, das *laminare Verdrängungsmodell* mit Hagen-Poiseuille-Strömung und das *Mischungsmodell* für gradientenfreie Strömung.

Das Umsatzverhalten eines kontinuierlich betriebenen realen technischen Reaktor läßt sich wegen der komplexen Zusammenhänge des realen Strömungsverhaltens – wie z.B. Totwasser, Kanalbildung, Rezirkulation (vgl. Abschn. 12.5/6) – mit der chemischen Reaktion nur ungenau vorausbestimmen. Erschwert werden diese Verhältnisse durch thermische Effekte und dem möglichen Austausch an Phasengrenzflächen. Um dennoch den Umsatz eines technischen Reaktors vorausberechnen zu können, wird man das komplexe Reaktionssystem vereinfachen müssen.

Der Umsatz einer chemischen Reaktion in einem kontinuierlich arbeitenden Reaktor wird unter sonst *gleichen* Konzentrations- und Reaktionsbedingungen – wie Druck und Temperatur – in erster Linie bestimmt durch die den Molekülen zur Verfügung stehenden Aufenthaltszeiten im Reaktionsvolumen: damit ist die große Bedeutung der Verweilzeitverteilung für die Charakterisierung eines kontinuierlich betriebenen Reaktors gegeben.

Zur Vorausberechung des Umsatzes eines chemischen Reaktors, müßte man den Weg eines jeden zur Reaktion kommenden Moleküls durch den Reaktor verfolgen. Zusätzlich wäre die Verteilung der Aufenthaltsdauer auf die Bereiche verschiedener Konzentration innerhalb des Reaktors von Bedeutung. Wegen der Vielzahl der reagierenden Moleküle in einem technischen Reaktor ist dieser Weg zur exakten Beschreibung der Reaktoreigenschaften jedoch nicht sinnvoll.

Um dennoch die Strömungseigenschaften eines Reaktortyps möglichst genau zu berücksichtigen, sind verschiedene Reaktormodelle entwickelt worden, die eine näherungsweise Berechnung ermöglichen. Dazu gehört das bereits besprochene *Dispersionsmodell*, bei dem man aufgrund vereinfachender Vorstellungen einen Dispersionskoeffizienten definiert. Allerdings erweist sich das Dispersionsmodell nur für *gelinde* Abweichungen vom idealen Verdrängungsmodell als wirkungsvoll. In der Regel wird man das Dispersionsmodell unter den vereinfachenden Bedingungen großer Bodensteinzahlen in Ansatz bringen: also von einer fast symmetrischen axialen Stoffverteilung ausgehen. Für stark asymmetrische Verteilungen, evtl. sogar mit mehreren Maxima, wird dieses Modell versagen.

Die Aufnahme der *Verweilzeitspektren* als relative Häufigkeit oder die Aufnahme der *Verweilzeitsummenkurven* als Summenhäufigkeit stellt in diesem Zusammenhang ein hervorragendes diagnostisches Verfahren zum Aufspüren der *Realströmungen* in einem chemischen Reaktor dar. Die Kenntnis des realen hydrodynamischen Verhaltens ist äußerst wichtig, da sich nur damit entscheiden läßt, welches Apparatemodell zur Berechnung herangezogen werden kann. Wir werden im Laufe dieses Abschnittes noch sehen, daß z.B. das laminare Strömungsrohr vom Verweilzeitverhalten eher Ähnlichkeit mit einem kontinuierlichen Rührkesselreaktor als mit einem Strömungsrohr hat.

12.2 Relative Häufigkeit und Summenhäufigkeit

Die relative Häufigkeit: Es folgt zunächst die
DEFINITION:
Die relative Häufigkeit $h(M)$ gibt den Anteil der Individuen vom Kollektiv bezüglich einer Merkmalsgröße M an. Bezeichnet man die Zahl der Individuen mit ΔZ und das Kollektiv mit Z_0, dann ist die relative Häufigkeit (oder Häufigkeitsdichte)

$$h(M) = \frac{\Delta Z}{Z_0 \Delta M} \quad , \mathrm{M}^{-1} \tag{12.1}$$

In der Verteilungsfunktion trägt man stets $\Delta Z/(Z_0 \Delta M)$ über M auf: Beispiel hierfür ist die Porenradien- oder Korngrößenverteilung. Die näheren Erläuterungen sollen anhand der Abb. 12.1 mit der Zeit t als Merkmalsgröße erfolgen.

Aufgetragen ist die relative Häufigkeit $\Delta Z/(Z_0 \Delta t)$ gegen die Aufenthaltszeit t. Greift man die Zahl der Individuen mit einer Aufenthaltszeit zwischen 20 s und 25 s heraus, so ist im Beispiel deren relative Häufigkeit 0.015. Da die Gesamtfläche unter der Kurve gleich eins ist, ergibt sich die Teilfläche zwischen t_0 und $t_0 + \Delta t$ zu:

$$h(t)\,\Delta t = 0.015 \cdot 5 = 0.075 \tag{12.2}$$

Damit besitzen 7.5 % der Individuen des Kollektivs Z_0 eine Aufenthaltszeit zwischen 20 und 25 s. Geht man zu unendlich kleinen Intervallen $\Delta Z, \Delta M$ über, so folgt für die
▷ DEFINITION DER RELATIVEN HÄUFIGKEIT $h(M)$:

$$\boxed{h(M) = \frac{\mathrm{d}Z}{Z_0 \mathrm{d}M}} \tag{12.3}$$

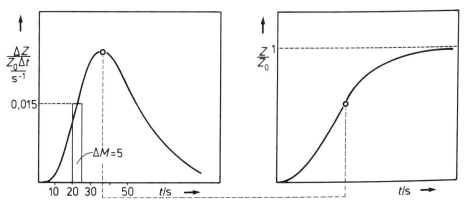

Abbildung 12.1: Darstellung der relativen Häufigkeit und der Summenhäufigkeit.

12. Verweilzeitverhalten chemischer Reaktoren

Die Summenhäufigkeit: Ausgehend von der Definition der relativen Häufigkeit als Differentialquotient erhält man nach Trennung der Variablen:

$$\frac{dZ}{Z_0} = h(M)\,dM \tag{12.4}$$

$$\int_0^{Z_0} \frac{dZ}{Z_0} = \int_0^\infty h(M)\,dM \tag{12.5}$$

$$\tag{12.6}$$

▷ DEFINITION DER SUMMENHÄUFIGKEIT $H(M)$:

$$\boxed{H(M) = \frac{Z}{Z_0} = \int_0^M h(M)\,dM} \tag{12.7}$$

Der Zusammenhang zwischen der relativen und der Summenhäufigkeit ergibt sich aufgrund der Definitionen zu:

$$\boxed{dH(M) = h(M)dM \quad \text{und} \quad h(M) = \frac{dH(M)}{dM}} \tag{12.8}$$

Die relative Häufigkeit ist also die 1. Ableitung der Summenhäufigkeit, demzufolge fällt das Maximum der relativen Häufigkeit mit dem Wendepunkt der Summenhäufigkeit zusammen. In der Abb. 12.1 steigt bei einer asymmetrischen Häufigkeitsverteilung die Summenkurve zunächst steil an und flacht nach dem Wendepunkt ab.

Verweilzeitverteilungen: Die für einen chemischen Reaktor interessierende Merkmalsgröße ist die Zeit, die den Reaktionspartnern für die Reaktion zur Verfügung steht. Die Zahl der Reaktionsindividuen ist die Zahl der Moleküle bzw. als Ensemble die Stoffmenge der Reaktionspartner. Da man die Verweilzeitverteilungen i.allg. durch eine Markierung mit einem *nichtreagierenden* Tracer vornimmt, kann die Stoffmenge des Tracers durch dessen Konzentration ausgedrückt werden.

Der Übergang von den allgemein gehaltenen Definitionen der Häufigkeitsverteilungen zu den Verweilzeitverteilungen gelingt also, indem man die Zahl der Individuen Z durch die aktuelle Konzentration c, das Kollektiv Z_0 durch eine Anfangskonzentration c_0 und die Merkmalsgröße M durch die Zeit t ersetzt. Es ergibt sich für die

▷ VERWEILZEITVERTEILUNG ODER DAS VERWEILZEITSPEKTRUM:

$$\boxed{h(t) = \frac{dc}{c_0\,dt} \quad s^{-1}} \tag{12.9}$$

▷ VERWEILZEITSUMMENKURVE:

$$\boxed{H(t) = \frac{c}{c_0} = \int_0^t h(t)\,dt} \tag{12.10}$$

Die Verteilungsfunktion wird in der angelsächsischen Literatur auch als **E**-function, die der Summenfunktion auch als **F**-function bezeichnet.

12.3 Die Markierungsmethodik

Die besprochenen Verweilzeitverteilungen werden experimentell auf zwei Wegen erhalten:
1. durch *Stoßmarkierung* mit einer Markierungssubstanz,
2. durch *Verdrängungsmarkierung* mit einer Markierungssubstanz.

Bei der *Stoßmarkierung* wird zur Zeit $t = 0$ ein gegenüber dem Reaktionsvolumen sehr kleiner Volumenanteil einer Markierungsubstanz in den Eintrittsstrom des Reaktors gegeben. Mit einer entsprechenden Analyseneinrichtung (Leitfähigkeit, optische Einrichtungen, Zähleinrichtungen) beobachtet man dann den Konzentrations-Zeit-Verlauf der Markierungssubstanz im Austrittsstrom des Reaktors. Man erhält auf diese Weise mit der δ-Funktion als Eingangssignal das *Verweilzeitspektrum*. Die Stoßmarkierung wird immer dann angewandt, wenn der Produktionsfluß des Reaktors nicht unterbrochen werden soll. Allerdings werden wegen der großen Verdünnung der Markierungssubstanz hohe Anforderungen an die Genauigkeit des Analysensystems gestellt.

Bei der *Verdrängungsmarkierung* wird zur Zeit $t = 0$ der Eintrittsstrom in den Reaktor auf den Markierungsstrom umgestellt. Die Markierungsubstanz verdrängt dann das im Reaktor befindlich Fluid. Man beobachtet den Konzentrations-Zeit-Verlauf der Markierungssubstanz im Austrittsstrom des Reaktors und erhält mit der Stufen- oder Sprungfunktion als Eingangssignal die *Verweilzeitsummenkurve*. Nachteilig ist, daß zur Durchführung der Verdrängungmarkierung der Produktionsfluß unterbrochen wird.

Die Stoßmarkierung – das Verweilzeitspektrum: Experimentell geht man zur Gewinnung des Graphen $h(t)$ über t wie folgt vor:

1. Gib einen Puls von n Molen einer Markierungssubstanz in den Zuflußstrom des Reaktors und messe am Reaktorausgang den Konzentrations-Zeit-Verlauf $c(t)$. Die Fläche unter der ermittelten Kurve ist $A = n/\dot{V}$, vgl. Abb. 12.2.
2. Schreibe den Graphen auf $h(t)$ um, indem die Ordinatenwerte mit dem Quotienten $\dot{V}/n$ multipliziert werden.
3. Schreibe auf dimensionslose Größen um, indem der Quotient $t/\tau = \theta$ gebildet wird: $h(\theta) = \tau h(t)$.

Die Verdrängungsmarkierung – die Verweilzeitsummenkurve: Der Graph $H(t)$ über t wird wie folgt gewonnen:

1. Stelle zur Zeit $t = 0$ den Eingangsstrom des Reaktors auf die Markierungssubstanz um und messe am Reaktorausgang den Konzentrations-Zeit-Verlauf $c(t)$.
2. Schreibe den Graphen auf $H(t)$ um, indem die Ordinatenwerte mit dem Quotienten $\dot{V}/\dot{n}$ multipliziert werden.
3. Das Umschreiben auf dimensionslose Größen geschieht für die Abzissenwerte durch Bildung des Quotienten $\theta = t/\tau$, für die Ordinatenwerte gilt dagegen unverändert $H(\theta) = H(t)$.

Beispiel – kontinuierlicher Rührkessel: Ein kontinuierlicher Rührkessel mit einem Reaktionsvolumen von $V = 16 \cdot 10^{-3}$ m^3 werde mit dem Volumenstrom $\dot{V} = 4 \cdot 10^{-3}$ m^3 s^{-1} beaufschlagt, die Verweilzeit betrage 4 s. Fügt man 28 mol einer Markierungssubstanz hinzu, so folgt für die Konzentration zum Zeitpunkt $t(0+)$ der Eingabe: $c_0 = 28/(16 \cdot 10^{-3}) = (7/4) \cdot 10^3$ mol m^{-3}. Nach der Verweilzeit von 4 s ist die Konzentration auf $1/(4e)$ gefallen, vgl. Abb. 12.2(a1). Zum Erhalt des Verweilzeitspektrums werden die Ordinatenwerte mit $\dot{V}/n$ multipliziert, vgl. Abb. 12.2(a2), schließlich wird analog wie oben die normierte relative Häufigkeit in Abb. 12.2(a3) erhalten.

Beispiel – Strömungsrohr: Ein Strömungsrohr mit einem Reaktionsvolumen $V = 16 \cdot 10^{-3}$ m^3 werde mit einem Volumenstrom von $\dot{V} = 4 \cdot 10^{-3}$ m^3 s^{-1} beaufschlagt, damit ergibt sich die Verweilzeit $\tau = 16/4 = 4$ s. Die Markierung erfolgt mit $n = 28$ mol einer Markierungssubstanz. Der gemessene Konzentrations-Zeit-Verlauf ist an Abb. 12.2 wiedergegeben: die Fläche unter dem $c(t)$-Verlauf beträgt 7 mol s m^{-3}, das Maximum liegt bei $\tau = 4$ s. Die Ordinatenwerte werden mit $\dot{V}/n$ multipliziert: man erhält die relative Häufigkeit $h(t)$ über t. Im letzten Schritt wird die Darstellung durch Multiplikation der Ordinatenachse mit τ normiert, vgl. Abb. 12.2(b).

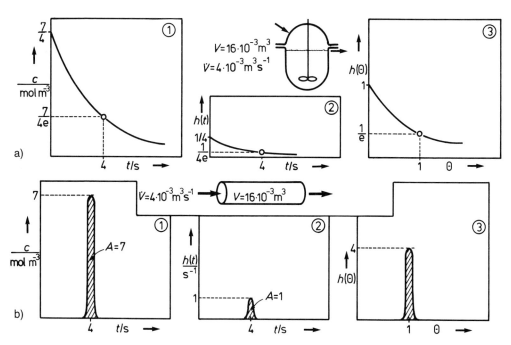

Abbildung 12.2: Experimentelles Vorgehen zum Erhalt des: (a) Verweilzeitspektrum des Rührkesselreaktors; (b) des Strömungsrohrreaktors.

12.4 Verweilzeitverhalten idealer Reaktoren

Zur Ermittlung des Verweilzeitverhaltens wird – wie beschrieben - die experimentelle Technik der Stoß- oder Verdrängungsmarkierung angewendet. Diese Markierung stellen eine Störung der Systemgleichung dar: die resultierenden *gestörten* Systemgleichungen lassen sich durch Laplace-Transformationen besonders einfach lösen. Wir wollen die Lösungen mit diesem mathematischen Hilfsmittel finden, vgl. Abschn. 10.

12.4.1 Der ideale kontinuierliche Rührkessel

Das Verweilzeitspektrum: Für den idealen kontinuierlichen Rührkessel erhielten wir in Abschn. 11.3 die Bilanz, sie lautet ohne chemische Reaktion:

$$\tau \frac{\mathrm{d}c}{\mathrm{d}t} = c_0 - c \qquad (12.11)$$

Das Verweilzeitspektrum wird experimentell durch eine Stoßmarkierung verifiziert, zur Zeit $t = 0$ ist die Konzentration der Markierungssubstanz $c_0 = 0$, also folgt die homogene Differentialgleichung:

$$\tau \frac{\mathrm{d}c}{\mathrm{d}t} + c = 0 \qquad (12.12)$$

Die Stoßmarkierung stellt eine *Störfunktion* dar: es handelt sich um die im Abschn. 10.2.1 eingeführte Delta-Funktion $\delta(t)$, es folgt die *gestörte* inhomogene Differentialgleichung:

$$\tau \frac{\mathrm{d}c}{\mathrm{d}t} + c = \delta(t) \qquad (12.13)$$

Die Lösung dieser Dfferentialgleichung wird mithilfe der Laplace-Transformation gesucht: die Laplace-Transformierte ergibt sich auf folgendem Wege, vgl. Abschn. 10.3 :

$$\begin{aligned}
\mathcal{L}\left[\tau \frac{\mathrm{d}c}{\mathrm{d}t}\right] + \mathcal{L}[c] &= \mathcal{L}[\delta(t)]; \\
\mathcal{L}\left[\tau \frac{\mathrm{d}c}{\mathrm{d}t}\right] &= s\,\tau\,\tilde{C}; \quad \mathcal{L}[c] = \tilde{C}; \quad \mathcal{L}[\delta(t)] = 1 \\
\rightsquigarrow \quad s\,\tau\,\tilde{C} + \tilde{C} &= 1 \\
\rightsquigarrow \quad \tilde{C} &= \frac{1}{1+\tau s}
\end{aligned}$$

Die Laplace-Transformierte stellt eine algebraische Gleichung dar, sie wird retransformiert: es folgt als Lösung der gestörten Differentialgleichung ein Exponentialausdruck, der die relative Häufigkeit beschreibt, vgl. Abschn. 10.2.3:

▷ VERWEILZEITSPEKTRUM DES KONTINUIERLICHEN RÜHRKESSELS:

$$\boxed{h(t) = \frac{1}{\tau} \exp[-t/\tau]} \qquad (12.14)$$

Verweilzeitsummenkurve: Mit einem analogen Gedankengang erhalten wir die gestörte Gleichung der Verdrängungsmarkierung: diese stellt als Störfunktion eine Sprungfunktion $u(t)$ dar, vgl. Abschn. 10.2.1:

$$\tau \frac{dc}{dt} + c = 1 = u(t) \tag{12.15}$$

Die Laplace-Transformation ergibt sich auf folgendem Wege:

$$\begin{aligned}
\mathcal{L}\left[\tau \frac{dc}{dt}\right] + \mathcal{L}[c] &= \mathcal{L}[1]; \\
\mathcal{L}\left[\tau \frac{dc}{dt}\right] &= s\tau\tilde{C}; \quad \mathcal{L}[c] = \tilde{C}; \quad \mathcal{L}[1] = \frac{1}{s} \\
s\tau\tilde{C} + \tilde{C} &= \frac{1}{s} \\
\leadsto \tilde{C} &= \frac{1}{s(1+\tau s)}
\end{aligned}$$

Die Retransformation liefert nach Abschn. 10.3 die
▷ VERWEILZEITSUMMENKURVE DES KONTINUIERLICHEN RÜHRKESSELS:

$$\boxed{H(t) = 1 - \exp[-t/\tau]} \tag{12.16}$$

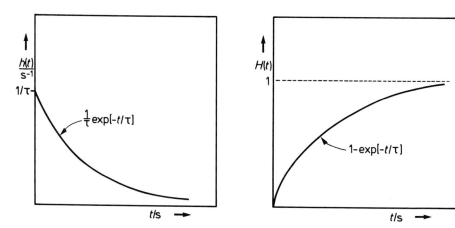

Abbildung 12.3: Verweilzeitspektrum und Verweilzeitsummenkurve des idealen kontinuierlichen Rührkesselreaktors.

12.4.2 Das ideale Strömungsrohr

Das Verweilzeitspektrum: Die Massenbilanz für das ideale Strömungsrohr ohne chemische Reaktion ergibt sich aus Abschn. 11.2 für $u_z = $ const zu:

$$\frac{\partial c}{\partial t} = -u_z \frac{\partial c}{\partial z} \qquad (12.17)$$

Wir bilden die Laplace-Transformierte dieser Gleichung:

$$\mathcal{L}\left[\frac{\partial c}{\partial t} + u_z \frac{\partial c}{\partial z}\right] = \int_0^\infty \exp[-st]\left[\frac{\partial c}{\partial t} + u_z \frac{\partial c}{\partial z}\right] \mathrm{d}t \qquad (12.18)$$

Die Laplace-Transformierte des Differentialquotienten $\partial c/\partial t$ kennen wir bereits aus dem Abschn. 10.2.4, es folgt:

$$\mathcal{L}\left[\frac{\partial c}{\partial t} + u_z \frac{\partial c}{\partial z}\right] = s\tilde{C} - c_0 + u_z \frac{\partial}{\partial z} \int_0^\infty c \exp[-st] \mathrm{d}t \qquad (12.19)$$

Das Argument des Integrals ist gerade die Laplace-Transformierte von c:

$$u_z \frac{\partial}{\partial z} \int_0^\infty c \exp[-st]\mathrm{d}t = u_z \frac{\partial \tilde{C}}{\partial z} \qquad (12.20)$$

Somit stellt die Laplace-Transformierte der partiellen Differentialgleichung eine gewöhnliche Differentialgleichung dar:

$$\mathcal{L}\left[\frac{\partial c}{\partial t} + u_z \frac{\partial c}{\partial z}\right] = s\tilde{C} - c_0 + u_z \frac{\mathrm{d}\tilde{C}}{\mathrm{d}z} = 0 \qquad (12.21)$$

Diese Differentialgleichung wird unter Beachtung der Anfangsbedingung: $c_0 = 0$ wie gewöhnlich durch Trennung der Variablen gelöst, es folgt:

$$\frac{\mathrm{d}\tilde{C}}{\mathrm{d}z} = -\frac{s\tilde{C}}{u_z}$$

$$\int_{\tilde{C}_0}^{\tilde{C}} \frac{\mathrm{d}\tilde{C}}{\tilde{C}} = -\frac{s}{u_z}\int_0^l \mathrm{d}z$$

$$\frac{\tilde{C}}{\tilde{C}_0} = \exp\left[-\frac{s\,l}{u_z}\right] \qquad (12.22)$$

Da für die Delta-Funktion $\tilde{C}_0 = 1$ ist, liefert die Retransformation nach Abschn. 10.3 wiederum eine Delta-Funktion
▷ VERWEILZEITSPEKTRUM DES STRÖMUNGSROHRES:

$$\boxed{h(t) = \delta\left(t - \frac{l}{u_z}\right)} \qquad (12.23)$$

Der am Eingang des Strömungsrohres aufgebrachte Puls tritt also am Ausgang des Reaktors nach der Zeit $l/u_z = \tau$ wieder auf.

Die Verweilzeitsummenkurve: Zur Darstellung der Summenfunktion greifen wir aud die obige Gleichung 12.22 zurück:

$$\frac{\tilde{C}}{\tilde{C}_0} = \exp\left[-\frac{s\,l}{u_z}\right] \tag{12.24}$$

Für die Sprungfunktion ist $\tilde{C}_0 = 1/s$, es folgt:

$$\tilde{C} = \frac{1}{s}\exp\left[-\frac{s\,l}{u_z}\right] \tag{12.25}$$

Die Retransformation mithilfe des Abschn. 10.3 liefert die Sprungfunktion $u(t)$, die
▷ VERWEILZEITSUMMENKURVE DES STRÖMUNGSROHRES:

$$\boxed{H(t) = u\left(t - \frac{l}{u_z}\right)} \tag{12.26}$$

Die am Reaktoreingang aufgebrachte Sprungfunktion tritt am Ausgang des Reaktors nach der Zeit $\tau = l/u_z$ wieder auf. Beim idealen Strömungsrohr wandern also die am

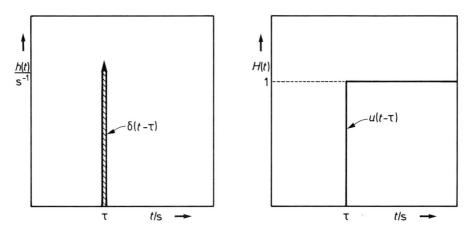

Abbildung 12.4: Verweilzeitspektrum und Verweilzeitsummenkurve des idealen Strömungsrohres.

Reaktoreingang aufgegebenen Volumenelemente in einer wohldefinierten Verweilzeit τ durch den Reaktor: alle Volumenelemente haben eine diskrete Aufenthaltsdauer.

In der Realität trifft dieser Sachverhalt selten zu. Wir wollen uns daran erinnern, daß das ideale Strömungsrohr durch die sog. Pfropfenströmung ausgezeichnet ist: es tritt keine Variation der Lineargeschwindigkeit über den Strömungsquerschnitt auf. Andererseits wird die Pfropfenströmung angenähert realisiert durch die *turbulente* Strömung. Der chaotische Verlauf der Strömfäden bedingt jedoch auch eine Versetzung der Fluidelemente, die zu dem nichtidealen Verhalten der *Dispersion* führt.

12.4.3 Das laminare Strömungsrohr

Das Verweilzeitspektrum: Die relative Häufigkeit bezüglich der Zeit als Merkmalsgröße war definiert als:
$$h(t) = \frac{dc}{c_0 dt}$$
Für die Strömung im laminaren Strömungsrohr intersiert die unterschiedliche Verweildauer der Fluidelemente, also schreiben wir:
$$h(t) = \frac{d\dot{V}}{\dot{V}_0 dt} \qquad (12.27)$$
Der Volumenstrom $\dot{V}$ ist gegeben durch die Lineargeschwindigkeit multipliziert mit der Fläche, die der Volumenstrom durchsetzt:
$$\frac{\dot{V}}{\dot{V}_0} = \frac{u\,dA}{\bar{u}\,A} = \frac{u(2\pi r\,dr)}{\bar{u}\,\pi R^2} \qquad (12.28)$$
Im Zähler steht nun die Variation des Volumenstromes, für die bereits ein Ausdruck nach dem Hagen-Poiseuille-Gesetz vorliegt, vgl. Abschn. 3.4; im Nenner steht die mittlere Geschwindigkeit. Es ergibt sich für die relative Häufigkeit:
$$h(t) = \frac{u\,2\pi r}{\bar{u}\,\pi R^2}\frac{dr}{dt} \qquad (12.29)$$
Die Aufgabe ist nun, den Differentialquotienten dr/dt in geeigneter Weise umzuschreiben. Dazu greifen wir auf die Gln. 3.19 und 3.21 in Abschn. 3.4 zurück, es folgt:
$$u(r) = u_{max}\left(1 - \frac{r^2}{R^2}\right) = 2\bar{u}\left(1 - \frac{r^2}{R^2}\right) \qquad (12.30)$$
Die maximale Strömungsgeschwindigkeit u_{max} ist in der Rohrmitte realisiert, diese Volumenelemente verlassen nach der Zeit t_{min} *zuerst* das Strömungsrohr der Länge l:

in der Rohrmitte : $t_{min} = \dfrac{l}{u_{max}}$ an jeder anderen Stelle : $t = \dfrac{l}{u(r)}$

Nun wird der Quotient t_{min}/t unter Beachtung der Gl. 12.30 gebildet und differenziert:
$$\frac{t_{min}}{t} = \frac{l}{u_{max}}\frac{u(r)}{l} = \left(1 - \frac{r^2}{R^2}\right)$$
$$d\left(\frac{t_{min}}{t}\right) = d\left(1 - \frac{r^2}{R^2}\right) \quad \leadsto \quad -\frac{t_{min}}{t^2}dt = -\frac{R^2\,2r\,dr}{R^4}$$
$$\leadsto \quad \frac{dr}{dt} = \frac{t_{min} R^2}{2r\,t^2}$$
Dieser Ausdruck wird in die Gl. 12.29 eingesetzt, es folgt:
$$h(t) = \frac{u}{\bar{u}}\frac{t_{min}}{t^2}$$
$$\frac{u}{\bar{u}} = \frac{u_{max}(1 - r^2/R^2)}{u_{max}/2} = 2\left(1 - \frac{r^2}{R^2}\right) = \frac{2\,t_{min}}{t}$$

▷ VERWEILZEITSPEKTRUM DES LAMINAREN STRÖMUNGSROHRES:

$$h(t) = 2\frac{t_{min}^2}{t^3} = \frac{\tau^2}{2\,t^3} \qquad (12.31)$$

Der Übergang zur mittleren Verweilzeit τ ergibt sich aufgrund der Zusammenhänge: $t_{min} = l/u_{max} = l/(2\,\bar{u}) = \tau/2$.

Die Verweilzeitsummenkurve: Zur Darstellung der Verweilzeitsummenkurve des laminaren Strömungsrohres greifen wir auf die Definition der Summenhäufigkeit zurück:

$$H(t) = \int_{\tau/2}^{t} h(t)\mathrm{d}t = \int_{\tau/2}^{t} \frac{\tau^2}{2\,t^3}\mathrm{d}t \qquad (12.32)$$

Die Grenzen des Integrales ergeben sich aus dem dargestellten Sachverhalt, daß die ersten Fluidelemente das Strömungsrohr nach der Verweilzeit $\tau/2$ verlassen. Das Integral liefert:

$$H(t) = \frac{\tau^2}{2}\int_{\tau/2}^{t}\frac{\mathrm{d}t}{t^3} = \frac{\tau^2}{2}\left.\left|-\frac{1/2}{t^2}\right.\right|_{\tau/2}^{t}$$

▷ VERWEILZEITSUMMENKURVE DES LAMINAREN STRÖMUNGSROHRES:

$$H(t) = 1 - \frac{1}{4}\left(\frac{\tau}{t}\right)^2 \qquad (12.33)$$

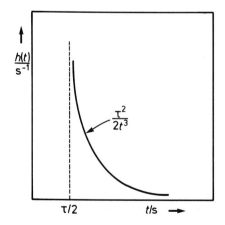
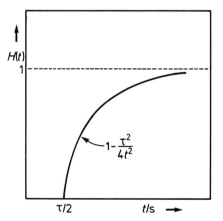

Abbildung 12.5: Verweilzeitspektrum und Verweilzeitsummenkurve des laminaren Strömungsrohres.

12.4.4 Die Reaktorkaskade

Die Massenbilanz der Reaktorkaskade aus q idealen Rührkesseln ergibt einen Satz von q Differentialgleichungen: dieser Sachverhalt ist bei der Beschreibung des Zellenmodells in Abschn. 11.4 dargelegt. Es ergibt sich mit der Laufzahl j:

$$1.\,\text{Kessel}: \quad \tau(1)\frac{\mathrm{d}c_i(1)}{\mathrm{d}t} = c_{i,0} - c_i(1)$$

$$2.\,\text{Kessel}: \quad \tau(2)\frac{\mathrm{d}c_i(2)}{\mathrm{d}t} = c_i(1) - c_i(2)$$

$$3.\,\text{Kessel}: \quad \tau(3)\frac{\mathrm{d}c_i(3)}{\mathrm{d}t} = c_i(2) - c_i(3)$$

$$4.\,\text{Kessel}: \quad \tau(4)\frac{\mathrm{d}c_i(4)}{\mathrm{d}t} = c_i(3) - c_i(4)$$

$$\ldots$$

$$j.\,\text{Kessel}: \quad \tau(j)\frac{\mathrm{d}c_i(j)}{\mathrm{d}t} = c_i(j-1) - c_i(j)$$

Die Lösung der bereits bekannten Differential-Differenzengleichung läßt sich mithilfe der $\mathcal{Z}$-Transformation angeben. Eine eingehende Darstellung soll an dieser Stelle nicht erfolgen, dazu wird der Leser auf den Text von DOETSCH (1985) verwiesen. Es ergibt sich die
▷ VERWEILZEITSUMMENKURVE DER REAKTORKASKADE:

$$\boxed{H(t) = \frac{c(j)}{c_0} = 1 - \left\{1 + \frac{t}{\tau} + \frac{1}{2!}\left(\frac{t}{\tau}\right)^2 + \frac{1}{3!}\left(\frac{t}{\tau}\right)^3 + \cdots + \frac{1}{(j-1)!}\left(\frac{t}{\tau}\right)^{j-1}\right\}\exp\left[-\frac{t}{\tau}\right]}$$

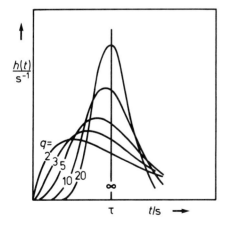 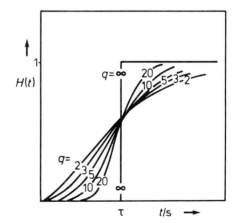

Abbildung 12.6: Verweilzeitspektrum und Verweilzeitsummenkurve der Reaktorkaskade mit der Kesselzahl q als Parameter.

12.5 Verweilzeitverhalten realer Reaktoren

12.5.1 Der reale kontinuierliche Rührkessel

Zur Diagnostik des nun zu diskutierenden realen Strömungsverhaltens des Rührkesselreaktors auf den Umsatz greift man zweckmäßigerweise auf die normierte Darstellung des Verweilzeitspektrums $h(\theta)$ über die dimensionslose Zeit $\theta = t/\tau$ zurück. Bei dieser Darstellung geht für den idealen kontinuierlichen Rührkessel die Kurve der relativen Häufigkeit – das Verweilzeitspektrum – für $\theta = 1$ durch den Erwartungswert e=0.368. Die Diskussion soll anhand der nebenstehenden Abbildungen erfolgen.

Erwartungswert zu früh – Totwasser: In der $h(\theta)$ über θ-Darstellung fällt die Exponentialfunktion nach $\exp[-\theta]$. Da θ durch den Quotienten t/τ gegeben ist, bedeutet ein zu früher Erwartungswert den steileren Abfall der Exponentialfunktion und somit ein scheinbar kleineres Reaktorvolumen.

Dieser reale Fall tritt immer dann auf, wenn im Reaktor „Totwassergebiete" vorliegen, die von dem Rührer nicht erfaßt werden. Der Grund dafür kann ein zu kleines Rührblatt sein, dann werden die Randbereiche schlecht gerührt: das Totwassergebiet liegt in der Nähe der Reaktorwandung. Ein weiterer Grund könnte ein zu kurzer Rührer sein, die Totwassergebiete liegen dann im unteren – schlecht gerührten – Teil des Reaktors.

Erwartungswert zu spät – darf nicht sein: Die Exponentialfunktion verläuft in diesem Fall flacher als dem idealen Verlauf entspricht. Tritt dieser Fall bei der Aufnahme des Verweilzeitspektrums auf, so können in der Meßmethodik drei Fehler vorliegen:

1. der Volumenstrom $\dot{V}$ ist falsch berechnet,
2. das Reaktionsvolumen V ist falsch berechnet,
3. die Markierungssubstanz verhält sich nicht ideal.

In der Regel dürfte der dritte Grund vorliegen: die Markierungssubstanz ist für das vorliegende Problem nicht geeignet, da sie beispielsweise am Reaktor adsorbiert wird. Die Verzögerung kommt dann dadurch zustande, daß die adsorbierte Markierungssubstanz im Verlaufe der Messung langsam aus dem zu untersuchenden chemischen Reaktor wieder herausgewaschen wird.

Maximum – der Kurzschluß: Tritt im Verweilzeitspektrum des realen Rührkesselreaktors ein Maximum auf, so deutet dies auf einen „Kurzschluß": in Teilen des Rührkessels können die Volumenelemente des Fluids ohne wesentlich der Rührung unterworfen zu sein, vom Reaktoreingang zum Reaktorausgang gelangen.

Dieser Fall kann eintreten, wenn die Rohrleitungen für den Zulauf und den Ablauf zu dicht nebeneinanderliegen; aber auch dann, wenn der Rührer zu tief in das Reaktionsgefäß eintaucht. Die obere Reaktorzone bildet dann einen Strömungszustand aus, der dem des Strömungsrohres gleicht.

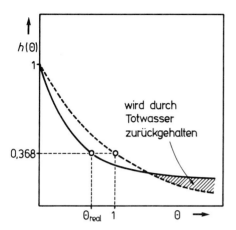 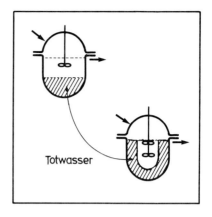

Abbildung 12.7: Verweilzeitspektrum des realen Rührkesselreaktors mit Totwasser.

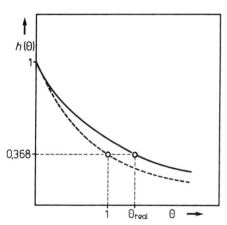 

Abbildung 12.8: Verweilzeitspektrum des realen Rührkessels bei falscher Markierung.

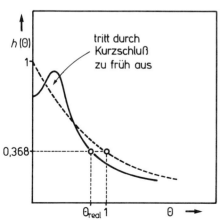 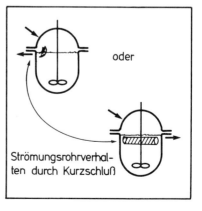

Abbildung 12.9: Verweilzeitspektrum des realen Rührkesselreaktors bei Kurzschluß.

12.5.2 Das reale Strömungsrohr

Auch hier erfolgt die Diskussion anhand des Graphen $h(\theta)$ über θ. Für das ideale Strömungsrohr liegt die δ-Funktion beim Erwartungswert $\theta = 1$.

Verteilungskurve um den Erwartungswert – Dispersion: Dieser Fall ist bereits beim Dispersionsmodell diskutiert, vgl. Abschn. 11.1. Ein Verweilzeitspektrum dieser Art wird charakterisiert durch das 2. Moment oder die Varianz σ_θ^2. Durch Ausmessen der Standardabweichung kann in 1. Näherung die Bodensteinzahl berechnet werden: $\sigma_\theta = \sqrt{2/(Bo)}$. Damit liegt ein Kriterium für das Maß der Dispersion vor. Die Dispersion resultiert durch den Versatz der Fluidelemente bei hoher Turbulenz, dieser Effekt wird auch als *Rückvermischung* bezeichnet.

Erwartungswert zu früh – Totwasser: Auch in diesem Fall bedingt ein scheinbar kleineres Volumen die Verschiebung des Erwartungswertes – also des Maximums – zu kleineren Werten von θ. In der Regel ist diese Erscheinung mit einem langsamen Auslaufen der Funktion zu höheren θ-Werten hin begleitet. Der Grund für dieses Verhalten liegt in Totwassergebieten des Strömungsrohres, die etwa durch Schikanen zur Strömungsumlenkung hervorgerufen werden können.

Erwartungswert zu spät – darf nicht sein: Auch dieser Fall ist vergleichbar der Diskussion beim realen Rührkessel. Als Fehlerquellen kommen auch hier falsch bestimmter Volumenstrom $\dot{V}$, falsch bestimmtes Reaktionsvolumen V oder falsche Wahl der Markierungssubstanz infrage. In der Regel wird der letztgenannte Fall die Ursache sein.

Mehrere Maxima – die Randgängigkeit: Mehrere Maxima in der Verweilzeitverteilung können beim Strömungsrohr mit Rückführung sowie für den Fall der Randgängigkeit auftreten.

Randgängigkeit wird fast ausschließlich in schlecht gepackten Festbettreaktoren oder Füllkörperkolonnen beobachtet. Das Fluid nimmt naturgemäß den Weg des geringsten Strömungswiderstandes und findet ihn in diesen Fällen am Rand der Kolonne. Die Lage und Größe des Nebenmaximum liefern eine Aussage über das Ausmaß der Randströmung.

Folgerungen: Zur Ermittlung des realen Strömungsverhaltens auf den Umsatz chemischer Reaktoren ist in jedem Falle das Verweilzeitspektrum vorzuziehen. Wie bereits dargestellt, ergibt sich das Spektrum aus dem Differential der Summenhäufigkeit: einem Wendepunkt der Verweilzeitsummenkurve entspricht einem Maximum in der Verweilzeitverteilung.

Ein Maximum ist in jedem Falle besser beobachtbar und auswertbar als ein Wendepunkt, dieser kann leicht bei einer „Glättung" der Summenkurve übersehen werden.

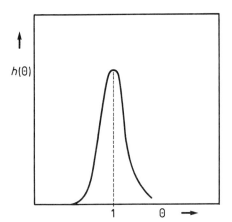 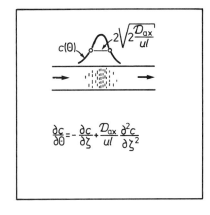

Abbildung 12.10: Verweilzeitspektrum des realen Strömgsrohres mit Dispersion:

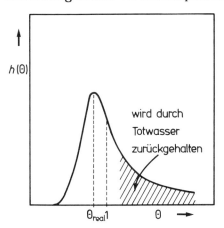 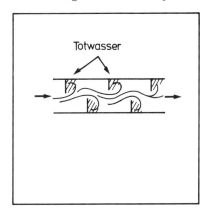

Abbildung 12.11: Verweilzeitspektrum des realen Strömungsrohres mit Totwasser.

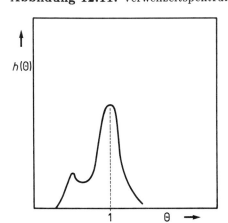 

Abbildung 12.12: Verweilzeitspektrum des Strömungsrohres mit Randgängigkeit.

12.6 Reaktorersatzschaltungen

Die Kenntnis der Stoff- und Wärmebilanz versetzt uns in die Lage, für idealisierende Bedingungen – wie ideale Vermischung oder ideale Verdrängung – einen Rührkesselreaktor oder ein Strömungsrohr zu berechnen. Im realen verfahrenstechnischen Alltag sind diese idealen Reaktoren eher selten und man wird zur Berechnung realer Reaktoren auf die bereits besprochenen „Übergangsmodelle" wie Dispersionsmodell oder Zellenmodell zurückgreifen.

In diesem Abschnitt ist gezeigt worden, daß in chemischen Reaktoren auch die Realfälle „Totwasserzone" und „Kurzschluß" vorkommen können. Für diese Probleme kann u.U. eine Berechnung mit einer Reaktorersatzschaltung erfolgen. Zur Erläuterung betrachten wir die Verweilzeitspektren des laminaren Strömungsrohres und des Rührkessels, vgl. Abbn. 12.3 und 12.5.

Das Verweilzeitspektrum des laminaren Strömungsrohres hat in seiner Struktur starke Ähnlichkeit mit dem des Rührkesselreaktors: nur daß das Rührkesselverhalten erst nach der halben Verweilzeit einsetzt. Es ist aber offenbar möglich, das laminare Strömungsrohr durch Reihenschaltung eines Strömungsrohres und eines Rührkessels zu approximieren. Ebenso kann das reale Rührkesselverhalten mit „Kurzschluß" durch Parallelschaltung eines Rührkesselreaktors mit einem Strömungsrohr realisiert werden, vgl. Abbn. 12.7 und 12.9.

Die approximative Berechnung gelingt mithilfe der Laplace-Transformation: in Abschn. 10.4 ist die Ermittlung der *Übertragungsfunktion* zusammengeschalteter Systeme dargestellt. Da die Differentialgleichungen der idealen Reaktoren bekannt sind, kann auch für jeden dieser Reaktoren der Ersatzschaltung die Übertragungsfunktion berechnet werden. So ergibt sich die Laplace-Transformierte der Übertragungsfunktion bei Reihenschaltung zweier Reaktoren (1) und (2) zu:

$$\frac{\tilde{Y}_2}{\tilde{X}} = \tilde{G}_1 \tilde{G}_2 \qquad (12.34)$$

In diesem Fall wäre $\tilde{Y}_2$ die Laplace-Transformierte der Konzentration der Markierungssubstanz $\tilde{C}_2$ nach dem 2. Reaktor und $\tilde{X}$ die Laplace-Transformierte der Störfunktion, also im Fall des Verweilzeitspektrums die der $\delta(t)$-Funktion.

13 Isotherme und nichtisotherme Reaktoren

Die allgemeinen *Umsatz-Damköhler*-Beziehungen idealer isothermer Reaktoren werden abgeleitet. Sodann wird der Begriff der *Segregation* eingeführt und die Umsatzberechnung des laminaren Strömungsrohres durchgeführt. Der Fall nicht-isothermer Reaktionsführung erfolgt für den Satzreaktor und den idealen kontinuierlichen Rührkesselreaktor.

- DAMKÖHLER-ZAHL EINER REAKTION $n(i)$-TER ORDNUNG, Gl. 13.18:

$$(Da) = k\tau\, c_{i,0}^{n(i)-1}$$

- UMSATZ EINER REAKTION $n(i)$-TER ORDNUNG IM IDEALEN RÜHRKESSEL, Gl. 13.17:

$$U_i = (Da)(1 - U_i)^{n(i)}$$

- UMSATZ EINER REAKTION $n(i)$-TER ORDNUNG IM IDEALEN STRÖMUNGSROHR, Gl. 13.24:

$$\left(\frac{1}{1-U_i}\right) - 1 = (n(i) - 1)\, k\tau\, c_{i,0}^{n(i)-1}$$

- UMSATZ EINER REAKTION 1. ORDNUNG IN DER q-KESSELKASKADE, Gl. 13.32:

$$U_i = 1 - \frac{1}{(1 + (Da)_{\mathrm{RK}}/q)^q}$$

- UMSATZ EINER REAKTION 2. ORDNUNG IM LAMINAREN STRÖMUNGSROHR, Gl. 13.39:

$$\bar{U}_i = (Da)\left\{1 - \frac{(Da)}{2}\ln\left[\frac{1 + (Da)/2}{(Da)/2}\right]\right\}$$

13.1 Betriebsarten chemischer Reaktoren

In der chemischen Verfahrenstechnik unterscheidet man die folgenden unterschiedlichen Betriebsweisen chemischer Reaktoren, die:
1. *diskontinuierliche* Reaktionsführung;
2. *kontinuierliche* Reaktionsführung;
3. *halbkontinuierliche* Reaktionsführung.

Die spezifischen Gegebenheiten sowie die Vor- und Nachteile dieser Arten technischer Reaktionsführung sollen nun näher erläutert werden.

Die diskontinuierliche Reaktionsführung: Bei der diskontinuierlichen Reaktionsführung wird der Reaktor mit der Reaktionsmasse gefüllt und diese nach dem Abreagieren wieder entleert: sie wird deshalb auch als *instationärer* bzw. *Chargen-* oder *Satzbetrieb* bezeichnet. Da in diesem Falle stets ein *Rührkessel* zum Einsatz kommt, wird durch eine gute Rührung ein gradientenfreier Betrieb des Reaktors angestrebt.

Die *Vorteile* dieser Reaktionsweise liegen in den niedrigen Betriebskosten des Reaktionsapparates, auch kann der Reaktor schnell auf andere Produkte umgestellt werden. Er findet Verwendung vor allem in der Herstellung geringer Mengen hochwertiger Produkte, so z.B. in der pharmazeutischen Industrie. Die *Nachteile* dieser Reaktionsweise liegen in der Produktionsgüte sowie den betrieblichen Leerzeiten bedingt durch das Aufheizen und Abkühlen der Reaktionsmasse sowie Füllen und Leeren des Reaktors.

Die kontinuierliche Reaktionsführung: Im Gegensatz zur diskontinuierlichen Reaktionsführung wird beim kontinuierlichen Reaktor ständig ein Stoffstrom der Edukte in den Reaktor eingespeist, die Produkte werden ebenso ständig entnommen. Diese *stationäre Reaktionsführung* zeichnet sich durch die zeitliche Konstanz der Reaktionsparameter Konzentration und Temperatur aus.

Die *Vorteile* des Verfahrens liegen im Fortfall der eben genannten Totzeiten und in der guten Produktqualität, da aufgrund der Stationarität eine definierte Verweildauer der Edukte im Reaktor gewährleistet ist. Wegen der möglichen Automatisierung dieser Betriebsart sind die Lohnkosten meist geringer als bei den diskontinuierlichen Verfahren. Die *Nachteile* des Verfahrens ergeben sich aus der geringeren Flexibilität des Reaktors bei einer Produktionsumstellung. Als Reaktionsapparate kommen zur Anwendung:
1. der *kontinuierliche Rührkessel*,
2. das *Strömungsrohr*,
3. die *Reaktorkaskade*.

Die halbkontinuierliche Reaktionsführung: Bei diesem Reaktortyp wird ein Edukt der Reaktion diskontinuierlich in einen *Rührkessel* eingefüllt, während das andere umzusetzende Edukt kontinuierlich zugegeben wird. Das Reaktionsprodukt wird kontinuierlich abgeführt.

Diese Reaktionsführung wird mit Vorteil bei stark exothermen Reaktionen gewählt, da dann die Temperatur des Reaktionsgemisches mit der kontinuierlichen Zugabe eines Eduktes gesteuert werden kann.

13.2 Reaktionstechnische Begriffe

Reaktionsmasse m: Die Reaktionsmasse hat in der Wärmebilanz eine andere Bedeutung als in der Stoffbilanz: im Rahmen des konvektiven Wärmetransportes wird damit die durch die Reaktionsmasse abgeführte oder zugeführte Wärmemenge festgelegt, vgl. Abschn. 8.1.1. Demzufolge beinhaltet die Reaktionsmasse die Edukte und Produkte der chemischen Reaktion, Inert- und Begleitstoffe (Lösungsmittel, Inertgase, Zuschläge) sowie Katalysatoren.

Reaktionsvolumen V: Bei festen und flüssigen Reaktionsgemischen ist das Reaktionsvolumen gegeben durch die Reaktionsmasse dividiert durch deren mittlere Dichte:

$$V = \frac{m}{\bar{\varrho}} \quad , \mathrm{m}^3 \tag{13.1}$$

Umsatz U: Der Umsatz der Komponente i einer chemischen Reaktion ist definiert als:

$$U_i = \frac{n_{i,0} - n_i}{n_{i,0}} = \frac{V_{i,0}\, c_{i,0} - V_i\, c_i}{V_{i,0}\, c_{i,0}} \tag{13.2}$$

Bei einer Reaktion, die unter Stoffmengenkonstanz abläuft, ist $V_{i,0} = V_i$ und nur in diesem Fall kürzt sich das Volumen heraus. Das gilt angenähert auch für stoffmengenändernde Reaktionen in Lösungen, jedoch keinesfalls für stoffmengenändernde Gasreaktionen: in diesem Fall muß man auf die sichere Definition des Umsatzes über die Stoffmengen zurückgreifen.

Ausbeute A und Selektivität S: Kommt eine Komponente i in mehreren Reaktionen zur Reaktion, so ist die Selektivität gegeben durch folgendes Verhältnis der Reaktionsgeschwindigkeiten r_i des Reaktionsschemas:

$$S_i = \frac{r_{\mathrm{v},i}}{\sum_i r_{\mathrm{v},i}} \qquad A_i = U_i \cdot S_i \tag{13.3}$$

Die Ausbeute der Komponente i ist gegeben durch das Produkt aus deren Umsatz in der Reaktion i und der Selektivität.

Reaktorleistung L_i: Unter der Reaktorleistung versteht man die pro Zeiteinheit erzeugte Menge an Reaktionsprodukt i:

$$L_i = \dot{n}_i - \dot{n}_{i,0} \quad , \mathrm{mol\, s}^{-1} \tag{13.4}$$

Raum-Zeit-Ausbeute RZA: Die Raum-Zeit-Ausbeute ist gegeben durch die Reaktorleistung dividiert durch das Reaktionsvolumen:

$$\mathrm{RZA} = \frac{\dot{n}_i - \dot{n}_{i,0}}{V} \quad , \mathrm{mol\, m}^{-3}\, \mathrm{s}^{-1} \tag{13.5}$$

Verweilzeit τ: Die Verweilzeit für den kontinuierlichen Rührkessel ergibt sich aus dem Quotienten des Reaktionsvolumens V und der Volumengeschwindigkeit $\dot{V}$, für das Strömungsrohr aus dem Quotienten der Länge des Strömungsrohres l und der Lineargeschwindigkeit u_z:

$$\tau = \frac{V}{\dot{V}} = \frac{l}{u_z} \quad , \mathrm{s} \tag{13.6}$$

13.3 Umsatzberechnung isothermer Reaktoren

13.3.1 Die Umsatz-Damköhler-Beziehungen

Die Berechnung des Umsatzes chemischer Reaktoren unter vorgegebenen Betriebsbedingungen soll zunächst für die idealen isothermen Reaktoren vorgenommen werden. Wie vorstehend eingehend besprochen, lassen sich chemische Reaktoren anhand ihrer Verweilzeitverteilung charakterisieren. Für einen bestehenden Reaktor wird man zunächst die Frage der Reaktoridealität mit diesem Hilfsmittel entscheiden müssen.

Findet in einem der besprochenen Reaktionsapparate eine chemische Reaktion statt und will man den Umsatz der Komponente i berechnen, so fügt man dem besprochenen hydrodynamischen Apparatemodell den *Reaktionsterm* hinzu und erhält unter Ausschluß des Übergangstermes die Bilanzen:

- für den *idealen* Rührkessel aus Gl. 11.22:

$$V \frac{dc_i}{dt} = \dot{V}_0 c_{i,0} - \dot{V} c_i + \nu_i \Re \qquad (13.7)$$

- für das *ideale* Strömungsrohr aus Gl. 11.18:

$$\frac{\partial c_i}{\partial t} = -\frac{\partial [u_z c_i]}{\partial z} + \nu_i \frac{\Re}{V} \qquad (13.8)$$

- für das *reale* Strömungsrohr nach Gl. 11.1:

$$\frac{\partial c_i}{\partial t} = -\frac{\partial [u_z c_i]}{\partial z} + \mathcal{D}_{ax}\left(\frac{\partial^2 c_i}{\partial z^2}\right) + \nu_i \frac{\Re}{V} \qquad (13.9)$$

- für die Rührkesselkaskade mit der Laufzahl (j):

$$\begin{aligned}
1.\text{Kessel}: \quad & V(1)\frac{dc_i(1)}{dt} = \dot{V}(0)\,c_{i,0} - \dot{V}(1)c_i(1) + \nu_i \Re(1) \\
2.\text{Kessel}: \quad & V(2)\frac{dc_i(2)}{dt} = \dot{V}(1)\,c_i(1) - \dot{V}(2)c_i(2) + \nu_i \Re(2) \\
3.\text{Kessel}: \quad & V(3)\frac{dc_i(3)}{dt} = \dot{V}(2)\,c_i(2) - \dot{V}(3)c_i(3) + \nu_i \Re(3) \\
4.\text{Kessel}: \quad & V(4)\frac{dc_i(4)}{dt} = \dot{V}(3)\,c_i(3) - \dot{V}(4)c_i(4) + \nu_i \Re(4) \\
\ldots & \\
(j).\text{Kessel}: \quad & V(j)\frac{dc_i(j)}{dt} = \dot{V}(j-1)\,c_i(j-1) - \dot{V}(j)c_i(j) + \nu_i \Re(j)
\end{aligned} \qquad (13.10)$$

Die Besonderheiten dieses Gleichungstyps sind in Abschn. 11.4 besprochen.

Der ideale kontinuierliche Rührkessel: Findet in einem idealen Rührkessel (CSTR) eine *stoffmengenkonstante* Reaktion 1. Ordnung statt, so ergibt sich die stationäre Bilanz nach Einführung der Verweilzeit $\tau = V/\dot{V}$ zu:

$$V \frac{dc_i}{dt} = \dot{V}_0 c_{i,0} - \dot{V} c_i - V k c_i = 0 \tag{13.11}$$

$$\rightsquigarrow \quad c_{i,0} - c_i = \tau k c_i \tag{13.12}$$

Da die Reaktionsgeschwindigkeitskonstante k für eine Reaktion 1. Ordnung die Dimension s^{-1} hat, ist das hier auftretende Produkt $k\tau = (Da)$ dimensionslos: es wird als *Damköhler-Zahl* bezeichnet. Dividiert man diese Gleichung durch $c_{i,0}$, so ergibt sich mit der Umsatzbeziehung $U_i = 1 - c_i/c_{i,0}$ für die Komponente i sofort die

▷ UMSATZBEZIEHUNG FÜR EINE REAKTION 1. ORDNUNG IM CSTR:

$$\boxed{U_i = (Da)(1 - U_i) \quad \rightsquigarrow \quad U_i = \frac{(Da)}{1 + (Da)}} \tag{13.13}$$

Läßt man dagegen eine Reaktion $n(i)$-ter Ordnung in diesem Reaktor ablaufen, so ergibt sich die Bilanz:

$$V \frac{dc_i}{dt} = \dot{V}_0 c_{i,0} - \dot{V} c_i - V k c_i^{n(i)} = 0 \tag{13.14}$$

$$\rightsquigarrow \quad c_{i,0} - c_i = \tau k c_i^{n(i)} \tag{13.15}$$

Nach Division durch $c_{i,0}^{n(i)}$ ergibt sich mit einer kleinen Umformung:

$$\frac{c_{i,0} - c_i}{c_{i,0}} \frac{1}{c_{i,0}^{n(i)-1}} = k\tau \left(\frac{c_i}{c_{i,0}}\right)^{n(i)} \tag{13.16}$$

▷ UMSATZBEZIEHUNG FÜR EINE REAKTION $n(i)$-TER ORDNUNG IM CSTR:

$$\boxed{U_i = (Da)(1 - U_i)^{n(i)}} \tag{13.17}$$

Die Reaktionsgeschwindigkeitskonstante einer Reaktion $n(i)$-ter Ordnung hat die Dimension: $(m^3 \, mol^{-1})^{n(i)-1} \, s^{-1}$. Um wiederum eine dimensionslose Damköhler-Zahl (Da) für eine Reaktion $n(i)$-ter Ordnung zu erhalten, muß man $k\tau$ mit $c_{i,0}^{n(i)-1}$ multiplizieren. Es ergibt sich also die allgemeine

▷ DEFINITION DER DAMKÖHLER-ZAHL EINER REAKTION $n(i)$-TER ORDNUNG:

$$\boxed{(Da) = k\tau c_{i,0}^{n(i)-1}} \tag{13.18}$$

Die (Da)-Zahl faßt die *reaktionsspezifischen* Größen k und $c_{i,0}$ mit der *reaktorspezifischen* Größe τ zusammen. Der Umsatz in einem kontinuierlichen Rührkesselreaktor nimmt bei gleicher (Da)-Zahl mit steigender Ordnung der chemischen Reaktion ab.

13. Isotherme und nichtisotherme Reaktoren

Das ideale Strömungsrohr: Wiederum soll zunächst der Ablauf einer stoffmengenkonstanten Reaktion 1. Ordnung betrachtet werden. Für das ideale Strömungsrohr der Länge L ergibt sich die stationäre Bilanz zu:

$$\frac{\partial c_i}{\partial t} = -\frac{\partial [u_z c_i]}{\partial z} - k\, c_i = 0 \qquad (13.19)$$

$$\rightsquigarrow \quad u_z \frac{\mathrm{d}c_i}{\mathrm{d}z} = -k\, c_i \qquad (13.20)$$

Diese Differentialgleichung ergibt nach Trennung der Variablen die Lösung:

$$u_z \int_{c_{i,0}}^{c_i} \frac{\mathrm{d}c_i}{c_i} = -k \int_0^L \mathrm{d}z \rightsquigarrow \ln\left[\frac{c_i}{c_{i,0}}\right] = -\frac{k\,L}{u_z} \qquad (13.21)$$

Der Quotient $L/u_z = \tau$ stellt die Verweilzeit der Reaktionsmasse im Strömungsrohr dar. Mit der Einführung der Damköhler-Zahl $k\,\tau = (Da)$ ergibt sich hier die

▷ UMSATZBEZIEHUNG FÜR EINE REAKTION 1. ORDNUNG IM STRÖMUNGSROHR:

$$\boxed{\ln\left[\frac{c_i}{c_{i,0}}\right] = -(Da) \rightsquigarrow U_i = 1 - \exp[-(Da)]} \qquad (13.22)$$

Auch hier soll der Ablauf einer Reaktion $n(i)$-ter Ordnung berechnet werden, die Bilanz lautet:

$$u_z \frac{\mathrm{d}c_i}{\mathrm{d}z} = -k\, c_i^{n(i)} \qquad (13.23)$$

Nach Trennung der Variablen, Ermittlung der Stammfunktion und Division durch $c_{i,0}^{-n(i)+1}$ erhält man:

$$u_z \int_{c_{i,0}}^{c_i} \frac{\mathrm{d}c_i}{c_i^{n(i)}} = -k \int_0^L \mathrm{d}z$$

$$\left[\frac{c_i^{-n(i)+1}}{-n(i)+1}\right]_{c_{i,0}}^{c_i} = -k\,\tau$$

$$\frac{1}{-n(i)+1}\left\{c_{i,0}^{-n(i)+1} - c_i^{-n(i)+1}\right\} = k\,\tau$$

$$\frac{1}{-n(i)+1}\left\{1 - \left(\frac{c_i}{c_{i,0}}\right)^{-n(i)+1}\right\} = \frac{k\,\tau}{c_{i,0}^{-n(i)+1}}$$

▷ UMSATZBEZIEHUNG FÜR EINE REAKTION $n(i)$-TER ORDNUNG IM STRÖMUNGSROHR:

$$\boxed{\frac{1 - (1-U)^{-n(i)+1}}{-n(i)+1} - 1 = (Da)} \qquad (13.24)$$

Als interessantes Ergebnis bleibt an dieser Stelle festzuhalten, daß eine Reaktion 2. Ordnung in einem idealen Strömungsrohr nach der gleichen Umsatzbeziehung wie eine Reaktion 1. Ordnung in einem kontinuierlichen Rührkesselreaktor abläuft.

Die Rührkesselkaskade: Zur Herleitung der Umsatzbeziehung einer Rührkesselkaskade wird das allgemeine Gleichungsschema nach den Gln. 13.10 vereinfacht: die Kesselvolumina der Kaskade sollen gleich groß sein. Für eine stoffmengenkonstante Reaktion 1. Ordnung in dieser Kaskade (Index: RK) ergibt sich die Damköhler-Zahl zu:

$$(Da)_K = k\,\tau_{RK} \qquad (13.25)$$

Die Verweilzeit τ_{RK} der Kesselkaskade ergibt sich aus dem Gesamtvolumen der Kaskade $V_{RK} = \sum_j V(j)$ dividiert durch den Volumenstrom: $V_{RK}/\dot{V}$. Für die Zahl von q Kesseln mit der Laufzahl (j) folgt dann:

$$\tau_{RK} = \frac{V_{RK}}{\dot{V}} = \frac{q\,V(j)}{\dot{V}} = q\,\tau(j) \qquad (13.26)$$

Durch Einsetzen dieser Relationen folgt schnell:

$$(Da)_{RK} = q\,\tau(j)\,k \quad \text{bzw.} \quad k\,\tau(j) = \frac{(Da)_{RK}}{q} \qquad (13.27)$$

Betrachten wir zunächst die ersten beiden Kessel $(j = 1, 2)$, deren stationäre Bilanz ist:

$$\frac{dc_i(1)}{dt} = \frac{c_{i,0} - c_i(1)}{\tau(1)} - k\,c_i(1) = 0$$

$$\frac{dc_i(2)}{dt} = \frac{c_i(1) - c_i(2)}{\tau(2)} - k\,c_i(2) = 0$$

Für den stationären Fall ergeben sich algebraische Gleichungen, in die die Damköhlerzahl nach Gl. 13.27 für zwei Kessel ($q = 2$) eingesetzt werden: $k\,\tau(1) = (Da)_{RK}/2$. Es folgt

1. Kessel (j =1):

$$c_{i,0} - c_i(1) = k\,\tau(1)c_i(1) \leadsto c_{i,0} - c_i(1) = \frac{(Da)_{RK}}{2}c_i(1) \qquad (13.28)$$

$$c_i(1) = \frac{c_{i,0}}{1 + (Da)_{RK}/2} \qquad (13.29)$$

2. Kessel (j =2):

$$c_i(1) - c_i(2) = k\,\tau(2)c_i(2) \leadsto c_i(1) - c_i(2) = \frac{(Da)_{RK}}{2}c_i(2)$$

$$c_i(2) = \frac{c_i(1)}{1 + (Da)_{RK}/2}$$

Man setzt für $c_i(1)$ den für den 1. Kessel gefundenen Ausdruck ein und erhält:

$$c_i(2) = \frac{c_{i,0}}{\{1 + (Da)_{RK}/2\}^2} \qquad (13.30)$$

Nun gehen wir auf eine Kesselkaskade mit q Kesseln über und erhalten auf analogem Wege schrittweise die Bilanzen der Einzelkessel, es ergibt sich schließlich für den *letzen Kessel (j =q):*

$$c_i(q) = \frac{c_{i,0}}{\{1 + (Da)_{RK}/q\}^q} \qquad (13.31)$$

Der Umsatz der Komponente i nach dem letzen $(j = q)$-ten Kessel ist gegeben durch: $U_i = 1 - c_i(q)/c_{i,0}$, nach dem Einsetzen der Gl. 13.31 folgt die

▷ Umsatzbeziehung für eine Reaktion 1. Ordnung in einer Kaskade:

$$\boxed{U_i = 1 - \frac{1}{\{1 + (Da)_{RK}/q\}^q}} \qquad (13.32)$$

Entwickelt man den Nenner dieses Ausdrucks in eine Reihe, so folgt für $j \to \infty$:

$$\lim_{j\to\infty} \left(1 + \frac{(Da)_K}{j}\right)^j = \exp\left[(Da)_{RK}\right] \qquad (13.33)$$

$$\leadsto \quad U_{j\to\infty} = 1 - \exp\left[-(Da)_K\right] \qquad (13.34)$$

Eine Kesselkaskade mit unendlich vielen Kesseln verhält sich bezüglich des Umsatzes wie ein Strömungsrohr. Dieses Ergebnis hatten wir bei der Besprechung des Verweilzeitverhaltens ebenfalls erhalten.

Vergleich der Umsätze: Führt man eine Reaktion 1. Ordnung in einem idealen kontinuierlichen Rührkesselreaktor, einem Strömungsrohr oder einer Kaskade durch, so ergibt sich für eine angenommene Damköhler-Zahl $(Da) = 1$ der Umsatz für:

$$\text{den Rührkessel:} \quad U = \frac{(Da)}{1+(Da)} = 0.5$$

$$\text{das Strömungsrohr:} \quad U = 1 - \exp[-(Da)] = 0.632$$

$$\text{die Reaktorkaskade}, q = 4: \quad U = 1 - \frac{1}{(1+(Da)/4)^4} = 0.6$$

Der Umsatz ist im Strömungsrohr also größer als im Rührkessel. Dieser Sachverhalt ist durch die momentane Vermischung des Eduktes auf die stationäre Konzentration bedingt: die Reaktionsgeschwindigkeit wird somit herabgesetzt.

Beim Strömungsrohr dagegen bleibt am Reaktoreingang die hohe Anfangskonzentration des Eduktes erhalten: die Reaktionsgeschwindigkeit ist zunächst groß und nimmt dann mit der Länge des Strömungsrohres ab. Sie ist aber im Mittel immer noch größer als im Rührkesselreaktor.

Der Umsatz in der Rührkesselkaskade liegt zwischen dem des Rührkessels und des Strömungsrohres: mit wachsender Kesselzahl nähert sich der Umsatz in der Kaskade dem des Strömungsrohres.

13.3.2 Mikrovermischung und Segregation

In Abb. 13.1 ist das in Abschn. 12 besprochene Verweilzeitverhalten der idealen Reaktoren noch einmal zusammengestellt. Man erkennt, daß der ideale Rührkessel und das ideale Strömungsrohr Grenzfälle darstellen, deren Übergang durch die Reaktorkaskade gegeben ist.

Im Grenzfall unendlicher Kesselzahl erhält man die Verweilzeitsummenkurve des idealen Strömungsrohres. Aufgrund dieser Identität kann man für hinreichend große Kesselzahlen q das *Dispersionsmodell* in guter Näherung auch auf die Kaskade anwenden, vgl. Abschn. 11.1 und Abb. 11.1. Mithilfe der Lösung des zweifach begrenzten Halbraumes kann man nach die dem realen *rückvermischten* Strömungsrohr entsprechende Kesselzahl q einer Kaskade berechnen:

$$\frac{1}{q} = \frac{2}{(Bo)} - \frac{2}{(Bo)^2}\left\{1 - \exp[-(Bo)]\right\} \qquad (13.35)$$

Das Problem läuft also im Grunde auf die Bestimmung der Bodenstein-Zahl hinaus: diese läßt sich als Funktion der Reynolds-Zahl ermitteln, vgl. Abschn. 11.1.

Findet dagegen eine chemische Reaktion in dem Reaktionsgefäß statt, so ist zusätzlich zur Verweilzeitverteilung die Aufenthaltsdauer der Reaktanden in den Bereichen verschiedener Konzentration von Bedeutung. In erster Näherung könnte man annehmen, daß die Reaktionsmasse den Reaktor in einer dem Verweilzeitspektrum entsprechenden Aufteilung durchsetzt ohne dem Konzentrationsausgleich zwischen den einzelnen Volumenelementen Rechnung zu tragen. Man postuliert dann einen dem diskontinuierlichen Fall entsprechenden Konzentrationsverlauf. Dieser Sachverhalt wurde von SCHÖNEMANN (1952) und HOFMANN (1955) aufgegriffen, s.u. .

Mit der Ausnahme einer Reaktion 1. Ordnung erhält man mit dieser Annahme stets falsche Werte für den Umsatz, da durch die eintretende Vermischung der Volumenelemente und den damit verbundenen Konzentrationsausgleich die Reaktionsgeschwindigkeit für Reaktionsordnungen *größer* als eins herabgesetzt wird.

Diese Schwierigkeit läßt sich umgehen, wenn man das Verweilzeitspektrum des technischen Reaktors durch das einer idealen Rührkesselkaskade ersetzt. Dies gelingt jedoch nur bei einer hinreichend großen Anzahl von Kesseln mit $q > 5$. Für alle anderen Fälle muß man auf *Reaktorersatzschaltungen* zurückgreifen.

Die Heranziehung der Verweilzeitverteilungen auf die Umsatzberechnung bedingt also eine genaue Kenntnis der Durchmischungsvorgänge in dem technischen Reaktor. Es existieren zwei Grenzfälle der Durchmischung:

1. die *Segregation* oder *Makrovermischung*, d.i. Getrenntfluß der Reaktionsmasse: in diesem Fall sind die Nachbarmoleküle eines herausgegriffenen Moleküls genauso lange im Reaktor wie das Molekül selbst;

2. die *Mikrovermischung*, d.i. die molekulardisperse Mischung: in diesem Fall unterliegen die Nachbarmoleküle eines herausgegriffenen Moleküls der Verweilzeitverteilung des Reaktionssystems.

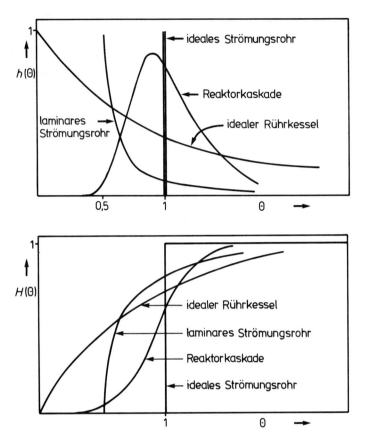

Abbildung 13.1: Zusammenstellung der Verweilzeitspektren und der Verweilzeitsummenkurven idealer Reaktoren.

Eine Reaktion 2. Ordnung mit dem Zeitgesetz $r_v = k c^2$ und $k = 1$ laufe ein einem Reaktor mit Bereichen verschiedener Konzentration $c_1 = 1/2$ und $c_2 = 1/4$ ab. Für die *Mikrovermischung* resultiert eine mittlere Konzentration $\bar{c} = c_1/2 + c_2/2$:

$$r_v = \left(\frac{c_1 + c_2}{2}\right)^2 = \left(\frac{3/4}{2}\right)^2 = \frac{9}{64} \quad (13.36)$$

Für den Fall der *Segregation* regiert in jedem Volemenelement die Reaktion getrennt ab:

$$r_v = \frac{(1/2)^2 + (1/4)^2}{2} = \frac{1/4) + 1/16}{2} = \frac{10}{64} \quad (13.37)$$

Im Falle der Mikrovermischung ist also die Reaktionsgeschwindigkeit für Reaktionen mit einer Reaktionsordnung größer als eins kleiner als im Falle der vollständigen Segregation. Für Reaktionsordnungen *kleiner* als eins ergibt sich der umgekehrte Sachverhalt.

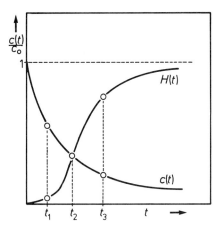
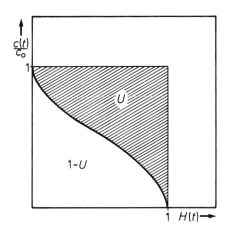

Abbildung 13.2: Umsatz eines realen Reaktors bei vollständiger Segregation

Umsatz bei vollständiger Segregation: Zur Darlegung des Sachverhaltes denken wir uns einen realen Reaktor in Volumenelemente ΔV aufgeteilt. Bezüglich der Volumenelemente möge eine Verweilzeitverteilung eingestellt sein. Die in jedem Volumenelement befindlichen Moleküle sollen jedoch alle „gleich alt" ein: sie haben alle die gleiche Verweilzeit. In jedem dieser Volumenelemente reagieren die Moleküle dann wie in kleinen diskontinuierlichen Rührkesseln ab; am Reaktorausgang ergibt die Zusammenfassung aller Volumenelemente schließlich einen *mittleren* Umsatz des realen Reaktors.

Der mittlere Umsatz ist dann das Integral der Einzelumsätze in den Volumenelementen über die für die Volumenelemente geltende Verteilungsfunktion:

$$1 - \overline{U} = \frac{\overline{c}(t)}{c_0} = \int_0^\infty \frac{c(t)}{c_0} h(t)\,\mathrm{d}t = \int_0^1 \frac{c(t)}{c_0}\,\mathrm{d}H(t) \qquad (13.38)$$

Aus diesem Zusammenhang kann man für den Fall *vollständiger* Segregation den mittleren Umsatz eines beliebigen realen Reaktors aus seiner Verweilzeitfunktion und dem diskontinuierlichen $c(t)$-Verlauf berechnen.

Von SCHÖNEMANN/HOFMANN (1952) stammt der Vorschlag, diese Gleichung grafisch zu integrieren. Dazu trägt man, wie in Abb. 13.2 dargestellt, den experimentell ermittelten diskontinuierlichen $c_i(t)/c_{i,0}$-Verlauf und die ermittelte Summenhäufigkeit gegen die Zeit t auf. Sodann überträgt man die Wertepaare gleicher Zeiten t in die Darstellung $c_i(t)/c_{i,0}$ über $H(t)$ und erhält durch Ausmessen der Flächen den Umsatz des realen Reaktors.

Dieses Verfahren liefert richtige Umsatzwerte für Reaktionen 1. Ordnung in realen Reaktoren mit Mikrovermischung. Für Reaktionen mit einer Ordnung ungleich eins ist die Berechnung des Umsatzes nach diesem Verfahren bei Vorliegen der Mikrovermischung ist – wie schon diskutiert – unzulässig.

13. Isotherme und nichtisotherme Reaktoren

Das laminare Strömungsrohr: Das laminare Strömungsrohr stellt aufgrund der Schichtströmung übereinander gleitender Strömungszylinder ein segregiertes System dar, vgl. Abb. 3.4. Aufgrund dieser Tatsache kann man den Umsatz des laminaren Strömungsrohres leicht berechnen.

Es soll der Umsatz einer Reaktion 2. Ordnung mit dem Zeitgesetz: $\nu_i r_v = -k\, c_1^2$ berechnet werden. Es ist analog zur Gl. 13.38:

$$\overline{U}_i = \int_0^\infty U_i(t)\, h(t)\, \mathrm{d}t \tag{13.39}$$

Die Umsatzbeziehung für eine Reaktion 2. Ordnung ergibt sich aus der Integration des Zeitgesetzes:

$$\frac{\mathrm{d}c_i}{\mathrm{d}t} = -k\, c_i^2 \quad \leadsto \quad \frac{1}{c_i} - \frac{1}{c_{i,0}} = k\, t \tag{13.40}$$

Nach einigen Umformungen erhält man für den Umsatz $(c_{i,0} - c_i)/c_{i,0}$ einer Reaktion 2. Ordnung den Ausdruck:

$$U_i = \frac{k\, t\, c_{i,0}}{k\, t\, c_{i,0} + 1} \tag{13.41}$$

Das Verweilzeitspektrum des laminaren Strömungsrohres ergibt sich mit Gl. 12.31:

$$h(t) = \frac{\tau^2}{2\, t^3} \tag{13.42}$$

Setzt man diese Ausdrücke in die obige Gl. 13.39 ein, dann folgt für den mittleren Umsatz:

$$\overline{U}_i = \int_{\tau/2}^\infty \left(\frac{k\, t\, c_{i,0}}{k\, t\, c_{i,0} + 1}\right) \frac{\tau^2}{2\, t^3} \mathrm{d}t \tag{13.43}$$

$$\overline{U}_i = \frac{k\, c_{i,0}\, \tau^2}{2} \int_{\tau/2}^\infty \frac{\mathrm{d}t}{(k\, t\, c_{i,0} + 1)\, t^2} \tag{13.44}$$

Die Integration liefert für den mittleren Umsatz einer Reaktion 2. Ordnung im laminaren Strömungsrohr:

$$\overline{U}_i = (Da)\left\{1 - \frac{(Da)}{2} \ln\left[\frac{1 + (Da)/2}{(Da)/2}\right]\right\} \tag{13.45}$$

Beispiel: Die Verseifung eines Esters nach einer Reaktion 2. Ordnung wird (a) im laminaren Strömungsrohr, (b) im idealen Strömungsrohr und (c) im idealen Rührkessel durchgeführt. Berechne die Umsätze des Esters für $(Da) = 1$ und $\tau = 500$ s.

Lösung: Es ergibt sich für das laminare Strömungsrohr nach Gl. 13.45 der mittlere Umsatz: $\overline{U} = 0.45$. Für den idealen Rührkessel ergibt sich nach Gl. 13.17:

$$U = (Da)(1 - U_i)^2 = 0.38 \tag{13.46}$$

Für das ideale Strömungsrohr ergibt sich nach der Gl. 13.24:

$$U = \frac{(Da)}{1 + (Da)} = 0.5 \tag{13.47}$$

13.4 Nicht-isotherme Reaktoren

Mit der Hinzunahme der Wärmebilanz bei nicht-isothermer Reaktionsführung resultiert im allgemeinsten Falle ein gekoppeltes nichtlineares Differentialgleichungssystem 2. Ordnung. Die Nichtlinearität hat ihre Ursache in der exponentiellen Abhängigkeit der Reaktionsgeschwindigkeitskonstanten von der Temperatur; die Gleichungen sind immer von 2. Ordnung, sofern der Leitungsterm berücksichtigt wird.

Wie im Abschn. 14 noch dargelegt wird, weisen Differentialgleichungssysteme dieser Struktur ungewöhnliche Eigenschaften auf: sie zeigen das Phänomen der *Instabilität*. Aus diesem Grunde werden in diesem Abschnitt nur die einfacheren Elemente der nicht-isothermen Reaktionsführung besprochen; im Abschn. 14 folgen dann die Überlegungen zur Temperaturstabilität eines Rührkesselreaktors.

Die grundlegenden Differentialgleichungen des Wärmehaushalts chemischer Reaktoren sind bereits in Abschn. 8 abgeleitet worden. Wir wollen an dieser Stelle die dort erhaltenen Gleichungen zusammen mit der Stoffbilanz für die *kontinuierlichen* Reaktoren hinschreiben:

▷ KONZENTRATIONS- UND TEMPERATURFELD DES RÜHRKESSELREAKTORS:

$$V \frac{dc_i}{dt} = \dot{V}_0 c_{i,0} - \dot{V} c_i + \nu_i \Re \tag{13.48}$$

$$V \frac{dT}{dt} = (\dot{V}_0 T_0 - \dot{V} T) + V \frac{(-\Delta_R H)\Re}{\tilde{c}_p m} + V \frac{(T' - T)}{\tilde{c}_p m} \frac{\dot{m}' \tilde{c}_p' \alpha A_W}{\alpha A_W + \dot{m}' \tilde{c}_p'} \tag{13.49}$$

▷ KONZENTRATIONS- UND TEMPERATURFELD DES IDEALEN STRÖMUNGSROHRES:

$$\frac{\partial c_i}{\partial t} = -\frac{\partial [u_z c_i]}{\partial z} + \nu_i \frac{\Re}{V} \tag{13.50}$$

$$\frac{\partial T}{\partial t} = -\frac{\partial [u_z T]}{\partial z} + \frac{(-\Delta_R H)\Re}{\tilde{c}_p m} + \frac{\alpha A_W (T_W - T)}{\tilde{c}_p m} \tag{13.51}$$

▷ KONZENTRATIONS- UND TEMPERATURFELD DES REALEN STRÖMUNGSROHRES:

$$\frac{\partial c_i}{\partial t} = -\frac{\partial [u_z c_i]}{\partial z} + \mathcal{D}_{ax} \frac{\partial^2 c_i}{\partial z^2} + \nu_i \frac{\Re}{V} \tag{13.52}$$

$$\frac{\partial T}{\partial t} = -\frac{\partial [u_z T]}{\partial z} + \mathcal{A} \frac{\partial^2 T}{\partial z^2} + \frac{(-\Delta_R H)\Re}{\tilde{c}_p m} + \frac{\alpha A_W (T_W - T)}{\tilde{c}_p m} \tag{13.53}$$

13.4.1 Der adiabatische Satzreaktor

Der einfachste Fall der nicht-isothermen Betriebsweise liegt beim adiabatisch arbeitenden diskontinuierlichen Rührkesselreaktor vor. Zur Berechnung dieses Reaktors werden die konvektiven Terme des Konzentrations- und Temperaturfeldes zu Null gesetzt: die adiabatische Betriebsweise läßt keinen Temperaturaustausch mit der Umgebung zu, demzufolge wird der Austauschterm ebenfalls zu Null gesetzt. Es folgt das Differentialgleichungssystem:

$$V \frac{dc_i}{dt} = \nu_i \Re \tag{13.54}$$

$$V \frac{dT}{dt} = V \frac{(-\Delta_R H) \Re}{\tilde{c}_p m} \tag{13.55}$$

Die bei der chemischen Reaktion freiwerdende Wärmemenge wird zum Aufheizen der Reaktionsmasse aufgebraucht. Durch Einsetzen der oberen Gleichung mit $\Re = V\, dc_i/(\nu_i dt)$ in die untere Gleichung ergibt sich die Integralgleichung unter der Voraussetzung, daß $\Delta_R H$ als temperaturunabhängig betrachtet wird:

$$\frac{dT}{dt} = \frac{(-\Delta_R H)}{\tilde{c}_p \varrho} \frac{dc_i}{\nu_i dt} \tag{13.56}$$

$$\rightsquigarrow \int_{T_0}^{T} dT = \frac{(-\Delta_R H)}{\nu_i \tilde{c}_p \varrho} \int_{c_0}^{c} dc_i \tag{13.57}$$

$$\rightsquigarrow T - T_0 = \frac{(-\Delta_R H)}{\nu_i \tilde{c}_p \varrho} (c_i - c_{i,0}) \tag{13.58}$$

Für ein Edukt dieser Reaktion ist der stöchiometrische Faktor $\nu_i < 0$, er wird zu -1 gesetzt. Mit Einführung der Umsatzdefinition $U_i = (c_{i,0} - c_i)/c_{i,0}$ ergibt sich die

▷ ADIABATISCHE ENDTEMPERATUR DES SATZREAKTORS:

$$\boxed{T^{\mathrm{ad}} = T_0 + \frac{(-\Delta_R H)}{\tilde{c}_p \varrho} U_i\, c_{i,0}} \tag{13.59}$$

Folgerungen: Reaktionstechnisch tritt der Fall des adiabatischen Satzreaktors auf, wenn alle Pumpen eines kontinuierlich arbeitenden Reaktionssystems ausfallen: es findet dann kein konvektiver Stofftransport mehr statt. Der Ausfall der Pumpen des Wärmetauschsystems bewirkt zudem eine adiabatische Betriebsweise: die im Reaktor noch befindliche Reaktionsmasse reagiert adiabatisch ab. Zur Berechnung der maximalen adiabatischen Temperaturerhöhung setzt man den Umsatz $U_i = 1$ an und erhält:

$$T^{\mathrm{ad}} = T_0 + \Delta T^{\mathrm{ad}} \quad \text{mit} \quad \Delta T^{\mathrm{ad}} = \frac{(-\Delta_R H)}{\tilde{c}_p \varrho} c_{i,0} \tag{13.60}$$

Aus Sicherheitsgründen muß das Reaktionssystem bezüglich der Werkstoffe und der Notkühlung auf ΔT^{ad} ausgelegt sein. Findet eine Reaktion in organischen Lösungsmittel statt, so kann die adiabatische Temperaturerhöhung leicht deren Siedepunkt überschreiten und zu einem erheblichen Druckanstieg führen.

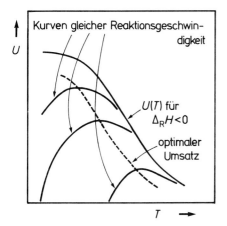 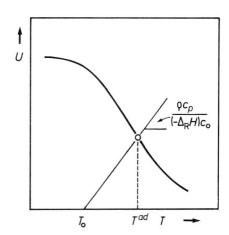

Abbildung 13.3: Skizze zur grafischen Ermittlung der adiabatischen Endtemperatur.

Der Fall der reversiblen Reaktion: Aus Überlegungen der Reaktorsicherheit wird man stets die adiabatische Temperaturerhöhung für den Umsatz $U_i = 1$ berechnen. Im allgemeinen führen Temperaturerhöhungen dieser Art für eine *reversible* Reaktion zu einem Gleichgewicht, da für exotherme Reaktionen der Umsatz mit der Temperatur abnimmt. Liegt eine Reaktion dieser Art vor, so setzt man in Gl. 13.59 den Gleichgewichtsumsatz $U_{i,gl}$ ein. Zur Darlegung des Sachverhaltes betrachten wir die Reaktion:

$$A + B \longrightarrow C$$

Für diesen Fall ergibt sich die Gleichgewichtskonstante K_c zu, vgl. Abschn. 8.3:

$$K_c(T) = (RT)^{\tilde{\nu}} \Pi_i c_i^{\nu_i} = (RT)^{-1} \frac{c_C}{c_A c_B}$$

Das Edukt A soll bis zum Reaktionsgleichgewicht reagieren, der *Gleichgewichtsumsatz* ist dann definiert zu:

$$U_{A,gl} = \frac{c_{A,0} - c_{A,gl}}{c_{A,0}} \quad \leadsto \quad c_{A,gl} = c_{A,0}(1 - U_{A,gl})$$

Setzt man diesen Ausdruck in die Gleichgewichtsbedingung ein, dann folgt:

$$K_c(T) = (RT)^{-1} \frac{c_C}{c_{A,0}(1 - U_{A,gl}) c_B} \quad \leadsto \quad U_{A,gl} = 1 - \frac{c_C}{RT K_c(T) c_{A,0} c_B}$$

▷ ADIABATISCHE ENDTEMPERATUR EINER REVERSIBLEN REAKTION:

$$\boxed{T^{ad} = T_0 + \frac{(-\Delta_R H)}{\tilde{c}_p \varrho}\left(c_{A,0} - \frac{c_C}{RT K_c(T) c_B}\right)} \quad (13.61)$$

13.4.2 Der nicht-isotherme Rührkesselreaktor

Die Stoff- und Wärmebilanz des nicht-isothermen Rührkessels ergibt sich für eine zunächst beliebige Reaktion nach den Abschnn. 7.2 und 8.2 zu:

$$V \frac{dc_i}{dt} = \dot{V}_0 c_{i,0} - \dot{V} c_i + \nu_i \Re \tag{13.62}$$

$$V \frac{dT}{dt} = (\dot{V}_0 T_0 - \dot{V} T) + V \frac{(-\Delta_R H) \Re}{\tilde{c}_p m} + V \frac{(T' - T)}{\tilde{c}_p m} \frac{\dot{m}' \tilde{c}'_p \alpha A_W}{\alpha A_W + \dot{m}' \tilde{c}'_p} \tag{13.63}$$

Im stationären Fall werden die zeitlichen Ableitungen zu Null gesetzt, gleichzeitig soll die abkürzende Schreibweise eingeführt werden:

$$(T - T') \frac{\dot{m}' \tilde{c}'_p \alpha A}{\alpha A + \dot{m}' \tilde{c}'_p} = (T - T')\kappa$$

Dann folgt für die stationären Lösungen:

$$c_{i,\text{st}} = \frac{\dot{V}_0 c_{i,0} + \nu_i \Re_{\text{st}}}{\dot{V}} \tag{13.64}$$

$$\frac{V(-\Delta_R H)\Re_{0,\text{st}}}{\tilde{c}_p m} \exp\left[-\frac{E_A}{R T_{\text{st}}}\right] = (T_{\text{st}} - T')\kappa + (\dot{V} T_{\text{st}} - \dot{V}_0 T_0) \tag{13.65}$$

$$\dot{Q}_{\text{chem}} = \dot{Q}_{\text{transp}} \tag{13.66}$$

Auf der linken Seite der stationären Wärmebilanz steht die chemisch erzeugte Wärmemenge $\dot{Q}_{\text{chem}}$, auf der rechten Seite die durch Kühlung und Stoffmenge abgeführte Wärmemenge $\dot{Q}_{\text{transp}}$. Die chemisch erzeugte Wärmemenge stellt wegen der Exponentialfunktion des Arrheniustermes

$$k = k_0 \exp\left[-\frac{E_A}{RT}\right] \quad \text{bzw.} \quad \Re = \Re_0 \exp\left[-\frac{E_A}{RT}\right] \tag{13.67}$$

eine stark nicht lineare Funktion dar, in den Gliedern der transportierten Wärmemenge steht die Temperatur nur linear: sie stellt in erster Näherung eine Gerade dar. Die stationäre Temperatur des nicht-isothermen Rührkesselreaktors ergibt sich aus dem Schnittpunkt dieser beiden Funktionen, vgl. Abb. 13.4.

Die Lage der nichtlinearen S-förmigen chemischen Wärmeerzeugungsfunktion $\dot{Q}_{\text{chem}}$ hängt von der mittleren Verweilzeit $\tau = V/\dot{V}$ der Reaktionsmasse ab: je größer τ ist, desto länger verweilt die Reaktionsmasse im Reaktionsraum und desto mehr kann sie abreagieren: die Funktion steilt auf, vgl. Abb. 13.5.

Die Steigung und Lage der Wärmetransportgeraden hängt von κ und T_0 ab: sie verschiebt sich mit wachsendem T_0 parallel zu höheren Temperaturen. Je besser dagegen die Wärmeabfuhr ist, desto geringer ist ΔT: die Gerade steilt auf, vgl. Abb. 13.6. Wie aus der Darstellung ersichtlich, können – je nach Lage dieser Betriebsbedingungen – für das Gleichungssystem dreifache Lösungen resultieren. Diese wichtige Problematik wird in Abschn. 14.5.5 vertieft.

13.4. Nicht-isotherme Reaktoren   231

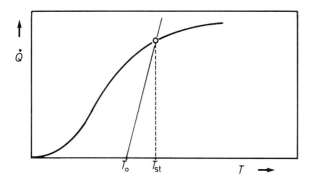

Abbildung 13.4: Ermittlung der stationären Temperatur T_{st} in einem nicht-isothermen Rührkesselreaktor.

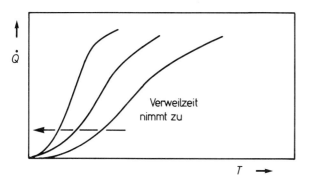

Abbildung 13.5: Abhängigkeit der Wärmeerezeugungsfunktion $\dot{Q}^{chem}$ von der Verweilzeit τ.

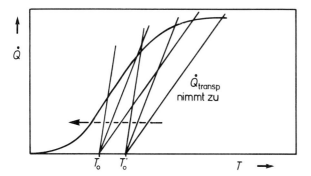

Abbildung 13.6: Lage der Wärmeabfuhrgeraden in Abhängigkeit von T_0 und κ.

13.4.3 Das ideale nicht-isotherme Strömungsrohr

Die gekoppelten Differentialgleichungen für das Konzentrations- und Temperaturfeld eines Strömungsrohres lassen sich wegen der exponentiellen Abhängigkeit der Reaktionsgeschwindigkeit von der Temperatur $\Re = \Re_0 \exp[-E_A/RT]$ analytisch nicht lösen. Für eine stoffmengenkonstante Reaktion lauten die Bilanzen:

$$\frac{\partial c_i}{\partial t} = -u_z \frac{\partial c_i}{\partial z} + \nu_i \frac{\Re_0 \exp[-E_A/RT]}{V}$$

$$\frac{\partial T}{\partial t} = -u_z \frac{\partial T}{\partial z} + \frac{(-\Delta_R H) \Re_0 \exp[-E_A/RT]}{\tilde{c}_p m} + \frac{\alpha A (T_W - T)}{\tilde{c}_p m}$$

Für die numerische Behandlung des Problems wird man zweckmäßigerweise diese Differentialgleichungen in Differenzengleichungen umschreiben und dann mit einem Computer rekursiv berechnen, vgl. Abschn. 11.4.2. Es ergibt sich für den stationären Fall:

$$u_z \{c_i(j+1) - c_i(j)\} = \frac{\delta_z}{V} \Re_0(j) \exp\left[-\frac{E_A}{RT(j)}\right]$$

$$u_z \{T(j+1) - T(j)\} = \frac{\delta_z (-\Delta_R H)}{\tilde{c}_p m} \Re_0(j) \exp\left[-\frac{E_A}{RT(j)}\right] + \frac{\alpha A (T_W - T(j))}{\tilde{c}_p m}$$

Nach jedem rekursiven Schritt wird der Umsatz der Komponente i berechnet:

$$U_i = 1 - \frac{c_i(j+1)}{c_i(j)} \tag{13.68}$$

Die Diskretisierungslänge δ_z wählt man derart, daß die Berechnung von Umsatzschritten zwischen $0.01 < U_i < 0.05$ erfolgt. Das erfolgt solange, bis der aufgrund der Betriebsaufgabe erforderliche Endumsatz oder die Endtemperatur berechnet ist.

Eine stark vereinfachte Möglichkeit der Behandlung des Problems stellt die abschnittsweise Berechnung des Strömungsrohres in Umsatzschritten von $U = 0.2$ dar. Nach diesem Verfahren wird das zu berechnende Strömungsrohr in Segmente mit Umsätzen $U \leq 0.2$ eingeteilt. Diese approximative Berechnung kann auch ohne einen Computer erfolgen.

14 Die Stabilität der Lösungen gekoppelter Bilanzgleichungen

Die typische Kopplung der Bilanzgleichungen im nicht-isothermen Fall bedingt die Möglichkeit zur Instabilität, daher werden hier die Lösungen von Systemen gewöhnlicher linearer Differentialgleichungen untersucht. Die *Stabilitätskriterien* von ROUTH und HURWITZ werden angegeben. Nach Erweiterung der Betrachtungen auf nicht-lineare Systeme erfolgt die Anwendung der *indirekten Methode* nach LJAPUNOW.

- CHARAKTERISTISCHE GLEICHUNG SYSTEM 2. ORDNUNG, Gl. 14.21:

$$\lambda_{1/2} = -\alpha_1/2 \pm 1/2 \sqrt{\alpha_1^2 - 4\alpha_2}$$

- STABILER KNOTEN, Gl. 14.22: $\quad \alpha_1 > 0$ und $\alpha_2 > 0$ und $\alpha_1^2 > 4\alpha_2$

- SATTELPUNKT, Gl. 14.24: $\quad \alpha_1 < 0$ und $\alpha_2 < 0$ und $\alpha_1^2 > 4\alpha_2$

- GRENZZYKLUS, Gl. 14.26: $\quad \alpha_1 = 0$ und $\alpha_2 > 0$

- STABILER BRENNPUNKT, Gl. 14.28 $\quad \alpha_1 > 0$ und $\alpha_2 > 0$ und $\alpha_1^2 < 4\alpha_2$

- INSTABILER BRENNPUNKT, Gl. 14.29 $\quad \alpha_1 < 0$ und $\alpha_2 > 0$ und $\alpha_1^2 < 4\alpha_2$

- STABILITÄTSKRITERIUM NACH ROUTH: $\quad$ Abschn. 14.4.1

- STABILITÄTSKRITERIUM NACH HURWITZ: $\quad$ Abschn. 14.4.2

- STABILITÄTSKRITERIUM NACH LJAPUNOW: $\quad$ Abschn. 14.5.2

14.1 Einleitung

Die in den vorhergehenden Abschnitten abgeleiteten Gleichungen zur Beschreibung des Konzentrationsfeldes in Abschn. 7, des Temperaturfeldes in Abschn. 8 und der Geschwindigkeitsfelder in Abschn. 9 chemischer Reaktoren enthalten – wie bereits zu Anfang des Textes dargelegt – charakteristische Terme.

In diesen Bilanzen tritt ein konvektiver Term 1. Ordnung sowie ein dissipativer Term 2. Ordnung auf. Der konvektive Term berücksichtigt entstehende Flüsse aufgrund *äußerer* Kräfte, der dissipative Term die Flüsse aufgrund *innerer* Kräfte. Unter diesen inneren Kräften hat man stets den Transport von Masse, Wärme und Impuls aufgrund eines Gradienten an Konzentration, Temperatur und Geschwindigkeit zu verstehen.

Bei den Gleichungen handelt es sich um partielle Differentialgleichungen 2. Ordnung. Dabei ist die Impulsbilanz aufgrund des Termes $(\mathbf{u}\cdot\nabla)\mathbf{u}$ sowie die Wärmebilanz aufgrund des exponentiellen Arrhenius-Ansatzes: $\exp[-E_\mathrm{A}/RT]$ immer nichtlinear und die Stoffbilanz nur linear für den Fall der Reaktion 1. Ordnung. In der Regel sind die Verhältnisse also kompliziert.

KONZENTRATIONSFELD DER KOMPONENTE i IM REALEN STRÖMUNGSROHR aus Gl. 13.9:

$$\frac{\partial c_i}{\partial t} = -\frac{\partial [u_z c_i]}{\partial z} + \tilde{D}_\mathrm{ax}\left(\frac{\partial^2 c_i}{\partial z^2}\right) + \nu_i\frac{\Re}{V} \pm \frac{\beta_i\, A_\mathrm{S}\, \Delta c_i}{\delta}$$

TEMPERATURFELD DES REALEN STRÖMUNGSROHRES aus Gl. 8.29:

$$\frac{\partial T}{\partial t} = -\frac{\partial [u_z T]}{\partial z} + \mathcal{A}\left(\frac{\partial^2 T}{\partial z^2}\right) + \frac{(-\Delta_\mathrm{R} H)\Re}{\tilde{c}_p\, m} + \frac{\alpha\, A_\mathrm{W}\,(T_\mathrm{W} - T)}{\tilde{c}_p\, m}$$

GESCHWINDIGKEITSFELD DES STRÖMUNGSROHRES aus Gl. 9.27:

$$\frac{\partial u_z}{\partial t} = -u_z\frac{\partial u_z}{\partial z} + a_z - \frac{1}{\varrho}\frac{\partial p}{\partial z} + \nu\,\frac{\partial^2 u_z}{\partial z^2}$$

Die fünf Systemgleichungen stellen im allgemeinen ein System gekoppelter Differentialgleichungen dar: die Kopplung erfolgt über die abhängigen Variablen c, T und u. Eine Einkopplung des Geschwindigkeitsfeldes tritt nur bei stoffmengenändernden Reaktionen auf. Auch hier sind signifikante Effekte nur für Gasreaktionen zu erwarten, Reaktionen in Lösungen werden im allgemeinen als volumenkonstant angesehen. Sodann verbleiben für die nicht-isotherme Reaktionsführung noch zwei gekoppelte Differentialgleichungen: die des Konzentrationsfeldes und die des Temperaturfeldes.

Die Stabilitätsanalyse ist für Systeme gewöhnlicher Differentialgleichungen leichter als solche für partielle Differentialgleichungen. Innerhalb der Diskussionen dieser Sachverhalte spricht man im ersteren Fall von *konzentrierten* Parametern, im Fall partieller Differentialgleichungssysteme von *verteilten* Parametern, vgl. auch Abschn. 11.5 . In der folgenden Einführung werden nur Systeme 1. Ordnung mit konzentrierten Parametern – also gewöhnliche Differentialgleichungssysteme 1. Ordnung – behandelt: dies bedeutet den Fortfall der dissipativen Glieder 2. Ordnung.

14.2 Bildung von Differentialgleichungssystemen

Eine Differentialgleichung n-ter Ordnung läßt sich *stets* in ein System von n Differentialgleichungen 1. Ordnung umschreiben: ist $d^n y/dt^n$ die n-te Ableitung von y nach t:

$$\frac{d^n y}{dt^n} = f\left(y, \frac{dy}{dt}, \frac{d^2 y}{dt^2}, \ldots, \frac{d^{n-1} y}{dt^{n-1}}\right) \tag{14.1}$$

dann kann diese Differentialgleichung auf n Differentialgleichungen 1. Ordnung durch die folgende Substitution umgeschrieben werden:

$$\begin{aligned} q_1 &= y & \rightsquigarrow \quad \frac{dq_1}{dt} &= \frac{dy}{dt} \\ q_2 &= \frac{dy}{dt} & \rightsquigarrow \quad \frac{dq_2}{dt} &= \frac{d^2 y}{dt^2} \\ &\cdots \\ q_n &= \frac{d^{n-1} y}{dt^{n-1}} & \rightsquigarrow \quad \frac{dq_n}{dt} &= \frac{d^n y}{dt^n} \end{aligned} \tag{14.2}$$

Es soll ein einfaches Beispiel folgen: gegeben sei die Differentialgleichung:

$$\frac{d^2 y}{dt^2} + a \frac{dy}{dt} + b\,y = 0 \tag{14.3}$$

Man gewinnt nun nach dem obigen Schema die neuen Variablen q_1 und q_2 wie folgt:

$$\begin{aligned} q_1 &= y & \rightsquigarrow \quad \frac{dq_1}{dt} &= \frac{dy}{dt} \\ q_2 &= \frac{dy}{dt} & \rightsquigarrow \quad \frac{dq_2}{dt} &= \frac{d^2 y}{dt^2} \end{aligned}$$

Nach dem Einsetzen dieser Gleichung in die Ausgangsgleichung 14.3 erhält man:

$$\frac{dq_2}{dt} + a\,q_2 + b\,q_1 = 0 \quad \text{und} \quad \frac{dq_1}{dt} = q_2$$

Dieses gekoppelte System zweier gewöhnlicher Differentialgleichungen 1. Ordnung wird zweckmäßig in der Form geschrieben:

$$\begin{aligned} \frac{dq_1}{dt} &= q_2 \\ \frac{dq_2}{dt} &= -b\,q_1 - a\,q_2 \end{aligned}$$

Diese Anordnungen von Differentialgleichungen schreibt man üblicherweise in Matrixform:

$$\dot{\mathbf{q}} = \mathbf{A}\,\mathbf{q}$$

Darin stellt $\mathbf{A}$ die *Koeffizientenmatrix* dar, sie hat hier die Gestalt:

$$\mathbf{A} = \begin{pmatrix} 0 & 1 \\ -b & -a \end{pmatrix} \tag{14.4}$$

14.3 Lösungen gewöhnlicher linearer Differentialgleichungssysteme 1. Ordnung

Obwohl, wie gezeigt, die in der chemischen Verfahrenstechnik auftretenden Differentialgleichungssystem u.U. nicht-linear sind, werden lineare Systeme ausführlich besprochen. Es zeigt sich später, daß sich die nichtlinearen System linearisieren lassen, und daß dann der gesamte – nun zu besprechende mathematische Formalismus – auch dort Anwendung findet.

Wir erinnern uns an die Definition linearer Differentialgleichungen in Abschn. 1.4 : eine lineare gewöhnliche Differentialgleichung enthält die Ableitungen der abhängigen Variablen und die abhängige Variable selbst nur in erster Potenz und nicht in Verknüpfung mit transzendenten Funktionen. Auch das Produkt der abhängigen Variablen mit seiner Ableitung darf nicht vorkommen.

Die Diskussion soll mit einem System zweier linearer Differentialgleichungen beginnen, es habe die Struktur:

$$\dot{q}_1 = a_{11} q_1 + a_{12} q_2 \tag{14.5}$$

$$\dot{q}_2 = a_{21} q_1 + a_{22} q_2 \tag{14.6}$$

Die abhängigen Variablen q_1 und q_2, sind in der chemischen Verfahrenstechnik etwa gegeben durch

- die Konzentration c und die Temperatur T auf der Grundlage der Gleichungen 7.38 und 8.32 für eine nicht-isotherme Reaktion 1. Ordnung in einem Rührkesselreaktor:

$$V \frac{dc_i}{dt} = \dot{V}_0 c_{i,0} - \dot{V} c_i - V k_0 c_i \exp\left[-\frac{E_A}{RT}\right]$$

$$V \frac{dT}{dt} = \dot{V}_0 T_0 - \dot{V} T + V \frac{(-\Delta_R H)}{\tilde{c}_p \varrho} k_0 c_i \exp\left[-\frac{E_A}{RT}\right] + (T' - T) \kappa$$

- die Konzentrationen zweier Komponenten A und B in verknüpften Reaktionsgleichungen, z.B. einer Folgereaktion mit den Zeitgesetzen, vgl. Abschn. 5.6.4:

$$A \xrightarrow{k_1} B \xrightarrow{k_2} C$$

$$\frac{dc_A}{dt} = -k_1 c_A$$

$$\frac{dc_B}{dt} = k_1 c_A - k_2 c_B$$

Die abhängigen Variablen bilden den *Zustands-* oder *Phasenraum* des Systems. Bei zwei Variablen ist es im vorliegenden Fall eine Phasenebene. Man erhält die Phasenebene formal durch Division der beiden Differentialgleichungen 14.5 und 14.6:

$$\frac{\dot{q}_1}{\dot{q}_2} = \frac{dq_1}{dq_2} = \frac{a_{11} q_1 + a_{12} q_2}{a_{21} q_1 + a_{22} q_2} \tag{14.7}$$

14.3. Lineare Differentialgleichungsysteme

Die Lösung dieser Differentialgleichung gibt den Verlauf der Variablen q_1 und q_2 in der Phasenebene an: die Lösungskurve wird *Trajektorie* oder *Zustandsbahn* genannt. Sind die Koeffizienten a_{ii} und a_{ij} konstant, so resultiert nur *eine* Trajektorie; sind sie dagegen nicht konstant, so bildet die Schar der Trajektorien das *Phasenportrait* dieses Differentialgleichungssystems. Nach wenigen Absätzen werden wir den Verlauf der Trajektorien in der Phasenebene vertieft diskutieren.

Hinsichtlich der Lösungen des Differentialgleichungssystems 14.5 und 14.6 unterscheidet man zwei Lösungstypen:

1. die *gewöhnliche Lösung*:
   es existiert eine Lösung des Differentialgleichungssystems $q_{1,L}, q_{2,L}$, bei der die zeitlichen Ableitungen $\dot{q}_1$ und $\dot{q}_2$ *nicht* gleichzeitig Null werden;

2. die *singuläre Lösung*:
   es existiert eine Lösung des Differentialgleichungssystems $q_{1,st}, q_{2,st}$, bei der die zeitlichen Ableitungen $\dot{q}_1$ und $\dot{q}_2$ verschwinden. Der Punkt $q_{1,st}, q_{2,st}$ wird *Singularität*, *kritischer Punkt* oder *stationärer Punkt* genannt. Bei dem obigen Differentialgleichungssystem 14.5, 14.6 liegt eine Singularität offenbar für $q_{1,st} = q_{2,st} = 0$ vor: der Punkt (0,0) ist eine Singularität.

Wir schreiben das Differentialgleichungsystem Gln. 14.5, 14.6 in Matrizen-Schreibweise:

$$\dot{\mathbf{q}} = \mathbf{A}\,\mathbf{q} \qquad (14.8)$$

mit der Koeffizientenmatrix $\mathbf{A}$:

$$\mathbf{A} = \begin{pmatrix} a_{11} & a_{21} \\ a_{21} & a_{22} \end{pmatrix} \qquad (14.9)$$

und „probieren" die Lösung dieser Gleichung mit dem Ansatz:

$$\mathbf{q}(t) = \mathbf{C}\exp[\lambda t] \qquad (14.10)$$

Man differenziert $\rightsquigarrow$ $\dot{\mathbf{q}} = \mathbf{C}\,\lambda\exp[\lambda t]$ und setzt in den Ansatz ein:

$$\dot{\mathbf{q}} = \lambda\mathbf{q}(t) \qquad (14.11)$$

Gleichsetzen mit der Ausgangsgleichung Gl. 14.8 liefert:

$$\mathbf{A}\,\mathbf{q} = \lambda\mathbf{q} \qquad (14.12)$$

Bei einer „gewöhnlichen" Gleichung würde man q jetzt ausklammern und $(A - 1\,\lambda)q = 0$ schreiben, in der Matrix-Schreibweise entspricht der 1 die Einheitsmatrix $\mathbf{I}$, es folgt:

$$\mathbf{I} = \begin{pmatrix} 1 & 0 \\ 0 & 1 \end{pmatrix} \qquad (14.13)$$

$$(\mathbf{A} - \lambda\mathbf{I})\mathbf{q} = 0 \qquad (14.14)$$

Die singulären Lösungen dieser Gleichung erhält man durch Nullsetzen der *Lösungsdeterminante:*

$$|\mathbf{A} - \lambda \mathbf{I}| = 0 \qquad (14.15)$$

Für das besprochene Differentialgleichungssystem ergeben sich die singulären Lösungen:

$$\begin{vmatrix} a_{11} - \lambda & a_{12} \\ a_{21} & a_{22} - \lambda \end{vmatrix} = 0 \qquad (14.16)$$

Nach den Regeln der Determinantenrechnung in zwei Dimensionen (Hauptdiagonale minus Nebendiagonale) ergibt sich die *charakteristische Gleichung*:

$$(a_{11} - \lambda)(a_{22} - \lambda) - a_{12} a_{21} = 0$$
$$\rightsquigarrow \quad \lambda^2 - \lambda(a_{11} + a_{22}) + a_{11} a_{22} - a_{12} a_{21} = 0 \qquad (14.17)$$

Wir wollen hier auch schon die spätere Schreibweise mit den Koeffizienten α_1 und α_2 einführen:

$$\lambda^2 + \alpha_1 \lambda + \alpha_2 = 0 \qquad (14.18)$$

$$-\alpha_1 = a_{11} + a_{22} \quad \text{und} \quad \alpha_2 = a_{11} a_{22} - a_{12} a_{21} \qquad (14.19)$$

Die Lösung der charakteristischen Gleichung 14.17 liefert die *Eigenwerte der Matrix:*

$$\lambda_{1/2} = \frac{a_{11} + a_{22}}{2} \pm \sqrt{\left(\frac{a_{11} + a_{22}}{2}\right)^2 - a_{11} a_{22} + a_{12} a_{21}} \qquad (14.20)$$

bzw. nach Umformung mit der eben vorgestellten abkürzenden Schreibweise, Gl. 14.19:

$$\lambda_{1/2} = -\frac{\alpha_1}{2} \pm \frac{1}{2} \sqrt{\alpha_1^2 - 4\alpha_2} \qquad (14.21)$$

Für ein System dreier gekoppelter Differentialgleichungen müßte man zur Berechnung der Lösungsdeterminate die *Sarrus-Regel* anwenden, für $n > 3$ muß eine Reduktion nach dem *Gauß-Algorithmus* vorgenommen werden.

Bisweilen kann man sich das Umschreiben auf n Differentialgleichungen 1.Ordnung sparen: z.B. aus der Differentialgleichung 2.Ordnung:

$$\frac{d^2 y}{dt^2} + \alpha_1 \frac{dy}{dt} + \alpha_2 y = 0$$

mit dem Ansatz $y = C \exp[\lambda t]$ ergibt sich nach dem Differenzieren:

$$\frac{dy}{dt} = \lambda C \exp[\lambda t] \quad \text{und} \quad \frac{d^2 y}{dt^2} = \lambda^2 C \exp[\lambda t]$$

sofort die charakteristische Gleichung:

$$\lambda^2 + \alpha_1 \lambda + \alpha_2 = 0$$

Singularitäten gewöhnlicher Differentialgleichungen: Die Natur der stationären Lösung (bzw. der Singularität) hängt von der charakteristischen Gleichung ab. Nach der charakteristischen Gleichung 14.21 sind offenbar folgende Eigenwerte des Differentialgleichungssystems nach den Gln. 14.5 und 14.6 denkbar:

1. $\lambda_1, \lambda_2 < 0$
   λ_1, λ_2 sind reell, verschieden und kleiner Null;

2. $\lambda_1, \lambda_2 > 0$
   λ_1, λ_2 sind reell, verschieden und größer Null;

3. $\lambda_1 < 0 < \lambda_2$
   λ_1, λ_2 sind reell, verschieden und von entgegengesetztem Vorzeichen;

4. λ_1, λ_2 sind rein imaginär;

5. λ_1, λ_2 sind konjugiert komplex mit nicht verschwindendem Realteil, hier kann man noch unterscheiden:

    (a) $\operatorname{Re} \lambda < 0$;
    (b) $\operatorname{Re} \lambda > 0$.

Die Diskussion dieser Fälle erfolgt nun anhand des Ansatzes 14.10: $\mathbf{q} = \mathbf{C}\exp[\lambda t]$ bzw. nach dem Umschreiben der Matrizenform in:

$$q_1 = c_{11}\exp[\lambda_1 t] + c_{12}\exp[\lambda_2 t]$$
$$q_2 = c_{21}\exp[\lambda_1 t] + c_{22}\exp[\lambda_2 t]$$

Entscheidend für den zeitlichen Verlauf von q_1 und q_2 ist offenbar das Argument der

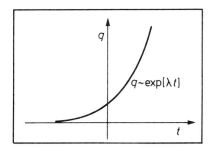 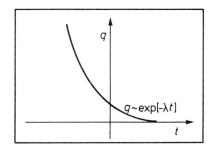

Abbildung 14.1: Skizze des Lösungsverlaufes $q \sim \exp[\pm\lambda t]$.

Exponentialfunktion, dazu schauen wir uns den Graphen in Abbildung 14.1 an: bei technischen Systemen wird in der Regel angestrebt, daß die stationäre Lösung $q_{i,\text{st}}$ in endlichen Zeiten erreicht wird. Das ist nach dem Verlauf der Exponentialfunktion nur für $q_i \sim \exp[-\lambda t]$ möglich. Die Lösung muß also für $t \to \infty$ gegen den stationären Wert konvergieren: das wird nur für negative Realteile von λ erfüllt.

Diskussion der Eigenwerte: Die nun folgende Diskussion des Lösungsverlaufes erfolgt anhand der charakteristischen Gleichung 14.21 des Systems 2. Ordnung nach der gegebenen Fallunterscheidung. Im Laufe dieser Diskussion treten typische Elemente der *Differentialgeometrie* auf. In diesem Bereich der Mathematik werden dynamische Systeme durch die Lösungsverläufe in der Zeitebene und dem Phasenraum geometrisch veranschaulicht und analysiert. Die Dimensionalität des Phasenraumes ist bestimmt durch die Zahl der abhängigen Variablen: den sog. *Freiheiten des Systems*. In der zeitlichen Aufeinanderfolge von Zuständen wird eine Bahnkurve – die *Trajektorie* – im Phasenraum erzeugt. Alle für das System möglichen Anfangsbedingungen generieren einen Set von Trajektorien: den sog. *Fluß* im Phasenraum.

Fall 1 – Stabiler Knoten: $\lambda_1, \lambda_2 < 0$:
Nach der charakteristischen Gleichung: $\lambda_{1/2} = -\alpha_1/2 \pm 1/2\sqrt{\alpha_1^2 - 4\alpha_2}$ ist dieser Fall realisiert für:

$$\boxed{\alpha_1 > 0 \text{ und } \alpha_2 > 0 \text{ und } \alpha_1^2 > 4\alpha_2} \tag{14.22}$$

Die Lösung $q(t)$ konvergiert für $t \to \infty$ gegen Null. Die Diskussion dieses Falles soll anhand der Abbn. 14.2(a,b) erfolgen. In der Abb. 14.2(a) sind die Graphen $q_{1,2} \sim \exp[-\lambda_{1,2} t]$ dargestellt. Schaut man sich die Lösungsfolge $q_{1,2}(t_1), q_{1,2}(t_2), q_{1,2}(t_3)$ bei wachsenden Zeiten t_1, t_2, t_3 an, so nähern sich diese für $t \to \infty$ dem stationären Wert $p_{1,2,\text{st}}$. Überträgt man die Wertepaare $q_i(t)$ – wie in Abb. 14.2(b) dargestellt – in die *Phasenebene*, so führt die *Bahnkurve* der Lösung auf den stationären Wert hin. Diese Bahnkurve wird *Trajektorie* genannt. Lösungspunkte mit diesem Verhalten werden *stabile Knoten* genannt.

Fall 2 – Instabiler Knoten: $\lambda_1, \lambda_2 > 0$:

$$\boxed{\alpha_1 < 0 \text{ und } \alpha_2 > 0 \text{ und } \alpha_1^2 > 4\alpha_2} \tag{14.23}$$

Da die Eigenlösungen λ_i größer Null sind, strebt $q(t)$ für $t \to \infty$ von der stationären Lösung fort. Dieser Fall ist in den Abbn. 14.3(a) und 14.3(b) dargestellt. Die Lösungsfolge $q_{1,2}(t_1), q_{1,2}(t_2), q_{1,2}(t_3)$ divergiert für wachsende Zeiten t_1, t_2, t_3: die Lösungen streben vom stationären Wert $p_{1,2,\text{st}}$ fort. Überträgt man die Lösungen in die Phasenebene, so ergibt sich der Trajektorienverlauf für den *instabilen Knoten*.

Fall 3 – Sattelpunkt: $\lambda_1 < 0 < \lambda_2$:
Durch einen Blick auf die charakteristische Gleichung überzeugt man sich, daß dieser Fall für:

$$\boxed{\alpha_1 < 0 \text{ und } \alpha_2 < 0 \text{ und } \alpha_1^2 > 4\alpha_2} \tag{14.24}$$

realisiert ist. Hier liegt offenbar eine „Mischung" der eben diskutierten Fälle vor: Eine Lösung strebt gegen Null, während die andere Lösung fortstrebt, s. Abb. 14.4. Die Singularität ist in diesem Falle ein *Sattelpunkt*.

14.3. Lineare Differentialgleichungsysteme

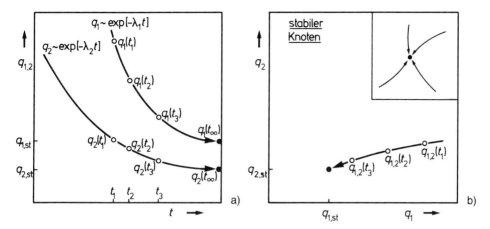

Abbildung 14.2: Der stabile Knoten in der (a) Zeitebene, und (b) Phasenebene.

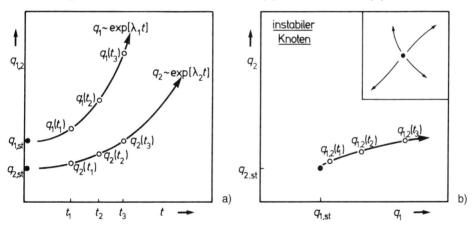

Abbildung 14.3: Der instabile Knoten in der (a) Zeitebene, und (b) Phasenebene.

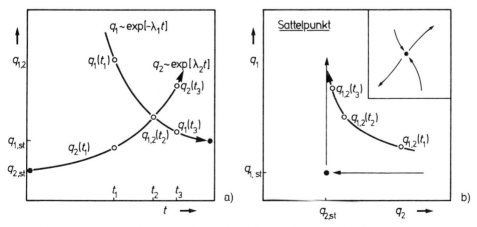

Abbildung 14.4: Der Sattelpunkt in der (a) Zeitebene, und (b) Phasenebene.

Komplexe Argumente: Für die Diskussion der komplexen Argumente schreiben wir die Exponentialfunktion in der Form:

$$\exp[\lambda t] = \exp[(\operatorname{Re}\lambda \pm \operatorname{Im}\lambda)t] \qquad (14.25)$$

Die Fälle für $\operatorname{Im}\lambda = 0$ haben wir eben diskutiert, es resultierten die drei Singularitäten *stabiler Knoten, instabiler Knoten* und *Sattelpunkt*. Wir setzen die Diskussion fort.

Fall 4 – Grenzzyklus: $\operatorname{Re}\lambda = 0$
Nach der charakteristischen Gleichung 14.21 erhält man *rein imaginäre* Eigenlösungen für:

$$\boxed{\alpha_1 = 0 \text{ und } \alpha_2 > 0} \qquad (14.26)$$

Wir schreiben die Exponentialfunktion nach der *Eulerschen Beziehung* um und erhalten:

$$\exp[\pm \operatorname{Im}\lambda\, t] = \cos[\lambda t] \pm i \sin[\lambda t] \qquad (14.27)$$

Es handelt sich in der Zeitachse um den in Abb. 14.5(a) dargestellten Schwingungsvorgang, ihm entspricht in der Phasenebene nach Abb. 14.5(b) ein *Grenzzyklus*.

Fall 5a – Stabiler Brennpunkt: $\operatorname{Re}\lambda < 0$
dieser Fall ist nach der Gl. 14.21 realisiert für:

$$\boxed{\alpha_1 > 0 \text{ und } \alpha_2 > 0 \text{ und } \alpha_1^2 < 4\,\alpha_2} \qquad (14.28)$$

Dämpft ein negativer Realteil im Argument der Exponentialfunktion diesen Schwingungsvorgang, vgl. Abb. 14.6(a), so erhält man in der Phasenebene nach Abb. 14.6(b) einen *stabilen Brennpunkt*.

Fall 5b – Instabiler Brennpunkt: $\operatorname{Re}\lambda > 0$
nach der charakteristischen Gleichung ergibt sich hier:

$$\boxed{\alpha_1 < 0 \text{ und } \alpha_2 > 0 \text{ und } \alpha_1^2 < 4\,\alpha_2} \qquad (14.29)$$

Ein positiver Realteil im Argument der Exponentialfunktion facht den Schwingungsvorgang an, wir erhalten einen *instabilen Brennpunkt*, vgl. Abb. 14.7 .

Attraktoren: Die Diskussion dynamischer Systeme hat zu bedeutenden Einsichten in die verflochtene Struktur von Mathematik, Physik, Geistes- und Sozialwissenschaften geführt, vgl. HAKEN (1982). Dazu einige wenige Worte zur Theorie des *Chaos*.

Im Fall des stabilen Brennpunktes läuft die Trajektorie einem bestimmten Punkt im Phasenraum zu und „verbleibt" dort, diese Punkte nennt man in der Differentialgeometrie *Attraktoren*. Bei bestimmten Systemparametern kann der Attraktor aufspalten und seinen Ort im Phasenraum wechseln, diese Situationen werden als *Verzweigung* oder *Bifurkation* bezeichnet. Besteht eine große Empfindlichkeit des Attraktors gegen diese Verzweigungen, so können Kaskaden von Attraktoren das *Chaos* hervorrufen. Nach einem Theorem von LI/YORKE ist Chaos möglich, sofern drei Verzweigungen im Phasenraum durchlaufen werden.

14.3. Lineare Differentialgleichungsysteme

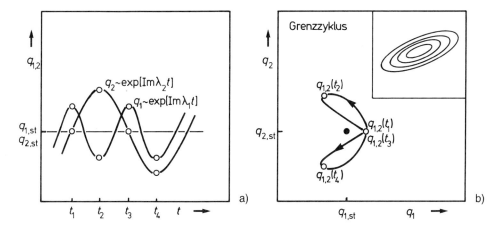

Abbildung 14.5: Der Grenzzyklus in der (a) Zeitebene, und (b) Phasenebene.

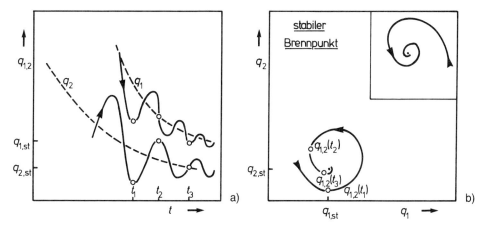

Abbildung 14.6: Der stabile Brennpunkt in der (a) Zeitebene, und (b) Phasenebene.

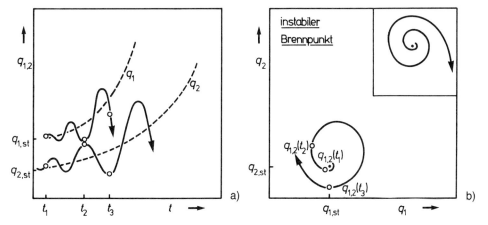

Abbildung 14.7: Der instabile Brennkunkt in der (a) Zeitebene, und (b) Phasenebene.

14.4 Stabilitätskriterien gewöhnlicher linearer Differentialgleichungen

Aus der Diskussion der Lösungen der charakteristischen Gleichung anhand der dargestellten Graphen ergibt sich von der Vorstellung her der Begriff der

▷ STABILITÄT DER LÖSUNGEN VON DIFFERENTIALGLEICHUNGSSYSTEMEN:

Wenn für $t \to \infty$ die Lösung $q(t)$ über alle Grenzen wächst („wegläuft"), dann ist das System instabil. Demzufolge ist ein System stabil, wenn die Wurzeln des Polynoms der Lösungsdeterminante kleiner Null oder die Realteile der Wurzeln kleiner oder gleich Null sind.

Stabilität liegt also immer dann vor, wenn die Wurzeln der charakteristischen Gleichung negative Realteile haben. Jede charakteristische Gleichung stellt ein Polynom dar, welches sich Faktorisieren läßt. Zur Beurteilung der Stabilität ist dann offensichtlich nur noch die Bestimmung der Nullstellen des Polynoms notwendig. Dafür haben ROUTH (1877) und HURWITZ (1895) unabhängig voneinander algebraische Kriterien angegeben, vgl. HEITZINGER/TROCH/VALENTIN (1985). Kriterien, die aus der Funktionentheorie abgeleitet werden können, stammen von BODE und NYQUIST, vgl. Abschn. 10.4.

14.4.1 Das ROUTH-Kriterium

Ein physikalisch-technischer Vorgang sei durch das Differentialgleichungssystem:

$$\dot{\mathbf{q}} = \mathbf{A}\,\mathbf{q} \tag{14.30}$$

beschrieben. Die Eigenwerte λ_i erfüllen dann die charakteristische Gleichung, vgl. Gl. 14.15:

$$|\mathbf{A} - \lambda \mathbf{I}| = 0 \tag{14.31}$$

Daraus ergibt sich ein Polynom n-ten Grades in λ:

$$\alpha_0\,\lambda^n + \alpha_1\,\lambda^{n-1} + \alpha_2\,\lambda^{n-2} + \cdots + \alpha_{n-1}\,\lambda + \alpha_n = 0 \tag{14.32}$$

Für dieses System lautet dann das

▷ ROUTH-KRITERIUM:

Das System ist genau dann **stabil**, wenn:

1. *alle* Koeffizienten α_i des Polynoms Gl. 14.32 vorhanden sind *und* gleiches Vorzeichen haben, sowie

2. alle Elemente der 1. Spalte des nach dem *Routh-Algorithmus* gebildeten Zahlenschemas *größer* Null sind.

Vorsicht: Das Verfahren versagt, wenn alle Elemente einer n-ten Reihe Null sind und alle Elemente der $(n-1)$-ten Reihe ungleich Null sind: dann ist eine Wurzel *rein imaginär*.

Das Routh-Zahlenschema hat folgende Gestalt:

$$\begin{matrix} \alpha_0 & \alpha_2 & \alpha_4 & \alpha_6 & \cdots \\ \alpha_1 & \alpha_3 & \alpha_5 & \cdot & \cdots \\ \beta_1 & \beta_2 & \beta_3 & \cdot & \cdots \\ \gamma_1 & \gamma_2 & \gamma_3 & \cdot & \cdots \\ \delta_1 & \delta_2 & \cdot & \cdot & \cdots \end{matrix} \qquad (14.33)$$

Die Elemente dieses Zahlenschemas werden nach folgendem Algorithmus gebildet:

$$\beta_1 = \frac{\alpha_1 \alpha_2 - \alpha_0 \alpha_3}{\alpha_1}; \quad \beta_2 = \frac{\alpha_1 \alpha_4 - \alpha_0 \alpha_5}{\alpha_1}; \quad \beta_3 = \frac{\alpha_1 \alpha_6 - \alpha_0 \alpha_7}{\alpha_1}; \quad \cdots$$

$$\gamma_1 = \frac{\beta_1 \alpha_3 - \alpha_1 \beta_2}{\beta_1}; \quad \gamma_2 = \frac{\beta_1 \alpha_5 - \alpha_1 \beta_3}{\beta_1}; \quad \cdots$$

Der Routh-Algorithmus zur Bildung der Elemente dieser Zahlenanordnung läßt sich anhand der vorgegebenen Zeilen nachvollziehen: dazu zeichnet man sich nach Art der Determinantenrechnung die Haupt- und Nebendiagonalen auf.

Beispiel: Ein System werde durch eine Differentialgleichung 3. Ordnung beschrieben, nach dem Umschreiben in 3 gekoppelte Differentialgleichungen 1. Ordnung ergebe sich die Koeffizientenmatrix:

$$\mathbf{A} = \begin{pmatrix} 6 & -1 & -5 \\ 0 & 3 & 1 \\ 6 & 1 & 6 \end{pmatrix}$$

Nun wird die Determinate det $|\mathbf{A} - \lambda \mathbf{I}|$ nach der Sarrus-Regel berechnet:

$$|\mathbf{A} - \lambda \mathbf{I}| = \begin{vmatrix} 6-\lambda & -1 & -5 \\ 0 & 3-\lambda & 1 \\ 6 & 1 & 6-\lambda \end{vmatrix} \rightsquigarrow \lambda^3 - 13\lambda^2 + 101\lambda - 186 = 0$$

Damit sind wir eigentlich schon am Ende angelangt, denn die Koeffizienten sind nicht alle vom gleichen Vorzeichen, damit ist das System instabil. Dennoch soll das Routh-Schema begerechnet werden. Es wird solange gerechnet, bis nur noch Null herauskommt:

$$\begin{matrix} 1 & 101 \\ -15 & -186 \\ 1701/15 & 0 \\ -186 & 0 \end{matrix}$$

Zwei Elemente der 1. Spalte sind kleiner Null, das System ist wirklich instabil.

14.4.2 Das HURWITZ-Kriterium

Ein technischer Vorgang sei durch das lineare Differentialgleichungssystem:

$$\dot{\mathbf{q}} = \mathbf{A}\,\mathbf{q} \qquad (14.34)$$

beschrieben. Aus der Determinante der Koeffizientenmatrix ergibt sich die charakteristische Gleichung als Polynom n-ten Grades:

$$\alpha_0\,\lambda^n + \alpha_1\,\lambda^{n-1} + \alpha_2\,\lambda^{n-2} + \cdots + \alpha_{n-1}\,\lambda + \alpha_n = 0 \qquad (14.35)$$

▷ HURWITZ-KRITERIUM:

Das Polynom nach Gl. 14.35 beschreibt genau dann ein stabiles System, wenn

1. *alle* Koeffizienten α_i vorhanden sind *und* gleiches Vorzeichen haben,
2. die aus der *Hurwitz-Matrix* gebildeten *Hurwitz-Determinanten* > 0 sind.

Die Hurwitz-Matrix ergibt sich aus den Koeffizienten des Polynoms nach Gl. 14.35 wie folgt: in die 1. Zeile werden alle Koeffizienten mit ungeraden Nummern gesetzt, dann folgen in der 2. Zeile alle mit geraden Nummern angefangen bei Null. Die 3. und 4. Zeile erhält man aus der 1. und 2. Zeile durch Verschiebung um ein Element nach rechts:

$$\mathbf{H} = \begin{pmatrix} \alpha_1 & \alpha_3 & \alpha_5 & \alpha_7 & \cdots \\ \alpha_0 & \alpha_2 & \alpha_4 & \alpha_6 & \cdots \\ 0 & \alpha_1 & \alpha_3 & \alpha_5 & \cdots \\ 0 & \alpha_0 & \alpha_2 & \alpha_4 & \cdots \\ 0 & 0 & \alpha_1 & \alpha_3 & \cdots \\ 0 & 0 & \alpha_0 & \alpha_2 & \cdots \end{pmatrix} \qquad (14.36)$$

Die *1. Hurwitz-Determinante* lautet mit der Stabilitätsbedingung:

$$H_1 = |\alpha_1| > 0 \qquad (14.37)$$

Die *2. Hurwitz-Determinante* lautet mit der Stabilitätsbedingung:

$$H_2 = \begin{vmatrix} \alpha_1 & \alpha_3 \\ \alpha_0 & \alpha_2 \end{vmatrix} > 0 \qquad (14.38)$$

Die *3. Hurwitz-Determinante* lautet mit der Stabilitätsbedingung:

$$H_3 = \begin{vmatrix} \alpha_1 & \alpha_3 & \alpha_5 \\ \alpha_0 & \alpha_2 & \alpha_4 \\ 0 & \alpha_1 & \alpha_3 \end{vmatrix} > 0 \qquad (14.39)$$

Damit ist das Bildungsgesetz der *Hurwitz-Determinanten* formuliert.

Stabilität für Systeme 2., 3. und 4. Ordnung

System 2. Ordnung: Für ein System 2. Ordnung lassen sich die Terme der charakteristischen Gleichung zu den verschiedenen Singularitäten besonders einprägsam wiedergeben; dazu entwickeln wir noch einmal kurz den Sachverhalt. Das System 2. Ordnung sei in zwei Differentialgleichungen 1. Ordnung umgeschrieben:

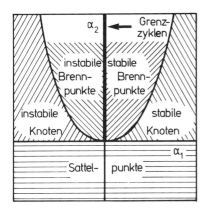

Abbildung 14.8: Darstellung der Singularitäten für Systeme zweiter Ordnung, s. Text.

$$\dot{q}_1 = a_{11} q_1 + a_{12} q_2 \quad (14.40)$$
$$\dot{q}_2 = a_{21} q_1 + a_{22} q_2 \quad (14.41)$$

Die Lösungsdeterminante lautet dann:

$$\det |\mathbf{A} - \lambda \mathbf{I}| = \begin{vmatrix} a_{11} - \lambda & a_{12} \\ a_{21} & a_{22} - \lambda \end{vmatrix} \quad (14.42)$$

Die charakteristische Gleichung ergibt sich zu:

$$\lambda_{1,2} = -\frac{\alpha_1}{2} \pm \sqrt{\frac{\alpha_1^2}{4} - \alpha_2} \quad (14.43)$$

Komplexe Lösungen der charakteristischen Gleichung ergeben sich für negative Wurzeln, also $\alpha_2 > \alpha_1^2/4$, wohingegen die Bedingung $\alpha_2 < \alpha_1^2/4$ den Knotenpunkten entspricht. Grenzzyklen, d.h. komplexe Zahlen mit verschwindendem Realteil erhält man für $\alpha_1 = 0$ und $\alpha_2 > 0$. Trägt man die Parabel

$$\alpha_2 = \frac{\alpha_1^2}{4} \quad (14.44)$$

auf, so teilen deren Äste gerade das Gebiet stabiler Knoten und Brennpunkte, sowie instabiler Knoten und Brennpunkte, s. Abb. 14.8.

System 3. Ordnung: Für ein System 3. Ordnung mit der Koeffizientenmatrix:

$$\mathbf{A} = \begin{pmatrix} a_{11} & a_{12} & a_{13} \\ a_{21} & a_{22} & a_{23} \\ a_{31} & a_{32} & a_{33} \end{pmatrix} \tag{14.45}$$

ergibt sich die charakteristische Gleichung:

$$0 = \lambda^3 + \alpha_1 \lambda^2 + \alpha_2 \lambda + \alpha_3$$

$$\alpha_1 = -(a_{11} + a_{22} + a_{33}) = -\text{Det}|a_{ij}|$$

$$\alpha_2 = a_{11} a_{22} + a_{11} a_{33} + a_{22} a_{33}$$
$$\quad\quad - a_{12} a_{21} - a_{13} a_{31} - a_{23} a_{32}$$

$$\alpha_3 = -a_{11}(a_{22} a_{33} - a_{23} a_{32})$$
$$\quad\quad + a_{21}(a_{12} a_{33} - a_{13} a_{32})$$
$$\quad\quad - a_{31}(a_{12} a_{23} - a_{13} a_{22})$$

Dieses System ist nach dem Hurwitz-Kriterium stabil für:

$$H_1 = \alpha_1 > 0 \quad ; H_2 = [\alpha_1 \alpha_2 - \alpha_3] > 0 \quad ; H_3 = \alpha_3 H_2 > 0 \tag{14.46}$$

System 4. Ordnung: Ein System mit vier gekoppelten Differentialgleichungen hat die Koeffizientenmatrix:

$$\mathbf{A} = \begin{pmatrix} a_{11} & a_{12} & a_{13} & a_{14} \\ a_{21} & a_{22} & a_{23} & a_{24} \\ a_{31} & a_{32} & a_{33} & a_{34} \\ a_{41} & a_{42} & a_{43} & a_{44} \end{pmatrix} \tag{14.47}$$

mit der charakteristischen Gleichung:

$$0 = \lambda^4 + \alpha_1 \lambda^3 + \alpha_2 \lambda^2 + \alpha_3 \lambda + \alpha_4$$

$$\alpha_1 = b_1 - a_{44}$$

$$\alpha_2 = b_2 - a_{44} b_1 - a_{41} a_{14}$$

$$\alpha_3 = b_3 - a_{44} b_2 -$$
$$\quad\quad a_{14}\Big(a_{21} a_{42} + a_{31} a_{43} - a_{22} a_{41} - a_{33} a_{41}\Big)$$

$$\alpha_4 = -\Big\{a_{44} b_3 + a_{14}\Big(a_{21}(a_{32} a_{43} - a_{33} a_{42})$$
$$\quad\quad - a_{31}(a_{22} a_{43} - a_{23} a_{42}) + a_{41}(a_{22} a_{33} - a_{23} a_{32})\Big)\Big\}$$

$$b_1 = -(a_{11} + a_{22} + a_{33})$$

$$b_2 = a_{11} a_{22} + a_{11} a_{33} + a_{22} a_{33} - a_{12} a_{21} - a_{13} a_{31} - a_{23} a_{32}$$

$$b_3 = -a_{11}(a_{12} a_{33} - a_{13} a_{32}) - a_{31}(a_{12} a_{23} - a_{13} a_{22})$$

Stabilität liegt vor für:

$$H_1 = \alpha_1 > 0 \quad ; H_2 = \alpha_1 \alpha_2 - \alpha_3 > 0$$
$$H_3 = [\alpha_1(\alpha_2 \alpha_3 - \alpha_1 \alpha_4) - \alpha_3^2] > 0 \quad ; H_4 = \alpha_4 H_3 > 0$$

14.5 Nicht-lineare Differentialgleichungssysteme

14.5.1 Definition der Stabilität nach LJAPUNOW

Der Stabilitätsbegriff insbesonderer zeitabhängiger nichtlinearer Systeme ist sehr komplex. Deshalb soll in diesem Text der Begriff der Stabilität von der Anschauung her behandelt werden; die mathematischen Grundlagen finden sich in den Texten von LA SALLE/LEFSCHETZ (1967) und HAHN (1959). Es gibt zwei grundsätzliche Klassen von Definitionen:

1. *Stabilität von Systemen mit Schwankungsgrößen*:
   Jedes System unterliegt gewissen Schwankungserscheinungen aufgrund molekularer Fluktuationen, vgl. random-walk-Modell im Abschn. 4.2. Dieses Problem ist nicht mathematischer, sondern physikalischer Natur.

2. *Stabilität freier Systeme*:
   Darunter versteht man Zeitverhalten eines Systems nach Störung einer Eingangsgröße. Läuft das System nach Fortfall dieser Störung wieder in seinen alten stationären Zustand ein, so ist das System stabil. Diese Definition ist die *Stabilität im Ljapunowschen Sinne*, s.u.: wir befassen uns nur mit der Stabilität freier Systeme.

Ein Problem werde durch das autonome lineare Differentialgleichungssystem mit den stationären Lösungen bzw. Singularitäten beschrieben:

$$\dot{q}_1 = f(q_1, q_2) \qquad \dot{q}_2 = g(q_1, q_2) \tag{14.48}$$
$$0 = f(q_{1,st}, q_{2,st}) \qquad 0 = g(q_{1,st}, q_{2,st}) \tag{14.49}$$

Zu jeder Zeit t stellt die Lösung $q_1 = F(q_2)$ einen Punkt in der Phasenebene dar; die Bewegung dieses Punktes mit der Zeit ist die Lösung des Differentialgleichungssystems. Der Lösungsweg sei in der Nähe der stationären Lösung durch den in Abb. 14.9(a) dargestellten Lösungsweg gegeben: wir umhüllen diese Region der Phasenebene $S(q_1, q_2)$, in der die stationäre Lösung liegt mit einer geschlossenen Linie und definieren die

▷ STABILITÄT NACH LJAPUNOW:

1. Das System ist genau dann *stabil*, wenn zu allen Zeiten $0 < t < \infty$ die Lösungskurve $q_1(q_2)$ innerhalb von $S(q_1, q_2)$ bleibt, vgl. Abb. 14.9(a).

2. Das System ist genau dann *asymptotisch stabil*, wenn $q_1, q_2(t)$ innerhalb von $S(q_1, q_2)$ beginnt und mit wachsender Zeit gegen $q_{1,st}, q_{2,st}$ strebt.

3. Die Singularitäten: instabiler Knoten, Sattelpunkt und instabiler Brennpunkt sind im *Ljapunowschen Sinne* instabil.

4. Ein Grenzzyklus kann stabil oder instabil sein, je nach dem, wie groß $S(q_1, q_2)$ gewählt wird. Ist für technische Belange jedoch das zeitweilige Herauslaufen der Trajektorie aus dem Bereich $S(q_1, q_2)$ tolerierbar, so spricht man von *praktischer Stabilität*, vgl. Abb. 14.9(b).

14.5.2 Die LJAPUNOW-Kriterien

Der berühmte russische Mathematiker LJAPUNOW untersuchte in seiner Habilitationsschrift im Jahre 1896 die Stabilität der Bewegung mechanischer Systeme. Er hat dieses Problem auf zwei Wegen gelöst, die unter den Begriffen:

erste oder *indirekte Methode* sowie

zweite oder *direkte Methode*

erst mit der Übersetzung der russischen Originalliteratur ungefähr 50 Jahre später bekannt geworden sind. Nach der ersten Methode werden die nichtlinearen Systeme *linearisiert* und die Stabilität des linearisierten Systems untersucht. Der Einwand, daß mit dem Ersatz der nichtlinearen Gleichung durch eine lineare Gleichung ein Problem durch ein anderes ersetzt wird, die nichts gemeinsam zu haben brauchen, läßt sich durch eingehende Untersuchungen entkräften.

Nach der zweiten Methode wird eine Funktion mit bestimmten Eigenschaften gesucht, kann diese gefunden werden, so sind Aussagen über die Stabilität des Systems möglich. Diese zweite Methode ist umständlicher und hat nicht die Bedeutung der ersten Methode, vgl. LA SALLE/LEFSCHETZ (1967), HAHN (1959), MALKIN (1959).

Die erste oder indirekte Methode: Die Untersuchung der Stabilität nichtlinearer Systeme kann auf linearisierte Systeme zurückgeführt werden; die Linearisierung erfolgt durch eine Entwicklung in eine Taylor-Reihe. Es lauten die

▷ LJAPUNOW-KRITERIEN NACH DER ERSTEN METHODE:

1: Besitzen sämtliche Wurzeln der charakteristischen Gleichung des *linarisierten* Systems negative Realteile, dann ist das *wirkliche* System stabil. Die Glieder höherer Ordnung können die Stabilität nicht „verderben".

2. Wenn nur eine der Wurzeln der charakteristischen Gleichung des linarisierten Systems einen positiven Realteil besitzt, dann ist das *wirkliche* System instabil. Glieder höherer Ordnung können das System *nicht* stabilisieren.

3. Sind Nullwurzeln oder rein imaginäre Wurzeln vorhanden, so kann das linarisierte System *keine* Aussagen über die Stabilität machen. Durch das Hinzufügen von Gliedern höherer Ordnung der Taylor-Entwicklung kann das System nach Belieben stabil oder instabil werden.

Die Untersuchung der Realteile der charakteristischen Gleichung erfolgt nach den Kriterien von Routh oder Hurwitz, sie sind bereits in Abschn. 14.4.1 und 14.4.2 beschrieben und finden hier eine bedeutende Anwendung.

Diese Methode ist – wie noch gezeigt wird – von äußerster Eleganz und Einfachheit. Man wird als ersten Schritt zur Beurteilung der Stabilität eines Systems stets nach der Linearisierung die Kriterien von Routh und Hurwitz anwenden und kann dann, sofern die Kriterien (1) oder (2) zutreffen, bereits die Untersuchung beenden.

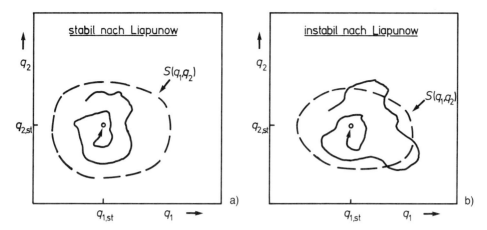

Abbildung 14.9: Darstellung der (a) Stabilität nach LJAPUNOW; (b) praktische Stabilität.

Die zweite oder direkte Methode: Die Untersuchung der Stabilität wird auf die Angabe einer Funktion – der Ljapunow-Funktion V_L – zurückgeführt. Es lauten die
▷ LJAPUNOW-KRITERIEN FÜR DIE DIREKTE METHODE:

Die stationäre Lösung eines Differentialgleichungssystems

$$\dot{q}_1 = f(q_1, q_2, \cdots); \quad \dot{q}_2 = g(q_1, q_2, \cdots; \quad \cdots$$

im Punkt P_0 ist genau dann stabil, wenn dem System eine Funktion $V_\mathrm{L}(q)$ mit den folgenden Eigenschaften zugeordnet werden kann:

1. $V_\mathrm{L}(q)$ und seine partiellen Ableitungen sind in S kontinuierlich;
2. im Punkt P_0 gilt: $V_\mathrm{L}(q) = 0$;
3. in der Umgebung S des Punktes P_0 gilt: $V_\mathrm{L}(q) > 0$;
4. für die totale Ableitung der Ljapunow-Funktion gilt: $\mathrm{d}V_\mathrm{L}/\mathrm{d}t \leq 0$.

Eine Funktion mit den unter (2) und (3) genannten Eigenschaften ist *positiv definit*. Falls man eine Ljapunow-Funktion für ein System gefunden hat, dann können immer auch viele dieser Funktionen ermittelt werden: denn jede monotone Funktion mit der Urfunktion als Argument ist wieder eine Ljapunow-Funktion.

Diese Eigenschaft dient zum Aufsuchen der Ljapunow-Funktion: denn ihre Gültigkeit für das linearisierte System erstreckt sich dann auch über das nichtlineare System. Jedoch resultieren aus dieser Konstruktionsmethode nur sehr schmale Bereiche asymptotischer Stabilität, da sie mit dem linearen Bereich korrespondieren. Hier macht sich der Sachverhalt störend bemerkbar, daß die direkte Methode wegen der Konstruktion von S nur hinreichende Bedingungen für die Stabilität liefert.

14.5.3 Die Linearisierung nicht-linearer Systeme

Nehmen wir an, ein technisches System werde stationär betrieben, dann ist der stationäre Punkt eine Singularität, d.h. ein Lösungspunkt bei dem die zeitlichen Ableitungen der beschreibenden Differentialgleichungen verschwinden. Wir betrachten wieder vereinfachend ein System zweier gekoppelter Differentialgleichungen

$$\dot{q}_1 = f(q_1, q_2) \qquad (14.50)$$
$$\dot{q}_2 = g(q_1, q_2) \qquad (14.51)$$

mit q_1 und q_2 als Systemvariable (etwa Konzentration und Temperatur) und entwickeln die stationäre Lösung in eine Taylor-Reihe:

$$f(q_1, q_2)_{st} = f(q_{1,st}, q_{2,st}) + (q_1 - q_{1,st})\left(\frac{\partial f}{\partial q_1}\right)_{st} + (q_2 - q_{2,st})\left(\frac{\partial f}{\partial q_2}\right)_{st} + \cdots$$

$$g(q_1, q_2)_{st} = g(q_{1,st}, q_{2,st}) + (q_1 - q_{1,st})\left(\frac{\partial g}{\partial q_1}\right)_{st} + (q_2 - q_{2,st})\left(\frac{\partial g}{\partial q_2}\right)_{st} + \cdots$$

Das erste Glied $f(q_{1,st}, q_{2,st})$ fällt wegen der Stationarität fort. Darüberhinaus brauchen nach Ljapunows indirekter Methode nur die linearen Terme berücksichtigt zu werden. Das linearisierte System lautet nun:

$$\frac{d\Delta q_1}{dt} = \frac{\partial f}{\partial q_1}\Delta q_1 + \frac{\partial f}{\partial q_2}\Delta q_2 \qquad (14.52)$$

$$\frac{d\Delta q_2}{dt} = \frac{\partial g}{\partial q_1}\Delta q_1 + \frac{\partial g}{\partial q_2}\Delta q_2 \qquad (14.53)$$

In Matrizenschreibweise: $\Delta \dot{\mathbf{q}} = \mathbf{A^J} \Delta \mathbf{q}$ ergibt sich die Koeffizientenmatrix $\mathbf{A^J}$ zu:

$$\mathbf{A^J} = \begin{pmatrix} \frac{\partial f}{\partial q_1} & \frac{\partial f}{\partial q_2} \\ \frac{\partial g}{\partial q_1} & \frac{\partial g}{\partial q_2} \end{pmatrix} = \begin{pmatrix} a_{11}^J & a_{12}^J \\ a_{21}^J & a_{22}^J \end{pmatrix} \qquad (14.54)$$

Die Koeffizienten in $\mathbf{A^J}$ sind also die partiellen Ableitungen des betrachteten Differentialgleichungssystems, eine Matrix dieser Art wird *Jacobi-Matrix* genannt. Man kann sich die Indizierung leicht merken:

- a_{11}^J: differenziere partiell die 1. Differentialgleichung nach der 1. Variablen,
- a_{12}^J: differenziere partiell die 1. Differentialgleichung nach der 2. Variablen,
- a_{21}^J: differenziere partiell die 2. Differentialgleichung nach der 1. Variablen,
- a_{22}^J: differenziere partiell die 2. Differentialgleichung nach der 2. Variablen usw.

14.5.4 Ein Beispiel: die autokatalytische Reaktion

Als Beispiel der Linearisierung eines nichtlinearen Systems soll eine fiktive autokatalytische Reaktion dienen. An der Kopplung zweier Konzentrationsfelder lassen sich die typischen Schritte leichter erklären, als am dann folgenden Beispiel nicht-isothermer Reaktionsführung mit der Kopplung eines Konzentrations- mit einem Temperaturfeld.

Wir betrachten zwei Reaktionspartner A und B, die in folgenden Schritten reagieren sollen: die Stoffe A und B reagieren in zwei unabhängigen Reaktionen (1) und (3) ab, die Reaktion (3) ist autokatalytischer Natur und nullter Ordnung bezüglich des Stoffes E. Die Reaktion (2) verknüpft die Stoffe A und B in einem autokatalytischen Reaktionsschritt zur Bildung des Stoffes (A):

$$
\begin{aligned}
(1) &\quad A \xrightarrow{\alpha} P \\
(2) &\quad A + B \xrightarrow{\beta/2} 2\,A \\
(3) &\quad B + E \xrightarrow{\epsilon/2} 2\,B + Q
\end{aligned}
$$

Die Zeitgesetze für diese Reaktionsschritte ergeben sich unter der Annahme einer Reaktion 1. Ordnung für die Schritte (1) und (3) sowie einer Reaktion 2. Ordnung für den Schritt (2) zu, vgl. auch Abschn. 5.6.4:

$$
(1) \quad \frac{dc_A}{dt} = -\alpha\, c_A + \beta\, c_A\, c_B \tag{14.55}
$$

$$
(2) \quad \frac{dc_B}{dt} = -\delta\, c_A\, c_B + \epsilon\, c_B\, c_E^0 \quad \text{mit}\ \delta = \frac{\beta}{2} \tag{14.56}
$$

Diese beiden Differentialgleichungen sind *nichtlinear* wegen der Produkte $c_A\, c_B$ und *gekoppelt* über c_A, c_B: es liegt also ein Differentialgleichungssystem zweier gewöhnlicher Differentialgleichungen 2. Grades vor.

Wir suchen nun die *singulären* oder *stationären* Lösungen des Differentialgleichungssystems (Index: st) und setzen dazu die zeitlichen Ableitungen zu Null ($c_E^0 = 1$):

$$
\begin{aligned}
\frac{dc_A}{dt} &= (-\alpha + \beta\, c_{B,\text{st}})\, c_{A,\text{st}} = 0 \\
\frac{dc_B}{dt} &= (-\delta\, c_{A,\text{st}} + \epsilon)\, c_{B,\text{st}} = 0
\end{aligned}
\tag{14.57}
$$

Setzt man nun $c_{A,\text{st}} = c_{B,\text{st}} = 0$, dann folgt die sog. *triviale Lösung*. Die nicht-triviale Lösung ergibt sich durch das Streichen der Faktoren $c_{A,\text{st}}$ bzw. $c_{B,\text{st}}$ sofort zu:

$$
-\alpha + \beta\, c_{B,\text{st}} = 0 \quad \leadsto \quad c_{B,\text{st}} = \frac{\alpha}{\beta} \tag{14.58}
$$

$$
-\delta\, c_{A,\text{st}} + \epsilon = 0 \quad \leadsto \quad c_{A,\text{st}} = \frac{\epsilon}{\delta} \tag{14.59}
$$

Es soll die Darstellung dieser Lösungen im *Phasenraum* erfolgen. Der Phasenraum wird von den abhängigen Variablen c_A und c_B aufgespannt: er stellt in diesem Fall eine Ebene dar. Dieser Phasenraum wird angefüllt durch die Lösungskurven – den *Trajektorien* – der

Differentialgleichung: $dc_A/dc_B = f(c_A, c_B)$. Formal erhält man dieses *Phasenportrait* durch die Bildung des Quotienten:

$$\frac{dc_B/dt}{dc_A/dt} = \frac{dc_B}{dc_A} = \frac{c_B(-\delta c_A + \epsilon)}{c_A(-\alpha + \beta c_B)} \qquad (14.60)$$

Wir wollen uns nicht der Lösung dieser Differentialgleichung zuwenden, sondern nur den einfacheren Fall der Diskussion des *Richtungsfeldes* behandeln. Aus der Definition der Steigung: $dc_B/dc_A = m$ folgt für unser System:

$$\frac{c_B(-\delta c_A + \epsilon)}{c_A(-\alpha + \beta c_B)} = m \qquad (14.61)$$

Es sollen nun die Richtungsfelder für die Steigungen $m = 0$, $m < 0$, $m > 0$ und $m = \infty$ in der Umgebung der Punkte $c_{A,st}$ und $c_{B,st}$ unter der Annahme $\alpha = \beta = \epsilon = 1$ und $\delta = 0.5$ konstruiert werden:

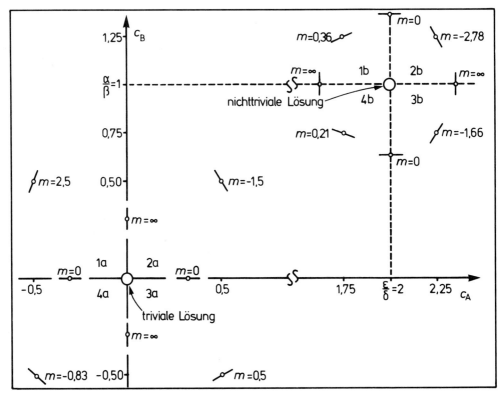

Abbildung 14.10: Darstellung des Richtungsfeldes für die triviale Lösung und die nicht-triviale Lösung, vgl. Text.

14.5. Nicht-lineare Differentialgleichungssysteme

Die triviale Lösung $c_{A,st} = c_{B,st} = 0$: Wir beginnen die Diskussion:

(1) Für $m = 0$ folgt:
$$\frac{c_{B,st}(-0.5\,c_{A,st} + 1)}{c_{A,st}(-1 + c_{B,st})} = 0 \tag{14.62}$$

Diese Lösung ist nur realisierbar, wenn der Zähler Null wird: $c_{B,st} = 0$. Das Richtungsfeld für den Punkt $c_{B,st} = 0$ liegt auf der Koordinatenachse von c_A: der Stoff A verschwindet, da wegen $c_B = 0$ der autokatalytische Reaktionsschritt (2) nicht erfolgen kann, vgl. Abb. 14.10.

(2) Für $m > 0$ bzw. $m < 0$ folgt:
$$\frac{c_B(-0.5\,c_A + 1)}{c_A(-1 + c_B)} > 0 \quad \text{bzw.} \quad \frac{c_B(-0.5\,c_A + 1)}{c_A(-1 + c_B)} < 0 \tag{14.63}$$

Für die Diskussion betrachten wir die vier Quadranten (1a), (2a), (3a) und (4a) in der Umgebung von $c_{A,st} = c_{B,st} = 0$, vgl. Abb. 14.10.

1. Quadrant (1a): Für $c_A = -0.5$ und $c_B = 0.5$ folgt:
$$\frac{c_B(-0.5\,c_A + 1)}{c_A(-1 + c_B)} = \frac{0.5(0.25 + 1)}{-0.5(-1 + 0.5)} = 2.5 \tag{14.64}$$

Das Richtungsfeld verläuft im Punkte $c_A - = 0.5$ und $c_B = 0.5$ mit positiver Steigung.

2. Quadrant (2a): Für $c_A = 0.5$ und $c_B = 0.5$ folgt:
$$\frac{c_B(-0.5\,c_A + 1)}{c_A(-1 + c_B)} = \frac{0.5(-0.25 + 1)}{0.5(-1 + 0.5)} = -1.5 \tag{14.65}$$

Das Richtungsfeld verläuft im Punkte $c_A = 0.5$ und $c_B = 0.5$ mit negativer Steigung.

3. Quadrant (3a): Für $c_A = 0.5$ und $c_B = -0.5$ folgt:
$$\frac{c_B(-0.5\,c_A + 1)}{c_A(-1 + c_B)} = \frac{-0.5(-0.25 + 1)}{0.5(-1 - 0.5)} = 0.5 \tag{14.66}$$

Das Richtungsfeld verläuft im Punkte $c_A = 0.5$ und $c_B = -0.5$ mit positiver Steigung.

4. Quadrant (4a): Für $c_A = -0.5$ und $c_B = -0.5$ folgt:
$$\frac{c_B(-0.5\,c_A + 1)}{c_A(-1 + c_B)} = \frac{-0.5(0.25 + 1)}{-0.5(-1 - 0.5)} = -0.83 \tag{14.67}$$

Das Richtungsfeld verläuft im Punkte $c_A = -0.5$ und $c_B = -0.5$ mit negativer Steigung.

(3) Für $m = \infty$ folgt:
$$\frac{c_{B,st}(-0.5\,c_{A,st} + 1)}{c_{A,st}(-1 + c_{B,st})} = \infty \tag{14.68}$$

Diese Lösung ist in der Umgebung der trivialen Lösung nur realisierbar für $c_{A,st} = 0$: die Konzentration des Stoffes B wächst ständig an, da er durch die Reaktion (2) nicht verbraucht wird, vgl. Abb. 14.10.

14. Die Stabilität der Lösungen gekoppelter Bilanzgleichungen

Die nicht-triviale Lösung: $c_{B,st} = \alpha/\beta \quad c_{A,st} = \epsilon/\delta$: Wir beginnen die Diskussion:

(1) Für $m = 0$ folgt:
$$\frac{c_B(-0.5\,c_A + 1)}{c_A\,(-1 + c_B)} = 0 \tag{14.69}$$

Für die Umgebung der nicht-trivialen Lösung ist diese Gleichung offenbar nur für $c_A = 2$ erfüllt; in diesem Punkt verläuft das Richtungsfeld parallel zur c_A-Koordinate.

(2) Für $m > 0$ bzw. $m < 0$ folgt für die vier Quadranten (1b), (2b), (3b) und (4b) in der Umgebung der nicht-trivialen Lösung, vgl. Abb. 14.10.

1. Quadrant (1b): Für $c_A = 1.75$ und $c_B = 1.25$ folgt:
$$\frac{c_B(-0.5\,c_A + 1)}{c_A\,(-1 + c_B)} = \frac{1.25(-0.875 + 1)}{1.75(-1 + 1.25)} = 0.36 \tag{14.70}$$

Das Richtungsfeld verläuft in diesem Punkte mit positiver Steigung.

2. Quadrant (2b): Für $c_A = 2.25$ und $c_B = 1.25$ folgt:
$$\frac{c_B(-0.5\,c_A + 1)}{c_A\,(-1 + c_B)} = \frac{1.25(-1.125 + 1)}{2.25(1 - 1.25)} = -2.8 \tag{14.71}$$

Das Richtungsfeld verläuft in diesem Punkte mit negativer Steigung.

3. Quadrant (3b): Für $c_A = 2.25$ und $c_B = 0.75$ folgt:
$$\frac{c_B(-0.5\,c_A + 1)}{c_A\,(-1 + c_B)} = \frac{0.75(-1.125 + 1)}{2.25(-1 + 0.75)} = 1.66 \tag{14.72}$$

Das Richtungsfeld verläuft mit in diesem Punkte positiver Steigung.

4. Quadrant (4b): Für $c_A = 1.75$ und $c_B = 0.75$ folgt:
$$\frac{c_B(-0.5\,c_A + 1)}{c_A\,(-1 + c_B)} = \frac{0.75(-0.875 + 1)}{1.75(-1 + 0.75)} = -0.21 \tag{14.73}$$

Das Richtungsfeld verläuft in diesem Punkte mit negativer Steigung.

(3) Für $m = \infty$ folgt:
$$\frac{c_B(-0.5\,c_A + 1)}{c_A\,(-1 + c_B)} = \infty \tag{14.74}$$

Diese Bedingung ist nur für $c_B = 1$ erfüllt; in diesem Punkt verläuft das Richtungsfeld parallel zur c_B-Koordinaten.

Bewertung: Mit dieser Anwendung der *Differentialgeometrie* kann das Phasenportrait der nach der angegebenen Methode für jeden Punkt der fiktiven autokatalytischen Reaktion gezeichnet werden. Dabei ergibt sich die Natur der trivialen Lösung als *Sattelpunkt* und die Natur der nichttrivialen Lösung als *Grenzzyklus*.

Die Diskussion erfolgt anhand der untenstehenden Abbildung. Starten wir die Reaktion am Punkt $c_B = \alpha/\beta$: an diesem Startwert ist c_A gerade an seinem minimalen Wert. Die Konzentration der Komponente B steigt zunächst mit wachsender Konzentration an Stoff A an. Mit weiter ansteigender Konzentration an Stoff A sinkt durch die Reaktion (2) bedingt die Konzentration des Stoffes B ab. Schließlich ist nur noch so wenig an B vorhanden, daß durch die autokatalytische Reaktion (2) nur noch wenig A gebildet wird: die Reaktionsmöglichkeiten an Stoff A nehmen ab und die Konzentration an Stoff B kann wieder steigen. Der Grenzzyklus wiederholt sich.

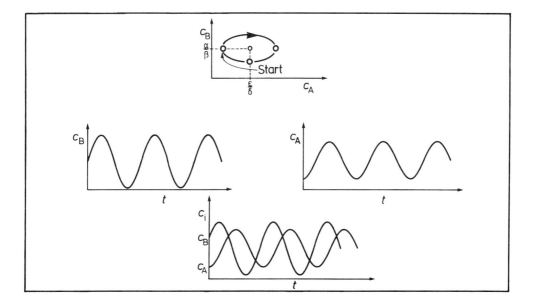

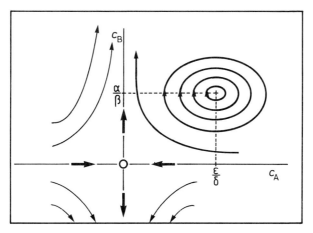

Anwendung des Ljapunow-Kriteriums für die triviale Lösung: Mit der mühseligen Konstruktion des Richtungsfeldes haben wir die Natur der Lösungen schon erarbeitet, somit ist die Anwendung des Ljapunow-Kriteriums eigentlich überflüssig: sie soll dennoch erfolgen.

Wir greifen auf die Ausgangsgleichungen des Reaktionsmodells zurück, Gln. 14.55 und 14.56:

$$(1) \quad \frac{dc_A}{dt} = -\alpha\, c_A + \beta\, c_A\, c_B$$

$$(2) \quad \frac{dc_B}{dt} = -\delta\, c_A\, c_B + \epsilon\, c_B \quad \text{mit} \quad \delta = \frac{\beta}{2}$$

Nun wird die Koeffizientenmatrix $\mathbf{A^J}$ gebildet:

$$\mathbf{A^J} = \begin{pmatrix} \frac{\partial f}{\partial c_A} & \frac{\partial f}{\partial c_B} \\ \frac{\partial g}{\partial c_A} & \frac{\partial g}{\partial c_B} \end{pmatrix} = \begin{pmatrix} a^J_{11} & a^J_{12} \\ a^J_{21} & a^J_{22} \end{pmatrix} \qquad (14.75)$$

Die Koeffizienten in $\mathbf{A^J}$ sind – wie bereits erwähnt – die partiellen Ableitungen des betrachteten Differentialgleichungssystems: sie ergeben sich wie folgt:

$$\begin{aligned} a^J_{11} &= -\alpha + \beta\, c_{B,st} \\ a^J_{12} &= \beta\, c_{A,st} \\ a^J_{21} &= -\delta\, c_{B,st} \\ a^J_{22} &= -\delta\, c_{A,st} + \epsilon \end{aligned}$$

Somit ergibt sich das linearisierte Differentialgleichungssystem zu:

$$\frac{d\Delta c_A}{dt} = (-\alpha + \beta\, c_{B,st})\Delta c_A + (\beta\, c_{A,st})\Delta c_B$$

$$\frac{d\Delta c_A}{dt} = (-\delta\, c_{B,st})\Delta c_A + (-\delta\, c_{A,st} + \epsilon)\Delta c_B$$

Die Koeffizientenmatrix lautet für $c_{A,st} = c_{B,st} = 0$:

$$\mathbf{A^J} = \begin{pmatrix} -\alpha + \beta\, c_{B,st} & \beta\, c_{A,st} \\ -\delta\, c_{B,st} & -\delta\, c_{A,st} + \epsilon \end{pmatrix} = \begin{pmatrix} -\alpha & 0 \\ 0 & \epsilon \end{pmatrix}$$

Damit folgt sofort für die charakteristische Gleichung und ihre Wurzeln:

$$\lambda^2 + \lambda(-\epsilon + \alpha) - \alpha\epsilon = 0$$

$$\lambda_{1,2} = -\frac{-\epsilon + \alpha}{2} \pm \frac{1}{2}\sqrt{(-\epsilon + \alpha)^2 + 4\alpha\epsilon}$$

Da hier die Wurzeln $\lambda_1 < 0 < \lambda_2$ vorliegen, ergibt sich ein *Sattelpunkt*, vgl. Abschn. 14.3. Auch das Routh- oder Hurwitz-Kriterium sagen Instabilität voraus, da die Koeffizienten der charakteristischen Gleichung nicht alle gleiches Vorzeichen haben.

Anwendung des Ljapunow-Kriteriums für die nicht-triviale Lösung: Für die nicht-triviale Lösung ergibt sich die Koeffizientenmatrix mit $c_{B,st} = \alpha/\beta$ und $c_{A,st} = \epsilon/\delta$:

$$\mathbf{A^J} = \begin{pmatrix} -\alpha + \beta\, c_{B,st} & \beta\, c_{A,st} \\ -\delta\, c_{B,st} & -\delta\, c_{A,st} + \epsilon \end{pmatrix} = \begin{pmatrix} 0 & \beta\epsilon/\delta \\ -\delta\alpha/\beta & 0 \end{pmatrix}$$

Also lautet die charakteristische Gleichung und ihre Wurzeln:

$$\lambda^2 + \alpha\epsilon = 0$$
$$\lambda_{1,2} = \pm\sqrt{-\alpha\epsilon}$$

Die Wurzeln sind rein imaginär: die Ljapunow-Kriterien nach der indirekten Methode versagen in diesem Fall. Doch liefert der Routh-Algorithmus:

$$\begin{array}{cc} 1 & \alpha\epsilon \\ 0 & 0 \\ 0 & \end{array} \qquad (14.76)$$

Alle Koeffizienten der charakteristischen Gleichung haben gleiches Vorzeichen, jedoch sind die Elemente der ersten Reihe ungleich Null, die der zweiten gleich Null: es liegen rein imaginäre Wurzeln vor, vgl. Abschn. 14.3.

Strategie zur Beurteilung der Stabilität: In der vorhergehenden Darstellung ist ein gekoppeltes nichtlineares Differentialgleichungssystem zweiter Ordnung untersucht worden, dabei wurden das Richtungsfeld und die Stabilität nach Ljapunow dargestellt. Das Schwergewicht der Darstellung liegt auf der indirekten Methode nach Ljapunow, die direkte Methode durch Konstruktion einer Ljapunow-Funktion wird hier nicht dargestellt, vgl. dazu PERLMUTTER (1972).

Die Konstruktion des Richtungsfeldes ist immer etwas mühsam, liefert aber sofort die Natur der singulären Lösungen. Einfacher ist die Beurteilung der Lösungen nach Ljapunow. Da hierbei quantitatve Aussagen aus dem linearisierten System zu erlangen sind – mit der Ausnahme des Vorliegens imaginärer Wurzeln – können die Kriterien von Routh und Hurwitz Anwendung finden. Liegt keine imaginäre Wurzel vor, dann ist das Verfahren zur Beurteilung der Stabilität beendet: Man „fischt" so die singulären Lösungen: instabiler und stabiler Knoten, Sattelpunkt sowie stabiler und instabiler Brennpunkt heraus, vgl. dazu auch MÜLLER (1977). Die Kriterien zur Beurteilung der Stabilität von Systemen 3. und 4. Ordnung sind im Abschnitt 14.4 zusammengestellt und erlauben so eine schnelle Anwendung.

Für das weitere Vorgehen gibt es zwei Strategien:

1. die *qualitative Methode*, nach der das Lösungsverhalten des Differentialgleichungssystems durch den Verlauf der Trajektorien im Phasenraum beurteilt wird;

2. die *quantitative Methode*, bei der die Lösungen numerisch durch Diskretisierung des Phasenraums untersucht werden, vgl. dazu KREUZER (1987) und Abschn. 11.4 .

14.5.5 Ein Beispiel: der nicht-isotherme Rührkesselreaktor

Die Stoff- und Wärmebilanz des nicht-isothermen Rührkessels ergibt sich für eine stoffmengenkonstante Reaktion nach den Darlegungen in den Abschnn. 7.2 und 8.2 zu:

$$f(c,T) = V \frac{dc_i}{dt} = \dot{V}_0(c_{i,0} - c_i) + \nu_i V\, r_v \qquad (14.77)$$

$$g(c,T) = V\,\tilde{c}_p\varrho \frac{dT}{dt} = \dot{V}_0\tilde{c}_p\varrho\,(T_0 - T) + (-\Delta_R H)V\,r_v + (T' - T)\frac{\dot{m}'\,\tilde{c}_p'\,\alpha\,A}{\alpha\,A + \dot{m}'\,\tilde{c}_p'} \qquad (14.78)$$

Im stationären Fall werden die zeitlichen Ableitungen zu Null gesetzt, gleichzeitig soll die abkürzende Schreibweise eingeführt werden:

$$(T' - T)\frac{\dot{m}'\,\tilde{c}_p'\,\alpha\,A}{\alpha\,A + \dot{m}'\,\tilde{c}_p'} = (T' - T)\kappa$$

Dann folgt für die stationären Lösungen (Index: st):

$$c_{i,st} = \frac{\dot{V}_0\,c_{i,0} + \nu_i V\, r_{v,st}}{\dot{V}_0}$$

$$(-\Delta_R H)V\,r_{v,st} = (T_{st} - T')\kappa + \dot{V}\tilde{c}_p\varrho\,(T_{st} - T_0)$$

$$\dot{Q}_{chem} = \dot{Q}_{transp}$$

Auf der linken Seite der stationären Wärmebilanz steht die chemisch erzeugte Wärmemenge $\dot{Q}_{chem}$, auf der rechten Seite die durch Kühlung und Stoffmenge abgeführte Wärmemenge $\dot{Q}_{transp}$. Die chemisch erzeugte Wärmemenge stellt wegen der Exponentialfunktion des Arrheniustermes

$$k = k_0 \exp\left[-\frac{E_A}{RT}\right] \quad \text{bzw.} \quad r_v = r_{v0}\exp\left[-\frac{E_A}{RT}\right] \qquad (14.79)$$

eine stark nichtlineare, S-förmige Funktion dar, in den Gliedern der transportierten Wärmemenge steht die Temperatur nur linear: sie stellt in erster Näherung eine Gerade dar. Beide Funktionen sind in Abb. 14.11(a) gegeneinander aufgetragen.

Der S-förmige Verlauf der chemischen Wärmeerzeugung $\dot{Q}_{chem}$ hängt von der mittleren Verweilzeit $\tau = V/\dot{V}$ der Reaktionsmasse ab: je größer τ ist, desto länger verweilt die Reaktionsmasse im Reaktionsraum und desto mehr kann sie abreagieren: die Funktion steilt auf, vgl. Abb. 14.11(b).

Die Steigung und Lage der Wärmetransportgeraden hängt von κ und T_0 ab: sie verschiebt sich mit wachsendem T_0 parallel zu höheren Temperaturen. Je besser die Wärmeabfuhr ist, desto geringer ist ΔT: die Gerade steilt auf, vgl. Abb. 14.11(b). Wie aus der Darstellung ersichtlich, können – je nach Lage dieser Betriebsbedingungen – für das Gleichungssystem dreifache Lösungen resultieren. Zum Einstieg in die Problematik soll die Natur der stationären Lösungen anhand des *Steigungskriteriums* bzw. der *virtuellen Verrückungen* erfolgen: dazu betrachten wir die kleinen Skizzen in Abb. 14.11(a).

Steigungskriterium: Zunächst wird der Betriebspunkt A betrachtet: rechte untere Skizze. Angenommen, die Temperatur im Reaktionssystem würde aufgrund einer Störung um den Betrag ΔT ansteigen. Dann liegt die Wärmeerzeugungskurve *unter* der Wärmeabfuhrgeraden: das System antwortet also auf die gestiegene Temperatur mit einer besseren Wärmeabfuhr. Das führt dazu, daß die Temperatur im System wieder fällt: das System läuft wieder in seinen alten Zustand ein. Es handelt sich um einen *selbstregulierenden stabilen* Vorgang. Die gleiche Diskussion gilt für den Punkt C.

Befindet sich das System am Punkt B und tritt dort eine geringe Temperatursteigerung ΔT auf, so liegt die Wärmeerzeugungsfunktion *über* der Wärmeabfuhrgeraden. Das System antwortet auf die erhöhte Temperatur mit einer erhöhten Wärmeerzeugung. Dieser Vorgang schaukelt sich auf: die Temperatur steigt an, bis das System wieder einen stabilen Punkt – hier Punkt C – gefunden hat. Am Punkt B ist das System nicht selbstregulierend, es handelt sich um einen *instabilen* Betriebspunkt.

Verschiebt man nun die Wärmeabfuhrgeraden nach rechts, so daß sie tangential an die Wärmeerzeugungskurve zu liegen kommt, so findet in diesem tangentialen Punkt von niedrigen Temperaturen kommend ein *Zünden* des Reaktors statt: der Reaktor „geht durch". Eine analoge Diskussion ergibt sich, wenn man die Wärmeabfuhrgerade bis zur tangentialen Berührung nach links verschiebt: dann „verlischt" der Reaktor von hohen Temperaturen kommend. Die Stabilität der Betriebspunkte läßt sich also mit einem *Steigungskriterium* angeben: ist die Steigung der Wärmeabfuhrgeraden *größer* als die Steigung der Wärmeerzeugungsfunktion, dann ist das System *stabil*. Die Natur der Lösung läßt sich nach diesem Verfahren nicht angeben.

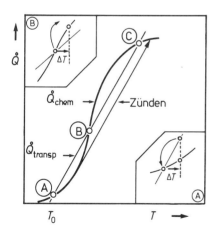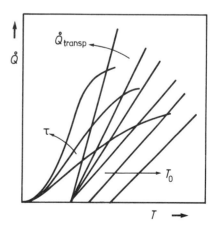

Abbildung 14.11: Wärmeerzeugung und -transport im nicht-isothermen Rührkessel.

Ljapunow Kriterium: Die Stabilitätsanalyse nach Ljapunow soll hier mit der Vereinfachung einer Reaktion erster Ordnung erfolgen. Aus den Gln. 14.77 und 14.78 folgt dann:

$$f(c,T) = V\frac{dc_i}{dt} = \dot{V}_0(c_{i,0} - c_i) - V k_0 c_i \exp\left[-\frac{E_A}{RT}\right] \quad (14.80)$$

$$g(c,T) = V\tilde{c}_p\varrho\frac{dT}{dt} = \dot{V}_0\tilde{c}_p\varrho(T_0 - T) + (-\Delta_R H)V k_0 c_i \exp\left[-\frac{E_A}{RT}\right] + (T' - T)\kappa \quad (14.81)$$

Die Gleichung für das Temperaturfeld soll noch etwas vereinfacht werden, man erhält mit den Abkürungen:

$$K = \frac{1}{\dot{V}\tilde{c}_p\varrho + \kappa} \quad \text{und} \quad G = K(\dot{V}\tilde{c}_p\varrho T_0 + T'\kappa) \quad (14.82)$$

$$\leadsto \quad K V \tilde{c}_p\varrho\frac{dT}{dt} = K(-\Delta_R H)V k_0 c_i \exp\left[-\frac{E_A}{RT}\right] - T + G \quad (14.83)$$

Die Jacobi-Matrix des linearisierten Systems lautet:

$$\mathbf{A}^{\mathbf{J}} = \begin{pmatrix} \frac{\partial f}{\partial c_i} & \frac{\partial f}{\partial T} \\ \frac{\partial g}{\partial c_i} & \frac{\partial g}{\partial T} \end{pmatrix} = \begin{pmatrix} a^J_{11} & a^J_{12} \\ a^J_{21} & a^J_{22} \end{pmatrix} \quad (14.84)$$

Die Elemente der Jacobi-Matrix gewinnt man durch partielle Differentiation des Gleichungssystems der Gln. 14.80 und 14.83:

$$a^J_{11} = -\dot{V} - V k_0 \exp\left[-\frac{E_A}{RT_{st}}\right] < 0$$

$$a^J_{12} = -V k_0 c_{i,st}\left(\frac{E_A}{RT_{st}^2}\right) \exp\left[-\frac{E_A}{RT_{st}}\right] < 0$$

$$a^J_{21} = K(-\Delta_R H) k_0 \exp\left[-\frac{E_A}{RT_{st}}\right] > 0$$

$$a^J_{22} = K(-\Delta_R H) k_0 c_{i,st}\left(\frac{E_A}{RT_{st}^2}\right) \exp\left[-\frac{E_A}{RT_{st}}\right] - 1 < 0 \quad \text{oder} > 0$$

Die Vorzeichen der Elemente der Jacobi-Matrix sind eindeutig bestimmt bis auf das Element a^J_{22}: dieses kann je nach Größe der additiven 1 größer oder kleiner als Null sein. Die Konstante K bestimmt die Wärmeabfuhr durch Reaktionsmasse und Reaktorwand. Die Diskussion erfolgt anhand der charakteristischen Gleichung:

$$\lambda_{1,2} = -\frac{\alpha_1}{2} \pm \sqrt{\frac{\alpha_1^2}{4} - \alpha_2} \quad (14.85)$$

$$\text{mit} \quad -\alpha_1 = a^J_{11} + a^J_{22} \quad \text{und} \quad \alpha_2 = a^J_{11} a^J_{22} - a^J_{12} a^J_{21} \quad (14.86)$$

Aus den Stabilitätskriterien ergibt sich, daß $\alpha_1 > 0$ und $\alpha_2 >$ oder < 0 sein kann: somit liegt entweder ein *stabiler Knoten* oder ein *Sattelpunkt* vor.

Teil IV

Grundoperationen

15 Druckverluste in Reaktorbauteilen und Reaktoren

Die Einführung in die Hydrodynamik bereits in den Abschnn. 3 und 9 erfolgt, die dortigen Ausführungen finden hier ihre Fortsetzung. Eine wichtige Erweiterung der Bernoulli-Gleichung stellt die Formulierung der *Widerstandsgesetze* und der *Druckverluste* von Rohrleitungen, deren Einbauten sowie von die der *Festbett- und Wirbelschichtreaktoren* dar. Der Abschnitt schließt mit der Einführung der *Pumpenkennlinien*.

- DRUCKVERLUST IN ROHRLEITUNGEN, Gl. 15.27: $\quad \Delta p_w = \varphi_w \dfrac{\varrho\, u^2}{2} \dfrac{l}{d}$

- WIDERSTANDSZAHL DER LAMINAREN STRÖMUNG, Gl. 15.22: $\quad \varphi_w^{lam} = \dfrac{64}{(Re)}$

- WIDERSTANDSZAHL DER TURBULENTEN STRÖMUNG, Gl. 15.23: $\quad \varphi_w^{turb} = \left\{100\,(Re)\right\}^{-1/4}$

- DRUCKVERLUST DES FESTBETTREAKTORS, Gl. 15.47:

$$\Delta p_w^{FB} = \dfrac{\left(\dfrac{150}{(Re)} + 1.75\right)(1-\epsilon)\,\varrho\, u^2\, h^{FB}}{\epsilon^3\, d_p} \quad \text{mit} \quad (Re) = \dfrac{1}{1-\epsilon}\left(\dfrac{u\, d_p}{\nu}\right)$$

- DRUCKVERLUST EINER WIRBELSCHICHT, Gl. 15.52:

$$\Delta p_w^{WS} = \dfrac{(1-\epsilon)^2}{\Delta\varrho\, h^{WS}\, g\epsilon^3}\left(300\,\dfrac{1-\epsilon}{(Re)} + 3.5\right) \quad \text{mit} \quad (Re) = \dfrac{u\, d_p}{\nu}$$

15.1 Anwendungen der Bernoulli-Gleichung

Bereits bei der Herleitung der Bernoulli-Gleichung im Abschn. 9.5/6 wurde ausdrücklich auf den Gültigkeitsbereich dieser Gleichung hingewiesen: sie gilt streng nur für reibungsfreie Medien. Aber: reibungsfreie Fluide gibt es – mit Ausnahme des suprafluiden He^3 – nicht. Demzufolge wird man von der unmodifizierten Bernoulli-Gleichung nur eine sehr begrenzte Aussagekraft bezüglich technischer Probleme erwarten können. Die Erweiterung auf die technische Problemstellung – und an den Realfall des viskosen Fluids – gelingt häufig durch Einführung von weiterer, von der Reynolds-Zahl abhängiger, Glieder. Auf diesem Weg die Reibungseigenschaft des Fluids wieder berücksichtigt.

Ausfluß aus einer Düse: Das Problem ist in Abb. 15.1(a) dargestellt. Zur Lösung beziehen wir uns auf die Bernoulli-Gleichung in ihrer Höhenform nach Gl. 9.38 und schreiben für die Orte (1) und (2):

$$\frac{u_1^2}{2g} + h_1 + \frac{p_1}{\varrho g} = \frac{u_2^2}{2g} + h_2 + \frac{p_2}{\varrho g}$$

Für die Geschwindigkeiten ergibt sich $u_2 \gg u_1$, dies führt zur Vernachlässigung von u_1; die Druckglieder fallen wegen $p_2 \approx p_1$ heraus, es folgt:

$$h_1 = \frac{u_2^2}{2g} + h_2$$

$$\leadsto u_2 = \sqrt{2g(h_1 - h_2)} \qquad (15.1)$$

Über den Ausdruck $\dot{V} = u A$ und Einsetzen der Ausflußfläche: $A = \pi r^2$, erhält man den aus der Düse tretenden Volumenstrom:

$$\dot{V} = \pi r^2 \sqrt{2g \Delta h} \qquad (15.2)$$

Aus Abbildung 15.1(b) soll ersichtlich werden, daß die Stromfäden am scharfkantigen Ausfluß nicht unstetig umlenken können, der *hydrodynamische* Durchmesser der Düse also kleiner als der geometrische Durchmesser ist. Dieser Sachverhalt wird durch die *Strahlkontraktionszahl* α berücksichtigt, sie beträgt für runde Düsen $\alpha \approx 0.61$ bis 0.64, also ergibt sich aus Gl. 15.2 ein korrigierter Volumenstrom:

$$\dot{V}_{\text{korr}} = \alpha \pi r^2 \sqrt{2g \Delta h} \qquad (15.3)$$

Durchflußmessung mit einer Blende: Wir nehmen die Skizze in Abb. 15.2(a) zuhilfe und schreiben die Bernoulli-Gleichung in der Energieform nach Gl. 9.37 für die Orte (1) und (2):

$$\frac{\varrho}{2} u_1^2 + \varrho g h_1 + p_1 = \frac{\varrho}{2} u_2^2 + \varrho g h_2 + p_2$$

Für die Höhen ergibt sich $h_1 = h_2$, es folgt unmittelbar:

$$p_1 - p_2 = \frac{\varrho}{2}(u_2^2 - u_1^2) \qquad (15.4)$$

Die Kontinuitätsgleichung Gl. 3.11 in ihrer integrierten Form liefert den Zusammenhang $u_1 A_1 = u_2 A_2 \leadsto u_2 = u_1 A_1/A_2$, bzw. nach Einführung der Strahlkontraktionszahl $u_2 = u_1 A_1/(\alpha A_2)$. Nach dem Einsetzen in Gl. 15.4 ergibt sich:

▷ DURCHFLUSSMESSUNG MIT EINER BLENDE:

$$\boxed{u_1^2 = \frac{2\Delta p}{\varrho\left\{\left(\dfrac{A_1}{\alpha A_2}\right)^2 - 1\right\}}} \tag{15.5}$$

Man kann also durch Druckmessung vor und nach einer Blende die Lineargeschwindigkeit u und damit den Volumenstrom $\dot{V} = u\,A$ des Fluids ermitteln. Vorzugsweise benutzt man dafür das strömungsgünstig geformte *Venturirohr* mit einer Strahlkontraktionszahl $\alpha \approx 1$.

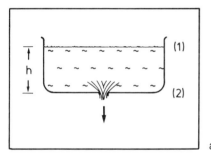
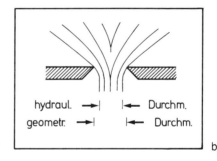

Abbildung 15.1: (a) Skizze zur Erläuterung der Strömung eines Fluids aus einer Düse; (b) Skizze zur Erläuterung der Strahlkontraktionszahl.

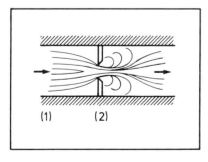
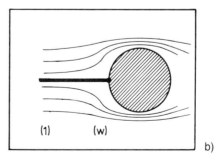

Abbildung 15.2: (a) Skizze zur Erläuterung der Strömung eines Fluids durch eine Blende; (b) Anströmung einer Kugel.

15.2 Widerstand von Körpern in Strömungen

Die Behandlung dieses Problems ist von größter Wichtigkeit, da daraus Beziehungen für den Druckabfall (Druckverlust) in technischen Apparaten abgeleitet werden können. Zunächst betrachten wir die in Abb. 15.2(b) dargestellte Kugel als Hindernis in einem Strömungsfeld und greifen zur rechnerischen Behandlung auf die Bernoulli-Gleichung in Energieform, Gl. 9.37, zurück:

$$\frac{\varrho}{2}u_1^2 + \varrho g h_1 + p_1 = \frac{\varrho}{2}u_2^2 + \varrho g h_2 + p_2 \tag{15.6}$$

Der senkrecht auf die Kugel stoßende Stromfaden, „steht" vor diesem Hindernis: dafür wird nun der Index: w (Widerstand) verwendet. Es ist somit $u_2 = u_w = 0$ und auch $h_2 \approx h_1 \approx h_w$, daher folgt für den

▷ DRUCKABFALL ODER STAUDRUCK EINER KUGEL:

$$\boxed{\Delta p_w = \frac{\varrho}{2} u_1^2} \tag{15.7}$$

Wie wollen uns die idealisierenden Annahmen vergegenwärtigen: Gl. 15.7 gilt für:

- eine punktförmige Kugel,

- ein reibungsfreies Medium.

Für den Realfall endlicher Strömungshindernisse mit einer von der Kugel abweichenden Geometrie wird man Korrekturen einführen müssen. Aus Gründen der Einfachheit soll für die Geschwindigkeit u_1, da keine Verwechslung möglich ist, nur noch u geschrieben werden. Die Widerstandskraft F_w der Kugel in der Strömung ist aufgrund der Definition des Druckes $p = F/A$:

$$F_w = \Delta p_w A \tag{15.8}$$
$$\leadsto \quad F_w = \frac{\varrho}{2} u^2 A \tag{15.9}$$

Die viskose Eigenschaft des Fluids wird mit der Einführung des *Widerstandsbeiwertes* c_w berücksichtigt, c_w ist eine Funktion der Reynolds-Zahl:

$$F_w = c_w \frac{\varrho}{2} u^2 A \tag{15.10}$$

Zur Berücksichtigung der Oberflächenrauhigkeit muß darüberhinaus noch ein *Formfaktor* f_w eingeführt werden. Wir setzen vorerst $f_w = 1$ und wenden unser Augenmerk dem Widerstandskraft zu. Die Berechnung der Strömungskräfte auf eine Partikel ist von vielen Einflußgrößen abhängig. Die folgende Aufzählung soll dem an exakte Zusammenhänge gewöhnten Chemiker verdeutlichen, warum auf den folgenden Seiten eine Vielzahl empirischer Zusammenhänge dargestellt werden müssen.

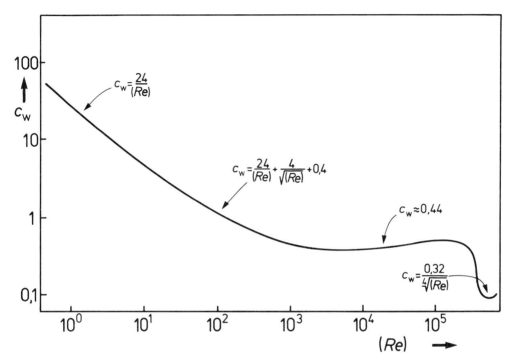

Abbildung 15.3: Die funktionale Abhängigkeit des Widerstandsbeiwertes c_w einer Kugel von der Reynolds-Zahl.

Die Einflußgrößen auf die Widerstandskraft umströmter Körper sind:

1. die Geometrie des umströmten Körpers,
2. die elastischen Eigenschaften des umströmten Körpers,
3. die Oberflächengestalt des umströmten Körpers,
4. die Bewegungsform des umströmten Körpers,
5. die Strömungsbeeinflussung benachbarter Körper,
6. der Anströmwinkel der Strömung,
7. die Strömungsform: Turbulenz oder Laminarität,
8. das rheologische Verhalten des Fluids
9. die Kompressibilität des Fluids.

Aus der Aufzählung wird klar, daß die Einbeziehung aller Einflußgrößen die Berechnung sehr schwierig macht.

In Abb. 15.3 ist der Widerstandsbeiwert einer Kugel als Funktion der Reynolds-Zahl aufgetragen; wie dort ersichtlich, lassen sich verschiedene Strömungsbereiche abgrenzen:

- $(Re) < 1$: Die *schleichende Strömung*:
  Im Bereich der schleichenden Strömung folgen die Stromfäden den Konturen des umströmten Körpers. Ein Ausdruck für die schleichende Strömung um eine Kugel mit der Hindernisfläche $A = \pi r^2$ läßt sich mithilfe des *Stokes-Gesetzes*: $F = 6\eta \pi r u$ ableiten. Es gilt für das Kräftegleichgewicht:

$$6\eta \pi r u = c_\mathrm{w} \frac{\varrho}{2} u^2 \pi r^2$$

$$\text{mit } 2r = d = L \leadsto c_\mathrm{w} = \frac{24\eta}{L u \varrho}$$

▷ WIDERSTANDSBEIWERT BEI SCHLEICHENDER STRÖMUNG:

$$\boxed{c_\mathrm{w} = \frac{24}{(Re)} \quad \text{für} \quad (Re) < 1} \qquad (15.11)$$

- $1 < (Re) < 10^3$: Der *Übergangsbereich*:
  Im Übergangsbereich nehmen die Massenkräfte der Fluidelemente zu: die Stromfäden beginnen sich aufgrund der Beschleunigung von der Rückseite des umströmten Körpers abzulösen. In diesem Bereich gilt für den Widerstandsbeiwert die empirische Beziehung:

$$c_\mathrm{w} = \frac{24}{(Re)} + \frac{4}{\sqrt{(Re)}} + 0.4 \qquad (15.12)$$

- $10^3 < (Re) < 10^5$: Der *Newton-Bereich*:
  Im Newton-Bereich wird der Widerstandsbeiwert c_w nahezu konstant. Die Strömung ist quasi reibungsfrei, sie *gleitet* auf der Grenzschicht. Es gilt:

$$c_\mathrm{w} \approx 0.45 \qquad (15.13)$$

- $10^5 < (Re) < 10^6$: *Kritischer Bereich*:
  Im kritischen Bereich beginnt die Außenströmung turbulent zu werden, der nun resultierende intensive Impulsübertrag auf die Grenzschicht verhindert deren Ablösung vom umströmten Körper. Das führt zu einem starken Abfall des Widerstandsbeiwertes:

$$c_\mathrm{w} \approx 0.09 \qquad (15.14)$$

- $(Re) > 10^6$: *überkritscher Bereich*:
  Im überkritischen Bereich beginnen sich auch Turbulenzen innerhalb der Grenzschicht auszubilden. In der Grenzschicht liegen die Stromfäden dann nicht mehr schichtförmig (laminar) übereinander: sie beginnt durch Turbulenzbildung *aufzuquellen*, die Grenzschicht wird *dicker*. Demzufolge nimmt c_w oberhalb $Re > 10^6$ wieder zu.

Die Graphen c_w als Funktion der Reynolds-Zahl für Körper mit von der Kugelform abweichender Geometrie findet man bei BRAUER (1971 b).

15.3 Die Sedimentation

Bei der Berechnung der Sedimentation finden die Gesetzmäßigkeiten der schleichenden Strömung ihre erste Anwendung. Nach Gl. 15.10 wirkt auf die *langsam* absinkende Partikeln mit der Hindernisfläche $A = \pi r^2$ die Widerstandskraft:

$$F_\mathrm{w} = c_\mathrm{w} \frac{\varrho u^2}{2} \pi r^2$$

$$\text{mit} \quad c_\mathrm{w} = \frac{24}{(Re)}$$

$$\leadsto F_\mathrm{w} = \frac{24}{(Re)} \frac{\varrho u^2}{2} \pi r^2 \qquad (15.15)$$

Die Widerstandskraft F_w der Partikel mit dem Volumen V_p steht im Kräftegleichgewicht mit der Massenkraft vermindert um den Auftrieb:

$$F_\mathrm{w} = V_\mathrm{p}\, g\, \Delta\varrho \qquad (15.16)$$

$$\text{mit} \quad \Delta\varrho = \varrho^\mathrm{ft} - \varrho^\mathrm{fl}$$

Setzt man nun den Ausdruck nach Gl. 15.15 F_w ein, so folgt für das Kräftegleichgewicht:

$$F_\mathrm{w} = \frac{24}{(Re)} \frac{\varrho u^2}{2} \pi r^2 = V_\mathrm{p}\, g\, \Delta\varrho \qquad (15.17)$$

Ersetzt man in dieser Gleichung: $r^2 = d_\mathrm{p}^2/4$, $V_\mathrm{p} = \pi d_\mathrm{p}^3/6$ und $(Re) = u\, d_\mathrm{p}\, \varrho/\eta$, dann ergibt sich für die Partikel die

▷ SINKGESCHWINDIGKEIT:

$$\boxed{u = \frac{d_\mathrm{p}^2\, g\, \Delta\varrho}{18\, \eta}} \qquad (15.18)$$

Aus dem Zusammenhang: Sinkgeschwindigkeit = Sinkhöhe/Sinkzeit, $u = h/t$, ergibt sich schnell eine Bestimmungsgleichung für den

▷ PARTIKELDURCHMESSER d_p:

$$\boxed{d_\mathrm{p} = 3 \sqrt{\frac{2\, \eta\, h}{t\, g\, \Delta\varrho}}} \qquad (15.19)$$

Über die Gleichungen 15.18 und 15.19 lassen sich einerseits die Sinkzeiten von Partikeln in einem Klärbecken und damit dessen erforderliche Tiefe, andererseits labormäßig die Partikeldurchmesser des Sinkgutes (Sedimentationsanalyse nach *Andreasen*) berechnen.

Beachte: Nach der so erfolgten Berechnung der Sinkgeschwindigkeit oder des Partikeldurchmessers muß durch erneute Berechnung der Reynolds-Zahl der Ansatz $c_\mathrm{w} = 24/(Re)$ verifiziert werden.

15.4 Widerstandsgesetze durchströmter Rohre

Um einen Ausdruck für den Strömungswiderstand von Rohren zu erhalten, greifen wir auf den Staudruck zurück und schreiben nach Gl. 15.7:

$$\Delta p_w = \frac{\varrho}{2} u^2$$

Da der Druckverlust nach dem Hagen-Poiseuille-Gesetz in Rohren mit der Rohrlänge steigt und mit dem Rohrdurchmesser abnimmt, folgt:

$$\Delta p_w = \frac{\varrho}{2} u^2 \frac{l}{d} \tag{15.20}$$

(mit $u = U_{max}(1 - \frac{\sqrt{2}}{R^2})$)

Dieser Ausdruck wird nun in eine dimensionslose *Widerstandszahl* φ_w umgeschrieben:

$$\frac{\Delta p_w}{\varrho u^2 / 2} \left(\frac{d}{l}\right) = \varphi_w \tag{15.21}$$

Aus der bei der Ableitung des Hagen-Poiseuille-Gesetzes erhaltenen Gl. 3.20 kann ein Ausdruck für den Druckverlust der laminaren Strömung berechnet werden. Es war:

$$\dot{V} = \bar{u} \pi R^2 = \frac{\Delta p^{lam} \pi R^4}{8 \eta l}$$

$$\leadsto \bar{u} = \frac{\Delta p_w^{lam} R^2}{8 \eta l}$$

$$\leadsto \Delta p_w^{lam} = \frac{8 \bar{u} \eta l}{d^2/4} = \frac{32 \bar{u} \eta l}{d^2}$$

Setzt man diesen Ausdruck in Gl. 15.21 ein, so folgt:

$$\varphi_w^{lam} = \frac{\Delta p_w^{lam}}{\varrho u^2/2}\left(\frac{d}{l}\right)$$

$$\leadsto \varphi_w^{lam} = \left(\frac{32 \bar{u} \eta l}{d^2}\right)\left(\frac{d}{l \varrho u^2/2}\right) = \frac{64 \eta}{\varrho \bar{u} d}$$

Nach Berücksichtigung der Definition der Reynolds-Zahl erhält man die
▷ WIDERSTANDSZAHL LAMINAR DURCHSTRÖMTER GERADER GLATTER ROHRE:

$$\boxed{\varphi_w^{lam} = \frac{64}{(Re)}} \tag{15.22}$$

Für die turbulente Strömung ergibt sich experimentell nach *Blasius* die
▷ WIDERSTANDSZAHL TURBULENT DURCHSTRÖMTER ROHRE:

$$\boxed{\varphi_w^{turb} = \left\{100 \, (Re)\right\}^{-1/4}} \quad \text{für} \quad (Re)_k < (Re) < 10^5 \tag{15.23}$$

Der Druckverlust des turbulent durchströmten Rohres berechnet sich dann mithilfe dieser Gleichung zu:

$$\Delta p_w^{turb} = \varphi_w^{turb} \frac{\varrho u^2}{2} \frac{l}{d} \tag{15.24}$$

Nicht-Newtonsche Flüssigkeiten: Für Nicht-Newtonsche-Flüssigkeiten (Index NN) erhält man für den laminaren Fall ein Widerstandsgesetz ähnlicher Struktur:

$$\varphi_\mathrm{w}^{\mathrm{NN,lam}} = \frac{64}{(Re)} \quad \mathrm{mit} \quad (Re) = 8\,\frac{u^{2-n} d^n \varrho}{B}\left(8\,\frac{1+3n}{4n}\right)^{-n} \qquad (15.25)$$

Dieser Ausdruck gründet sich auf den Ansatz von Ostwald-de Waele $\tau^n = B(\mathrm{d}u/\mathrm{d}y)$, vgl. Abschn. 3.3.

Verschiedene Strömungsquerschnitte: Der Ausdruck für die Widerstandszahl $\varphi_\mathrm{w}^{\mathrm{lam}}$ der laminaren Rohrströmung wird für andere Rohrquerschnitte modifiziert. Dazu wird Gl. 15.22 auf einen allgemeinen Faktor E umgeschrieben:

$$\varphi_\mathrm{w}^{\mathrm{lam}} = \frac{E}{(Re)} \qquad (15.26)$$

In der Tabelle 15.1 sind einige numerische Werte für E aufgeführt, auch die zugehörig einzusetzenden Werte der charakteristische Länge L.

Druckverluste von Rohren mit Einbauten: Der Druckverlust eines durchströmten Rohres ergibt sich aus Gl. 15.21:

$$\Delta p_\mathrm{w} = \varphi_\mathrm{w}\,\frac{\varrho\, u^2}{2}\,\frac{l}{d} \qquad (15.27)$$

Zur Berechnung des Druckverlustes von Rohreinbauten – wie Ventilen, Krümmern, T-Stücken, Kreuzstücken usw. – gibt es verschiedene Methoden. Hier soll nur eine einfache Möglichkeit vorgestellt werden, die von der Berechnung der Äquivalenzrohrlängen $l_\mathrm{äq}$ ausgeht. Nach dieser Betrachtungsweise ordnet man dem Einbauteil – etwa dem Ventil – den Druckabfall eines frei durchströmten Rohres zu, s. Beispiel. Man ersetzt in Gl. 15.27 den Wert l durch $l_\mathrm{äq}$ und definiert einen typischen Koeffizienten k eines Einbauteiles:

$$\begin{aligned}
\Delta p_\mathrm{w} &= \varphi_\mathrm{w}^{\mathrm{Rohr}}\,\frac{\varrho\, u^2}{2}\left(\frac{l_\mathrm{äq}}{d}\right) \\
\mathrm{mit}\quad l_\mathrm{äq} &= k\,d \\
\leadsto \Delta p_\mathrm{w} &= \varphi_\mathrm{w}^{\mathrm{Rohr}}\,\frac{\varrho\, u^2}{2}\,k \qquad (15.28)
\end{aligned}$$

In der Tab. 15.2 sind einige Koeffizienten k verschiedener Einbauteile aufgeführt.

Beispiel: Es ist der Druckverlust eines mit einem Krümmer und einem Ventil versehenen 100 m langen laminar durchströmten Rohres $d = 0{,}1$ m zu ermitteln. **Lösung:**

$$\begin{aligned}
\Delta p_\mathrm{w}^{\mathrm{Rohr}} &= \left(\frac{64}{(Re)}\right)\frac{\varrho\, u^2}{2}\,\frac{l}{d} & \Delta p_\mathrm{w}^{\mathrm{Krüm}} &= \left(\frac{64}{(Re)}\right)\frac{\varrho\, u^2}{2}\,k^{\mathrm{Krüm}} \\
\Delta p_\mathrm{w}^{\mathrm{Vent}} &= \left(\frac{64}{(Re)}\right)\frac{\varrho\, u^2}{2}\,k^{\mathrm{Vent}} & \Delta p_\Sigma &= \left(\frac{64}{(Re)}\right)\frac{\varrho\, u^2}{2}\,(1000 + 40 + 100)
\end{aligned}$$

Die Einbauten verursachen also den Druckabfall eines Rohres von 14 m ohne Einbauten.

Tabelle 15.1: Berechnung der Widerstandszahl φ_w verschiedener Strömungsquerschnitte.

Querschnittsform	L	E
Kreis	Durchmesser	64
Kreisring	Ringbreite	48
Quadrat	Kantenlänge	57
Dreieck	Seitenlänge	92
Rechteck	längere Seite	52
Ellipse	große Halbachse	52

Tabelle 15.2: Die Koeffizienten k zur Berechnung des Druckverlustes einiger Einbauten.

Einbauteil	Koeffizient k
90°-Rohrkrümmer:	
$d = 0.01 - 0.06$ m	30
$d = 0.07 - 0.15$ m	40
$d = 0.17 - 0.25$ m	50
T–Stücke	
$d = 0.025 - 0.1$ m	60 bis 90
Kreuzstücke	50
Ventil	100 bis 120
Schrägsitzventil	20
Rückschlagventil	70 bis 80
Schieber	10
Tellerventil	70
Venturirohr	12

15.5 Der Druckanstieg an Absperrorganen

Rohrleitungen müssen zuweilen abgesperrt werden. Beim schnellen Schließen eines Magnetventiles – etwa bei einem Störfall – unterliegt die stationäre Strömung einer starken Verzögerung, die zu den sog. Flüssigkeitsschlägen führt. Es resultiert eine Stoßwelle, die sich mit Schallgeschwindigkeit durch das Leitungssystem ausbreitet, an Hindernissen oder Krümmern ggfs. reflektiert wird und wieder zum Absperrorgan zurückläuft. Dabei können erhebliche Zerstörungen von Apparateteilen auftreten.

Die Lösung dieses Problems soll mithilfe der Euler-Gleichung gesucht werden. Da die Viskosität eines Fluids stets dämpfend auf eine Welle wirkt, führt die Lösung mithilfe dieser – für ein reibungsfreies Medium geltenden – Gleichung zu einem Sicherheitszuschlag. Da uns in erster Linie der Druckaufbau im Fluid interessiert, vernachlässigen wird die Massenkräfte der Strömung, die eindimensionale Euler-Gleichung (Gl. 9.33 mit $du_z/dt = \partial u_z/\partial t + u_z \, \partial u_z/\partial z$) für die ebene Strömung lautet dann:

$$\frac{\partial u_z}{\partial t} + u_z \frac{\partial u_z}{\partial z} = -\frac{1}{\varrho}\frac{\partial p}{\partial z} \tag{15.29}$$

Die Lösung dieser Differentialgleichung wird mit dem Ansatz für eine ebene Welle ermittelt:

$$u = u_0 \exp\left[\mathrm{i}\left(\omega t - kz\right)\right] \quad \text{und} \quad p = p_0 \exp\left[\mathrm{i}\left(\omega t - kz\right)\right] \tag{15.30}$$

Darin stellen $k = 2\pi/\lambda$, cm^{-1}, den Wellenvektor und $\omega = 2\pi/T$, s^{-1}, die Kreisfrequenz dar. Man bildet die Ableitungen dieser Lösungsansätze und erhält:

$$\frac{\partial u_z}{\partial t} = \mathrm{i}\,\omega\, u_0 \exp\left[\mathrm{i}\left(\omega t - kz\right)\right] \quad \text{und} \quad \frac{\partial u_z}{\partial z} = -\mathrm{i}\,k\, u_0 \exp\left[\mathrm{i}\left(\omega t - kz\right)\right]$$

$$\frac{\partial p}{\partial z} = -\mathrm{i}\,k\, p_0 \exp\left[\mathrm{i}\left(\omega t - kz\right)\right]$$

Eingesetzt in die Ausgangsgleichung 15.29 heben sich die Exponentialfunktionen sowie die Imaginäreinheit heraus und es bleibt (der Index z wird fortgelassen):

$$u_0 \frac{\omega}{k} - u_0^2 = \frac{p_0}{\varrho} \tag{15.31}$$

Da $\lambda = 2\pi/k$ und $T = 2\pi/\omega$, folgt die Gruppengeschwindigkeit $\omega/k = \lambda/T = c$; somit liefert die Formulierung mithilfe der Schallgeschwindigkeit c_s zu: $p_0 = \varrho u_0 (c_s - u_0)$. Darin stellt p_0 den transportierten Druckstoß dar. Es ergibt sich also für den maximalen Druckanstieg $p^{\max}$ über dem Systemdruck p^{Syst} beim schlagartigen Absperren einer Rohrleitung:

$$p^{\max} = p^{\mathrm{Syst}} + p_0 = p^{\max} = p^{\mathrm{Syst}} + u_0 \varrho (c_s - u_0) \tag{15.32}$$

Da $u_0 \ll c_s$ rechnet man häufig zur sicheren Seite hin und erhält den

▷ Druckanstieg bei Notabschaltung:

$$\boxed{p^{\max} = p^{\mathrm{Syst}} + c_s\, \varrho\, u_0} \tag{15.33}$$

Der Ausdruck $(c_s\, \varrho)$ wird *akustischer Wellenwiderstand* genannt, einige Werte sind in Tab. 15.3 aufgeführt.

Tabelle 15.3: Akustischer Wellenwiderstand $c_s\,\varrho$ einiger wichtiger Verbindungen.

Stoff	$c_s\,\varrho\,10^{-4}/\mathrm{kg\,m^{-2}\,s^{-1}}$
Aceton	94
Anilin	170
Essigsäure	121
Glycerin	242
Hexan	71
Pyridin	142
Quecksilber	1972
Sauerstoff	0.044
Schwefelsäure	257
Stickstoff	0.040
Toluol	115
Wasser	150

15.6 Der Druckverlust in einem Festbettreaktor

In der heterogenen Katalyse wird der die Reaktion beeinflussende Katalysator meist nicht in kompakter Form direkt dem Reaktionsgeschehen ausgesetzt. Da die Reaktionsgeschwindigkeit häufig vom Bedeckungsgrad der sorbierten Spezies abhängig ist, bringt man die katalytisch aktive Komponente möglichst fein verteilt auf eine Trägersubstanz auf. Typische Trägermaterialien sind Partikeln aus Aluminium- oder Siliziumoxid, der Partikeldurchmesser beträgt typischerweise $d_p = 0.001$ bis $0.01\,\mathrm{m}$, vgl. Abschn. 6 .

Große Mengen dieser katalytisch aktiven Partikeln (Katalysatorkörner) bilden die Schüttung eines Festbettreaktors. Zur Berechnung des Druckverlustes dieses Festbettreaktors betrachten wir zunächst die Widerstandskraft *einer* Partikel nach Gl. 15.10:

$$F_{\mathrm{w,p}} = c_{\mathrm{w}} \frac{\varrho\,u^2}{2} A_{\mathrm{p}} \qquad (15.34)$$

Bei technischen Katalysatoren weicht das Katalysatorkorn mehr oder weniger stark von der Kugelform ab, daher wird dieser Ausdruck mit einem Formfaktor f_{w} korrigiert, Werte für f_{w} finden sich in der Tabelle 15.4:

$$F_{\mathrm{w,p}} = f_{\mathrm{w}}\,c_{\mathrm{w}} \frac{\varrho\,u^2}{2} A_{\mathrm{p}} \qquad (15.35)$$

Das Produkt aus Formfaktor und Widerstandsbeiwert soll nun $f_{\mathrm{w}}\,c_{\mathrm{w}} = c_{\mathrm{w,p}}$ genannt werden. Der Gesamtwiderstand des Festbettreaktors (Index FB) ergibt sich in erster

15.6. Der Druckverlust in einem Festbettreaktor

Näherung aus der Summe der Einzelwiderstände von Z Partikeln, wobei die Strömungsabschattung der Körner unberücksichtigt bleibt:

$$F_w^{FB} = Z F_{w,p} = Z \Delta p_w A_p \qquad (15.36)$$

$$F_w^{FB} = Z c_{w,p} \frac{\varrho u^2}{2} A_p \qquad (15.37)$$

Die Zahl der Katalysatorkörner Z ist offensichtlich gleich dem Volumen der Schüttung des Festbettreaktors $V^{FB} = A^{FB} h^{FB}$ abzüglich der Kornzwischenräume V^ϵ dividiert durch das Partikelvolumen $V_p = \pi d_p^3/6$:

$$Z = \frac{V^{FB} - V^\epsilon}{V_p} \qquad (15.38)$$

Man dividiert gliedweise durch V^{FB} und erhält mit der Einführung der *Porösität* $\epsilon = V^\epsilon/V^{FB}$:

$$Z = \frac{1-\epsilon}{V_p} V^{FB}$$

$$\rightsquigarrow Z = \frac{1-\epsilon}{\pi d_p^3/6} A^{FB} h^{FB} \qquad (15.39)$$

Die Werte für die Porösität finden sich in der Tab. 15.4, für technische Anwendungen rechnet man mit dem Wert der *Zufallsschüttung* $\epsilon = 0.418$. Die Widerstandskraft des Festbettreaktors ergibt sich nach dem Einsetzen von Gl. 15.39 in Gl. 15.37 mit $A_p = \pi d^2/4$ zu:

$$F_w^{FB} = \frac{6}{8 d_p} c_{w,p} (1-\epsilon) A^{FB} h^{FB} \varrho u^2 \qquad (15.40)$$

Dieser Ausdruck gilt, wenn die Partikel ohne Kontakt untereinander der Strömung des Fluids ausgesetzt wären. Tatsächlich berühren sich die Partikeln gegenseitig, dies wird

Tabelle 15.4: Werte für Formfaktoren und Porösität einiger Schüttgutmaterialien.

Material	Formfaktor f_w	Porösität ϵ
Sand	2.2	0.43
Katalysator	3.5	0.58
Raschigringe	8.2	0.72
ZUFALLSSCHÜTTUNG		0.418

durch einen Wechselwirkungskoeffizient proportional zu ϵ^{-3} korrigiert, man erhält endlich:

$$F_w^{FB} = \frac{1-\epsilon}{\epsilon^3} \frac{6}{8 d_p} c_{w,p} A^{FB} h^{FB} \varrho u^2 \qquad (15.41)$$

Dieser bislang hergeleitete, noch nachvollziehbare Zusammenhang, wird aufgrund der Strömungsabschattung der Partikeln durch über- und nebeneinanderliegende Katalysatorkörner kaum gültig sein. Wir formulieren daher den Druckabfall mithilfe der Widerstandszahl φ_w:

$$\Delta p_w^{FB} = \frac{F_w^{FB}}{A^{FB}} \qquad (15.42)$$

Hierin wird der Ausdruck für die Widerstandskraft nach Gl. 15.41 eingesetzt:

$$\Delta p_w^{FB} = \frac{1-\epsilon}{\epsilon^3} \varrho u^2 \frac{h^{FB}}{d_p} \left(\frac{6}{8} c_{w,p}\right) \qquad (15.43)$$

und die Widerstandszahl φ_w^{FB} der Schüttung definiert:

$$\varphi_w^{FB} = \frac{\epsilon^3}{1-\epsilon} \left(\frac{\Delta p_w^{FB} d_p}{\varrho u^2 h^{FB}}\right) \qquad (15.44)$$

Der Klammerausdruck erinnert uns an die Widerstandszahl von Strömungen in Rohrleitungen, Gl. 15.21 : $\varphi_w = \frac{\Delta p_w}{\varrho u^2/2}\left(\frac{d}{l}\right)$. Die Widerstandszahl der Schüttung kugelförmiger Partikeln ergibt sich experimentell zu:

$$\varphi_w^{FB} = \frac{160}{(Re)} + \frac{3.1}{(Re)^{0.1}} \quad \text{mit} \quad (Re) = \frac{1}{1-\epsilon}\left(\frac{u d_p}{\nu}\right) \qquad (15.45)$$

Merken sollte man sich den einfacheren Zusammenhang von ERGUN(1952)
▷ WIDERSTANDSZAHL FÜR DIE GRANULATSCHÜTTUNG:

$$\boxed{\varphi_w^{FB} = \frac{150}{(Re)} + 1.75 \quad \text{mit} \quad (Re) = \frac{1}{1-\epsilon}\left(\frac{u d_p}{\nu}\right)} \qquad (15.46)$$

Zur Berechnung des Druckverlustes von Festbettreaktoren setzt man die Gleichungen 15.44 und 15.46 gleich und löst nach Δp_w auf:

$$\Delta p_w^{FB} = \frac{\left(\frac{150}{(Re)} + 1.75\right)(1-\epsilon)\varrho u^2 h^{FB}}{\epsilon^3 d_p} \qquad (15.47)$$

Dieser Zusammenhang gilt nur für Zufallsschüttungen, für geordnete Schüttungen beträgt der Druckverlust nur ca. 1/10 davon.

15.7 Druckverlust in einer Wirbelschicht

Nach Verlust der tradionellen Steinkohlengebiete, stand Deutschland nach dem 1. Weltkrieg vor der Aufgabe, die heimische Brankohle zu vergasen. Wegen des großen Wassergehaltes konnte dies nicht in der klassischen Kokerei geschehen; F. Winkler von der BASF entwickelte dafür den Wirbelschichtreaktor. Dieser Reaktor hat sich inzwischen auch für andere Verfahren durchgesetzt, er zeichnet sich durch folgende Vorteile aus:

- es können feinkörnige Stoffe zur Reaktion gebracht werden;

- die Reaktionsoberfläche ist sehr groß;

- der Stoff- und Wärmeaustausch ist sehr gut und vergleichbar dem eines kontinuierlichen Rührkersselreaktors;

- der Druckverlust ist wegen des nicht vorhandenen Kontaktes der Partikeln gut berechenbar.

Die Nachteile liegen in der starken Erosion des Reaktors und in der Austragung des Partikelabriebes.

Der Lockerungspunkt: Die Diskussion der typischen Eigenarten einer Wirbelschicht erfolgt anhand der Abb. 15.4(a). Bei kleinen Lineargeschwindigkeiten des anströmenden Gases verhält sich die ruhende Wirbelschicht zunächst wie ein Festbettreaktor. Steigert man die Lineargeschwindigkeit des Gases weiter, so steigt der Druckabfall der Schüttung an, bis die gesamte Widerstandskraft kompensiert ist. Die Partikel verlieren dann den Kontakt untereinander: sie lockern sich. Dieser Punkt wird *Lockerungs- oder Wirbelpunkt* der Wirbelschicht genannt, Index: L. Bis zu diesem Punkt beträgt die Expansion der Schicht ca. 5 bis 10 %. Man berechnet den entsprechenden Druck Δp_L^{WS} mit der für Granulate angegebenen Widerstandszahl nach Gln. 15.44 und 15.46:

$$\varphi_w^{FB} = \frac{150}{(Re)} + 1.75 \quad \text{mit} \quad (Re) = \frac{u\, d_p}{(1-\epsilon)\nu}$$

$$\leadsto \varphi_w^{FB} = 150 \frac{(1-\epsilon_L)\nu}{u\, d_p} + 1.75$$

$$\leadsto \Delta p_L^{WS} = 150 \left[\frac{(1-\epsilon_L)^2}{\epsilon_L^3}\right] \frac{u\,\eta}{d_p^2} h^{FB} + 1.75 \left[\frac{1-\epsilon_L}{\epsilon_L^3}\right] \frac{\varrho\, u^2\, h^{FB}}{d_p}$$

Es hat sich gezeigt, daß am Lockerungspunkt die Porösität ϵ nur vom Formfaktor f_w über den Ausdruck abhängt:

$$\frac{(1-\epsilon_L)^2}{\epsilon_L^3} = 11\, f_w^2 \tag{15.48}$$

15. Druckverluste in Reaktorbauteilen und Reaktoren

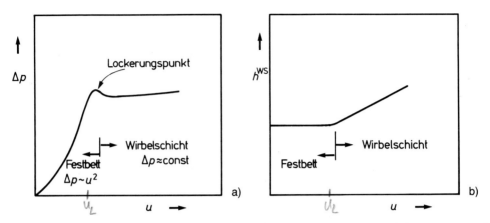

Abbildung 15.4: (a) Skizze zum Druckabfall der Wirbelschicht; (b) Expansion der Wirbelschicht.

Die Wirbelschicht: Um einen Ausdruck für den Druckabfall einer Wirbelschicht bei weiterer Steigerung der Lineargeschwindigkeit des Gases zu erhalten, greifen wir auf die bereits bekannten Gesetze der Sedimentation zurück. Wir halten nun gewissermaßen die Partikel fest und lassen das Fluid vorbeiströmen. Bei der Sedimentation erhielten wir nach Gl. 15.16 für die Widerstandskraft einer Partikel:

$$F_w = V_p \, g \, \Delta\varrho \tag{15.49}$$

Der Druckabfall für Z Partikeln berechnet sich analog Gl. 15.39 zu:

$$\Delta p_w = Z \frac{F_w}{A^{WS}} = Z \frac{V_p \, g \, \Delta\varrho}{A^{WS}} \quad \text{mit} \quad Z = \frac{1-\epsilon}{V_p} A^{WS} h^{WS} \tag{15.50}$$

$$\leadsto \quad \Delta p_w^{WS} = (1-\epsilon) \Delta\varrho \, h^{WS} g \quad \text{bzw.} \quad \varphi_w^{WS} = \frac{\Delta p_w}{(1-\epsilon) \Delta\varrho \, h^{WS} g} \tag{15.51}$$

Das „ideale" Gesetz läßt sich nur bei großen Partikelabständen realisieren, d.h. bei großer Expansion der Wirbelschicht; dann wird jedoch auch schon der Austrag der Partikeln bedeutend. Bei geringerer Expansion der Wirbelschicht stoßen die Partikel häufig zusammen, damit wird das Gesetz nach Gl. 15.51 „verschlechtert". Empirisch findet man:

$$\varphi_w^{WS} = \frac{1-\epsilon}{\epsilon^3} \left(300 \frac{1-\epsilon}{(Re)} + 3.5 \right) \quad \text{mit} \quad (Re) = \frac{u \, d_p}{\nu} \tag{15.52}$$

Durch Gleichsetzen dieses empirischen Zusammenhanges mit der nach Gl. 15.51 definierten Widerstandszahl läßt sich der Druckabfall der Wirbelschicht berechnen.

15.8 Förderung durch Pumpen und Kompressoren

Ausgangspunkt unserer Betrachtungen ist die Bernoulli-Gleichung in der Energieform:

$$\Delta e_\Sigma = \frac{\varrho}{2}\Delta u^2 + \varrho\, g\, \Delta h + \Delta p + \Delta p_\text{w} \quad ,\text{J}\,\text{m}^{-3} \tag{15.53}$$

Eine Pumpe erteilt einem Fluid pro Volumenlement einen Energiezuwachs Δe_Σ, der sich auf die drei Energieterme verteilt. Dieser Energiezuwachs bewirkt bei der Horizontalförderung hauptsächlich einen Zuwachs an kinetischer Energie, bei der Vertikalförderung hauptsächlich einen Zuwachs an potentieller Energie und bei Kompression vor allem einen Zuwachs an Druckenergie. Additiv tritt dazu der Druckverlust Δp_w, hervorgerufen durch die viskosen Eigenschaften des Fluids. An dieser Stelle können die Druckverluste der Rohrleitungen und der Reaktoren – wie oben berechnet – eingesetzt werden.

Da für die Ingenieure meist die Förderhöhe interessant ist, schreiben wir die Bernoulli-Gleichung analog zu Gl. 9.38 in Höhenform und fügen eine „Verlusthöhe" Δh_w hinzu. Diese Höhe geht uns in der Förderung aufgrund der Reibungseigenschaften des Fluids verloren. Dem Druckverlust in der Energieschreibweise entspricht die Verlusthöhe in der Höhenschreibweise:

$$\Delta h_\Sigma = \frac{\Delta u^2}{2\,g} + \Delta h + \frac{\Delta p}{\varrho\, g} + \Delta h_\text{w} \quad ,\text{m} \tag{15.54}$$

Die erforderliche Pumpenleistung N ergibt sich nach:

$$N = \text{Arbeit} \,/\, \text{Zeit} = \text{Kraft} \cdot \text{Weg} \,/\, \text{Zeit}$$

Da nun $F = m\,g = \varrho\,V\,g$, folgt für die Leistung

$$N = \Delta h_\Sigma\, \dot{V}\, \varrho\, g \tag{15.55}$$
$$N = \Delta e_\Sigma\, \dot{V} \tag{15.56}$$

Die erforderliche Leistung des Antriebsmotors ergibt sich aus der Pumpenleistung dividiert durch die Wirkungsgrade des Motors, der Pumpe, der Getriebe und anderer Aggregate.

Zur Charakterisierung von Pumpen dienen die *Pumpenkennlinien*. Bei dieser Darstellung werden die Förderhöhe Δh, der Druckaufbau Δp sowie der Geschwindigkeitsaufbau Δu gegen den Förderstrom $\dot{V}$ und den Gesamtwirkungsgrad der Pumpe η_Σ aufgetragen.

Von den vielen Bauartvarianten der Pumpen seien nur zwei wegen ihrer Bedeutung herausgegriffen:

- die *Kolbenpume* als typische Bauart einer Verdrängerpumpe eignet sich insbesondere bei sehr hohen Drucken und großer Anforderung an die Dosierung des Fluids.

- die *Kreiselpumpe* als typische Bauart einer Zentrifugalpumpe eignet sich wegen ihrer einfacheren Bauart besonders für verschmutzte Flüssigkeiten und Schlämme. Bei einem plötzlichen Druckaufbau im Fördersystem infolge einer Verstopfung nimmt der Förderstrom ab, die Pumpe wird nicht beschädigt.

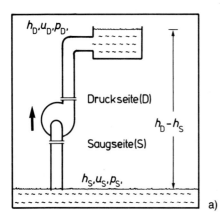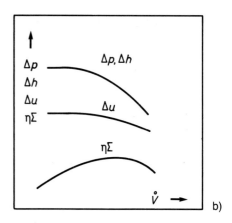

Abbildung 15.5: (a) Skizze zur Verdeutlichung der Förderhöhe, des Druckaufbaues und des Geschwindigkeitsaufbaues einer Pumpe; (b) Darstellung der Pumpenkennlinien.

Förderhöhe entscheidend: Wir greifen auf die Bernoulli-Gleichung in der Formulierung für Energie zurück, Gl. 9.37:

$$\frac{\varrho}{2}u_1^2 + \varrho\, g h_1 + p_1 = \frac{\varrho}{2}u_2^2 + \varrho\, g\, h_2 + p_2$$

und schreiben in der Abb. 15.5(a) statt der Indizes (1) und (2) für die Saugseite (Index: S) und die Druckseite (Index: D) der Pumpe:

$$\Delta e_\Sigma = \frac{\varrho}{2}(u_D^2 - u_S^2) + \varrho\, g\,(h_D - h_S) + (p_D - p_S) + \Delta p_w \quad (15.57)$$

Da nun $u_D \approx u_S$ und $p_D \approx p_S$ folgt schnell für Δe_Σ bzw. Δh_Σ:

$$\Delta e_\Sigma = \varrho\, g\, \Delta h + \Delta p_w = \frac{N}{\dot V}$$

$$\text{bzw.} \quad \Delta h_\Sigma = \Delta h + \Delta h_w = \frac{N}{\varrho\, g\, \dot V}$$

Löst man die rechten Gleichungen nach Δh auf, so ergibt sich die
▷ FÖRDERHÖHE EINER PUMPE:

$$\boxed{\Delta h = \frac{N}{\varrho\, g\, \dot V} - \Delta h_w} \quad (15.58)$$

Die Auftragung Δh über $\dot V$ ist in der Abb. 15.5(b) als Pumpenkennlinie dargestellt.

Druckaufbau entscheidend: Wir gehen wieder von der Bernoulli-Gleichung in Energieform 9.37 aus und schreiben:

$$\Delta e_\Sigma = \frac{\varrho}{2}(u_D^2 - u_S^2) + \varrho g (h_D - h_S) + (p_D - p_S) + \Delta p_w$$

Für dieses Problem ist $u_D \approx u_S$ und $h_D \approx h_S$, es ergibt sich analog:

$$\Delta e_\Sigma = \Delta p + \Delta p_w = \frac{N}{\dot{V}}$$

$$\text{bzw.} \quad \Delta h_\Sigma = \frac{\Delta p}{\varrho g} + \frac{\Delta p_w}{\varrho g} = \frac{N}{\varrho g \dot{V}}$$

aufgelöst nach Δp ergibt der
▷ DRUCKAUFBAU EINER PUMPE:

$$\boxed{\Delta p = \frac{N}{\dot{V}} - \Delta p_w} \tag{15.59}$$

Auch hier findet sich der Verlauf von Δp gegen $\dot{V}$ in der Abb. 15.5(b). Bei einer Förderung gegen den Luftdruck ist p_S mit dem Luftdruck zu identifizieren, also hängt $\dot{V}$ vom Außendruck ab.

Geschwindigkeitsaufbau entscheidend: In diesem Fall greifen wir aus Bequemlichkeit auf die Höhenform der Bernoulli-Gleichung zurück:

$$\frac{u_1^2}{2g} + h_1 + \frac{p_1}{\varrho g} = \frac{u_2^2}{2g} + h_2 + \frac{p_2}{\varrho g}$$

und setzen analog zu den obigen Gedankengängen bzgl. der Förderhöhe und des Druckaufbaues hier $h_1 = h_S \approx h_D$ und $p_1 = p_S \approx p_D$, also:

$$\Delta h_\Sigma = \frac{\Delta u^2}{2g} + \frac{\Delta p_w}{\varrho g} = \frac{N}{\varrho g \dot{V}} \tag{15.60}$$

Aufgelöst nach Δu erhält man den
▷ GESCHWINDIGKEITSAUFBAU EINER PUMPE:

$$\boxed{\Delta u = \sqrt{\frac{2N}{\varrho \dot{V}} - \frac{2 \Delta p_w}{\varrho}}} \tag{15.61}$$

Die Zusammenhänge $h = f(\dot{V})$, $p = g(\dot{V})$, $u = k(\dot{V})$ nach den Gln. 15.58, 15.59 und 15.60 werden zu den *Pumpenkennlinien* zusammengefaßt s. Abb. 15.5(b). Für die verschiedenen Pumpenbauarten (z.B. Kreiselpumpe, Membranpumpe, Kolbenpumpe, Zahnradpumpe etc.) ergeben sich typische Kennlinien, die auf das Förderproblem passen müssen.

Kompressoren

Für ein kompressibles Fördermedium ergibt sich die Förderhöhe nach nach der Höhenform der Bernoulli-Gleichung:

$$\frac{u_1^2}{2g} + h_1 + \frac{p_1}{\varrho g} = \frac{u_2^2}{2g} + h_2 + \frac{p_2}{\varrho g}$$

Für dieses Problem muß über den Druck integriert werden:

$$\Delta h_\Sigma = \frac{u_2^2 - u_1^2}{2g} + (h_2 - h_1) + \frac{1}{g}\int_1^2 \frac{dp}{\varrho} + \Delta p_w \tag{15.62}$$

Wegen der geringen Gasdichte, wird der Wert des Integrals sehr groß, so daß die anderen Glieder der Gleichung vernachlässigt werden können, also wird:

$$\Delta h_\Sigma = \frac{1}{g}\int_1^2 \frac{dp}{\varrho} + \Delta p_w$$

Für die Berechnung des Integrals greifen wir für den isothermen Fall auf das ideale Gasgesetz: $pv = RT$; für den adiabatischen Fall auf die Poisson-Gleichung: $pv^\kappa = $ const (Gl. 2.8) und für den polytropen Fall auf die Polytropengleichung: $pv^m = $ const (Gl. 2.12) zurück. Es ergibt sich also:

- Isothermer Fall:

$$\Delta h_\Sigma^{is} = \frac{1}{g}\int_1^2 RT\frac{dp}{p} + \Delta p_w \tag{15.63}$$

$$\Delta h_\Sigma^{is} = \frac{1}{g}RT \ln\frac{p_2}{p_1} + \Delta p_w \tag{15.64}$$

- Adiabatischer Fall:

$$\Delta h_\Sigma^{ad} = \frac{1}{g}\left(\frac{\kappa}{\kappa - 1}\right)\left(\frac{p_1}{\varrho_1}\right)\left\{\left(\frac{p_2}{p_1}\right)^{(\kappa-1)/\kappa} - 1\right\} + \Delta p_w \tag{15.65}$$

- Polytroper Fall:

$$\Delta h_\Sigma^{pol} = \frac{1}{g}\left(\frac{m}{m - 1}\right)\left(\frac{p_1}{\varrho_1}\right)\left\{\left(\frac{p_2}{p_1}\right)^{(m-1)/m} - 1\right\} + \Delta p_w \tag{15.66}$$

16 Einfluß der Hydrodynamik auf Stofftransport und Wärmetransport

Die *Modelltheorie* und die *Dimensionsanalyse* ermöglichen die wichtige Beschreibungsmöglichkeit technischer Vorgänge mithilfe der *Kennzahlen*. Über den Begriff der physikalischen *Entitäten* wird das Π-*Theorem* von BUCKINGHAM vorgestellt; sodann werden die wichtigen Kennzahlen der Hydrodynamik abgeleitet.

Nach einer kurzen Einführung in die Mechanismen des *Wärmetransportes* erfolgt die Berechnung des konvektiven Wärmeüberganges. In Analogie dazu werden die Mechanismen des *Stofftransportes* und die zugehörigen Kennzahlzusammenhänge vorgestellt.

- STRAHLUNGSGLEICHGEWICHT BEI ZYLINDERGEOMETRIE, Gl. 16.32:

$$\dot{Q}_{1-2} = \frac{A_1}{\dfrac{1}{\sigma_1} + \dfrac{A_1}{A_2}\left(\dfrac{1}{\sigma_2} - \dfrac{1}{\sigma_s}\right)} \left[\left(\frac{T_1}{100}\right)^4 - \left(\frac{T_2}{100}\right)^4\right]$$

- GRUNDGLEICHUNG DES STOFFTRANSPORTES, Gl. 16.58:

$$\int_c \frac{\mathrm{d}c}{\Delta c} = \int_h \frac{\beta\, a\, Q}{\dot{V}}\, \mathrm{d}h$$

$$\mathrm{NTU} = \frac{\mathrm{H}}{\mathrm{HTU}}$$

- KERNAUSSAGE DES Π-THEOREMS:

  Anzahl der linear = Anzahl der physikalischen Größen –
  unabhängigen Kennzahlen – Anzahl der Grundgrößen

16.1 Die Bedeutung der Kennzahlen

Zur einführenden Diskussion seien die abgeleiteten Gleichungen für das Konzentrationsfeld, das Temperaturfeld und das Geschwindigkeitsfeld in Zylinderkoordinaten unter Berücksichtigung der Vorzugsrichtung z und Vernachlässigung der radialen und winkelabhängigen Terme mit dem Übergangsterm noch einmal zusammengestellt:

- KONZENTRATIONSFELD DER KOMPONENTE i IM STRÖMUNGSROHR aus Gl. 13.9:

$$\frac{\partial c_i}{\partial t} = -\frac{\partial [u_z c_i]}{\partial z} + \mathcal{D}_{\mathrm{ax}} \left(\frac{\partial^2 c_i}{\partial z^2} \right) + \nu_i \frac{\Re}{V} \pm \frac{\beta_i\, A_{\mathrm{S}}\, \Delta c_i}{V}$$

- TEMPERATURFELD DES STRÖMUNGSROHRES aus Gl. 8.29:

$$\frac{\partial T}{\partial t} = -\frac{\partial [u_z T]}{\partial z} + \mathcal{A} \left(\frac{\partial^2 T}{\partial z^2} \right) + \frac{(-\Delta_{\mathrm{R}} H)\,\Re}{\tilde{c}_p\, m} + \frac{\alpha\, A_{\mathrm{W}}\, (T_{\mathrm{W}} - T)}{\tilde{c}_p\, m}$$

- GESCHWINDIGKEITSFELD DES STRÖMUNGSROHRES aus Gl. 9.27:

$$\frac{\partial u_z}{\partial t} = -u_z \frac{\partial u_z}{\partial z} + a_z - \frac{1}{\varrho} \frac{\partial p}{\partial z} + \nu \frac{\partial^2 u_z}{\partial z^2}$$

Im der letzten Gleichung taucht die wahre Reaktionsgeschwindigkeit $\Re$ nicht auf. Aus diesem Grunde wird die Aufstellung des Geschwindigkeitsfeldes oft „vergessen". Das ist jedoch nur zu vertreten, wenn die Terme $\partial u_z / \partial z$ im Konzentrations- und Temperaturfeld zu Null gesetzt werden können: damit wird das Konzentrationsfeld ähnlich mit dem Temperaturfeld. Streng genommen kann dies nur für stoffmengenkonstante Reaktionen vorgenommen werden.

Der Aufbau der Bilanzen ist von schöner Symmetrie: in jeder von ihnen tritt ein konvektiver Term 1. Ordnung für die makroskopischen Flüsse und ein konduktiver Term 2. Ordnung für die mikroskopischen Flüsse auf. Die aufgeführten partiellen Differentialgleichungen sind jeweils über die abhängigen Variablen c_i, T und u_z gekoppelt. Die Gleichung des Geschwindigkeitsfeldes und die des Temperaturfeldes ist aufgrund der exponentiellen Abhängigkeit der Reaktionsgeschwindigkeit von der Temperatur immer *nichtlinear*, die des Konzentrationsfeldes ist nur für Reaktionen erster Ordnung linear. In der Regel sind die Verhältnisse also kompliziert und das Gleichungssystem geschlossen nicht lösbar.

Aus dieser Schwierigkeit heraus hat sich die Beschreibung mithilfe der *Kennzahlen* entwickelt. Bereits im Abschnitt 3.5 ist die *Reynolds-Zahl* vorgestellt worden:

$$(Re) = \frac{u\, L}{\nu} \tag{16.1}$$

Auch die *Bodenstein-Zahl*, bzw. ihr Kehrwert die *Dispersionszahl*, wurde bei den Reaktormodellen in Abschn. 11.1 eingeführt:

$$(Bo) = \frac{u\, L}{\mathcal{D}_{\mathrm{ax}}} \tag{16.2}$$

Wir erkennen an dieser Stelle, daß in beiden Fällen in charakteristischer Weise der konvektive Term – repräsentiert durch die Lineargeschwindigkeit u – mit dem konduktiven Term – repräsentiert durch den kinematischen Viskositätskoeffizienten ν bzw. dem Dispersionskoeffizienten $\mathcal{D}_{\text{ax}}$ – in Beziehung gesetzt werden.

Es liegt nahe auch im Falle des Temperaturfeldes eine dem Konzentrationsfeld ähnliche Kennzahl zu konstruieren: es ist die *Peclet-Zahl* des Temperaturfeldes, sie koppelt den konvektiven Term an den konduktiven Term des Temperaturfeldes

▷ PECLET-ZAHL DES TEMPERATURFELDES:

$$\boxed{(Pe) = \frac{u\,L}{\mathcal{A}}} \qquad (16.3)$$

Auch die konduktiven Terme der Bilanzgleichungen lassen sich über Kennzahlen miteinander in Beziehung setzen. So bildet der Quotient $\nu/\mathcal{A}$ eine Verbindung des konduktiven Terms des Geschwindigkeitsfeldes mit dem des Temperaturfeldes, man definiert auf diese Weise die

▷ PRANDTL-ZAHL:

$$\boxed{(Pr) = \frac{\nu}{\mathcal{A}}} \qquad (16.4)$$

Analog bildet der Quotient ν/D_i die Verknüpfung des konduktiven Termes des Geschwindigkeitsfeldes mit dem des Konzentrationsfeldes, es ist die

▷ SCHMIDT-ZAHL:

$$\boxed{(Sc) = \frac{\nu}{D_i}} \qquad (16.5)$$

Ähnliche Beziehungen lassen sich mit den *Übergangstermen* und den *Reaktionstermen* zu den konvektiven und konduktiven Termen herstellen. Doch dies soll nicht auf die hier dargelegte heuristische Art und Weise geschehen, sie werden vielmehr auf dem Wege der Modelltheorie und dem sog. Π-Theorem abgeleitet.

Der Vorteil in der Benutzung von Kennzahlen liegt in der Beurteilung eines eingestellten Systemzustandes unabhängig von den Abmessungen und den Stoffeigenschaften des Systems, man vgl. die Ausführungen zum „Dispersionsmodell" in Abschn. 11.1. Allerdings müssen *geometrisch* ähnliche Verhältnisse in vergleichbaren Zeitabschnitten gegeben sein; auch sollte man nicht vergessen, daß die Stoffgrößen ihrerseits Funktionen der Temperatur sind: man im Falle der Beurteilung der Temperaturfelder auch nur in vergleichbaren Temperaturbereichen eine Aussage treffen kann.

16.2 Modelltheorie und Hydrodynamik

Mit der Vorstellung der Stoff- und Wärmebilanz sowie der Impulsbilanz ist verständlich geworden, daß die Bearbeitung dieser Gleichungen aufwendig ist. Eine analytische Lösung dieser Differentialgleichungen ist nur in Sonderfällen möglich. Zur Bewältigung dieses Problemes haben die Ingenieure schon vor hundert Jahren begonnen, die erforderlichen Lösungen experimentell zu finden.

Tritt man diesem Gedanken näher, so stellt sich dem experimentell arbeitenden Ingenieur oder Chemiker die Frage, wie die an einem Modell gefundene Lösung auf einen realen Apparat übertragen werden kann. Diese Frage wird mithilfe der *Ähnlichkeitstheorie* gelöst. Innerhalb dieser Theorie unterscheidet man:

- Die *Modelltheorie*, bei der die das System beschreibenden Differentialgleichungen bekannt sein müssen, und

- die *Dimensionsanalyse*, bei der dies nicht der Fall zu sein braucht.

Die Ähnlichkeit: Der Begriff der Ähnlichkeit läßt sich einfach am trivialen Beispiel der ähnlichen Dreiecke einführen, vgl. Abb. 16.1. Die dort abgebildeten Dreiecke sind offenbar ähnlich unter der Bedingung:

$$\frac{a'}{a''} = \frac{b'}{b''} = \frac{c'}{c''} = \text{const} = \phi \qquad (16.6)$$

Die konstante Zahl ϕ ist eine dimensionslose *Ähnlichkeitskonstante*. Um den Ähnlichkeitsbegriff mit Erfolg auf technische Probleme anwenden zu können, müssen folgende Voraussetzungen erfüllt sein:

1. die Vorgänge müssen unter *geometrisch* ähnlichen Verhältnissen ablaufen. Man kann also die Strömung eines Fluids im Rohr nicht mit der Strömung desselben Fluids im Kanal vergleichen;

2. es können nur vergleichbare *Größen* an ähnlichen *Punkten* des Raumes und in ähnlichen *Zeitabschnitten* betrachtet werden;

3. es ist die Ähnlichkeit *aller* der das System beschreibenden Größen erforderlich.

Diese Gedankengänge sollen zunächst an einem einfachen Beispiel erläutert werden. Das Newtonsche Kraftgesetz: $F = m\,a = m\,u/t$ soll auf zwei einander ähnliche Strömungen der Systeme (') und ('') angewandt werden. Es ergibt sich:

$$F' = m'\frac{u'}{t'} \quad \text{und} \quad F'' = m''\frac{u''}{t''} \qquad (16.7)$$

Einander ähnliche Größen werden nun durch die Ähnlichkeitskonstanten ϕ_i verknüpft:

$$\begin{aligned} F'' &= \phi_F\, F' \\ m'' &= \phi_m\, m' \\ u'' &= \phi_u\, u' \\ t'' &= \phi_t\, t' \end{aligned} \qquad (16.8)$$

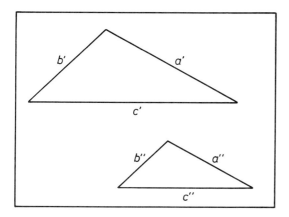

Abbildung 16.1: Skizze zur Erläuterung der Ähnlichkeit von Dreiecken, siehe Text.

Diese Ausdrücke werden in die Gleichung für das System: $F'' = m'' \dfrac{u''}{t''}$ eingesetzt:

$$\phi_F F' = \phi_m m' \frac{\phi_u u'}{\phi_t t'} \quad \rightsquigarrow \quad \frac{\phi_F \phi_t}{\phi_m \phi_u} F' = m' \frac{u'}{t'} \qquad (16.9)$$

Ein Koeffizientenvergleich mit dem System: $F' = m' \dfrac{u'}{t'}$ ergibt notwendigerweise:

$$\frac{\phi_F \phi_t}{\phi_m \phi_u} = 1 \qquad (16.10)$$

Nun greift man auf die Definitionen der Ähnlichkeitskonstanten ϕ_i nach Gl. 16.8 zurück und erhält nach dem Einsetzen in Gl. 16.10:

$$\frac{F' t'}{m' u'} = \frac{F'' t''}{m'' u''} = \text{const} \qquad (16.11)$$

Auf diese Weise ist eine dimensionslose Kennzahl, die *Newton-Zahl (Ne)* erzeugt worden. Üblicherweise formuliert man diese Zahl mithilfe der Definition der Geschwindigkeit $u' = z'/t'$ und $u'' = z''/t''$ und setzt den Weg z einer charakteristischen Länge gleich und erhält mit $z = L$ die:

▷ NEWTON-ZAHL (Ne):

$$\boxed{(Ne) = \frac{F L}{m u^2}} \qquad (16.12)$$

Mit diesem Beispiel sind alle wesentlichen Schritte zur Aufstellung dimensionsloser Kennzahlen nach der Modelltheorie erläutert.

Bei Kenntnis der beschreibenden Differentialgleichungen läßt sich für jedes beliebige System ein Satz von Kennzahlen mithilfe der Modelltheorie erarbeiten.

Die hydrodynamische Ähnlichkeit

Die eben gewonnenen Erkenntnisse sollen nun auf den Impulstransport angewandt werden. Wir greifen auf die Navier-Stokes-Gleichung, Gl. 9.31 in der Schreibweise mit dem Nabla-Operator zurück:

$$\frac{\partial \mathbf{u}}{\partial t} + (\mathbf{u} \cdot \nabla) \mathbf{u} = \mathbf{a} - \frac{1}{\varrho} \nabla p + \nu \nabla^2 \mathbf{u} \qquad (16.13)$$

Für den stationären Fall: $\partial \mathbf{u}/\partial t = 0$ folgt für zwei ähnliche Systeme (') und ("):

$$(\mathbf{u}' \cdot \nabla')\mathbf{u}' = \mathbf{a}' - \frac{1}{\varrho'} \nabla' p' + \nu' \nabla^{2\prime} \mathbf{u}' \qquad (16.14)$$

$$(\mathbf{u}'' \cdot \nabla'')\mathbf{u}'' = \mathbf{a}'' - \frac{1}{\varrho''} \nabla'' p'' + \nu'' \nabla^{2\prime\prime} \mathbf{u}'' \qquad (16.15)$$

Die Ähnlichkeitskonstanten ergeben sich jetzt zu:

$$\begin{array}{llll}
\mathbf{u}' = \phi_u \mathbf{u}'' &, & p' = \phi_p p'' &, & \mathbf{a}' = \phi_a \mathbf{a}'' \\
\varrho' = \phi_\varrho \varrho'' &, & \nu' = \phi_\nu \nu'' &, & \nabla' = \phi_\nabla'' \\
\nabla^{2\prime} = \phi_{\nabla^2} \nabla^{2\prime\prime} & & & &
\end{array} \qquad (16.16)$$

Diese Ausdrücke werden in die Strömungsgleichung für das System (') eingesetzt, es folgt aus Gl. 16.14:

$$\left((\phi_u \phi_\nabla \phi_u)\mathbf{u}'' \cdot \nabla''\right)\mathbf{u}'' = (\phi_a)\mathbf{a}'' - \left(\frac{\phi_\nabla \phi_p}{\phi_\varrho}\right)\frac{\nabla'' p''}{\varrho''} + (\phi_\nu \phi_{\nabla^2} \phi_u)\nu'' \nabla^{2\prime\prime} \mathbf{u}''$$

Vor den Differentialoperatoren stehen die Gruppen folgender Ähnlichkeitskonstanten (setze aufgrund von Dimensionsbetrachtungen $\phi_\nabla = 1/\phi_z$ und $\phi_{\nabla^2} = 1/\phi_z^2$):

$$\underbrace{\frac{\phi_u^2}{\phi_z} = 1}_{(a)} \quad \underbrace{\phi_a = 1}_{(b)} \quad \underbrace{\frac{\phi_p}{\phi_\varrho \phi_z} = 1}_{(c)} \quad \frac{\phi_\nu \phi_u}{\phi_z^2} = 1 \qquad (16.17)$$

Man formt die Faktoren zu den Ähnlichkeitskriterien um, indem man Gruppen von Ähnlichkeitskonstanten gleichsetzt:

$$\begin{array}{rl}
(a) & \dfrac{\phi_u^2}{\phi_z} = \phi_a \quad \leadsto \quad \dfrac{a' x'}{u^{2\prime}} = \dfrac{1}{(Fr)\text{oude}} \\[1em]
(b) & \dfrac{\phi_u^2}{\phi_z} = \dfrac{\phi_p}{\phi_\varrho \phi_z} \quad \leadsto \quad \dfrac{p'}{\varrho' 2'} = (Eu)\text{ler} \\[1em]
(c) & \dfrac{\phi_u^2}{\phi_z} = \dfrac{\phi_\nu \phi_u}{\phi_z^2} \quad \leadsto \quad \dfrac{\nu'}{z' u'} = \dfrac{1}{(Re)\text{ynolds}}
\end{array} \qquad (16.18)$$

Setzt man die geometrische Koordinate x gleich der charakteristischen Abmessung L, dann folgt die Beschreibung der stationären Strömung durch drei Kennzahlen, die

▷ HYDRODYNAMISCHE ÄHNLICHKEIT:

$$(Fr) = \frac{u^2}{a\,L} \qquad (Eu) = \frac{p}{\varrho\,u^2} \qquad (Re) = \frac{u\,L}{\nu} \qquad (16.19)$$

In diesen drei Kennzahlen taucht explizit die Lineargeschwindigkeit u auf; ist es nicht möglich diese zu messen, so benutzt man zweckmäßig die Linearkombination $(Fr)^{-1}(Re)^2$ und erhält die

▷ GALILEI-ZAHL: (Ga):

$$(Ga) = (Fr)^{-1}(Re)^2 = \frac{a\,L^3}{\nu^2} \qquad (16.20)$$

Durch Multiplikation der Galilei-Zahl mit dem Dichteverhältnis: $(\varrho - \varrho_0)/\varrho$ erhält man die für die Beschreibung von *Auftriebseffekten* wichtige

▷ ARCHIMEDES-ZAHL: (Ar):

$$(Ar) = (Ga)\left(\frac{\varrho - \varrho_0}{\varrho}\right) \qquad (16.21)$$

Da die Dichtedifferenzen $(\varrho - \varrho_0)$ häufig durch eine Temperaturdifferenz hervorgerufen werden, kann man den Dichtequotienten substituieren: $(\varrho - \varrho_0)/\varrho = \beta_T\,\Delta T$, ($\beta_T$ *kubischer Ausdehnungskoeffizient*, Einheit: K^{-1}), es folgt die

▷ GRASHOF-ZAHL: (Gr):

$$(Gr) = (Ga)(\beta_T\,\Delta T) \qquad (16.22)$$

Die drei Kriterien $(Ga), (Ar), (Gr)$ sind Synonyme des gleichen Sachverhaltes, sie geben also über die Kennzahlen $(Fr), (Eu), (Re)$ hinaus keine zusätzliche Beschreibungsform der Strömung.

Die charakteristische Länge L: In den bisher behandelten Kennzahlen taucht neben den bekannten Größen: der Geschwindigkeit u, dem kinematischen Viskositätskoeffizienten ν sowie der Dichte ϱ auch eine *charakteristische Länge L* auf. Die Wahl von L hängt von dem physikalisch-technischen Problem ab, auf das die Kennzahlbeschreibung angewandt werden soll:

Strömung durch	charakteristische Länge
Rohre	Durchmesser, d
Flüssigkeitsfilme	Filmdicke, δ
Schüttgutschichten	Partikeldurchmesser, d_p

16.3 Das Π-Theorem

Die den Verfahrenstechniker interessierenden Variablen: Konzentration, Druck, Volumengeschwindigkeit u.a., stellen physikalischen *Entitäten* dar, deren Bedeutung kurz diskutiert werden soll. Zur mathematischen Nutzung physikalischer oder beliebiger Größen müssen diese quantitativ und qualitativ festgelegt werden. Jede Entität wird quantitativ durch eine *Maßzahl* und qualitativ durch eine *Maßeinheit* festgelegt. Die Maßeinheit einer Maßzahl ist nach dem SI-System durch die Grundgrößen Masse M, Länge L, Zeit T und Temperatur θ festgelegt:

$$\text{physikalische oder blbge. Größe (Entität)} = \text{Maßzahl} \cdot \text{Maßeinheit}$$

Die Festlegung richtet sich nach praktischen Gegebenheiten; da die Entität eine unveränderliche Größe ist, muß bei einer Änderung der Maßeinheit sich auch die Maßzahl ändern. Nimmt man als Meßgröße (Entität) die Energiekosten und hat $1 \cdot \text{kWh}$ den Wert von 1 DM, dann gilt:

$$\text{Energiekosten} = 1 \cdot \text{DM}\,(\text{kWh})^{-1} = 3.6 \cdot \text{DM}\,(\text{MJ})^{-1} = 36.7 \cdot \text{Pfg}\,(\text{Mkpm})^{-1}$$

Es gibt einige feste Regeln zur Behandlung von Entitäten, die sicher bekannt sind, aber hier noch einmal aufgeführt werden sollen, vgl. PAWLOWSKI (1971):

1. Entitäten, die in einer Summe stehen, müssen die gleiche Maßeinheit besitzen;

2. gleiche Entitäten müssen gleiche Maßeinheiten haben;

3. Entitäten können ohne Rücksicht auf ihre Maßeinheit multipliziert oder dividiert werden. Das Produkt oder der Quotient darf die Regeln (1) und (2) nicht verletzen;

4. reine Zahlen, Exponenten, Logarithmen, Verhältnisse gleicher Entitäten haben keine Maßeinheit.

▷ Π-THEOREM VON BUCKINGHAM:

Jede bezüglich der Maßeinheiten *homogene* Gleichung kann dargestellt werden als:

$$F(\pi_1, \pi_2, \pi_3, ..., \pi_n) = 0 \tag{16.23}$$

Darin ist F eine Funktion der n Argumente und $(\pi_1, \pi_2, \pi_3, ..., \pi_n)$ ein Satz dimensionsloser Produkte. Ohne Beweis sei als Ergebnis angeführt:

Anzahl der linear unabhängigen Kennzahlen	= Anzahl der physikalischen Größen − Anzahl der Grundgrößen

Tabelle 16.1: Symbole, Dimensionen und SI-Einheiten verfahrenstechnischer Entitäten.

Entität	Symbol	Dimension	SI-Einheit
Masse	m	M	kg
Länge	l	L	m
Zeit	t	T	s
Temperatur	T	θ	K
Fläche	A	L^2	m^2
Volumen	V	L^3	m^3
Geschwindigkeit	u	LT^{-1}	$m\,s^{-1}$
Beschleunigung	a	LT^{-2}	$m\,s^{-2}$
Volumengschwindigkeit	$\dot{V}$	L^3T^{-1}	$m^3\,s^{-1}$
Dichte	ϱ	ML^{-3}	$kg\,m^{-3}$
Kraft	F	MLT^{-2}	$kg\,m\,s^{-2} = N$
Druck	p	$ML^{-1}T^{-2}$	$N\,m^{-2} = Pa$
Energie	E	ML^2T^{-2}	$N\,m = J$
Leistung	N	ML^2T^{-3}	$J\,s^{-1} = W$
massenbezogene Wärmekapazität	$\tilde{c}_p$	$L^2T^{-2}\theta^{-1}$	$J\,kg^{-1}\,K^{-1}$
dynamischer Viskositätskoeffizient	η	$ML^{-1}T^{-1}$	$Pa\,s$
kinematischer Viskositätskoeffizient	ν	L^2T^{-1}	$m^2\,s^{-1}$
Diffusionskoeffizient	D	L^2T^{-1}	$m^2\,s^{-1}$
Dispersionskoeffizient	$\mathcal{D}_{ax}$	L^2T^{-1}	$m^2\,s^{-1}$
Wärmeleitfähigkeitskoeffizient	λ	$LMT^{-3}\theta^{-1}$	$W\,m^{-1}\,K^{-1}$
Temperaturleitfähigkeit	$\mathcal{A}$	L^2T^{-1}	$m^2\,s^{-1}$
Wärmeübergangszahl	α	$MT^{-3}\theta^{-1}$	$W\,m^{-2}\,K^{-1}$
Stoffübergangszahl	β	LT^{-1}	$m\,s^{-1}$

16.4 Die Kennzahlen der Hydrodynamik

Die Anwendung des Π-Theorems auf verfahrenstechnische Probleme soll in diesem Text nur formal nach der Art eines „Kochrezeptes" erfolgen. Hinsichtlich der theoretischen Begründung sei auf PAWLOWSKI (1971) verwiesen.

1. Ermittlung der Einflußgrößen: Zur Charakterisierung eines hydrodynamischen Zustandes ist die Kenntnis der folgenden Einflußgrößen wichtig:

- als *Kontinuumseigenschaften* des strömenden Mediums: dessen Dichte ϱ und der dynamische Viskositätskoeffizient η;

- als *verfahrenstechnische Parameter*: die Druckvariation Δp, die Geschwindigkeit u, die Beschleunigung a, die charakteristische Abmessung L sowie die Länge l, über die die Druckvariation erfolgt.

Aus der Tab. 16.1 ergeben sich die Dimensionen und SI-Einheiten dieser Einflußgrößen:

Dichte	ϱ	ML^{-3}	$kg\,m^{-3}$
dynamischer Viskositätskoeffizient	η	$ML^{-1}T^{-1}$	$Pa\,s$
Druck	p	$ML^{-1}T^{-2}$	$Nm^{-2} = Pa$
Geschwindigkeit	u	LT^{-1}	$m\,s^{-1}$
Beschleunigung	a	LT^{-2}	$m\,s^{-2}$
charakterische Abmessung	L	L	m
Länge	l	L	m

2. Das Potenzprodukt der Einflußgrößen: Nach der Vorschrift des Π-Theorems werden die Einflußgrößen als Potenzprodukt in beliebiger Reihenfolge formuliert:

$$\Pi = \Delta p^\alpha \cdot u^\beta \cdot L^\gamma \cdot \eta^\delta \cdot \varrho^\epsilon \cdot a^\varphi \cdot l^\kappa \tag{16.24}$$

Nun setzt man die Dimensionen der Einflußgrößen ein und erhält:

$$\Pi = [ML^{-1}T^{-2}]^\alpha \cdot [LT^{-1}]^\beta \cdot [L]^\gamma \cdot [ML^{-1}T^{-1}]^\delta \cdot [ML^{-3}]^\epsilon \cdot [LT^{-2}]^\varphi \cdot [L]^\kappa$$

Die Grundgrößen werden nach den Potenzen geordnet:

$$\Pi = [L]^{-\alpha+\beta+\gamma-\delta-3\epsilon+\varphi+\kappa} \cdot [M]^{\alpha+\delta+\epsilon} \cdot [T]^{-2\alpha-\beta-\delta-2\varphi}$$

3. Die Bedingung der Dimensionslosigkeit: Damit Π dimensionslos wird, muß die Summe der Exponenten der Grundgrößen zu Null gesetzt werden, also:

$$\begin{aligned} \text{Für L} &: \quad -\alpha + \beta + \gamma - \delta - 3\epsilon + \varphi + \kappa = 0 \\ \text{Für M} &: \quad \alpha + \delta + \epsilon = 0 \\ \text{Für T} &: \quad -2\alpha - \beta - \delta - 2\varphi = 0 \end{aligned} \qquad (16.25)$$

In diesem Falle liegt ein unterbestimmtes Gleichungssystem von drei Gleichungen und sechs Unbekannten vor.

4. Auswahl von Schlüsselexponenten: Man wählt nun drei Exponenten aus und schreibt diese als Funktionen der anderen Exponenten. Als maßgebend werden die Lineargeschwindigkeit u, die charakteristische Länge L und die Dichte ϱ, also die Exponenten β, γ und ϵ ausgewählt; die Exponenten α, δ, φ und κ bleiben unverändert:

$$\begin{aligned} \text{Aus T folgt} &: \quad \beta = -2\alpha - \delta - 2\varphi \\ \text{Aus M folgt} &: \quad \epsilon = -\alpha - \delta \\ \text{Aus L folgt} &: \quad \gamma = \alpha - \beta + \delta + 3\epsilon - \varphi - \kappa \end{aligned} \qquad (16.26)$$

Durch Einsetzen von β und ϵ in die Gleichung für γ eliminiert man aus diesen Beziehungen die funktionale Abhängigkeit von β, ϵ und γ:

$$\begin{aligned} \text{Aus T folgt} &: \quad \beta = -2\alpha - \delta - 2\varphi \\ \text{Aus M folgt} &: \quad \epsilon = -\alpha - \delta \\ \text{eingesetzt in } \gamma &\rightsquigarrow \gamma = \delta - \varphi - \kappa \end{aligned} \qquad (16.27)$$

Diese Funktionen werden in das Potenzprodukt nach Gl. 16.24 eingesetzt:

$$\Pi = \Delta p^\alpha \cdot u^{-2\alpha-\delta-2\varphi} \cdot L^{\varphi-\delta-\kappa} \cdot \eta^\delta \cdot \varrho^{-\alpha-\delta} \cdot a^\varphi \cdot l^\kappa$$

5. Ordnen nach gleichen Exponenten: Eine einfache Umordnung liefert:

$$\Pi = \left(\frac{\Delta p}{u^2 \varrho}\right)^\alpha \cdot \left(\frac{\eta}{u L \varrho}\right)^\delta \cdot \left(\frac{L a}{u^2}\right)^\varphi \cdot \left(\frac{l}{L}\right)^\kappa = (Eu)^\alpha \cdot (Re)^{-\delta} \cdot (Fr)^{-\varphi} \cdot \left(\frac{l}{L}\right)^\kappa \qquad (16.28)$$

6. Der funktionelle Zusammenhang: Als funktionellen Zusammenhang der vier Kennzahlen erhält man mit den allgemeinen Exponenten n, m und k den

▷ KENNZAHLENZUSAMMENHANG DER STATIONÄREN STRÖMUNG:

$$\boxed{(Eu) = f\left[(Re)^n, (Fr)^m, \left(\frac{l}{L}\right)^k\right]} \qquad (16.29)$$

Folgerungen: Nach dem Π-Theorem ergeben sich aus den sieben Einflußgrößen und den vier Grundgrößen die dargestellten drei Kennzahlen: der Euler-, Froude,- Reynold- und Geometriezahl. Damit ist der Kennzahlenzusammenhang der stationären Strömung gegeben.

16.5 Die Grundlagen des Wärmetransportes

Man unterscheidet drei Mechanismen des Wärmetransportes:

1. die *Wärmestrahlung*:
   bei Erwärmung eines Körpers erfolgen atomare oder molekulare Anregungen, die als Strahlung dissipiert werden. Wärmestrahlung erfolgt auch in das Vakuum, sie ist abhängig von der Temperatur des strahlenden Körpers, jedoch unabhängig von der Temperatur der Umgebung;

2. die *Wärmeleitung*:
   sie erfolgt aufgrund eines Temperaturgradienten in dem Körper nach dem schon besprochenen *Fourier-Gesetz*, vgl. Gl. 4.11.

3. der konvektive *Wärmetransport*:
   darunter versteht man den an an den konvektiven Stofftransport gekoppelten Wärmetransport aufgrund der Wärmekapazität fluider oder fester Stoffe.

Die Wärmestrahlung

Die einen festen oder fluiden Körper aufbauenden Atome oder Moleküle können durch die Absorption elektromagnetischer Wellen in energetische Anregungszustände übergehen. Bei konstanter Temperatur stellt sich bezüglich des Körpers ein *Strahlungsgleichgewicht* ein: die absorbierte Strahlungsenergie ist gleich der emittierten Strahlungsenergie. Ein Strahler mit diesen Eigenschaften wird als *Hohlraumstrahler* bezeichnet. Im Gegensatz dazu bezeichnet ein *Freistrahler* einen Körper, der sich nicht im Temperaturgleichgewicht befindet, dies ist realisiert bei der Strahlung der Fixsterne. Wir beschäftigen uns nur mit Hohlraumstrahlern.

Die auf einen Körper auftreffende Strahlungsleistung kann *adsorbiert*: N_A, *reflektiert*: N_R oder *durchgelassen*: N_D werden. Es ergibt sich die einfache Bilanz:

$$\frac{N_A}{N_0} + \frac{N_R}{N_0} + \frac{N_D}{N_0} = 1$$

Die Charakteristik bestrahlter Körper erfolgt anhand der Fallunterscheidung:

schwarze Körper, für sie gilt: $N_A/N_0 = 1$;

weiße Körper, für sie gilt: $N_R/N_0 = 1$;

durchlässige Körper, für sie gilt: $N_A/N_0 = 0$.

Diese Idealfälle sind in der Natur nicht realisiert. Bei realen Körpern sind N_A, N_R und N_D von der Temperatur und der Wellenlänge der elektromagnetischen Strahlung abhängig. So ist Quarz für elektromagnetische Wellen vom UV-Bereich bis ca. 2000 cm^{-1} durchlässig, Kochsalz dagegen ist UV-undurchlässig, jedoch im IR-Bereich bis ca. 500 cm^{-1} durchlässig. Dieser Sachverhalt gründet sich auf den unterschiedlichen molekularen Aufbau und der damit verbundenen Gitterdynamik dieser Stoffe. Körper mit der frequenzunabhängigen Eigenschaft $N_A/N_0 < 1$ nennt man *graue Körper*.

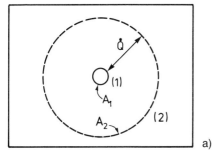
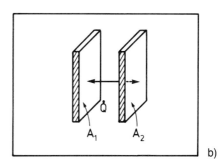

Abbildung 16.2: Skizze zum Strahlungsgleichgewicht für Systeme mit (a) Zylindergeometrie; (b) Plattengeometrie.

Die von einem schwarzen Strahler emittierte Wärmemenge ist gegeben durch das
▷ STEFAN-BOLTZMANN-GESETZ:

$$\dot{Q} = \sigma_s A \left(\frac{T^4}{100}\right)^4 \,,\, \mathrm{W} \tag{16.30}$$

Die theoretische *Strahlungszahl* des schwarzen Körpers σ_s hat bei 293 K den Wert:

$$\sigma_s = 5.67 \,\, \mathrm{W\,m^{-2}} (100\,\mathrm{K})^{-4} \tag{16.31}$$

Die Strahlungszahlen einiger wichtiger Materialien finden sich in Tab. 16.2.

Strahlungsgleichgewicht bei Zylindergeometrie: Betrachtet man die Wärmeabstrahlung einer Rektifikationskolonne (1) in einer Raffinerie, so kann man von einer Zylindergeometrie ausgehen, vgl. Abb. 16.2(a). Die mit der Umgebung (2) ausgetauschte Wärmemenge ergibt sich zu (vgl. Beispiel):

$$\dot{Q}_{1-2} = \frac{A_1}{\frac{1}{\sigma_1} + \frac{A_1}{A_2}\left(\frac{1}{\sigma_2} - \frac{1}{\sigma_s}\right)} \left[\left(\frac{T_1}{100}\right)^4 - \left(\frac{T_2}{100}\right)^4\right] \tag{16.32}$$

Strahlungsgleichgewicht bei Plattengeometrie: Betrachtet man die Wärmeabstrahlung zweier gegenüberliegender Platten, vgl. Abb. 16.2(b), so ergibt sich ausgetauschte Wärememenge zu:

$$\dot{Q}_{1-2} = \dot{Q}_{2-1} = \frac{A}{\frac{1}{\sigma_1} + \frac{1}{\sigma_2} - \frac{1}{\sigma_s}} \left[\left(\frac{T_1}{100}\right)^4 - \left(\frac{T_2}{100}\right)^4\right] \tag{16.33}$$

Tabelle 16.2: Strahlungszahlen einiger wichtiger Materialien.

Material	$\dfrac{\sigma(293\,\text{K})}{\text{W m}^{-2}\,(100\,\text{K})^{-4}}$
Aluminium, poliert	0.217
Kupfer, poliert	0.274
Grauguß	2.46
Stahl, poliert	1.62
Stahl, oxidiert	5.44
Glas	5.31
Ziegel	5.3
Wasser	5.42
Öl	4.6

Tabelle 16.3: Wärmeleitfähigkeitskoeffizienten einiger wichtiger Materialien.

Material	$\dfrac{\lambda(293\,\text{K})}{\text{W m}^{-1}\,\text{K}^{-1}}$	$\dfrac{\lambda(473\,\text{K})}{\text{W m}^{-1}\,\text{K}^{-1}}$
Kupfer	373	369
Gußeisen	58	52
Stahl	54.5	48.7
Edelstahl	16	13
Glas	0.72	0.75
Ziegel	0.12 bis 0.35	
Wasser	0.87	
Schlackenwolle	0.058	0.081
Luft	0.025	0.037
Verunreinigungen:		
Kesselstein: $CaSO_4$	0.7 bis 2.3	
Kesselstein: $CaCO_3$	1.5 bis 2.3	
Kesselstein: SiO_2	0.08 bis 0.2	
Ruß	0.035 bis 0.07	
Öl	0.12	
Algen	1.2	

Die Wärmeleitung

Stationäre Wärmeleitung durch eine Wand: Der Wärmetransport durch Leitung erfolgt aufgrund eines Temperaturgradienten im Körper oder allgemein im System. Dieser Fall tritt in der chemischen Verfahrenstechnik überall dort auf, wo eine chemisch erzeugte Wärmemenge z.B. über die Reaktorwand oder über einen Wärmetauscher abgeführt werden muß.

Ein Ausdruck für die stationäre Wärmeleitung auf der Grundlage des 1. Fourier-Gesetzes ist bereits in Abschn. 8.1.4 hergeleitet worden, es ergab sich:

$$\frac{dQ}{A\,dt} = -\lambda \frac{dT}{dz}$$
$$\dot{Q} = -A\lambda \frac{dT}{dz} \qquad (16.34)$$

Die Integration dieser Gleichung soll hier über einen Hohlzylinder mit $A = 2\pi r l$ erfolgen. Dieser Fall ist in der chemischen Verfahrenstechnik besonders wichtig, da fast alle Wärmetauschprozesse in zylindrischer Geometrie erfolgen. Die Integrationsgrenzen ergeben sich aus der Abb. 16.3(a).

$$\dot{Q} = -(2\pi r l)\lambda \frac{dT}{dr} \qquad (16.35)$$

$$\dot{Q} \int_{r_i}^{r_a} \frac{dr}{r} = -2\pi l \lambda \int_{T_i}^{T_a} dT \qquad (16.36)$$

$$\dot{Q} \ln\left[\frac{r_a}{r_i}\right] = -2\pi l \lambda (T_a - T_i) \qquad (16.37)$$

▷ WÄRMEFLUSS DURCH LEITUNG ÜBER DIE WAND EINES ZYLINDERS:

$$\boxed{\dot{Q} = \frac{2\lambda \pi l}{\ln[r_i/r_a]}(T_i - T_a) \quad ,\text{W}} \qquad (16.38)$$

Stationäre Wärmeleitung durch mehrere Schichten: Häufig besteht die Wand, über die der Wärmetransport erfolgen soll, aus mehreren Schichten, so z.B.

- bei einem chemischen Reaktor, der aus einem Korrosionsschutz, einer Isolierung und einem stützenden Mauerwerk besteht;

- bei Ablagerungen, wie Kesselstein auf der Reaktorinnenseite und Ruß oder Algen auf der Reaktoraußenseite, je nachdem ob geheizt oder gekühlt werden muß.

Die Integration des Fourier-Gesetzes erfolgt für diesen Fall vereinfachend für eine ebene Geometrie auf der Grundlage der Gleichung:

$$\dot{Q} = -A\lambda \frac{dT}{dx} \qquad (16.39)$$

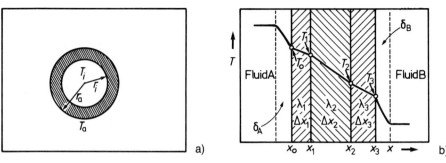

Abbildung 16.3: Skizze zu den Integrationsgrenzen: (a) Wärmeleitung in Zylindergeometrie; (b) Wärmeleitung durch mehrere Schichten.

Nun betrachten wir die in Abb. 16.3(b) dargestellten drei Schichten mit den Abmessungen $\Delta x_1, \Delta x_2$ und Δx_3; die drei Materialien besitzen die Wärmeleitfähigkeitskoeffizienten λ_1, λ_2 und λ_3. Es ergibt sich für die:

1. Schicht: $\dot{Q} \int_0^{x_1} dx = -A\lambda_1 \int_{T_0}^{T_1} dT \rightsquigarrow T_0 - T_1 = \dfrac{\dot{Q}}{\lambda_1 A} \Delta x_1$

2. Schicht: $\dot{Q} \int_{x_1}^{x_2} dx = -A\lambda_2 \int_{T_1}^{T_2} dT \rightsquigarrow T_1 - T_2 = \dfrac{\dot{Q}}{\lambda_2 A} \Delta x_2$

3. Schicht: $\dot{Q} \int_{x_2}^{x_3} dx = -A\lambda_3 \int_{T_2}^{T_3} dT \rightsquigarrow T_2 - T_3 = \dfrac{\dot{Q}}{\lambda_3 A} \Delta x_3$

$$\rightsquigarrow T_0 - T_3 = \dfrac{\dot{Q}}{A}\left(\dfrac{\Delta x_1}{\lambda_1} + \dfrac{\Delta x_2}{\lambda_2} + \dfrac{\Delta x_3}{\lambda_3}\right)$$

Mit dem Quotienten $\lambda_i/\Delta x_i = \alpha_i$, Einheit: $\mathrm{W\,m^{-2}\,K^{-1}}$, ergibt sich die gesamte Temperaturdifferenz zu:

$$T_0 - T_3 = \dfrac{\dot{Q}}{A}\left(\dfrac{1}{\alpha_1} + \dfrac{1}{\alpha_2} + \dfrac{1}{\alpha_3}\right) \tag{16.40}$$

Analog zur Elektrotechnik kann man den Gesamtwiderstand als Summe der Einzelwiderstände auffassen, es ergibt sich der

▷ WÄRMEWIDERSTAND $1/k$:

$$\boxed{\dfrac{1}{k} = \sum_i \dfrac{1}{\alpha_i} = \sum_i \dfrac{\Delta x_i}{\lambda_i} \quad ,\mathrm{m^2\,K\,W^{-1}}} \tag{16.41}$$

16.5. Die Grundlagen des Wärmetransportes

Schließen an die festen Schichten an den Stellen x_0 und x_3 in Abb. 16.3(b) die Fluide (A) und (B) an, so muß der Wärmetransport der Fluide in Gl. 16.41 mitberücksichtigt werden. Folgende Begriffsbildungen haben sich eingebürgert:

- der Wärmetransport vom Fluid über die Grenzschicht δ an die Wand wird als *Wärmeübergang* bezeichnet. Die *Wärmeübergangszahlen* α_A und α_B von den Fluiden (A) und (B) auf die Wand sind dann definiert durch

$$\text{Fluid (A)}: \quad \alpha_A = \lambda_A/\delta_A \qquad (16.42)$$
$$\text{Fluid (B)}: \quad \alpha_B = \lambda_B/\delta_B \qquad (16.43)$$

- der Wärmetransport vom Fluid (A) durch die Wand auf das Fluid (B) wird als *Wärmedurchgang* bezeichnet. Die *Wärmedurchgangszahl* k_W ist dann definiert durch:

$$\frac{1}{k_W} = \frac{1}{\alpha_A} + \left(\frac{1}{\alpha_1} + \frac{1}{\alpha_2} + \frac{1}{\alpha_3}\right) + \frac{1}{\alpha_B} \quad , \text{m}^2\,\text{K}\,\text{W}^{-1} \qquad (16.44)$$

Beispiel: Eine Kolonne aus oxidiertem Stahl hat folgende Abmessungen: Durchmesser 2 m, Höhe 20 m, Wandstärke 0.05 m; die Innentemperatur betrage 473 K, die Temperatur an der Außenoberfläche 423 K, die Umgebungstemperatur betrage 293 K. Es ist zunächst der Wärmeverlust der nicht-isolierten Kolonne durch Strahlung und durch Leitung zu berechnen.

Durch Isolierung der Kolonne mit einer Schicht von 0.1 m Schlackenwolle kann die Temperatur der Oberfläche auf 323 K gesenkt werden, zudem wird ein Anstrich aus Aluminiumbronze aufgebracht.

Wärmeleitfähigkeitskoeffizienten λ und Strahlungszahlen σ:
Stahl: bei 473 K: $\lambda = 49$ W m^{-1} K^{-1}; $\sigma = 5.44$ W m^{-2} (100 K)$^{-4}$;
Schlackenwolle: $\lambda = 0.06$ W m^{-1} K^{-1}; Aluminiumbronze: $\sigma = 2$ W m^{-2} (100 K)$^{-4}$.

Lösung 1: Zur Berechnung des Wärmeverlustes durch Wärmeleitung greifen wir auf Gl. 16.38 zurück:

$$\dot{Q} = \frac{2\lambda\pi l}{\ln[r_a/r_i]}(T_i - T_a) = \frac{49 \cdot 2 \cdot \pi \cdot 20}{\ln[1/0.95]}(473 - 423) = 6.01 \cdot 10^6 \text{ W}$$

Der Wärmeverlust aufgrund der Wärmeleitung beträgt ca. 6 MW.

Zur Berechnung des Wärmeverlustes aufgrund der Wärmestrahlung greifen wir auf Gl. 16.32 zurück:

$$\dot{Q}_{1-2} = \frac{A_1}{\frac{1}{\sigma_1} + \frac{A_1}{A_2}\left(\frac{1}{\sigma_2} - \frac{1}{\sigma_s}\right)}\left[\left(\frac{T_1}{100}\right)^4 - \left(\frac{T_2}{100}\right)^4\right]$$

Da $A_2 \gg A_1$, vereinfacht sich diese Gleichung, man erhält:

$$\dot{Q}_{1-2} = \sigma_1 A_1 \left[\left(\frac{T_1}{100}\right)^4 - \left(\frac{T_2}{100}\right)^4\right] = 5.44 \cdot \pi \cdot 2 \cdot 20 \left[\left(\frac{423}{100}\right)^4 - \left(\frac{293}{100}\right)^4\right] = 0.18 \cdot 10^6 \text{ W}$$

Der Wärmeverlust aufgrund der Wärmestrahlung beträgt 0.18 MW.
Der gesamte Wärmeverlust der nicht isolierten Kolonne beträgt ungefähr 6.2 MW.

Lösung 2: Der Wärmeverlust durch Leitung für die isolierte Kolonne ergibt sich zu:

$$\dot{Q} = \frac{2\lambda\pi l}{\ln[r_a/r_i]}(T_i - T_a) = \frac{0.06 \cdot 2 \cdot \pi \cdot 20}{\ln[1.05]}(423 - 323)$$
$$\dot{Q} = 15.4 \cdot 10^3 \text{ W}$$

Der Wärmeverlust durch Strahlung ergibt sich zu:

$$\dot{Q}_{1-2} = \sigma_1 A_1 \left[\left(\frac{T_1}{100}\right)^4 - \left(\frac{T_2}{100}\right)^4\right] = 2 \cdot \pi \cdot 2.1 \cdot 20 \left[\left(\frac{323}{100}\right)^4 - \left(\frac{293}{100}\right)^4\right]$$
$$\dot{Q}_{1-2} = 9.4 \cdot 10^3 \text{ W}$$

Der gesamte Wärmeverlust der isolierten Kolonne beträgt ungefähr 25 kW.

Beispiel: Ein technischer Reaktor besteht aus einem Stahlmantel mit der Dicke 0.005 m und einer Auskleidung aus V2A-Stahl von 0.0015 m. Nach einer gewissen Betriebsdauer hat sich auf der Reaktorinnenseite eine 0.001 m starke Schicht Kesselstein abgeschieden, auf der Kühlseite hat sich ebenfalls eine 0.001 m dicke Algenschicht abgesetzt.

Es soll der Wärmewiderstand des Reaktors mit und ohne diese Abscheidungen berechnet werden.

Wärmeleitfähigkeitskoeffizienten λ:
Stahl: $\lambda = 54.5 \text{ W m}^{-1}\text{ K}^{-1}$; V2A-Stahl: $\lambda = 16 \text{ W m}^{-1}\text{ K}^{-1}$;
Kesselstein und Algen: $\lambda = 1.2 \text{ W m}^{-1}\text{ K}^{-1}$.

Lösung: Der Wärmewiderstand des Reaktors ohne diese Abscheidungen ergibt sich nach Gl. 16.41 zu:

$$\frac{1}{k} = \sum_i \frac{\Delta x_i}{\lambda_i} = \frac{1}{k} = \frac{0.005}{54.5} + \frac{0.0015}{16} = \frac{1}{k} = 1.86 \cdot 10^{-4} \text{ m}^2 \text{ K W}^{-1}$$

Der Wärmewiderstand der Ablagerungen ergibt sich zu:

$$\frac{1}{k} = \sum_i \frac{\Delta x_i}{\lambda_i} = \frac{1}{k} = \frac{0.001}{1.2} + \frac{0.001}{1.2} = \frac{1}{k} = 16 \cdot 10^{-4} \text{ m}^2 \text{ K W}^{-1}$$

Der Wärmewiderstand der Ablagerungen ist ungefähr 10 mal so groß wie der des Reaktormaterials. Findet in dem Reaktor eine exotherme Reaktion statt und sind die Wärmeaustauscher für den „sauberen" Reaktor berechnet, so wird nach einiger Betriebsdauer nur ungefähr 1/10 der Wärme über die Reaktorwand abgeführt. Die stationäre Reaktortemperatur wird also ansteigen, damit werden sich auch die Reaktionsbedingungen, Selektivitäten, Umsatz usw. ändern.

16.6 Die Kennzahlen des Wärmeüberganges

Die Berechnung des stationären Wärmeflusses durch Leitung ist für definierte Geometrien nicht schwierig. Für die Berechnung der Wärmeübergangs- und Wärmedurchgangszahlen α und k_W muß die Ausdehnung der hydrodynamischen Grenzschicht δ bekannt sein. In einfachen Fällen kann man die Grenzschicht als konstant ansehen und mithilfe der Beziehung $\delta = L/\sqrt{(Re)}$ abschätzen. Da dieses Verfahren nur sehr ungenau ist, ermittelt man α und k_W besser durch einen Kennzahlenansatz. Dabei greifen wir auf das in Abschn. 16.4 vorgestellte Verfahren durch Anwendung des Π-Theorems zurück.

1. Ermittlung der Einflußgrößen: Für den Fall des Wärmetransportes durch eine Grenzschicht haben wir folgende Einflußgrößen zu diskutieren, vgl. Tab. 16.1:

- als *Kontinuumseigenschaften* der Strömung deren Dichte ϱ und Viskosität η. Darüberhinaus müssen die kalorischen Werte: Wärmeübergangszahl α, Wärmeleitfähigkeitskoeffizient λ und die Wärmekapazität $\tilde{c}_p$ berücksichtigt werden;

- als *verfahrenstechnische Parameter* die Lineargeschwindigkeit u, die charakteristische Abmessung L und die Länge l. Die Dimensionen und SI-Einheiten ergeben sich wie folgt:

Dichte	ϱ	ML^{-3}	$kg\,m^{-3}$
dynamischer Viskositätskoeffizient	η	$ML^{-1}T^{-1}$	$Pa\,s$
massenbezogene Wärmekapazität	$\tilde{c}_p$	$L^2T^{-2}\theta^{-1}$	$J\,kg^{-1}\,K^{-1}$
Wärmeleitfähigkeitskoeffizient	λ	$LMT^{-3}\theta^{-1}$	$W\,m^{-1}\,K^{-1}$
Wärmeübergangszahl	α	$MT^{-3}\theta^{-1}$	$W\,m^{-2}\,K^{-1}$
Geschwindigkeit	u	LT^{-1}	$m\,s^{-1}$
charakteristische Abmessung	L	L	m
Länge	l	L	m

Ein Vergleich mit den verfahrenstechnischen Parametern des hydrodynamisches Problems in Abschn. 16.4 zeigt, daß der Druckabfall Δp und die Erdbeschleunigung g hier nicht aufgenommen wurden. Da hier der Wärmetransport durch die hydrodynamischen Grenzschicht betrachtet wird, kann man vereinfachend argumentieren: ein Druckabfall über die minimalen Abmessungen einer hydrodynamischen Grenzschicht wird vernachlässigbar sein, auch ein Beschleunigungsterm wird dort keine Rolle spielen. Nach dem Π-Theorem resultieren aus diesem Problem mit acht Einflußgrößen und vier Grundgrößen: es ergeben sich VIER LINEAR UNABHÄNGIGE KENNZAHLEN.

2. Das Potenzprodukt der Einflußgrößen:
Die oben dargestellten Einflußgrößen werden als Potenzprodukt formuliert:

$$\Pi = \alpha^{\epsilon(1)} \cdot \lambda^{\epsilon(2)} \cdot \tilde{c}_p^{\epsilon(3)} \cdot u^{\epsilon(4)} \cdot \varrho^{\epsilon(5)} \cdot \eta^{\epsilon(6)} \cdot L^{\epsilon(7)} \cdot l^{\epsilon(8)} \tag{16.45}$$

Die Grundgrößen werden nach den Potenzen geordnet:

$$\Pi = [\mathsf{M\,T}^{-3}\theta^{-1}]^{\epsilon(1)} \cdot [\mathsf{L\,M\,T}^{-3}\theta^{-1}]^{\epsilon(2)} \cdot [\mathsf{L}^2\mathsf{T}^{-2}\theta^{-1}]^{\epsilon(3)} \cdot [\mathsf{L\,T}^{-1}]^{\epsilon(4)} \cdot$$
$$[\mathsf{M\,L}^{-3}]^{\epsilon(5)} \cdot [\mathsf{M\,L}^{-1}\mathsf{T}^{-1}]^{\epsilon(6)} \cdot [\mathsf{L}]^{\epsilon(7)} \cdot [\mathsf{L}]^{\epsilon(8)}$$
$$\Pi = [\mathsf{L}]^{\epsilon(2)+2\epsilon(3)+\epsilon(4)-3\epsilon(5)-\epsilon(6)+\epsilon(7)+\epsilon(8)} \cdot [\mathsf{T}]^{-3\epsilon(1)-3\epsilon(2)-2\epsilon(3)-\epsilon(4)-\epsilon(6)} \cdot$$
$$[\mathsf{M}]^{\epsilon(1)+\epsilon(2)+\epsilon(5)+\epsilon(6)} \cdot [\theta]^{-\epsilon(1)-\epsilon(2)-\epsilon(3)}$$

3. Die Bedingung der Dimensionslosigkeit:
Die Dimensionslosigkeit ist erfüllt, wenn die Exponenten Null werden, es folgt:

Für L : $\epsilon(2) + 2\epsilon(3) + \epsilon(4) - 3\epsilon(5) - \epsilon(6) + \epsilon(7) + \epsilon(8) = 0$
Für T : $-3\epsilon(1) - 3\epsilon(2) - 2\epsilon(3) - \epsilon(4) - \epsilon(6) = 0$
Für M : $\epsilon(1) + \epsilon(2) + \epsilon(5) + \epsilon(6) = 0$
Für θ : $-\epsilon(1) - \epsilon(2) - \epsilon(3) = 0$

4. Auswahl von Schlüsselexponenten:
Auch hier resultiert wie beim hydrodynamischen Problem ein unterbestimmtes Gleichungssystem von vier Gleichungen mit sieben Unbekannten. Wir wählen $\epsilon(2), \epsilon(5), \epsilon(6)$ und $\epsilon(7)$ aus und schreiben diese als Funktionen der anderen Exponenten. Es folgt:

Aus θ folgt : $\epsilon(2) = -\epsilon(1) - \epsilon(3)$
Aus T folgt : $\epsilon(6) = \epsilon(3) - \epsilon(4)$
Aus M folgt : $\epsilon(5) = \epsilon(4)$
Aus L folgt : $\epsilon(7) = \epsilon(1) + \epsilon(4) - \epsilon(8)$

5. Ordnen nach gleichen Exponenten:
Dieser einfache Rechenschritt liefert:

$$\Pi = \alpha^{\epsilon(1)} \cdot \lambda^{-\epsilon(1)-\epsilon(3)} \cdot \tilde{c}_p^{\epsilon(3)} \cdot u^{\epsilon(4)} \cdot \varrho^{\epsilon(4)} \cdot \eta^{\epsilon(3)-\epsilon(4)} \cdot L^{\epsilon(1)+\epsilon(4)-\epsilon(8)}$$
$$\Pi = \left(\frac{\alpha L}{\lambda}\right)^{\epsilon(1)} \cdot \left(\frac{\tilde{c}_p \eta}{\lambda}\right)^{\epsilon(3)} \cdot \left(\frac{u L \varrho}{\eta}\right)^{\epsilon(4)} \cdot \left(\frac{l}{L}\right)^{\epsilon(8)}$$

Der funktionelle Zusammenhang: Die Kopplung des stationären Wärmetransports mit dem stationären Geschwindigkeitsfeld wird durch vier Kennzahlen beschrieben
▷ KENNZAHLENZUSAMMENHANG DES KONVEKTIVEN WÄRMETRANSPORTES:

$$\boxed{\begin{array}{l} (Nu)\text{sselt} = \dfrac{\alpha L}{\lambda} \quad , (Pr)\text{andtl} = \dfrac{\tilde{c}_p \eta}{\lambda} = \dfrac{\nu}{\mathcal{A}} \quad , (Re)\text{ynolds} = \dfrac{u L \varrho}{\eta} \\ \text{Geometriezahl} = \dfrac{l}{L} \\ \qquad (Nu) = f[(Re)^n, (Pr)^m, (l/L)^k] \end{array}}$$
(16.46)

Berechnung des Wärmeüberganges und Wärmedurchganges

Durch Kenntnis des funktionellen Zusammenhanges $(Nu) = f[(Re)^n, (Pr)^m, (l/L)^k]$ kann nun die Wärmeübergangszahl α, oder indem man α durch k_W ersetzt, die Wärmedurchgangszahl berechnet werden. Dazu löst man nach der Wärmetransportzahl – wir wählen α – auf:

$$\begin{aligned}(Nu) &= = (Re)^n \cdot (Pr)^m \cdot \left(\frac{l}{L}\right)^k \\ \leadsto \alpha &= \frac{\lambda}{L}(Re)^n \cdot (Pr)^m \cdot \left(\frac{l}{L}\right)^k\end{aligned} \qquad (16.47)$$

Die Funktion $(Nu) = f[(Re), (Pr), (l/L)]$ wird empirisch ermittelt, so erhält man für den
▷ WÄRMEÜBERGANG BEI ERZWUNGENER KONVEKTION:

$$\boxed{\begin{aligned}(Nu) &= 0.021 \cdot (Re)^{0.8} \cdot (Pr)^{0.43} \cdot \left(\frac{l}{L}\right)^{0.05} \\ \alpha &= \frac{\lambda}{L} \cdot 0.021 \cdot (Re)^{0.8} \cdot (Pr)^{0.43} \cdot \left(\frac{l}{L}\right)^{0.05}\end{aligned}} \qquad (16.48)$$

Der Einfluß der *Geometriezahl* ist oft vernachlässigbar: sie fällt in vielen Ansätzen fort. Für den Fall der *freien Konvektion* erweitert man den Ausdruck durch die Grashof-Zahl. Bei der freien Konvektion resultiert ein Stoff- und damit Wärmetransport aufgrund eines Dichtegradienten $\Delta\varrho$ hervorgerufen durch einen Temperatureffekt, vgl. Gl. 16.22:

$$(Gr) = \frac{g\,L^3\,\beta_T\,\Delta T}{\nu^2} \qquad (16.49)$$

▷ WÄRMEÜBERGANG BEI FREIER KONVEKTION:

$$\boxed{\begin{aligned}(Nu) &= \frac{\alpha L}{\lambda} = (Gr)^n \cdot (Re)^m \cdot (Pr)^k \\ (Nu) &= 0.15 \cdot (Re)^{0.33} \cdot (Gr)^{0.1} \cdot (Pr)^{0.43}\end{aligned}} \qquad (16.50)$$

Beispiel: Durch ein Rohr mit der Wandtemperatur 343 K und einem Durchmesser $d = 0.05$ m fließt Wasser ($\lambda = 0.87$ W m^{-1} K^{-1}) von 323 K mit einer Lineargeschwindigkeit von $u = 0.8$ m s^{-1}. Berechne die Wärmeübergangszahl α.

Lösung: Nach Gl. 16.48 wird zunächst die Reynolds-Zahl und die Prandtl-Zahl ermittelt, dann folgt nach dem Einsetzen die Wärmeübergangszahl α:

$$\begin{aligned}(Re) &= \frac{u\,L}{\nu} = \frac{0.8 \cdot 0.05}{5.6 \cdot 10^{-7}} = 7.2 \cdot 10^4 \quad \leadsto \quad (Re)^{0.8} = 7.7 \cdot 10^3 \\ (Pr) &= \frac{\tilde{c}_p\,\eta}{\lambda} = 3.54 \quad \leadsto \quad (Pr)^{0.43} = 1.72 \\ \leadsto (Nu) &= 0.021 \cdot 7.7\,10^3 \cdot 1.72 = 278 \\ \leadsto \alpha &= \frac{278 \cdot 0.87}{0.05} = 4840 \text{ W m}^{-2}\,\text{K}^{-1}\end{aligned}$$

Die Kriteriengleichungen des Wärmetransportes

Aus der Fülle des publizierten Materials zur Berechnung des Wärmeüberganges bei unterschiedlichen Strömungsverhältnissen und Geometrien seien hier einige typische empirische Zusammenhänge aufgeführt, vgl. GREGORIG (1973) VDI-WÄRMEATLAS (1963ff).

Wärmeübergang in längsdurchströmten Rohren: In diesem Fall ist die *Innenströmung* des Rohres parallel der Außenströmung.

1. Wärmeabgabe waagerechter Rohre bei freier Umströmung von Gasen oder Flüssigkeiten:
$$(Nu) = 0.5 \cdot (Gr)^{0.25} \cdot (Pr)^{0.25}$$
Für Luft gilt vereinfachend:
$$(Nu) = 0.46 \cdot (Gr)^{0.25}$$

2. Wärmeabgabe in glatten Rohren bei erzwungener Konvektion und turbulenter Strömung:
$$(Nu) = 0.021 \cdot (Re)^{0.8} \cdot (Pr)^{0.43}$$

3. Wärmeabgabe glatter Rohre bei erzwungener Konvektion und laminarer Strömung:
$$(Nu) = 0.15 \cdot (Re)^{0.33} \cdot (Pr)^{0.43} \cdot (Gr)^{0.1}$$

Wärmeübergang an querangeströmten Rohren: In diesem Fall ist die Innenströmung senkrecht zur Außenströmung:

1. Für ein einzelnes Rohr gilt für Flüssigkeiten:
$$(Nu) = 0.59 \cdot (Re)^{0.47} \cdot (Pr)^{0.38} \quad \text{für} \quad 10 < (Re) < 1000$$
$$(Nu) = 0.21 \cdot (Re)^{0.62} \cdot (Pr)^{0.38} \quad \text{für} \quad 1000 < (Re) < 200\,000$$

2. Für Luft gilt vereinfachend:
$$(Nu) = 0.52 \cdot (Re)^{0.47} \quad \text{für} \quad 10 < (Re) < 1000$$
$$(Nu) = 0.18 \cdot (Re)^{0.62} \quad \text{für} \quad 1000 < (Re) < 10\,000$$

3. Für fluchtende Rohrbündel gilt für turbulente Umströmung von Flüssigkeiten und vereinfachend von Luft:
$$(Nu) = 0.23 \cdot (Re)^{0.65} \cdot (Pr)^{0.33}$$
$$(Nu) = 0.21 \cdot (Re)^{0.65}$$

4. Für versetzte Rohrbündel gilt für turbulente Umströmung von Flüssigkeiten und vereinfachend von Luft:
$$(Nu) = 0.41 \cdot (Re)^{0.6} \cdot (Pr)^{0.33}$$
$$(Nu) = 0.37 \cdot (Re)^{0.6}$$

16.6. Die Kennzahlen des Wärmeüberganges

Angeströmte Partikel: Dieser Fall ist wichtig zur Berechnung des Wärmeübergangs in Festbettreaktoren:

1. Für die laminar angeströmte Einzelpartikel mit $L = d_\mathrm{p}$:

$$(Nu) = 2 + 0.6 \cdot (Re)^{0.5} \cdot (Pr)^{0.33}$$

2. Für die durchströmte Schüttung gilt mit (Nu) bezogen auf die Partikel und (Re) bezogen auf das leere Rohr:

$$(Nu) = 0.58 \cdot (Re)^{0.7} \cdot (Pr)^{0.33}$$

3. Für die gasdurchströmte Schüttung gilt, $(Nu), (Re)$ bezogen auf die Partikel:

$$(Nu) = 0.96 \cdot (Re)^{0.61} \cdot \epsilon^{0.75}$$

Angeströmte Platte: Für diesen Fall ergibt sich:

1. Für die laminare Strömung mit $L =$ Länge der Platte:

$$(Nu) = 0.664 \cdot (Re)^{0.5} \cdot (Pr)^{0.33}$$

2. Für die turbulente Strömung gilt:

$$(Nu) = 0.037 \cdot (Re)^{0.8} \cdot (Pr)^{0.43}$$

Rührkessel mit Blattrührer: Für diesen wichtigen Fall ergibt sich:

1. Wärmeübergang an die Gefäßwand, $L =$ Breite des Rührblattes:

$$(Nu) = 0.36 \cdot (Re)^{0.66} \cdot (Pr)^{0.33}$$

2. Wärmeübergang an eine Rohrschlange:

$$(Nu) = 0.87 \cdot (Re)^{0.62} \cdot (Pr)^{0.33}$$

Typische Werte der Wärmeübergangszahl für Wasser und Luft: Folgende Werte ergeben sich ungefähr für α, Einheit: $W\,m^{-2}\,K^{-1}$:

	Wasser	Luft
turbulente Längsströmung	700 bis 5000	20 bis 40
turbulente Querströmung	1800 bis 6000	40 bis 60
laminare Strömung	Wasser 180 bis 250	2 bis 3
freie Konvektion	200 bis 600	2 bis 6
siedendes Wasser	1200 bis 14 000	

16.7 Die Grundlagen des Stofftransportes

Unter Stofftransport versteht man das Bestreben einer Komponente in einer Mischung von einem Ort hoher Konzentration zu einem Ort niedrigerer Konzentration überzugehen. Naturgemäß ist dieser Transportprozeß sowohl für die chemische Kinetik als auch für die Grundverfahren und die technische Reaktionsführung bedeutsam. Die Besprechung der Stofftransportphänomene verteilt sich daher auf verschiedene Stellen dieses Textes.

- Auf molekularer Ebene findet Prozeß des Stofftransportes durch *Diffusion* statt; die Besprechung des der Diffusion zugrundeliegenden 1. und 2. Fickschen Gesetzes ist im Rahmen der „Elemente der Bilanzgleichungen" bereits in Abschn. 4 erfolgt.

- Die Wechselwirkung von diffusivem Stofftransport im Gefüge eines Katalysators mit der chemischen Reaktion – der sog. *Porendiffusion* – ist in Abschn. 6.5 behandelt.

- Bei der Einfügung des Stoffaustauschtermes in die Stoffbilanz sind im Abschn. 7.1.4 bereits einige Grundelemente des Stofftransportes auf der Grundlage des 1. Fickschen Gesetzes zur Sprache gekommen.

- In technischen Anlagen tritt stets eine konvektive Stoffverlagerung durch Strömung oder Rührung auf: dies führt zur Einführung des Begriffes der *Dispersion*. Die Bedeutung des Dispersionsmodelles für die Reaktionstechnik und die Beurteilung chemischer Reaktoren ist in Abschn. 11.1 diskutiert.

An dieser Stelle soll der Stofftransport durch eine Phasengrenze genauer behandelt werden: betrachten wir den Transport des *Austauschstoffes* Benzoesäure von Wasser in Benzol. Die Wasserphase als *abgebende Phase* ist zunächst reich an Benzoesäure, das Benzol als *aufnehmende Phase* soll „unbeladen" sein. Es findet also ein Stofftransport der Benzoesäure aus der Wasserphase in die Benzolphase hinein statt. Dieser Transport wird in drei Teilschritte zerlegt:

1. den *Stoffübergang* vom Innern der Wasserphase (Abgeber, Index: abg) durch die hydrodynamische Grenzschicht des Wassers zur Phasengrenze Wasser/Benzol;

2. die Einstellung des *Verteilungsgleichgewichtes* in der Phasengrenze;

3. den *Stoffübergang* von der Phasengrenze durch die hydrodynamische Grenzschicht des Benzols (Aufnehmer, Index: auf) ins Innere der Benzolphase.

Die Zusammenfassung der drei Teilschritte wird als *Stoffdurchgang* bezeichnet.

Bereits bei der Besprechung der Turbulenz im Abschn. 3.5 und der Aufstellung der Hierarchie der Strömungsgleichungen im Abschn. 9 ist zum Ausdruck gekommen, daß die Ausbildung einer *hydrodynamischen Grenzschicht* von fundamentaler Bedeutung für alle Strömungsphänomene ist. Diese auch an einer Phasengrenze sich ausbildende Grenzschicht kann u.U. als ruhend angesehen werden: über diese Grenzschicht findet der Stofftransport in erster Linie durch Diffusion statt. Vergleiche jedoch die Ausführungen über die *mikroskopischen* Effekte der Grenzflächenvorgänge in Abschn. 19.2.

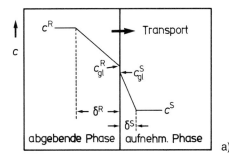 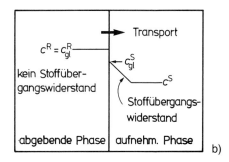

Abbildung 16.4: Skizze zur (a) Zweifilmtheorie; (b) zur Grundgleichung des Stofftransportes.

Die Zweifilmtheorie: In der Zweifilmtheorie werden die hydrodynamischen Grenzschichten der abgebenden- und aufnehmenden Phase δ^{abg} und δ^{auf} als ruhend und nicht variabel angesehen, vgl. Abb. 16.4. Im Innern der abgebenden Phase herrsche die Konzentration des Austauschstoffes c^{abg}, an der Phasengrenze soll dessen Gleichgewichtskonzentration (Index: gl) $c_{\mathrm{gl}}^{\mathrm{abg}}$ eingestellt sein. Man greift für *stationäre Verhältnisse* auf das 1. Ficksche Gesetz zurück und schreibt:

$$\frac{\mathrm{d}n}{A_{\mathrm{S}}\,\mathrm{d}t} = -D\frac{\mathrm{d}c}{\mathrm{d}z}$$

$$\dot{n} = -A_{\mathrm{S}}\,D\,\frac{\mathrm{d}c}{\mathrm{d}z}$$

Diese Gleichung wird nun über die Grenzen, in denen der diffusive Stofftransport abläuft integriert, man erhält dann für die abgebende Phase:

$$\dot{n}^{\mathrm{abg}} \int_{-\delta^{\mathrm{abg}}}^{0} \mathrm{d}z = -A_{\mathrm{S}}\,D^{\mathrm{abg}} \int_{c^{\mathrm{abg}}}^{c_{\mathrm{gl}}^{\mathrm{abg}}} \mathrm{d}c^{\mathrm{abg}}$$

$$\dot{n}^{\mathrm{abg}}\,\delta^{\mathrm{abg}} = -A_{\mathrm{S}}\,D^{\mathrm{R}}\,(c_{\mathrm{gl}}^{\mathrm{abg}} - c^{\mathrm{abg}}) \qquad (16.51)$$

Der Quotient $D^{\mathrm{abg}}/\delta^{\mathrm{abg}} = \beta^{\mathrm{abg}}$ wird *Stoffübergangszahl* des Austauschstoffes der abgebende Phase genannt, Einheit: m s^{-1}. Wir erhalten nach Eliminierung des negativen Vorzeichens für den Stofftransport aus der abgebende Phase an die Phasengrenze die

▷ STOFFÜBERGANGSGLEICHUNG:

$$\boxed{\dot{n}^{\mathrm{abg}} = \beta^{\mathrm{abg}}\,A_{\mathrm{S}}\,(c^{\mathrm{abg}} - c_{\mathrm{gl}}^{\mathrm{abg}})} \qquad (16.52)$$

Analog ergibt sich für den Stofftransport des Austauschstoffes in die aufnehmende Phase der Ausdruck:

$$\dot{n}^{\mathrm{auf}} = \beta^{\mathrm{auf}}\,A_{\mathrm{S}}\,(c_{\mathrm{gl}}^{\mathrm{auf}} - c^{\mathrm{auf}}) \qquad (16.53)$$

Nach der Zweifilmtheorie sind die Stoffübergangszahlen des Austauschstoffes in der abgebenden- bzw. aufnehmenden Phase gegeben durch den Quotienten $D^{\mathrm{abg}}/\delta^{\mathrm{abg}}$ bzw. $D^{\mathrm{auf}}/\delta^{\mathrm{auf}}$.

Grundgleichung des Stofftransportes: Aus der Stofftransportgleichung 16.52 ergibt sich die Grundgleichung des Stofftransportes durch Integration über alle austauschenden Flächenelemente dA_S. Zur Vereinfachung der Beschreibung wird der Stoffaustausch als *einseitig begrenzt* angenommen. Liegt die Stoffübergangshemmung auf der Abgeberseite, so formulieren wir für den ausgetauschten Stoff:

$$-\mathrm{d}\dot{n}^{\mathrm{abg}} = \beta^{\mathrm{abg}} \left(c^{\mathrm{abg}} - c_{\mathrm{gl}}^{\mathrm{abg}}\right) \mathrm{d}A_S \qquad (16.54)$$

Das Minuszeichen ergibt sich aus der Verringerung des Ausstauschstoffes im Abgeber. Liegt die Stoffübergangshemmung auf der Aufnehmerseite, vgl Abb. 16.4, so folgt analog:

$$\mathrm{d}\dot{n}^{\mathrm{auf}} = \beta^{\mathrm{auf}} \left(c_{\mathrm{gl}}^{\mathrm{auf}} - c^{\mathrm{auf}}\right) \mathrm{d}A_S \qquad (16.55)$$

Letztendlich ist für den Stofftransport die *treibende Konzentrationsdifferenz* entscheidend, das Vorzeichen ergibt sich dann „automatisch" aus der abgebenden $(-)$ oder aufnehmenden $(+)$ Phase, also folgt für $\dot{n} = \dot{V}c$:

$$\mathrm{d}[\dot{V}c] = \beta \, \Delta c \, \mathrm{d}A_S \qquad (16.56)$$

Für konstante Volumengeschwindigkeit $\dot{V}$ kann diese vor das Differential gezogen werden, weiter wird $\mathrm{d}A_S = a\,Q\,\mathrm{d}h$ gesetzt. Darin bedeuten a die spezifische Stoffaustauschfläche, d.i. Austauschoberfläche pro Volumen (A_S/V), Einheit: m²/m³ = m⁻¹, h die Höhe, Einheit: m, und Q den Querschnitt der Stoffaustauscheinheit, Einheit: m². Es folgt:

$$\dot{V}\,\mathrm{d}c = \beta\,a\,Q\,\Delta c\,a\,Q\,\mathrm{d}h \qquad (16.57)$$

Das Integral dieser Gleichung ergibt die

▷ GRUNDGLEICHUNG DES STOFFTRANSPORTES – NTU-GLEICHUNG:

$$\boxed{\begin{aligned}\int_c \frac{\mathrm{d}c}{\Delta c} &= \int_h \frac{\beta\,a\,Q}{\dot{V}}\,\mathrm{d}h \\ \mathrm{NTU} &= \frac{\mathrm{H}}{\mathrm{HTU}}\end{aligned}} \qquad (16.58)$$

Diese Gleichung wird im englischen Sprachgebrauch als NTU-Gleichung bezeichnet, die Abkürzungen bedeuten: HTU (height of transfer units), NTU (number of transfer units). Das Integral auf der linken Seite wird in der Regel grafisch ausgewertet.

Schwierigkeiten bietet diese Gleichung lediglich beim Einsetzen der Größen β und c_{gl}. Die Stoffübergangszahl β wird in der Regel über einen Kennzahlenansatz, ähnlich dem beim Wärmetransport besprochenen, ermittelt. Für die Gleichgewichtskonzentration greift man oft auf den einfach strukturierten *Nernstschen*-Verteilungssatz zurück. Es resultieren jedoch bei Assoziation und Dissoziation des Austauschstoffes in den Phasen schnell schwierige Ausdrücke, vgl. Abschn. 19.1.

Diese Gleichung wird für Stoffaustauschapparate überall dort angewendet, wo die Gleichgewichtseinstellung nicht in diskreten Stufen oder Böden resultiert, vor allem also in *Füllkörperkolonnen*. Die Anwendungen in dieser Hinsicht werden in dem Abschnitt 19 „Extraktion" behandelt.

16.8 Die Kriteriengleichungen des Stofftransportes

Nachdem die Erzeugung der Kennzahlen aus dem Π-Theorem für den rein hydrodynamischen Fall und die Kopplung von Wärmetransport mit der Strömung in den Abschnn. 16.4 und 16.6 behandelt wurde, sollen an dieser Stelle die Zusammenhänge sofort angegeben werden. Für die Kopplung des stationären Wärmeüberganges mit der Strömung ergaben sich vier Kennzahlen mit dem Zusammenhang:

$$(Nu)\text{sselt} = \frac{\alpha L}{\lambda} \quad , (Pr)\text{andtl} = \frac{\nu}{\mathcal{A}} \quad , (Re)\text{ynolds} = \frac{u L \varrho}{\eta} \quad , (GZ) = \left(\frac{l}{L}\right) \quad (16.59)$$

Für die Berechnung der Stoffübergangszahl ergeben sich unter den vereinfachten Bedingungen stationärer Strömung neben der Geometriezahl (GZ), die für den Stofftransport zu 1 gesetzt wird, drei Kennzahlen:

- Eine der Nußelt-Zahl äquivalente Kennzahl, die
  ▷ SHERWOOD-KENNZAHL:

$$\boxed{(Sh)\text{erwood} = \frac{\beta L}{D_i}} \quad (16.60)$$

- Eine der Prandtl-Zahl äquivalente Kennzahl, die
  ▷ SCHMIDT-KENNZAHL:

$$\boxed{(Sc)\text{hmidt} = \frac{\nu}{D_i}} \quad (16.61)$$

Aus der Abschätzung nach Gl. 4.18 im Rahmen der kinetischen Gastheorie in Abschn. 4.4 ergibt sich für Gase:

$$(Sc)^{\text{gs}} = \frac{\nu}{D_i} = \frac{10^{-5}}{10^{-5}} \approx 1 \quad (16.62)$$

- Die Reynolds-Zahl zur Charakterisierung der hydrodynamischen Verhältnisse.

Die Zusammenfassung dieser drei den konvektiven Stofftransport bestimmenden Kennzahlen liefert den erwarteten
▷ KENNZAHLENZUSAMMENHANG DES KONVEKTIVEN STOFFTRANSPORTES:

$$\boxed{(Sh) = (Sc)^n \cdot (Re)^m} \quad (16.63)$$

Die Kopplung des konvektiven Stofftransportes mit dem konvektiven Wärmetransport gelingt durch die Einführung einer Kennzahl, der
▷ LEWIS-ZAHL

$$\boxed{(Le)\text{wis} = \frac{(Sc)}{(Pr)} = \frac{\mathcal{A}}{D_i}} \quad (16.64)$$

Für $(Le) \approx 1$ gehen die Kennzahlbeziehungen des Wärmetransportes und des Stofftransportes ineinander über. Dieser spezielle Fall ist bei Gasen oft realisiert, man sollte ihn daher immer prüfen, die Rechnungen gestalten sich dann besonders einfach.

Tabelle 16.4: Einige Kriteriengleichungen des Stofftransportes.

System	Kriteriengleichung
laminare Rohrströmung	$(Sh) = 2 \cdot (Re)^{0.5} \cdot (Sc)^{0.5}$
turbulente Rohrströmung	$(Sh) = 0.025 \cdot (Re)^{0.8} \cdot (Sc)^{0.33}$
Flüssigkeitsfilm	$(Sh) = 0.023 \cdot (Re)^{0.8} \cdot (Sc)^{0.33}$
fallender Tropfen	$(Sh) = 2.0 + 0.6 \cdot (Re)^{0.5} \cdot (Sc)^{0.5}$
Katalysatorkorn	$(Sh) = 2.0 + 0.6 \cdot (Re)^{0.5} \cdot (Sc)^{0.33}$
Festbettreaktor	$(Sh) = 1.5 \cdot (Re)^{0.5}$
Wirbelschicht	$(Sh) = 0.5 \cdot (Re)1^{0.5} \cdot (Sc)^{0.33}$
Füllkörperkolonne:	
gasförmig/flüssig	$(Sh)^{gs} = 0.054 \cdot (Re)^{0.75} \cdot (Sc)^{0.5}$
flüssig/gasförmig	$(Sh)^{fl} = 0.45 \cdot (Re)^{0.70} \cdot (Sc)^{0.5}$

17 Thermodynamik der Mischphasen

Der Inhalt dieses Abschnittes stellt einige Zusammenhänge der Thermodynamik dar und geht dann zur Thermodynamik der Mischphasen über. Die *partiellen molaren Größen* und die *Gibbs-Duhem-Gleichung* werden behandelt. Mit der Einführung der *Exzeßgrößen* findet eine Überleitung zur Bestimmung der *Aktivitätskoeffizienten* statt. Sodann werden die empirischen Ansätze nach VAN LAAR, MARGULES etc. vorgestellt und schließlich die wichtigen Methoden UNIQUAC und UNIFAC behandelt.

Die Diskussion des idealen und nichtidealen Verhaltens einer Mischung wird anhand der *Dampfdruckkurven* geführt, ebenfalls werden die *Siedediagramme* und der Verlauf der *Zustandsfunktionen* vorgestellt. Der Abschnitt schließt mit der Gegenüberstellung der unterschiedlichen Darstellungen von Phasengleichgewichten idealer und realer Mischungen.

- GLEICHUNG VON GIBBS-DUHEM, Gl. 17.37: $\sum n_i d\mu_i = 0$

- GLEICHUNG VON DUHEM-MARGULES, Gl. 17.42: $\dfrac{x_A}{p_A}\left(\dfrac{\partial p_A}{\partial x_A}\right) = \dfrac{x_B}{p_B}\left(\dfrac{\partial p_B}{\partial x_B}\right)$

- FREIE MISCHUNGSENTHALPIE, Gl. 17.46: $\Delta_M G = n\,RT \sum_i x_i \ln x_i$

- FREIE EXZESSENTHALPIE DER MISCHUNG, Gl. 17.53: $\Delta_M G^E = RT \sum_i n_i \ln \gamma_i$

- AKTIVITÄTSKOEFFIZIENT, Gl. 17.56: $\dfrac{g^E}{RT} = \sum_i x_i \ln \gamma_i$

17.1 Begriffsbildungen der Thermodynamik

Systeme und Systemvariable: Im Rahmen der Chemischen Thermodynamik wird oft von *Stoffsystemen* oder einfacher von *Systemen* gesprochen, sie werden durch gedachte oder reale Flächen von der Umgebung abgegrenzt. Der Systembegriff der Thermodynamik bedarf jedoch noch einer weiteren Strukturierung; man unterscheidet:

1. *abgeschlossene* oder *adiabatische* Systeme, für die kein Masse- und Energieaustausch mit der Umgebung zugelassen ist;

2. *geschlossene* Systeme, die wohl Energie, aber nicht Masse mit der Umgebung austauschen können;

3. *offene* Systeme, denen der Austausch von Masse und Energie mit der Umgebung erlaubt ist.

In der Chemischen Verfahrenstechnik sind vor allem geschlossene und offene Systeme von Bedeutung. Ein geschlossenes System ist bei der *absatzweisen* Produktion im sog. *diskontinuierlichen* Rührkessel (auch *Batch* -Reaktor) verifiziert. Offene System treten bei allen *kontinuierlichen* Verfahrensstufen auf.

Charakteristisch für offene Systeme ist das Vorhandensein eines *stationären*, d.h. zeitlich unveränderlichen, dynamischen Zustandes. Für diese Systeme reichen die Gesetze der Gleichgewichtsthermodynamik allein *nicht* aus, man muß für deren Beschreibung die *Nichtgleichgewichtsthermodynamik* verwenden.

Die Zugehörigkeit verschiedener Komponenten i zu einem System ist im allgemeinen durch die Einheitlichkeit der *System-* oder *Zustandsvariablen* Druck, Temperatur und Zusammensetzung gegeben. In dem System kann, hervorgerufen durch den zugelassenen Masse- und Energiefluß im Falle des offenen Systems, ein Gradient dieser Systemvariablen auftreten. Dieser Gradient führt zu den irreversiblen Ausgleichsprozessen: Diffusion, Wärmeleitung und Viskosität, vgl. Abschn. 4.

Phasen und Komponenten: In einem System können mehrere koexistierende *Phasen* auftreten. So stellt z.B. eine halbvoll gefüllte Flasche mit einer gesättigten Kochsalzlösung und Kochsalz als Bodenkörper ein geschlossenes System mit drei koexistierenden Phasen (fest, flüssig, gasförmig) dar. Phasen sind durch Phasengrenzflächen voneinander geschieden. Phasen können in ihrem Aufbau *homogen* oder *heterogen* sein.

Fügt man dem genannten Beispiel noch eine große Menge Zucker hinzu, so wird sich die feste Phase heterogen aus ungelöstem Zucker und Kochsalz zusammensetzen, die gelöste Phase dagegen ist molekulardispers homogen. Insofern hängt im Kontinuum die Verwendung der Begriffe homogen und heterogen vom Dispersionsgrad der Phasen ab.

Die ein System aufbauenden Atom- oder Molekülsorten nennt man *Komponenten* des Systems. Die Anzahl der Komponenten eines Systems kann sich im Verlauf einer chemischen Reaktion ändern.

Zustandsfunktionen und totales Differential: Druck, Temperatur und Zusammensetzung legen den Zustand eines Systems eindeutig fest. Diese Größen stellen die *unabhängigen Zustandsvariablen* dar. Alle durch Angabe dieser Zustandsvariablen eindeutig bestimmten Funktionen nennt man *Zustandsfunktionen*.

Zustandsfunktionen haben bestimmte mathematische Eigenschaften, insbesondere müssen sie *stetig* und *differenzierbar* sein. Da mehrere Zustandsvariable auf eine Zustandsfunktion einwirken, gelten die Regeln der Differentiation einer Funktion mit mehreren Veränderlichen. Funktionen dieser Art lassen sich als *totales Differential* oder *vollständige Ableitung* darstellen.

Sei Ω eine Zustandsfunktion, z.B. das Volumen, dann sind die Zustandsvariablen: der Druck p, die Temperatur T und die Stoffmengen $n_i, n_j, n_k, \ldots$ der das System aufbauenden Komponenten $i, j, k, \ldots$. Das totale Differential von Ω ist dann gegeben durch:

$$d\Omega = \left(\frac{\partial \Omega}{\partial p}\right)_{T,n_i,n_j,n_k\ldots} dp +$$
$$+ \left(\frac{\partial \Omega}{\partial T}\right)_{p,n_i,n_j,n_k,\ldots} dT +$$
$$+ \left(\frac{\partial \Omega}{\partial n_i}\right)_{p,T,n_j,n_k,\ldots} dn_i +$$
$$+ \left(\frac{\partial \Omega}{\partial n_j}\right)_{p,T,n_i,n_k,\ldots} dn_j + \cdots$$

Bei der Bildung der partiellen Ableitungen sind alle unabhängigen Variablen, mit Ausnahme der zu differenzierenden, konstant gehalten; dies wird durch Indizierung der Klammer angedeutet. Da dieser Sachverhalt für die partielle Differentiation ohnehin selbstverständlich ist, wird die Indizierung nicht immer konsequent durchgeführt.

Die partiellen Differentialquotienten sind wieder differenzierbare Funktionen der unabhängigen Variablen, dafür gilt der

▷ SATZ VON SCHWARZ:

$$\boxed{\frac{\partial}{\partial p}\left(\frac{\partial \Omega}{\partial T}\right)_{n_i,n_j,\ldots} = \left(\frac{\partial^2 \Omega}{\partial p\, \partial T}\right)_{n_i,n_j,\ldots} = \frac{\partial}{\partial T}\left(\frac{\partial \Omega}{\partial p}\right)_{n_i,n_j,\ldots} = \left(\frac{\partial^2 \Omega}{\partial T\, \partial p}\right)_{n_i,n_j,\ldots}}$$

Extensive und intensive Größen: Alle physikalischen Größen, die proportional zur Stoffmenge n eines Systems sind, nennt man *extensive* Größen; die anderen Größen sind *intensive* Größen. Diese Proportionalität gilt für die Masse, das Volumen, der inneren Energie, der Enthalpie, der Entropie. Nicht proportional zur Stoffmenge sind z.B. der Druck, die Temperatur und alle partiellen molaren Größen. Verdoppelt man die Stoffmenge eines Systems, so verdoppelt sich bei sonst konstanten Bedingungen auch das Volumen, nicht dagegen die Temperatur.

Extensive Größen bezieht man im allgemeinen auf die Stoffmenge: 1 mol, oder die Masse: 1 kg. Diese Größen nennt man *spezifische* Größen, sie haben die Eigenschaft einer intensiven Größe. Eine wichtige intensive Größe im Bereich der chemischen Thermodynamik ist das *chemische Potential* μ_i der Komponente i einer Mischung.

Stoffmengenbezogene (molare) Größen: Die auf die Stoffmenge bezogenen extensiven Größen werden auch *molare Größen* genannt.

▷ Definition einer molaren Grösse:
Ist Ω eine Zustandsfunktion, dann ist deren molare Größe Ω_m gegeben durch den Quotienten der Zustandsfunktion und der Stoffmenge:

$$\boxed{\Omega_m = \frac{\Omega}{n}} \quad (17.1)$$

Üblicherweise werden die energetischen Größen einer chemischen Reaktion stoffmengenbezogen gehandhabt. Insbesondere gilt dies für die Standard-Reaktionsenthalpie $\Delta_R H^\ominus$ und die Freie Standard-Reaktionsenthalpie $\Delta_R G^\ominus$, die entweder stoffmengenbezogen, Einheit: J mol^{-1}, oder massenbezogen, Einheit: J kg^{-1}, tabelliert sind. Die so verstandenen, auf eine Reaktion oder die Bildung einer Verbindung bezogenen Enthalpien, Freien Enthalpien und Entropien sind immer intensive Größen, vgl. Abschn. 8.3.

Im vorliegenden Text werden von den intensiven Größen das molare Volumen v und die stoffmengenbezogene bzw. massenbezogene Wärmekapazität $c_p, \tilde{c}_p$ durch Kleinschreibung gesondert gekennzeichnet, alle anderen nicht auf eine chemische Reaktion oder die Bildung von Verbindungen bezogenen Zustandsgrößen werden mit dem Index m gekennzeichnet: die molare Verdampfungsenthalpie wird z.B. als $\Delta_V H_m$ geschrieben.

Partielle molare Größen: *Partielle molare* Größen spielen im Bereich der Mischphasenthermodynamik eine bedeutende Rolle und werden in Abschn. 17 eingehend behandelt. Der Vollständigkeit halber wird deren Definition hier nur kurz angegeben

▷ Definition einer partiellen molaren Grösse:
Ist Ω eine Zustandsfunktion, dann ist deren *partielle molare* Größe $\Omega_{i,m}$ bezüglich der Komponente i bei konstanter Stoffmenge weiterer Komponenten gegeben durch den Differentialquotienten:

$$\boxed{\Omega_{i,m} = \frac{\partial \Omega}{\partial n_i}} \quad (17.2)$$

Vorzeichenkonvention: Bezüglich der Änderungen thermodynamischer Quantitäten (Wärme, Arbeit) stellt man sich auf den Standpunkt des Systems und bilanziert nach der Art eines Buchhalters. Leistet das System Arbeit, dann gibt das System diese Quantität ab: der Buchhalter registriert den Abfluß mit einem Minuszeichen.

Eine wärmeliefernde *exotherme* Reaktion führt zu einer Erhöhung der Systemtemperatur: zur Konstanthaltung der Temperatur muß also Wärme aus dem System abgeführt werden. Demzufolge werden exotherme Reaktionsenthalpien mit einem negativen Vorzeichen versehen.

Der 1. Hauptsatz der Thermodynamik: Stehen zwei Körper A und B im thermischen Gleichgewicht mit einem dritten Körper C, so stehen sie auch untereinander im thermischen Gleichgewicht. Dieser Satz läßt die folgenden Rückschlüsse zu:

1. im thermischen Gleichgewicht stehenden Körper haben eine gemeinsame – die *Temperatur* genannte – Eigenschaft;
2. mit diesem Erfahrungssatz kann der Grad der Erwärmung und damit eine Reihung der Temperatur verschiedener Körper angegeben werden.

Nach dem *1. Hauptsatz der Thermodynamik* kann die *Innere Energie U*, Einheit: J, eines Systems – darunter soll zunächst ein Gas verstanden werden – sowohl durch Wärmebeträge (δQ) wie auch durch Arbeitsbeträge (δW) geändert werden:

▷ 1. HAUPTSATZ DER THERMODYNAMIK:

$$\boxed{dU = \delta Q + \delta W} \tag{17.3}$$

Aus dieser Formulierung ergibt sich unmittelbar, daß man wohl vom Energieinhalt eines Systems, *nicht* aber vom Arbeits- oder Wärmeinhalt eines Systems, sprechen kann: Wärme und Arbeit sind Formen der Energieübertragung.

Während die Änderung der Inneren Energie dU wegunabhängig ist, trifft dies für die Änderungen der Arbeits- und Wärmebeträge nur in Sonderfällen zu. Im allgemeinen sind die Änderungen der Arbeits- und Wärmemengen eines Systesm wegabhängig: man schreibt daher zur Unterscheidung oft δW und δQ. Dies trifft für alle *realen* Prozesse zu.

Für idealisiert reversible – also umkehrbare – Prozesse dagegen, ist die Änderung der Arbeits- und Wärmeinhalte eines Systems wegunabhängig: man schreibt dann dW und dQ. Der Arbeitsbetrag δW wird bei Gasen meist durch Volumenarbeit erbracht, es gilt für die *reversible* Expansion des arbeitleistenden Systems:

$$dW = -p\,dV \tag{17.4}$$

Setzt man diesen Ausdruck in die obige Gl. 17.3 ein, so ergibt sich im reversiblen Fall:

$$dU = dQ - p\,dV \tag{17.5}$$

Erfolgt eine Zustandsänderung bei konstantem Volumen, so ist $dU = dQ$. Es ist nun zweckmäßig, einen ähnlichen einfachen Zusammenhang auch für konstanten Druck bereitzustellen. Man definiert daher eine *Enthalpie H*, Einheit: J, die sich von der Inneren Energie U um die Verdrängungsarbeit pV des Gases unterscheidet:

▷ DEFINITION DER ENTHALPIE:

$$\boxed{H = U + pV} \tag{17.6}$$

Die Differentiation dieser Definitionsgleichung liefert nach dem Einsetzen von Gl. 17.5:

$$dH = dU + p\,dV + V\,dp \rightsquigarrow \quad dH = dQ + V\,dp \tag{17.7}$$

Der 2. Hauptsatz der Thermodynamik Der bekannte Versuch von Joule – Umwandlung der mechanischen Arbeit eines Rührers in eine Wärmemenge – zeigt die praktische Unmöglichkeit, eine Wärmemenge in eine gleichgroße Arbeitsmenge zurückzuwandeln. Es existiert also eine thermodynamische Funktion, die Aussagen darüber macht, ob ein Prozeß *wirklich* ablaufen kann. Diese Größe ist eine Zustandsfunktion und wird *Entropie* genannt, Einheit: $J K^{-1}$. Eine mögliche – und zweckmäßige – Formulierung des *2. Hauptsatzes der Thermodynamik* ergibt sich mit der

▷ DEFINITION DER ENTROPIE:

$$dS = \frac{dQ}{T} \quad , J K^{-1} \tag{17.8}$$

Die Entropieänderung eines Systems ist gleich der *reversibel* ausgetauschten Wärmemenge dQ dividiert durch die Temperatur: nur unter dieser Bedingung ist dQ wegunabhängig und eine Zustandsfunktion.

Diese Formulierung stellt den idealen Grenzfall reversibler Prozeßführung dar. Aufgrund stets ablaufender irreversibler Transportprozesse ist dieser Grenzfall in der Realität nur näherungsweise erreichbar. Man formuliert daher besser:

$$dS \geq \frac{\delta Q}{T} \tag{17.9}$$

Die Entropie bleibt bei streng reversiblen Prozessen in *abgeschlossenen* Systemen konstant, bei realen Prozessen mit irreversiblen Anteilen nimmt sie zu.

Die Entropie S eines Systems ist abhängig von Temperatur, Volumen und Zusammensetzung $S = S(T, V, n_i, n_j, ...)$ bzw. von Temperatur, Druck und Zusammensetzung $S = S(T, p, n_i, n_j, ...)$. Die totalen Differentiale von S lauten demnach:

$$dS = \left(\frac{\partial S}{\partial T}\right)_{V, n_i, n_j, ...} dT + \left(\frac{\partial S}{\partial V}\right)_{T, n_i, n_j, ...} dV +$$
$$+ \left(\frac{\partial S}{\partial n_i}\right)_{T, V, n_j, ...} dn_i + \left(\frac{\partial S}{\partial n_j}\right)_{T, V, n_i, ...} dn_j + \cdots$$

$$dS = \left(\frac{\partial S}{\partial T}\right)_{p, n_i, n_j, ...} dT + \left(\frac{\partial S}{\partial p}\right)_{T, n_i, n_j, ...} dp +$$
$$+ \left(\frac{\partial S}{\partial n_i}\right)_{p, T, n_j, ...} dn_i + \left(\frac{\partial S}{\partial n_j}\right)_{p, T, n_i, ...} dn_j + \cdots$$

Die partiellen Differentialquotienten ergeben sich nach der Gl 17.8 und den Definitionen der Wärmekapazitäten nach Gl. 20.4. Für $v = $ const ist nach Gl. 17.5: $dQ = dU$, analog ergibt sich für $p = $ const nach der Gleichung: $dQ = dH$:

$$\left(\frac{\partial S}{\partial T}\right)_{V, n_i, n_j, ...} = \left(\frac{\partial Q}{T \partial T}\right)_{V, n_i, n_j, ...} = \left(\frac{\partial U}{T \partial T}\right)_{V, n_i, n_j, ...} = \frac{C_v}{T} \tag{17.10}$$

$$\left(\frac{\partial S}{\partial T}\right)_{p, n_i, n_j, ...} = \left(\frac{\partial Q}{T \partial T}\right)_{p, n_i, n_j, ...} = \left(\frac{\partial H}{T \partial T}\right)_{p, n_i, n_j, ...} = \frac{C_p}{T} \tag{17.11}$$

Die Freie Enthalpie Die Enthalpie allein reicht zur Beschreibung der Nutzarbeit eines technischen Systems nicht aus. Das ist die Folgerung aus einer der möglichen Formulierungen des 2. Hauptsatzes, wonach Wärme nicht vollständig in Arbeit umgesetzt werden kann. Ein Teil der Wärme wird stets für irreversible Prozesse verbraucht (man sagt auch: vergeudet oder dissipiert).

Es ist nun sinnvoll, den Anteil der Wärme, der in Arbeit umgewandelt werden kann, zu ermitteln: Dazu greifen wir auf den 2. Hauptsatz zurück und setzen dort für dQ den aus dem 1. Hauptsatz bekannten Ausdruck ein und erhalten für konstantes Volumen:

$$
\begin{aligned}
\text{2. Hauptsatz} &: T\,dS = dQ \\
\text{1. Hauptsatz} &: dQ = dU - dW \\
&\rightsquigarrow dW = dU - T\,dS
\end{aligned}
$$

Die *reversibel* gewinnbare Arbeit bei *konstantem Volumen* ist also gleich der Änderung der Inneren Energie abzüglich der Entropieänderung multipliziert mit der Temperatur. Der gewinnbare Arbeitsanteil bei konstantem Volumen wird *Freie Energie F*, Einheit: J, genannt:

▷ REVERSIBEL GEWINNBARE ARBEIT FÜR $V, T = \text{CONST}$:
▷ DEFINITION DER FREIEN ENERGIE:

$$
\boxed{\begin{aligned} dF &= dU - T\,dS \\ F &= U - TS \end{aligned}} \tag{17.12}
$$

Das Differential der Freien Energie lautet allgemein: $dF = dU - T\,dS - S\,dT$.

Ein vergleichbares Ergebnis erhält man für konstanten Druck, wenn die Definition der Enthalpie berücksichtigt wird: $dQ = dH - V\,dp$:

$$
\begin{aligned}
\text{2. Hauptsatz} &: T\,dS = dQ \\
\text{1. Hauptsatz} &: dQ = dH - V\,dp \\
&\rightsquigarrow dW = dH - T\,dS
\end{aligned}
$$

Die *reversibel* gewinnbare Arbeit bei *konstantem Druck* ist gleich der Änderung der Enthalpie abzüglich der Entropieänderung multipliziert mit der Temperatur. Dieser gewinnbare Arbeitsanteil bei konstantem Druck wird *Freie Enthalpie G*, Einheit: J, genannt:

▷ REVERSIBEL GEWINNBARE ARBEIT FÜR $p, T = \text{CONST}$:
▷ DEFINITION DER FREIEN ENTHALPIE:

$$
\boxed{\begin{aligned} dG &= dH - T\,dS \\ G &= H - TS \end{aligned}} \tag{17.13}
$$

Das Differential der freien Enthalpie lautet allgemein: $dG = dH - T\,dS - S\,dT$.
Von praktischer Bedeutung ist vor allem die Freie Enthalpie; deren totalen Differentiale für Ein- und Mehrkomponentensystem lauten:

▷ TOTALES DIFFERENTIAL VON G FÜR EIN EINKOMPONENTENSYSTEM:

$$\boxed{dG = \left(\frac{\partial G}{\partial T}\right)_p dT + \left(\frac{\partial G}{\partial p}\right)_T dp} \tag{17.14}$$

▷ TOTALES DIFFERENTIAL VON G FÜR EIN MEHRKOMPONENTENSYSTEM:

$$\boxed{dG = \left(\frac{\partial G}{\partial T}\right)_{p,n_i,n_j} dT + \left(\frac{\partial G}{\partial p}\right)_{T,n_i,n_j} dp + \sum_i \left(\frac{\partial G}{\partial n_i}\right)_{p,T,n_j \neq n_i} dn_i} \tag{17.15}$$

Die Gln. 17.13 und 17.6 und die Hauptsätze der Thermodynamik liefern:

$$G = H - TS \quad \rightsquigarrow \quad dG = dH - T\,dS - S\,dT$$
$$H = U + pV \quad \rightsquigarrow \quad dH = dU + p\,dV + V\,dp$$
$$\text{1. Hauptsatz} \quad : \quad dU = dQ - p\,dV$$
$$\text{2. Hauptsatz} \quad : \quad dS = dQ/T$$

Nach schrittweisem Einsetzen der obigen Beziehungen erhält man:

$$dG = V\,dp - S\,dT \tag{17.16}$$

Den partiellen Differentialquotienten des totalen Differentiales für die Freie Enthalpie nach Gl. 17.14 kommen die folgenden Bedeutungen zu:

$$\left(\frac{\partial G}{\partial T}\right)_p = -S, \quad \left(\frac{\partial G}{\partial p}\right)_T = V \tag{17.17}$$

Die Nutzarbeit eines technischen Systems: Wie oben mit Gl. 17.13 gezeigt wurde, ist die Nutzarbeit eines Systems bei konstantem Druck gegeben durch die Freie Enthalpie G. Der Ausdruck in dieser Gleichung wurde aus dem 2. Hauptsatz in der Form $dS = dQ/T$ hergeleitet, demzufolge gilt $dG = dW$ nur für die *reversible* Nutzarbeit. Man kann also schreiben:

$$dG - dW = 0 \tag{17.18}$$

Der reversibel nutzbare Arbeitsumsatz wird jedoch durch irreversible Anteile vermindert, also:

$$\delta W^{\text{prakt}} = dW - \delta W^{\text{irrev}} \quad \rightsquigarrow \quad dW = \delta W^{\text{prakt}} + \delta W^{\text{irrev}}$$

Die Nutzarbeit ist also im realen Fall *kleiner* als die reversibel gewonnene Arbeit, demzufolge ist:

$$dG - (\delta W^{\text{prakt}} + \delta W^{\text{irrev}}) < 0 \tag{17.19}$$

Die Freie Enthalpie kann bei einem *realen* Vorgang nur abnehmen, im thermodynamischen Gleichgewicht erreicht sie ein Minimum.

17.2 Die partiellen molaren Größen

Das Idealität einer Mischung läßt sich nicht unmittelbar aus den Eigenschaften der isoliert vorliegenden Komponenten herleiten. Für das thermodynamische Verhalten der Mischung sind vielmehr die *molekularen Wechselwirkungen* der Komponenten zueinander entscheidend. Daher sind *extensive* (d.i. proportional der Stoffmenge) Größen zur Beschreibung von Mischungen nicht geeignet. Es ist vielmehr besser, den Anteil der jeweiligen Komponente an der Eigenschaft der Mischung festzulegen und durch Summation über alle Komponenten auch deren Eigenschaften zum Gesamtverhalten der Mischung zu erhalten. Diese gewünschte Eigenschaft haben die *partiellen molaren Größen*.

Zur Einführung in die partiellen molaren Größen betrachten wir eine beliebige Zustandsfunktion Ω als stetige Funktion von Druck, Temperatur und Zusammensetzung: $\Omega = \Omega(p, T, n_i, n_j, n_k \cdots)$, dann ist deren totales Differential:

$$d\Omega = \left(\frac{\partial \Omega}{\partial p}\right)_{T,n_i,\ldots} dp + \left(\frac{\partial \Omega}{\partial T}\right)_{p,n_i,\ldots} dT + + \left(\frac{\partial \Omega}{\partial n_i}\right)_{p,T,n_j \neq n_i,\ldots} dn_i + \cdots \quad (17.20)$$

Diese funktionelle Abhängigkeit soll sich in ein druck - und temperaturabhängiges Glied $\Omega_{i,m}(p,T)$ und ein von der Zusammensetzung abhängiges Glied n_i faktorisieren lassen, also:

$$\Omega = \sum_i \Omega_{i,m}\, n_i \quad (17.21)$$

Das hierzu gehörige totale Differential lautet dann:

$$d\Omega = \left(\sum_i \frac{\partial \Omega_{i,m}}{\partial p} n_i\right) dp + \left(\sum_i \frac{\partial \Omega_{i,m}}{\partial T} n_i\right) dT + \sum_i \Omega_{i,m}\, dn_i \quad (17.22)$$

Vergleicht man die Terme der totalen Differentiale nach den Gln. 17.20 und 17.22, dann verbleibt für konstanten Druck und konstante Temperatur:

$$\Omega_{i,m} = \frac{\partial \Omega}{\partial n_i} \quad (17.23)$$

Definition: Die partielle molare Größe $\partial \Omega / \partial n_i = \Omega_{i,m}$ der Zustandsfunktion Ω ist für $p, T = $ const gegeben durch die Änderung von Ω in der Mischung bei Zugabe von 1 mol der Komponente i zu einer als so groß angenommenen Mischungsmenge, daß sich deren Zusammensetzung praktisch nicht ändert. Da nun $\Omega_{i,m}$ per definitionem von der Zusammensetzung unabhängig ist, kann man den Ausdruck $\partial \Omega = \Omega_{i,m}\, \partial n_i$ für jede Komponente integrieren und erhält:

$$\Omega = \Omega_{i,m} n_i + \Omega_{j,m} n_j + \Omega_{k,m} n_k + \cdots = \sum_i \Omega_{i,m} n_i \quad (17.24)$$

Die Differentiation dieses Ausdruckes ergibt sofort:

$$d\Omega = \sum_i \Omega_{i,m}\, dn_i + \sum_i n_i\, d\Omega_{i,m} \quad (17.25)$$

17.2.1 Das Volumen als Zustandsfunktion

Zur Darstellung einiger wichtiger Sachverhalte der Thermodynamik der Mischphasen wird auf das Volumen als Zustandsfunktion zurückgegriffen, da es sich bequem messen läßt und eine größere Anschaulichkeit besitzt.

Das Volumen einer Mischung von i Komponenten ist eine Funktion des Druckes, der Temperatur und der Stoffmenge dieser Komponenten. Der funktionelle Zusammenhang dieser drei Zustandsgrößen wird *thermische Zustandsgleichung* genannt und ergibt sich aus dem totalen Differential. Das totale Differential des Volumens lautet über alle Komponenten i der Mischung:

$$dV = \left(\frac{\partial V}{\partial p}\right)_{T,n_i} dp + \left(\frac{\partial V}{\partial T}\right)_{p,n_i} dT + \sum_i \left(\frac{\partial V}{\partial n_i}\right)_{p,T,n_j \neq n_i} dn_i \qquad (17.26)$$

Die partiellen Ableitungen des Volumens nach den Komponenten $i, j, k, \ldots$:

$$\frac{\partial V}{\partial n_i} = v_i \quad, \frac{\partial V}{\partial n_j} = v_j \quad, \frac{\partial V}{\partial n_k} = v_k \quad, \ldots \qquad (17.27)$$

werden die *partiellen molaren Volumina* der Komponenten i, j und k genannt. Die partiellen Ableitungen nach Druck und Temperatur definieren die *Kompressibilität* κ und den *thermischen Ausdehnungskoeffizienten* α:

$$-\kappa V_0 = \frac{\partial V}{\partial p}; \qquad \alpha V_0 = \frac{\partial V}{\partial T} \qquad (17.28)$$

Wir wollen die Verhältnisse bei konstantem Druck und Temperatur betrachten und das Augenmerk den partiellen molaren Volumina zuwenden. Aus den allgemeinen Eigenschaften einer partiellen molaren Größe ergibt sich aus Gl. 17.24 für die Mischung zweier Komponenten A und B:

$$V = n_A v_A + n_B v_B \qquad (17.29)$$

Diese Gleichung besagt, daß bei der Herstellung einer Mischung *keine* Volumenänderung eintritt; dieser Fall ist bei der sog. *idealen Mischung* realisiert. Bei *realen* Mischungen treten aufgrund der unsymmetrischen Wechselwirkungen der Mischungspartner signifikante Volumeneffekte auf.

Dieser Sachverhalt bietet die Möglichkeit eines einfachen Testes zur Beurteilung der Idealität einer Mischung: durch Messung der Teilvolumina der Komponenten A und B vor der Mischung und des Gesamtvolumens nach der Mischung kann schnell die Idealität der Mischung überprüft werden.

Ermittlung des partiellen molaren Volumens: Für zwei Komponenten A und B einer Mischung gilt nach Gl. 17.29 mit der Einführung der Stoffmengenanteile $n_A/(n_A + n_B) = x_A$ und $n_B/(n_A + n_B) = x_B$:

$$\frac{V}{n_A + n_B} = \overline{V} = x_A v_A + x_B v_B$$
$$\overline{V} = (1 - x_B)v_A + x_B v_B = v_A + x_B(v_B - v_A) \qquad (17.30)$$

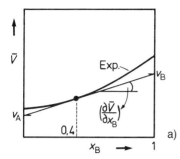 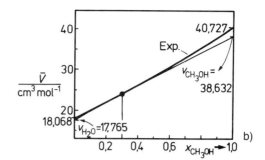

Abbildung 17.1: (a) Ermittlung des partiellen molaren Volumens; (b) das System Wasser/Methanol bei 298 K und 1 bar.

Die resultierende Größe $\overline{V}$ wird das *mittlere partielle molare Volumen* genannt. Die Gl. 17.30 wird nun nach x_B differenziert und nach v_B aufgelöst:

$$\frac{\partial \overline{V}}{\partial x_B} = v_B - v_A \quad \leadsto \quad v_B = \frac{\partial \overline{V}}{\partial x_B} + v_A \tag{17.31}$$

Dieser Ausdruck wird in die Gl. 17.30 eingesetzt, es folgt:

$$\overline{V} = v_A + x_B \left(\frac{\partial \overline{V}}{\partial x_B} + v_A - v_A \right)$$

$$\leadsto \quad v_A = \overline{V} - x_B \left(\frac{\partial \overline{V}}{\partial x_B} \right) \quad \text{bzw.} \quad v_B = \overline{V} + (1 - x_B) \frac{\partial \overline{V}}{\partial x_B} \tag{17.32}$$

Diese Gleichungen dienen zur Ermittlung von v_A und v_B: dazu errichtet man an dem experimentell ermittelten Kurvenzug (Exp. in Abb. 17.1 für den gewünschten Stoffmengenanteil x_B die Tangente (in Abb. 17.1(a) für $x_B = 0.4$) und erhält aus dem Ordinatenabschnitt v_A sowie aus der Steigung $d\overline{V}/dx_B$. In Abb. 17.1 ist die Auftragung für das System Methanol/Wasser erfolgt: für den Stoffmengenanteil $x_{CH_3OH} = 0.3$ ergibt sich das partielle molare Volumen von Wasser zu $v_{H_2O} = 17.765$ cm^3 mol^{-1}, das des Methanols zu $v_{CH_3OH} = 38.632$ cm^3 mol^{-1}.

Das Exzeßvolumen: Die Exzeßgrößen werden zur Beschreibung des realen Verhaltens eines thermodynamischen Systems herangezogen: die Exzeßgröße gibt den *Überschuß* der real ermittelten Zustandsfunktion über die ideal berechnete Zustandsfunktion an

▷ DEFINITION EINER EXZESSGRÖSSE:

$$\boxed{\Omega^E = \Omega^{re} - \Omega^{id}} \tag{17.33}$$

Das partielle molare Exzeßvolumen für das System Methanol/Wasser ergibt für Wasser sich als Differenz $v^{re} - v^{id} = 17.765 - 18.068$ zu $v^E = -0.841$ cm^3 mol^{-1}. Für Methanol folgt analog $v^E = -2.095$ cm^3 mol^{-1}.

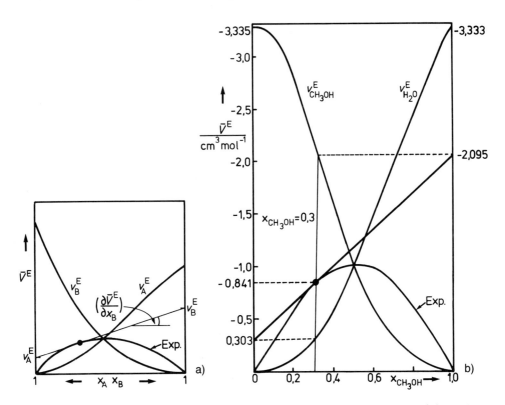

Abbildung 17.2: (a) Ermittlung des partiellen molaren Exzeßvolumens; (b) das System Wasser/Methanol bei 298 K und 1 bar.

Die Darstellung der Exzeßgrößen erfolgt analog zu den partiellen molaren Größen, dazu formulieren wir in Analogie zur Gl. 17.30 die Exzeßgrößen:

$$\overline{V}^E = x_A v_A^E + x_B v_B^E \tag{17.34}$$

Von dieser Gleichung ausgehend können wir die nach der Gl. 17.30 folgende Ableitung des partiellen molaren Volumens analog auch für das partielle molare Exzeßvolumen durchführen, wir erhalten schließlich ebenso wie dort die Bestimmungsgleichungen:

$$v_A^E = \overline{V}^E - x_B \left(\frac{\partial \overline{V}^E}{\partial x_B}\right) \quad \text{und} \quad v_B^E = \overline{V}^E + (1 - x_B) \frac{\partial \overline{V}^E}{\partial x_B} \tag{17.35}$$

Auch hier errichtet man in dem experimentell ermittelten Kurvenzug die Tangente in x_B, in Abb. 17.2(a) ist $x_B = 0.3$, und erhält aus dem Ordinatenabschnitt v_A^E und aus der Steigung $\partial \overline{V}^E / \partial x_B$. Die Auftragung des so ermittelten Wertes für v_A^E in dem gleichen Diagramm führt zur Kurve v_A^E; analog erhält man v_B^E. In Abb. 17.2(b) ist wieder das System Methanol/Wasser dargestellt.

17.2.2 Die Gleichung von Gibbs-Duhem

Zur Ableitung der Gleichung von Gibbs-Duhem greifen wir auf die Eigenschaft der partiellen molaren Größen zurück und formulieren Gl. 17.24 für die freie Enthalpie:

$$dG = \sum_i \mu_i dn_i + \sum_i n_i d\mu_i \qquad (17.36)$$

Da im thermodynamischen Gleichgewicht die Änderungen der Zustandsgrößen Null werden, kann man diese Gleichung mit dem totalen Differential $dG = V\,dp - S\,dT + \sum_i \mu_i\,dn_i$ gleichsetzen, es ergibt sich für $p, T = $ const die

▷ GLEICHUNG VON GIBBS-DUHEM:

$$\boxed{\sum_i n_i d\mu_i = 0} \qquad (17.37)$$

Setzt man in diese Gleichung das chemische Potential $\mu_i = \mu_i^\ominus + RT \ln[p_i/p_i^\ominus]$ ein, dann folgt für ein binäres System mit den Komponenten A und B (für die Ableitungen der konstanten Größen gilt: $d\mu_i^\ominus = dp_i^\ominus = 0$) mit der Definition des Stoffmengenanteiles $x_i = n_i / \sum n_i$:

$$\begin{aligned} n_A d\mu_A + n_B d\mu_B &= 0 \\ n_A d\ln p_A + n_B d\ln p_B &= 0 \\ x_A d\ln p_A + x_B d\ln p_B &= 0 \end{aligned} \qquad (17.38)$$

Die vorstehenden Ausdrücke werden mit Gewinn vor allem auf Lösungen angewandt: nach dem *Raoult-Gesetz* kann $p_i = x_i p_i^\ominus$ substituiert werden. Für reale Verhältnisse ersetzt man den Stoffmengenanteil in der Lösung durch die Aktivität und schreibt $p_i = a_i p_i^\ominus$, vgl. Abschn. 2.10.1 . Eingesetzt in die Gl. 17.38 ergibt sich, da d $\ln p^\ominus = 0$, ein Zusammenhang der Aktivitätskoeffizienten einer Mischung:

$$\sum_i x_i d\ln a_i = 0 \qquad (17.39)$$

Die Gleichung 17.38 wird partiell nach x_A differenziert, wegen $x_A = 1 - x_B$ folgt der Ausdruck $\partial x_A = -\partial x_B$:

$$x_A \frac{\partial \ln p_A}{\partial x_A} = -x_B \frac{\partial \ln p_B}{\partial x_A} \qquad (17.40)$$

$$x_A \frac{\partial \ln p_A}{\partial x_A} = x_B \frac{\partial \ln p_B}{\partial x_B} \qquad (17.41)$$

▷ DUHEM-MARGULES-GLEICHUNG:

$$\boxed{\frac{x_A}{p_A}\left(\frac{\partial p_A}{\partial x_A}\right) = \frac{x_B}{p_B}\left(\frac{\partial p_B}{\partial x_B}\right)} \qquad (17.42)$$

Mit dieser Gleichung läßt sich die Konsistenz experimentell aufgenommener Dampfdruckkurven überprüfen: für den Stoffmengenanteil 0.5 sind die relativen Steigungen der Dampfdruckkurven des binären Gemisches vom Betrag gleich: $\partial \ln p_A / \partial x_A = \partial \ln p_B / \partial x_B$.

17.3 Die Freie Mischungsenthalpie

Mischungen von Gasen: Zur Ableitung der Freien Mischungsenthalpie betrachten wir die Freie Enthalpie zweier idealer Gase A und B, die nicht miteinander vermischt sind:

$$G^{\text{vor}} = G_A + G_B$$
$$G^{\text{vor}} = n_A \mu_A + n_B \mu_B$$
$$G^{\text{vor}} = n_A \left(\mu_A^\ominus + RT \ln \frac{P}{p^\ominus} \right) + n_B \left(\mu_B^\ominus + RT \ln \frac{P}{p^\ominus} \right)$$

Nach dem Mischen setzen sich die freien Enthalpien der Gase additiv bezüglich ihrer Partialdrucke p_i zusammen:

$$G^{\text{nach}} = n_A \left(\mu_A^\ominus + RT \ln \frac{p_A}{p^\ominus} \right) + n_B \left(\mu_B^\ominus + RT \ln \frac{p_B}{p^\ominus} \right) \tag{17.43}$$

Die freie Mischungsenthalpie (Index: M) ist die Differenz beider Freier Enthalpien:

$$\Delta_M G = G^{\text{nach}} - G^{\text{vor}}$$
$$\Delta_M G = n_A RT \ln \frac{p_A}{P} + n_B RT \ln \frac{p_B}{P} \tag{17.44}$$

Nach Berücksichtigung des *Dalton-Gesetzes* $p_A = x_A P$ bzw. $p_B = x_B P$ und der Definition des Stoffmengenanteiles $x_i = n_i / \sum n_i = n_i / n$ ergibt sich:

$$\Delta_M G = nRT \left(x_A \ln x_A + x_B \ln x_B \right) \tag{17.45}$$

▷ FREIE MISCHUNGSENTHALPIE IDEALER GASE:

$$\boxed{\Delta_M G = nRT \sum_i x_i \ln x_i} \tag{17.46}$$

Aus diesem Ausdruck folgt über die Definition $S = -\partial G / \partial T$ sofort die *Mischungsentropie*:

$$\Delta_M S = -nR \sum_i x_i \ln x_i \tag{17.47}$$

Da $x_i < 1 \leadsto \ln x_i < 0$, d.h. die Mischungsentropie idealer Gase ist immer positiv.

Flüssige Mischungen: Mit einem analogen Gedankengang erhält man unter Berücksichtigung des *Raoult-Gesetzes*: $p_i = x_i p_i^\ominus$ einen Ausdruck für die

▷ FREIE MISCHUNGSENTHALPIE IDEALER BZW. REALER LÖSUNGEN:

$$\boxed{\begin{aligned} \Delta_M G &= nRT x_i \ln x_i \\ \Delta_M G &= nRT x_i \ln a_i \end{aligned}} \tag{17.48}$$

Die freie Mischungsenthalpie setzt sich nach der Gleichung von Gibbs-Helmholtz aus der Mischungsenthalpie und der Mischungsentropie zusammen:

$$\Delta_M G = \Delta_M H - T \Delta_M S \tag{17.49}$$

17.4 Die Mischungsenthalpie

Die Mischungswärme ist definiert als die mit dem System ausgetauschte Wärmemenge, wenn n_A mol der Komponente A mit n_B mol der Komponente B bei konstanter Temperatur und konstantem Druck gemischt werden. Demzufolge gilt nach dem 1. Hauptsatz:

$$dQ = dH$$

Die so definierte Mischungsenthalpie ist eine *extensive* thermodynamische Variable; die stoffmengenbezogene integrale Mischungsenthalpie (je mol Mischung) ist dann die *intensive* thermodynamische Variable $\Delta_M H$. Im idealen Fall ist $\Delta_M H = 0$; das Auftreten einer Mischungsenthalpie bei der Herstellung einer Mischung führt daher direkt zur *Exzeßenthalpie* der Mischung, s. unten.

Je nach dem, ob die Mischungsenthalpie $\Delta_M H$ gleich Null, größer oder kleiner Null ist, unterscheidet man folgende Mischungen:

- $\Delta_M H = 0$: in diesem Fall liegt eine ideale Mischung vor. Die Komponenten A und B einer Mischung unterliegen *symmetrischen* Wechselwirkungen (WW); für konstanten Druck und Temperatur nimmt das gemischte System kein neues Minimum der inneren Energie ein.

$$WW(AA) = WW(BB) = WW(AB)$$

- $\Delta_M H < 0$: in diesem Fall liegt eine exotherme Mischungsenthalpie vor, das System gibt bei der Mischung Wärme ab. Nach der Gibbs-Helmholtz-Beziehung: $\Delta_M G = \Delta_M H - T\Delta_M S$ wird für diesen Fall der Betrag der Freien Mischungsenthalpie größer als im idealen Fall. Die Mischung geht also „leichter" vonstatten, die Trennung ist „schwieriger" als im idealen Fall. Für diese Systeme ist der Aktivitätskoeffizient der Komponenten i stets $\gamma_i < 1$. Auf molekularer Ebene bilden sich in diesem Fall *unsymmetrische* Wechselwirkungen (WW) aus, die Teilchen rücken durch die Ausbildung von attraktiven Kräften – wie Wasserstoffbrücken oder Dipol-Dipol-Kräften – „näher zusammen".

$$WW(AA) \neq WW(BB) < WW(AB)$$

- $\Delta_M H > 0$: in diesem Fall liegt eine endotherme Mischungsenthalpie vor, das System nimmt beim Mischen Wärme auf (die Mischung kühlt sich ab). Nach der Gibbs-Helmholtz-Beziehung $\Delta_M G = \Delta_M H - T\Delta_M S$ wird der Betrag der freien Mischungsenthalpie kleiner als im idealen Fall. Die Mischung geht also „schwerer" vonstatten, die Trennung dagegen wird „leichter". Für diese Systeme ist der Aktivitätskoeffizient der Komponenten i stets $\gamma_i > 1$. Auf molekularer Ebene treten unsymmetrische (repulsive) Wechselwirkungen auf, die Teilchen „stoßen sich ab". In der Regel stört der Mischungspartner den quasi geordneten – durch Dipol-Dipol-Wechselwirkungen oder Wasserstoffbrücken gebildeten – Aufbau der anderen Komponente.

$$WW(AA) \neq WW(BB) > WW(AB)$$

17. Thermodynamik der Mischphasen

Die Natur der Wechselwirkungen

Verantwortlich für das Abweichen vom Idealverhalten sind die möglichen unsymmetrischen Wechselwirkungen der Moleküle untereinander. Wir wollen die Arten der Wechselwirkungen kurz aufzählen und dabei eine Reihung von den schwachen zu den starken Wechselwirkungen vornehmen.

Dispersionswechselwirkungen: Diese sehr schwachen Wechselwirkungen treten generell auf und sind auch bei verflüssigten Edelgasen zu beobachten. Für kleine organische Moleküle bis zu 3 bis 4 Kohlenstoffatomen kann diese Art der Wechselwirkung in der Regel vernachlässigt werden. Für größer werdende Moleküle summieren sich die Dispersionenergien und es resultiert eine negative Raoult-Abweichung.

Dipol/Dipol-Wechselwirkungen: Dipol/Dipol-Wechselwirkungen treten bei organischen Verbindungen immer dann auf, wenn Gruppen mit abweichender Elektronegativität relativ zum Kohlenstoffatom in das organische Molekül eingebaut werden. Die stark elektronegativen Halogenatome z.B. im Ethylbromid führen zu einer Anhäufung negativer Ladung im organischen Molekül und damit zu einer unsymmetrischen Ladungsverteilung:

$$\delta + \cdots CH_3 - CH_2 - Br \cdots \delta -$$

Eine Maßzahl für die Polarität stellt die *Dielektrizitätskonstante* (DK) dar; es gilt folgende ungefähre Regel:

$$\begin{array}{lll} \text{polar für} & : & DK > 10 \\ \text{schwach polar für} & : & 3.5 < DK < 10 \\ \text{unpolar für} & : & DK < 3.5 \end{array} \qquad (17.50)$$

Polar/Unpolar: Bei einer Mischung einer polaren mit einer unpolaren Komponente werden die polaren Moleküle untereinander attraktive Wechselwirkungen ausüben, z.B.:

$$\delta + \cdots CH_3 - CH_2 - Br \cdots \delta -$$
$$\delta - \cdots Br - CH_2 - CH_3 \cdots \delta +$$

Zwischen diese „Dipolpärchen" drängt sich die unpolare Komponente. Für diese Verdrängung, das ist eine *repulsive Wechselwirkung*, muß Energie aufgebracht werden, also ist die Mischungsenthalpie $\Delta_M H > 0$. Somit resultieren bei Mischungen dieses Typs große bis mittlere positive Raoult-Abweichungen und ggfs. ein Minimumazeotrop.

Polar/Schwach polar: In diesem Fall bilden sich bei jeder der beiden Mischungskomponenten unterschiedliche Dipolwechselwirkungen aus. Die Tendenz zum „Auswechseln" des Dipolpartners ist zwar energetisch nicht begünstigt, doch aufgrund der thermischen Bewegungsvorgänge immer möglich. Man beobachtet demzufolge in der Mischung mittlere bis kleine positive Raoult-Abweichungen, die jedoch selten zu einem Minimumazeotrop führen.

Polar/Polar: Hier bilden sich energetisch gleichwertige attraktive Wechselwirkungen sowohl der reinen Komponenten als auch der gemischten Komponenten aus, man beobachtet bestenfalls kleine positive Raoult-Abweichungen der Mischung.

Wasserstoff-Brückenbildung: Diese Art der Wechselwirkung ist bei organischen Mischungspartnern sehr häufig. An den funktionellen Sauerstoff-Gruppen einer Komponente, etwa der Alkohol-, Keto- oder Estergruppe, kann sich mit den „beweglichen" Wasserstoffatomen der anderen Komponente eine intensive Wechselwirkung etablieren. Ein gutes und oft zitiertes Beispiel ist das Mischungspaar Aceton/Trichlormethan. Die reinen Komponenten, also Aceton/Aceton und Trichlormethan/Trichlormethan, haben den Charakter einer Dipol/Dipol-Wechselwirkung.

Aufgrund des Elektronenzuges der drei Chloratome ist das Wasserstoffatom im Trichlormethan besonders beweglich, wegen dieser Tendenz spricht man auch vom sauren Charakter des Wasserstoffs. Mischt man beide Komponenten, so lagert sich dieses H-Atom bevorzugt an die Ketogruppe des Acetons an, es resultiert eine intensive attraktive Wechselwirkung. Diese Gruppierung nimmt ein neues Minimum der inneren Energie ein, demzufolge ist die Mischungsenthalpie $\Delta_M H < 0$. Man beobachtet negative Raoult-Abweichungen und ein Maximumazeotrop.

Ionische Wechselwirkungen: Dieser Fall tritt vorzugsweise bei anorganischen Mischungspartnern auf. Die ionischen Wechselwirkungen gehören zu den stärksten Wechselwirkungen auf molekularer Ebene. Die Umgebung der Ionen mit den Gegenionen stellt eine starke attraktive Wechselwirkung dar, man beobachtet starke exotherme Mischungsenthalpien $\Delta_M H \ll 0$ und ausgeprägte Maximumazeotrope.

Beachte: Die Feststellung der Idealität einer Mischung erfolgt zweckmäßig und schnell durch Messung von $\Delta_M V$ mit mehreren Pyknometern. Da im idealen Fall $\Delta_M V = 0$ ist, mißt man im realen Fall direkt das Exzeßvolumen: ist $\Delta_M V > 0$, dann liegen repulsive Wechselwirkungen vor, ist $\Delta_M V < 0$, dann liegen attraktive Wechselwirkungen in der Mischung vor.

Eine positive Raoult-Abweichung ist durch repulsive Wechselwirkungen bedingt. Zur Mischung muß Energie aufgebracht werden, diese Energie gewinnt man aufgrund des *Heß'schen Wärmesatzes* bei der Stofftrennung wieder zurück. Die Herstellung der Mischung ist also erschwert, die Stofftrennung dagegen erleichtert.

Eine negative Raoult-Abweichung ist durch attraktive Wechselwirkung bedingt. Bei der Mischung gewinnt man Energie, diese Energie muß bei der Stofftrennung wieder aufgebracht werden. Die Herstellung der Mischung ist also erleichtert, die Stofftrennung dagegen erschwert.

Aufgrund der vorstehenden Überlegungen haben EWELL/HARRISON/BERG (1944) eine Einteilung organischer Mischungskomponenten in Klassen vorgenommen; je nach Zugehörigkeit zu diesen Klassen kann das Mischungsverhalten abgeschätzt werden.

1. Klasse: Zu dieser Klasse gehören alle Flüssigkeiten, die ein dreidimensionales Netzwerk von Wasserstoffbrücken ausbilden können. Dazu gehören Wasser, mehrwertige Alkohole, Amide, Hydroxylamine und Hydroxisäuren.

2. Klasse: Hierzu gehören Flüssigkeiten, die schwache Wasserstoffbrücken ausbilden, in der Regel sind das Verbindungen, die ein bewegliches H-Atom und eine Donorgruppe enthalten, z.B. einwertige Alkohole, Amine.

3. Klasse: Hierzu gehören Flüssigkeiten mit funktionellen Gruppen, die nur eine Donorgruppe (leicht bewegliches Elektronenpaar) enthalten, z.B. Ether, Ketone, Aldehyde, Ester, Nitroverbindungen, tertiäre Amine.

4. Klasse: Diese Klasse enthält Flüssigkeiten mit beweglichem Wasserstoffatom, z.B. halogenierte Kohlenwasserstoffe.

5. Klasse: Alle anderen Flüssigkeiten: z.B. Sulfide, Mercaptane, Alkane usw.

Tabelle 17.1: Qualitative Kriterien zu den Raoult-Abweichungen.

Klasse	Wasserstoffbrückenbindung	Raoult-Abweichung
1+5 2+5	H-Brücken werden gelöst	stets positiv 1+5 häufig Mischungslücken
3+4	H-Brücken werden gebildet	stets negativ
1+4 2+4	H-Brücken werden größtenteils gelöst	stets positiv 1+4 häufig Mischungslücken
1+1 1+2 1+3 2+2 2+3	H-Brücken werden gelöst, manchmal gebildet	gewöhnlich positiv, gelegentlich negativ, mit Maximumazeotropen
3+3 3+5 4+4 4+5 5+5	keine oder schwache H-Brücken	Quasi-ideale Systeme, schwache positive Abweichungen, doch selten Bildung von Minimumazeotropen

17.5 Die Freie Exzeßenthalpie der Mischung

Die vorstehend diskutierten realen Fälle lassen sich vorteilhaft durch eine Exzeßgröße (Überschußgröße) beschreiben, indem man den Abstand vom Idealsystem quantifiziert. Die Beschreibung erfolgt an dieser Stelle mithilfe der Gibbs-Energie. Die Freie Mischungsenthalpie für ein ideales System ist:

$$\Delta_M G^{id} = RT \sum_i n_i \ln x_i \qquad (17.51)$$

Für ein reales System ersetzt man den Stoffmengenanteil durch die Aktivität:

$$\Delta_M G^{re} = RT \sum_i n_i \ln a_i \qquad (17.52)$$

Die freie Exzeßenthalpie ist die Differenz beider, wir schreiben nun für $a_i = \gamma_i x_i$ und erhalten:

$$\Delta_M G^E = \Delta_M G^{re} - \Delta_M G^{id}$$
$$\Delta_M G^E = RT \Big(\sum_i n_i \ln \gamma_i + \sum_i n_i \ln x_i - \sum_i n_i \ln x_i \Big)$$

▷ FREIE EXZESSENTHALPIE DER MISCHUNG:

$$\boxed{\Delta_M G^E = RT \sum_i n_i \ln \gamma_i} \qquad (17.53)$$

Die Freie Exzeßenthalpie der Mischung kann also, je nach dem ob $\gamma < 1$ oder $\gamma > 1$ ist, negativ oder positiv sein. Die Gibbs-Helmholtz-Beziehung lautet für die Exzeßgrößen: $\Delta_M G^E = \Delta_M H^E - T \Delta_M S^E$. Ausgehend von dieser Gleichung lassen sich die nicht-idealen Mischungen einteilen in die

1. *regulären* Mischungen, für die $T\Delta_M S^E \approx 0$ gilt.
   Mischungen dieser Art ergeben sich aus unpolaren ähnlichen Mischungspartnern. In diesem Fall spielt der Entropieterm praktisch keine Rolle beim Herstellen der Mischung: die geringen Unterschiede der Wechselwirkungsenergien verändern die Wahrscheinlichkeiten der Anordnung praktisch nicht.

2. *athermischen* Mischungen, für die $\Delta_M H^E \approx 0$ gilt.
   Mischungen dieser Art spielen vor allem bei der Polymerisation eine Rolle. Die großen polymeren Moleküle geben in der Lösung eine Raumaufteilung vor: das Monomere ist in seiner Anordnungswahrscheinlichkeit auf diesen vorgegebenen Raum beschränkt.

3. *irregulären* Mischungen, für die $\Delta_M H^E \neq 0$ und $T\Delta_M S^E \neq 0$ gilt.
   Diese Mischungen stellen den Normalfall dar und werden im folgenden eingehender besprochen.

17.5.1 Die Berechnung der Aktivitätskoeffizienten

Die vorstehende Gl. 17.53 bildet die Grundlage zur experimentellen Ermittlung sowie zur Berechnung der Aktivitätskoeffizienten von Nicht-Elektrolyten in Mischungen. Dazu wird diese Gleichung auf Stoffmengenanteile mit $n_i = x_i/\sum_i n_i = x_i/n$ umgeschrieben, es folgt:

$$\Delta_M G^E = RT \sum_i n_i \ln \gamma_i = n RT \sum_i x_i \ln \gamma_i \qquad (17.54)$$

$$\rightsquigarrow \quad g^E = \frac{\Delta_M G^E}{n} = RT \sum_i x_i \ln \gamma_i \qquad (17.55)$$

$$\rightsquigarrow \quad \frac{g^E}{RT} = \sum_i x_i \ln \gamma_i \qquad (17.56)$$

Da sich γ_i messen läßt (vgl. Abb. 17.5), kann man auch die analytische Form der Funktion g^E ermitteln. Die Idee zur Berechnung der Aktivitätskoeffizienten ist, den Kurvenverlauf von g^E durch eine analytische Funktion anzupassen und darüber γ_i zu ermitteln. Die analytische Funktion muß die Eigenschaft haben, daß die Exzeßgröße g^E für die Stoffmengenanteile $x_i \to 0$ und $x_i \to 1$ gegen Null geht. Es haben sich folgende Ansätze für 2-Komponentensysteme mit den Komponenten A und B herausgebildet:

Ansatz nach PORTER: Dieser sehr einfache Ein-Parameter-Ansatz:

$$\frac{g^E}{RT} = C\, x_A\, x_B \qquad (17.57)$$

$$\ln \gamma_A = C\, x_B^2 \quad ; \quad \ln \gamma_B = C\, x_A^2 \qquad (17.58)$$

liefert einen symmetrischen Verlauf mit einem Maximum bei $x_A = x_B = 0.5$. Im Ganzen hat er sich nicht bewährt.

Ansatz von MARGULES: Dieser Ansatz enthält zwei anpassbare Parameter C_{12} und C_{21} und ist nur bei geringen Abweichungen vom idealen Verhalten empfehlenswert:

$$\frac{g^E}{RT} = \left(C_{21}x_A + C_{12}x_B\right) x_A\, x_B \qquad (17.59)$$

$$\ln \gamma_A = x_B^2\left[C_{12} + 2\left(C_{21} - C_{12}\right)x_A\right] \quad ; \quad \ln \gamma_B = x_A^2\left[C_{21} + 2\left(C_{12} - C_{21}\right)x_B\right]$$

Ansatz nach VAN LAAR: Auch dies ist eine Zwei-Parameter-Gleichung mit den anpassbaren Konstanten C_{12} und C_{21}:

$$\frac{g^E}{RT} = x_A x_B \left(\frac{C_{12}C_{21}}{C_{12}x_A + C_{21}x_B}\right) \qquad (17.60)$$

$$\ln \gamma_A = C_{12}\left(1 + \frac{C_{12}x_A}{C_{21}x_B}\right)^{-2} \quad ; \quad \ln \gamma_B = C_{21}\left(1 + \frac{C_{21}x_B}{C_{12}x_A}\right)^{-2} \qquad (17.61)$$

17.5. Die Freie Exzeßenthalpie der Mischung

Ansatz von REDLICH-KISTER: Der Ansatz nach Redlich-Kister stellt eine verallgemeinerte Formulierung des Porterschen und Margulesschen Ansatz dar. Der Virialansatz lautet:

$$\frac{g^E}{RT} = B + C(x_A - x_B) + D(x_A - x_B)^2 + \cdots \tag{17.62}$$

für $C, D = 0$ liefert er den Ansatz von Porter, für $D = 0$ den Ansatz von Margules.

unsymmetrische Verläufe können beschrieben werden.

Ansatz von WILSON: Während die vorhergehenden Ansätze nur eine formale analytische Anpassung an die Meßwerte erlauben, stellt die Wilson-Gleichung einen bedeutsamen Fortschritt dar. Wilson berücksichtigte die Tatsache, daß Wechselwirkungen zwischen den Teilchen der an der Mischung beteiligten Komponenten notwendigerweise zu einem eingeschränkten Bewegungsablauf dieser Teilchen führen muß: Teilchen mit unsymmetrischen Wechselwirkungen werden sich also nicht unabhängig voneinander bewegen.

$$\frac{g^E}{RT} = -x_A \ln[x_A + C_{12} x_B] - x_B \ln[x_B + C_{21} x_A] \tag{17.63}$$

$$\ln \gamma_A = -\ln[x_A + C_{12} x_B] + x_B \left(\frac{C_{12}}{x_A + C_{12} x_B} - \frac{C_{21}}{x_B + C_{21} x_A} \right) \tag{17.64}$$

$$\ln \gamma_B = -\ln[x_B + C_{21} x_A] + x_A \left(\frac{C_{12}}{x_A + C_{12} x_B} - \frac{C_{21}}{x_B + C_{21} x_A} \right) \tag{17.65}$$

NRTL–Gleichung: Mit der NRTL (Non Random Two Liquids)-Gleichung nehmen RENON/PRAUSNITZ das Wilson-Konzept auf und bauen es aus.

$$\frac{g^E}{RT} = x_A X_{21}(G_{21} - G_{11}) + x_B X_{12}(G_{12} - G_{22}) \tag{17.66}$$

$$X_{21} = \frac{x_B \exp[-\alpha_{12}(G_{21} - G_{11})/RT]}{x_A + x_B \exp[-\alpha_{12}(G_{21} - G_{11})/RT]} \tag{17.67}$$

$$X_{12} = \frac{x_A \exp[-\alpha_{12}(G_{12} - G_{22})/RT]}{x_B + x_A \exp[-\alpha_{12}(G_{12} - G_{22})/RT]} \tag{17.68}$$

$$\ln \gamma_A = x_B^2 \left(\tau_{21} \frac{\exp[-2\alpha_{12}\tau_{21}]}{(x_A + x_B \exp[-\alpha_{12}\tau_{12}])^2} + \tau_{12} \frac{\exp[\alpha_{12}\tau_{12}]}{(x_B + x_A \exp[-\alpha_{12}\tau_{12}])^2} \right) \tag{17.69}$$

$$\ln \gamma_B = x_A^2 \left(\tau_{12} \frac{\exp[-\alpha_{12}\tau_{12}]}{(x_B + x_A \exp[-\alpha_{12}\tau_{12}])^2} + \tau_{21} \frac{\exp[-\alpha_{12}\tau_{21}]}{x_A + x_B \exp[-\alpha_{12}\tau_{21}])^2} \right) \tag{17.70}$$

$$\tau_{12} = (G_{12} - G_{22})/RT \tag{17.71}$$

$$\tau_{21} = (G_{21} - G_{11})/RT \tag{17.72}$$

$$G_{12} = G_{21} \tag{17.73}$$

Die Argumente der Exponentialansätze in den vorstehenden Gleichungen enthalten energetische Parameter, die die unsymmetrischen Wechselwirkungen der Teilchen in der Lösung berücksichtigen. Die NRTL-Gleichung vermag auch stark nicht–ideale Systeme mit Mischungslücken zu beschreiben, vgl. SCHUBERTH(1986).

17.5.2 Die UNIQUAC- und UNIFAC-Gleichung

Die Konzepte zur Beschreibung fester Körper gehen vom Modell eines Gitters aus, diejenigen zur Beschreibung eines Gases gehen von statistischen Konzepten aus, vgl. Abschn. 4.2. Zur Beschreibung des flüssigen Zustandes macht man daher „Anleihen" entweder vom Gitterkonzept oder vom Konzept des hochkomprimierten Gases. Erfolgreich ist das von GUGGENHEIM (1952) Modell des „quasi-kristallinen-Gitters".

Die *Wechselwirkungskontakte* unterschiedlicher Moleküle ergeben sich nach diesen Vorstellungen aus den die Gitterplätze belegenden funktionellen Segmenten (wie: OH-Gruppe, NH$_2$-Gruppe, CO-Gruppe usf.) dieser Moleküle, vgl. Abschn. 17.7. Die Intensität der Wechselwirkung wird von der Art des Segments und seiner Oberfläche abhängen. Nach ABRAMS/PRAUSNITZ (1975) läßt sich die Exzeßgröße g^E in einen kombinatorischen, Index: cb, und einen strukturellen Anteil, Index: sr, aufspalten:

$$g^E = g^{E,sr} + g^{E,cb} \tag{17.74}$$

Der kombinatorische Anteil berücksichtigt Größe und Gestalt der Moleküle, der strukturelle Anteil berücksichtigt die Wechselwirkungen der funktionellen Gruppen. Man erhält also für jede Komponente i der Lösung den Ausdruck:

$$\frac{g^E}{RT} = \sum_i x_i \ln \gamma_i = \sum_i x_i \ln \gamma_i^{sr} + \sum_i x_i \ln \gamma_i^{cb} \tag{17.75}$$

UNIQUAC-Gleichung: Die Moleküle der Komponente i haben r_i funktionelle Segmente mit der Oberfläche q_i, analog ergeben sich für die Komponente j die Anteile r_j und q_j. Kondensieren die Komponenten i und j aus der Gasphase zum quasikristallinen Gitter, so wird die Innere Energie bestehend aus den Anteilen u_{ii}, u_{ji}, u_{jj} gewonnen. Die Einzelanteile der Aktivitätskoeffizienten ergeben sich demnach wie folgt:

$$\ln \gamma_i^{cb} = 1 - J_i + \ln J_i - 5 q_i (1 - \frac{J_i}{L_i} + \ln \left[\frac{J_i}{L_i}\right] \tag{17.76}$$

$$\ln \gamma_i^{sr} = q_i (1 - \ln L_i) - \sum \left(\theta \frac{s_{ji}}{\eta_j} - q_i \ln \left[\frac{s_{ji}}{\eta_j}\right] \right) \tag{17.77}$$

Die Koeffizienten haben die Bedeutungen:

$$
\begin{aligned}
J_i &= \frac{r_i}{\sum_j r_j x_j} \quad , \quad L_i = \frac{q_i}{\sum_j q_j x_j} \\
\theta &= \sum_i q_i x_i \quad , \quad s_{ji} = \sum_m q_i \tau_{mj} \\
\eta_j &= \sum_i s_{ji} x_i \quad , \quad \tau_{mj} = \exp\left[-\frac{u_{mj} - u_{ii}}{RT}\right]
\end{aligned} \tag{17.78}
$$

Die Bedeutung der Laufindices ist auf der nächsten Seite erläutert. Die praktischen Berechnungen erfolgen mit der verallgemeinerten UNIFAC-Methode, deshalb sei die Methode nach UNIQUAC hier nicht weiter ausgeführt, vgl. GMEHLING/KOLBE(1988).

UNIFAC: Die UNIFAC-Methode bedeutet eine Verallgemeinerung der UNIQUAC-Methode: danach wird der Strukturanteil des einzelnen Moleküls in die Wechselwirkungen der das Molekül aufbauenden funktionellen Gruppen zerlegt. Typische Größen dieser Strukturanteile (Index: k) sind das relative Volumen R_k und die relative Oberfläche Q_k, s. Tab. 17.3. Der kombinatorische und der Strukturanteil des Aktivitätskoeffizienten ergibt sich wie folgt, vgl. FREDENSLUND/JONES/PRAUSNITZ (1975):

$$\ln \gamma_i^{cb} = 1 - J_i + \ln J_i - 5 q_i \left(1 - \frac{J_i}{L_i} + \ln\left[\frac{J_i}{L_i}\right]\right) \qquad (17.79)$$

$$\ln \gamma_i^{sr} = q_i \left(1 - \ln L_i\right) - \sum_k \left(\theta_k \frac{s_{ki}}{\eta_k} - G_{ki} \ln\left[\frac{s_{ki}}{\eta_k}\right]\right) \qquad (17.80)$$

Darin haben die Koeffizienten die Bedeutung:

$$\begin{aligned}
r_i &= \sum_k \nu_k^{(i)} R_k & , \quad q_i &= \sum_k \nu_k^{(i)} Q_k \\
G_{ki} &= \nu_k^{(i)} Q_k & , \quad \theta_k &= \sum_i G_{ki} x_i \\
s_{ki} &= \sum_m \tau_{mk} G_{mi} & , \quad \eta_k &= \sum_i s_{ki} x_i \\
\tau_{mk} &= \exp\left[-\frac{a_{mk}}{T}\right] &
\end{aligned} \qquad (17.81)$$

Hierin benennt der Index: i die Verbindung, der Index: k den Strukturanteil dieser Verbindung. Der Index: j summiert über alle Verbindungen, der Index: m über alle Strukturanteile. Das wird im folgenden Beispiel klarer werden.

Tabelle 17.2: Die Wechselwirkungsparameter: a_{mk}/K, einiger funktioneller Gruppen, nach SMITH/VAN NESS.

Gruppe	1	3	4	5	7	9	15
1: CH_2	0.00	61.13	76.50	986.50	1328.00	476.40	255.70
3: ACH	-11.12	0.00	167.00	636.10	903.80	25.77	122.80
4: $ACCH_2$	-69.70	-146.80	0.00	803.20	5595.00	-52.10	-49.29
5: OH	156.40	89.60	25.82	0.00	353.50	84.00	42.70
7: H_2O	300.00	362.30	377.60	-229.10	0.00	-195.40	168.00
9: CH_2CO	26.76	140.10	365.80	164.50	472.50	0.00	–
15: CNH	65.33	-22.31	223.00	-150.00	-448.20	–	0.00

Tabelle 17.3: Relative Oberflächenanteile Q_k und Volumenanteile R_k der mit k bezeichneten Untergruppen funktioneller Gruppen, nach SMITH/VAN NESS.

funktionelle Gruppe	Untergruppe	k	R_k	Q_k	Beispiele	Untergruppen
1: $\cdot CH_2 \cdot$	CH_3	1	0.9011	0.848		
	CH_2	2	0.6744	0.540	n-Butan:	$2\,CH_3$; $2\,CH_2$
	CH	3	0.4469	0.228	i-Butan:	$3\,CH_3$; $1\,CH$
	C	4	0.2195	0.000	2,2-Dimethyl-propan:	$4\,CH_3$; $1\,C$
3: ACH	ACH	10	0.5313	0.400	Benzol:	$6\,ACH$
4: $AC \cdot CH_2$	$ACCH_3$	12	1.2663	0.968	Toluol:	$5\,ACH$; $1\,ACCH_3$
	$ACCH_2$	13	1.0396	0.660	Ethylbenzol:	$1\,CH_3$; $5\,ACH$ $1\,ACCH_2$
5: $\cdot OH$	OH	15	1.000	1.200	Ethanol:	$1\,CH_3$; $1\,CH_2$ $1\,OH$
6: H_2O	H_2O	17	0.9200	1.400	Wasser:	$1\,H_2O$
9: $\cdot CH_2 \cdot CO$	CH_3CO	19	1.6724	1.488	Aceton:	$1\,CH_3OH$; $1\,CH_3$
	CH_2CO	20	1.4457	1.180	3-Pentanon:	$2\,CH_3$; $1\,CH_2CO$ $1\,CH_2$
15: $\cdot CNH$	CH_3NH	32	1.4337	1.244	Dimethylamin:	$1\,CH_3$; $1\,CH_3NH$
	CH_2NH	33	1.2070	0.936	Diethylamin:	$2\,CH_3$; $1\,CH_2$ $1\,CH_2N$
	CHNH	34	0.9745	0.624	Diisopropyl-amin	$4\,CH_3$; $1\,CH$ $1\,CHNH$

17.5. Die Freie Exzeßenthalpie der Mischung

Beispiel: Für das binäre Gemisch:
(1) Methylethylamin: $CH_3 - NH - CH_2 - CH_3$, $x_1 = 0.3$ und
(2) n-Pentan: $CH_3 - (CH_2)_3 - CH_3$, $x_2 = 0.7$
sollen für 300 K die Aktivitätskoeffizienten γ_1 und γ_2 ermittelt werden.
Zunächst tabellieren wir mithilfe der Tab. 17.3 die Strukturanteile:

Gruppe	k	R_k	Q_k	$\nu_k^{(1)}$	$\nu_k^{(2)}$
CH_3	1	0.9011	0.848	2	2
CH_2	2	0.6744	0.540	0	3
CH_2NH	33	1.2070	0.936	1	0

Nun werden die einzelnen Koeffizienten nach den Gln. 17.81 berechnet:

$$r_i = \sum_k \nu_k^{(i)} R_k \quad \leadsto \quad r_1 = 2(0.9011) + 1(1.2070) = 3.0092$$

$$\leadsto \quad r_2 = 2(0.9011) + 3(0.6744) = 3.8254$$

$$q_i = \sum_k \nu_k^{(i)} Q_k \quad \leadsto \quad q_1 = 2(0.848) + 1(0.936) = 2.632$$

$$\leadsto \quad q_2 = 2(0.848) + 2(0.540) = 3.316$$

$$J_i = \frac{r_i}{\sum_j r_j x_j} \quad \leadsto \quad J_1 = \frac{3.0092}{3.0092(0.3) + 3.8254(0.7)} = 0.8404$$

$$\leadsto \quad J_2 = \frac{3.8254}{3.0092(0.3) + 3.8254(0.7)} = 1.0684$$

$$L_i = \frac{q_i}{\sum_j q_j x_j} \quad \leadsto \quad L_1 = \frac{2.632}{2.632(0.3) + 3.316(0.7)} = 0.8461$$

$$\leadsto \quad L_2 = \frac{3.316}{2.632(0.3) + 3.316(0.7)} = 1.065$$

$$G_{ki} = \nu_k^{(i)} Q_k \quad \leadsto \quad \begin{array}{llll} G_{1,1} & = 2(0.848) &, G_{2,1} & = 2(0.848) \\ G_{2,1} & = 0 &, G_{2,2} & = 3(0.540) \\ G_{33,1} & = 1(0.936) &, G_{33,1} & = 0 \end{array}$$

$$\theta_k = \sum_{ki} x_i \quad \leadsto \quad \theta_1 = 1.696(0.3) + 1.696(0.7) = 1.696$$

$$\leadsto \quad \theta_2 = 1.620(0.7) = 1.134$$

$$\leadsto \quad \theta_{33} = 0.936(0.3) = 0.2808$$

17. Thermodynamik der Mischphasen

Die Wechselwirkungsparameter werden der Tabelle 17.2 entnommen:

$$
\begin{aligned}
a_{1,1} &= 0 & a_{1,2} &= 0 & a_{1,33} &= 255.7 \\
a_{2,1} &= 0 & a_{2,2} &= 0 & a_{2,33} &= 0 \\
a_{33,1} &= 65.33 & a_{33,2} &= 65.33 & a_{33,33} &= 0
\end{aligned}
$$

$$\tau_{mk} = \exp\left[-\frac{a_{mk}}{T}\right]$$

$$
\begin{aligned}
\tau_{1,1} &= 1 & \tau_{1,2} &= 1 & \tau_{1,33} &= \exp[-0.8523] \\
\tau_{2,1} &= 1 & \tau_{2,2} &= 1 & \tau_{2,33} &= 1 \\
\tau_{33,1} &= \exp[-0.2178] & \tau_{33,2} &= \exp[-0.2178] & \tau_{33,33} &= 1
\end{aligned}
$$

$$s_{ki} = \sum_m \tau_{mk} G_{mi}$$

$$
\begin{aligned}
s_{1,1} &= \tau_{1,1}G_{1,1} + \tau_{2,1}G_{2,1} + \tau_{33,1}G_{33,1} = 1(1.696) + 1(0) + 0.8043(0.936) = 2.448 \\
s_{2,1} &= \tau_{1,2}G_{1,1} + \tau_{2,2}G_{2,1} + \tau_{33,2}G_{33,1} = 1(1.696) + 1(0) + 0.8043(0.936) = 2.448 \\
s_{33,1} &= \tau_{1,33}G_{1,1} + \tau_{2,33}G_{2,1} + \tau_{33,33}G_{33,1} = 0.4264(1.696) + 1(0) + 0.8043(0) = 1.659 \\
s_{1,2} &= \tau_{1,1}G_{1,2} + \tau_{2,1}G_{2,2} + \tau_{33,1}G_{33,2} = 1(1.696) + 1(1620) + = .8043(0) = 3.316 \\
s_{2,2} &= \tau_{1,2}G_{1,2} + \tau_{2,2}G_{2,2} + \tau_{33,2}G_{33,2} = 1(1.696) + 1(1620) + = .8043(0) = 3.316 \\
s_{33,2} &= \tau_{1,33}G_{1,2} + \tau_{2,33}G_{2,2} + \tau_{33,33}G_{33,2} = 0.4264(1.696) + 1(1.620) + 1(0) = 2.343
\end{aligned}
$$

$$\eta_k = \sum_i s_{ki} x_i$$

$$
\begin{aligned}
\eta_1 &= s_{1,1}x_1 + s_{1,2}x_2 = 3.0556 \\
\eta_2 &= s_{2,1}x_1 + s_{2,2}x_2 = 3.0556 \\
\eta_{33} &= s_{33,1}x_1 + s_{33,2}x_2 = 2.1378
\end{aligned}
$$

Aus allen diesen Koeffizienten wird nun der Aktivitätskoeffizient berechnet: der kombinatorische Anteil berechnet sich zu:

$$\ln \gamma_i^{cb} = 1 - J_i + \ln J_i - 5 q_i \left(1 - \frac{J_i}{L_i} + \ln\left[\frac{J_i}{L_i}\right]\right)$$

$$\ln \gamma_1^{cb} = 1 - 0.8404 - 0.1738 - 5(2.632)\left(1 - \frac{0.8404}{0.8461} - 0.0067\right)$$

$$\ln \gamma_1^{cb} = -0.0142$$

$$\ln \gamma_2^{cb} = 1 - 1.0684 + 0.0662 - 5(3.316)\left(1 - \frac{1.06884}{1.066} + 0.0026\right)$$

$$\ln \gamma_2^{cb} = -0.0022$$

Der Strukturanteil berechnet sich zu:

$$\ln \gamma_i^{sr} = q_i (1 - \ln L_i) - \sum_k \left(\theta_k \frac{s_{ki}}{\eta_k} - G_{ki} \ln \left[\frac{s_{ki}}{\eta_k} \right] \right)$$

$$\ln \gamma_1^{sr} = 2.632 (1 + 0.1671) -$$
$$- \left(1.696 \frac{2.448}{3.0556} + 1.696 (0.2217) + \right.$$
$$+ 1.134 \frac{2.448}{3.0556} - 0 +$$
$$\left. + 0.2808 \frac{1.659}{2.1378} + 0.936 (0.2536) \right)$$

$$\ln \gamma_1^{sr} = -0.0268$$

$$\ln \gamma_2^{sr} = 3.316 (1 - 0.0630) -$$
$$- \left(1.696 \frac{3.316}{3.0556} - 1.696 (0.0818) + \right.$$
$$+ 1.134 \frac{3.316}{3.0556} - 1.62 (0.0818) +$$
$$\left. + 0.2808 \frac{2343}{2.1378} - 0 \right)$$

$$\ln \gamma_2^{sr} = -0.0002$$

Aus der Verknüpfungsgleichung des strukturellen mit dem kombinatorischen Anteil ergibt sich schließlich:

$$\ln \gamma_i = \ln \gamma_i^{sr} + \ln \gamma_i^{cb}$$
$$\leadsto \gamma_1 = 0.9598$$
$$\leadsto \gamma_2 = 0.9676$$

Folgerungen: Für das Gemisch Methylethylamin ($x = 0.3$)/n-Pentan ($x = 0.7$) berechnen sich die Aktivitätskoeffizienten bei 300 K zu:

$$\boxed{\gamma(\text{Methylethylamin}) = 0.9598 \quad \text{und} \quad \gamma(\text{n} - \text{Pentan}) = 0.9676}$$

Wie auf den folgenden Seiten noch dargelegt wird, handelt es sich um ein Gemisch mit negativer Raoult-Abweichung, somit liegen zwischen den Komponenten der Mischung attraktive Wechselwirkungen vor. Das ist bei langkettigen Verbindungen auch zu erwarten, der strukturelle Anteil der Aminogruppe ist nicht sehr stark: die Abweichungen von der Idealität also nur gering.

Das dargelegte Beispiel und auch die mitgelieferten Tabellen stellen nur einen Einstieg in die Methode dar, umfangreiche Parametertabellen liegen vor: vgl. FREDENSLUND/GMEHLING/RASMUSSEN.

17.6 Die Phasengleichgewichte

Einkomponentensysteme – Dampfdruckbeziehungen

Für die Ableitung der Dampfdruckbeziehungen benötigt man das totale Differential der Freien Enthalpie G, es ist nach Gl. 17.15 gegeben durch:

$$dG = \left(\frac{\partial G}{\partial p}\right)dp + \left(\frac{\partial G}{\partial T}\right)dT + \sum_i \left(\frac{\partial G}{\partial n_i}\right)dn_i$$

Mit den Definitionen der partiellen Differentiale ergibt sich:

$$\frac{\partial G}{\partial p} = V, \quad \frac{\partial G}{\partial T} = -S, \quad \frac{\partial G}{\partial n_i} = \mu_i \qquad (17.82)$$

$$\leadsto \quad dG = V\,dp - S\,dT + \sum_i \mu_i\,dn_i \qquad (17.83)$$

Für konstanten Druck und konstante Temperatur folgt unmittelbar:

$$dG = \sum_i \mu_i dn_i \qquad (17.84)$$

Diese Gleichung wenden wir auf die Freie Enthalpie der kondensierten Phase (Index: fl) an, die mit ihrer Dampfphase (Index: gs) im Gleichgewicht steht:

$$dG = \mu^{fl} dn^{fl} + \mu^{gs} dn^{gs} = 0 \qquad (17.85)$$

In einem stofflich abgeschlossenen System ist $dn^{gs} = -dn^{fl}$: die aus der kondensierten Phase entweichende Stoffmenge muß in die Dampfphase gehen:

$$dG = (\mu^{fl} - \mu^{gs})dn^{fl} = 0 \qquad (17.86)$$

Da im thermodynamischen Gleichgewicht die Änderung der Freien Enthalpie Null wird, ergeben sich die

▷ CHEMISCHEN POTENTIALE DER IM GLEICHGEWICHT STEHENDEN PHASEN:

$$\boxed{\mu^{fl} = \mu^{gs}} \quad , \text{allgemein}: \quad \boxed{\mu^{Phase1} = \mu^{Phase2}} \qquad (17.87)$$

Gleichung von Clausius-Clapeyron: Wir greifen auf den eben dargestellten Zusammenhang zurück. Zunächst formulieren wir die Freie Enthalpie der reinen Komponente nach Gl. 17.16 und differenzieren diese nach ∂n; man erhält die partiellen molaren Größen v und S_m:

$$\begin{aligned} dG &= V\,dp - S\,dT \\ \frac{\partial G}{\partial n} &= \frac{\partial V}{\partial n}dp - \frac{\partial S}{\partial n}dT \quad \leadsto \quad \mu = v\,dp - S_m\,dT \end{aligned}$$

Somit erhält man für im Gleichgewicht stehende Phasen die Ausdrücke:

$$\mu^{gs} = \mu^{fl}$$
$$v^{gs}\,dp - S_m^{gs}\,dT = v^{fl}\,dp - S_m^{fl}\,dT$$
$$\frac{dp}{dT} = \frac{S_m^{gs} - S_m^{fl}}{v^{gs} - v^{fl}} = \frac{S_m^{Phase1} - S_m^{Phase2}}{v^{Phase1} - v^{Phase2}}$$

Setzt man die molaren Volumnia $v^{gs} = RT/p$ und $v^{gs} \gg v^{fl}$, weiter für die Verdampfungsentropie nach dem 2. Hauptsatz $S_m^{gs} - S_m^{fl} = \Delta_V H_m/T$, dann folgt die
▷ CLAUSIUS-CLAPEYRON-GLEICHUNG:

$$\boxed{\frac{dp}{p\,dT} = \frac{\Delta_V H_m}{RT^2}} \qquad (17.88)$$

Gleichung von Dupre-Rankine: Eine Verbesserung dieser Gleichung bietet die approximative Berücksichtigung der Temperaturabhängigkeit von $\Delta_V H_m$ mit dem Term: $\Delta_V H_m = \Delta_V H_m^\ominus - eT$. Nach dem Einsetzen in die Clausius-Clapeyron-Gleichung, Gl. 17.88, und Integration erhält man:

$$\frac{dp}{p\,dT} = \frac{\Delta_V H_m^\ominus - eT}{RT^2}$$
$$\rightsquigarrow \quad \ln p = -\frac{\Delta_V H_m^\ominus}{RT} - e\ln T + C \qquad (17.89)$$

Diese Gleichung wird mit anpaßbaren Konstanten als Geradengleichung ausgewertet. Man erhält die
▷ GLEICHUNG VON DUPRE-RANKINE:

$$\boxed{\ln p = -\frac{K}{T} - e\ln T + C} \qquad (17.90)$$

Gleichung von Antoine: Eine Variation dieser Gleichung ist besser auswertbar
▷ GLEICHUNG VON ANTOINE:

$$\boxed{\ln p = -\frac{K}{T - D} + C} \qquad (17.91)$$

Die Konstante D liegt bei Flüssigkeiten mit einem Siedepunkt $T_s > 250\,\text{K}$ bei $D \approx 43\,\text{K}$. Trägt man $\ln p$ gegen $1/(T-43)$ auf, dann ergibt sich C aus dem Ordinatenabschnitt und K aus der Steigung. Die Konstanten dieser Gleichung sind für viele Verbindungen in BOUBLIK/FRIED/HALA (1984) tabelliert.

Bewertung: Von den vorgestellten Dampfdruckgleichungen ist für praktische Untersuchungen die Gleichung von Antoine zu bevorzugen. Selbst wenn in der angegebenen Quelle keine Konstanten gefunden werden können, so liefert die Abschätzung für $D \approx 43\,\text{K}$ noch sehr brauchbare Ergebnisse.

Mehrkomponentensysteme

Gesetz von Henry: Löst sich ein Gas in einer Flüssigkeit, so ist dessen Stoffmengenanteil in der Lösung x proportional seinem Partialdruck über der Lösung
▷ HENRY-GESETZ:

$$x = K_H(T)\, p \qquad (17.92)$$

Die Konstante $K_H(T)$ stellt hierin die *Henry-Konstante* dar, sie ist abhängig von der Temperatur: in der Regel wird sie mit zunehmender Temperatur kleiner. Nach der obigen Gleichung hat $K_H(T)$ die Dimension Pa^{-1}; oft sind die numerischen Werte von $K_H(T)$ nicht im Zusammenhang mit dem Stoffmengenanteil, sondern mit der Konzentration formuliert, dann ist die Dimension $mol\, m^{-1}\, N^{-1}$.

Gesetz von Raoult: Besteht eine ideale Lösung aus mehreren flüssigen Komponenten A, B, C,... , so ist der Partialdruck der Komponenten A im Dampf über der Lösung gleich dem Druck des gesättigten Dampfes der reinen Komponenten bei der betreffenden Temperatur multipliziert mit seinem Stoffmengenanteil in der Lösung:
▷ RAOULT-GESETZ:

$$p_A = x_A\, p_A^\ominus \qquad (17.93)$$

Für ein System bestehend aus zwei Komponenten A und B mit den Stoffmengenanteilen x_A und $x_B = 1 - x_A$ ergibt sich mit dem *Daltonschen* Partialdruckgesetz $P = p_A + p_B$ der Zusammenhang:

$$P = x_A\, p_A^\ominus + (1 - x_A)\, p_B^\ominus \qquad (17.94)$$

$$\leadsto \quad x_A = \frac{P - p_B^\ominus}{p_A^\ominus - p_B^\ominus} \qquad (17.95)$$

Verteilungsgesetz von Nernst: Setzt man zu einem Gemisch zweier nicht mischbarer Flüssigkeiten R und S einen in beiden Flüssigkeiten löslichen Stoff E hinzu (diese Buchstaben stehen für die später verwendeten Ausdrücke **R**affinat, **S**olvens und **E**xtrakt), so ist das Verhältnis seiner Konzentration in beiden Flüssigkeiten konstant.
▷ NERNSTSCHER VERTEILUNGSSATZ:

$$\frac{c_E^R}{c_E^S} = K_N(T) \qquad (17.96)$$

Die Konstante $K_N(T)$ ist der *Verteilungskoeffizient*, er ist temperaturabhängig. Unterliegt der gelöste Stoff E in den Phasen R und/oder E der Dissoziation und/oder Assoziation, so muß der obige Ausdruck modifiziert werden. Eine Tabelle mit diesen modifizierten Verteilungsgesetzen findet sich in Abschn. 19.1 .

Das Dampfdruck- oder Raoult-Diagramm: Die Grundlage dieser Darstellung bildet das *Raoult-Gesetz* für den idealen und realen Fall: $p_i = x_i p_i^\ominus, p_i = a_i p_i^\ominus$. Die Raoult'schen Dampfdruckkurven zweier Komponenten A und B werden für eine konstante Temperatur ermittelt, indem man den Partialdruck der Komponenten A und B mißt – etwa mit dem Gaschromatographen – über ihren Stoffmengenanteil x_A resp. x_B in der flüssigen Mischung aufträgt. Nach dieser Darstellung ergeben sich für ideale Mischungen Geraden, während reale Mischungen mit einem Aktivitätskoeffizienten $\gamma_i > 1$ *positive* (nach oben durchgebogene Kurven) Abweichungen, solche mit einem Aktivitätskoeffizienten $\gamma < 1$ *negative* (nach unten durchgebogene Kurven) Abweichungen zeigen, Abbn. 17.3 bis 17.6. Auf das Raoult-Diagramm läßt sich das Steigungskriterium nach der *Duhem-Margules*-Gleichung anwenden, vgl. Gl. 17.42. Die Konsistenz experimenteller Daten wird mit dieser Gleichung überprüft, indem an die Dampfdruckkurven der Komponenten A und B in den Punkten K und L angelegt und die Steigungen m_K und m_L bestimmt werden, vgl. nebenstehende Abbildung. Es gilt dann:

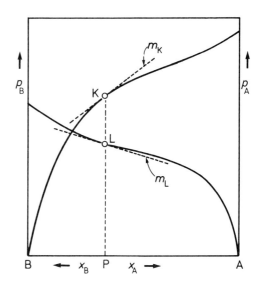

$$m_K = \frac{\partial p_A}{\partial x_A} \quad , \quad \frac{x_A}{p_A} = \frac{BP}{PK}$$

$$m_L = \frac{\partial p_B}{\partial x_B} \quad , \quad \frac{x_B}{p_B} = \frac{AP}{PL}$$

$$\frac{x_A}{p_A}\left(\frac{\partial p_A}{\partial x_A}\right) = \frac{x_B}{p_B}\left(\frac{\partial p_B}{\partial x_B}\right)$$

Das Siedediagramm: Siedediagramme werden für konstanten Druck durch Auftragung der Temperatur über den Stoffmengenanteil der flüssigen und der Dampfphase der Komponenten ermittelt. Sie ergeben sich somit aus dem Dampfdruckdiagramm. Eine starke positive Raoult-Abweichung manifestiert sich im Siedediagramm durch ein *Minimum-Azeotrop*. Eine starke negative Raoult-Abweichung liefert dagegen im Siedediagramm ein *Maximum-Azeotrop*. Weniger starke Raoult-Abweichungen führen zu einem lanzettförmigen Zweiphasengebiet, eine Raoult-Abweichung führt also nicht notwendigerweise zu einem Azeotrop. Diese Verhältnisse sind in den Abbn. 17.4 bis 17.6 wiedergegeben.

Die Gleichgewichtskurve: In der Gleichgewichtskurve werden die Stoffmengenanteile von Flüssigkeit und Dampf der *leichtflüchtigen* Komponente gegeneinander aufgetragen. Diese Darstellung ist besonders bei der Beurteilung der thermischen Trennverfahren mit der Darstellung nach MCCABE/THIELE von Wichtigkeit, vgl. auch Abschn. 18.3.2. Bei Vorliegen eines Azeotropes schneiden die Gleichgewichtskurven die 45°-Gerade am azeotropen Punkt, vgl. Abbn. 17.4 und 17.5.

17.6.1 Die ideale Mischung

Ideales Verhalten setzt voraus, daß die Mischungspartner symmetrische Wechselwirkungen aufeinander ausüben. Dieses Verhalten wird demzufolge nur bei unpolaren Verbindungen ähnlicher Struktur beobachtet: so z.B. bei den Systemen Benzol/Toluol, Hexan/Heptan oder ähnlichen homologen Verbindungen. Die Diskussion dieses Falles ist verhältnismäßig unkritisch.

Wir wollen im folgenden der Einfachheit halber ein Zweikomponentensystem, bestehend aus den Komponenten A und B, diskutieren. Für ein Zweikomponentensystem gilt für die Stoffmengenanteile, $x_A + x_B = 1 \leadsto x_B = 1 - x_A$, in den Auftragungen erfolgt der Stoffmengenanteil der Komponente A auf der Abzisse von links nach rechts, der der Komponente B gegensinnig dazu.

(A) Raoult-Diagramm: In dem nebenstehenden Diagramm ist für konstante Temperatur der Dampfdruck der Komponenten p_A und p_B in der Gasphase über deren Stoffmengenanteil x_A und x_B in der flüssigen Mischung aufgetragen. Für den idealen Fall ergeben sich aus dem linearen Raoult-Ansatz, $p_i = x_i p_i^\ominus$, in dieser Darstellung naturgemäß Geraden. Nach dem *Dalton-Gesetz* ergibt sich der Gesamtdruck über der Mischung als Summe der Partialdrucke, $P = p_A + p_B$.

(B) Siedediagramm: Das Siedediagramm ergibt sich für konstanten Druck aus der Auftragung der Temperatur gegen die Stoffmengenanteile der Komponenten A und B in Flüssig- und Gasphase: es folgt die typische Siedelinse aus Siedekurve und Taukurve.

(C) Gleichgewichts-Diagramm: Im Gleichgewichts-Diagramm wird für die *leichterflüchtige* Verbindung der Stoffmengenanteiles des Dampfes x_A^{gs} gegen den Stoffmengenanteil der Flüssigkeit x_A^{fl} aufgetragen. Die Konstruktion dieses Diagramms ist aus der Abbildung ersichtlich. Die „Ausbauchung" ist umso größer, je größer der Trennfaktor $\alpha = p_A^\ominus / p_B^\ominus$ ist, vgl. Abschn. 18.1 .

Die 45°-Gerade stellt den Grenzfall $x_i^{gs} = x_i^{fl}$ dar; für diesen Fall wird die Siedelinse „unendlich schmal", fallen also Siede- und Taukurve zusammen. Der Trennfaktor α ist gleich eins.

(D) Verlauf der Zustandsfunktionen der Mischung: Für den idealen Fall treten – wegen der symmetrischen Wechselwirkungen – keine Mischungsenthalpien auf: $\Delta_M H = 0$. Nach der Gibbs-Helmholtz-Gleichung – angewandt auf die Mischungsvorgänge – ergibt sich: $\Delta_M G = \Delta_M H - T \Delta_M S$. Da nun für den idealen Fall $\Delta_M G = -T \Delta_M S$ ist, müssen die Kurven in Abb. (D) gleichweit entfernt von der Nullinie verlaufen und gleiche Flächen einschließen.

(E, F) Verlauf von ΔG^E und $\ln \gamma$: Definitionsgemäß treten Exzeßfunktionen für ideale Systeme nicht auf, daher ist $\gamma = 1$ und damit $\Delta G^E = \ln \gamma = 0$.

17.6. Die Phasengleichgewichte

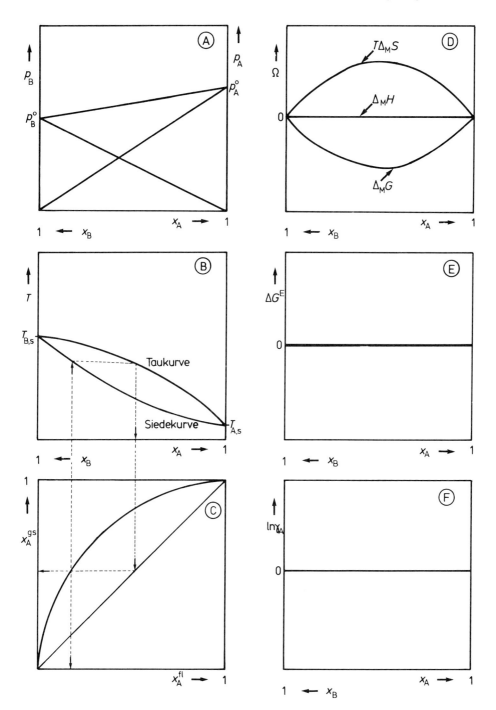

Abbildung 17.3: Die ideale Mischung.

17.6.2 Die reale Mischung mit Minimumazeotrop

Diese reale Mischung wird hervorgerufen durch unsymmetrische (repulsive) Wechselwirkungen der Mischungspartner miteinander. Ein häufiger Fall ist die Mischung einer polaren mit einer unpolaren Komponente, etwa das oft dargestellte System Aceton/Schwefelkohlenstoff. Die Moleküle der polaren Komponente, im genannten Beispiel das Aceton, üben gegenseitig Dipol-Dipol-Wechselwirkungen aus, die unpolare Komponente bricht beim Zumischen diese Wechselwirkung auf; dazu wird Energie benötigt, man beobachtet eine endotherme Mischungsenthalpie. Der Aktivitätskoeffizient ist stets größer als eins.

(A) Raoult-Diagramm: Die Summenkurve der Einzeldampfdrucke zeichnet sich im Raoult-Diagramm durch ein ausgeprägtes Maximum aus. Die Lage des Maximums bestimmt auch die Lage des Minimumazeotropes und des Schnittpunktes der 45°-Gerade im Gleichgewichtsdiagramm.

(B) Siedediagramm: Ein Dampfdruckmaximum im Raoult-Diagramm entspricht einem Siedepunktminimum bei konstantem Druck im Siedediagramm. Bei der azeotropen Zusammensetzung x_{az} sind die Stoffmengenanteile der Flüssig- und Dampfphase identisch, eine Trennung über die Dampfphase kann also an diesem Punkt nicht stattfinden. Bei Stoffmengenanteilen der flüssigen Mischung kleiner als x_{az} findet im Dampf eine *Anreicherung* der leichterflüchtigen Komponenten statt, darüber beobachtet man eine *Abreicherung* dieser Verbindung in der Gasphase. Für die Berechnung der azeotropen Temperatur und azeotropen Zusammensetzung gilt der qualitative Zusammenhang von LECAT für Mischungspaare gleicher *Trouton*scher Konstanten:

$$\frac{x_B}{x_A} = \sqrt{\frac{T_{A,s} - T_A^{az}}{T_{B,s} - T_B^{az}}} \qquad (17.97)$$

(C) Gleichgewichtsdiagramm: Der azeotrope Punkt äußert sich in einem Schnittpunkt der Gleichgewichtskurve mit der 45°-Gerade. Wegen der eben genannten Anreicherung der flüchtigen Komponente unterhalb x_{az} verläuft in diesem Bereich die Kurve oberhalb der genannten Geraden, oberhalb des azeotropen Punktes verläuft die Gleichgewichtskurve unterhalb der 45°-Geraden.

(D) Verlauf der Zustandfunktionen der Mischung: Für die positive Raoult-Abweichung liegt eine endotherme Mischungsenthalpie vor: $\Delta_M H > 0$. Wendet man die Gibbs-Helmholtz-Beziehung an: $\Delta_M G = \Delta_M H - T \Delta_M S$, so wird die Freie Enthalpie der Mischung in diesem Fall nicht so stark abgesenkt wie im idealen Fall. Die Mischung geht also schwerer vonstatten.

(E, F) Verlauf von ΔG^E und $\ln \gamma_i$ der Mischung: Die Freie Exzeßenthalpie der Mischung: $\Delta_M G^E = RT \sum_i n_i \ln \gamma_i > 0$, da $\gamma_i > 1$ ist.

17.6. Die Phasengleichgewichte 347

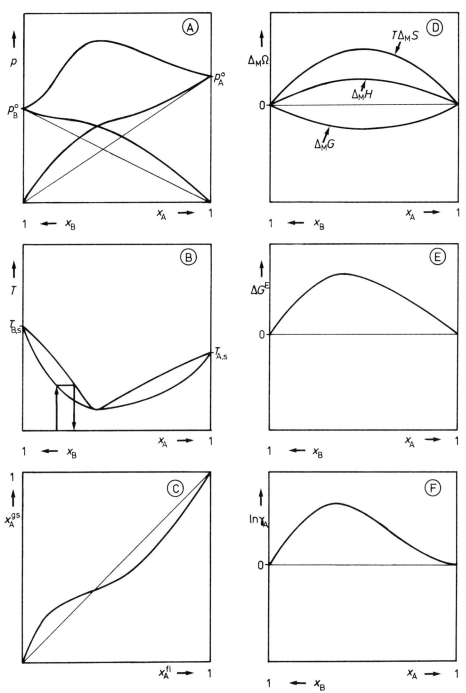

Abbildung 17.4: Die reale Mischung mit Minimumazeotrop.

17.6.3 Die reale Mischung mit Maximumazeotrop

Diese reale Mischung wird hervorgerufen durch unsymmtrische (attraktive) Wechselwirkungen der Mischungspartner miteinander. Ein häufiger Fall ist die Mischung einer Komponente mit leicht beweglichem Elektronenpaar (z.B. Keto- oder Aminogruppe) mit einer Komponenten mit leicht beweglichem Wasserstoffatom. Ein Beispiele für dieses System wäre Aceton/Trichlormethan oder Pyridin/Trichlormethan. Die Moleküle der Komponente mit Keto- oder Aminogruppe üben gegenseitig Dipol-Dipol-Wechselwirkungen aus; die Komponente mit dem aktiven H-Atom bricht diese schwächere Wechselwirkung auf und etabliert die stärkere Wasserstoffbrückenbindung. Dabei wird ein neues Minimum der Freien Energie eingenommen, man beobachtet eine exotherme Mischungsenthalpie. Der Aktivitätskoeffizient ist stets kleiner als eins.

Maximumazeotrope treten bei fast allen Mischungen anorganischer Säuren auf, da dort die besonders starke Coulomb-Wechselwirkung zwischen der Mischungspartner wirksam wird.

(A) Raoult-Diagramm: Die Summenkurve der Einzeldampfdrucke zeichnet sich im Raoult-Diagramm durch ein ausgeprägtes Minimum aus. Die Lage des Minimums bestimmt auch die Lage des Maximumazeotropes und des Schnittpunktes der 45°-Gerade im Gleichgewichtsdiagramm, s. Abbildung.

(B) Siedediagramm: Ein Dampfdruckminimum bei konstanter Temperatur im Raoult-Diagramm entspricht einem Siedepunktmaximum bei konstantem Druck im Siedediagramm. Bei der azeotropen Zusammensetzung x_{az} sind die Stoffmengenanteile der Flüssig- und Dampfphase identisch, eine Trennung über die Dampfphase kann also an diesem Punkt nicht stattfinden. Bei Stoffmengenanteilen der flüssigen Mischung kleiner als x_{az} findet im Dampf eine *Abreicherung* der leichterflüchtigen Komponenten statt, darüber beobachtet man eine *Anreicherung* dieser Verbindung in der Gasphase.

(C) Gleichgewichtsdiagramm: Der azeotrope Punkt äußert sich in einem Schnittpunkt der Gleichgewichtskurve mit der 45°-Gerade. Wegen der eben genannten Abreicherung der flüchtigen Komponente unterhalb x_{az} verläuft in diesem Bereich die Kurve unterhalb der genannten Geraden, oberhalb des azeotropen Punktes verläuft die Gleichgewichtskurve oberhalb der 45°-Geraden.

(D) Verlauf der Zustandfunktionen der Mischung: Für die negative Raoult-Abweichung liegt eine exotherme Mischungsenthalpie vor: $\Delta_M H < 0$. Wendet man die Gibbs-Helmholtz-Beziehung an: $\Delta_M G = \Delta_M H - T \Delta_M S$, so wird die Freie Enthalpie der Mischung in diesem Fall stärker abgesenkt wird wie im idealen Fall. Die Mischung geht also leichter vonstatten.

(E, F) Verlauf von ΔG^E und $\ln \gamma_i$ der Mischung: Die Freie Exzeßenthalpie der Mischung: $\Delta GE = RT \sum_i n_i \ln \gamma_i < 0$, da $\gamma_i < 1$ ist.

17.6. Die Phasengleichgewichte 349

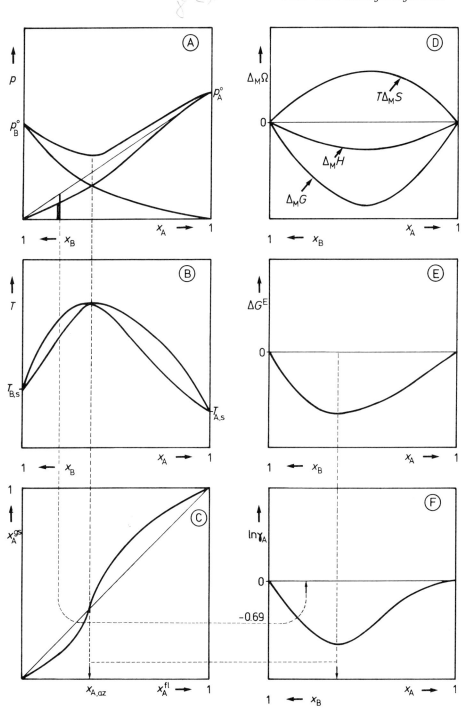

Abbildung 17.5: Die reale Mischung mit Maximumazeotrop.

17.6.4 Die reale Mischung mit Mischungslücke

Eine Mischung mit Mischungslücke wird immer auftreten, sobald $\Delta_M G \geq 0$ wird. Nach der Gibbs-Helmholtz-Beziehung: $\Delta_M G = \Delta_M H - T \Delta_M S$ wird dies in erster Linie der Fall sein, wenn die entropischen Mischungseffekte durch energetische Effekte aufgehoben werden, also $\Delta_M H > 0$ und $\Delta_M H \geq | T \Delta_M S |$ wird.

Verbindungen mit ausgeprägten Minimimazeotropen zeigen bei der Mischung mit einem homologen Mischungspartner häufig diese Mischungslücke. Ein Beispiel für diesen Fall ist beim Fortschreiten des Systems Wasser/Ethanol zu den Homologen Propanol, Butanol, Pentanol zu beobachten.

(A) Raoult-Diagramm: In der Mischungslücke liegen die Komponenten A und B in getrennten Phasen vor, sie „wissen " also nicht voneinander: Für diesen Bereich bleiben die Partialdrucke der Einzelkomponenten konstant, für die Summe gilt das Partialdruckgesetz $p_A + p_B = P$.

(B) Siedediagramm: Die Gestalt des Siedediagrammes ist davon abhängig, ob die Mischungslücke bis in den Bereich der Siedetemperaturen existent ist. Ist dies *nicht* der Fall, so liegt im Siedediagramm der normale Fall eines Siedepunktsminimums vor. Reicht die Mischungslücke in den Bereich der Siedetemperaturen, dieser Fall ist nebenstehend dargestellt, so beobachtet man im Bereich der Siedekurve das Plateau der Mischungslücke, wohingegen im Bereich der Taukurve das Verhalten ähnlich einem Minimumazeotropes zu beobachten ist, da Mischungslücken bei Gasen nicht existent sind.

(C) Gleichgewichtsdiagramm: Im Gleichgewichtsdiagramm findet man zunächst das Verhalten eines Minimumazetropes. Bei Erreichen der Mischungslücke resultiert für verschiedene x_A^{fl} stets der gleiche Stoffmengenanteil der gasförmigen Komponenten x_A^{gs}. Man beoabachtet ein Plateau im Bereich der Mischungslücke, dieses Plateau schneidet die 45°-Gerade.

(D) Verlauf der Zustandsfunktionen der Mischung: Im Bereich der Mischung ist die Freie Enthalpie der Mischung $\Delta_M G < 0$, wegen der positiven Raoult-Abweichung ist die Mischungsenthalpie $\Delta_M H > 0$. Im Bereich der Mischungslücke wird $\Delta_M G > 0$ und $\Delta_M H = 0$.

(E, F) Verlauf von ΔG^E und $\ln \gamma_i$ der Mischung: Naturgemäß tritt die Exzeßgröße nicht im Bereich der Mischungslücke auf, der Aktivitätskoeffizient verhält sich ebenso.

17.6. Die Phasengleichgewichte

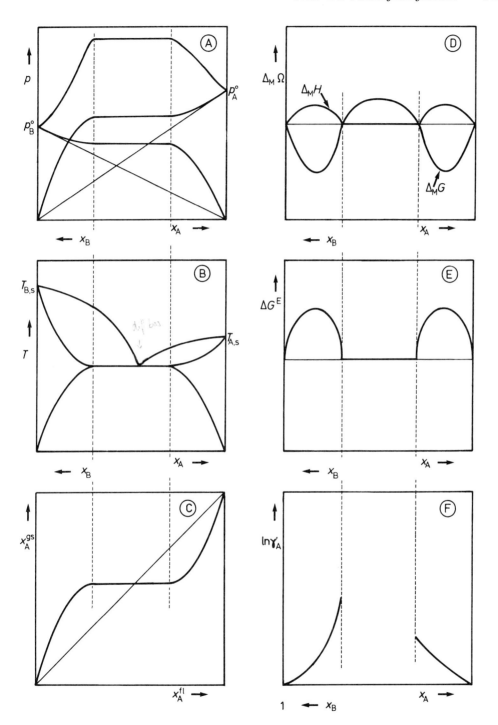

Abbildung 17.6: Die reale Mischung mit Mischungslücke.

17. Thermodynamik der Mischphasen

Die Wasserdampfdestillation: Bei heterogenen Mischungen setzt sich der Dampfdruck über der Mischung nach dem DALTON-GESETZ aus den Drucken der reinen Komponenten A und B zusammen: $P = p_A + p_B$. Da bei der Destillation unter Atmosphärendruck $P = 1$ bar ist, siedet dieses System bei konstanter Temperatur *unabhängig* von den Mengenverhältnissen an A und B. Die Siedetemperatur der heterogen vorliegenden Komponenten ist stets *kleiner* als die Siedetemperatur der reinen Komponenten: darauf beruht das Prinzip der Wasserdampfdestillation.

Die Wirksamkeit der Wasserdampfdestillation ergibt sich aus der obigen Gleichung und dem Ausdruck aus dem idealen Gasgesetz:

$$\frac{p_{H_2O}}{p_B} = \frac{n_{H_2O}}{n_B} = \frac{m_{H_2O}}{m_B} \frac{M_B}{M_{H_2O}} \tag{17.98}$$

Da die molekulare Masse des Wassers mit 0.018 kg mol^{-1} gering ist gegenüber den meisten organischen Verbindungen, ergibt sich bei großer Differenz der molekularen Massen eine große Wirksamkeit dieser Destillation.

In Abb. 17.7(a) sind die Dampfdruckkurven des Systems Wasser/Brombenzol aufgetragen: bei dem Gesamtdruck von 1 bar betragen die Einzeldampfdrucke mit der zugehörigen Siedetemperatur von 368.5 K für Wasser 0.844 bar und für Brombenzol 0.156 bar. Nach dem Verfahren von BADGER-MC CABE kann man bei Auftragung von $1 - p_{H_2O}$ die resultierenden Dampfdrucke und Siedetemperaturen direkt ablesen, Abb. 17.7(b).

Nach Gl. 17.98 benötigt man zur Destillation von 1 kg Brombenzol (molekulare Masse 0.157 kg mol^{-1}) die Wassermenge:

$$m_{H_2O} = 1 \frac{0.844}{0.156} \left(\frac{0.018}{0.157} \right) = 0.816 \text{ kg } H_2O$$

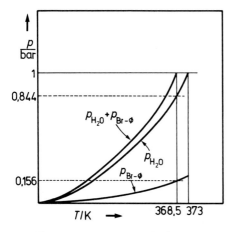 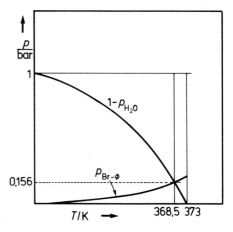

Abbildung 17.7: Dampfdruckkurven des Systems Wasser/Brombenzol zur Erläuterung der Wasserdampfdestillation.

18 Destillation und Rektifikation

Die Charakteristika der thermischen Stofftrennung werden mit der *offenen Destillation*, dem *Gibbsschen Phasengesetz* und dem *Hebelgesetz der Phasen* behandelt. Sodann werden im Rahmen der *azeotropen Destillation* die *Dreiecksdiagramme* und die Konstruktion der *Destillationslinien* erläutert. Die Berechnung der *Rektifikation* erfolgt auf der Grundlage der Bilanz nach McCabe-Thiele und nach dem *Zellmodell*.

- TRENNFAKTOR DES BINÄREN GEMISCHES, Gl. 18.1: $\quad\alpha = \dfrac{p_A^\ominus}{p_B^\ominus}$

- GIBBSSCHES PHASENGESETZ, Gl. 18.3: $\quad\text{Ph} + \text{Fr} = \text{Ko} + 2$

- HEBELGESETZ DER PHASEN, Gl. 18.6: $\quad n^{\text{fl}} \cdot a = n^{\text{gs}} \cdot b$

- RÜCKLAUFVERHÄLTNIS, Gl. 18.7: $\quad v = \dfrac{\dot{n}_R}{\dot{n}_P}$

- VERSTÄRKUNGSGERADE DER REKTIFIKATION, Gl. 18.11: $x^{\text{gs}} = \dfrac{v}{1+v} x^{\text{fl}} + \dfrac{1}{1+v} x_P^{\text{fl}}$

- ABTRIEBSGERADE DER REKTIFIKATION, Gl. 18.14 $\quad x^{\text{gs}} = \dfrac{v^\star}{v^\star - 1} x^{\text{fl}} - \dfrac{1}{v^\star - 1} x_S^{\text{fl}}$

- ZELLENGLEICHUNG DER REKTIFIKATION, Gl. 18.19:

$$\dfrac{\alpha\, x^{\text{fl}}(j-1)}{x^{\text{fl}}(j-1)[\alpha - 1] + 1}\, \dot{n}_D(j-1) - x^{\text{fl}}(j)\dot{n}_R(j) - x^{\text{fl}}\dot{n}_P = 0$$

18.1 Die Grundbegriffe der Destillation

Im vorangehenden Abschnitt zur Thermodynamik der Mischphasen sind die elementaren Gesetzmäßigkeiten vor allem binärer Systeme behandelt worden. Die Begriffe *Dampfdruckdiagramm* bzw. *Raoult-Diagramm*, *Siedediagramm* und *Gleichgewichtskurve* sind im Abschn. 17.8 behandelt. Auf diese Begriffe aufbauend werden nun die Trennverfahren flüssiger Gemische erläutert.

Die Destillation: Unter einer *offenen Destillation* versteht man die einmalige Verdampfung mit anschließender Kondensation eines Gemisches. In der Dampfphase tritt eine Anreicherung der *leichterflüchtigen* Komponente ein, demzufolge wird im Kondensat diese Komponente konzentriert. Wie im Abschn. 18.2 dargelegt wird, ist eine befriedigende Anreicherung der leichterflüchtigen Komponenten nur in Sonderfällen möglich, dazu muß das Gemisch einen großen Trennfaktor besitzen.

Die Konode: Verdampft man ein binäres Gemisch der Stoffe A und B mit dem Stoffmengenanteil des Leichterflüchtigen $x^{\text{fl}}_{\text{A},0}$, so steht dieser bei der Temperatur T_0 im Gleichgewicht mit dem Stoffmengenanteil der Dampfphase $x^{\text{gs}}_{\text{A},0}$, vgl. Abb. 18.1(a). Die leichterflüchtige Komponente A mit dem niedrigeren Siedepunkt hat sich im Dampfraum angereichert. Die Verbindungslinie der beiden Gleichgewichtszustände bezeichnet man als *Konode*.

Der Trennfaktor: Die Anreicherung der leichterflüchtigen Komponenten im Dampfraum ist umso besser, je größer die „Ausbauchung" der Siedelinse ist, demzufolge ist die Ausbauchung der Gleichgewichtskurve größer, vgl. Abb. 18.1(b). Für die flüssige Phase eines idealen binären Gemisches der Komponenten A und B gilt das Raoultsche-Gesetz:

$$p_{\text{A}} = x^{\text{fl}}_{\text{A}} \, p^{\ominus}_{\text{A}}$$
$$p_{\text{B}} = x^{\text{fl}}_{\text{B}} \, p^{\ominus}_{\text{B}}$$

In der dampfförmigen Phase gilt für beide Komponenten unter Gleichgewichtsbedingungen das Daltonsche Partialdruckgesetz für den Gesamtdruck P:

$$p_{\text{A}} = x^{\text{gs}}_{\text{A}} \, P$$
$$p_{\text{B}} = x^{\text{gs}}_{\text{B}} \, P$$

Man setzt die Ausdrücke aus dem Raoultschen- und Daltonschen-Gesetz gleich und erhält für die Komponenten A und B des binären Gemisches:

$$x^{\text{gs}}_{\text{A}} = \frac{x^{\text{fl}}_{\text{A}} \, p^{\ominus}_{\text{A}}}{P}$$
$$x^{\text{gs}}_{\text{B}} = \frac{x^{\text{fl}}_{\text{B}} \, p^{\ominus}_{\text{B}}}{P}$$

Das Verhältnis beider Stoffmengenanteile in der Dampfphase liefert den

18.1. Die Grundbegriffe der Destillation

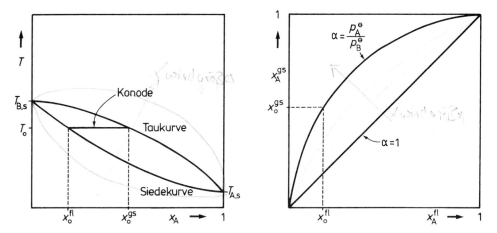

Abbildung 18.1: Siedediagramm und Gleichgewichtsdiagramm eines binären Gemisches zur Erläuterung des Trennfaktors und der Konoden.

▷ TRENNFAKTOR α:

$$\boxed{\begin{aligned} \frac{x_A^{gs}}{x_B^{gs}} &= \frac{p_A^{\ominus}}{p_B^{\ominus}} \frac{x_A^{fl}}{x_B^{fl}} \\ \alpha &= \frac{p_A^{\ominus}}{p_B^{\ominus}} \end{aligned}} \qquad (18.1)$$

Der Trennfaktor ist ist für ein idelaes binäres Gemisch nur von Druck und Temperatur abhängig: Eine Erniedrigung des Druckes bewirkt eine Vergrößerung des Trennfaktors. Für ein reales Gemisch ergibt sich analog $\alpha = \gamma_A \, p_A^{\ominus}/(\gamma_B \, p_B^{\ominus})$. Weiterhin erhält man aus Gl. 18.1 unter Zugrundelegung des Raoultschen und Daltonschen Gesetzes:

$$\alpha = \frac{p_A^{\ominus}}{p_B^{\ominus}}$$

Raoult: $\quad p_A^{\ominus} = \dfrac{p_A}{x_A^{fl}}, \quad p_B^{\ominus} = \dfrac{p_B}{x_B^{fl}} \quad \rightsquigarrow \quad \alpha = \dfrac{p_A \, x_B^{fl}}{x_A^{fl} \, p_B}$

Dalton: $\quad p_A = P \, x_A^{gs}, \quad p_B = P \, x_B^{gs} \quad \rightsquigarrow \quad \alpha = \dfrac{x_A^{gs} \, x_B^{fl}}{x_B^{gs} \, x_A^{fl}}$

$x_B^{fl} = 1 - x_A^{fl} \quad , x_B^{gs} = 1 - x_A^{gs} \quad \rightsquigarrow \quad \alpha = \dfrac{(1 - x_A^{fl}) \, x_A^{gs}}{x_A^{fl} \, (1 - x_A^{gs})} \qquad (18.2)$

Für den realen Fall ersetzt man den Stoffmengenanteil durch die Aktivität, deren Funktion von der Zusammensetzung kann nach der UNIFAC-Gleichung ermittelt werden, vgl. Abschn. 17.5.2.

18.2 Die Destillation binärer Systeme

Obwohl die Betriebsweise der offenen Destillation, d.h des einmaligen Verdampfens und einmaligen Kondensierens einer flüssigen Mischung, in der chemischen Technik von untergeordneter Bedeutung ist, sollen an diesem Fall einige Besonderheiten der Destillation erörtert werden, vgl. Abb. 18.2.

Gegeben sei ein Gemisch der Komponenten A und B mit den Siedepunkten $T_{A,s}, T_{B,s}$, wegen $T_{A,s} < T_{B,s}$ ist die Komponente A *leichterflüchtig*. Erhitzt man die Stoffmenge n_0 eines Ausgangsgemisches mit dem Stoffmengenanteil $x^{fl}_{A,0}$, dann verbindet bei der Temperatur T_0 die *Konode* die Gleichgewichtszusammensetzung der Flüssigphase $x^{fl}_{A,0}$ mit der Gleichgewichtszusammensetzung der Dampfphase $x^{gs}_{A,0}$.

Dies ist die Zusammensetzung des *ersten* kondensierenden Tropfens.

Für die existierenden Phasen (Ph) und Komponenten (Ko) eines Systems sind die Freiheiten (Fr) gegeben durch das

▷ GIBBSSCHE PHASENGESETZ:

$$\boxed{Ph + Fr = Ko + 2} \tag{18.3}$$

Bei der Temperatur T_0 stehen zwei Phasen der beiden Komponenten A und B im Gleichgewicht, somit ist die Zahl der Freiheiten gleich zwei. Da jedoch der Gesamtdruck über der Mischung durch den Außendruck fixiert ist, folgt F = 1. Entfernt man nun den Dampf aus dem Gleichgewicht durch Kondensation, so muß nach dem Phasengesetz die Temperatur längs der Siedelinie steigen: die Mischung verarmt an der leichterflüchtigen Komponenten A. Die Ausgangszusammensetzung $x_{A,0}$ wandert in Richtung der schwererflüchtigen Komponente nach $x_{A,1}$ mit der Temperatur T_1. Für die Komponente A gilt für jede Temperatur $T_2 > T_1 > T_0$:

$$n_0 x_{A,0} = n^{fl} x^{fl}_{A,1} + n^{gs} x^{gs}_{A,1} \tag{18.4}$$

Man setzt nun $n_0 = n^{fl} + n^{gs}$ und erhält nach einigem Umformen:

$$n^{fl}(x^{fl}_{A,0} - x^{fl}_{A,1}) = n^{gs}(x^{gs}_{A,1} - x^{fl}_{A,0}) \rightsquigarrow \frac{n^{gs}}{n^{fl}} = \frac{x^{fl}_{A,0} - x^{fl}_{A,1}}{x^{gs}_{A,1} - x^{fl}_{A,0}} = \frac{a}{b} \tag{18.5}$$

▷ HEBELGESETZ DER MISCHUNG:

$$\boxed{n^{fl} \cdot a = n^{gs} \cdot b} \tag{18.6}$$

Bei weiterer Verdampfung und Entfernung des Dampfes aus dem Gleichgewicht, erreicht die Dampfphase schließlich bei der Temperatur T_2 die Ausgangszusammensetzung der Flüssigphase: $x^{fl}_{A,0} = x^{gs}_{A,2}$.

Dies ist die Zusammensetzung des *letzten* kondensierenden Tropfens.

Nach dem Phasengleichgewicht ist nun Ph = 1, die Zahl der Freiheiten ist F = 3, vermindert um die Freiheit des Druckes: F = 2. Die Temperatur ist nun wieder frei wählbar: es beginnt das Gebiet des „überhitzten" Dampfes.

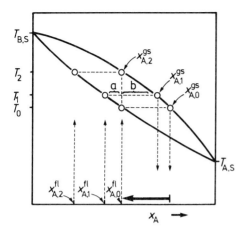

Abbildung 18.2: Skizze zur Erläuterung des Hebelgesetzes der Mischung.

18.3 Die Destillation ternärer Systeme

Die Darstellung ternärer Systeme: Die Darstellung der Stoffmengenanteile ternärer System erfolgt in einem Dreiecksdiagramm, vgl. Abb. 18.3(a). In diesem Text erfolgt die Abtragung der Stoffmengenanteile der drei Komponenten einheitlich in der Weise, daß der Stoffmengenanteil z.B der Komponente B in dem zu B gehörenden Eckpunkt $x_B = 1$ wird. Der Umlaufsinn kann im oder entgegengesetzt zum Uhrzeigersinn gewählt werden. Das Ablesen der Stoffmengenanteile der ternären Mischung erfolgt in der in Abb. 18.3(a) dargestellten Weise: Man geht vom Eckpunkt der Komponenten, deren Stoffmengenanteil ermittelt werden soll, auf den Punkt der Mischung zu und liest den gewünschten Stoffmengenanteil ab.

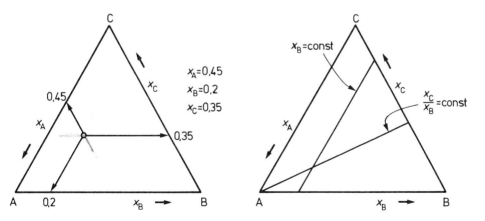

Abbildung 18.3: Darstellung ternärer Phasengleichgewichte.

18.3.1 Das Siedediagramm einer idealen ternären Mischung

Die Diskussion des Siedeverhaltens einer ternären Mischung soll anhand der Abb. 18.4 erfolgen: auf die Ecken des Dreiecksdigrammms sind Temperaturkoordinaten angeheftet – es resultiert ein Prisma. Den tiefsten Siedepunkt in diesem System hat die reine Komponente A, den höchsten Siedepunkt die reine Komponente C; der Siedepunkt der reinen Komponenten B liegt zwischen denen der beiden anderen Komponenten.

Die drei Siedediagramme spannen zwischen den Kanten des Prismas zwei Gleichgewichtsflächen nach Art eines Luftkissens auf: die nach unten gewölbte Fläche beinhaltet alle Gleichgewichtszusammensetzungen der Flüssigphase des ternären Systems; die nach oben gewölbte Fläche beinhaltet die zugehörigen Zusammensetzungen der Dampfphase.

Diskutieren wir zunächst die vordere Fläche des Prismas mit dem Siedediagramm der Komponenten A und B. Für eine Mischung mit dem Stoffmengenanteil $x_{B,0}^{fl}$, resultiert bei der Temperatur T_0 die Gleichgewichtszusammensetzung der Gasphase $x_{B,0}^{gs}$. Die beiden Gleichgewichtszustände werden durch die Konode K1 verknüpft, Abb. 18.4(a).

Nun betrachten wir die linke hintere Fläche des Prismas mit dem Siedediagramm der Komponenten A und C. Für eine Mischung mit dem Stoffmengenanteil $x_{A,0}^{fl}$, resultiert bei der Temperatur T_0 die Gleichgewichtszusammensetzung der Gasphase $x_{A,0}^{gs}$. Die beiden Gleichgewichtszustände werden durch die Konode K2 verknüpft.

Die Verbindung der Konoden K1 und K2 über die Gleichgewichtsflächen liefert ein das Dreiecksdiagramm überspannendes sphärisches Trapez. Auf der Fläche dieses Trapezes liegen alle Gleichgewichtszusammensetzungen des ternären Gemisches bei der Temperatur T_0. Greifen wir die Zusammensetzung $x_{AB,0}^{fl}$ heraus. Die Zusammensetzung dieses ternären Gemisches ist durch den Punkt α gegeben: $x_A^{fl} = 0.35$, $x_B^{fl} = 0.1$, $x_C^{fl} = 0.55$ gegeben. Die entsprechende Gleichgewichtszusammensetzung des Dampfes ist gegeben durch den Punkt β mit $x_A^{gs} = 0.85$, $x_B^{gs} = 0.05$, $x_C^{gs} = 0.1$. Beide Gleichgewichte werden durch die Konode K3 verbunden. Die Projektion der Konde K3 aus der Gleichgewichtsfläche auf die Dreiecksfläche liefert das Richtungsfeld der Destillationslinien: die Verbindungslinie $\overline{\beta\,\alpha}$ auf der Dreiecksfläche ist der Abschnitt einer *Destillationslinie*.

Nun betrachten wir das Verhalten der ternären Mischung bei der Temperatur T_1, vgl. Abb. 18.4(b). Die *Gleichgewichtsfläche* ist an den Siedediagrammen der Komponenten A und C sowie B und C „aufgehängt". Die Diskussion verläuft analog dem eben geschilderten Fall: mit dem flüssigen Ausgangsgemisch α' steht nun die Dampfphase β' im Gleichgewicht.

Die Destillationslinien: Die Zusammenfügung aller im heterogenen Gleichgewicht stehenden Punkte liefert das Richtungsfeld der Destillationslinien; diese verlaufen immer von der niedrigsiedenden zur höhersiedenden Komponenten. Bei Kenntnis der Destillationslinien können die durch die Destillation resultierenden Anreicherungen der leichterflüchtigen Komponenten sofort angegeben werden. Von besonderer Wichtigkeit ist die Kenntnis der Destillationlinien für die *azeotrope* Destillation, da hier die Auswahl der kürzesten Destillationslinie zugleich auch den minimalen Trennaufwand bedeutet.

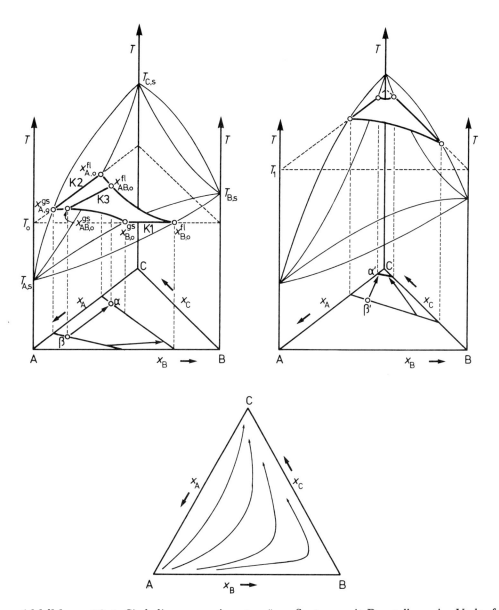

Abbildung 18.4: Siedediagramm eines ternären Systems mit Darstellung des Verlaufes der Destillationslinien in diesem System.

18.3.2 Die azeotrope Destillation

Bereits bei der Besprechung der realen Mischungen in Abschn. 17.8.2/3 kam zur Sprache, daß die Trennung azeotrop siedendender binärer Gemische über die Dampfphase nicht möglich ist; diese Trennung gelingt jedoch mit der Zumischung einer dritten Komponenten und Ausbildung eines ternären Systems.

Die typischen Eigenheiten der azeotropen Destillation sollen anhand des Systems Methanol/Aceton behandelt werden, vgl. Abb. 18.5. Dieses Gemisch bildet ein Minimumazeotrop bei $T^{az} = 327.8\ K$, das durch Aufbrechen der Wasserstoffbrückenbindungen der Methanolmoleküle durch Zumischen des Dipolmoleküls Aceton resultiert.

Durch das Hinzugeben von Dichlormethan kann das Azeotrop getrennt werden. Dichlormethan bildet als Molekül mit Dipolcharakter seinerseits ein Azeotrop mit Methanol, das ebenfalls durch die Lösung der Wasserstoffbrückenbindungen resultiert. Dieses Azeotrop hat einen Siedepunkt von $T^{az} = 312.4\ K$. Zur Besprechung des ternären Sy-

Tabelle 18.1: Das ternäre System Methanol/Aceton/Dichlormethan.

Komponente	Siedetemperatur bzw. Azeotroptemperatur / K	Stoffmengenanteil der azeotropen Mischung
(A) Methanol	$T_s = 337.9$	
(B) Aceton	$T_s = 329.6$	
(C) Dichlormethan	$T_s = 314.7$	
Methanol/Aceton	$T^{az} = 327.8$	$x_B^{az} = 0.721$
Methanol/Dichlormethan	$T^{az} = 312.4$	$x_C^{az} = 0.80$

stems wenden wir uns Abb. 18.5 zu. Auch hier spannen die drei Siedediagramme zwei Gleichgewichtsflächen auf: die nach unten gewölbte zur Flüssigphase gehörende und die nach oben gewölbte zur Gasphase gehörende Fläche. Im Gegensatz zum idealen System, wo die Flächen sich nur bei den Stoffmengenanteilen $x_i = 1$ berühren, tritt hier eine „azeotrope Linie" längs der Verbindung beider azeotroper Punkte auf, an der sich die Flächen berühren.

Diese azeotrope Linie teilt das Dreiecksdiagramm in zwei Destillationsfelder I und II auf, vgl. Abb. 18.5. Um das Bild nicht unnötig zu komplizieren, knüpfen wir an die Diskussion der idealen ternären Mischung der vorigen Seite an. Ein Gemisch mit dem Stoffmengenanteil der Flüssigphase α liefert bei der Temperatur etwas unterhalb $T = 327.8$ K im Dampf den Gleichgewichtsstoffmengenanteil β im Destillationsfeld I; das Gemisch α' liefert unter gleichen Temperaturbedingungen die Gleichgewichtszusammensetzung der Dampfphase β' im Destillationsfeld II.

18.3. Die Destillation ternärer Systeme

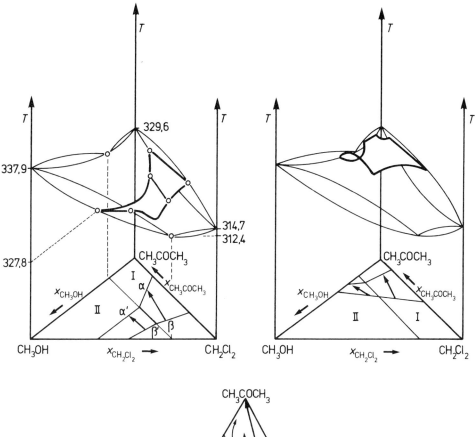

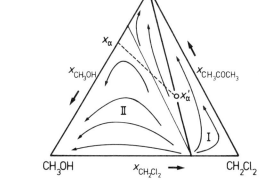

Abbildung 18.5: Das ternäre System Methanol/Aceton/Dichlormethan mit dem Verlauf der Destillationslinien in diesem System.

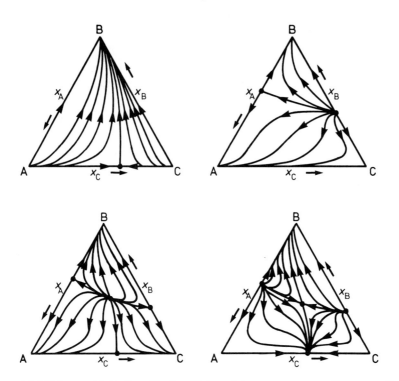

Abbildung 18.6: Destillationslinien einiger azeotroper Systeme, SCHUBERTH (1986).

Ein ternäres Gemisch, dessen Flüssigkeitszusammensetzung im Destillationsfeld I liegt, kann auch nur eine Gleichgewichtszusammensetzung der Dampfphase in diesem Destillationsfeld besitzen. Eine Überquerung der azeotropen Linie ist – ebenso wie die des azeotropen Punktes im binären System – nicht möglich. Die Destillationslinien beginnen für jedes Feld am niedrigsten Siedepunkt des Azeotropes Methanol/Dichlormethan und enden am Siedpunkt der höchstsiedenden Komponente: im Feld I beim Aceton und im Feld II beim Methanol.

Will man nun aus dem binären Gemisch Methanol/Aceton, dessen Zusammensetzung auf der methanolreichen Seite bei x_α liegt, reines Acetons erhalten, so muß man vom Destillationsfeld II in das Destillationsfeld I überwechseln, vgl. Abb. 18.5 unten. Zu diesem Zweck mischt man dem binären System von x_α ausgehend solange Dichlormethan hinzu, bis das Destillationsfeld I erreicht ist. Am Punkt x'_α stößt man längs der gestrichelten Geraden auf eine Destillationslinie, die direkt zum reinen Aceton führt. Auf diese Weise erhält man bei mehrmaliger Kondensation und Verdampfung reines Aceton als Sumpfprodukt und das Azeotrop Methanol/Dichlormethan als Kopfprodukt. In der Abb. 18.6 sind die Destillationslinien einiger ternärer Systeme dargestellt.

18.4 Die Rektifikation

Wie besprochen, findet bei der Destillation eine einmalige Verdampfung und Kondensation des Gemisches statt. Die Anreicherung der leichterflüchtigen Komponente im Zuge dieses einmaligen Vorganges reicht für eine Reindarstellung eines Stoffes i. allg. nicht aus. Insbesondere bei Stoffgemischen mit geringem Trennfaktor ist der Trennerfolg gering.

Durch erneute Verdampfung des Kondensates und Kondensation des Gemisches kann in einem zweiten Schritt eine höhere Anreicherung der leichterflüchtigen Komponenten erzielt werden. Auf diesem Prinzip beruht die *Rektifikation*.

18.4.1 Grundlagen der Rektifikation

Ein Rektifikationsapparat besteht aus einer Destillationsblase, dem eine Rektifiziersäule mit einer Kondensationseinrichtung aufgesetzt ist. Von dieser Kondensationseinrichtung kann ein Teil des Kondensates in die Destillationsvorlage, ein anderer Teil zurück auf die Kolonne gegeben werden, vgl. Abb. 18.7. Der kondensierte und auf die Kolonne zurückgegebene Anteil des Dampfes läuft im Gegenstrom als Flüssigkeit dem aufsteigenden Dampf entgegen.

Das Rektifikationsprinzip besteht nun darin, daß Dampf und Flüssigkeit *nicht* die dem Gleichgewicht entsprechende Zusammensetzung besitzen. Da sich die leichterflüchtige Komponente zum Kolonnenkopf hin anreichert, enthält der Rücklauf *mehr* Leichterflüchtiges als dem aufsteigenden Dampf entspricht. Demzufolge bemüht sich das System längs der Kolonne die Gleichgewichtsstoffmengenanteile gemäß der Gleichgewichtskurve einzustellen.

Zur Einstellung des Gleichgewichtszustandes gibt die rücklaufende Flüssigkeit auf ihrem Weg vom Kolonnenkopf zur Destillationsblase die leichtersiedende Komponente an den aufsteigenden Dampf ab und entnimmt dem Dampf die schwererflüchtige Komponente. Der Gegenstrom verhindert allerdings die Gleichgewichtseinstellung, so daß ein ständiger Stoff- und Wärmeaustausch zwischen dem rücklaufenden Kondensat und dem aufsteigenden Dampf stattfindet.

Die rektifikative Entmischung der Komponenten beruht also auf der Tatsache, daß sich die leichtsiedende Komponente im aufsteigenden Dampf zum Kolonnenkopf hin, der schwerersiedende Anteil in der herabrieselnden Flüssigkeit zur Destillationsblase hin anreichert. Um den notwendigen Stoff- und Wärmeaustausch zwischen Dampf und Flüssigkeit zu fördern, ist es notwendig, möglichst große Austauschflächen in der Kolonne bereitzustellen.

Rektifikationskolonnen müssen generell über eine gute Wärmeisolierung verfügen, da die Kondensationswärme des Gemisches für die erneute Verdampfung genutzt wird. Tritt ein Wärmeverlust über die Wandung der Kolonne auf, so wird die Trennwirkung der Kolonne wesentlich verschlechtert. Arbeitet die Kolonne bei einer Temperatur über ca. 500 K, dann muß auch der Wärmeverlust durch Wärmestrahlung durch Verspiegelung oder einen Anstrich mit Aluminiumbronze vermindert werden.

364   18. Destillation und Rektifikation

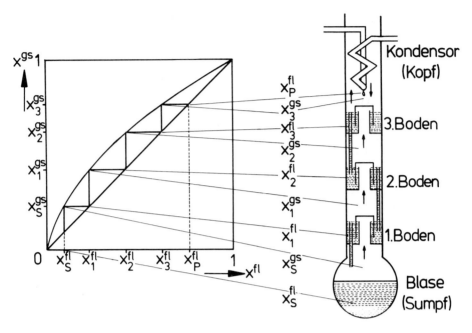

Abbildung 18.7: Skizze zur Erläuterung der Rektifikation, nach PATAT-KIRCHNER.

Bodenkolonne und Füllkörperkolonne: Die Gleichgewichtseinstellung des zu trennenden Gemisches kann mit verschiedenen Bauprinzipien realisiert werden. Erfolgt diese auf diskreten Trennstufen, so spricht man von einer *Bodenkolonne*: auf diesen Trennstufen erfolgt die Kondensation und Verdampfung des zu rektifizierenden Gemisches. Die Berechnung der diskreten Trennstufen geschieht mittels des McCabe-Thiele-Diagrammes, s.u. Von der Konstruktion her haben sich die Glockenboden-, Ventilboden- und Siebbodenkolonnen bewährt.

Die Füllkörperkolonne ist mit Formkörpern großer Oberfläche gefüllt, z.B. Raschigringe, Berlsättel, Wilsonspiralen. Die rücklaufende Flüssigkeit rieselt über diese Formkörper und bietet damit dem Dampf eine große Berührungsfläche. Da hier der Stoffautausch nicht in konkreten Austauscheinheiten erfolgt, erfolgt die Berechnung der Füllkörperkolonne neben dem McCabe-Thiele-Diagramm häufig mit der allgemeinen *Stofftransportgleichung*.

18.4.2 Die Berechnung nach McCabe-Thiele

Die Rektifikation bei unendlichem Rücklaufverhältnis: Das Rücklaufverhältnis einer Rektifikationskolonne ist durch den Quotienten des rücklaufenden Stoffmengenstromes $\dot n_R$ und dem entnommenen Stoffmengenstrom an Produkt $\dot n_P$ gegeben
▷ RÜCKLAUFVERHÄLTNIS:

$$\boxed{v = \frac{\dot n_R}{\dot n_P}} \tag{18.7}$$

Wählt man das Rücklaufverhältnis zu unendlich, so wird der Rektifikationskolonne kein Destillat entnommen. Zur Einführung in die Problematik soll dieser in der Praxis uninteressante Fall diskutiert werden, vgl. Abb. 18.7.

Im idealen Fall der Gleichheit von Kondensations- und Verdampfungsenthalpie wird angenommen, daß die stufenweise Kondensation auf den *theoretischen Böden* zum jeweiligen Gleichgewichtsstoffmengenanteil des binären Gemisches führen soll. In der Destillationsblase (dem „Sumpf", Index: S) befindet sich das binäre Gemisch mit dem Ausgangsstoffmengenanteil x_S^{fl} der leichtersiedenden Komponente. Von dort steigt das mit Leichtersiedendem angereicherte Dampfgemisch des Stoffmengenanteiles x_S^{gs} auf. Im ersten Boden der Kolonne wird der Dampf kondensiert: es resultiert unter der Bedingung totalen Rücklaufes ein Kondensat mit dem Stoffmengenanteil x_1^{fl}. Damit befinden wir uns auf der ersten Stufe des Gleichgewichtsdiagramms.

Vom ersten Boden läuft Flüssigkeit mit der Zusammensetzung x_1^{fl} in die Destillationsblase zurück. Der aufsteigende Dampf des ersten Bodens hat den Gleichgewichtsstoffmengenanteil x_1^{gs} an leichtersiedender Komponente; durch Kondensation auf dem zweiten Boden resultiert der Stoffmengenanteil x_2^{fl}. Damit befinden wir uns auf der zweiten Stufe des Gleichgewichtsdiagramms.

Der vom letzten – hier dritten – Boden aufsteigende Dampf hat die Zusammensetzung x_3^{gs} und damit die gleiche Zusammensetzung wie die vom Kondensor abtropfende Flüssigkeit x_P^{fl}. Mit einer ideal arbeitenden Kolonne mit unendlichem Rücklauf läßt sich also eine maximale Anreicherung bis zu diesem Punkt erreichen, man erhält so die *minimale Bodenzahl*. Die Zahl der Böden hängt von der Ausbauchung der Gleichgewichtskurve und damit vom Trennfaktor α des binären Gemisches ab.

Bei einer realen Kolonne wird dieser Wert nicht erreicht. Der Grund dafür liegt in der unvollständigen Kondensation auf den *theoretischen Böden* einerseits und in den Wärmeverlusten der Kolonne andererseits. Für die Berechnung einer Kolonne ist daher die Kenntnis der einem theoretischen idealen Boden äquivalente Zahl realer Böden notwendig. Bei Glockenbödenkolonnen wird man so im realen Fall stets die Zahl der theoretischen Böden vergrößern.

Für Füllkörperkolonnen findet man die einem diskreten Boden entsprechende *Austauschlänge* durch Bildung des Quotienten: Länge der Kolonne dividiert durch die Zahl der theoretischen Böden: man erhält so die HETP-Länge (height equivalent of a theoretical plate).

Die Rektifikation bei endlichem Rücklaufverhältnis: Im realen Trennfall wird am Kopf der Rektifikationskolonne Destillat entnommen: die aufsteigende Dampfmenge wird größer als die herabrieselnde Flüssigkeitsmenge. Da der aufsteigende Dampf reicher an leichterflüchtiger Komponente als der Rücklauf ist, verarmt dieser an Leichterflüchtigem. Nach einer gewissen Zeit stellt sich ein neues Gleichgewicht derart ein, daß der erneut verdampfte Rücklauf weniger an der leichterflüchtigen Komponenten enthält.

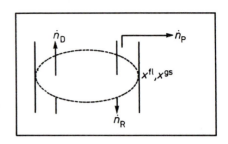

Während bei dem totalen Rücklauf an jedem Boden das Gleichgewicht längs der Konode eingestellt war, gilt nun $x^{fl} < x^{fl}_{gl}$. Dadurch wird das Trennvermögen der Kolonne geringer: bei endlichem Rücklaufverhältnis ist die Anreicherung der leichterflüchtigen Komponente am Kopf der Kolonne geringer als bei unendlichem Rücklaufverhältnis. Diese Zusammenhänge lassen sich anhand der Stoffbilanz der Kolonne quantifizieren. Dazu legt man eine Bilanzfläche am Kopf der Kolonne, vgl. Skizze. Bei konstanten Stoffmengenströmen längs der Kolonne ist der mit dem Dampf aufsteigende *gesamte* Stoffmengenstrom $\dot{n}_D$ gleich der Stoffmenge im rücklaufenden Kondensat $\dot{n}_R$ und dem am Kolonnenkopf entnommenen Produktmengenstrom $\dot{n}_P$:

$$\dot{n}_D = \dot{n}_R + \dot{n}_P \quad , \mathrm{mol\,s^{-1}} \tag{18.8}$$

Da wir nur den Anteil der leichterflüchtigen Komponenten betrachten, multiplizieren wir mit deren Stoffmengenanteil und erhalten den Stoffmengenstrom des Leichterflüchtigen:

$$\dot{n}_D\, x^{gs} = \dot{n}_R\, x^{fl} + \dot{n}_P\, x^{fl}_P \tag{18.9}$$

Man löst nach x^{gs} auf und setzt Gl. 18.8 ein, mit dem Rücklaufverhältnis v folgt:

$$x^{gs} = \frac{\dot{n}_R}{\dot{n}_D} x^{fl} + \frac{\dot{n}_P}{\dot{n}_D} x^{fl}_P = \frac{\dot{n}_R}{\dot{n}_R + \dot{n}_P} x^{fl} + \frac{\dot{n}_P}{\dot{n}_R + \dot{n}_P} x^{fl}_P \tag{18.10}$$

▷ BILANZ- ODER VERSTÄRKUNGSGERADE DER REKTIFIKATION:

$$\boxed{x^{gs} = \frac{v}{1+v} x^{fl} + \frac{1}{1+v} x^{fl}_P} \tag{18.11}$$

Diese Gleichung gibt die Abhängigkeit des Stoffmengenanteiles im Dampf und der Flüssigkeit für jeden beliebigen Kolonnenquerschnitt an. Trägt man die Bilanzgerade in das Gleichgewichtsdiagramm ein, so ist die Steigung $v/(1+v)$ und der Ordinatenabschnitt $x^{fl}_P/(1+v)$, vgl. Abb. 18.8(a). Setzt man $x^{fl}_P = x^{gs}$, so ergibt sich der Schnittpunkt der Bilanzgeraden mit der 45°-Geraden des Gleichgewichtsdiagramms bei dem Abzissenwert x^{fl}_P. Für unendliches Rücklaufverhältnis folgt: $\lim_{v\to\infty} v/1+v = 1$ In diesem Fall fällt die Bilanzgerade mit der 45°-Geraden zusammen, es ergibt sich die *Mindestbodenzahl*.

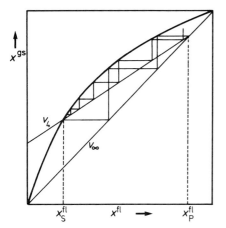 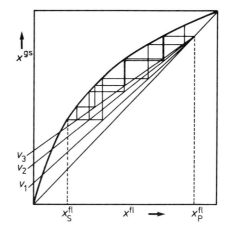

Abbildung 18.8: Darstellung der Bilanzgeraden im Gleichgewichtsdiagramm.

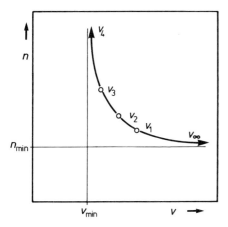

Abbildung 18.9: Ermittlung von Mindestbodenzahl und Mindesrücklaufverhältniss.

Zur Durchführung einer rektifikativen Trennung eines binären Gemisches von x_S^{fl} nach x_P^{fl} lassen sich, wie in Abb. 18.8(a) dargestellt, je nach eingestelltem Rücklaufverhältnis, verschiedene Bilanzgeraden einzeichnen. Die 45°-Gerade stellt das unendliche Rücklaufverhältnis v_∞ dar, v_4 stellt das Mindestrücklaufverhältnis dar. Die Bilanzgerade für das Mindestrücklaufverhältnis geht durch den Schnittpunkt des Lotes von x_S^{fl} mit der Gleichgewichtskurve. In diesem Fall lassen sich in den „Zwickel" zwischen Gleichgewichtskurve und Bilanzgerade unendlich viele Trennstufen einzeichnen. Zwischen diesen beiden Grenzfällen liegen die Bilanzgeraden mit den Rücklaufverhältnissen v_1, v_2, v_3. Die Zahl der theoretischen Böden nimmt in dieser Reihenfolge zu: für v_∞ ergeben sich 2 und für v_3 ergeben sich 4 theoretische Böden. Trägt man die so ermittelten Wertepaare v_i über die Zahl n der theoretischen Böden auf, so folgt eine Hyperbelfunktion, die für $n \to \infty$ das Mindestrücklaufverhältnis und für $v \to \infty$ die Mindestbodenzahl liefert, Abb. 18.9.

Verstärkungs- und Abtriebsteil einer Kolonne: Nach den bisherigen Darlegungen wird die leichterflüchtige Komponente vom Stoffmengenanteil im Sumpf x_S^{fl} zum Stoffmengenanteil im Kopf x_P^{fl} durch Rektifikation angereichert. In der Praxis liegen jedoch oft Gemische wechselnder Zusammensetzung vor: z.B. bei der Rektifikation von Erdöl. In diesem Falle wäre es unsinnig das Gemisch in den Sumpf der Kolonne zu geben, da dann die durch die Natur bereits vorgenommene Anreicherung verlorenginge.

Gemische dieser Art speist man auf den Boden der Kolonne ein, der der gerade vorliegenden Zusammensetzung entspricht. Auf diese Weise zerfällt die Kolonne in zwei Bilanzgebiete: dem *Abtriebsteil* der Kolonne unterhalb des Zulaufbodens und dem *Verstärkungsteil* oberhalb des Zulaufbodens. Dem Verstärkungsteil wird als Bilanzgerade die schon besprochene *Verstärkungsgerade* mit dem Rücklaufverhältnis v, dem Abtriebsteil wird die *Abtriebsgerade* mit dem Rücklaufverhältnis $v^\star$ zugeordnet. Zur Bilanzierung des Abtriebsteiles betrachten wir nebenstehende Bilanzfläche. Der mit dem Rücklauf transportierte gesamte Stoffmengenstrom $\dot{n}_R^\star$ ist für konstantes $\dot{n}_R^\star$ und $\dot{n}_S$ gleich der Stoffmenge des aufsteigenden Dampfes $\dot{n}_D$ und dem im Sumpf entnommenen Stoffmengenstrom $\dot{n}_S$:

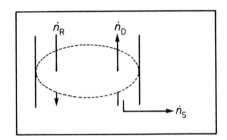

$$\dot{n}_R^\star = \dot{n}_G + \dot{n}_S \tag{18.12}$$

Da nur der Anteil der leichterflüchtigen Komponenten betrachtet wird, multipliziert man mit deren Stoffmengenanteil, es folgt der Stoffmengenstrom der leichterflüchtigen Komponenten:

$$\dot{n}_R^\star \, x^{fl} = \dot{n}_G \, x^{gs} + \dot{n}_S \, x_S^{fl} \tag{18.13}$$

Das Rücklaufverhältnis der Abtriebsgeraden wird analog zum Rücklaufverhältnis der Verstärkungsgeraden definiert zu $v^\star = \dot{n}_R^\star / \dot{n}_S$, es folgt die

▷ ABTRIEBSGERADE DER REKTIFIKATION:

$$\boxed{x^{gs} = \frac{v^\star}{v^\star - 1} x^{fl} - \frac{1}{v^\star - 1} x_S^{fl}} \tag{18.14}$$

Vereinfachend soll angenommen werden, daß das Zulaufgemisch siedend in die Kolonne gegeben wird. Dieser Fall muß spezifiziert werden, da bei Zulauf eines kühlen Gemisches zur Vorwärmung ein Teil des Dampfes kondensieren muß und damit der Stoffmengenstrom $\dot{n}_R^\star$ des Rücklaufes größer wird. Unter diesen vereinfachten Bedingungen soll die Abb. 18.10 betrachtet werden. Der Verstärkungsgerade wird wie beschrieben konstruiert, sie schneidet das Lot auf dem Stoffmengenteil des Leichterflüchtigen des Zulaufgemisches in der Flüssigkeit x_M^{fl} im Punkt M. Diesen Punkt schneidet auch die Abtriebsgerade, die ihrerseits einen weiteren Schnittpunkt im Lot von x_S^{fl} mit der Gleichgewichtskurve hat. Zwischen den Bilanzgeraden und der Gleichgewichtskurve werden die Austauschstufen konstruiert.

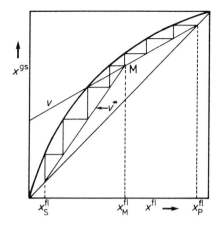

Abbildung 18.10: McCabe-Thiele Diagramm einer Kolonne mit Verstärker- und Abtriebsteil.

18.4.3 Die Berechnung als Zellenmodell

Zur Darstellung der Berechnung einer Rektifikation bilanzieren wir den Kolonnenquerschnitt am $(j-1)$-ten Boden: einerseits steigt Dampf vom $(j-1)$-ten Boden auf, andererseits läuft vom (j)-ten Boden das Kondensat zu, vgl. nebenstehende Skizze. Die Bilanz bezüglich der leichtflüchtigen Komponenten A ergibt sich dann zu:

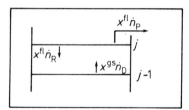

$$\{x^{gs}\dot{n}_D\}(j-1) = \{x^{fl}\dot{n}_R\}(j) + x_P^{fl}\dot{n}_P$$
$$\rightsquigarrow \{x^{gs}\dot{n}_D\}(j-1) - \{x^{fl}\dot{n}_R\}(j) - x_P^{fl}\dot{n}_P = 0 \qquad (18.15)$$

In diese Bilanz wird nun der Trennfaktor α nach Gl. 18.2 berücksichtigt:

$$\alpha = \frac{(1-x_A^{fl})\,x_A^{gs}}{x_A^{fl}\,(1-x_A^{gs})} \qquad (18.16)$$

Das Gleichgewicht soll auf jedem Boden eingestellt sein, man versieht die Stoffmengenanteile daher mit der Laufzahl (j) und löst diese Gleichung nach $x_A^{fl}(j)$ auf:

$$\alpha = \frac{[1-x_A^{fl}(j)]\,x_A^{gs}(j)}{x_A^{fl}(j)\,[1-x_A^{gs}(j)]} \quad \rightsquigarrow \quad x_A^{fl}(j) = \frac{x_A^{gs}(j)}{\alpha + x_A^{gs}(j)[1-\alpha]} \qquad (18.17)$$

Ebenso ergibt sich für $x_A^{gs}(j)$, bzw. nach dem Vorrücken der Laufzahl (j) auf $(j-1)$:

$$x_A^{gs}(j) = \frac{\alpha\,x_A^{fl}(j)}{x_A^{fl}(j)[\alpha-1]+1} \quad \rightsquigarrow \quad x_A^{gs}(j-1) = \frac{\alpha\,x_A^{fl}(j-1)}{x_A^{fl}(j-1)[\alpha-1]+1} \qquad (18.18)$$

Die Ausdrücke für $x_A^{fl}(j)$ nach Gl. 18.17 und $x^{gs}(j-1)$ nach Gl. 18.18 werden nun in die Bilanz nach Gl. 18.15 eingesetzt, es folgt:

$$\boxed{\frac{\alpha\, x_A^{fl}(j-1)}{x_A^{fl}(j-1)[\alpha-1]+1}\dot{n}_D(j-1) - x_A^{fl}(j)\dot{n}_R(j) - x^{fl}\dot{n}_P = 0} \qquad (18.19)$$

Dies ist eine Differenzengleichung vom *Riccati*-Typ: da die zugehörige Differentialgleichung analytisch nicht lösbar ist, liefert sie ein bequemes Berechnungsschema der Rektifikation. Die Berechnung erfolgt daher „von Boden zu Boden", wobei das Glied $x^{fl}\dot{n}_P$ erst am Entnahmeboden berücksichtigt wird.

19 Extraktion

Die Mischungen werden nun durch die Extraktion getrennt. Nach den *Verteilungsgleichgewichten* und den Eigenheiten von *Mischungslücken* wird das Phänomen der *Grenzschichtturbulenz* und das Kriterium nach STERNLING/SCRIVEN vorgestellt. Sodann folgen im Rahmen der Behandlung der absatzweisen Extraktion die *einstufige* und *Kreuzstromextraktion*. Für die kontinuierliche *Gegenstromextraktion* werden die Berechnungen nach dem *Polkonstruktionsverfahren* sowie der Berechnung der Austauschböden aus der Gleichgewichtskurve, nach der NTU-*Gleichung* und dem *Zellenmodell* vorgestellt.

- NTU-INTEGRAL DER GEGENSTROMEXTRAKTION: STOFFÜBERGANGSWIDERSTAND AUF DER SOLVENSSEITE:, Gl. 19.13

$$\text{NTU} = \int_{c_{\text{E},\alpha}^{\text{S}}}^{c_{\text{E},\omega}^{\text{S}}} \frac{dc_{\text{E}}^{\text{S}}}{c_{\text{E,gl}}^{\text{S}} - c_{\text{E}}^{\text{S}}}$$

$$\text{NTU} = \int_{c_{\text{E},\alpha}^{\text{S}}}^{c_{\text{E},\omega}^{\text{S}}} \frac{dc_{\text{E}}^{\text{S}}}{K_{\text{N}}^{-1}\left\{\frac{\dot{V}^{\text{S}}}{\dot{V}^{\text{R}}}\left(c_{\text{E},e}^{\text{S}} - c_{\text{E},0}^{\text{S}}\right) + c_{\text{E},0}^{\text{R}}\right\} - c_{\text{E}}^{\text{S}}}$$

- KREMSER-BROWN-GLEICHUNG DER GEGENSTROMEXTRAKTION:, Gl. 19.18:

$$\frac{c_{\text{E}}^{\text{R}}(j) - c_{\text{E},0}^{\text{R}}}{c_{\text{E}}^{\text{R}}(j+1) - c_{\text{E},0}^{\text{R}}} = \frac{\left(\hat{\alpha}^{j} - 1\right)}{\left(\hat{\alpha}^{j+1} - 1\right)}$$

19.1 Grundlagen und Begriffsbildungen

Extrakt, Raffinat und Solvens: Bei der *Destillation* wird die Trennung zweier Komponenten durch Zuführung von Wärme über das sich ausbildende Phasengleichgewicht Flüssigkeit – Dampf erreicht. Dabei zeigt sich, daß der Trenneffekt durch die Anreicherung der leichterflüchtigen Komponenten in der Gasphase auftritt, vgl. Ausführungen zur Destillation im Abschn. 18.

Bei der *Extraktion* wird der Trenneffekt über die Einstellung eines Verteilungsgleichgewichtes einer Komponenten zwischen zwei nicht mischbaren Flüssigkeiten erreicht. Den zwischen den beiden nicht mischbaren Flüssigkeiten ausgetauschten Stoff bezeichnet man als *Extrakt*, die abgebende Phase ist die *Raffinatphase*, die aufnehmende Phase die *Solvensphase*. Im Idealfall sollen sich Raffinatphase und Solvensphase nicht miteinander mischen, das Extrakt soll mit beiden Phasen jedoch unbegrenzt mischbar sein. Im Realfall wird sich das Raffinat resp. Solvens neben dem Extrakt immer begrenzt in der Solvensphase resp. der Raffinatphase lösen.

Verteilungsgleichgewichte: Bezüglich der Verteilung des Extraktes E zwischen der Raffinatphase R (dem Abgeber) und der Solvensphase S (dem Aufnehmer) können folgende Verteilungsgesetze gelten:

Extrakt löst sich in Raffinatphase	Extrakt löst sich in Solvensphase	Verteilungsgesetz
ohne Änderung	ohne Änderung	$\dfrac{x_{E,gl}^{R}}{x_{E,gl}^{S}} = K_N$
Dissoziation	ohne Änderung	$\dfrac{x_{E,gl}^{R}(1-\varpi)}{x_{E,gl}^{S}} = K_{N,D}$
ohne Änderung	Assoziation	$\dfrac{x_{E,gl}^{R}}{\sqrt[n]{x_{E,gl}^{S}(1-\varpi')}} = K_{N,A}$
Dissoziation	Assoziation	$\dfrac{x_{E,gl}^{R}(1-\varpi)}{\sqrt[n]{x_{E,gl}^{S}(1-\varpi')}} = K_{N,DA}$

Die Größen ϖ und ϖ' stellen den Dissoziationsgrad bzw. den Assoziationsgrad des Extraktes E dar:

$$n\,E \xrightarrow{\varpi} E_n$$
$$E_n \xrightarrow{\varpi'} n\,E$$

Mischungslücken: Extrakt, Raffinat und Solvens bilden ein ternäres System; die Darstellung dieser Systeme in einem Dreiecksdiagramm ist bereits im Abschn. 18.3 erfolgt. Während dort unbegrenzte Mischbarkeit zwischen den drei Komponenten besteht, liegt im Falle der Extraktion meist der einfache Fall einer *einseitigen* Mischungslücke allein zwischen der Raffinat- und Solvensphase vor, vgl. Abb. 19.1(a). Für die weitere Diskussion wird vereinfachend auf die einseitige Mischungslücke zurückgegriffen.

Neben der Darstellung der auf den Stoffmengen fußenden Stoffmengenanteile der drei beteiligten Phasen hat sich in der Extraktion die Darstellung als Massenanteile ebenfalls etabliert. Der Massenanteil g_i ist definiert durch den Ausdruck

▷ MASSENANTEIL DER KOMPONENTE i:

$$g_i = \frac{m_i}{\sum_i m_i} = \frac{n_i M_i}{\sum_i n_i M_i} \tag{19.1}$$

Die Umrechnung aus den Stoffmengenanteilen erfolgt mit der molekularen Masse M_i der Komponente i und der Beziehung $n_i = m_i/M_i$.

Das heterogene Gleichgewicht der drei beteiligten Komponenten wird begrenzt von der *Binodalkurve*, die ihrerseits durch die Endpunkte der *Konoden* festgelegt wird. Experimentell wird die Binodalkurve ermittelt, indem man Mischungen der drei Komponenten bei höherer Temperatur herstellt, sodann auf die gewünschte Temperatur abkühlt und nach dem Zerfall der Phasen die Gleichgewichtsstoffmengen- bzw. massenanteile der drei Komponenten im Raffinat und im Solvens ermittelt.

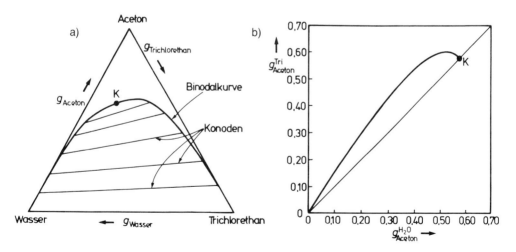

Abbildung 19.1: Darstellung einer einseitigen Mischungslücke des ternären Systems Wasser/Aceton/Trichlorethan: (a) Lage der Binodalkurve und Konoden; (b) Gleichgewichtsdiagramm.

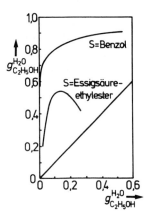

Abbildung 19.2: Auswahl der Solvensphase im ternären System Wasser/Ethanol mit Essigsäureethylester bzw. Benzol als Solvens.

Zur grafischen Konstruktion weiterer Konoden zeichnet man von den experimentell ermittelten Konodenendpunkten die Parallelen zur Grundseite und der dem kritischen Punkt entfernter liegenden Seite ein. Die Schnittpunkte beider Geraden liefern eine Hilfslinie, von der jede gewünschte Konode grafisch auf dem umgekehrten Weg gezeichnet werden kann, vgl. Abb. 19.3(a).

Das Gleichgewichtsdiagramm: Im Gleichgewichtsdiagramm werden die Konodenendpunkte der Gleichgewichtsstoffmengen- bzw. massenanteile des Extraktes in der Raffinatphase $x^R_{E,gl}$ bzw. $g^R_{E,gl}$ gegen diejenigen in der Solvensphase $x^S_{E,gl}$ bzw. $g^S_{E,gl}$ aufgetragen. In der Abb. 19.1(b) ist dieses Diagramm in Massenanteilen für das System Wasser/Aceton/Trichlorethan dargestellt. Die Gleichgewichtskurve verläuft bei kleinen Massebrüchen zunächst linear nach dem Nernstschen Verteilungsgesetz, wird dann jedoch zunehmend nichtlinear und mündet schließlich am Punkt K – dem *kritischen Entmischungspunkt* – in die 45°-Gerade ein; vgl. Abb. 19.1(b).

Selektivität der Solvensphase: Die von der Gleichgewichtskurve und der 45°-Gerade eingeschlossene Fläche ist ein Maß für die Selektivität der Solvensphase: je größer diese Fläche ist, desto steiler verlaufen die Konoden und desto selektiver ist das Solvens für das gegebene Extraktionsproblem einsetzbar. In der Abb. 19.2 ist dieser Sachverhalt für das Trennproblem Ethanol/Wasser mit Benzol bzw. Essigsäureethylester als Solvens dargestellt. Wie ersichtlich, ist Benzol für dieses Extraktionsproblem besser geeignet.

Hebelgesetz der Mischung: Stellt man zwei beliebige unterschiedliche Mischungen, deren Zusammensetzung auf der Raffinatseite durch den Punkt R_0 und auf der Solvensseite durch S_0 gegeben sein mögen, her, so resultiert beim Zusammenfügen beider der Mischungspunkt M. Die ternäre Zusammensetzung der Mischung liegt auf einer Geraden zwischen R_0 und S_0, vgl. Abb. 19.3(b). Die Lage des Mischungspunktes M auf dieser

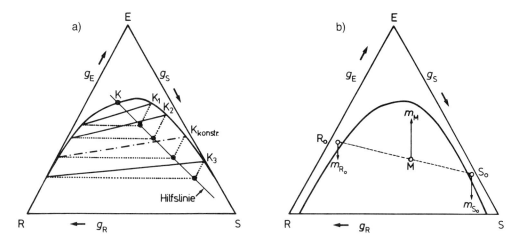

Abbildung 19.3: (a) Konstruktion der Konoden; (b) Skizze zur Erläuterung des Hebelgesetzes der Mischung.

Geraden richtet sich nach den eingesetzten Stoffmengen bzw. Massen des Raffinates und des Solvens und ist für Stoffmengen gegeben durch das

▷ HEBELGESETZ DER MISCHUNG:

$$n_{R_0} \cdot \overline{M R_0} = n_{S_0} \cdot \overline{M S_0} \tag{19.2}$$

Dieser Zusammenhang wurde bereits mit Gl. 18.6 abgeleitet. Eine weitere nützliche Formulierung ergibt sich aus der Bilanz:

$$n_M = n_{R_0} + n_{S_0} \quad \leadsto \quad n_{R_0} = n_M - n_{S_0} \tag{19.3}$$

Setzt man den Ausdruck für n_{R_0} in das Hebelgesetz ein, so folgt nach dem Umformen:

$$n_M \cdot \overline{M R_0} = n_{S_0} \cdot (\overline{R_0 M} + \overline{M S_0}) \tag{19.4}$$
$$n_M \cdot \overline{M R_0} = n_{S_0} \cdot \overline{R_0 S_0} \tag{19.5}$$

Auf analogem Wege ergibt sich für Massen das

▷ HEBELGESETZ DER MISCHUNG:

$$\begin{aligned} m_{R_0} \cdot \overline{M R_0} &= m_{S_0} \cdot \overline{M S_0} \\ m_M \cdot \overline{M R_0} &= m_{S_0} \cdot \overline{R_0 S_0} \end{aligned} \tag{19.6}$$

19.2 Mikroskopische Aspekte der Extraktion

Bei der Untersuchung des Stofftransportes im Verlaufe der Flüssig-Flüssig-Extraktion beobachtet man u. U. starke Grenzflächenturbulenzen, vgl. HANSON (1974). Bei einem Versuch der Systematisierung dieser Erscheinungen, zeigen sich folgende Pänomene:

die geordneten Konvektionszellen, auch „Marangoni-Instabilität" genannt;

die ungeordnete Grenzflächenkonvektion, auch Grenzflächen-„Eruptionen" genannt.

Eine erste Erklärung dieser Erscheinungen stammt von MARANGONI (1871) auf der Grundlage thermodynamischer Überlegungen: die Stabilität eines stofflichen Systems ist durch ein Minimum der Freien Energie gekennzeichnet, vgl. Abschn. 2 . Im Fall von Grenzflächen mit Bereichen unterschiedlicher Konzentrationen und damit Grenzflächenspannungen wird der Zustand minimaler Freier Grenzflächenenergie dadurch erreicht, daß die Flächenbereiche höherer Grenzflächenspannung auf einen Minimalwert kontrahieren: Punkt B in Abb. 19.4(a), diejenige niedrigerer Grenzflächenspannung auf einen Maximalwert expandieren: Punkt A in Abb. 19.4(a). Die so hervorgerufene Strömung vom Punkt A zum Punkt B in der Grenzfläche wird als „Marangoni-Effekt" bezeichnet.

Der stabile Zustand minimaler Freier Energie wird indessen immer durch das Vorhandensein mikroskopischer Schwankungserscheinungen – hervorgerufen durch die *Brownsche Molekularbewegung* – gestört. Aufgrund dessen kommt die Marangoni-Strömung nicht zur Ruhe, sie ist verantwortlich für die Mitnahme weiterer Flüssigkeitsschichten aus der Nähe der Grenzfläche. Es entstehen in den Phasen beiderseits der Grenzschicht kleine Wirbel – sog. Konvektionszellen –, die in besonderen Fällen ständig aufrecht erhalten werden können, vgl. Abb. 19.4(b).

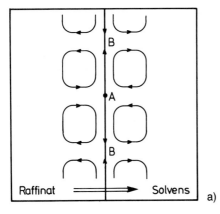
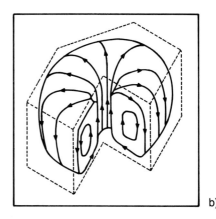

Abbildung 19.4: (a) Skizze zum Entstehen der Grenzflächenströmung; (b) Skizze einer Konvektionszelle.

19.2.1 Das Sternling-Scriven-Kriterium

Eine theoretische Erklärung, die auch eine Vorhersage der Bereiche turbulenter Grenzflächen ermöglicht, ist von STERNLING/SCRIVEN (1959) gegeben worden. Unter der Voraussetzung einer ebenen Grenzfläche in einem doppelt unendlichen Halbraum und Vernächlässigung sämtlicher Temperatureffekte sind folgende Faktoren entscheidend zur Auslösung der Grenzflächenturbulenz:

1. die Richtung des Stofftransportes;

2. die Änderung der Grenzflächenspannung σ mit der Konzentration des Extraktes in der Solvensphase c_E^S; diese kann größer oder kleiner Null sein: $d\sigma/dc_E^S < 0$; bzw. $d\sigma/dc_E^S > 0$.

3. der Quotient der Diffusionskoeffizienten des Extraktes im Raffinat und im Solvens: D_E^R/D_E^S;

4. der Quotient der kinematischen Viskositätskoeffizienten der Raffinat- und Solvensphase: ν_E^R/ν_E^S.

Die Einflüsse dieser physikalischen Größen auf die Ausbildung der Grenzflächenturbulenz sollen nun im Einzelnen diskutiert werden.

Einfluß des Diffusionskoeffizienten: Für den Fall des Austausches des Extraktes von der Raffinat- in die Solvensphase ergibt sich bei gleichen kinematischen Viskositätskoeffizienten beider Phasen und $d\sigma/dc < 0$ die alleinige Abhängigkeit der Grenzflächenphänomene von der Diffusion.

Wie schon erwähnt, werden die Grenzflächenströmung durch mikrospopische Fluktuationen aufrechterhalten, bei identischen kinematischen Viskositätskoeffizienten beider Phasen sind die mittleren freien Weglängen δ der fluktuierenden Volumenelemente gleich.

1. $D_E^R < D_E^S$:
Das Konzentrationsprofil in der Nähe der Grenzfläche für diesen Fall ist in Abb. 19.5(a) dargestellt. Trifft ein fluktuierendes Volumenelement aus der Solvensphase auf die Grenzfläche, dann wird wegen $c_E^S < c_{E,gl}^S$ die Grenzflächenspannung erhöht. Trifft dagegen ein fluktuierendes Volumenelement aus der Raffinatphase auf den gleichen Ort, so wird wegen $c_E^R > c_{E,gl}^R$ die Grenzflächenspannung dort erniedrigt. Da nun aber aufgrund der Konzentrationsprofile gilt:

$$\left| \frac{c_E^R - c_{E,gl}^R}{\delta} \right| > \left| \frac{c_E^S - c_{E,gl}^S}{\delta} \right| \tag{19.7}$$

überwiegt die Erniedrigung der Grenzflächenspannung aus den Fluktuationen der Raffinatphase. Die somit ausgelöste Grenzflächenströmung führt an Extrakt reichere Volumenelemente zur Grenzfläche – dort wird wiederum der Zustand niedrigerer Grenzflächenspannung aufrechterhalten: es bilden sich in der Grenzschicht Strömungen mit geordneten Strukturen – den *Konvektionszellen* – aus.

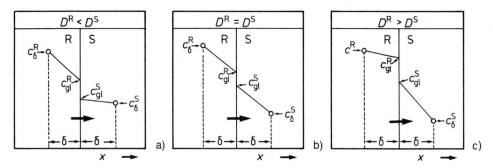

Abbildung 19.5: Einfluß des Diffusionskoeffizienten auf die Grenzflächenstabilität: (a) für $D_E^R < D_E^S$; (b) für $D_E^R = D_E^S$; (c) für $D_E^R > D_E^S$.

2. $D_E^R = D_E^S$:
   Wie aus Abb. 19.5(b) ersichtlich, sind die Konzentrationsprofile in Grenzflächennähe beider austauschender Phasen gleich. Trifft ein Volumenelement aus der Raffinatphase auf die Grenzfläche, so tritt eine Erhöhung der Grenzflächenspannung ein, ein Volumenelement aus der Solvensphase bewirkt dort deren Erniedrigung. Wegen der Gleichheit der Konzentrationsprofile:

$$\left| \frac{c_E^R - c_{E,gl}^R}{\delta} \right| = \left| \frac{c_E^S - c_{E,gl}^S}{\delta} \right| \tag{19.8}$$

heben sich die Änderungen der Grenzflächenspannungen im Mittel auf, makroskopisch entstehen keine Bewegungen der Grenzfläche: das System ist *stabil*.

3. $D_E^R > D_E^S$:
   Das Konzentrationsprofil ist in Abb. 19.5(c) dargestellt. Durch das Auftreffen eines Volumenelementes aus der Solvensphase auf die Grenzfläche wird die Grenzflächenspannung erhöht, dagegen beim Auftreffen eines Volumenelementes aus der Raffinatphase erniedrigt. Aufgrund der Konzentrationsprofile gilt nun:

$$\left| \frac{c_E^R - c_{E,gl}^R}{\delta} \right| < \left| \frac{c_E^S - c_{E,gl}^S}{\delta} \right| \tag{19.9}$$

In der Grenzfläche überwiegt im Mittel der Einfluß der Erhöhung der Grenzflächenspannung. Die resultierende Kontraktion der Grenzfläche führt zur Zurückdrängung des Volumenelementes aus der Solvensphase. Ist der Gradient der Änderung der Grenzflächenspannung mit der Konzentration $d\sigma/dc$ nur gering, dann ist dieser rückführende Impuls auch gering: das System erscheint makroskopisch stabil.

Liegt dagegen der durch die Grenzflächenkontraktion ausgelöste Impuls in der Größenordnung des Fluktuationsimpulses, so kann durch den mehrfachen Impulsaustausch eine Oszillation angefacht werden: das System zeigt *Oszillationen*.

19.2. Mikroskopische Aspekte der Extraktion

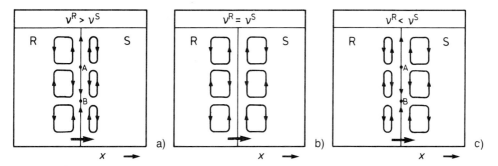

Abbildung 19.6: Einfluß des Viskositätskoeffizienten auf die Grenzflächenstabilität: (a) für $\nu_E^R > \nu_E^S$; (b) für $\nu_E^R = \nu_E^S$; (c) für $\nu_E^R < \nu_E^S$.

Einfluß des Viskositätskoeffizienten: Vereinfachend werden nun die Diffusionskoeffizienten des Extraktes in beiden Phasen gleichgesetzt; die Änderung der Grenzflächenspannung mit der Konzentration soll wieder $d\sigma/dc < 0$ sein. Unter diesen Voraussetzungen wird das Grenzflächenverhalten allein durch die Fließeigenschaften der beiden Austauschphasen bestimmt.

1. $\nu_E^R > \nu_E^S$:
Aufgrund des höheren kinematischen Viskositätskoeffizienten transportiert ein Volumenelement aus der Raffinatphase weniger Impuls als jenes aus der Solvensphase. Trifft ein Volumenelement aus der Solvensphase auf die Grenzfläche, so wird dieses aufgrund des größeren Impulses in die Raffinatphase eindringen, vgl. Abb. 19.6(a).

Ein Volumenelement aus dem Innern der Raffinatphase enthält mehr an Extrakt als der Gleichgewichtskonzentration an der Grenzfläche entspricht. Die Volumenelemente aus dem Innern der Solvensphase kommen aus grenzflächennäheren Schichten, sie sind reicher an Extrakt als das Innere der Solvensphase. Durch die Konvektion an der Grenzfläche ist die Konzentration an Extrakt dort also größer als ohne Konvektion. Im Zustand der Strömung nimmt die Konzentration vom Punkt A zum Punkt B ab: der Gradient der Grenzflächenspannung wird aufrecht erhalten. Das System bleibt *instabil*.

2. $\nu_E^R < \nu_E^S$:
Die Konzentration des Extraktes im Punkt A der Phasengrenze hängt weitgehend vom Nachschub des Extraktes aus der extraktärmeren Solvensphase ab. Da die Volumenelemente tiefer in die Solvensphase eindringen, ist die Konzentration am Punkt A kleiner als im ungestörten System, vgl. Abb. 19.6(c). Die Störung bewirkt also die Abnahme an Extrakt, somit eine Abnahme des Gradienten der Grenzflächenspannung: das System bleibt *stabil*.

Die Diskussion zeigt, daß spontane Fluktuationen sich zu Grenzflächenbewegungen in Systemen mit $d\sigma/dc < 0$ entwickeln können, sofern $D_E^R < D_E^S$ und $\nu_E^R > \nu_E^S$ ist. Im umgekehrten Fall ist das System stabil oder oszillatorisch stabil. Für alle anderen Kombinationen lassen sich keine Voraussagen machen. Dies sind die Ergebnisse von STERNLIN/SCRIVEN (1960), sie sind in folgender Tabelle zusammengestellt.

Tabelle 19.1: Bedingungen der Grenzflächenstabilität nach STERNLING/SCRIVEN (1960) für Systeme mit $d\sigma/dc < 0$.

$\dfrac{D_E^R}{D_E^S}$	$\dfrac{\nu_E^R}{\nu_E^S}$	Grenzflächenstabilität
< 1	1	Konvektionszellen
1	1	stabil
> 1	1	stabil oder Oszillationen
1	> 1	Konvektionszellen
1	< 1	stabil
< 1	> 1	Konvektionszellen
> 1	< 1	stabil oder Oszillationen

Diesem Ergebnis folgend, ist der Stoffübergang von der viskoseren in die weniger viskose Phase immer mit einer Instabilität der Grenzfläche verbunden. Als Ursache der Instabilität und als „Antriebsmotor" der Konvektionszellen wird der durch den Gradienten der Grenzflächenspannung verursachte Marangoni-Effekt angesehen.

In dem Wirkungsbereich der Konvektionszellen tritt eine bedeutsame Verstärkung des Stoffüberganges ein, allerdings wird dadurch der Konzentrationsgradient abgebaut und so der Antrieb geschwächt. Dies führt zu einem Zusammenbruch der Konvektionszellen. Der notwendige Nachschub an Extrakt an die Grenzfläche geschieht durch die wesentlich langsamere Diffusion, erst wenn der Konzentrationsgradient wieder aufgebaut ist, können durch Fluktuationen die Konvektionszellen wieder neu entfacht werden.

Die periodische Erscheinung der Konvektionszellen ist also durch das Wechselspiel von Konvektion und Diffusion bedingt. Allerdings kann bei Vorliegen eines Auftriebes durch große Dichtegradienten des Solvens und des Raffinates dieser Effekt überspielt werden und eine kontinuierliche Instabilität resultieren.

Allerdings haben experimentelle Beobachtungen die Sternling-Scriven-Kriterien nicht immer verifizieren können. Offenbar ist der Einfluß des Auftriebes – die durch diese Kriterien nicht berücksichtigt werden – doch sehr groß. In jedem Falle sollten vor einer verfahrenstechnischen Auslegung einer Extraktion diese Effekte wegen ihres Einflusses auf die Extraktionskinetik genau studiert werden.

Tabelle 19.2: Stoffpaare mit $D_E^R/D_E^S < 1$ und $\nu_E^R/\nu_E^S > 1$: Konvektionszellen.

Phasenpaar: Raffinatphase/Solvensphase	diffundierenden Stoff: Extrakt	Beobachtungen
Wasser/Toluol	Aceton	Konvektionszellen
Wasser/Toluol	Propionsäure	Eruptionen
Wasser/Chlorbenzol	Aceton	Konvektionszellen
Wasser/Essigsäureethylester	Essigsäure	Konvektionszellen
Ethylenglykol/Essigsäureethylester	Essigsäure	Konvektionszellen
Ethylenglykol/Essigsäureethylester	Aceton	Konvektionszellen

Tabelle 19.3: Stoffpaare mit $D_E^R/D_E^S > 1$ und $\nu_E^R/\nu_E^S < 1$: stabil oder Oszillationen.

Phasenpaar: Raffinatphase/Solvensphase	diffundierenden Stoff: Extrakt	Beobachtungen
Wasser/i-Butanol	Aceton	Konvektionszellen
Wasser/i-Butanol	Essigsäureethylester	stabil
Wasser/i-Butanol	Diethylamin	Konvektionszellen
Wasser/Nitrobenzol	Ethanol	stabil
Wasser/Nitrobenzol	Aceton	stabil
Wasser/Nitrobenzol	n-Butanol	Konvektionszellen
Wasser/Tetrachlormethan	Aceton	Eruptionen
Wasser/Chlorbenzol	Essigsäure	stabil
Benzol/Wasser	Ethanol	Eruptionen
Benzol/Wasser	Essigsäure	Konvektionszellen
Benzol/Wasser	Aceton	stabil
Benzol/Wasser	Propionsäure	Eruptionen
Benzol/Wasser	n-Butanol	stabil

19.3 Die einstufige Extraktion

Bei der einstufigen Extraktion wird das Extrakt zwischen Raffinat und Solvens in einem Verfahrensschritt ausgetauscht: sie ist vergleichbar mit dem „Ausschütteln" in einem Scheidetrichter im Laborbetrieb. Verfahrenstechnisch wird der Vorgang des Mischens in einem „Mixer" und der der Phasentrennung in einem „Settler" durchgeführt.

In den Mixer wird die Raffinatmasse m_{R_0} mit dem am Punkt R_0 gegebenen Massenanteilen sowie die Solvensmasse m_{S_0} mit dem am Punkt S_0 gegebenen Massenanteilen eingefüllt: der Mischungspunkt M ergibt sich nach dem Hebelgesetz aus den eingesetzten Massen an Raffinat m_{R_0} und Solvens m_{S_0}. Nach dem Mischvorgang stellt sich das thermodynamische Gleichgewicht gemäß der Verteilungsgesetze ein: die Raffinat- und Solvensphase zerfällt längs der durch den Punkt M verlaufenden Konode in die Endzusammensetzungen. Die Berechnung der einstufigen Extraktion ist aufgrund dieser Zusammenhänge verhältnismäßig einfach:

1. die Ausgangsmassenanteile in der Raffinatphase und der Solvensphase liegen aus der Betriebaufgabe fest: damit sind die Punkte R_0 und S_0 im Dreiecksdiagramm gegeben. Die Einsatzmengen hängen von der Kapazität des Mixer und Settlers ab. Liegen diese fest, so ergibt sich der Mischungspunkt M aus dem Hebelgesetz der Mischung:

$$m_{R_0} \cdot \overline{M R_0} = m_{S_0} \cdot \overline{M S_0}$$

2. nach dem Zerfall der Phasen sind die Massenanteile in der Raffinatphase und in der Solvensphase durch die Thermodynamik bestimmt. Die Endmassen der Raffinat- und Solvensphase ergeben sich durch das Hebelgesetz längs der Konode:

$$m_{R_e} \cdot \overline{M R_e} = m_{S_e} \cdot \overline{M S_e}$$

Beispiel: Aus 100 kg einer Mischung von 50 Gew.% Aceton/Wasser soll das Aceton in einem Verfahrensschritt mit reinem Trichlorethan extrahiert werden; der Rückstand soll nur noch 2 Gew.% Aceton enthalten. Wie groß ist die erforderliche Masse an Aceton?

In dieser Betriebsaufgabe stellt das Aceton die Extraktphase, das Wasser die Raffinatphase und das Trichlorethan die Solvensphase dar. Die Anfangszusammensetzung des Raffinates am Punkt R_0 ist durch den Massenanteil des Extraktes $g_E^R(0) = 0.5$, die des Solvens an S_0 durch $g_E^S(0) = 0$ festgelegt. Die Endmassenanteil des Extraktes im Raffinat am Punkt R_e beträgt $g_E^R(e) = 0.02$. Diese Zusammensetzung ist durch den Endpunkt einer Konode fixiert.

Der Schnittpunkt der Mischungsgeraden $\overline{R_0 S_0}$ mit der durch die Betriebsbedingung festgelegten Konode liefert den Mischungspunkt M. Die erforderliche Masse des Solvens Trichlorethan ergibt sich nach dem Hebelgesetz der Mischung zu:

$$m_{R_0} \cdot \overline{R_0 M} = m_{S_0} \cdot \overline{S_0 M}$$
$$\rightsquigarrow m_{S_0} = m_{R_0} \frac{\overline{R_0 M}}{\overline{S_0 M}} = 100 \frac{52}{3.5} = 1486 \text{ kg}$$

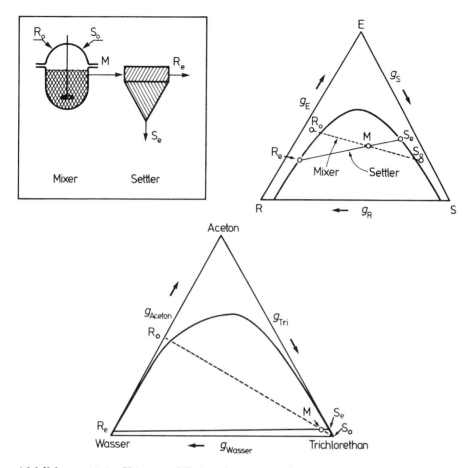

Abbildung 19.7: Skizze und Beispiel zur einstufigen Extraktion.

Nach dem Ausmessen der Strecken $\overline{R_0 M} = 52$ mm und $\overline{S_0 M} = 3.5$ mm ergibt sich die Masse des einzusetzenden Trichlorethans zu 1486 kg. Am Mischungspunkt M beträgt die Masse $m_M = 1486 + 100 = 1586$ kg. Die Masse des Solvens im Settler ergibt sich am Punkt S_e ebenfalls nach dem Hebelgesetz zu:

$$m_M \cdot \overline{R_e M} = m_{S_e} \cdot \overline{R_e S_e}$$
$$\rightsquigarrow \quad m_{S_e} = m_M \frac{\overline{R_e M}}{\overline{R_e S_e}} = 1586 \frac{59.5}{61.5} = 1535 \text{ kg}$$

Die Masse des Extraktes ergibt sich somit zu 1535 − 1486 = 49 kg. Dieses Ergebnis klassifiziert die einstufige Extraktion für das gegebenen Problem zu einem unsinnigen Verfahrensschritt, denn niemand setzt 1.5 t Trichlorethan zur Gewinnung von nur 49 kg Aceton ein.

19.4 Die Kreuzstromextraktion

Bei der Behandlung der einstufigen Extraktion ist klar geworden, daß es für die Trennwirkung offenbar günstig ist, die Gleichgewichtseinstellung mehrfach vorzunehmen. Dieser Sachverhalt ist im Vergleich der offenen Destillation zur Rektifikation ebenfalls zutage getreten, vgl. Abschn. 18.

Das Blockdiagramm der Kreuzstromextration mit dem Prinzip der Trennwirkung ist in Abb. 19.8 dargestellt. Das Raffinat wird stufenweise in mehreren Mixer-Settler-Einheiten von $R_0, R_1, R_2, \cdots, R_{n-1}, R_n$ abgereichert, in jedem Mixer erfolgt die Zugabe des frischen Solvens S_0. In den Mixern stellen sich die Mischungspunkte $M_1, M_2, \cdots, M_{n-1}, M_n$ längs der Mischungsgeraden nach den eingesetzten Massen ein. Nach dem Zerfall der Phasen längs der Konoden stellen sich die Raffinat- und Solvenszusammensetzungen in jedem Settler gemäß der Punkte $R_1, S_1, R_2, S_2, \cdots, R_{n-1}, S_{n-1}, R_n, S_n$ ein.

In die 1. Stufe werden Raffinat und Solvens mit den durch die Punkte R_0 und S_0 gegebenen Zusammensetzungen in den Mixer eingefüllt. Je nach den Raffinat- und Solvensmassen m_{R_0}, m_{S_0} stellt sich auf der Mischungsgerade der Mischungspunkt der 1. Stufe M_1 ein. Hierfür gilt das Hebelgesetz der 1. Stufe:

$$m_{R_0} \cdot \overline{R_0 M_1} = m_{S_0} \cdot \overline{S_0 M_1}$$

Im Settler der 1. Stufe zerfällt die Mischung längs der durch den Mischungspunkt M_1 verlaufenden Konode in die durch die Punkte R_1 und S_1 gegebenen Zusammensetzung. Hierfür gilt das Hebelgesetz:

$$m_{R_1} \cdot \overline{R_1 M_1} = m_{S_1} \cdot \overline{S_1 M_1}$$

In die 2. Stufe wird das Raffinat gemäß der Zusammensetzung des Punktes R_1 der 1. Stufe eingespeist. Mit dem neuen Solvens gemäß der Zusammensetzung in Punkt S_0 ergibt sich eine Mischungsgerade mit dem von den eingesetzten Massen abhängigen Mischungspunkt M_2. Diese Mischung zerfällt im Settler der 2. Stufe längs der durch M_2 verlaufenden Konode in die Endzusammensetzungen gegeben durch die Punkte R_2 und S_2. Diese stufenweise Abreicherung des Raffinates wird solange vorgenommen, bis die gewünschte Endzusammensetzung bezüglich der Raffinat- oder der Solvensphase erreicht ist. Die Zusammenhänge der weiteren Extraktionsstufen ergeben sich analog, sie sind in der Tab. 19.4 zusammengefaßt.

Beispiel: Die bei der einstufigen Extraktion gestellte Betriebsaufgabe soll nun mit einer Kreuzstromextraktion durchgeführt werden. Ein Ausgangsgemisch von 100 kg einer 50 Gew.%-igen Wasser/Aceton-Mischung soll mit Trichlorethan soweit extrahiert werden, daß der Rückstand nur noch 2 Gew.% Aceton enthält.

In die jeweilige Mischstufe soll die Masse des Solvens m_{S_0} gleich der Masse des Raffinates der vorhergehenden Mischstufe sein: $m_{R_{n-1}} = m_{S_0}$. Nach dieser Betriebsvorgabe halbieren die Mischungspunkte M_n stets die Mischungsgeraden.

19.4. Die Kreuzstromextraktion 385

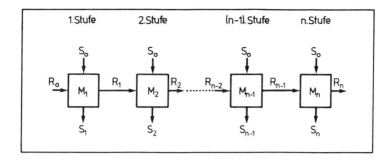

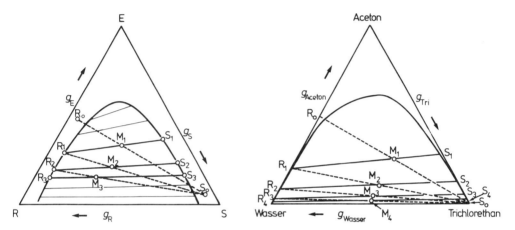

Abbildung 19.8: Blockdiagramm und Beispiel zur Kreuzstromextraktion.

Tabelle 19.4: Massenbilanz der Kreuzstromextration.

Stufe	Eintritt	Austritt
1. Stufe	$m_{R_0} \cdot \overline{R_0\,M_1} = m_{S_0} \cdot \overline{S_0\,M_1}$	$m_{R_1} \cdot \overline{R_1\,M_1} = m_{S_1} \cdot \overline{S_1\,M_1}$
2. Stufe	$m_{R_1} \cdot \overline{R_1\,M_2} = m_{S_0} \cdot \overline{S_0\,M_2}$	$m_{R_2} \cdot \overline{R_2\,M_2} = m_{S_2} \cdot \overline{S_2\,M_2}$
n. Stufe	$m_{R_{n-1}} \cdot \overline{R_{n-1}\,M_n} = m_{S_0} \cdot \overline{S_0\,M_n}$	$m_{R_n} \cdot \overline{R_n\,M_n} = m_{S_n} \cdot \overline{S_n\,M_n}$

Wir benutzen das Hebelgesetz der Mischung analog zu Gl. 19.5: bezüglich der Konoden gilt:

$$m_{M_n} \cdot \overline{M_n S_n} = m_{R_n} \cdot \overline{R_n S_n}$$

Bezüglich der Massenbilanz jeder Stufe gilt: $m_{M_n} = m_{R_{n-1}} + m_{S_0} = 2\,m_{R_{n-1}}$. Damit folgt für die Masse des Raffinates in jeder Stufe:

$$m_{R_n} = 2\,m_{R_{n-1}} \frac{\overline{M_n S_n}}{\overline{R_n S_n}}$$

Aus der Konstruktion der Mischungsgeraden und den zu den Mischungspunkten M_n zugehörigen Konoden ergeben sich vier Extraktionsstufen, bis eine Abreicherung auf 2 Gew.% Aceton erreicht ist. Durch das Ausmessen der Strecken ergibt sich (bei den kleinen Bildern mit ziemlicher Ungenauigkeit):

1. Stufe: $m_{R_1} = 2 \cdot 100\,\dfrac{28}{55} = 50.9$ kg $= m_{S_2}$

2. Stufe: $m_{R_2} = 2 \cdot 50.9\,\dfrac{28.5}{58} = 50.0$ kg $= m_{S_3}$

3. Stufe: $m_{R_3} = 2 \cdot 50.0\,\dfrac{30.5}{61.5} = 49.6$ kg $= m_{S_4}$

4. Stufe: $m_{R_4} = 2 \cdot 49.6\,\dfrac{31}{62.5} = 49.2$ kg

Die Gesamtmasse des eingesetzten Solvens beträgt:

$$m_S = \sum_n m_{S_n} = 100 + 50.9 + 50 + 49.6 = 250.5 \text{ kg}$$

Die Gesamtmasse des eingesetzten Solvens hat sich gegenüber der einstufigen Extraktion bedeutend verringert: von 1486 kg auf ungefähr 250 kg. Aufgrund der Ableseungenauigkeit sind diese Zahlen hier nur Anhaltswerte, sie sollen nur die Betriebsvorteile der Kreuzstromextraktion demonstrieren.

Bewertung: Die Anlagekosten einer mehrstufigen Extraktion sind i. allg. höher als die einer Rektifikationsanlage. Im Vergleich zur Rektifikation ist die extraktive Trennung von Komponenten nur vorteilhaft bei:

thermischer Empfindlichkeit der Komponenten,

sehr hohem oder sehr tiefem Siedepunkt der Komponenten,

bei Gemischen mit einem Trennfaktor $\alpha < 1.04$,

bei Gemischen, die als Siedepunkts-„Schnitte" weiterverarbeitet werden.

19.5 Die Gegenstromextraktion

Während die einstufige und die Kreuzstromextraktion zu den diskontinuierlichen Extraktionsverfahren gehören, ist die Gegenstromextraktion das gebräuchlichste kontinuierliche Verfahren. Sie wird hauptsächlich bei großen Masseströmen eingesetzt und ist dann wirtschaftlicher als die beiden anderen genannten Verfahren.

Während bei den diskontinuierlichen Verfahren weiterhin Mixer-Settler-Einheiten Verwendung finden, werden bei kontinuierlichen Verfahren als Trennapparate Kolonnen eingesetzt, in der die Phase mit der höheren Dichte oben eingespeist wird und der von unten die Phase mit der geringeren Dichte entgegenströmt. Die Phase mit der geringeren Oberflächenspannung wird durch Einbringung von Scherkräften (Rührer oder Lochplatten) zerteilt und als *disperse* Phase durch den Trennapparat geführt. Die unzerteile Phase wird als *kontinuierliche* Phase bezeichnet.

Auswahl der dispersen Phase: Sowohl die Raffinat- als die Solvensphase können die Rolle der dispersen Phase übernehmen, jedoch gibt es einige Regeln zu deren Auswahl:

- da die disperse Phase eine wesentlich größere Stoffaustauschfläche aufweist, sollte die Phase mit dem größeren Massenstrom als diese geählt werden;

- das Extrakt sollte sich aus dem gleichen Grunde in der dispersen Phase befinden;

- zur Geringhaltung der Zerteilungsarbeit, sollte die Phase mit der geringeren Oberflächenspannung als disperse Phase gewählt werden;

- da nur ca. 10% bis 30% des Kolonnenvolumens von der dispersen Phase eingenommen werden, wählt man die unter den Aspekten der Betriebssicherheit kritischere Phase als disperse Phase.

Berechnungskonzepte: Zur Berechnung der Gegenstromextraktion stehen mehrere Konzepte zur Wahl:

1. diskontinuierliche Verfahren:

   (a) das *Polkonstruktionsverfahren* fußt in seiner Berechnung – ebenso wie die einstufige und Kreuzstromextraktion – auf dem Dreiecksdiagramm der drei beteiligten Komponenten;

   (b) die Berechnung *theoretischer Austauschböden* auf der Grundlage des Gleichgewichtsdiagrammes analog dem Verfahren von McCabe-Thiele bei der Rektifikation;

2. kontinuierliche Verfahren:

   (a) die Berechnung der NTU-*Einheiten* (number of transfer units) auf der Grundlage der allgemeinen Stofftransportgleichung.

   (b) nach dem *Zellenmodell* durch abschnittsweise Berechnung.

19.5.1 Das Polkonstruktionsverfahren

Die Berechnung der Gegenstromextraktion ergibt sich aus der Betriebsaufgabe durch Festlegung der Ausgangszusammensetzungen der Raffinatphase und Solvensphase R_0, S_0 sowie der Endzusammensetzung der Raffinatphase $R_n = R_e$ Die Massenströme beider Phasen legen nach dem Hebelgesetz der Mischung den Mischungspunkt M fest. Mit diesen vier Punkten erfolgt die Berechnung der Gegenstromextraktion nach dem Polkonstruktionsverfahren wie folgt, vgl. Abb. 19.9:

1. Zeichne von dem durch die Betriebsaufgabe festgelegten Punkt der Endzusammensetzung des Raffinates $R_n = R_e$ eine Gerade durch den Mischungspunkt M und verlängere sie bis zum Schnittpunkt mit der Binodalkurve. Dieser Schnittpunkt legt die Endzusammensetzung des Solvens nach Verlassen der 1. Stufe $S_1 = S_e$ fest.

2. Zeichne die Geraden $\overline{R_0 S_e}$ sowie $\overline{R_e S_0}$ und bringe sie zum Schnitt. Dieser außerhalb des Dreiecksdiagrammes liegende Schnittpunkt legt den Pol P fest.

    Der Pol ist der gemeinsame Schnittpunkt aller Geraden, die durch jene Punkte gehen, welche die Raffinatzusammensetzung in einer beliebigen Stufe und die Solvenszusammensetzung der darauffolgenden Stufe kennzeichnen.

3. Die durch den Punkt S_e verlaufende Konode schneidet die Binodalkurve auf der Raffinatseite im Punkt R_1. Dieser Punkt repräsentiert die Raffinatzusammensetzung nach der 1. Stufe.

4. Zeichne die Gerade $\overline{R_1 P}$, der Schnittpunkt dieser Geraden mit der Binodalkurve auf der Solvensseite liefert den Punkt $S_2 = S_{e-1}$. Damit ist die Zusammensetzung des Solvens nach der 2. Stufe gegeben.

5. Die durch den Punkt S_2 verlaufende Konode schneidet die Binodalkurve auf der Raffinatseite im Punkt R_2. Damit ist die Zusammensetzung des Raffinates nach der 2. Stufe gegeben.

6. Führe die Konstruktion fort, bis eine Konode durch den Punkt $R_n = R_e$ verläuft.

Das Verfahren der Berechnung der Trennstufen einer Gegenstromextraktion nach dem Polkonstruktionsverfahren soll nun anhand eines Beispieles erfolgen.

Beispiel: Die bereits bei der Berechnung der einstufigen und der Kreustromextraktion ausgeführte Extraktionsaufgabe wird hier fortgesetzt. Eine Mischung von 50 Gew.% Wasser/Aceton sollen mit reinem Trichlorethan extrahiert werden, das Raffinat soll am Ende des Extraktionsvorganges nur noch 2 Gew.% Aceton enthalten. Die Masseströme seien bezüglich des Raffinates und des Solvens $\dot{m}_{R_0} = \dot{m}_{S_0} = 27.8 \cdot 10^{-3}$ kg s^{-1} (= 100 kg h^{-1}).

Durch diese Betriebsaufgabe sind die Punkte $R_0, S_0, R_n = R_e$ und M gegeben. Da die Massenströme der Raffinat- und Solvensphase gleich sind, liegt der Punkt M in der Mitte der Mischungsgeraden, vgl. Abb 19.9. Die punktiert gezeichnete Gerade $\overline{R_e M}$ liefert den Schnittpunkt $S_e = S_1$ mit der Binodalkurve. Da sich bei der Berechnung drei Extraktionsstufen ergeben, liefert dieser Punkt die Solvenszusammensetzung nach dem Verlassen

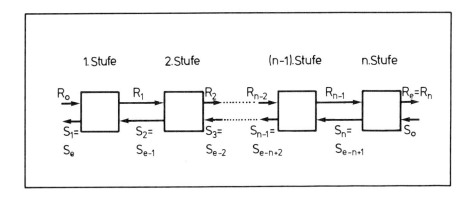

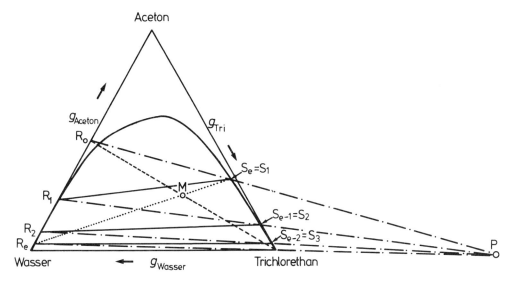

Abbildung 19.9: Blockdiagramm und Berechnung der Gegenstromextraktion.

der 1. Stufe. Nun wird der Pol P konstruiert: die strichpunktierten Geraden $\overline{R_0 S_e}$ und $\overline{R_e S_0}$ werden gezeichnet, sie schneiden sich in P.

Die von $S_e = S_1$ verlaufende Konode schneidet die Binodalkurve auf der Raffinatseite im Punkt R_1. Diese beiden Punkte repräsentieren die Gleichgewichtszusammensetzungen der 1. Stufe. Die Gerade $\overline{R_1 P}$ liefert auf der Solvensseite den Schnittpunkt $S_{e-1} = S_2$. Die durch diesen Punkt verlaufenden Konode schneidet die Binodalkurve in R_2. Diese beiden Punkte stellen die Gleichgewichtszusammensetzungen der 2. Stufe dar.

Die Gerade $\overline{R_2 P}$ liefert mit der Binodalkurve auf der Solvensseite den Schnittpunkt $S_{e-2} = S_3$, von hier verläuft eine Konode nach R_e. Dies sind die Gleichgewichtszusammensetzungen der 3. Stufe.

19.5.2 Berechnung aus der Verteilungskurve

Zur Darlegung dieses Berechnungskonzeptes der Gegenstromextraktion greifen wir auf das oben ausgeführte Beispiel der Extraktion von Aceton aus einem Aceton/Wasser-Gemisch mit Trichlorethan zurück. Zur Berechnung der benötigten Extraktionsstufen benötigt man neben der *Verteilungskurve* noch eine *Arbeitskurve*, diese ergibt sich aus den Schnittpunkten der durch den Pol verlaufenden Geraden mit der Binodalkurve.

Die für beide Kurven benötigten Wertepaare sind in der Tab. 19.5 in Zusammenhang mit der Abb. 19.10 zusammengestellt. Sodann zeichnet man zwischen Arbeitskurve und Verteilungskurve von R_0 beginnend und bei R_e endend die Austauschstufen ein: es ergeben sich für das behandelte Beispiel – wie gehabt – drei Extraktionsstufen.

Tabelle 19.5: Wertepaare der Verteilungskurve aus den Konodenendpunkten K_i sowie der Arbeitskurve aus den Polgeraden P_i.

Konode	$g_{E,gl}^S$	$g_{E,gl}^R$	Polgerade	g_E^S	g_E^R
K 1	0.15	0.08	P 1	0.32	0.5
K 2	0.25	0.17	P 2	0.12	0.24
K 3	0.45	0.3	P 3	0.03	0.08

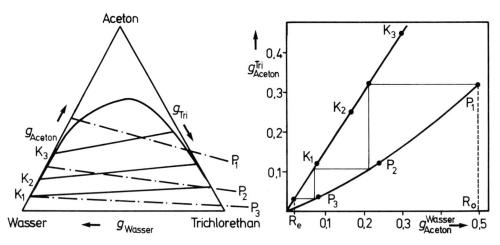

Abbildung 19.10: Ermittlung der Wertepaare für die Verteilungs- und Arbeitskurve des Systems Wasser/Aceton/Trichlorethan.

19.5.3 Berechnung aus der NTU-Gleichung

Im Abschnitt 16.7 ist mit Gl. 16.58 die Grundgleichung des Stofftransportes abgeleitet worden. Diese Gleichung verknüpft die Zahl der Austauscheinheiten (NTU = number of transfer units) mit der Höhe der Austauscheinheiten (HTU = height of transfer units):

$$\int_c \frac{\mathrm{d}c}{\Delta c} = \int_h \frac{\beta\, a\, Q}{\dot{V}} \mathrm{d}h$$

$$\mathrm{NTU} = \frac{\mathrm{H}}{\mathrm{HTU}}$$

Diese Gleichung resultiert aus der Annahme, daß sich der Stoffübergangswiderstand auf *eine* Phase festlegen läßt, dies ist i. allg. die *kontinuierliche* Phase. Die Höhe der Austauscheinheit legt den Bereich in m fest, längs dessen sich das Verteilungsgleichgewicht einstellt; sie liegt in der Größenordnung von 0.1 bis 0.3 m. Diese Größe läßt sich aus den Betriebdaten leicht berechnen:

$$\mathrm{HTU} = \frac{\dot{V}}{\beta\, a\, Q}$$

Darin stellen $\dot{V}$ den Volumenstrom, Einheit: $\mathrm{m^3\, s^{-1}}$; β den Stoffübergangskoeffizienten, Einheit: $\mathrm{m\, s^{-1}}$; a die spezifische Austauschoberfläche pro Volumen A/V, Einheit: $\mathrm{m^{-1}}$ und Q den Querschnitt der Austauscheinheit, Einheit: $\mathrm{m^2}$ dar. Die spezifische Austauschoberfläche a hängt vom Dispersionsgrad der dispersen Phase ab, den Stoffübergangskoeffizienten β erhält man aus einem Kennzahlansatz, vgl. Abschn. 16.8.

Schwierigkeiten stellen sich bei der Berechnung des NTU-Integrals haraus. Im Nenner des Integral steht die Konzentrationsdifferenz Δc. Legt man den Stoffübergangswiderstand in die – kontinuierliche – Solvensphase, dann ergibt sich bezüglich des auszutauschenden Extraktes E:

$$\Delta c_E^S = c_{E,\mathrm{gl}}^S - c_E^S$$

Zur Auswertung des Integrals muß $c_{E,\mathrm{gl}}^S$ über ein Verteilungsgesetz ausgedrückt werden, vgl. Tabelle in Abschn. 19.1; in der Regel benutzt man den Ansatz nach NERNST.

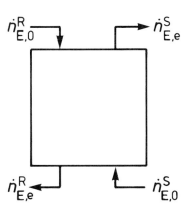

Bilanzierung: Auf der Grundlage der stationären Stoffmengenbilanz bezüglich des Extraktes in der Raffinat- und Solvensphase ergibt sich mit $\dot{n} = \dot{V} c$ und der Bedingung *konstanter entgegengerichteter* Volumenströme $\dot{V}^R = -\dot{V}^S = \mathrm{const}$:

$$\begin{aligned}
\text{eintretender Stoffmengenstrom} &= \text{austretender Stoffmengenstrom} \\
\dot{n}_{E,0}^R + \dot{n}_{E,0}^S &= \dot{n}_{E,e}^R + \dot{n}_{E,e}^S \\
\rightsquigarrow \dot{V}^R \left(c_{E,0}^R - c_{E,e}^R\right) &= \dot{V}^S \left(c_{E,0}^S - c_{E,e}^S\right)
\end{aligned}$$

Über die Höhe der Kolonne reicht sich das Extrakt in der Raffinatphase von $c_{E,0}^R$ nach $c_{E,e}^R$ ab und in der Solvensphase von $c_{E,0}^S$ nach $c_{E,e}^S$ an. Der vorstehende Ausdruck wird nach der Konzentration $c_{E,e}$ aufgelöst, in der kein Stoffübergangswiderstand liegt, im vorliegenden Fall ist es die als disperse Phase strömenden Raffinatphase:

$$c_{E,e}^R = \frac{\dot{V}^S}{\dot{V}^R}\left(c_{E,e}^S - c_{E,0}^S\right) + c_{E,0}^R \tag{19.10}$$

Das Nernstsche Verteilungsgesetz in seiner einfachsten Form lautet:

$$K_N = \frac{c_{E,gl}^R}{c_{E,gl}^S}$$

Da in der Raffinatphase kein Stoffübergangswiderstand liegt, setzt man unter den Annahmen *geringer* Austauschmengen an Extrakt und der Einstellung des Verteilungsgleichgewichtes am Ende des Austauschvorganges $c_{E,gl}^R = c_{E,e}^R$, vgl. Abb. 16.4(b), es folgt:

$$c_{E,gl}^S = \frac{c_{E,e}^R}{K_N} \tag{19.11}$$

In diese Gleichung wird der Ausdruck nach Gl. 19.10 eingesetzt, es folgt:

$$c_{E,gl}^S = K_N^{-1}\left\{\frac{\dot{V}^S}{\dot{V}^R}\left(c_{E,e}^S - c_{E,0}^S\right) + c_{E,0}^R\right\} \tag{19.12}$$

Nun haben wir den Ausdruck für $c_{E,gl}^S$ des NTU-Integrals bereitgestellt, setzen ein und integrieren über die Konzentrationsänderung einer Austauscheinheit. Längs dieser Austauscheinheit reichert sich das Extrakt im Solvens von der Eingangskonzentration $c_{E,\alpha}^S$ bis zur Austrittskonzentration $c_{E,\omega}^S$ ab, es folgt das

▷ NTU-INTEGRAL DER GEGENSTROMEXTRAKTION:
▷ STOFFÜBERGANGSWIDERSTAND AUF DER SOLVENSSEITE:

$$\boxed{\begin{aligned} \text{NTU} &= \int_{c_{E,\alpha}^S}^{c_{E,\omega}^S} \frac{dc_E^S}{c_{E,gl}^S - c_E^S} \\ \text{NTU} &= \int_{c_{E,\alpha}^S}^{c_{E,\omega}^S} \frac{dc_E^S}{K_N^{-1}\left\{\frac{\dot{V}^S}{\dot{V}^R}\left(c_{E,e}^S - c_{E,0}^S\right) + c_{E,0}^R\right\} - c_E^S} \end{aligned}} \tag{19.13}$$

Durch eine analoge Betrachtung ergibt sich das

▷ NTU-INTEGRAL DER GEGENSTROMEXTRAKTION:
▷ STOFFÜBERGANGSWIDERSTAND AUF DER RAFFINATSEITE:

$$\boxed{\begin{aligned} \text{NTU} &= \int_{c_{E,\alpha}^R}^{c_{E,\omega}^R} \frac{dc_E^R}{c_E^R - c_{E,gl}^R} \\ \text{NTU} &= \int_{c_{E,\alpha}^R}^{c_{E,\omega}^R} \frac{dc_E^R}{K_N\left\{\frac{\dot{V}^R}{\dot{V}^S}\left(c_{E,e}^R - c_{E,0}^R\right) + c_{E,0}^S\right\} - c_E^R} \end{aligned}} \tag{19.14}$$

19.5.4 Berechnung nach dem Zellenmodell

Zur Darstellung der Berechnung der Gegenstromextraktion nach dem Zellenmodell wird die stationäre Stoffmenge bezüglich der j-ten Zelle bilanziert, vgl. Abb. 19.11:

$$\text{eintretender Stoffmengenstrom} = \text{austretender Stoffmengenstrom}$$
$$\dot{V}^R c_E^R(j-1) + \dot{V}^S c_E^S(j+1) = \dot{V}^R c_E^R(j) + \dot{V}^S c_E^S(j)$$

In jeder Extraktionszelle soll das Verteilungsgleichgewicht eingestellt sein, es wird vereinfachend auf den Ansatz von NERNST zurückgegriffen:

$$K_N = \frac{c_{E,gl}^R}{c_{E,gl}^S} = \frac{c_{E,gl}^R(j)}{c_{E,gl}^S(j)}$$
$$\leadsto \quad c_E^S(j) = c_E^R(j) K_N^{-1} \quad \text{bzw.} \quad c_E^S(j+1) = c_E^R(j+1) K_N^{-1}$$

Man setzt diesen Ausdruck für $c_E^S(j)$ und $c_E^S(j+1)$ in die Bilanz ein, so erhält man unter Einführung eines *Verteilungskoeffizienten* $\hat{\alpha} = K_N \dot{V}^R / \dot{V}^S$ den Ausdruck:

$$\hat{\alpha} c_E^R(j-1) + c_E^S(j+1) = \hat{\alpha} c_E^R(j) + c_E^S(j)$$
$$\leadsto \quad c_E^R(j+1) - (\hat{\alpha}+1) c_E^R(j) + \hat{\alpha} c_E^R(j-1) = 0$$

Wenn diese Bilanz für die j-te Stufe gilt, dann gilt sie auch für alle anderen Stufen: die Laufzahl (j) wird um eine Stelle aufgerückt, es folgt die übliche Formulierung als Differenzengleichung, vgl. Abschn. 11.4:

$$c_E^R(j+2) - (\hat{\alpha}+1) c_E^R(j+1) + \hat{\alpha} c_E^R(j) = 0 \qquad (19.15)$$

Diese Gleichung stellt eine Differenzengleichung 2. Ordnung dar, die Lösung ergibt sich mit dem Potenzansatz:

$$c_E^R(j) = P^m$$

Setzt man den Lösungsansatz in Gl. 19.15 ein, dann folgt:

$$P^{m+2} - (\hat{\alpha}+1) P^{m+1} + \hat{\alpha} P^m = 0$$

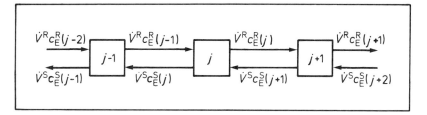

Abbildung 19.11: Skizze zur Erläuterung des Zellenmodells bei der Gegenstromextraktion.

Die Division durch P^m liefert die *charakteristische Gleichung* der Differenzengleichung:

$$P^2 - (\hat{\alpha} + 1) P + \hat{\alpha} = 0 \qquad (19.16)$$

Die Wurzeln der charakteristischen Gleichung ergeben sich zu:

$$\begin{aligned} P_{1/2} &= \frac{\hat{\alpha}+1}{2} \pm \sqrt{\frac{(\hat{\alpha}+1)^2}{4} - \hat{\alpha}} = \frac{\hat{\alpha}+1}{2} \pm \frac{\hat{\alpha}-1}{2} \\ \rightsquigarrow P_1 &= \hat{\alpha} \\ \rightsquigarrow P_2 &= 1 \end{aligned}$$

Die Lösung der Differenzengleichung 19.15 lautet somit:

$$c_{E,m}^R = C_1 \cdot \hat{\alpha}^m + C_2 \cdot 1^m \qquad (19.17)$$

Die zunächst unbekannten Konstanten C_1 und C_2 werden aus den Randbedingungen ermittelt.

1. vor Eintritt in die 1. Stufe gilt für die Konzentration des Extraktes in der Raffinatphase: $c_{E,m}^R = c_{E,0}^R$, es folgt aus Gl. 19.17 unmittelbar:

$$\begin{aligned} c_{E,0}^R &= C_1 \cdot \hat{\alpha}^0 + C_2 \cdot 1^0 \\ \rightsquigarrow c_{E,0}^R &= C_1 + C_2 \end{aligned}$$

2. für jede Stufe gilt mit $c_{E,m}^R = c_E^R(j)$ und $c_{E,m}^R = c_E^R(j+1)$, es folgt:

$$\begin{aligned} c_E^R(j) &= C_1 \cdot \hat{\alpha}^j + C_2 \cdot 1^j \\ c_E^R(j+1) &= C_1 \cdot \hat{\alpha}^{j+1} + C_2 \cdot 1^{j+1} \end{aligned}$$

Man setzt aus der 1. Randbedingung $C_2 = c_{E,0}^R - C_1$ ein und erhält nach dem Ausklammern von C_1:

$$\begin{aligned} c_E^R(j) - c_{E,0}^R &= C_1 \left(\hat{\alpha}^j - 1 \right) \\ c_E^R(j+1) - c_{E,0}^R &= C_1 \left(\hat{\alpha}^{j+1} - 1 \right) \end{aligned}$$

Die Division beider Gleichungen liefert schließlich die

▷ KREMSER-BROWN-GLEICHUNG DER GEGENSTROMEXTRAKTION:

$$\boxed{ \frac{c_E^R(j) - c_{E,0}^R}{c_E^R(j+1) - c_{E,0}^R} = \frac{\left(\hat{\alpha}^j - 1 \right)}{\left(\hat{\alpha}^{j+1} - 1 \right)} } \qquad (19.18)$$

20 Anhang

Die physikalischen Größen und Einheiten müssen definiert werden, deshalb findet der Leser hier:

1. Verwendete Formelzeichen

2. Kennzahlen der chemischen Verfahrenstechnik

3. Empfehlungen für die Berechnung und Messung wichtiger physikalischer und technischer Größen

4. Das SI-System

5. Angelsächsische Einheiten

6. Literatur

20.1 Formelzeichen

Arabische Zeichen

Bedeutung	Formelzeichen	Gleichung	Einheit
Fläche	A		m^2
Stoffaustauschfläche	A_S	7.29	m^2
Wärmeaustauschfläche	A_W	8.22	m^2
Koeffizientenmatrix	$\mathbf{A}$	14.4	
Jacobi-Matrix	$\mathbf{A}^J$	14.54	
Temperaturleitzahl eines Fluids	$\mathcal{A} = \lambda/(\tilde{c}_p \varrho)$	8.16	$m^2\,s^{-1}$
van-der-Waals-Konstante	a	2.15	$Pa\,m^6\,mol^{-2}$
Redlich-Kwong-Konstante	a'	2.24	$Pa\,K^{1/2}\,m^6\,mol^{-2}$
Beschleunigungsfeld	$\mathbf{a}$	9.10	$m\,s^{-2}$
Beschleunigungskomponente	a_x, a_y, a_z	9.7	$m\,s^{-2}$
Aktivität der Komponente i einer Lösung	$a_i = \gamma\,x_i$	8.40	–
Virialkoeffizient	B	2.18	$m^3\,mol^{-1}$
scheinbarer Viskositätskoeffizient	$B\quad B'$	3.16	
van-der-Waals-Konstante	b	2.16	$m^3\,mol^{-1}$
Redlich-Kwong-Konstante	b'	2.24	$m^3\,mol^{-1}$
Wärmekapazität bei konstantem Druck	C_p	20.4	$J\,K^{-1}$
Wärmekapazität bei konstantem Volumen	C_v	20.4	$J\,K^{-1}$
massenbezogene Wärmekapazität der Reaktionsmischung	$\tilde{c}_p\quad \tilde{c}_v$	8.18	$J\,kg^{-1}\,K^{-1}$
massenbezogene Wärmekapazität des Austauschfluides	$\tilde{c}'_p\quad \tilde{c}'_v$	8.24	$J\,kg^{-1}\,K^{-1}$
stoffmengenbezogene (molare) Wärmekapazität	$c_p\quad c_v$	20.5	$J\,mol^{-1}\,K^{-1}$
Konzentration der Komponente i	c_i	20.3	$mol\,m^{-3}$
Gesamtkonzentration	$c = \sum c_i$	5.15	$mol\,m^{-3}$
Laplace-Transformierte von c	$\bar{C}$	10.39	
Widerstandsbeiwert	c_w	15.10	–
Diffusionskoeffizient der Komponente i	D_i	4.10	$m^2\,s^{-1}$

20.1. Formelzeichen

Bedeutung	Formelzeichen	Gleichung	Einheit
Dispersionskoeffizient	$\mathcal{D}$	11.1	$m^2\,s^{-1}$
Durchmesser	d		m
Partikeldurchmesser	d_p		m
Aktivierungenergie	E_A	5.53	J
Freie Energie	F	17.12	J
Massenkraft	$\mathbf{F}_a$	9.5	N
Druckkraft	$\mathbf{F}_\perp$	9.5	N
Scherkraft	$\mathbf{F}_\parallel$	9.5	N
Betrag der Widerstandskraft	F_w	15.10	N
Fugazität eines Gases	$f = \hat{\gamma} p$	8.37	Pa
Übertragungsfunktion	$\tilde{G}(s)$	10.43	
Freie Enthalpie	G	17.13	J
Freie Bildungsenthalpie	$\Delta_B G$	8.56	$J\,mol^{-1}$
Freie Mischungsenthalpie	$\Delta_M G$	17.44	$J\,mol^{-1}$
Freie Exzeßenthalpie der Mischung	$\Delta_M G^E$	17.53	$J\,mol^{-1}$
Freie Standard-Reaktionsenthalpie	$\Delta_R G^\ominus$	8.56	$J\,mol^{-1}$
Exzeßgröße der Mischung	g^E	17.56	$J\,mol^{-1}$
Erdbeschleunigung	g	9.37	$m\,s^{-2}$
Massenanteil der Komp. i	$g_i = m_i / \sum m_i$	19.1	–
Enthalpie	H	17.6	J
Bildungsenthalpie	$\Delta_B H$	8.61	$J\,mol^{-1}$
Mischungsenthalpie	$\Delta_M H$	17.49	$J\,mol^{-1}$
Standard-Reaktionsenthalpie	$\Delta_R H^\ominus$	8.59	$J\,mol^{-1}$
Verdampfungsenthalpie	$\Delta_V H$	17.88	$J\,mol^{-1}$
Summenhäufigkeit	$H(t)$	12.7	
relative Häufigkeit	$h(t)$	12.3	
Höhe	h		m
Laufzahl	j	11.25	
Henry-Konstante	$K_H(T)$	17.92	Pa^{-1}
Verteilungskonstante	$K_N(T)$	17.96	–
Wärmedurchgangszahl	k, k_W	16.41	$W\,m^{-2}\,K^{-1}$
Boltzmann-Konstante	k_B		$J\,K^{-1}$
Reaktionsgeschwindigkeitskonstante	k_i	5.52	$(m^3\,mol^{-1})^{n-1}\,s^{-1}$
Frequenzfaktor	k_0	5.52	$(m^3\,mol^{-1})^{n-1}\,s^{-1}$
charakteristische Länge	L	16.19	m
Länge	l		m
molekulare Masse	M_i	20.1	$kg\,mol^{-1}$

Bedeutung	Formelzeichen	Gleichung	Einheit
relative molekulare Masse	$M_{r,i}$	20.1	–
Polytropenexponent	m	2.12	–
gesamte Reaktionsmasse	m		kg
Masse des Austauschfluides	m'	8.24	kg
Masse der Komponente i	m_i	20.2	kg
Massenstrom	$\dot{m} = dm/dt$	3.1	$\mathrm{kg\,s^{-1}}$
Leistung	N		W
Loschmidt-Konstante	N_L	20.1	$\mathrm{mol^{-1}}$
Teilchenzahldichte	N/V	4.3	$\mathrm{m^{-3}}$
Reaktionsordnung der Komp. i	$n(i)$	5.56	–
Viskositätsexponent	n	3.16	–
gesamte Stoffmenge	$n = \sum n_i$		mol
Stoffmenge der Komponente i	n_i	20.2	mol
Gesamtdruck	$P = \sum p_i$		Pa
Partialdruck der Komponente i	p_i		Pa
Standarddruck	$p_i^\ominus$	17.93	Pa
kritischer Druck	p_k	2.22	Pa
reduzierter Druck	p_r	2.21	–
Wärmemenge	Q	17.3	J
Wärmestrom	$\dot{Q} = dQ/dt$	8.1	$\mathrm{J\,s^{-1}}$, W
Kesselzahl	q	13.32	
allgemeine Gaskonstante	R	2.4	$\mathrm{J\,mol^{-1}\,K^{-1}}$
absolute Reaktionsgeschwindigkeit	$\mathfrak{R}$	5.31	$\mathrm{mol\,s^{-1}}$
flächenbezogene Reaktionsgeschwindigkeit	r_S	6.33	$\mathrm{mol\,m^{-2}\,s^{-1}}$
volumenbezogene Reaktionsgeschwindigkeit	r_v	5.33	$\mathrm{mol\,m^{-3}\,s^{-1}}$
Radius	R, r	3.19	m
Entropie	S	17.8	$\mathrm{J\,K^{-1}}$
Reaktionsentropie	$\Delta_R S$		$\mathrm{J\,mol^{-1}\,K^{-1}}$
Mischungsentropie	$\Delta_M S$	17.47	$\mathrm{J\,mol^{-1}\,K^{-1}}$
Standard-Reaktionsentropie	$\Delta_R S^\ominus$		$\mathrm{J\,mol^{-1}\,K^{-1}}$
Verdampfungsentropie	$\Delta_V S$	17.88	$\mathrm{J\,mol^{-1}\,K^{-1}}$
Selektivität der Komp. i	$S_i = r_{v,i}/\sum_i r_{v,i}$	5.68	–
Katalysatoroberfläche	S	6.6	$\mathrm{m^2}$
spezif. Katalysatoroberfläche	$\tilde{s}$	6.6	$\mathrm{m^2\,kg^{-1}}$
Temperatur	T		K
azeotrope Temperatur	T_{az}	17.97	K
kritische Temperatur	T_k	2.22	K

20.1. Formelzeichen

Bedeutung	Formelzeichen	Gleichung	Einheit
reduzierte Temperatur	T_r	2.21	–
Temperatur der Reaktorwand	T_W	8.23	K
Temperatur des Austauschfluides	T'	8.24	K
Temperatur	T_C		°C
Zeit	t		s
Innere Energie	U	17.3	J
Umsatz der Komponente i	U_i	5.21	–
Lineargeschwindigkeit	u		m s^{-1}
vektorielles Geschwindigkeitsfeld	**u**	9.1	m s^{-1}
Geschwindigkeitskomponente	u_x, u_y, u_z	7.7	m s^{-1}
Volumen	V		m^3
Volumenstrom	$\dot{V} = dV/dt$		m^3 s^{-1}
Rücklaufverhältnis (Verstärkung)	v	18.7	–
Rücklaufverhältnis (Abtrieb)	$v^\star$	18.14	–
molares Volumen	$v = V/n$	17.29	m^3 mol^{-1}
kritisches Volumen	v_k	2.22	m^3 mol^{-1}
reduziertes Volumen	v_r	2.21	–
mittleres spezifisches Porenvolumen des Katalysators	$\tilde{v}_{kp}$		m^3 kg^{-1}
Arbeitsbetrag	W	17.3	J
mittlere Molekulargeschwindigkeit	$\overline{w}$	4.1	m s^{-1}
Störfunktion	$\tilde{X}(s) = \mathcal{L}[x(t)]$	10.43	
Stoffmengenanteil der Komponente i (Molenbruch)	$x_i = n_i/\sum n_i$	5.19	–
Systemfunktion	$\tilde{Y}(s) = \mathcal{L}[y(t)]$	10.43	
Realgasfaktor	Z	2.20	–
Partikelzahl	Z	7.7	–
Porenzahl	Z	3.31	–
Stoßzahl der Moleküle A und B	Z_{AB}	4.7	m^{-3} s^{-1}

Griechische Zeichen

Bedeutung	Formelzeichen	Gleichung	Einheit
Trennfaktor	α	18.1	–
Strahlkontraktionszahl	α	15.3	–
Wärmeübergangszahl	α	8.22	$W\,m^{-2}\,K^{-1}$
thermischer Ausdehungungskoeffizient	α	17.28	K^{-1}
Verteilungskoeffizient	$\hat{\alpha}$	19.15	
Stoffübergangszahl	β	7.28	$m\,s^{-1}$
kubischer Ausdehnungskoeffizient	β_T	16.22	K^{-1}
relativer Feststoffgehalt	β	3.34	–
dimensionslose Konzentration	Γ	6.29	–
Transportgröße	Γ	4.13	
Aktivitätskoeffizient	γ	17.39	–
Fugazitätskoeffizient	$\hat{\gamma}$	8.37	–
hydrodynamische Grenzschichtdicke	δ	7.27	m
Kraftkonstante	ϵ/k_B	4.44	
Porösität	ϵ	3.31	–
dimensionslose Länge	ζ	6.29	
dynamischer Viskositätskoeffizient	η	3.14	Pa s
Porennutzungsgrad	η	6.38	–
dimensionslose Zeit	θ		–
Bedeckungsgrad	θ	6.15	–
Adiabatenexponent	κ	2.7	–
Kompressibilität	κ	17.28	Pa^{-1}
mittlere freie Weglänge	Λ	4.5	m
Wärmeleitfähigkeitskoeffizient	λ	4.11	$W\,m^{-1}\,K^{-1}$
chemisches Potential der Komponente i	μ_i	8.35	$J\,mol^{-1}$
reduzierte molekulare Masse von A,B	μ_{AB}	4.7	$kg\,mol^{-1}$
Nabla-Operator	∇	7.46	m^{-1}
kinematischer Viskositätskoeffizient	$\nu = \eta/\varrho$	3.15	$m^2\,s^{-1}$
stöchiometrischer Faktor der Komponente i	ν_i	5.9	–

Bedeutung	Formelzeichen	Gleichung	Einheit
Summe der stöchiometrischen Koeffizienten einer Reaktion	$\bar{\nu} = \sum_i \nu_i$	5.15	–
Reaktionslaufzahl	ξ	5.10	mol
Umsatzkoordinate	ξ_u	5.16	–
volumenbezogene Reaktionslaufzahl	ξ_v	5.13	mol m^{-3}
Dichte der Reaktionsmischung	ϱ		kg m^{-3}
Dichte des Austauschfluides	ϱ'		kg m^{-3}
Stoßdurchmesser der Moleküle A und B	σ_{AB}	4.43	m, pm
Strahlungszahl	σ_s, σ_i	16.30	$\text{W m}^{-2}(100\,\text{K})^{-4}$
Varianz	σ^2	11.10	s^2
Varianz	σ^2	4.34	m^2
Scherspannung	τ	3.13	N m^{-2}
Verweilzeit	τ	13.6	s
Ähnlichkeitskonstante	ϕ	16.8	–
Widerstandszahl	φ_w	15.21	–
Zustandsfunktion	Ω	17.20	
Stoßintegral	Ω_D, Ω_V	4.38 4.53	–

Indizes

Index tief	Steht für	Index hoch	Steht für
0	Eingangsgröße	$\ominus$	NTP bezogen
1, 2	zeitlich oder örtlich unterschiedene Punkte	E	Exzeßgröße (Überschußgröße)
		FB	Festbettreaktor
A, B	Komponente A, B,...	R	Raffinatphase
D	Leichterflüchtiges in der Gasphase	S	Solvensphase
		WS	Wirbelschicht
E	Extrakt	abg	abgebende Phase
K	Katalysator	auf	aufnehmende Phase
P	Kopfprodukt an Leichterflüchtigem	cb	kombinatorischer Term
		gs	gasförmig
R	Rücklauf an Leichterflüchtigem	fl	flüssig
		ft	fest
RK	Reaktorkaskade	id	ideal
S	Sumpfprodukt an Leichterflüchtigem	irrev	irreversibel
		re	real
ad	adsorbiert	rev	reversibel
ax	axial	sr	Strukturterm
az	Azeotrop	α	Eintrittsgröße
ds	desorbiert	ω	Austrittsgröße
e	Endpunkt		
gl	thermodynamisches Gleichgewicht		
i, j, k	Komponente		
k	kritisch		
kp	Katalysatorpore		
m	molare Größe		
mo	Monoschicht		
p	Druck		
p	Partikel		
r	reduziert		
rd	radial		
s	Siedepunkt		
st	stationärer Punkt		
v,v	Volumen		
w	Widerstand		
x, y, z	koordinatenbezogen		

20.2 Wichtige Kennzahlen der Verfahrenstechnik

Bezeichnung	Abkürzung	Aufbau	Gleichung
Archimedes-Zahl	(Ar)	$\dfrac{a L^3}{\nu^2} \dfrac{\varrho - \varrho_o}{\varrho}$	16.21
Bodenstein-Zahl	(Bo)	$\dfrac{u L}{\mathcal{D}}$	11.4
Euler-Zahl	(Eu)	$\dfrac{p}{\varrho u^2}$	16.19
Froude-Zahl	(Fr)	$\dfrac{u^2}{a L}$	16.19
Damköhler-Zahl	(Da)	$k \tau c_0^{n-1}$	13.17
Galilei-Zahl	(Ga)	$\dfrac{a L^3}{u^2}$	16.20
Grashof-Zahl	(Gr)	$\dfrac{g L^3 \beta \Delta T}{\nu^2}$	16.22
Knudsen-Zahl	(Kn)	$\dfrac{\Lambda}{L}$	3.28
Newton-Zahl	(Ne)	$\dfrac{F L}{m u^2}$	16.12
Nußelt-Zahl	(Nu)	$\dfrac{\alpha L}{\lambda}$	16.46
Peclet-Zahl	(Pe)	$\dfrac{u L}{\mathcal{A}}$	16.3
Prandtl-Zahl	(Pr)	$\dfrac{\nu}{\mathcal{A}}$	16.46
Reynolds-Zahl	(Re)	$\dfrac{u L \varrho}{\eta}$	16.19
Schmidt-Zahl	(Sh)	$\dfrac{\nu}{D}$	16.61
Sherwood-Zahl	(Sh)	$\dfrac{\beta L}{D}$	16.60

20.3 Empfehlungen für die Berechnung und Messung wichtiger physikalischer und technischer Größen

- Azeotrope Zusammensetzung und -Temperatur Gl. 17.97
- Chemische Reaktion
  - Aktivierungsenergie Gl. 5.53
  - Bilanzdiagramm Gl. 5.25
  - Reaktionsgeschwindigkeit Gl. 5.41
  - Reaktionsordnung Gl. 5.56
- Dampfdruckmessungen Gl. 17.91
- Diffusionskoeffizient
  - Gase Gl. 4.38
    * Gasmischungen Gl. 4.39
    * Temperaturabhängigkeit Gl. 4.42
    * Druckabhängigkeit Gl. 4.40
  - Flüssigkeiten Gl. 4.46
- Dispersionskoeffizient
  - Festbettreaktor Gl. 11.15
  - laminares Rohrströmung Gl. 11.11
  - turbulente Rohrströmung Gl. 11.12
- Druckanstieg bei Notabschaltung Gl. 15.33
- Filtergleichung Gl. 3.37
- Festbettreaktor
  - Dispersionskoeffizient Gl. 11.15
  - Druckverlust Gl. 15.23
  - Stoffübergangszahl Abschn. 16.8
  - Wärmeübergangszahl Abschn. 16.6
- Fugazitätskoeffizient Gl. 8.39
- Druckverluste
  - Festbettreaktor Gl. 15.47

20.3. Berechnung physikalischer und technischer Größen

– Rohre	Gl. 15.27
– Rohre mit Einbauten	Gl. 15.28
– Wirbelschicht (appr.)	Gl. 15.51

- Grenzschichtdicke — Gl. 3.26

- Katalysatorkenngrößen
    - effektiver Diffusionskoeffizient — Gl. 6.26
    - spezifische Oberfläche — Gl. 6.6

- Kriteriengleichungen
    - Stoffübergangszahl — Abschn. 16.8
    - Wärmeübergangszahl — Abschn. 16.6

- Stabilität von Reaktoren
    - Routh-Kriterium — Abschn. 14.4.1
    - Hurwitz-Kriterium — Abschn. 14.4.2
    - Liapunov-Kriterium — Abschn. 15.5.2

- Stabilität von Regelkreisen — Abschn. 10.5

- Stofftransport, Kriteriengleichungen — Abschn. 16.8

- Verweilzeitmessungen — Abschn. 12.3

- Viskositätskoeffizient
    - Gase — Gl. 4.53
        * Gasmischungen — Gl. 4.54
        * Druckabhängigkeit — Gl. 4.55
    - Flüssigkeiten — Gl. 4.56
    - Suspensionen — Gl. 4.58

- Wärmeleitfähigkeitskoeffizient
    - Gase — Gl. 4.60
    - Flüssigkeiten — Gl. 4.61

- Wärmetransport, Kriteriengleichungen — Abschn. 16.6

- Widerstandsbeiwert — Abschn. 15.2

20.4 Das SI-System

Grundgrößen und Einheiten

Im SI-System sind die Grundgrößen und ihre Einheiten wie folgt festgelegt:

Länge	Meter	m
Zeit	Sekunde	s
Masse	Kilogramm	kg
Temperatur	Kelvin	K
Stoffmenge	Mol	mol
Stromstärke	Ampere	A
Lichtstärke	Candela	cd

Alle anderen Größen – wie Kraft, Druck, Arbeit, Leistung usw. – sind davon abgeleitete Größen. Zur Anpassung der Einheiten an die Meßwerte sind folgende Zehnerpotenzen mit den Einheitszeichen vereinbart, sie sind vor die Einheit zu setzen:

Einheit	Einheitszeichen	Faktor
Tera	T	10^{12}
Giga	G	10^{9}
Mega	M	10^{6}
Kilo	k	10^{3}
Hekto	h	10^{2}
Deka	da	10^{1}
Dezi	d	10^{-1}
Centi	c	10^{-2}
Milli	m	10^{-3}
Mikro	μ	10^{-6}
Nano	n	10^{-9}
Piko	p	10^{-12}
Femto	f	10^{-15}
Atto	a	10^{-18}

Eine in der Chemie häufig noch gebrauchte mikroskopische Längeneinheit ist das *Ångström*, $Å = 10^{-8}$ cm $= 10^{-10}$ m $= 100$ pm. Alte Maßsysteme waren das

CGS-System mit den Grundgrößen: Zentimeter, Gramm und Sekunde;

MKS-System mit den Grundgrößen: Meter, Kilogramm und Sekunde;

technische System mit der Kraft, kp, als Grundgröße, demzufolge war die Masse über das Newton-Gesetz eine abgeleitete Größe.

Abgeleitete Größen

Molekulare Masse, Stoffmenge und Konzentration: Der Absolutwert der Masse der Atome oder Moleküle der Komponente i: $m_{i,\text{abs}}$, kg, ist unpraktisch klein, man multipliziert ihn daher mit der *Loschmidt-Konstanten* (oder *Avogadro-Konstante*), N_L:

$$N_L = 6.022 \, 10^{23} \, \text{mol}^{-1}$$

und erhält die *molekulare Masse* der Komponente i: M_i, im SI-System:

$$M_i = m_{i,\text{abs}} \, N_L \quad , \text{kg mol}^{-1} \tag{20.1}$$

Die „Molekulargewichte" der Komponente i, die im CGS-System die Einheit: g mol^{-1} hatten, sind nun als Vielfache von $0.012/12$ kg Kohlenstoff definiert. Sie haben die Bezeichnung *relative molekulare Masse* der Komponente i: $M_{r,i}$ und sind ohne Einheit.

Die *Stoffmenge* der Komponente i: n_i ergibt sich aus der Division ihrer Masse m_i durch die molekulare Masse M_i:

$$n_i = \frac{m_i}{M_i} \quad , \text{mol} \tag{20.2}$$

Die *Konzentration* der Komponente i: c_i ergibt sich durch Division ihrer Stoffmenge durch das Volumen:

$$c_i = \frac{n_i}{V} \quad , \text{mol m}^{-3} \tag{20.3}$$

Temperatur und Wärmekapazität: Die *absolute Temperatur*, Einheit: K (Kelvin), ist über das ideale Gasgesetz definiert: $p\,v = RT = N_L\,k_B\,T$.

Die Behandlung der *Wärmekapazität* im Rahmen der chemischen Verfahrenstechnik ist nicht ganz problemlos. Die Wärmekapazitäten bei konstantem Druck: C_p, bzw. konstantem Volumen: C_v, sind in der Thermodynamik definiert durch:

$$C_p = \frac{dH}{dT} \quad \text{bzw.} \quad C_v = \frac{dU}{dT} \quad , \text{J K}^{-1} \tag{20.4}$$

Aufgrund dieser Definition stellen sie extensive Größen dar, vgl. Abschn. 3.2; die intensive Größe erhält man durch Division durch die Stoffmenge der Komponente i, es folgt:

$$c_{p,i} = \frac{C_p}{n_i} \quad \text{bzw.} \quad c_{v,i} = \frac{C_v}{n_i} \quad , \text{J mol}^{-1} \text{K}^{-1} \tag{20.5}$$

Die mit kleinen Buchstaben geschriebenen intensiven Größen werden *stoffmengenbezogen* als (molare) Wärmekapazität („spezifische Wärmen" oder „Molwärmen") bei konstantem Druck bzw. Volumen bezeichnet.

Neben dieser – auf die Belange der Chemiker zugeschnittenen – Definition, hat sich im technischen Bereich die massenbezogene Wärmekapazität etabliert; dort wird diese zumeist nicht auf die reine Komponente i, sondern auf die Masse eines Materials (Legierung, Fluid, Stoffgemisch) bezogen. Im vorliegenden Text wird die Notation verwendet:

$$\tilde{c}_p = \frac{C_p}{m} \quad \text{bzw.} \quad \tilde{c}_v = \frac{C_v}{m} \quad , \text{J kg}^{-1} \text{K}^{-1} \tag{20.6}$$

Kraft und Druck: Die *Kraft* **F** ist im SI-System über das Newton-Gesetz definiert und hat als abgeleitete Größe die Einheit: N (Newton):

$$1\,\text{N} = 1\,\text{kg}\,\text{m}\,\text{s}^{-2}$$

Umrechnung alter Einheiten:
  1 N = 10^5 dyn
  1 kp = 9.80655 N

Der *Druck* p ist definiert als die senkrecht auf eine Fläche wirkende Kraft, Einheit: Pa (Pascal):

$$1\,\text{Pa} = 1\,\text{N}\,\text{m}^{-2} = 1\,\text{kg}\,\text{m}^{-1}\,\text{s}^{-2} = 1\,\text{J}\,\text{m}^{-3}$$
$$1\,\text{bar} = 10^5\,\text{Pa}$$

Umrechnung alter Einheiten:
  1 Torr = 133.322 Pa
Physikalische Atmosphäre:
  1 atm = 760 Torr = 1.01325 bar
  1 bar = 750 Torr = 0.98692 atm
Technische Atmosphäre:
  1 kp cm^{-2} = 1 at = 1 ata = 0.980655 bar
  1 bar = 1.019727 at

Arbeit und Leistung: Die *Arbeit* W ist als Skalarprodukt von Kraft und Weg definiert, Einheit: J (Joule):

$$1\,\text{J} = 1\,\text{Nm} = 1\,\text{kg}\,\text{m}^2\,\text{s}^{-2}$$

Umrechnung alter Einheiten:
  1 kWh = 3.6 MJ
  1 kpm = 9.80655 J
  1 J = 10^7 erg
thermochemische Kalorie:
  1 J = 0.239006 cal
internationale Tafelkalorie:
  1 J = 0.238846 cal
15°-Kalorie:
  1 J = 0.238921 cal

Die *Leistung* N ist definiert als Arbeit pro Zeit, Einheit: W (Watt):

$$1\,\text{W} = 1\,\text{J}\,\text{s}^{-1} = 1\,\text{Nm}\,\text{s}^{-1} = 1\,\text{kg}\,\text{m}^2\,\text{s}^{-2}$$

Umrechnung alter Einheiten:
  1 PS = 75 kp m s^{-1} = 735.49 W

20.5 Angelsächsische Einheiten

Längen:

  1 yard = 3 ft = 36 in
  1 ft = 0.3048 m
  1 in = 0.0254 m
  1 m = 3.28084 ft = 39.3701 in

Massen:

  1 ton = 2000 lb = 32000 oz
  1 ton = 907.184 kg
  1 lb_m = 0.4536 kg
  1 kg = 2.20462 lb_m

Temperatur:

  1 K = 1.8 °F (nur für Temperaturdifferenzen)
  1 °F = T_C − 32/1.8 °C

Volumen:

  1 m^3 = 35.3147 ft^3

Dichte:

  1 kg m^{-3} = 0.062428 lb ft^{-3}

Druck:

  1 bar = 14.5038 psia   (pounds per square inch absolute pressure)

Kraft:

  1 lb_f = 32.1740 ft s^{-2}
  1 N = 0.224809 lb_f

Energie:

  1 Btu (British thermal unit) = 0.252 kcal = 1054.75 J
  1 J = 0.737562 ft lb_f
  1 J = 5.12197 10^{-3} ft^3 psia

Leistung:

  1 W = 0.94783 10^{-3} Btu s^{-1}

spezifische Wärme:

$$\frac{1\,\text{Btu}}{\text{lb}\,°\text{F}} = 1\,\frac{\text{kcal}}{\text{kg}\,\text{K}} = 4185.5\,\frac{\text{J}}{\text{kg}\,\text{K}}$$

Wärmeleitung:

$$\frac{1\,\text{Btu}}{\text{ft}\,\text{h}\,°\text{F}} = 1.4882\,\frac{\text{kcal}}{\text{m}\,\text{h}\,\text{K}} = 1.7302\,\frac{\text{W}}{\text{m}\,\text{K}}$$

$$\frac{1\,\text{Btu}}{\text{m}\,\text{h}\,°\text{F}} = 17{,}88\,\frac{\text{kcal}}{\text{m}\,\text{h}\,\text{K}} = 20.7880\,\frac{\text{W}}{\text{m}\,\text{K}}$$

Wärmedurchgang:

$$\frac{1\,\text{Btu}}{\text{ft}^2\,\text{h}\,°\text{F}} = 4.88\,\frac{\text{kcal}}{\text{m}^2\,\text{h}\,\text{K}} = 5.6736\,\frac{\text{W}}{\text{m}^2\,\text{K}}$$

20.6 Literaturverzeichnis

ABRAMS, D. S., PRAUSNITZ, J. M. (1975): AIChE J. **21**, 116.
ARIS, R. (1956): Proc. Roy. Soc. (London) **A 235**, 67.
ATKINS, P. W. (1988): *Physikalische Chemie*. VCH, Weinheim.
AMANN, H. (1983): *Gewöhnliche Differentialgleichungen*. Walter de Gruyter, Berlin.

BAERNS, M., HOFMANN, H., RENKEN, A. (1987): *Chemische Reaktionstechnik*. Thieme, Stuttgart.
BEATTIE, J.A. (1949): Chem. Rev. **44**, 141.
BEATTIE, J.A., BRIDGEMAN, O.C. (1927): J. Am .Chem. Soc. **49**, 1665.
BERENDT, G., WEIMAR, E. (1984): *Mathematik für Pysiker, Bd. 2*. VCH, Weinheim.
BENEDICT, M., WEBB, G.R., RUBIN L. (1951): J. Chem. Engng. Progr. **47**, 419.
BOUBLIK, T., FRIED, V., HALA, E. (1984): *The Vapor Pressures of Pure Substances*. Elsevier, Amsterdam.
BOUDART, M. (1968): *Kinetics of Chemical Processes*. Prentice-Hall, Englewood Cliffs.
BRADLEY R.S. (1963): *High Pressure Physics and Chemistry*. Academic Press, London.
BRAUER, H. (1971a): *Stoffaustausch einschließlich chemischer Reaktionen*. Salle und Sauerländer, Frankfurt.
BRAUER, H. (1971b): *Grundlagen der Einphasen und Mehrphasenströmungen*. Salle und Sauerländer, Frankfurt.
BRETSZNAJDER, S. (1971): *Prediction of Transport and Other Physical Properties of Fluids*. Oxford.
BRIDGMAN, P.W. (1923): Proc. Am. Acad. Arts Sci. **59**, 154.
BRUNAUER, S., EMMET, P., TELLER, E. (1938): J. Amer. Chem. Soc. **60**, 309.
BURG, K., HAF, H., WILLE, F. (1985): *Höhere Mathematik für Ingenieure, I, II, III*. Teubner, Stuttgart.

DE GROOT, S.R. (1972): *Thermodynamik irreversibler Prozesse*. BI-Verlag, Mannheim.
DENBIGH, K. (1959): *Prinzipien des chemischen Gleichgewichts*. Steinkopf, Darmstadt.
DENN, M., M. (1975): *Stability of Reaction and Transport Processes*. Prentice-Hall, Englewood Cliffs.
DOETSCH, G. (1985): *Anleitung zum praktischen Gebrauch der Laplace-Transformation und der Z-Transformation*. Oldenbourg, München.
DUBININ, M.M. (1960): Chem. Rev. **60**, 235.
DÜRR, R., ZIEGENBALG, J. (1984): *Dynamische Prozesse und ihre Mathematisierung durch Differenzengleichungen*. Paderborn.

EMIG, G. (1979): *Diffusion und Reaktion in porösen Kontakten*, in: Fortschritte der chemischen Forschung **13**, 451

ERGUN, S. (1952): Chem. Eng. Progr. **48**, 89.

EUCKEN, A. (1913): Physik. Z. **14**, 324.

EWELL, R.H., HARRISON, J.M., BERG, L. (1944): Ind. Engng. Chem. **36**, 871.

FAIRBANKS, D.F., WILKE, C.R. (1950): Ind.Eng.Chem. **42**, 471.

FITZER, E., FRITZ, W. (1989): *Technische Chemie. Eine Einführung in die Chemische Reaktionstechnik.* Springer, Berlin.

FISZ, M. (1980): *Wahrscheinlichkeitsrechnung und mathematische Statistik.* VEB Deutscher Verlag der Wissenschaften, Berlin.

FREDENSLUND, A., JONES, R. L., PRAUSNITZ, J. M. (1975): AIChE J. **21**, 1086.

GMEHLING, J., KOLBE, B. (1988): *Thermodynamik.* Thieme, Stuttgart.

GRASSMANN, P. (1961): *Physikalische Grundlagen der Chemie-Ingenieur-Technik.* Salle und Sauerländer, Frankfurt.

GREGORIG, R. (1973): *Wärmeaustausch und Wärmeaustauscher.* Salle und Sauerländer, Frankfurt.

HAHN, W. (1959): *Theorie und Anwendung der direkten Methode von Ljapunov.* Springer-Verlag, Berlin.

HAKEN, H. (1982): *Synergetik.* Springer-Verlag, Berlin.

HARKINS, W.D., JURA, G. (1944): J. Amer. Chem. Soc. **66**, 1366.

HEITZINGER W., TROCH, I., VALENTIN, G. (1985): *Praxis nichtlinearer Gleichungen.* Hanser, München.

HENNECKEN, H. (1987): *Leitfaden des Technischen Rechts.* Salle und Sauerländer, Frankfurt.

HIRSCHFELDER, J.O., CURTISS, C.F., BIRD, R.B. (1954): *Molecular Theory of Gases and Liquids.* Wiley, New York.

HUGO, P. (1965): Chem. Engg. Sci. **20**, 187, 385, 975.

KOPKA, H. (1989): LATEX. *Eine Einführung.* Addison-Wesley. Bonn.

KREUZER, E. (1987): *Numerische Untersuchung nichtlinearer dynamischer Systeme.* Springer, Berlin.

LAIDLER, K.J. (1987): *Chemical Kinetics.* Harper/Row, New York.

LA SALLE, J., LEFSCHETZ, S. (1967): *Die Stabilitätstheorie von Ljapunow.* BI-Verlag, Mannheim.

LEVENSPIEL, O., SMITH, W.K. (1957): Chem. Eng. Sci. **6**, 227.

LEVENSPIEL, O. (1962): *Chemical Reaction Engineering.* Wiley, New York.

LUSIS, M.A., RATCLIFF, G.A. (1959): Canad. J. Chem. Eng. **46**, 385.

MALKIN, J.G. (1959): *Theorie der Stabilität einer Bewegung.* München.
MARANGONI, C. (1871): Ann. Physik **143**, 337.
MCQUARRIE, D.A. (1976): *Statistical Mechanics.* Harper/Row, New York.
MOORE, J.W., PEARSON, R.G. (1981): *Kinetics and Mechanism.* Wiley, New York.
MÜLLER, P. C. (1977): *Stabilität und Matrizen.* Springer, Berlin.

OTTINO, J. M. (1989): *The Kinematics of Mixing: Stretching, Chaos, and Transport.* Cambridge University Press, Cambridge (Mass.).

PATAT, F., KIRCHNER K (1975): *Praktikum der Technischen Chemie.* Walter de Gruyter, Berlin.
PAWLOWSKI, J. (1971): *Die Ähnlichkeitstheorie in der physikalisch-technischen Forschung.* Springer, Berlin.
PERLMUTTER, D., D. (1972): *Stability of Chemical Reactors.* Prentice-Hall, Englewood Cliffs.
PITZER, K.S. in: LEWIS, G.N., RANDALL, M. (1961): *Thermodynamics.* Mc Graw-Gill, New York.
POSTON, T., STEWART, I. (1981): *Catastrophe Theory and its Applications.* Pitman, Boston.
PRESSLER, G. (1964): *Regelungstechnik.* BI-Verlag, Mannheim.

RANKINE, W.J.M. (1870): Trans. Roy. Soc. London **160**, 277.
REDDY, K.A., DORAISWAMY, L.K. (1967): Ind. Eng. Chem. Fund. **6**, 77.
REDLICH, O., KWONG, J.N.S. (1949): Chem. Rev. **44**, 232.
REID, R.C., SHERWOOD, T.K. (1958): *The Properties of Gases and Liquids.* Mc Graw-Hill, New York.
RENON, H., PRAUSNITZ, J.M. (1968): AIChE J. **14**, 135.
RIEDEL, L. (1954a): Chem. Ing. Techn. **26**, 83, 259, 679 (Teil I, II, III).
RIEDEL, L. (1955): Chem. Ing. Techn. **27**, 209, 475 (Teil IV, V).
RIEDEL, L. (1956): Chem. Ing. Techn. **28**, 557 (Teil VI).
RIEDEL, L. (1974): *Physikalische Chemie. Eine Einführung für Ingenieure.* BI-Verlag, Mannheim.
ROMMELFANGER, R. (1986): *Differenzengleichungen.* BI-Verlag, Mannheim.
ROSS, S.L. (1984): *Differential Equations.* Wiley, New York.

SCHLOSSER, E. G. (1972): *Heterogene Katalyse.* VCH, Weinheim.

SCHUBERTH H. (1986): *Thermodynamische Grundlagen der Destillation und Extraktion II*. VEB Deutscher Verlag der Wissenschaften, Berlin.

SITARAMAN, R., IBRAHIM, S.H., KULOOR, N.R. (1963): J. Chem. Eng. Data **8**, 198.

SMITH, J.M., VAN NESS, H.C. (1987): *Introduction to Chemical Engineering Thermodynamics*. Mc Graw-Hill, New York.

STERNLING, C.V., SCRIVEN, L.E. (1959: AIChE Journal **5**, 514.

STOCKAUSEN, M. (1988): *Mathematik für Naturwissenschaftler*. Steinkopff, Darmstadt.

STOKES, G.G. (1850): Trans. Cambr. Phil. Soc. **9**, 8.

TAIT, P.G. in: WOHL, A.Z. (1921): Z. phys. Chem. **99**, 234.

TAMURA, M., KURATA, M. (1952): Chem. Soc. Japan. **25**, 32.

TAYLOR, G.I. (1953): Proc. Roy. Soc. (London) **219**, 186.

TREYBAL, R.E. (1951): *Liquid Extraction*. McGraw-Hill, New York.

ULICH, H. (1939): Z. Elektrochem. **45**, 521.

VAUCK, W.R.A., MÜLLER, H.A. (1988): *Grundoperationen chemischer Verfahrenstechnik*. VCH, Weinheim.

VDI-WÄRMEATLAS (1963) fortlaufend hrsg. Vereine Deutscher Ingenieure. VDI-Verlag, Düsseldorf.

WICKE, E. (1960): Accad. Naz. Lincei (Fond. Donegani, Rom) 225.

WICKE, E. (1967): *Molecular Aspects of Transport Processes and Chemical Reactions*. Lecture at Univ. Minnesota, Minneapolis.

WICKE, E. (1971): *Einführung in die Physikalische Chemie*. Akademische Verlagsgesellschaft, Frankfurt/M.

WILHELM, R.H. (1962): Pure and Appl. Chem. **5**, 403.

WILKE, C.R., CHANG, P. (1955): AIChE J. **1**, 264.

WILSON, G.M. (1967): J. Am. Chem. Soc. **86**, 127.

WINNACKER, K., KÜCHLER, L. (1975): *Chemische Technologie, 7*. Hanser, München

ZACHMANN, H.G. (1987) *Mathematik für Chemiker*. VCH, Weinheim.

Register

Ableitung
    substantielle, 127, 149
Abtriebsgerade, 368
Adiabatenexponent, 16, 284
adiabatische Endtemperatur, 228
Adsorptionshysterese, 99
Adsorptionsisotherme, 97
    BET-Isotherme, 100
    Langmuir-Isotherme, 98, 105
Ähnlichkeit, 288
Ähnlichkeitstheorie, 292
    s.a. Dimensionsanalyse, 294
Äquivalenzlänge: Tabelle, 273
Aktivierungsenergie, 64, 80
    scheinbare, 113
Aktivitätskoeffizient, 139, 332, 334
    Berechnungsbeispiel, 335
akustischer Wellenwiderstand, 275
Andreasen: Sedimentationsanalyse, 271
Antoine-Gleichung, 341
Archimedes-Zahl, 291
Arrhenius-Gesetz, 64, 80
Ausbeute, 87, 217
Ausdehnungskoeffizient, 322
Autokatalyse, 82, 253
Azeotrop
    Maximumazeotrop, 348
    Minimumazeotrop, 346
    qual. Vorhersage, 329
    Zusammensetzung, 346
azeotrope Destillation, 360

Beattie-Bridgeman-Gleichung, 24
Bedeckungsgrad, 98, 106
Benedict-Webb-Rubin-Gleichung, 24

Bernoulli-Gleichung
    Energieform, 156, 281
    Höhenform, 156, 283
Bernoulli-Gleichung: Anwendung
    Blende/Düse, 266
    Kompressoren, 284
    Pumpen, 281
    umströmte Körper, 268
BET-Isotherme, 100
Bilanzdiagramm, 72
Bilanzgleichungen
    allgemeine Struktur, 8
    s.a. Navier-Stokes-Gleichungen, 150
    s.a. Stoffbilanz, 125
    s.a. Wärmebilanz, 137
Bingham Flüssigkeiten, 33
Binodalkurve, 17, 373
Bodenkolonne, 364
Bodenstein-Zahl, 180, 286
Bodensteinsches Prinzip, 91
Boyle-Mariotte-Gesetz, 15
Brennpunkt: Stabilität, 242
Bridgman-Gleichung, 62
British thermal unit (Btu), 409
Buckingham-Theorem, 292
Bundesimmissionsschutzgesetz, 3

charakterische Länge, 291
charakteristische Gleichung, 238
charakteristische Länge, 36
chemisches Potential, 138, 320, 325
Chemisorption, 95, 105
Clausius-Clapeyron-Gleichung, 340
Coulomb-Wechselwirkungen, 329

D'Arcy-Filtergleichung, 38

Damköhler-Zahl, 219
Dampfdruckdiagramm
  s.a. Raoult-Diagramm, 343
Dampfdruckgleichungen, 340
Delta-Funktion, 165, 205
Destillation
  azeotrope, 360
  Berchnung Zellenmodell, 369
  Berechnung McCabe-Thiele, 366
  offene, 356
  ternäre, 357
Destillationslinie, 358
Dielektrizitätskonstante, 328
Differential, totales, 315
Differential-Differenzengleichung, 189
Differentialgleichung
  als Differenzengleichung, 192
  Klassifikation, 10
  Lagrange-Verfahren, 88
  Laplace-Transformation, 168
Differentialgleichungssystem
  Eigenwerte, 240
    Grenzzyklus, 242
    Sattelpunkt, 240
      stab./instab. Brennpunkt, 242
      stab./instab. Knoten, 240
  Gleichung, charakteristische, 238
  Jacobi-Matrix, 252
  Koeffizientenmatrix, 235, 237
  Lösungsdeterminante, 238
  Richtungsfeld, 255
  Singularität, 239
  Stabilitätskriterien, 244
  stationärer/kritischer Punkt, 237
  Trajektorie, 237
Differentialreaktor, 78
Differentialregler, 176
Differenzengleichung, 189
Diffusion, 46
  s.a. Ficksches Gesetz, 120
Diffusionsgleichung: Lösung, 51
Diffusionskoeffizient
  Abschätzung, 48
  Berechnung, 54
  effektiver, 109

Flüssigkeiten, 58, 377
  Gase, 54
Dilatanz, 32
Dimensionsanalyse
  Hydrodynamik, 294
  Stofftransport, 311
  Wärmetransport, 303
Dipol-Dipol-Wechselwirkungen, 328
diskrete Systeme, 189
Diskretisierungslänge/-zeit, 192
disperse Phase, 387
Dispersion
  axiale, 180, 185
  radiale, 185
Dispersionsgleichung, 180
Dispersionskoeffizient, 186
  Festbettreaktor, 186
  laminare Strömung, 183
  turbulente Strömung, 184
Dispersionsmodell
  Ableitung, 180
  als Differenzengleichung, 193
  Festbettreaktor, 185
  Grenzfälle, 180
Dispersionswechselwirkungen, 328
Dispersionszahl, 180
Divergenz eines Vektorfeldes, 120, 125, 128
Divergenztheorem, 128
Druck
  hydrostatischer, 30
  kritischer, 17
  reduzierter, 21
Druckabfall s.a. Druckverlust, 268
Druckanstieg bei Notabschaltung, 275
Druckhöhe, 156
Druckverlust
  Festbettreaktor, 276
  Kugel, 268
  Rohre mit Einbauten, 273
  Wirbelschichtreaktor, 279
Duhem-Margules-Gleichung, 325
Dupre-Rankine-Gleichung, 341

Eigenwerte einer Matrix, 238

Einheiten
  angelsächsische, 409
  SI-System, 406
Einlaufstörungen, 36
Einsteinsches Verschiebungsquadrat, 37, 52
elektronischer Faktor, 101
Elementarreaktionen, 67, 90
Eley-Rideal-Mechanismus, 108
Enthalpie, 317
Entität, 292
Entropie, 318
Erwartungswert, 53
Eucken-Gleichung, 62
Euler-Formulierung
  Impulsbilanz, 149
  Stoffbilanz, 127
Euler-Gleichung, 155, 275
Euler-Zahl, 291, 295
extensive Größe, 315
Extrakt, 372
Extraktion
  einstufige, 382
  Gegenstromextraktion, 387
  Kreuzstromextraktion, 384
  NTU-Integral, 391
  Polkonstruktionsverfahren, 388
  Verteilungskurve, 390
  Zellenmodell, 393
Exzeßgröße
  Definition, 323
  Exzeßpotential, 140, 332
  Exzeßvolumen, 323
  Freie Mischungsenthalpie, 331
Eyring-Theorie, 65

Faltung, 167
Festbettreaktor, 94
  Dispersionsmodell, 185
  Druckverlust, 276
  random walk-Modell, 185
  Stofftransport, 311
  Vermischung, 185
  Wärmetransport, 307
  Zufallsschüttung, 276

Ficksches Gesetz: erstes, 46, 120
Ficksches Gesetz: zweites, 49, 121
Filtergleichung, 38
Flechtströmung, 185
Flüssigkeiten
  Newtonsche, 32
  Nicht-Newtonsche, 32, 35, 273
Folgereaktion, 87, 169
  als Differenzengleichung, 192
Formalkinetik, 80, 84
Formfaktor: Tabelle, 276
Fourier-Transformation, 162
Fouriersches Gesetz: erstes, 46, 134, 299
Fouriersches Gesetz: zweites, 134
Freie Energie, 319
Freie Enthalpie, 319
Freie Mischungsenthalpie
  Exzeßgröße, 331
  Gase und Lösungen, 326
  ideale, 344
  Maximumazeotrop, 348
  Minimumazeotrop, 346
Freie Standardreaktionsenthalpie, 142
Frequenzfaktor, 64, 80
Freuenzganganalyse, 178
Froude-Zahl, 291, 295
Füllkörperkolonne, 364
Fugazität, 139
Fugazitätskoeffizient, 20
  Berechnung, 140
Funktionaltransformationen, 160

Galilei-Zahl, 291
Gas
  ideales, 15
  permanentes, 15
  reales, 17
Gasgesetze, 15
Gaskonstante (R), 15
Gauß-Verteilung, 45, 52
  Erwartungswert, 53
  Varianz, 53
  Verschiebungsquadrat, 52
Gaußscher Integralsatz, 128
Gay-Lussac-Gesetz, 15

Gegenstromextraktion, 387
Geometriezahl, 295, 304
geometrischer Faktor, 103
Gesamtkonzentration, 70
Geschwindigkeitshöhe, 156
Gewerbeordnung (GewO), 3
Gibbs-Duhem-Gleichung, 325
Gibbs-Helmholtz-Gleichung, 143
Gibbs-Phasengesetz, 356
Gleichgewichtsdiagramm, 144, 343
    Destillation, 344
    Extraktion, 374
    Maximumazeotrop, 348
    Mc-Cabe-Thiele, 365
    Minimumazeotrop, 346
    Mischungslücke, 350
Gleichgewichtskonstante K_p, K_c, K_x, 142
Gradient eines Skalarfeldes, 122, 125, 128
Grashof-Zahl, 291, 305
Grenzflächenkonvektion, 376
Grenzschicht
    hydrodynamische, 37, 270
    Stofftransport, 124
    Wärmeübergang, 135
Grenzschichtdiffusion, 95
Grenzzyklus: Stabilität, 242, 256
Größe
    extensive/intensive, 315
    kritische, 17
    molare, 316
    partielle molare, 316, 321
    skalare, 128
    skalare, vektorielle, 9
    spezifische, 315
    stoffmengenbezogene, 316
    vektorielle, 128

Häufigkeit
    relative, 199
    Summen-, 200
Hagen-Poiseuille-Strömung, 34, 207, 226
Halbwertszeit, 66
Heavyside-Funktion, 163
Hebelgesetz der Mischung, 375
Hebelgesetz der Phasen, 356

Henry-Gesetz, 342
heterogene Katalyse
    s.a. Katalyse: heterogene, 94, 95
Hirschfelder-Gleichung, 54, 60, 62
Hurwitz-Kriterium: Stabilität, 246
Hydrodynamik
    Anwendungen, 266
    Dimensionsanalyse, 294
    Einführung, 28
    Grundgleichung, 150
    Modelltheorie, 290
hydrodynamischer Durchmesser, 266

ideale Mischung: Phasendiagramme, 344
ideales Strömungsrohr, 187
    Umsatzberechnung, 220
    Verweilzeitverhalten, 205
Impulsbilanz
    s.a. Bernoulli-Gleichung, 156
    s.a. Euler-Gleichung, 155
    s.a. Navier-Stokes-Gleichungen, 150
Inertkomponente, 71, 72
Inhibierung, 82
Innere Energie, 317
Integralregler, 176
intensive Größe, 315
ionische Wechselwirkungen, 329

Jacobi-Matrix, 252

Kapillarkondensation, 99
Kaskade
    s.a. Reaktorkaskade, 189
Katalysator, 94, 95
    Adsorptionshysterese, 99
    BET-Isotherme, 100
    Halbleiter, 103
    Kapillarkondensation, 99
    Langmuir-Isotherme, 98
    Porenparameter, 97
    Randimprägnierung, 111
    spezifische Oberfläche, 100
    Stofftransport, 311
    Wärmetransport, 307
Katalyse heterogene

Chemisorption, 95, 104
Einzelschritte, 95
Faktor
    elektronischer, 101
    geometrischer, 103
Mechanismus
    Eley-Rideal, 108
    Langmuir-Hinshelwood, 106
Mischadsorption, 105
Physisorption, 95, 104
Porendiffusion, 109
Porennutzungsgrad, 112
Vulkankurve, 103
Kelvin-Gleichung, 99
Kennzahlen
    (Ar)-Zahl, 291
    (Bo)-Zahl, 180, 286
    (Da)-Zahl, 219
    (Eu)-Zahl, 291, 295
    (Fr)-Zahl, 291, 295
    (Ga)-Zahl, 291
    (Gr)-Zahl, 291, 305
    (Kn)-Zahl, 38
    (Le)-Zahl, 311
    (Ne)-Zahl, 289
    (Nu)-Zahl, 304
    (Pe)-Zahl, 287
    (Pr)-Zahl, 287, 304
    (Re)-Zahl, 36, 185, 286, 291, 295
    $(Re)_k$-Zahl, 36
    (Sc)-Zahl, 287, 311
    (Sh)-Zahl, 311
    φ: Thiele-Modul, 110
    Dispersionszahl, 180
    Geometriezahl, 304
    Zusammenstellung, 403
Kennzahlenzusammenhang
    Hydrodynamik, 291
    Stofftransport, 311
    Wärmetransport, 303
Kettenreaktion, 90
kinetische Gastheorie, 42, 64
Kirchhoffsche Gleichung, 143
Knoten: Stabilität, 240
Knudsen-Zahl, 38

Koeffizientenmatrix, 237
Kompressibilität, 322
Kompressibilitätsfaktor Z
    s.a. Realgasfaktor, 20
Kompressoren, 284
konduktiver Term
    Navier-Stokes-Gleichungen, 153
    Stoffbilanz, 120
    Wärmebilanz, 134
Konode, 17, 354, 358, 373
kontinuierliche Phase, 387
Kontinuitätsgleichung, 28
Kontinuum, 6, 8
Kontrollvariable, 175
konvektiver Term
    Navier-Stokes-Gleichungen, 151
    Stoffbilanz, 118
    Wärmebilanz, 132
Konzentrationsfeld, 125
    s.a. Stoffbilanz, 118
Korrespondenzprinzip, 21
Kraftkonstante
    Abschätzung, 55
    Tabelle, 58
Kreislaufreaktor, 78
Kremser-Brown-Gleichung, 394
Kriteriengleichungen
    Stofftransport, 311
    Wärmetransport, 306
kritische Größen, 17

Labyrinthfaktor, 109
Lagrange-Formulierung
    Impulsbilanz, 149
    Stoffbilanz, 127
Lagrange-Verfahren, 88
laminare Strömung, 34
    Stofftransport, 311
    Wärmetransport, 307
laminares Strömungsrohr
    Dispersion, 183
    Umsatzberechnung, 225
    Verweilzeitverhalten, 207
Langmuir-Hinshelwood-Mechanismus, 106
Langmuir-Isotherme, 98, 105

Laplace-Transformation, 162
  Tabelle, 171
Lewis-Randall-Regel, 139
Lewis-Zahl, 311
Lineargeschwindigkeit: Messung, 267
Ljapunow
  direkte Methode, 250
  indirekte Methode, 250
  Stabilität, 249
Ljapunow-Kriterien, 250
  Anwendung: Autokatalyse, 258
  Anwendung: Rührkessel, 262
Lösungsdeterminante, 238
logistische Gleichung, 192
lokale Ableitung, 127, 149
Lusis-Ratcliff-Gleichung, 59

Makroporen, 97
Makrovermischung, 223
Marangoni-Effekt, 376
Margules-Gleichung, 332
Massenanteil, 373
Massenbilanz:
  s.a. Stoffbilanz, 118
Massenkraft, 151
McCabe-Thiele-Gleichung, 365
Mikroporen, 97
Mikrovermischung, 188, 223
Mindestbodenzahl, 365
Mindestrücklaufverhältnis, 366
Mischadsorption, 105
Mischung
  athermische, 331
  ideale, 344
  reale, 346
  reguläre/irreguläre, 331
Mischungsenthalpie, 327
Mischungslücke, 350, 373
Mischungsmodell: ideales, 188
Mischzeit, 188
mittlere freie Weglänge, 43
mittlere Molekulargeschwindigkeit, 42
Modelltheorie, 288
molare Größe, 316
molekulare Masse, 407

Molekulargewicht, 407
Molekularität, 81
Molekularströmung, 38
Molvolumen: reales, 23
Moment 1.und 2., 181

Nabla-Operator, 120, 122, 125, 128
  versch. Koordinaten, 129
Navier-Stokes-Gleichungen, 150
  Ähnlichkeitstheorie, 294
  Modelltheorie, 290
Nernst-Verteilungsgesetz, 342, 372
Newton-Zahl, 289
Newtonsche Bewegungsgleichung, 150
Newtonsche Flüssigkeiten, 30, 32
Newtonsches Reibungsgesetz, 30, 46, 153
Nicht-Newtonsche Flüssigkeiten, 35, 273
NRTL-Gleichung, 333
NTU-Gleichung, 309
Nußelt-Zahl, 304
Nutzarbeit, 319, 320
Nyquist-Kriterium, 178

Ortshöhe, 156
Ostwald-de Waele-Ansatz, 32

P(oise): Einheit, 31
Parallelreaktion, 86
Partialbruchzerlegung, 84
partielle molare Größe, 316, 321
Peclet-Zahl, 287
Phasengleichgewichte
  Raoult-Diagramm, 343
  Gleichgewichtsdiagramm, 343
  Siedediagramm, 343
Phasenraum, 236, 240
Physisorption, 95, 104
Pi-Theorem, 292
Poisson-Gleichung, 16, 284
Polytropenexponent, 16, 284
Porendiffusion, 80, 95, 109
Porennutzungsgrad, 112
Porenoberfläche, 100
Porenvolumen
  relatives, 109

Porösität: Tabelle, 276
Porter-Gleichung, 332
Prandtl-Zahl, 287, 304
Proportionalregler, 176
Pumpenenkennlinien, 281

Raffinat, 372
Rampenfunktion, 164
random walk-Modell
    Einführung, 44
    Festbettreaktor, 185
    Lösung, 51
Raoult-Diagramm, 343
    ideales, 344
    Abweichung: negative, 328, 329, 348
    Abweichung: positive, 328, 346
Raoult-Gesetz, 342
Raum-Zeit-Ausbeute, 217
Reaktion
    Ablauffähigkeit, 144
    Ausbeute, 87
    Autokatalyse, 82
    Bilanzdiagramm, 72
    Bodensteinprinzip, 91
    Elementarreaktionen, 67, 90
    Formalkinetik, 84
    Gleichgewichtskonstanten, 142
    Halbwertszeit, 66
    Inertkomponente, 71
    Mechanismus, 67, 80
    Reaktionslaufzahl, 69
    Reaktionsordnung, 81
    Schnelligkeit, 66
    Selektivität, 87
    Umsatz, 66, 69, 71
    Umsatzkoordinate, 70
    Zeitgesetze, 91
Reaktionen: zusammengesetzte
    Autokatalyse, 253
    Folgereaktion, 87, 169
    Kettenreaktion, 90
    Parallelreaktion, 86
    Stabilität, 253
Reaktionsenthalpie, 135
Reaktionsgeschwindigkeit, 75
    homogene/heterogene, 75
    Messung, 76
    und Ordnung, 81
    volumenbezogene, 75, 123
    wahre, 123
Reaktionsgeschwindigkeitskonstante, 80
    scheinbare, 113
Reaktionsgleichgewicht, 142
Reaktionslaufzahl, 69, 123
Reaktionsordnung, 80, 81
Reaktionsterm
    Stoffbilanz, 123
    Wärmebilanz, 135
Reaktionsvolumen, 217
Reaktor
    differentieller, 78
    Festbettreaktor, 94, 185, 276
    Kreislaufreaktor, 78
    Wirbelschichtreaktor, 279
Reaktorersatzschaltung, 214
Reaktorkaskade
    Umsatz-Damköhler-Beziehungen, 221
    Verweilzeitverhalten, 209
    Zellenmodell, 189
Reaktorleistung, 217
Reaktormodell
    Dispersionsmodell, 180
    Mischungsmodell, 188
    Verdrängungsmodell, 187
    Zellenmodell, 189
Reaktorvernetzung, 172
Realgasfaktor Z
    Berechnung, 23
    Definition, 20
Reddy-Doraiswamy-Gleichung, 59
Redlich-Kister-Gleichung, 333
Redlich-Kwong-Gleichung, 22
Regler P/I/D/PD/PID, 176
Rektifikation, 363
    Abtriebsgerade, 368
    Rücklaufverhältnis, 365
    Verstärkungsgerade, 366
rekursive Berechnungen, 194
relative Häufigkeit, 199
Reynolds-Zahl, 36, 185, 286, 291, 295

kritische, 36
rheologische Stoffmodelle, 32
Rheopexie, 33
Richtungsfeld, 255
Riedel-Gleichung, 21
Rotation eines Vektorfeldes, 128
Routh-Kriterium: Stabilität, 244
Rücklaufverhältnis, 365
Rückvermischung, 212
Rückvermischungsmodell, 180
Rührkesselkaskade
   s.a. Reaktorkaskade, 189
Rührkesselreaktor
   idealer kontinuierlicher, 188
   adiabatische Endtemperatur, 228
   Kurzschluß, 210
   nicht-isothermer, 230, 260
   Stabilität, 260
   Stoffbilanz, 126
   Totwasser, 210
   Umsatz-Damköhler-Beziehungen, 219
   Verweilzeitverhalten, 203, 210
   Wärmebilanz, 137
   Wärmetransport, 307

Sattelpunkt: Stabilität, 240, 256
Scheibel-Gleichung, 59
Scherkraft, 30, 153
Scherspannung, 30
Schmidt-Zahl, 287, 311
Schönemann-Hofmann-Berechnung, 225
Schwarzscher Satz, 315
Sedimentation, 271
Segregation, 223
Selektivität, 87, 217
Sherwood-Zahl, 311
SI-System, 406
Siedediagramm, 343
   ideales, 344
   Maximumazeotrop, 348
   Minimumazeotrop, 346
   Mischungslücke, 350
   ternäres, 358
Siedekurve, 344
Skalarfeld, 9, 122

Skalarprodukt, 9
Solvens, 372
Sprungfunktion, 163, 206
St(okes): Einheit, 31
Stabilität
   Autokatalyse, 253
   Extraktion, 376
   Kriterium von Hurwitz, 246
   Kriterium von Ljapunow, 249
   Kriterium von Nyquist, 178
   Kriterium von Routh, 244
   nichtlineare Systeme, 252
   praktische, 249
   Rührkesselreaktor, 260
   Steigungskriterium, 261
   Systeme höherer Ordnung, 247
Standardabweichung, 53
stationärer Zustand, 314
Statistik: s.a Gauß-Verteilung, 53
Staudruck s.a. Druckverlust, 268
Stefan-Boltzmann-Gesetz, 297
Sternling-Scriven-Kriterium, 377
Stöchiometrie, 68
Störfallverordnung, 3
Störfunktion, 161
Störgröße, 175
Stoffbilanz, 118
   bei Dispersion, 180
   Lagrange/Euler-Form, 127
   Reaktorkaskade, 189
   Rührkesselreaktor, 126, 188
   Strömungsrohr, 126, 187
Stoffdurchgang, 308
Stoffmengenanteil, 70
Stoffmengenbilanz:
   s.a. Stoffbilanz, 118
Stoffmengenstrom, 118
Stofftransportgleichung, 124, 309
Stoffübergang, 308
Stoffübergangsterm, 124
Stokessche Ableitung, 127, 149
Stokessches Gesetz, 270
Stoßdurchmesser, 42
   Abschätzung, 55
   Tabelle, 58

Stoßintegral, 54
  Tabelle, 58
Stoßmarkierung, 201
Stoßtheorie von Lewis, 64
Stoßzahl, 42
Strahlkontraktionszahl, 266
Strahlungsgleichgewicht, 296
Strahlungszahlen: Tabelle, 299
Strömung
  Einlaufstörungen, 36
  Grenzschichtdicke, 37
  laminare, 34, 36, 183
  Molekular-, 38
  schleichende, 270
  turbulente, 36, 184
Strömungsrohr
  als Differenzengleichung, 193
  Dispersion, 180, 212
  ideales, 187, 205, 220
  laminares, 187, 207, 225
  nicht-isothermes, 232
  Reaktionsgeschwindigkeit, 79
  Stoffbilanz, 126
  Totwasser, 212
  Umsatz-Damköhler-Beziehungen, 220
  Verweilzeitverhalten, 212
  Wärmebilanz, 137
Strukturviskosität, 32
Stufenfunktion, 163
substantielle Ableitung, 127, 149
Summenhäufigkeit, 200
Systemvariable, 314

Tait-Gleichung, 24
Taukurve, 344
Taylor-Reihenentwicklung, 121
Temperatur
  kritische, 17
  reduzierte, 21
Temperaturfeld
  Rührkesselreaktor, 137
  Strömungsrohr, 137
Temperaturleitzahl, 134
Theorie des Übergangszustandes, 65
Thermodynamik
  erster Hauptsatz, 132, 317
  zweiter Hauptsatz, 318
Thiele-Modul, 110
Thixotropie, 33
Trajektorie, 237
  Brennpunkt, 242
  Grenzzyklus, 242
  Knoten, 240
  Sattelpunkt, 240
Transportgleichung, 46
Trennfaktor, 344, 354
turbulente Strömung, 36
  Stofftransport, 311
  Wärmetransport, 306

Übergangsfunktion, 172
Übergangsporen, 97
Übergangsterm
  Stoffbilanz, 124
  Wärmebilanz, 135
Übertragungsfunktion, 172
  Gegenkopplung, 174
  Mitkopplung, 174
  Parallelschaltung, 173
  Reihenschaltung, 173
Umsatz, 69, 217
  bei Mikrovermischung, 223
  bei Segregation, 223
  Gleichgewichts-, 229
Umsatz-Damköhler-Beziehungen, 218
  ideales Strömungsrohr, 220
  Reaktorkaskade, 221
  Rührkesselreaktor, 219
Umsatzkoordinate, 70, 71
UNIQUAC/UNIFAC-Gleichungen, 334

van Laar-Gleichung, 332
van't Hoffsche Gleichung, 143
van-der-Waals-Gleichung, 17, 21
van-der-Waals-Konstanten: Tabelle, 19
Varianz, 45, 53
Vektorfeld, 9, 120, 128
Venturirohr, 267
Verdrängungsmarkierung, 201
Verdrängungsmodell

ideales, 180, 187
reales, 180
Verschiebungsquadrat
　Einstein-Smoluchowski, 52
　Einstein-Smoluchowski, 37
　mittleres, 45, 52
Verstärkungsgerade, 366
Verteilungsgesetze, 372
Verweilzeit, 217
　-spektrum, 200
　-summenkurve, 200
　-verteilung, 200
　Markierung, 201
Verweilzeitverhalten
　idealer Rührkessel, 203
　ideales Strömungsrohr, 205
　laminares Strömungsrohr, 207
　Reaktorkaskade, 209
　realer Rührkessel, 210
　reales Strömungsrohr, 212
Virialgleichung, 20
Virialkoeffizient B, 140
　Definition, 20
　Berechnung, 23
Viskoelastizität, 33
Viskosität, 30, 46
　s.a. Newtonsches Reibungsgesetz, 153
Viskositätskoeffizient
　Messung, 30
　Nicht-Newton-Flüss., 35
　Abschätzung, 48
　Flüssigkeiten, 61, 379
　Gase, 60
　Messung n. Ostwald, 35
　Newton-Flüssigkeiten, 30
　scheinbarer, 32
Volumen, 320
　Exzeßvolumen, 323
　partielles molares: Ermittlung, 322
　reduziertes, 21
Volumenstrom: Messung, 266
Vorzeichenkonvention, 316
Vulkankurve, 103

Wärmebilanz, 132

Rührkesselreaktor, 137
Strömungsrohr, 137
Wärmekapazität
　Definition, 407
　massebezogen, 132, 407
　stoffmengenbezogen, 132, 407
Wärmeleitfähigkeitskoeffizient
　Flüssigkeiten, 62
　Abschätzung, 48
　Gase, 62
Wärmeleitung, 46, 299
　s.a. Fouriersches Gesetz, 134
Wärmestrahlung, 296
Wärmetransport: Kennzahlen, 306
Wärmeübergangsterm
　Rührkessel, 136
　Strömungsrohr, 136
Wärmeübergangszahl: Tabelle, 307
Wärmewiderstand, 300
Wärmleitfähigkeitskoeffizient: Tabelle, 299
Wasserdampfdestillation, 352
Wasserhaushaltsgesetz (WHG), 4
Wasserstoffbrückenbindung, 329
Wechselwirkungen, 328
　attraktive, 327
　repulsive, 327
　symmetrische, 327
　unsymmetrische, 327
Wegscheidersches Prinzip, 87
Wellenwiderstand akustischer, 275
Widerstandsbeiwert, 268
Widerstandszahl
　Ableitung, 272
　Festbettreaktor, 278
　freie Rohre, 272
　Granulatschüttung, 278
　Nicht-Newton-Flüss., 273
　von Einbauten, 273
　von Strömungsquerschnitten, 273
　Wirbelschicht, 280
Wilke-Chang-Gleichung, 58
Wilson-Gleichung, 333
Wirbelschichtreaktor, 279
　Stofftransport, 311
　Wärmetransport, 307

Zähigkeit s. Viskosität, 30
Zustandsänderung, 15
Zustandsbahn
    s.a. Trajektorie, 237
Zustandsfunktion, 315
Zustandsgleichung
    Flüssigkeiten, 24
    ideale Gase, 15
    reale Gase, 17
Zustandsraum, 236
Zustandsvariable, 314
Zweifilmtheorie, 309

IMMER BEDENKE
CHEMIE KANN VERNICHTEN –
LEBEN AUCH RETTEN.
IN DER DISTANZ
EHRGEIZIG
BESSERN, HEISST ZUKUNFT
ERNEUERN FÜR
DEINE KINDER. BLEIB
IMMER
CHTHONISCH.